À propos des auteurs

Dominique Meier est « l'instigateur » de cet ouvrage. Docteur, agrégé de sciences physiques, il est professeur en classes préparatoires au lycée Kléber de Strasbourg. Dans le cadre de la recherche il est rattaché au Laboratoire ondes et milieux complexes (LOMC) à l'université du Havre. Il est l'auteur de nombreux ouvrages scientifiques, de manuels du second cycle des lycées au troisième cycle universitaire. Le site internet de référence est : **www.toutelaphysique.fr**.

Jean-Louis Izbicki est agrégé de sciences physiques et docteur d'État. Il est professeur à l'université du Havre et son domaine de recherche concerne les ondes acoustiques. Il est actuellement directeur de la Fédération acoustique du Nord-Ouest (FANO).

Daniel Husson est docteur en physique des particules et agrégé de sciences physiques. Il est maître de conférences à l'université de Strasbourg (université Louis-Pasteur). Il est aussi auteur d'un ouvrage de vulgarisation, *Les Quarks, histoire d'une découverte*, chez Ellipses.

André Deiber est agrégé de sciences physiques. Il est professeur en classes préparatoires au lycée Kléber de Strasbourg et auteur de plusieurs ouvrages scientifiques ainsi que de nombreux articles dans des bulletins scientifiques sur la didactique de la physique dans l'enseignement supérieur.

Roland Lehoucq est docteur d'État en astrophysique et agrégé de sciences physiques. Il est astrophysicien et travaille dans ce cadre au service d'astrophysique du CEA de Saclay. C'est un des spécialistes français de la topologie cosmique. Il a été le rédacteur de la rubrique « Idées de physique » dans la revue *Pour la science*. Il est auteur de nombreux ouvrages de vulgarisation avec entre autres : *D'où viennent les pouvoirs de Superman* ? (EDP Sciences, 2003) et *SF : la science mène l'enquête* (Le Pommier, 2007).

Farès Djama est titulaire d'un doctorat et d'une habilitation à diriger les recherches en physique des particules. Il a fait l'essentiel de sa carrière auprès des collisionneurs du CERN : LEP, SppS et LHC, où il a contribué aux mesures des propriétés des interactions électrofaibles et fortes, ainsi qu'au développement, à la construction et à l'exploitation de détecteurs de particules. Il travaille au Centre de physique des particules de Marseille, laboratoire du CNRS et d'Aix-Marseille-Université.

Alain Riazuelo est astrophysicien, chercheur à l'Institut d'astrophysique de Paris (IAP) et ambassadeur du CNRS. Auteur de nombreux ouvrages, son principal domaine de recherche porte sur les trous noirs.

Dédicace

Ce livre est dédié à tous les scientifiques d'hier, de demain et d'aujourd'hui ; à tous ceux qui, d'une façon ou d'une autre, font partager, au reste de l'humanité, notre passion commune, la science.

Remerciements

Un grand merci à :

» Jean-Daniel Hihi, Thierry Meyer et Jean-Pierre Simond, professeurs, pour leur travail de relecture.

» Michèle Kopcia et Jean-Baptiste Poincot pour leur relecture et leurs conseils toujours judicieux.

» Marc Venturi, lecteur et relecteur patient et attentif, pour ses remarques et ses conseils.

» SaT pour la qualité de ses dessins, sa patience et sa disponibilité.

» Alain Roos pour ses relectures et ses idées originales.

» Fabien Meier pour ses interventions dans les domaines historique et littéraire.

» Tous ceux qui nous ont aidés dans cette entreprise, collègues, étudiants des classes préparatoires et de l'université.

» Raoul Fischer pour toutes ses suggestions, sa patience et ses relectures attentives.

Sommaire

Introduction

Partie 2 La physique s'enrichit

Partie 3 Toujours plus loin

Partie 4 Vers les applications...

Partie 5 À demain, si vous le voulez bien !

Partie 6 La partie des Dix

Introduction

Que faites-vous dans la vie ? Chaque fois que l'on me pose cette question, je réponds « enseignant », et c'est le plus souvent dans l'espoir d'éviter l'inévitable question suivante : « Et dans quelle matière ? » À ce stade je n'ai plus le choix, je suis obligé de répondre : « En sciences physiques. » D'abord, il y a toujours un silence, et ensuite j'entends invariablement la même phrase : « Ah, moi j'ai toujours été nul en physique ! » et souvent d'ajouter, « c'était encore pire qu'en maths... ». Un des principes des sciences physiques est de rejeter les affirmations gratuites, alors faites de la physique, et rejetez cette réponse que vous avez peut-être faite un jour... avant de lire ce livre.

Vous assimilez peut-être la physique à ces déluges interminables d'équations qui semblent cacher des mystères dont les clés sont réservées à quelques rares initiés. Alors s'il s'agit d'initiation, initions-nous, mais surtout pas au calcul, réapprenons à regarder autour de nous, réveillons en nous cette curiosité d'enfant que nous avons tous eue.

Pourquoi le ciel est-il bleu, pourquoi la nuit est-elle si sombre alors que notre Univers est composé d'une infinité de « soleils », pourquoi notre soleil couchant est-il si rouge, pourquoi les Dupont/d ont-ils plongé dans ce qu'ils croyaient être de l'eau en plein désert ? Pourquoi fait-il si chaud en été ? Dites, Monsieur Einstein, le fait de tomber amoureux résulte-t-il de la théorie de l'attraction des corps ? La lumière présente-t-elle vraiment deux comportements ?

Toutes ces questions, il faut se les poser et les réponses ne sont peut-être pas si difficiles à appréhender.

La physique est à la fois simple et complexe, complexe parfois à l'extrême dans ses articulations théoriques et expérimentales, mais aussi et surtout infiniment simple dans ses idées de base. Les théories les plus simples sont forcément les plus géniales et, à bien y regarder, il n'y en a pas tant que ça. Alors pourquoi ne pas les évoquer, pourquoi ne pas en parler ensemble et, qui sait, peut-être prendre un peu de plaisir à s'en approprier quelques-unes...

À propos de ce livre

Ce livre est construit comme un voyage, d'abord dans le temps, aussi et surtout dans l'espace, celui de l'Univers et de ses infinis (le petit et le grand), celui de l'Homme, de son univers et celui de ses pensées notamment scientifiques.

Vous embarquerez à n'importe quelle escale, vous prendrez le train à n'importe quelle gare et vous ferez un bout de chemin avec Archimède qui vous proposera un point d'appui pour soulever le monde scientifique. Vous partirez dans l'espace avec Copernic, avec Kepler pour ensuite aller au fond des trous noirs qui sont toujours aussi « trous blancs », pour ensuite repartir dans l'univers des atomes de Bohr. Vous vous dites, tout cela va être long, fastidieux et va prendre beaucoup de temps… Pas de panique, grâce à la relativité, le temps se dilatera et dans notre voyage nous reviendrons plus jeunes que nos jumeaux restés sur Terre, sans nul doute (sans doute nuls !).

Vous descendrez aussi du train des certitudes et du déterminisme pour vous lancer dans la bataille des fluctuations statistiques avec Boltzmann sans forcément tomber « chaos ». La théorie du chaos constitue-t-elle un principe méconnu de l'ordre, a-t-elle été inventée par les scientifiques qui paniquaient à l'idée que le grand public commençait à comprendre les lois classiques ?

Le train dans lequel vous êtes monté deviendra TGV, les problèmes énergétiques se poseront, l'information se numérisera, la lumière deviendra laser et la musique sera portable. Pas de doute, nous serons arrivés au XXIe siècle, il sera temps de regarder avec des yeux candides mais intéressés ce monde technologique qui nous entoure.

Et demain, où ira ce TGV ?

À qui s'adresse ce livre ?

On a tous dans la tête une petite formule oubliée, une expérience ratée, une sonnerie de fin de cours, quelque chose qui nous reste et qu'on n'a pas compris, eh bien, c'est le moment de parcourir ce livre.

La Physique pour les Nuls ne s'adresse pas qu'aux balèzes, qu'aux ingénieurs, qu'aux chercheurs : il s'adresse aussi aux **N**omades **U**niversels des **L**ivres **S**cientifiques, aux **N**on-comprenants des **U**nités **L**ittérales **S**cientifiques, à tous ceux qui en ont assez de ne pas tout comprendre, bref à nous tous.

Certains y trouveront des explications simples concernant des phénomènes, des lois, des principes, généralement connus, dont tout le monde parle, mais dont peu intègrent le sens, l'histoire, et la portée.

D'autres, déjà familiers des lois physiques, y trouveront un complément d'information, un approfondissement, des détails dont on ne parle pas toujours et un chapitre entier sur les domaines actuels de la recherche.

Comment ce livre est organisé

Ce livre n'est pas un livre de cours ou d'exercices, il n'est pas non plus un livre d'histoire de la physique qui déroulerait, sur plus de deux mille ans, les grandes découvertes scientifiques les unes après les autres. Ce n'est pas non plus une juxtaposition de théories plus ou moins bien expliquées.

C'est un voyage ou plein de petits voyages que vous faites en une ou plusieurs étapes. Sautez autant de paragraphes et de chapitres que vous le souhaitez, vous ne perdrez aucun fil, ni électrique ni d'*Ariane 5*, et encore moins celui de l'histoire. Lisez ce qui vous plaît.

Ce sont vingt-trois gares ou chapitres, regroupés sur cinq continents (parties), où vous pouvez embarquer pour aller admirer un panorama scientifique, une vision large et agréable de la physique basée sur l'histoire des grandes découvertes et de leurs auteurs.

Première partie : Une progression toute mécanique

Bien avant sa naissance, la physique était religieuse, « cantique », les dieux soufflaient, tonnaient...

Les premières questions qui se sont posées l'ont été à propos de l'Univers, de notre Terre, dont la vision a évolué au cours des vingt premiers siècles qui intéressent cette partie.

La mécanique est certainement le domaine de la physique sur lequel s'est appuyée toute la construction scientifique que nous connaissons aujourd'hui. Elle a largement inspiré l'astronomie, puis la thermodynamique, l'optique et même l'électromagnétisme.

Dans cette partie, nous allons assister à la naissance de la physique en 585 avant J.-C. avec le miracle grec, pour renaître avec Galilée au XVIIe siècle.

Deuxième partie : La physique s'enrichit

C'est la période du XVe au XIXe siècle, qui voit un développement extraordinaire de la physique : des domaines comme la thermodynamique, l'électromagnétisme voient le jour, des domaines comme l'optique s'enrichissent de modèles ondulatoire et vectoriel. C'est l'épanouissement de la physique classique, c'est son âge d'or. Le déterminisme, si cher aux premiers physiciens, voit naître les premières contestations avec Boltzmann qui finira par se suicider tant l'accueil de ses théories sera glacial. C'est aussi la naissance timide de la quantification avec la théorie du corps noir proposée par Max Planck.

Troisième partie : Toujours plus loin

C'est le début du XXe siècle avec ses grandes découvertes et ses remises en question. Becquerel, Marie Curie et d'autres vont nous faire découvrir la radioactivité, Albert Einstein va tuer le temps universel, les physiciens qui gravitent autour de Niels Bohr vont structurer l'atome. Le mouvement « Ni onde, ni particule » installe la théorie quantique.

Quatrième partie : Vers les applications

La physique ou plus exactement ses applications technologiques sont partout, il est temps d'explorer quelques-unes d'entre elles. Dis, comment ça marche ? Sur quel principe repose le rayonnement laser, le four à micro-ondes, le radar, quelques questions auxquelles nous allons tenter de répondre dans cette partie. Sans oublier, la question fondamentale : et demain ?

Cinquième partie : À demain, si vous le voulez bien !

Aujourd'hui, c'est déjà demain. La problématique des transports est intemporelle. L'énergie est apportée ou elle est embarquée, mais il en faut, toujours plus. Les ressources s'épuisent mais pas celles des physiciens ! La science a toujours su nous surprendre, alors en route vers les découvertes suivantes...

Sixième partie : La partie des Dix

C'est la partie des Nuls, la nôtre, celle qui consacre l'humour, le fidèle compagnon qui ne nous a jamais quittés, celui qui nous a permis d'aller au bout, au bout de l'histoire, au bout du voyage.

Les icônes utilisées dans ce livre

Anecdote

Les théories développées par les physiciens ne sont pas apparues dans leur esprit comme par magie, un matin au réveil ou après s'être cogné à un lampadaire à force d'avoir la tête dans les étoiles. Ces théories ont une vie, celles des hommes et des femmes qui leur ont donné naissance. Ces vies sont souvent tumultueuses et des anecdotes leur sont associées.

Pour les balèzes

Au-delà de l'idée de base, il est parfois intéressant d'aller un peu plus loin, de développer la théorie, avec quelques calculs mais sans excès bien sûr.

Pour les super balèzes

Il y en a toujours qui en veulent plus, alors allons plus loin, encore plus loin et proposons dans ces encadrés un peu particuliers des approfondissements, des détails, accessibles à ceux qui sont préparés psychologiquement à affronter quelques sophistications supplémentaires.

Faites-le vous-même

Y a pas de raison ! Bon nombre de phénomènes physiques peuvent s'expérimenter facilement, à partir de très peu de matériel. Une coquille de noix qui flotte sur l'eau dans une bassine, c'est Archimède qui ressuscite, un peu de liquide vaisselle derrière la coquille et elle avance toute seule…

PDR

Une plaisanterie de la rédaction.

Et maintenant, par où commencer ?

Par rêver ! Surtout ne commencez pas par poser ce livre mais au contraire laissez-le s'ouvrir et choisissez d'abord un chapitre, avec une page bien ouverte, puis lisez quelque chose de simple, de beau, d'utile…

Imaginez ! Et laissez la passion arriver… La vitesse ou la lenteur de l'arrivée de la passion pour la science n'a aucun rapport avec la réussite du voyage. Aussi, quand l'étincelle jaillit, fermez doucement les yeux, puis effacez un à un tous vos *a priori* en ayant soin de ne toucher aucune des idées découvertes. Faites ensuite le portrait de la physique, en choisissant la plus belle de ses théories, sans oublier son histoire, ses doutes, ses crises. Et si la passion s'installe, alors vous arracherez tout doucement une des pages du livre, et vous écrivez tranquillement : destination atteinte.

Partie 1
Une progression toute mécanique

Dans cette partie...

« Au commencement était la mécanique. » Cette phrase du physicien allemand Max von Laue dans son ouvrage *Histoire de la physique* traduit bien l'importance prise par ce domaine dans la construction de l'édifice scientifique qui s'appellera plus tard la physique. Dans cette partie, nous allons voir naître la physique autour des questions suscitées essentiellement par l'observation du ciel.

DANS CE CHAPITRE

Thalès et la hauteur des pyramides

•

Un (nouveau) modèle de l'Univers

•

La taille de la Terre

•

La poussée des idées d'Archimède

Chapitre 1
La science antique

La physique antique n'est certainement pas quantique. Elle n'est même pas encore physique ! C'est d'abord la tentative de l'Homme à exploiter la nature en sa faveur, notamment dans la fabrication des outils et des armes. Une fois la survie assurée, il faut alors compter, arpenter et donc inventer la numération, le calcul et la géométrie. La science s'est d'abord développée par ses applications devenues nécessaires, bien avant une quelconque théorie.

L'Homme commence par maîtriser le feu, mais il ne se pose pas la question de son origine ni de sa nature. Il construit des bateaux qui flottent, bien avant le « eurêka » d'Archimède. Ce n'est que plus tard qu'il suppose que la nature, l'Univers et le cosmos sont organisés suivant des lois, des principes qui sont *a priori* intelligibles. Ce qui est à l'origine de la physique, ce sont des questions fondamentales comme : « Comment l'ordre dans lequel nous vivons est-il né du chaos ? » Cette question est toujours d'actualité.

Les dieux sont longtemps restés responsables de tous les phénomènes naturels. Le vent, l'orage, la foudre sont perçus comme étant les manifestations de la colère des divinités et les mythes décrivent le monde à l'image de la vie humaine et de son imagination. Il faut attendre les années 600 avant notre ère pour voir apparaître une sorte de rationalisation de ces mythes. Les Babyloniens et ensuite les Grecs d'Asie Mineure, notamment à Milet, vont poser les premières pierres connues de l'édifice scientifique.

Commençons par le début

Difficile de rassembler ici la lente évolution de la numération, de la fabrication des outils et des armes, de la métallurgie... Commençons donc par la période grecque, correspondant aux premières explications non religieuses du monde et du cosmos.

L'Univers en questions...

À Milet en 585 avant J.-C., vivait Thalès, l'un des philosophes (et donc savant à l'époque) les plus connus. Lors d'un voyage à Babylone, ville riche en culture, il s'intéresse à l'astronomie. La légende lui attribue même la première prévision d'une éclipse de Soleil. Il est probable qu'il se soit inspiré d'un calendrier babylonien qui établissait, à partir d'observations, la périodicité de certaines éclipses. Avant lui, l'Univers était décrit par des éléments mythiques un peu à l'image de notre monde. La Terre était plate, circulaire, elle ne reposait sur rien sauf peut-être sur les Enfers situés en dessous...

Thalès part en quête du principe unique qui gouverne l'Univers. À la question fondamentale sur l'origine de l'Univers, il répond « l'eau ! ». Un élément, l'eau, vient ainsi de remplacer les dieux. Au centre de son Univers, il y aurait une poche d'air (qui, d'après lui, vient de l'eau liquide par évaporation) en forme de demi-sphère et, tout autour de cette bulle, de l'eau liquide. La partie supérieure de la bulle serait notre ciel. Sur le fond (plat) flotterait une sorte de galette cylindrique solide, notre Terre. Celle-ci proviendrait, elle aussi, de l'eau par sédimentation. Thalès explique les séismes par les mouvements chaotiques de notre « galette » sur cette eau.

Thalès, le premier étalon

La légende raconte que Thalès, déjà très connu à l'époque, est invité par le roi d'Égypte, qui se plaint de ne pas connaître la hauteur des pyramides déjà presque bimillénaires.

Thalès a remarqué qu'en Égypte, à un certain moment de la journée et à une certaine date, l'ombre d'un objet vertical est égale à sa taille. Thalès se sert alors de son ombre, donc de sa taille, comme unité de mesure. La pyramide de Khéops à Gizeh mesure ainsi 85 Thalès ! Vu la taille du philosophe d'environ 1,70 mètre, la pyramide mesure donc, d'après l'estimation de Thalès, 146 mètres[1].

1. La hauteur actuelle de la pyramide de Gizeh est estimée de 144,2 mètres.

Le théorème de Thalès n'a pas été découvert, ni démontré par Thalès. Il était connu à l'époque de l'Égypte antique (-1500) et des Babyloniens. Le papyrus de Rhind semblait déjà y faire référence. Il sera démontré par Euclide un peu plus tard, vers -300. Ce n'est que beaucoup plus récemment que le nom de Thalès est attribué à ce théorème. Il porte d'ailleurs des noms différents dans d'autres pays.

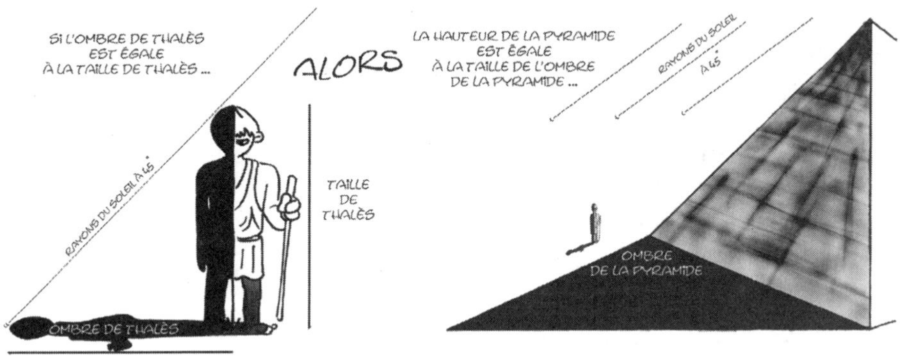

Figure 1-1 Thalès et la hauteur de la pyramide.

Le théorème de Thalès

Dans un plan, une droite parallèle à l'un des côtés d'un triangle sectionne ce dernier en un triangle semblable. Cela signifie que les longueurs des différents segments sont proportionnelles. Pour notre application, le théorème se traduit par :

$$\frac{\text{petite hauteur}}{\text{petite longueur}} = \frac{\text{grande hauteur}}{\text{grande longueur}}$$

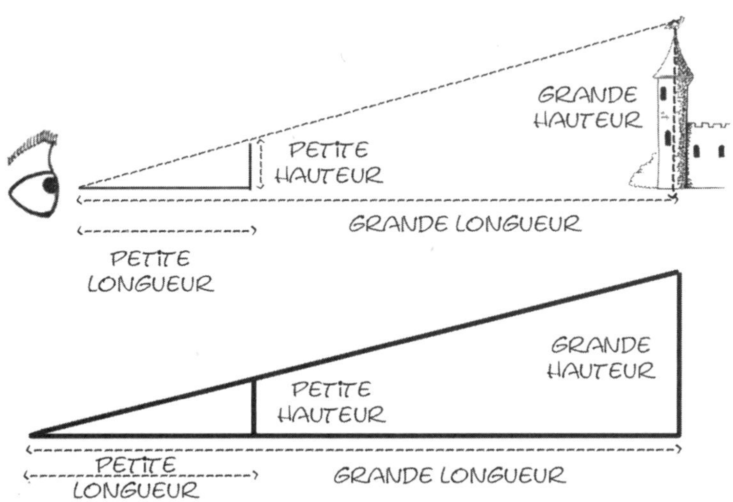

Figure 1-2 Une interprétation du théorème de Thalès.

Les quatre éléments

Pour Anaximandre, l'un des élèves de Thalès, l'*apeiron* (et non pas l'apéro !) est à l'origine de tout. L'*apeiron* c'est l'infini, l'illimité, mais pour les Grecs c'est aussi l'indéterminé, le confus, le chaos. À l'époque, il y avait un seul mot pour désigner ces deux concepts. Cet *apeiron* est censé contenir tous les éléments en devenir. Plus tard, Anaximène propose l'air comme élément d'origine. Ensuite, Empédocle imagine que tout s'obtient par la combinaison de quatre éléments : l'eau, l'air, la terre et le feu. Ces quatre éléments se mélangent plus ou moins bien, selon le degré de haine ou d'amour qui les anime. Dans l'amour absolu, ils forment une unité parfaitement homogène. À l'inverse, lorsque la haine est totale, ils sont parfaitement dissociés. Selon Empédocle, l'une de ces forces l'emporte toujours.

La Terre s'arrondit

Un peu plus tard, vers 530 avant notre ère, Pythagore fonde une « école », qui se rapproche plus d'une communauté, d'un ordre voire d'une secte au sens actuel du terme. Les membres de cette communauté recherchent le principe fondamental du monde dans l'organisation des nombres. Ils accordent une grande importance aux oppositions, ils rejettent l'idée d'un ou plusieurs éléments à l'origine du monde. Les nombres deviennent les éléments constitutifs de la matière, de notre Univers, une sorte d'élément de base, d'atome numérique.

Ça sonne bien

Tout a commencé par la découverte de la relation entre le son émis par une corde et sa longueur, par le son émis par un marteau et sa masse, par l'harmonie des sons et des nombres. Bien avant Pythagore, il existait une gamme « naturelle » qui était utilisée de façon empirique pour jouer d'un instrument. Le travail remarquable de l'école pythagoricienne est d'avoir établi les bases d'une théorie en inventant la notion de gamme musicale. Les disciples de Pythagore établissent que les intervalles fondamentaux naturels comme l'octave, la quinte et la quarte correspondent à des rapports numériques simples. La gamme pythagoricienne est une gamme musicale construite sur des intervalles de quintes justes, dont le rapport de fréquences vaut 3/2 (nous savons aujourd'hui que ce sont des « fréquences », Pythagore raisonnait surtout sur des rapports de longueur de cordes). Les harmoniques pythagoriciennes d'une note comme le *do* sont les suivantes : 1, 2, 4, 8, 16, 32, 64, 128, 256, 512, 1 024... qui ne sont autres que les puissances de deux (que l'on retrouve dans les unités informatiques mais pour d'autres raisons). Toutes ces découvertes s'organisent autour de la recherche d'une perfection, pour les sons, les formes ou les nombres.

Rond, c'est parfait

Dans le cadre de cette recherche, la forme déclarée parfaite par l'école de Pythagore est celle du cercle dans le plan, et de la sphère dans l'espace. Le modèle proposé pour la forme de la Terre devait donc être sphérique. Ce sera aussi la géométrie proposée pour notre Univers : il est composé de sphères imbriquées les unes dans les autres, *l'harmonie des sphères*. Cette forme parfaite sera donc naturellement celle de notre Terre. L'observation des phénomènes célestes est peut-être aussi à l'origine de cette hypothèse. En tout cas, cette idée s'installe comme un dogme. Aristote va ensuite donner, dans son *Traité du ciel*, des arguments précis pour justifier cette théorie.

Aristote justifie

Aristote est convaincu du caractère sphérique de la Terre. Tout d'abord à cause des éclipses de Lune, qui sont dues à l'interposition de la Terre entre notre satellite naturel et le Soleil. La Lune passe alors dans l'ombre de la Terre. La forme circulaire de l'ombre de la Terre, qui se projette sur la Lune, ne peut s'expliquer que par la sphéricité de la Terre. D'autre part, les voyageurs qui se déplacent vers le sud voient certaines constellations du ciel s'abaisser puis disparaître, alors que ceux qui voyagent en sens opposé les voient surgir et s'élever dans le ciel. Cette observation confirme encore que la Terre est sphérique. Pour finir, Aristote affirme que la géométrie sphérique présente un fort degré de symétrie compatible avec le nécessaire équilibre des forces. Aristote va imposer cette idée à ses contemporains, ainsi que son modèle d'Univers de taille finie avec la Terre immobile au centre de celui-ci. Elle est entourée de sphères concentriques en rotation autour de son centre. La plus éloignée contient les étoiles fixes, alors que les sphères intérieures portent les planètes et le Soleil.

Pour Aristote, une force constante impose une vitesse constante. Pas de mouvement sans force ! Il faudra attendre les travaux de Galilée et de Newton (voir Chapitre 2), quinze siècles plus tard, pour invalider cette hypothèse.

Figure 1-3
Le système d'Aristote.

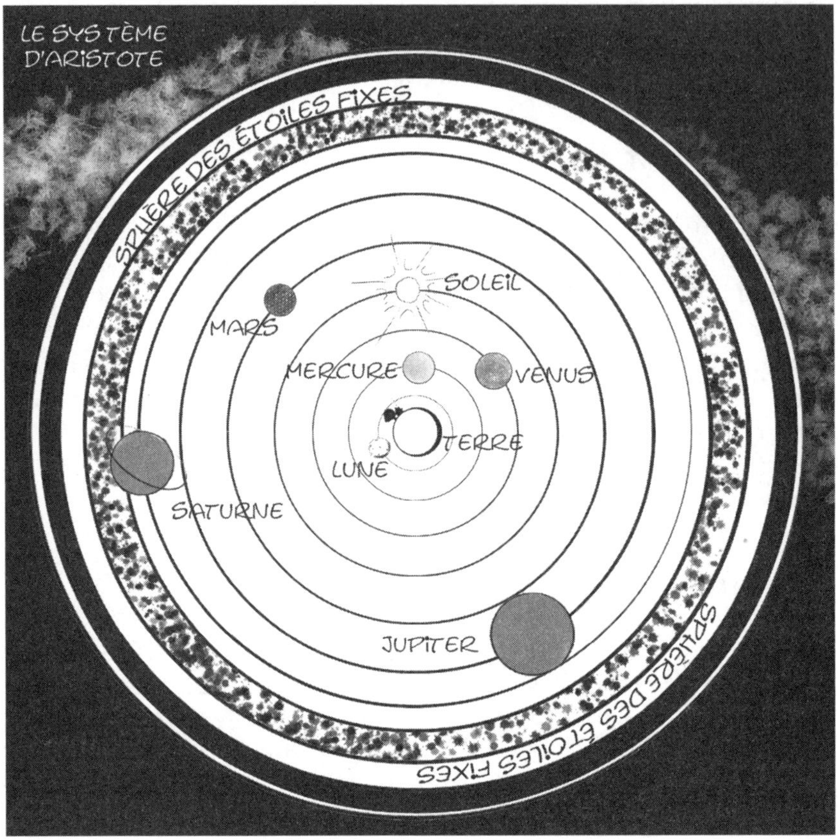

La Terre détrônée

Nous sommes en 400 avant J.-C. et la Terre est immobile au centre de l'Univers pour Pythagore, Platon et surtout Aristote. Le poids de ce dernier est tel qu'il est quasiment impossible d'imaginer une autre organisation pour notre Univers. Malgré cette position dominante, deux astronomes grecs vont proposer des systèmes différents : Héraclide (-380 à -310) et Aristarque de Samos (-310 à -230). À partir de l'observation de la rotation apparente de la voûte céleste, Héraclide envisage que la Terre tourne sur elle-même, autour de son axe, en une journée. Mais lui aussi continue à penser que le reste des corps célestes, y compris le Soleil, tourne autour de la Terre.

Aristarque, précurseur de Copernic

Aristarque de Samos va plus loin. Pour lui, la Terre tourne effectivement sur elle-même en une journée, mais celle-ci tourne aussi autour du Soleil ! Cette idée lui vaut d'ailleurs de vives attaques de la part des stoïciens, autre grande école de philosophie grecque. Aristarque est carrément accusé d'impiété pour avoir mis « le centre du monde » en mouvement. Son raisonnement s'appuie sur la taille relative du Soleil, de la Terre et de la Lune, car les plus petits tournent autour des plus gros, donc la Terre autour du Soleil, et la Lune autour de la Terre. Mais pour tenir un tel raisonnement, il fallait évaluer leur taille. Et Aristarque réalise cet exploit en 300 avant J.-C. ! Il va même aller encore plus loin et évaluer un ordre de grandeur des distances qui séparent tous ces astres.

De la Terre à la Lune

Pour connaître la distance qui nous sépare de la Lune, Aristarque mesure l'angle sous lequel l'astre est vu depuis la Terre, et trouve un angle d'environ 2 degrés. Il suppose en outre que la distance Terre-Lune est très grande devant le rayon de la Terre. Ses calculs conduisent à une distance égale à dix fois le rayon de la Terre. Sa mesure du diamètre apparent de la Lune est cependant très imprécise, car cette valeur est plus proche du demi-degré (32' exactement). La distance Terre-Lune est plutôt de 60 rayons terrestres, mais cette première évaluation n'en reste pas moins historique.

Faites-le vous-même

Vous pouvez mesurer le diamètre apparent de la Lune avec une pièce d'un euro. Faites-la tenir par un ami à un peu plus de deux mètres de votre œil en direction de la Lune. À une distance de 2,5 mètres, la pièce masque exactement la Lune. Le diamètre de la pièce est de 23,2 millimètres. Le rapport entre le diamètre de la pièce et la distance vaut 0,0093. En première approximation, ce rapport correspond à un angle de 0,5 degré.

Angle apparent d'un objet

Lorsque vous regardez un objet, celui-ci vous paraît d'autant plus petit qu'il est situé plus loin. L'angle sous lequel un objet est vu par un observateur est l'angle formé par les deux demi-droites issues de l'œil qui délimite l'objet, comme le montre la figure.

Figure 1-4

La Lune apparaît sous le même angle apparent que la pièce.

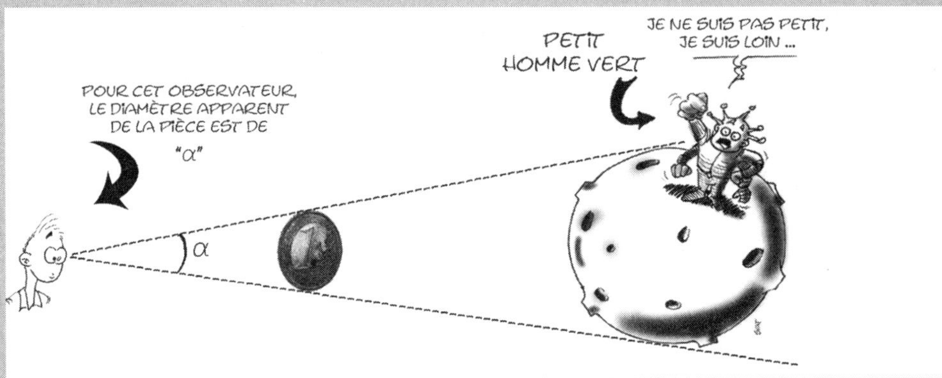

Un objet deux fois plus grand, mais situé deux fois plus loin, sera vu sous le même angle, sa taille « apparente » sera la même (encore le théorème de Thalès).

Il se trouve que la Lune et le Soleil sont vus sous le même angle depuis la Terre. Le Soleil est nettement plus grand que la Lune, mais il est beaucoup plus loin !

Attention, ne le faites surtout pas avec le Soleil, vos yeux sont précieux ! Si vous voulez faire cette mesure, percez un petit trou dans une boîte à chaussures. Sur le fond opposé, découpez le carton et remplacez-le par une feuille de papier translucide. Mesurez le diamètre de la tache lumineuse sur le calque et la longueur de la boîte à chaussures. Faites le rapport, vous trouverez le diamètre apparent du Soleil.

La distance Terre-Lune est actuellement mesurée grâce à des impulsions électromagnétiques (radar ou laser) que l'on envoie vers la Lune. L'impulsion réfléchie nous revient avec un temps de retard qu'on mesure avec grande précision. Pour les échos laser, on utilise des miroirs spéciaux, des cubes rétroréflecteurs, qui ont été déposés sur la Lune par les astronautes des missions *Apollo*. Cette distance a pour valeur moyenne 384 401 kilomètres. Mais elle varie périodiquement car l'orbite lunaire autour de la Terre est une ellipse.

Figure 1-5

L'angle sous lequel la Lune est vue depuis la Terre est de ½ degré.

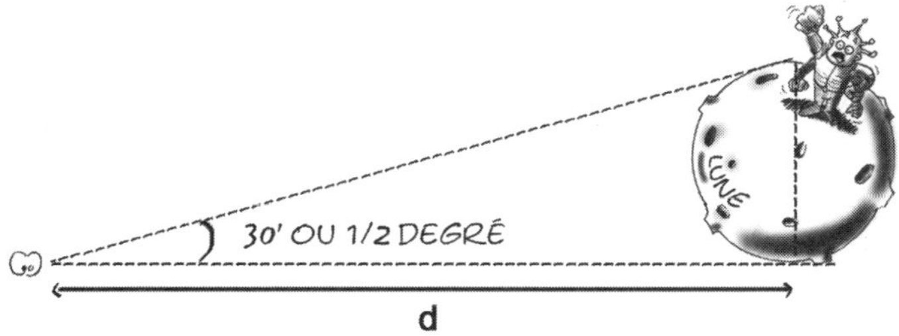

Mesure de la distance Terre-Soleil

Aristarque comprend que la Lune nous renvoie la lumière qu'elle reçoit du Soleil. Il en fait une de ses hypothèses fondamentales de travail. Il observe l'aspect de la Lune au cours de sa révolution autour de la Terre. Il interprète ses observations du premier quartier, de la nouvelle lune et de la pleine lune grâce à l'angle que font les rayons solaires lorsqu'ils éclairent la Lune. Au premier quartier (PQ), exactement la moitié de la Lune est éclairée. L'angle Terre-Lune-Soleil est droit (90°). Si le Soleil était à une distance infiniment éloignée de nous, le premier quartier serait alors exactement à mi-chemin (en termes de durée) entre la nouvelle lune et la pleine lune.

Figure 1-6

Si le Soleil est infiniment loin de la Lune, la durée entre la nouvelle et la pleine lune est exactement le double de celle entre la nouvelle lune et le premier quartier.

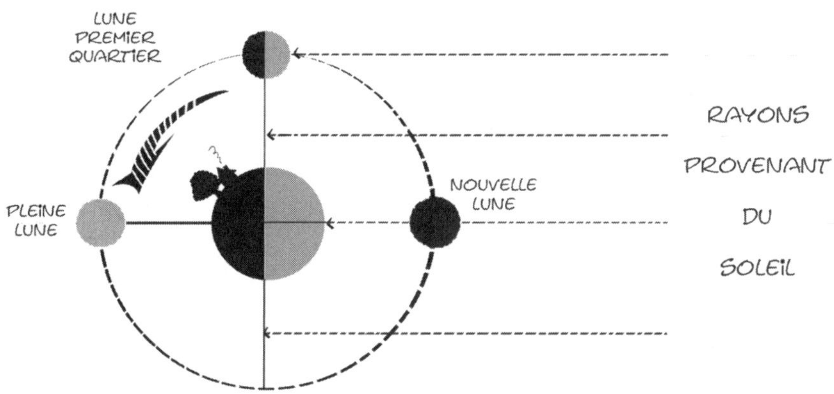

Aristarque se rend compte que ce n'est pas le cas, le Soleil est donc à une distance finie (et non pas infinie). Le premier quartier est plus proche de la nouvelle lune qu'il ne l'est de la pleine lune. Aristarque mesure le temps écoulé entre une nouvelle lune et le premier quartier. Il fait de même entre l'observation du premier quartier et de la pleine lune. Les observations sont difficiles sans lunette et sans horloge précise, mais il trouve une valeur moyenne de l'écart de six heures. La durée de révolution de la Lune autour de la Terre est d'environ 27 jours, soit 650 heures, ce qui représente un peu moins de 1 % de la durée totale.

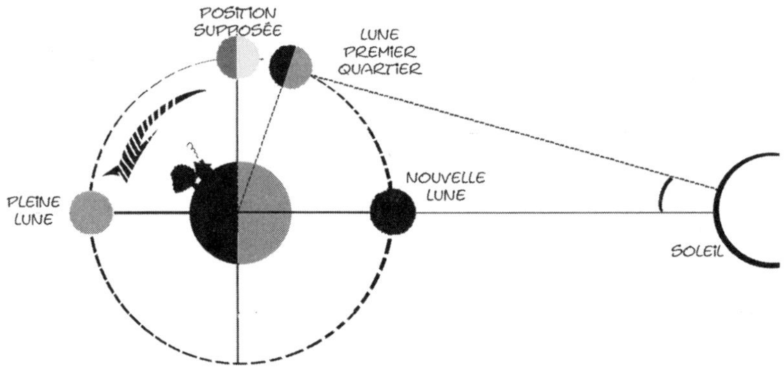

Figure 1-7
La distance entre le Soleil et la Lune n'étant pas infinie, le premier quartier de lune est visible un peu plus tôt que prévu.

Avec une unité arbitraire (1 cm par exemple) pour la distance Terre-Lune, la distance Terre-Soleil est alors de 19 unités (19 cm). La conclusion d'Aristarque est que le Soleil est dix-neuf fois plus éloigné de la Terre que ne l'est la Lune. Encore une fois, la mesure de la durée initiale est très imprécise (six heures « environ »). Comme le Soleil est vu depuis la Terre sous le même angle que celui de la Lune, Aristarque en déduit que le Soleil est dix-neuf fois plus gros que la Lune (l'erreur se propage...). En réalité, le Soleil est quatre cents fois plus gros que la Lune, mais la méthode était parfaite !

Le modèle d'Aristarque étant centré sur le Soleil, ses détracteurs sont forcément nombreux : si la Terre bouge (autour du Soleil), comment se fait-il que les étoiles semblent fixes au cours de la nuit ? Aristarque pense qu'elles sont très éloignées de la Terre, d'où l'impression d'immobilité, ce qui était la bonne réponse !

Toutes ces mesures sont évidemment peu précises au regard de ce que nous savons faire aujourd'hui, mais à cette époque, elles représentent un véritable tour de force, à la fois technique et surtout intellectuel.

Aristarque place au premier rang l'acte d'observation au détriment de la pure spéculation. De ses observations, il déduit un modèle de la réalité : cet homme avait tout simplement quinze siècles d'avance. Toutes les distances évaluées par Aristarque se ramènent au diamètre de la Terre, qu'il ne connaissait pas à l'époque, mais qui sera déterminé quelques années plus tard par Ératosthène.

Malgré la justesse du modèle proposé par Aristarque, celui-ci sera rejeté pour des motifs religieux. Archimède en reparlera timidement, mais il faudra attendre plusieurs siècles pour voir ressusciter ce modèle.

Les premiers stades de la mesure

Les Grecs sont convaincus que la Terre est sphérique, reste à mesurer son périmètre. Le Soleil est suffisamment loin de la Terre pour que l'on puisse considérer que les rayons lumineux qui tombent sur sa surface sont parallèles entre eux, et ceci permet de faire un peu de géométrie.

Ératosthène (-276 à -194) savait, par l'intermédiaire des récits de voyageurs, qu'un même jour et au même instant, les ombres portées par les objets ne sont pas les mêmes suivant l'endroit où l'on se trouve.

Figure 1-8
La mesure du périmètre de la Terre par Ératosthène.

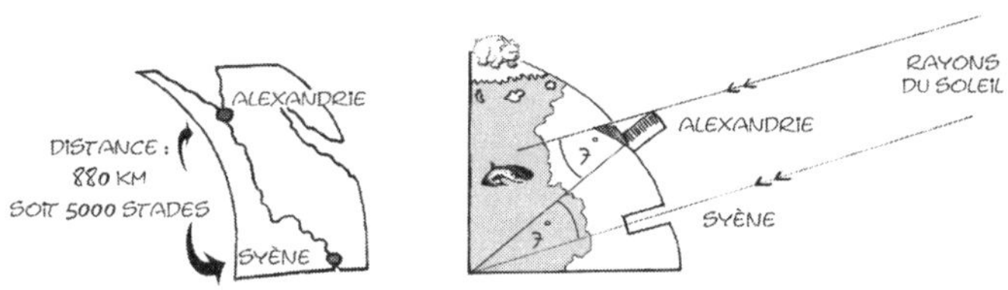

À Syène (aujourd'hui Assouan) dans le Sud de l'Égypte, le jour du solstice d'été, le Soleil est au zénith à midi pile. Cela signifie que les rayons solaires atteignent le sol perpendiculairement. Les objets n'ont donc pas d'ombre et de ce fait, le fond d'un puits vertical est parfaitement éclairé. Le même jour, à la même heure, à Alexandrie, plus au nord, tous les objets ont une ombre. Ératosthène plante un petit bâton, appelé « gnomon » dans les cadrans solaires, dont il mesure l'ombre : l'angle que font les rayons solaires avec le sol est une fraction d'environ un cinquantième de cercle (un peu plus de 7°). La distance qui sépare les deux villes est évaluée dans l'unité de l'époque, à 5 000 « stades grecs ». Il applique ensuite une simple règle de proportionnalité : à un angle de 7° correspond une distance de 5 000 stades et à un tour complet 360° correspond le périmètre de la Terre. Son calcul conduit à une valeur de 257 000 stades. Les historiens attribuent à la longueur du stade antique une valeur comprise entre 157 et 177 mètres. La valeur du périmètre de la Terre évalué par Ératosthène est donc comprise entre 39 000 et 44 000 kilomètres. Pas mal du tout, si on compare à la mesure moderne, soit 40 075 kilomètres à l'équateur...

Sous la poussée d'Archimède

Archimède est certainement l'un des scientifiques les plus célèbres de la Grèce antique. Ses travaux concernent autant les mathématiques que l'astronomie, la physique et, chose plus rare à l'époque, ses applications. À la différence des autres hommes de science grecs, beaucoup d'éléments de sa vie sont parvenus jusqu'à nous, mais il est quasi impossible de distinguer ceux qui sont du domaine réel de ceux qui font désormais partie de la légende.

Ça balance pas mal à Syracuse

Le bras de levier est le principe de fonctionnement de la balance romaine. Celle-ci n'a d'ailleurs rien de romaine : elle doit son nom à sa traduction d'origine arabe « roummana » qui veut dire « grenade » (le fruit !). Dans sa présentation la plus simple, elle est constituée d'un bras mobile autour d'un axe. À l'une de ses extrémités est accrochée une masse de référence (qui avait la forme d'une grenade), à l'autre, la masse dont on souhaite connaître la valeur.

Figure 1-9
Principe du bras de levier ou de la balance romaine.

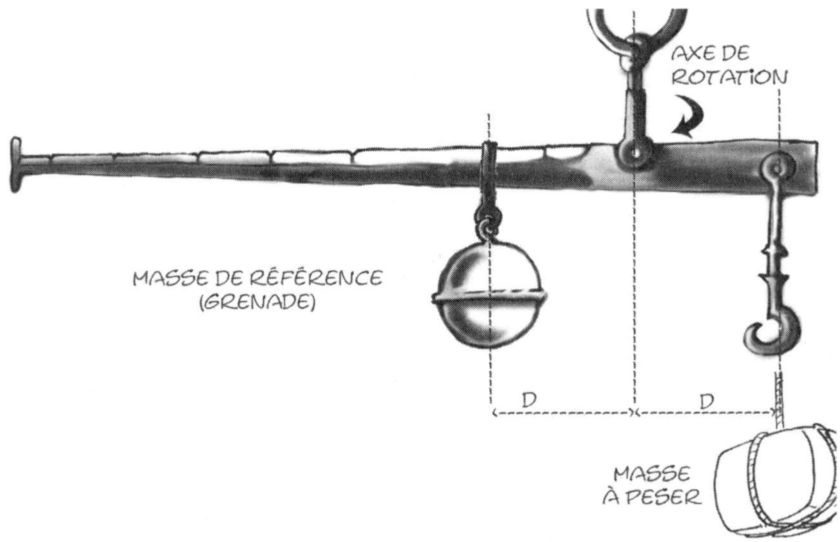

L'équilibre est possible si la distance qui sépare la masse de référence de l'axe est la même que celle qui sépare l'objet de cet axe, les masses sont alors égales.

Si la distance qui sépare la masse de référence (toujours par rapport à l'axe et à l'équilibre) est le double de celle qui sépare l'objet, celui-ci présente une masse double de celle de la référence. La distance qui sépare la masse de référence et l'axe du levier est proportionnelle à la masse de l'objet pesé.

Il suffit alors de déplacer la masse de référence jusqu'à obtenir l'équilibre, de mesurer cette distance, la masse de l'objet est alors connue.

Figure 1-10

Un exemple de pesée avec la balance romaine.

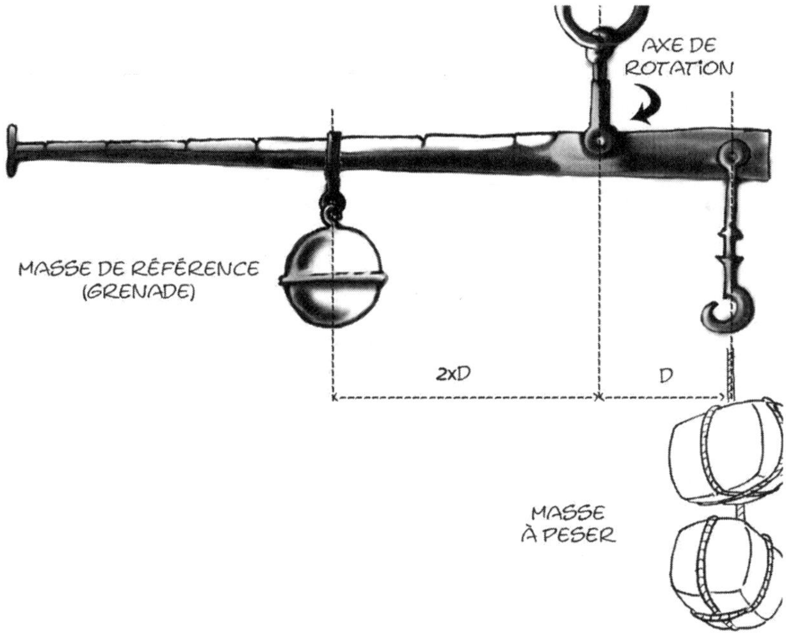

Le principe du levier est aussi utilisé pour soulever des masses importantes. Puisqu'une petite masse peut en équilibrer une grosse, à condition de la placer à la bonne distance de l'axe de rotation du levier, il devient possible de soulever une très grosse masse. Ce principe s'appuie sur la notion de moment d'une force qui est présentée au chapitre suivant.

Pour prouver au roi de Syracuse que l'effet d'un bras de levier pouvait être considérable, Archimède lui propose de déplacer, seul, une galère remplie. La légende dit qu'il a réalisé cet exploit d'une main, et assis de surcroît !

Figure 1-11

Une application du bras de levier d'Archimède.

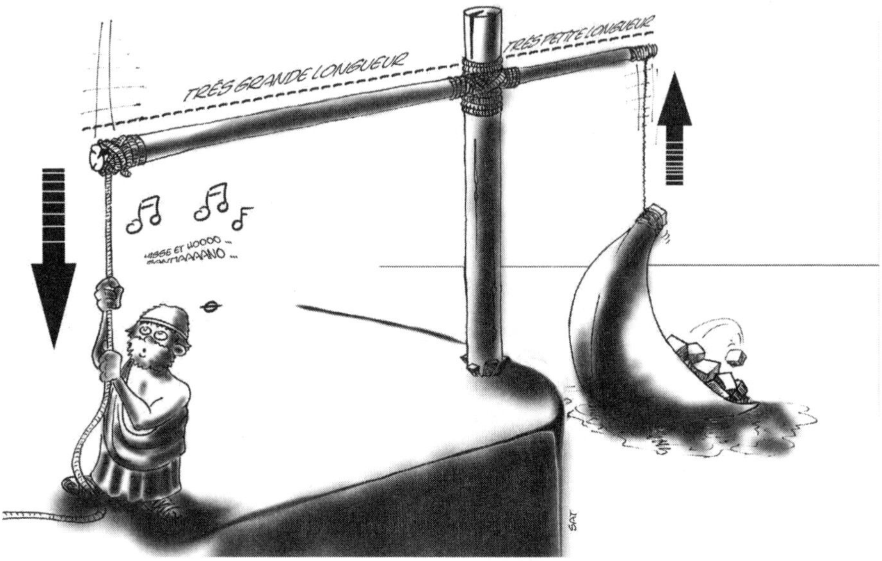

Archimède va développer de nombreux outils basés sur ce principe. Il va aussi construire sur cette base des armes de guerre, comme la catapulte constituée de leviers et de poulies judicieusement agencés pour projeter au loin des objets comme des pierres et défendre la ville de Syracuse contre les attaques romaines.

La légende attribue à Archimède la phrase suivante : « Donnez-moi un point d'appui et je soulèverai le monde. » Aujourd'hui, un grand nombre d'outils technologiques exploitent ce principe. Le pied-de-biche, la barre à mine ou toutes les grues sont autant de bras de levier sur les chantiers.

Qu'est-ce qui est le plus lourd…

… un kilogramme de plumes ou un kilogramme de plomb ? La réponse a été donnée vers 250 avant J.-C., par Archimède. La légende raconte que le roi Hiéron II décide, au moment d'accéder au trône de Syracuse, de dédier aux dieux une couronne exceptionnelle, qui doit être d'or pur. Il confie à un artisan orfèvre la quantité requise de métal précieux. Une fois l'objet fabriqué, les mauvaises langues se manifestent (une des premières constantes, non scientifiques). On suggère au roi que tout l'or confié n'aurait pas été utilisé pour la fabrication de la couronne, mais qu'il s'agirait d'un alliage d'or et d'argent… Le roi s'adresse alors à Archimède pour élucider l'affaire. Celui-ci, préoccupé par sa mission, se rend aux bains. Dans sa baignoire, il se sent plus léger et constate qu'une quantité d'eau a débordé. Il réfléchit et, sans prendre la peine de se rhabiller, sort dans les rues de

Syracuse en criant « Eurêka ! Eurêka ! »... Il a trouvé ! L'eau qui a débordé correspond au volume de son corps immergé dans l'eau. Elle aurait souhaité garder sa place, mais le corps nu d'Archimède l'en a chassée, il y a compétition entre le volume du corps immergé et celui de l'eau déplacée, et cela donne une méthode pour mesurer tous les volumes.

Par ailleurs, si je me sens plus léger dans l'eau, c'est à cause de l'eau qui me pousse vers le haut et diminue la sensation de lourdeur due à mon poids (pour une balle légère, c'est même l'eau qui l'emporte, la balle est ramenée en surface sous l'effet de la poussée de l'eau, elle flotte). Il y a donc une relation entre le poids d'un corps, son volume et le volume d'eau qu'il déplace lorsqu'il est immergé.

Archimède a alors l'idée de faire fabriquer deux couronnes à partir de la même masse de métal. La première est faite en or pur et l'autre en argent. Il les plonge dans un récipient rempli d'eau à ras bord et mesure, dans les deux cas, la quantité d'eau qui a débordé. Il s'aperçoit que le volume d'eau déplacé par la couronne d'or est moins important que celui déplacé par la couronne d'argent. Pour une masse donnée, 1 kilo par exemple, le volume de la couronne d'or est plus faible que celui de la couronne d'argent. Inversement, pour un même volume, la quantité d'or sera plus importante que la quantité d'argent. De façon moderne, nous dirions que la masse volumique de l'or est plus élevée que celle de l'argent. L'histoire prétend qu'Archimède a plongé la couronne réalisée par l'orfèvre dans le récipient plein, et qu'un volume d'eau intermédiaire entre celui correspondant à l'or pur et l'argent pur a été déplacé. L'orfèvre indélicat avait bel et bien utilisé un alliage pour réaliser la couronne...

Tableau 1-1 Volumes et poids de différents éléments.

	Eau	Air	Plomb	Or
Volume à 25 °C de 1 kg de :	1 litre ou 1 dm^3	0,81 m^3	8,8 cm^3	5,2 cm^3
Masse de 1 m^3 de :	1 tonne ou 1 000 kg	1,29 kg	11,3 tonnes	19,3 tonnes

Rien n'est plus chaud qu'un bon foyer

Lorsqu'une parabole est éclairée par la lumière du Soleil, les rayons se concentrent en un point particulier, le foyer de la parabole.

Figure 1-12
Les rayons se concentrent au foyer de la parabole.

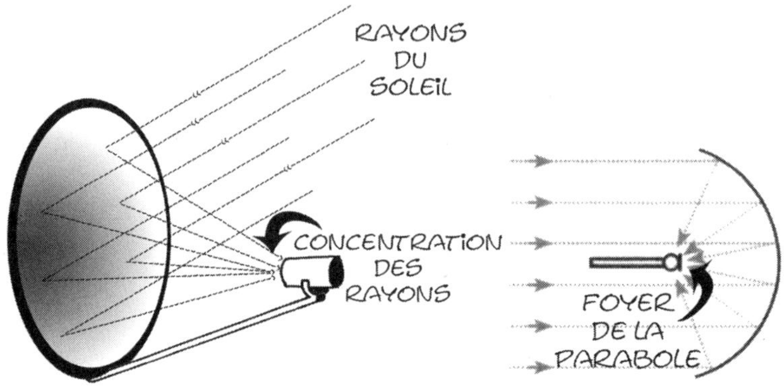

Lors du siège de Syracuse par les Romains, les soldats seraient allés chercher du secours auprès d'Archimède. Le savant aurait demandé que l'on installe sur la côte des miroirs paraboliques, dont le foyer serait dirigé vers la flotte romaine (d'après ce que la légende raconte, les soldats ont orienté leurs boucliers pour former ce que l'on pourrait appeler une portion de miroir parabolique). L'énergie lumineuse concentrée au foyer des paraboles aurait alors enflammé les voiles des bateaux romains, obligés de battre en retraite.

Légende ou réalité ? L'équipe américaine de *Mythbusters* a mis en scène le siège de Syracuse avec des bateaux et des miroirs construits dans les mêmes conditions qu'à l'époque du siège. Avec des navires à 20 mètres, il a été à peine possible de faire fumer une voile, alors que les conditions météo de la reconstitution étaient excellentes. Il y a donc fort à parier que ce récit soit une pieuse légende...

Mais votre parabole, qui vous permet de recevoir la télévision grâce aux satellites, fonctionne parfaitement : elle exploite cette convergence des rayons au foyer où est placée la tête de votre système de détection.

L'éclipse scientifique

Les Romains vont finalement envahir la Grèce et la dominer pendant plusieurs siècles. Leurs préoccupations étant de nature plus militaire, ils ne vont pas poursuivre l'œuvre scientifique des Grecs. Cependant, quelques ingénieurs, comme Héron d'Alexandrie, vont encore développer quelques systèmes technologiques ingénieux comme les fontaines à jet d'eau et le tourniquet à vapeur. Ils vont même établir des lois théoriques, notamment dans le domaine de l'optique. Héron affirme que la lumière se propage de façon rectiligne et il établit l'ancêtre des lois de la réflexion que nous allons retrouver dans le chapitre 6.

Une véritable éclipse scientifique tombe alors sur l'Occident. Dans la nuit de l'obscurantisme, la théorie et le modèle de l'Univers d'Aristote, perfectionnés à l'extrême par Ptolémée, vont s'imposer durant plus de quinze siècles.

Ce sont les Arabes, voyageurs et navigateurs, qui vont entretenir et développer la flamme scientifique durant cette période. C'est sur les connaissances introduites par la Grèce antique et perpétuées par la civilisation arabe que vont s'appuyer les maîtres de la Renaissance scientifique, Copernic, Kepler, Galilée, Newton et bien d'autres...

DANS CE CHAPITRE

Comment notre Univers s'installe

•

Les lois de Newton

•

Les satellites et les fusées

•

Des applications qui tournent

Chapitre 2

De Ptolémée à Newton : la mécanique céleste

La mécanique, c'est l'étude des mouvements et des lois qui les gouvernent. Nous avons quitté l'étude des corps (statiques) dans les bras (de levier) d'Archimède. Il faut attendre de voir les corps chuter au son des clochettes de Galilée pour que la notion de mouvement prenne un sens. C'est l'affrontement entre l'Univers de Ptolémée centré sur la Terre et celui de Copernic centré sur le Soleil. C'est aussi la lutte de la science qui tente de s'installer comme explication des phénomènes naturels contre l'Inquisition. C'est finalement Newton qui va apporter l'estocade finale, par l'intermédiaire de ses lois fondamentales et universelles.

« Si j'ai vu plus loin que les autres, c'est parce que j'ai été porté par des *épaules de géants.* » (Newton)

La (re)construction de notre Univers

Dans le chapitre précédent, nous avions laissé l'organisation de notre Univers aux mains d'Aristote. Son modèle s'impose d'abord tel quel avant d'être perfectionné par Ptolémée.

Le modèle de Ptolémée

Ptolémée imagine que, dans notre Univers, les étoiles et les planètes sont portées par des sphères de cristal qui tournent autour de la Terre. La position des planètes et des étoiles sur ces sphères est basée sur un nombre important d'observations et sur des calculs géométriques très fins. Ptolémée, à force d'artifices plus ou moins complexes, était parvenu à rendre compte de la plupart des observations stellaires. Son modèle permettait même de prévoir les éclipses solaires. Ptolémée a consigné l'ensemble de ses calculs et de ses observations dans une œuvre de treize volumes appelée la *Grande Syntaxe* ou l'*Almageste*.

Ce modèle a été adopté par l'Église et va s'imposer jusqu'à ce que...

Le Soleil tente de prendre sa place

Pythagore l'avait pressenti, Aristarque l'avait déjà imaginé (voir Chapitre 1) et Archimède en avait un peu reparlé. Puis quelques scientifiques en envisagent l'éventualité au cours du Moyen Âge et, finalement, c'est Nicolas Copernic qui va proposer un modèle quasiment abouti d'un Univers centré sur le Soleil, le modèle héliocentrique.

Nicolas Copernic (1473-1543) est né dans le Nord de la Pologne. Il poursuit ses études en Italie où il assiste, avec son professeur, à l'éclipse de l'étoile Aldébaran par la Lune. L'observation de cette éclipse va décupler son intérêt pour l'astronomie. C'est la Renaissance, et la « redécouverte » des textes anciens est à la mode. Aussi, Copernic va lire les textes d'Aristote, Platon, Euclide, Archimède... Et, à cette époque, Aristote est la référence incontournable, « le » philosophe ! Copernic partage son enthousiasme pour le modèle des sphères imbriquées les unes dans les autres (voir Chapitre 1).

Mais Copernic étudie également Platon et il est séduit par l'idée qu'une structure simple doit expliquer l'Univers. Il va notamment suivre les cours de Domenico Maria Novara. Ce dernier est un des premiers scientifiques à remettre en cause le système d'Aristote et de Ptolémée. Ce qui conduit Novara à douter du système de Ptolémée est son extrême complexité. Pour lui, la nature est simple, il faut donc chercher un modèle simple. Sous l'impulsion de son professeur et avec lui, Copernic exhume la construction de l'Univers d'Aristarque.

Copernic va construire un modèle où les planètes tournent autour du Soleil. Dans un premier temps, les trajectoires autour de notre astre sont simplement circulaires. Ce modèle a l'avantage de la simplicité mais il ne s'appuie sur aucune théorie. Il est simplement basé sur des considérations philosophiques et métaphysiques. La justification est simpliste, le Soleil est au centre car il est le plus brillant ! Mais son modèle rend compte, avec une précision accrue, du mouvement de la plupart des planètes.

L'idée de Copernic

Copernic établit une méthode pour calculer la période, c'est-à-dire le temps mis par chaque planète pour réapparaître au même endroit dans le ciel. Jusqu'alors, on pensait que cette durée était d'un an pour toutes les planètes. Copernic va aussi remettre cette idée en cause. Il obtient alors, à partir de sa méthode de calcul, pour la plupart des planètes connues à l'époque, des valeurs proches de celles connues actuellement.

Copernic admet que cette durée (la période) dépend de la distance qui sépare la planète du Soleil. Ainsi, des planètes comme Mars, Jupiter, Saturne situées plus loin du Soleil que la Terre vont moins vite et sont parfois dépassées dans leur course par notre Terre.

Dans ces cas, au cours d'une observation, ces planètes semblent, par moments, revenir en arrière dans leur course. Le mouvement est alors rétrograde. Jusque-là, aucun autre modèle ne permettait d'expliquer correctement ce phénomène, pas même celui de Ptolémée si complexe soit-il. L'idée de Ptolémée était de superposer, aux trajectoires des planètes, des petites orbites circulaires, des épicycles. Copernic a dû y faire appel aussi, mais nettement moins que Ptolémée.

Figure 2-1
Le mouvement rétrograde d'une planète.

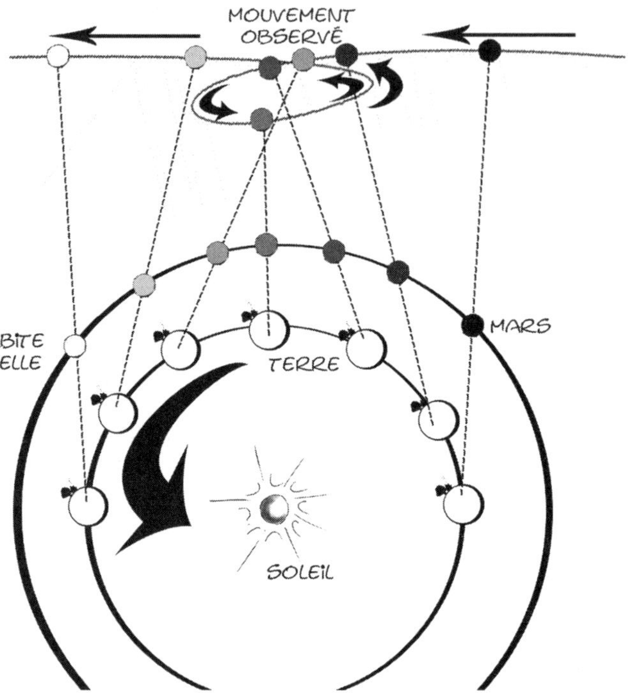

Copernic va donc perfectionner son modèle en superposant, aux grandes trajectoires circulaires, des plus petites (épicycles). Comble d'ironie et à force de superposer des mouvements circulaires les uns sur les autres, il va développer un modèle presque aussi compliqué que celui de Ptolémée.

Dans le tiroir à cause de l'affaire des Placards

Nous sommes en 1530, l'opposition entre catholiques et protestants s'installe. L'Église et ses théologiens sont très attachés au modèle de Ptolémée et aux thèses d'Aristote : « L'Homme est la réalisation la plus aboutie de Dieu, elle est donc au centre de l'Univers, avec la Terre. » Il est très dangereux, à cette époque, de remettre une telle affirmation en question. Rappelons qu'en 1529, Berquin, un ami d'Érasme, a été exécuté. Le 18 octobre 1534, des protestants français placardent des proclamations contre la messe jusque sur la porte de la chambre de François Ier à Amboise. C'est la première manifestation d'hostilité entre protestants et catholiques en France. L'affaire des Placards (ou affiches) va déclencher la persécution des protestants.

Copernic est un homme d'Église et de surcroît prudent ; il ne publie de ses travaux que des tables de dates qui prédisent la position de telle ou telle planète. Il ne comptait rien dire des idées sur lesquelles reposaient ses travaux, sauf à ses amis intimes. Son travail était « rangé » au fond d'un tiroir, on le découvrirait après sa mort...

Mais c'était sans compter sur son unique disciple et ami, Rheticus, qui va se battre pour publier son ouvrage *Théorie révolutionnaire des orbites célestes*. Rheticus va d'abord tâter le terrain et publier un petit opuscule d'une soixantaine de pages dans lequel il propose un résumé des thèses coperniciennes. L'accueil est plutôt bon et aucun scandale n'éclate. Il continue à se battre et l'ouvrage paraît en 1543. Cette même année, Copernic est très malade et finira par succomber au mois de mai laissant derrière lui la première œuvre majeure d'une théorie héliocentrique. La voie est ouverte. Kepler va s'y engouffrer et étudier le mouvement de Mars mais avant, Tycho Brahé, grâce au roi Frédéric II (roi du Danemark et de Norvège), va effectuer une quantité astronomique de mesures... astronomiques.

La construction du premier grand observatoire

À la mort de son père, Brahé retourne sur ses terres d'enfance. Il hérite d'un domaine où il installe son laboratoire. Il découvre en 1572 une nouvelle étoile dans la constellation de Cassiopée aussi brillante que l'étoile du Berger (Vénus) et il crie : « Nova ! Nova !... » Il publie l'année suivante *De Nova Stella*, un petit opuscule où il écrit, entre autres, que les « novae » sont des étoiles qui deviennent visibles pour des observateurs situés sur Terre, à cause d'une augmentation de leur éclat. Aujourd'hui, cette étoile serait qualifiée de supernova de type I. Cette découverte est plus importante qu'il n'y paraît : elle remettait en question l'immuabilité des cieux ! Le système de Ptolémée vacille de plus en plus.

Anecdote

Tycho Brahé devient célèbre ; il est reconnu pour la qualité de ses travaux. Il donne des conférences à l'université de Copenhague. Le roi Frédéric II finance alors la construction d'un observatoire astronomique digne de ce nom sur une petite île, Ven (ou Hveen) près de Copenhague. La construction de cet observatoire se fait en 1576. En fait, il s'agit plutôt d'un palais, que l'on appelle rapidement le palais des Cieux ou Uraniborg (du nom de la muse de l'Astronomie, Uranie). Cet observatoire devient rapidement le haut lieu de l'astronomie en Europe. Il attire des scientifiques et des étudiants des quatre coins du continent. Le roi verse à Tycho Brahé une rente, il peut alors se consacrer à ses travaux.

Un catalogue d'étoiles

Il y effectue des observations systématiques du Soleil, de la Lune et des autres planètes. Il conçoit et fait réaliser des instruments bien plus précis que ceux qui étaient utilisés jusqu'alors, lui permettant de meilleures mesures. Citons les grands quadrants verticaux (plus de 2 m de rayon !) pour mesurer la déclinaison des astres. Les instruments de Tycho Brahé sont remarquables par la précision de leur construction permettant des observations de position qui ont augmenté d'un facteur dix. Cette précision pouvait atteindre la minute d'angle, c'est-à-dire un soixantième de degré ! Il établit un catalogue immense et très précis d'étoiles, le plus précis de l'époque. Il faut noter que toutes ces observations ont été faites sans lunette astronomique ni télescope !

Anecdote

Tycho Brahé est mort en 1601, à Prague, dans des conditions qui restent inconnues aujourd'hui. La légende raconte qu'il serait mort d'avoir trop attendu pour aller aux toilettes au cours d'un voyage en carrosse avec l'empereur Rodolphe II ! Il est enterré dans l'église de Notre-Dame de Týn, près de l'Horloge astronomique, à Prague (cela vaut le déplacement !).

Il va céder la plupart de ses écrits à l'un de ses jeunes disciples, Johannes Kepler.

Un motif pour un avis

Johannes Kepler (1571-1630) est un jeune garçon très intelligent, nettement plus intelligent que la moyenne. Il est repéré par le duc de Wurtemberg qui va le prendre sous sa tutelle. À l'université de Tübingen, il suit les cours de Michael Maestlin, professeur de mathématiques et fervent défenseur du modèle de Copernic. Dans le contexte de l'époque, ce professeur se devait d'enseigner le système géocentrique de Ptolémée officiellement, mais le soir, en cachette, pour les meilleurs élèves (dont Kepler), il expliquait en détail les avantages et les points particuliers du système héliocentrique. Kepler est croyant et convaincu que Dieu a créé l'Univers autour de quelques motifs « beaux et parfaits ». Il propose alors un modèle de sphères imbriquées les unes dans les autres et construites autour de cinq motifs. Son modèle lui semble cohérent. Nous sommes en 1596 lorsqu'il envoie ses résultats à Tycho Brahé, qui occupait alors la chaire de mathématicien impérial, pour connaître son avis.

Un coup de Mars et ça repart...

Tycho Brahé reçoit les propositions de Kepler et les étudie. Bien que les résultats du jeune Allemand ne soient pas exacts, le maître est interpellé par le talent du jeune prodige et lui propose, sous forme d'un petit défi, de le rejoindre à Prague et d'interpréter mathématiquement la capricieuse orbite de Mars.

Brahé meurt en 1601 et Kepler le remplace à ce poste prestigieux, de mathématicien impérial. Il se met à travailler à partir des données d'observation de Tycho Brahé. Il cherche dans ces constellations de chiffres une structure, un motif. À force d'essais et de tentatives, il émet une hypothèse qui va s'avérer fructueuse : l'orbite de Mars ne serait pas circulaire mais elliptique avec, pour foyer, le Soleil. Avec cette hypothèse, l'orbite de Mars est parfaitement déterminée, y compris le mouvement rétrograde !

Toutes les hypothèses d'un Univers formé sur la base des motifs parfaits de Platon, auquel il était tant attaché, s'effondrent, mais Kepler vient d'élucider le mystère de l'orbite de Mars et par là même celui des autres planètes. Le petit défi, qui devait durer quelques jours, a nécessité en fait plusieurs années de travail. Il énonce alors sa première loi (vers 1609) : les orbites des planètes sont des ellipses dont le Soleil est un des foyers.

Figure 2-2
Première loi de Kepler.

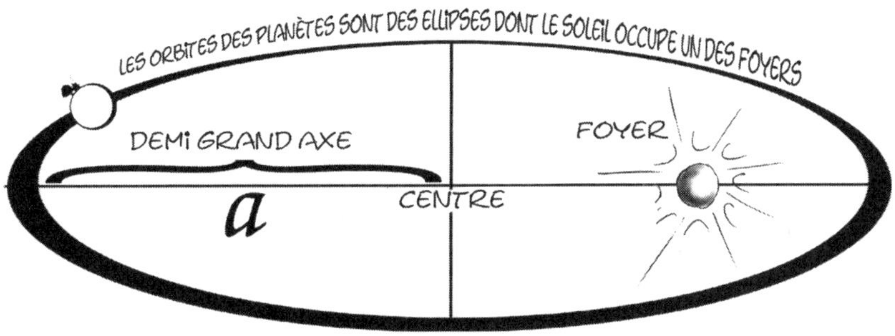

L'aire l'inspire

Mais Kepler ne va pas s'arrêter là. Il s'intéresse ensuite à la vitesse à laquelle les planètes décrivent leur orbite. Toujours à partir de l'analyse des observations de Brahé, Kepler trace un segment qui relie le Soleil à la planète. Il se rend compte que la surface balayée par ce segment, dans un intervalle de temps donné, est constante.

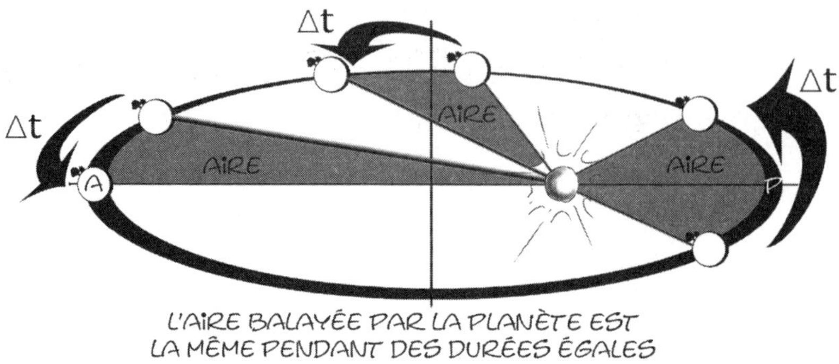

Figure 2-3 Seconde loi de Kepler: la loi des aires.

Il énonce alors sa seconde loi (vers 1609) : en parcourant son orbite, une planète balaie des aires (surfaces) égales en des durées égales. Les orbites étant elliptiques, la distance entre la planète et le Soleil varie au cours de la révolution. La planète va plus vite lorsqu'elle est près du Soleil et moins vite lorsqu'elle est loin. Cette loi, comme la précédente, est vraie pour toutes les planètes.

Et la troisième...

Finalement, Kepler continue sur sa lancée, il va relier la période de révolution d'une planète avec la distance qui la sépare du Soleil. Encore une de plus, cette loi aussi a été établie par analyse des données de Tycho Brahé.

La troisième loi de Kepler énoncée vers 1618 est la suivante : le carré de la période (T^2) est proportionnel au cube de la longueur du demi-grand axe de l'ellipse (a^3).

$$T^2/a^3 = Cte$$

Plus une planète est éloignée du Soleil, plus la durée de sa période de révolution est longue (il faut 165 ans à Neptune pour effectuer un tour complet sur son orbite autour du Soleil).

Cette troisième loi est particulièrement intéressante car elle permet, par la mesure de la période d'une planète autour d'un astre, d'en déduire la distance qui la sépare de l'astre. À cette époque, seule une mesure de durée était réalisable précisément (surtout pour des mesures de l'ordre de l'année ou plus). Les évaluations de distances devaient se faire par l'intermédiaire de mesures d'angle que l'on reliait ensuite aux mesures de temps. Tous les résultats étaient évalués en fonction de la distance Terre-Soleil, l'unité astronomique. Il faudra attendre les travaux de Richer et Cassini pour connaître cette distance.

Cette troisième loi est, comme les deux précédentes, issue de l'observation et de l'analyse de données. Elle n'est fondée sur aucune théorie, mais Kepler restera convaincu, jusqu'à la fin de sa vie, que des motifs géométriques ou mathématiques sous-tendent la structure de notre Univers. Il faudra attendre les travaux d'Isaac Newton pour voir une théorie unifier toutes ces lois.

La Terre commence à tourner

Certaines fausses certitudes ne sont pas faciles à détrôner. Celle qui consiste à placer la Terre au centre de l'Univers sera l'une des plus tenaces mais ne résistera pas à l'analyse de scientifiques comme Brahé, Galilée ou Newton.

« Infortuné Giordano Bruno »

Cette phrase sera prononcée par Kepler à propos de ce physicien-philosophe. Il est moins connu que Galilée ou que Copernic mais il a prêté, lui aussi, une épaule de géant à la construction de la mécanique. C'est un homme contestataire par nature et peut-être aussi parce qu'il a été dominicain... Rapidement inquiété par l'Inquisition pour ses opinions religieuses, il quitte son Italie natale et parcourt l'Europe où il propage la théorie copernicienne et la remise en question des thèses d'Aristote. On le retrouvera même au Collège de France.

D'un point de vue scientifique, il va soutenir des thèses hardies pour l'époque, le caractère infini de l'Univers, l'existence d'autres systèmes analogues au nôtre. Il va quasiment énoncer le principe de l'inertie sur lequel Galilée aura l'intelligence de s'appuyer. Il remet fortement en cause certaines théories d'Aristote, comme celle du mouvement assisté par le milieu. À l'époque, pour expliquer le mouvement d'une flèche tirée par un arc, on imaginait que le milieu, l'air par exemple, prenait le relais de la corde pour perpétuer ce déplacement. On pensait que le milieu jouait un rôle actif dans le mouvement, ce que refusait Giordano Bruno. On pensait qu'un déplacement ne pouvait se perpétuer que si l'objet était constamment soumis à une force. Il défendait l'idée d'une sorte de « quantité de mouvement » acquis par l'objet, qu'il a ensuite tendance à garder.

L'inertie pointe le bout de son principe

Il imagine plusieurs expériences, dont celle d'un marin sur un bateau en mouvement et d'un homme à quai. Un marin se trouve sur un navire en mouvement, l'autre est immobile sur la rive.

Figure 2-4 Le principe de l'inertie.

Ces deux hommes sont disposés de telle manière qu'ils ont, à l'instant initial, leurs mains en un même point. Ils laissent chacun, au même instant, tomber une pierre. La première, lâchée par le marin, tombe à ses pieds sur le bateau. La seconde tombe en arrière du marin. Et Giordano Bruno conclut : « Ce qui ne provient de rien d'autre que de ce que la pierre qui part de la main de celui qui est porté par le navire [...] possède une certaine vertu imprimée que ne possède pas l'autre [...] De cette diversité, nous ne pouvons donner aucune raison, sinon celle que les choses qui sont rattachées au navire se meuvent avec celui-ci [...] »

La pierre lâchée par le marin possède une vitesse initiale, celle du bateau communiquée par l'intermédiaire de la main du marin qui la tient. Elle la garde au cours de sa chute et progresse avec le bateau. Cette pierre n'est pratiquement pas perturbée dans son mouvement horizontal. Elle maintient son mouvement dans la direction horizontale. On dira que la pierre a de l'inertie. Au contraire, l'autre pierre ne possède pas de vitesse initiale (par rapport au sol) et elle chute aux pieds de l'homme à quai. Puisque le bateau avance, elle se retrouve en arrière du marin et donc de la première pierre.

Cette expérience de pensée met aussi en évidence le côté relatif du mouvement. Pour le marin en bateau, s'il n'y a pas de contact avec l'homme à terre, tout se passe comme s'il n'avançait pas. En d'autres termes, il n'avance que par rapport à la Terre.

Dans cet esprit, Bruno affirme que, même si la Terre est en mouvement, nous ne ressentons pas les effets de son déplacement. C'est comme si nous étions dans un vaisseau sans hublot qui avancerait à vitesse constante, nous serions incapables de le détecter. Bruno ne va pratiquement pas être entendu. En réalité, il ne mesure pas l'importance accordée à l'époque aux mathématiques. Ses idées ne sont pas étayées par des calculs et il ne sera pas reconnu comme scientifique au même titre que les autres.

Finalement, à la suite d'un différend financier avec son propriétaire, il est dénoncé à l'Inquisition. Contrairement à Galilée, Giordano Bruno ne va pas abjurer. Il sera brûlé vif le 16 février 1600 avec cette phrase qu'il lance à ses bourreaux : « Vous avez plus peur que moi ! »

La naissance du principe d'inertie

Selon la théorie d'Aristote

Un corps ne peut rester en mouvement que si la force qui a provoqué son mouvement continue à s'exercer sur celui-ci. On croit alors que lorsque la force disparaît, le mouvement cesse.

Selon la théorie naissante

Un corps doit rester en mouvement même en l'absence de force. Si la force disparaît, le mouvement acquis par l'objet reste.

Galilée, un géant de taille

Galileo Galilei est né à Pise le 15 février 1564. Destiné à devenir médecin, il ne termine cependant pas ses études médicales. Il s'oriente volontairement vers les mathématiques. Vers 1589, alors qu'il n'a que 19 ans, il s'intéresse aux mouvements pendulaires. Il établit l'isochronisme (le temps mis par le pendule pour faire un aller-retour est quasiment constant) des petites oscillations. Ensuite, il réalise la construction de sa lunette qui a le succès que l'on connaît (voir Chapitre 8). Elle lui fournit les ressources dont ils ont tant besoin, lui, sa famille, sa maîtresse et tous ses enfants... Il est alors nommé « premier mathématicien du grand-duc de Toscane » et touche une rente. Il peut enfin se consacrer à ses travaux. C'est un des premiers à confronter l'expérience au modèle mathématique. La physique s'installe comme une science moderne en ce sens qu'elle est interdépendante de l'expérience. Elle se construit à partir d'allers-retours incessants entre l'expérimentation et le modèle théorique.

Galilée va faire avancer la physique dans presque tous les domaines. Il est passionné, impressionné par le ciel, par les montagnes sur la Lune, par tout ce qu'il voit à travers sa lunette. Il constate que Jupiter est en mouvement, que cette planète a aussi des lunes, et comme pour la Terre, les lunes de Jupiter la suivent dans son mouvement. Comme Jupiter, la Terre pourrait donc ne pas être pas immobile... ! Galilée en vient alors à étudier la nature du mouvement des corps.

Pas de repos pour le mouvement

Dans l'un de ses ouvrages les plus connus, *Dialogues concernant les deux plus grands systèmes du monde*, Galilée étudie différents mouvements. Il insiste sur la notion de mouvement « partagé » ou « non partagé », c'est-à-dire en langage moderne, un mouvement évalué par rapport à un observateur. Nous dirions aujourd'hui par rapport à un référentiel.

Reprenons l'expérience imaginée par Bruno : le marin est immobile sur son bateau, il tient une pierre dans sa main et il la lâche. Pour ce marin, tout ce qui est attaché au bateau lui semble immobile. Galilée dira que tous ces corps partagent le même mouvement. Ils apparaissent immobiles les uns par rapport aux autres. Un mouvement partagé, c'est un mouvement que nous partageons tous ensemble. Il définit le repos comme un mouvement partagé.

En revanche, pour l'observateur à quai, le bateau – et tout ce qui lui est attaché – est en mouvement. Il n'y a de mouvement, au sens usuel de ce terme, que de mouvement non partagé. Pour Galilée, repos n'est pas le contraire de mouvement. En fait, le mouvement ou le repos ne présentent pas un caractère absolu, mais un caractère relatif. Le mouvement et toutes ses propriétés, la vitesse par exemple, s'évaluent par rapport à un corps de référence, c'est l'esprit de la définition actuelle du référentiel (voir encadré « Notion de référentiel »).

Faites-le vous-même

À la gare, le train qui est à côté de moi se déplace doucement. C'est lui ou c'est moi qui bouge ? *That is the question !*

Le principe de l'inertie selon Galilée

Après avoir compris que le mouvement peut être partagé, c'est-à-dire évalué par rapport à un même corps de référence, il s'agit de distinguer différents types de mouvements. Le mouvement uniforme tout d'abord. Galilée le définit dans ses *Dialogues* de la façon suivante :

Un mouvement est uniforme si les distances parcourues par le mobile dans des temps égaux quelconques sont égales entre elles. Nous dirions aujourd'hui que le mouvement est uniforme si la vitesse du mobile garde une direction et une valeur constantes au cours du temps.

Figure 2-5
Le caractère relatif du mouvement.

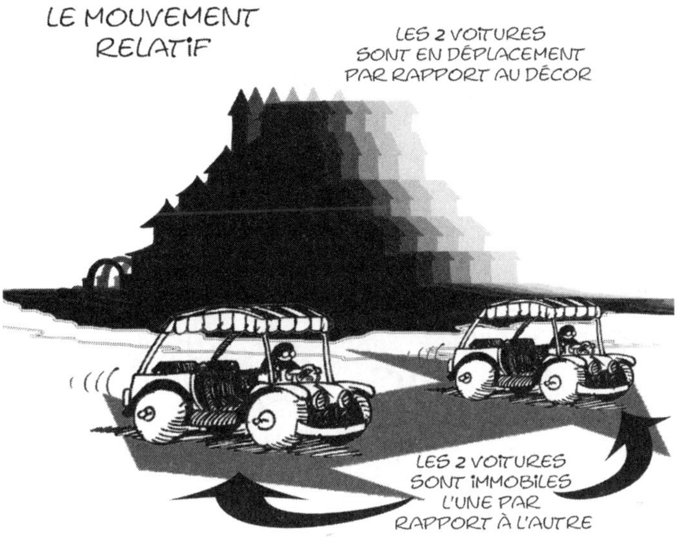

Un objet ponctuel animé d'un mouvement uniforme (partagé ou non) le garde, surtout sans intervention de l'extérieur. Le mouvement uniforme est particulier, il n'a pas besoin d'être entretenu par une action. Cette notion constitue le principe de l'inertie.

> Un corps isolé, c'est-à-dire soumis à aucune action (ou à des actions qui se compensent), est animé d'un mouvement rectiligne uniforme.

Pour les balèzes

L'intitulé moderne du principe d'inertie est le suivant : dans un référentiel galiléen, un point matériel isolé ou pseudo-isolé est animé d'un mouvement rectiligne uniforme.

Pour les balèzes

Un référentiel galiléen est un référentiel dans lequel le principe d'inertie est valable. Ce principe constitue donc aussi une définition d'un référentiel galiléen. Dans cet énoncé, le terme « point matériel » remplace le terme « objet » ; en fait, le principe d'inertie n'est valable que pour un point matériel, c'est-à-dire un corps dont les dimensions (volume) sont suffisamment faibles pour pouvoir négliger les effets sur le mouvement d'une rotation propre par exemple. Dans la pratique, c'est au centre de gravité de l'objet qu'est appliqué le principe de l'inertie. Enfin, le terme pseudo-isolé rend compte du cas particulier où l'ensemble des actions qui s'appliquent sur le point matériel se compensent.

Notion de référentiel

Un mouvement n'est toujours que relatif, il faut pouvoir l'évaluer par rapport à un corps de référence et une horloge, c'est la définition du référentiel. Si la Terre est le seul objet de l'Univers, il est impossible de dire qu'elle tourne. Dans certains référentiels, les référentiels galiléens, les lois de la physique s'expriment simplement. Un des meilleurs référentiels galiléens mis facilement en évidence est le référentiel de Copernic (ou de Kepler). Son origine est le centre de masse du Système solaire et ses trois directions sont celles de trois étoiles fixes.

La Terre est en mouvement par rapport à ce référentiel. Léon Foucault a mis ce mouvement en évidence par l'intermédiaire de celui de son pendule (voir Chapitre 23). Il oscille actuellement dans le hall du siège de l'ONU à New York.

Galilée approche ce principe du bout des doigts, mais Newton va en proposer une formulation plus précise.

Concernant la relativité du mouvement, Galilée en perçoit l'essentiel, mais il faudra attendre les travaux de Newton, de Poincaré et d'Einstein pour en obtenir la formulation actuelle : **Les lois physiques sont les mêmes dans deux référentiels en translation rectiligne uniforme l'un par rapport à l'autre.**

Anecdote

Galilée attribue au mouvement circulaire les propriétés que nous venons d'énoncer pour le mouvement rectiligne uniforme. Dans un mouvement circulaire, même uniforme, la direction de la vitesse change en permanence, sinon le corps ne tournerait pas. Dès que la vitesse est modifiée au cours du temps, il y a une accélération. Paradoxe, c'est en attribuant à la Terre un mouvement circulaire uniforme et en attribuant au mouvement circulaire les propriétés du mouvement rectiligne uniforme que Galilée justifie la rotation de la Terre autour du Soleil.

Chute, c'est grave !

Lâchons un objet ponctuel – une bille par exemple –, il tombe en direction du sol. Au départ, sa vitesse est nulle, au niveau du sol, elle ne l'est plus. L'objet a donc accéléré au cours de sa chute. Galilée, dans le sillage d'autres scientifiques comme Roger Bacon (1220-1292), Nicolas Oresme (1336-1382), Albert de Saxe (1316-1390), Léonard de Vinci (1452-1519), va étudier la « chute des graves » (c'est ainsi que l'on appelait la chute des corps à l'époque).

Galilée va laisser tomber des objets, surtout des billes, et tenter d'évaluer le temps mis par l'objet pour parcourir une distance donnée. Mais avant tout, pour nous rendre compte de la difficulté, évaluons quelques ordres de grandeur : il faut environ une seconde au corps pour parcourir 5 mètres en chute libre, deux pour parcourir 20 mètres et trois pour en parcourir 45.

À cette époque, le chronomètre n'avait pas encore été inventé ! Il fallait donc « ralentir » la chute pour pouvoir effectuer des mesures de durée. Galilée va imaginer plusieurs dispositifs, dont l'un, particulièrement ingénieux. Il laisse rouler une bille le long d'un plan incliné sur lequel il a disposé des clochettes (c'est l'é-fée clochette !). Après avoir quelque peu tâtonné, il les place à des distances telles qu'elles tintent à intervalles de temps réguliers lorsque la bille passe à leur hauteur. La distance se mesure avec précision et le meilleur chronomètre de l'époque est l'homme avec son sens du rythme ! Nous ne sommes pas capables d'évaluer un intervalle de temps avec précision. En revanche, nous sommes tout à fait capables de dire si un rythme est régulier ou non, et ce, avec une excellente précision. L'histoire raconte aussi qu'il aurait entraîné ses disciples à évaluer des durées à partir de leur pouls. Suffisamment entraîné, l'un de ses élèves parvenait même à faire des mesures au quart de pulsation près ! Il ne faut pas être émotif...

Figure 2-6

La chute des graves.

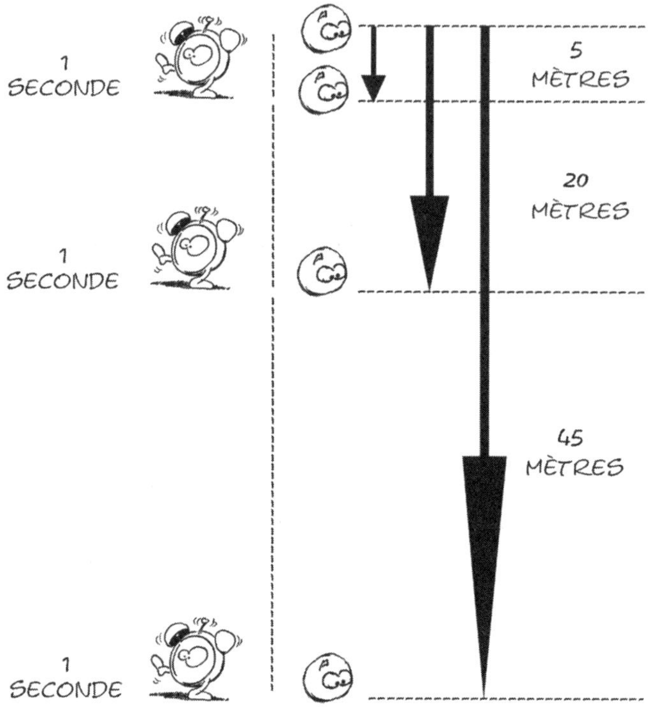

Quoi qu'il en soit, les distances parcourues au cours de la chute évoluent suivant une loi simple, dite loi géométrique. La distance parcourue est proportionnelle au carré du temps mis pour la parcourir.

Loi géométrique de la chute libre

Distance parcourue (m)	*Durée (s)*	*Durée au carré (m²)*	*Loi*
5	1	1	5 = (5) x 1
20	2	4	20 = (5) x 4
45	3	9	45 = (5) x 9
80	4	16	80 = (5) x 16
125	5	25	125 = (5) x 25

La loi mathématique obtenue est la suivante :
D (distance) = C (constante qui ici vaut $5ms^{-2}$) x t^2 (durée au carré)

Il semble que Galilée n'ait pas fait les mesures pour des billes en chute libre mais uniquement sur des plans inclinés, et pour des pentes peu importantes. Il a ensuite extrapolé ses résultats pour la chute libre. Il propose donc une loi de chute commune à tous les corps. Ce qui signifie qu'une balle de pétanque ou de tennis, lâchée du troisième étage d'un immeuble, arrive au même instant sur le trottoir. Seule l'influence des frottements va permettre de différencier le temps de chute. C'est un résultat toujours aussi surprenant, même aujourd'hui !

Figure 2-7 La chute libre.

Si on tient compte des forces de frottement, la balle de tennis arrive un peu après la boule de pétanque. Un rapide calcul d'ordre de grandeur confirme que l'œil peut difficilement apprécier cette différence sur une distance de l'ordre de quelques mètres.

Un boulet de canon

Galilée va combiner ses deux lois pour rendre compte du mouvement d'un projectile, comme un boulet de canon. Selon Galilée, le boulet effectue un mouvement parabolique. Celui-ci s'explique par la combinaison de deux mouvements. Tout d'abord le mouvement rectiligne uniforme horizontal. Le boulet, par l'intermédiaire du canon, a acquis une vitesse horizontale qu'il garde (à l'action des frottements près). Verticalement, il est en chute libre, son mouvement évolue de façon géométrique. La combinaison des deux conduit à la trajectoire parabolique observée.

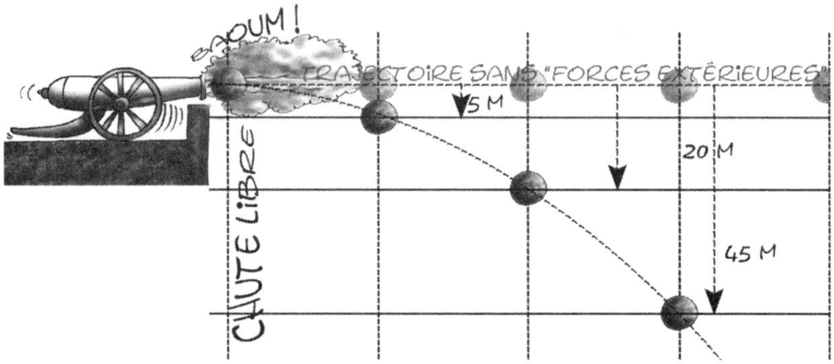

Figure 2-8 Le mouvement parabolique.

« Et pourtant, elle tourne ! »

Le système de Copernic n'est toujours pas admis et Galilée a, lui aussi, des démêlés avec l'Inquisition. Il ne doit plus parler de ce système, mais son ami le cardinal Barberini devient le pape Urbain VIII. Ce dernier lui indique qu'il peut parler du système de Copernic, mais à condition de le présenter comme une hypothèse mathématique.

Le phénomène des marées préoccupe Galilée et il l'interprète de façon magistrale. Cependant, cela implique la rotation de la Terre sur elle-même, son déplacement autour du Soleil, et donc la justesse du système copernicien. En 1630, Galilée achève son ouvrage intitulé *Dialogue sur les deux principaux systèmes du monde*. À sa parution, une commission spéciale, chargée de l'examiner, le considère comme allant à l'encontre des principes de l'Église. Galilée doit comparaître devant le tribunal de l'Inquisition. Il abjure et évite ainsi, de justesse, le bûcher. La légende raconte qu'après avoir abjuré à genoux, il se serait tourné vers un globe terrestre situé non loin de là et aurait murmuré à voix basse : « Et pourtant, elle tourne ! »

Galilée meurt le 8 janvier 1642 quasiment aveugle et la même année, dans un village près de Londres, naît un certain Isaac Newton...

Newton impose ses lois

Incontestablement, Newton est l'un des plus grands physiciens de tous les temps. Il va faire progresser les sciences dans quasiment tous les domaines. En mécanique, il pose les fondements et donne un coup d'accélérateur à cette discipline.

La force est avec lui

Isaac Newton est donc né l'année de la mort de Galilée en 1642 – ça ne s'invente pas ! –, et le 25 décembre en plus. En fait, l'Angleterre de l'époque n'a pas encore adopté le calendrier grégorien et la date de naissance de Newton doit être corrigée de quelque « 29 février ». La date officielle de sa naissance est le 4 janvier 1643, à peu près un an après la mort de Galilée. Comme lui, c'est avant tout un mathématicien et il développe, entre autres, en même temps que Leibniz, le calcul différentiel.

Cependant, à la différence de Galilée qui était attachant, Newton l'est beaucoup moins. Il est infréquentable, il n'hésite pas à piller les travaux de ses contemporains et à humilier Leibniz parce qu'il représente une sorte de concurrence. Mais c'est un homme exceptionnel, obsédé par son travail, par la volonté d'aboutir. C'est une personnalité paradoxale souvent caractéristique des génies. Au-delà de l'homme, il y a le scientifique, et Newton a beaucoup apporté à la science, notamment dans le domaine de la mécanique. Comme le décrit Antoine Houlou-Garcia dans son ouvrage *Et la pomme ne tomba pas sur la tête de Newton*, il était prêt à tout pour défendre sa position dans le monde scientifique. Il n'a pas hésité à utiliser son statut pour supprimer les contributions de Leibniz, effaçant sa paternité du calcul infinitésimal dans ses ouvrages ultérieurs, ce qui illustre bien l'aspect compétitif et parfois sombre de la personnalité de Newton.

Il s'appuie sur les travaux de Galilée, mais à la différence de ce dernier, il comprend le caractère vectoriel de la vitesse, de l'accélération et de la force (voir encadré suivant).

C'est quoi un vecteur ?

Simplement, un vecteur est un objet, que l'on représente souvent par une lettre surmontée d'une flèche, et qui contient trois informations. Considérons par exemple la vitesse.

Figure 2-9 Différents vecteurs vitesse.

Les différents véhicules vont dans des directions différentes et à des « vitesses » différentes. La direction de la flèche représente celle du mouvement. Sa longueur représente la valeur numérique de cette vitesse, nous dirons la norme. La norme du vecteur vitesse représente ce que nous appelons communément la vitesse. La flèche pointe dans le sens du déplacement.

Et un, l'inertie

Newton précise le principe d'inertie que Galilée avait exposé dans ses écrits : si pour un mobile, la somme des forces qu'il subit est nulle, le vecteur vitesse de l'objet ponctuel reste constant en direction et en norme. Le mouvement est rectiligne (direction constante), uniforme (de même norme). Au contraire, si une force agit sur le mobile, son vecteur vitesse est modifié, soit en direction, soit en norme, soit les deux.

Inversement, pour modifier la vitesse (le vecteur) d'un objet, une force est donc nécessaire.

Ce principe est mis en application dans les transports réalisés sur coussins d'air comme dans les aéroglisseurs (ou les trains à sustentation magnétique). Le coussin d'air permet de minimiser les frottements entre le véhicule et le support sur lequel il se déplace. Son poids et l'action du sol (ou de l'eau) se compensent. Une fois lancé, l'aéroglisseur va quasiment garder sa vitesse initiale.

Comment faire varier un vecteur ?

Puisqu'il comporte deux informations, il suffit de faire varier l'une des deux.

» Il est possible de faire varier la direction du vecteur, sans faire varier la norme. C'est le cas par exemple d'une fronde, la pierre tourne à norme de vitesse constante, mais sa direction varie en permanence, sinon elle ne tournerait pas !

» Il est possible de faire varier la norme du vecteur, sans faire varier la direction.

Figure 2-10 Le mouvement circulaire uniforme.

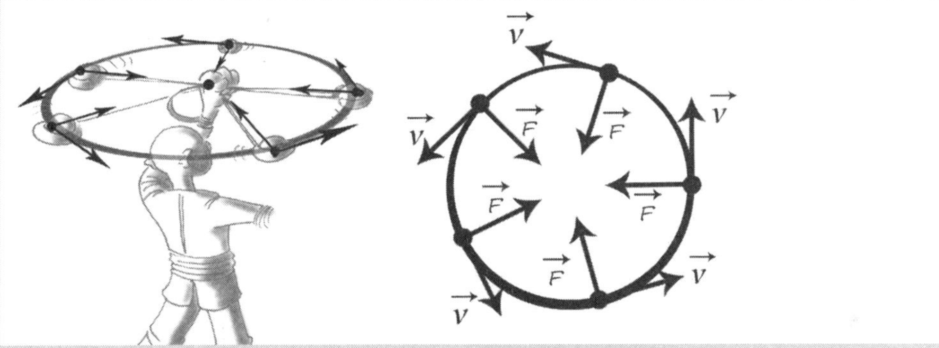

D'autres vecteurs...

» La force est aussi une grandeur vectorielle, pensez à celle d'un coup de poing... Elle a une direction (pas dans la mienne !) et une norme, une intensité (surtout si c'est Tyson qui frappe !).

» L'accélération, c'est la variation du vecteur vitesse. Lorsqu'une voiture démarre, sa vitesse augmente, elle varie, donc elle subit une accélération. L'accélération se fait dans une direction, celle du véhicule qui démarre. Elle se fait aussi avec une certaine intensité. Inversement, lorsque le véhicule freine, sa vitesse diminue, elle varie, donc elle subit une accélération. En effet, l'accélération prend un sens plus large que dans le domaine usuel, elle traduit toutes les situations correspondant à des variations du vecteur vitesse.

Et deux, ça accélère

Que se passe-t-il lorsque l'objet est soumis à une force ? En toute logique, suivant le premier principe, il voit son mouvement modifié, donc sa vitesse varier. L'accélération étant définie comme une variation temporelle de la vitesse, il y a donc une relation entre la force (la cause) subie par le corps et l'accélération (l'effet) de l'objet. Il s'agit donc de relier la cause à l'effet.

Newton propose et vérifie que l'accélération (l'effet) est proportionnelle à la cause (la force). La constante de proportionnalité est tout simplement la masse (l'inertie) du corps. Cela constitue la seconde loi de Newton, souvent appelée principe fondamental de la dynamique :

Force =
masse x accélération

Une balle suffit

Vous êtes immobile sur le sol, lancez une balle de tennis en l'air : elle monte à une certaine hauteur, puis retombe dans vos mains. À votre avis, quelle est son accélération ? Posez la question à vos amis, même à ceux qui ont fait des sciences, vous constaterez que la réponse n'est pas toujours instantanée (sauf, bien sûr, s'ils ont lu ce livre !). Beaucoup vous diront qu'il y a deux phases – c'est juste –, donc deux accélérations – c'est faux ! Il y a une et une seule accélération. Dans la phase montante, la vitesse diminue, l'accélération serait qualifiée de négative, vers le haut. Dans la phase descendante, la vitesse augmente, l'accélération serait qualifiée de positive, vers le bas. Mais une accélération négative vers le haut est positive vers le bas, c'est bien la même accélération.

Au fait, quelle est la force que subit la balle au cours de son aller-retour ? Elle n'en subit qu'une, son poids, et c'est toujours la même, durant la phase montante comme descendante. Il n'y a donc pas de raison qu'il y ait deux accélérations différentes.

Et trois, les actions mutuelles

Cette troisième loi, qui vient compléter les deux précédentes, est souvent appelée principe de l'action et de la réaction. Si un objet ponctuel subit de la part d'un opérateur une force, alors celui-ci (l'objet) exerce à son tour sur l'opérateur la force opposée à celle qu'il subit. La terminologie habituelle, action-réaction, sous-entend que la réaction est conséquente à l'action. Ceci n'est pas tout à fait rigoureux ; ces deux forces, l'action et la réaction, sont indiscernables et simultanées. Il n'y a pas de hiérarchie, l'une ne précède pas l'autre : elles existent de façon mutuelle.

La troisième loi en situation

Cette troisième loi permet d'interpréter de nombreuses situations du quotidien. Marcher, tout simplement. Le pied exerce sur le sol une force, le principe des actions mutuelles implique que le sol exerce sur le pied la force opposée, j'avance. Pas convaincu ? Essayez donc d'avancer sur une patinoire avec des chaussures à semelles lisses.

Les tireurs connaissent bien ce principe qu'ils nomment le recul. Lorsqu'une balle est tirée, la main du tireur subit un mouvement de recul. Pour projeter la balle, l'arme a exercé sur celle-ci une force. Inversement, la balle exerce sur le revolver, donc sur le tireur, une force opposée à celle qu'elle a subie. La balle, très légère, subit la force exercée par le revolver, elle est animée d'une vitesse importante. Le revolver dans la main du tireur constitue un ensemble beaucoup plus lourd, il subit la force exercée par la balle. Heureusement, cet ensemble est démesurément plus lourd que la balle, sa vitesse (le recul) sera dans le même rapport, démesurément plus faible. Il est d'ailleurs surprenant de voir dans les westerns les victimes de coups de feu projetées en arrière, alors que le tireur reste immobile, c'est le poids du héros !

Ces trois lois permettent de rendre compte de toutes les situations de la mécanique classique.

La gravitation universelle

Encore une des avancées de Newton qui va permettre de faire progresser la science sur les plans théorique et pratique, avec notamment l'interprétation et la prévision du mouvement des objets célestes.

En suivant la balle

Imaginez un golfeur ; il projette une balle au loin, elle tombe sur le sol. Le golfeur suivant est dopé, la balle va plus loin, beaucoup plus loin et finalement tombe sur le sol à l'extrémité du continent. Le golfeur suivant s'appelle Superman, la balle est projetée avec une vitesse encore plus importante, elle vole au-delà du continent, des mers, du continent suivant... Où va-t-elle atterrir ? Newton comprend qu'elle n'atterrira pas, elle va continuer son vol autour de la Terre et percuter la nuque de Superman.

Figure 2-11 Mouvement d'un projectile dans le champ de pesanteur.

Si Superman baisse la tête, la balle va effectuer un mouvement circulaire autour de la Terre. C'est ce que font les satellites actuellement, mais au-dessus de l'atmosphère, dans une zone où règne un vide quasi absolu. Si une telle expérience était possible, l'atmosphère freinerait irrémédiablement la balle de golf. Mais cette expérience imaginaire permet de comprendre que la Lune tourne autour de la Terre, que la Terre tourne autour du Soleil, que Mars tourne autour du Soleil... Comme pour la balle de golf, « on » a communiqué une vitesse initiale à toutes ces planètes, et depuis, elles tournent...

La Lune tombe sur la Terre ?

La Lune effectue une orbite quasi circulaire autour de la Terre, cette rotation se fait à vitesse constante (sa norme). Mais puisque la Lune tourne, la direction de sa vitesse change en permanence. Pour faire modifier cette direction, une force est nécessaire. Il faut en permanence « rabattre le vecteur vitesse vers le centre de la Terre. Cette force, c'est notre planète qui l'exerce sur la Lune ». Notre satellite naturel est en permanence attiré par la Terre. Cette force est dirigée du centre de la Lune vers le centre de la Terre. Comme pour la balle de golf, la vitesse initiale de la Lune est telle qu'elle peut orbiter à 380 000 kilomètres autour de notre planète. Si l'on pouvait stopper la Lune dans sa course, celle-ci foncerait alors droit sur nous, donc, on ne le fera pas !

Halley, Halley, on l'encourage

Impossible de parler de mécanique céleste sans parler d'Edmond Halley (1656-1742). C'est un astronome hors pair, il est élu à la Royal Society à l'âge de 22 ans. Il s'intéresse, comme tout le monde à cette époque, aux trajectoires des objets célestes. Ce sont celles des planètes et des comètes qui l'interpellent. Une loi de force proportionnelle à l'inverse du carré de la distance était dans l'air du temps. Halley reprend les lois de Kepler et tente de montrer que l'allure connue des trajectoires de quelques objets célestes est compatible avec une loi de force de cette nature. Il n'y parvient pas. En août 1684, il se déplace à Cambridge et rencontre Newton. Halley est stupéfait, Newton a déjà résolu ce problème depuis plusieurs années, mais il ne souhaite pas publier ses travaux. Newton s'est disputé avec pratiquement tous les scientifiques de l'époque, il s'est refermé sur lui-même et travaille seul à cette période. Halley est un homme chaleureux et qui a le sens du contact. Newton lui fait confiance. Ce dernier va alors suivre les conseils de Halley et va publier ses résultats.

La loi de la gravitation universelle

Newton est parvenu à quantifier la force qu'exerce la Terre sur la Lune. Il a établi de quels paramètres elle dépend. Il a repris les travaux de Kepler. Newton connaît l'expression de l'accélération d'un mobile qui se déplace sur une trajectoire circulaire. Sa seconde loi relie l'accélération à la force. Newton écrit que la force qui s'exerce entre la Terre et la Lune est proportionnelle à la fois à l'inverse du carré de la distance qui les sépare et au produit de leur masse.

$$\text{Force} = \text{constante} \times \frac{\text{masse de la Lune} \times \text{masse de la Terre}}{(\text{distance})^2}$$

Newton généralise alors l'application de sa loi à toutes les planètes de notre système. Cette loi est finalement universelle et s'applique à tous les corps de l'Univers.

Les trajectoires calculées à partir des lois de Newton coïncident avec les relevés astronomiques de l'époque. Newton va consigner ses résultats en 1687 dans un ouvrage intitulé *Philosophiae naturalis principia mathematica*, que l'on abrège souvent par *Principia*. À cette époque, la langue universelle scientifique n'était pas l'anglais mais le latin ! La contribution de Newton est telle que la communauté scientifique va appeler l'unité de force, le newton, de symbole N.

La légende de la pomme

Décidément, c'est encore une pomme qui va changer le cours de l'Histoire. La **légende** raconte qu'une après-midi de l'été 1665, Newton était en vacances à Woolthorpe. En fin de soirée, il contemple la Lune, et une pomme tombe d'un pommier. Pourquoi la Lune ne tombe-t-elle pas sur la Terre comme cette pomme ? Et puis soudain, en pleine soirée, l'illumination. La Lune tombe en permanence sur la Terre, sa trajectoire s'incurve sous l'effet de la même force que celle qui a fait tomber la pomme. Ce déplacement de la Lune sur son orbite circulaire correspond à un état de chute permanent. La Lune est animée d'une vitesse initiale comme un projectile lancé par un canon, et elle est attirée en permanence par la Terre. Le génie de Newton est d'avoir compris, entre autres, que la force qui agit là-bas, loin dans le ciel, est la même que celle qui agit ici sur Terre. En 1665, Newton était âgé de 22 ans.

Dans son ouvrage *Et la pomme ne tomba pas sur la tête de Newton*, Antoine Houlou-Garcia explique que cette anecdote de la pomme est surtout un mythe construit bien après l'événement.

Selon lui, ce mythe a été popularisé par Voltaire, qui voyait dans cette histoire une manière romantique d'expliquer la découverte de la gravité. William Stukeley a lui aussi rapporté l'événement d'une manière très embellie. Bien que l'image de Newton sous un pommier soit captivante, il n'y a pas de preuves historiques directes que cet événement se soit réellement déroulé de la façon dont il est souvent raconté.

Pour les passionnés de pommes, des clones du fameux pommier de Newton ont été plantés dans différents endroits emblématiques comme le Trinity College de Cambridge et même au MIT. Ces arbres sont un hommage à la simplicité d'une idée qui a changé notre compréhension de l'Univers. Toujours dans son ouvrage, Houlou-Garcia plaisante en disant qu'ils sont là pour nous rappeler que même les idées les plus géniales peuvent être… clonées !

La chute des graves 2, le retour

Newton reprend les travaux de Galilée sur la chute des corps. Pourquoi tous les objets semblent-ils tomber à la même vitesse ? Lorsque vous lâchez un objet, il est soumis comme la pomme et la Lune à la force qu'exerce la Terre sur lui. Newton explique ce que Galilée avait constaté. À la surface de la Terre, tous les corps en chute libre présentent la même accélération, elle vaut un peu moins de 10 m/s^2. Cette valeur est liée à la masse de la Terre et à son rayon. En chute libre, la vitesse d'un objet augmente de 10 m/s (36 km/h) chaque seconde.

Einstein disait : « Tomber amoureux n'est pas du tout la chose la plus stupide que font les gens – mais la gravité ne peut en être tenue pour responsable. »

En fait, toutes les expériences de chute libre pouvant être réalisées à l'époque devaient se faire dans l'air (du temps). Or, sur les objets qui se déplacent, l'atmosphère exerce une force, dite force de frottement, qui limite cette accélération. Cette force dépend de la forme du corps, ce qui explique qu'un marteau et qu'une plume, lâchés de la même hauteur, n'arrivent pas en même temps sur le sol. Mais des corps de masses différentes et de formes voisines arrivent quasiment au même instant sur le sol. L'idéal serait de faire l'expérience sans atmosphère. C'est ce qu'ont fait les astronautes de la mission Apollo 15 sur la Lune, où aucune atmosphère ne vient perturber l'expérience. Les deux objets arrivent effectivement en même temps sur le sol lunaire.

Ne pas confondre masse et poids

Dans le langage courant, il est habituel de dire que l'on pèse 70 kilos, par exemple. Physiquement, c'est une erreur, le poids est une force et non une masse. La valeur de 70 kilos représente la masse de la personne, une image de la quantité de matière. Le poids est la force qu'exerce, localement, la Terre sur un objet (ici, la personne). D'après la seconde loi de Newton, cette force est égale au produit de la masse de l'objet (ici, les 70 kg) par l'accélération. Comme nous l'avons vu, cette grandeur est une constante locale. Elle varie un peu de l'équateur (où elle vaut 9,78 m/s^2) aux pôles (où elle vaut 9,83 m/s^2). Dans la pratique, il est usuel d'adopter la valeur de 9,81 m/s^2, que j'ai arrondie à 10 m/s^2 dans les exemples. Le poids de la personne est donc d'environ 700 N sur la Terre.

Donc si l'on pèse 700 N sur Terre, cela équivaut à une masse de 70 kg.

Sur la Lune, votre poids n'est pas le même – il sera plus faible puisque l'accélération lunaire est six fois plus faible que l'accélération de la pesanteur sur Terre – mais votre masse reste constante. C'est également la raison pour laquelle les Dupont et Dupond sautent aussi haut, facilement, quand ils sont sur la Lune.

La Lune et le Soleil font marées...

Il restait encore des phénomènes comme ceux des marées, avancés par Galilée et expliqués par Newton dans ses *Principia*. Proposons ici une explication simplifiée (presque simpliste) du phénomène. La loi de la gravitation nous apprend qu'un corps massif attire les autres corps. La Lune (l'objet massif le plus proche) attire donc tout ce qui se trouve sur la Terre. Ce qui est solide résiste, ce qui est fluide se déforme et suit les effets de la force de gravitation de la Lune. La Lune tourne autour de la Terre et inversement puisque le mouvement est relatif. Du fait de la rotation, la lune subit une force centrifuge (voir dans ce même chapitre « Ça commence à tourner »), et par interaction, la Terre subit cette même force. Observée depuis la Terre, l'eau subit donc à la fois l'attraction gravitationnelle de la Lune et la force centrifuge (voir la figure 2-12, schéma du bas). Cette dernière est identique quelle que soit la position sur le globe terrestre, alors que l'interaction gravitationnelle est plus forte pour les points proches de la Lune et plus faible pour les points les plus éloignés (voir la figure 2-12, schéma du milieu). Pour les points proches de la Lune, c'est l'attraction gravitationnelle qui l'emporte, l'eau subit une force qui tend à l'éloigner de la Terre. Pour les points éloignés de la Lune, c'est la force centrifuge qui l'emporte, l'eau subit aussi une force qui tend à l'éloigner de la Terre (voir la figure 2-12, schéma du haut).

Figure 2-12
Le phénomène des marées.

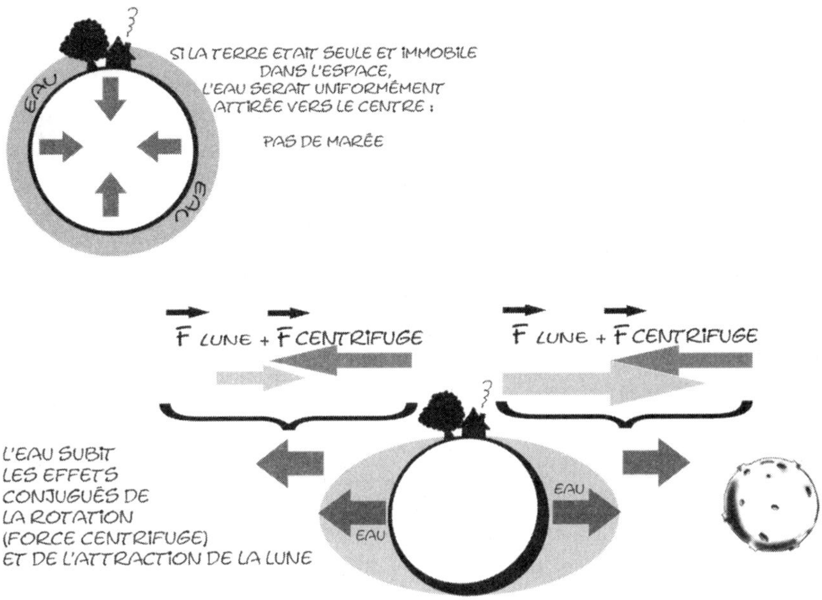

En outre, la Terre tourne sur elle-même, ces phénomènes apparaissent donc à rythme régulier, ce sont les marées. Dans cette approche simpliste, nous n'avons pas tenu compte de l'effet du Soleil qui va, soit renforcer celui de la Lune et provoquer des marées dites de vives eaux (figure 2-13, schémas du haut), soit l'atténuer et provoquer des marées dites de mortes eaux (figure 2-13, schémas du bas). Le Soleil et la Lune sont à l'origine des marées, mais il faut en plus que la taille de l'océan soit telle que l'ensemble entre en résonance. La mer Méditérannée, par exemple, ne satisfait pas aux conditions de résonances, l'effet de marée ne s'observe pas.

Figure 2-13
Le phénomène d'amplification des marées.

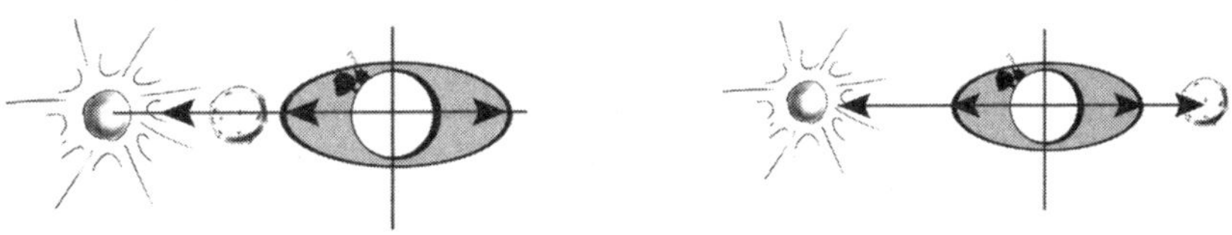

Le Soleil, la Lune et la Terre sont alignés, les effets sont plus importants.

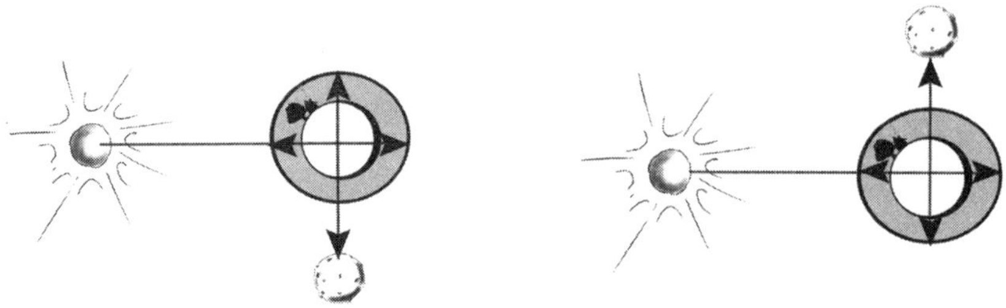

Le Soleil, la Lune et la Terre forment un angle droit, les effets sont atténués.

Des lois universelles

Les lois de Newton sont telles qu'elles permettent non seulement de rendre compte des phénomènes déjà observés, mais aussi d'en prévoir de nouveaux. Parmi ces phénomènes, le mouvement des comètes reste capricieux. D'après la théorie de Newton, on montre qu'elles pourraient avoir des trajectoires fermées et donc revenir périodiquement dans notre ciel. Si l'on pouvait prévoir le passage d'une comète, ce serait parfait. Halley cherche dans les relevés, il en identifie une qui avait été visible en 1531 et une autre en 1607. D'après lui, ces deux comètes sont une seule et même entité, le phénomène doit donc revenir en 1759. La théorie de Newton permet de prédire la date exacte de son observation. Reste à la calculer avec les informations de l'époque. Un nombre important de mathématiciens et de physiciens se lancent dans le calcul, ils prévoient le printemps 1759, elle va finalement faire son retour en mars 1759. Ça marche donc même avec les comètes.

Pour les balèzes

Il est intéressant de constater qu'une situation qui met en jeu deux corps (le Soleil et une planète) qui interagissent gravitationnellement est parfaitement soluble analytiquement. En revanche, dès qu'il y a trois corps, dans le cas général, il n'existe plus de solutions analytiques. Poincaré (1854-1912), par sa théorie des attracteurs étranges, donne des informations sur ces solutions, sans les connaître explicitement. Les situations qui mettent en jeu N corps sont généralement résolues par la méthode des perturbations et par voie informatique.

Hooke s'accroche

Robert Hooke (1635-1703) est un scientifique à multi-facettes. Il intervient dans tous les domaines, notamment en mécanique. Hooke s'intéresse, entre autres, aux phénomènes orbitaux. En 1679, il écrit à Newton, pour lui demander son opinion concernant l'hypothèse suivante : « Mon hypothèse est que la loi d'attraction est toujours en proportion inverse du carré de la distance entre les centres des corps attracteurs »... Hélas, Robert Hooke n'a pas pu démontrer ce qu'il avançait. Sa contribution à la physique est néanmoins considérable, notamment sa loi de l'élasticité des matériaux. Cette loi dit que, dans le domaine élastique, un ressort exerce sur l'objet auquel il est accroché une force proportionnelle à son allongement.

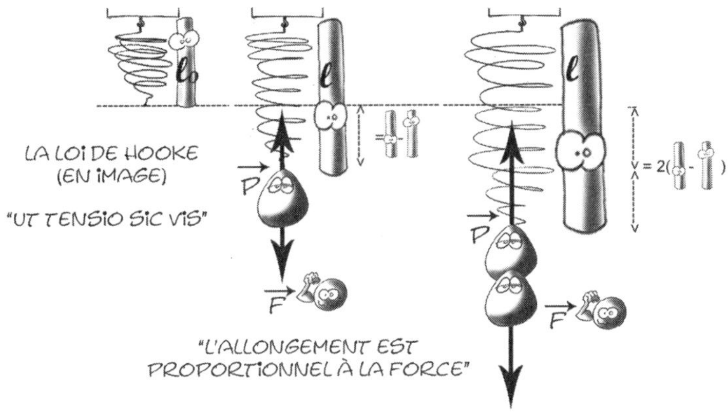

Figure 2-14
La loi de Hooke en images.

Des lois aux applications

Où et comment ces lois interviennent-elles dans notre quotidien ? Nous nous proposons d'interpréter quelques situations et d'expliquer quelques-unes des applications de la mécanique.

Comment les fusées s'envoient en l'air

Un ballon gonflé, puis lâché, est propulsé dans un sens opposé à celui de l'air qui s'en échappe (voir figure 2-15). C'est le principe de propulsion des fusées imaginé par C. Tsiolkovski en 1883. Celles-ci expulsent des gaz provenant de la combustion de carburant. L'éjection de ces gaz vers le sol provoque, comme pour le ballon, le déplacement de la fusée vers le ciel. Pour *Ariane* 5, il s'agit de propulser 700 tonnes ! Le débit de gaz éjecté atteint 2 tonnes par seconde, *Ariane* consomme environ 250 tonnes de carburant en 130 secondes. En moins de trois minutes, la vitesse atteinte est de 8 000 km/h.

Dans les parcs d'attractions, l'accélération des dispositifs de chute libre est celle de la pesanteur. La vitesse d'*Ariane* est impressionnante, mais son accélération l'est tout autant. Elle vaut plusieurs fois celle de la pesanteur ! Pensez aux sensations que l'on éprouve dans l'ascenseur, son accélération est pourtant bien inférieure à celle de la pesanteur, elle vaut environ 1/4 de celle-ci.

Ce principe de propulsion est aussi celui des avions à réaction. Il a été proposé pour la première fois par C. de Louvrie en 1863.

Figure 2-15 Se déplacer en propulsant du gaz à l'extérieur du système.

Les satellites en orbite

Les missions d'*Ariane* consistent à mettre en orbite des satellites. À l'image de la Lune, il s'agit de placer le satellite à une distance donnée de la Terre et de lui communiquer une vitesse initiale. Ce dernier va alors décrire une orbite, de préférence circulaire, autour de la Terre. La troisième loi de Kepler relie le rayon de l'orbite à la période de révolution du satellite. Cela signifie qu'à une distance donnée de la Terre, la vitesse du satellite est imposée par les lois de la gravitation. Les applications principales des satellites concernent l'obtention et la transmission d'informations.

Une orbite est particulièrement intéressante : elle est située à 42 164 kilomètres du centre de la Terre, correspondant à une période de 86 164 secondes. Le satellite apparaît alors immobile pour un observateur situé sur Terre. Cette situation est intéressante pour effectuer des observations et des télécommunications. Cependant, là aussi c'est l'embouteillage, la place vient à manquer car cette orbite est unique.

Une autre constellation de satellites gravite autour de nous. Ils sont vingt-quatre à décrire leurs orbites circulaires à environ 20 000 kilomètres du sol. Ils effectuent une révolution complète en environ douze heures. Ils sont répartis de telle façon qu'à chaque instant, au moins quatre satellites sont « visibles » d'un même point terrestre. Ces satellites émettent des signaux en permanence, ils sont reçus par votre GPS et vous permettent de déduire votre position, n'importe où sur la planète avec une précision de l'ordre de quelques mètres.

Anecdote

Il existe un véritable cimetière des satellites. Lorsqu'un satellite en orbite géostationnaire arrive en fin de vie, on le propulse sur une orbite proche, dite « orbite cimetière »… où il est censé rester pour l'éternité !

Ces perturbations qui font avancer…

Les lois de Newton ont permis d'expliquer et de comprendre beaucoup de phénomènes physiques. Cependant, une irréductible planète, Uranus, nouvellement découverte, ne suit pas la loi universelle de Newton. Deux solutions sont à envisager : soit la loi est fausse, soit un corps massif se trouve à proximité et perturbe son orbite. Évidemment, vous connaissez la suite : le corps massif en question, c'est une autre planète bleue, toute bleue, d'où son nom de Neptune. Elle a été découverte en 1846, par l'Anglais Adams et le Français Le Verrier. Neptune est une planète un peu particulière ; elle est géante (dix-sept fois la Terre) et composée de gaz, avec des rafales de vent pouvant atteindre 2 500 km/h – vigilance rouge ou bleu ciel !

Et puis l'autre perturbateur, c'est Mercure, avec une orbite qui ne suit pas exactement la loi de Newton. Globalement, son orbite semble se déplacer, Mercure n'est pas tout à fait là où on l'attendait. Mêmes hypothèses : soit les lois de Newton sont fausses, soit il y a quelque chose de massif à proximité. Et cette fois, ce sont les lois de Newton qu'il faudra affiner. En 1915, Albert Einstein propose, à partir de sa théorie de la gravitation, façon relativité générale, une modélisation de la trajectoire de Mercure qui se révèle exacte. Celle-ci constitue aujourd'hui une des premières preuves expérimentales de la théorie de la relativité générale.

Ça commence à tourner

Les lois fondamentales de la mécanique étant posées, voyons comment celles-ci nous permettent de comprendre quelques situations de la vie courante, notamment celles qui comportent des trajectoires courbes ou des mises en rotation d'objets, comme une porte qu'il ne faut jamais claquer trop fort, sous peine de le regretter…

L'imposture centrifuge

Vous roulez en voiture, en ligne droite et à vitesse constante (modérée !). Vous n'avez aucune sensation particulière. La route s'incurve à droite, vous tournez le volant, la voiture suit la route, vous avez la sensation d'être attiré par la portière de gauche de votre véhicule. En réalité, cela est une manifestation du principe d'inertie. Au départ, votre corps, comme la voiture, est animé d'une vitesse constante rectiligne uniforme (celle de la route). Le véhicule tourne à droite, l'inertie de votre corps souhaite conserver son mouvement rectiligne, vous avez tendance à continuer tout droit alors que le véhicule va à droite, vous, vous voyez la portière de gauche se rapprocher.

Pour vous, dans la voiture qui tourne, votre référentiel est le véhicule. Comment appliquer les lois de Newton dans une telle situation ? Il faut alors imaginer des forces supplémentaires, uniquement dues au référentiel (la voiture qui tourne). À l'intérieur du véhicule qui prend un virage à droite, vous avez la sensation d'être attiré par la portière de gauche sous l'effet d'une force. Cette force, nous l'avons baptisée la force centrifuge. Cette force n'est exercée par rien, ni par personne, c'est une construction de l'esprit pour rendre compte des observations faites dans une situation non galiléenne, dans la voiture qui tourne par exemple.

Figure 2-16
La force centrifuge, une illusion d'action.

Elle intervient dans tous les mouvements curvilignes, elle est proportionnelle à la masse du corps, au carré de la vitesse et inversement proportionnelle au rayon de la courbe.

La centrifugeuse exploite cette propriété : les particules les plus lourdes ont plus de difficultés à suivre le mouvement de rotation rapide, elles s'en écartent. On dira qu'elles subissent la force centrifuge, avec plus d'intensité que les particules légères. Le jus de fruits est concentré à l'intérieur, la pulpe, plus lourde, à l'extérieur.

C'est le « moment » de bien claquer la porte

Pour bien claquer une porte, il faut la saisir le plus loin possible des gonds, exercer une force perpendiculairement à la porte et la colère fait souvent le reste.

Lorsqu'un système (la porte) est susceptible de tourner autour d'un axe, comment appliquer une action pour le faire tourner ? Il est possible de choisir à la fois le point d'application de la force et sa direction. Plus la force est appliquée loin du point de rotation, plus elle sera efficace pour faire pivoter le système. Si sa direction rencontre l'axe de rotation du système, la force n'aura aucun effet. Le moment d'une force traduit cette efficacité à faire tourner un système. C'est le produit de l'intensité de la force par la distance qui sépare sa direction du point de rotation.

Figure 2-17
Le bras de levier en images.

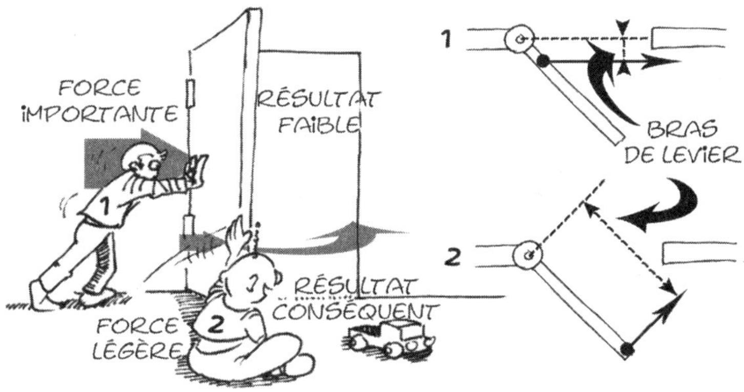

Nous retrouvons le bras de levier d'Archimède. C'est cet effet qui est à l'origine des balançoires des enfants, des bras de la brouette, de l'articulation de notre coude, des ciseaux...

Figure 2-18
L'effet du bras de levier en image.

Pourquoi les motos penchent...

Dans les virages ? Lorsque le motard s'engage dans une courbe, il subit la force centrifuge (vue de sa moto). S'il ne penche pas sa moto à l'intérieur de la courbe du virage, celle-ci le fera basculer à l'extérieur de la courbe. En revanche, lorsque le motard se penche vers l'intérieur de la courbe, son poids a tendance à le faire tomber vers le sol alors que la force centrifuge a tendance à le relever. Dans le référentiel lié à la moto, l'ensemble est en équilibre.

Figure 2-19
L'équilibre apparent d'une moto grâce à la force centrifuge.

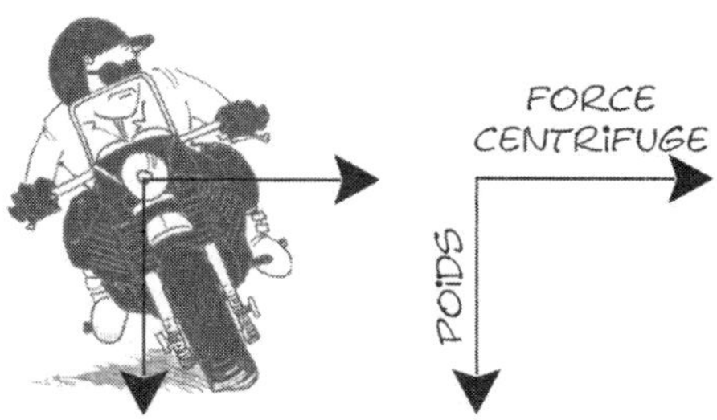

Plus le motard va vite, plus la force centrifuge est importante, elle évolue avec le carré de la vitesse ! Il faut donc que le poids (qui est toujours le même) soit plus efficace et que la force centrifuge le soit moins. Pour ce faire, il suffit de pencher un peu plus la moto vers le sol. Le moment d'une force permet d'évaluer son efficacité à mettre en rotation un objet. Il correspond au produit de la force par le bras de levier (voir paragraphe plus haut). Plus le moment d'une force est important, plus la mise en rotation sera aisée (voir figure 2-20). Ici, le poids est quasiment perpendiculaire à l'axe de la moto, donc le moment du poids est très efficace. En revanche, la force centrifuge (dont l'intensité a augmenté) est presque dans la direction de la moto, son bras de levier a diminué. Une nouvelle fois, l'ensemble s'équilibre.

Figure 2-20

Le motard se penche plus pour compenser l'effet de la force centrifuge.

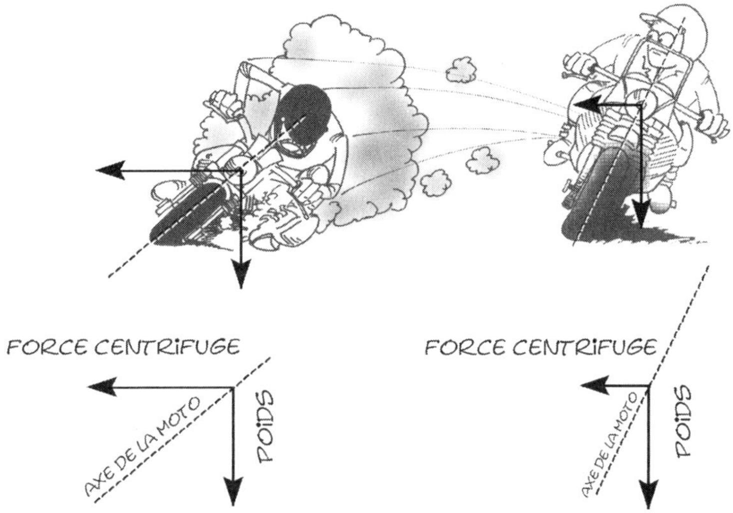

DANS CE CHAPITRE

L'astrophysique, une science jeune

•

Le Soleil et les étoiles

•

L'histoire de l'Univers

Chapitre 3
Au-delà des étoiles : l'astrophysique

L'homme a commencé à observer le ciel à l'œil nu ; puis il a appris à voir au-delà du visible, puis au-delà de notre système, puis au-delà de notre Galaxie, puis aux confins de notre Univers. Exploitant à chaque fois les progrès de la science, l'astronomie, l'une des sciences les plus anciennes, est toujours en marche.

Le plus grand terrain de jeu du monde

Les quatre interactions fondamentales – gravitation, électromagnétisme, force nucléaire forte et force nucléaire faible (voir Chapitre 2) – trouvent toutes leur application ici ou là dans l'Univers. À grande échelle, c'est la force de gravitation et uniquement elle qui sculpte la distribution de matière. Elle décrit bien sûr l'expansion de l'Univers (voir Chapitre 2) mais explique aussi comment celui-ci s'inhomogénéise lentement mais sûrement, passant en quelques milliards d'années d'un milieu quasi uniforme à l'issue du Big Bang à une structure filamentaire appelée Toile cosmique. À plus petite échelle, c'est la gravité qui détermine la forme sphérique des étoiles et planètes, sphère légèrement aplatie du fait de la rotation des astres.

De notre point de vue très humain, le champ de gravité terrestre apparaît assez important. Il nous empêche de nous élever de plus d'un mètre quand nous sautons, et accélère notre chute à un tel rythme qu'au-delà d'une vingtaine de mètres de plongeon nous allons vers une mort quasi assurée. Pourtant il s'agit là d'un champ de gravité très modéré, insignifiant comparé à ceux que les étoiles et les cadavres stellaires qui en résultent sont capables d'atteindre, sans que le moindre équivalent de ceci se trouve sur Terre ou même dans le Système solaire. Dans ce domaine comme pour n'importe quelle grandeur physique, des grandeurs inimaginables sur Terre sont tout à fait communes ailleurs, mais décrites par les mêmes lois.

Outre que c'est le principal messager des astronomes, la lumière joue un rôle omniprésent en astrophysique. Elle est produite à toutes les longueurs d'onde possibles et imaginables par quantité de processus différents, mais elle interagit de façon complexe avec la matière. La taille des étoiles et par suite leur durée de vie sont déterminées par l'opacité de leurs couches externes qui laissent plus ou moins s'évacuer la chaleur produite au centre, régulant ainsi leur consommation d'énergie. C'est surtout la diversité des types de lumière qui suscite l'étonnement. De façon quantitative, si on raisonne en termes d'octaves (soit une plage de longueur d'onde ou de fréquence dont les limites supérieure et inférieure sont séparées d'un facteur deux), nos yeux ne voient qu'une unique octave de lumière, du rouge (l'équivalent lumineux du grave) au violet (l'aigu). Or, ce que les physiciens appellent lumière recouvre une plage bien plus vaste, qui s'étale sur plus de 75 octaves avec les ondes radio, les rayonnements micro-ondes, infrarouge, ultraviolet, sans oublier les rayons X et gamma (voir Chapitre 16). Et non seulement nos moyens technologiques permettent, via un vaste ensemble d'instruments, de détecter toutes ces lumières, mais nous nous rendons compte qu'il existe des objets émettant effectivement, via des processus raisonnablement bien identifiés, des lumières de tous ces types.

L'énergie des étoiles, ce n'est rien d'autre que la physique nucléaire qui trouve en leur sein la quintessence de son application. Si les principales réactions nucléaires à l'œuvre dans les étoiles lors de la majeure partie de leur vie sont relativement peu nombreuses, quantité d'autres, plus marginales, sont aussi à l'œuvre. Et à ce jeu, il y en a bien plus que tout ce que l'on sait produire dans les laboratoires terrestres, et dans des conditions physiques que l'on peine souvent à reproduire précisément : beaucoup d'étoiles passent une grande partie de leur vie à consommer leur combustible nucléaire à un rythme très lent car leur température centrale est, du point de vue de la physique nucléaire, relativement basse, tellement basse que le taux de réaction est très bas et impossible à reproduire. À l'inverse, les étoiles massives en fin de vie sont prises d'une frénésie de réactions que permettent les très hautes densités et températures afférentes et qui sont tout aussi impossibles à reproduire en laboratoire.

Même des phénomènes exotiques que l'on pourrait croire cantonnés à d'exigeantes conditions uniquement réunies en laboratoire s'expriment aussi dans le cosmos. C'est le cas de la supraconductivité, ce phénomène qui fait que la résistance électrique d'un milieu tombe à zéro (voir Chapitre 22), ou de la superfluidité, qui se traduit par le fait que la viscosité d'un fluide s'annule (voir Chapitre 4). En laboratoire, ces deux phénomènes ne se produisent qu'avec des matériaux très spécifiques et à de très basses températures. Ils sont pourtant présents au sein des objets... qui sont les plus chauds de l'Univers : les étoiles à neutrons (voir le présent chapitre). Ces cadavres d'étoiles massives sont effectivement très chauds à leur formation et ne se refroidissent que très lentement eu égard à leur très petite taille. Ils sont tout de même le siège des deux phénomènes cités ci-dessus – leurs neutrons sont superfluides et leurs protons supraconducteurs – car leur extrême densité élève le seuil de température où ceux-ci peuvent se produire. Et il ne s'agit pas ici d'une pure spéculation théorique : les propriétés observées de ces objets *prouvent* de façon certaine que superfluidité et supraconductivité sont présentes en leur sein.

Ces étoiles à neutrons sont à bien des égards le summum de la bizarrerie en physique... tout en en respectant parfaitement les lois. Elles sont dotées de densités extrêmes, dépassant en leur cœur le milliard de tonnes par centimètre cube. Elles sont les objets matériels tournant le plus vite sur eux-mêmes, leur équateur étant susceptible de tourbillonner à plus de 10 % de la vitesse de la lumière autour de son axe, elles possèdent les champs magnétiques les plus extrêmes qui puissent se concevoir, dépassant de plus de mille milliards l'intensité du champ magnétique terrestre, et elles sont capables, quand elles se trouvent en couple, de se mouvoir dans l'espace à plus de la moitié de la vitesse de la lumière !

Si vous préférez les choses plus délicates ou des processus plus conventionnels, sachez que, par exemple, la théorie de l'élasticité (voir Chapitre 2) vous décrira de combien la Terre et la Lune se déforment mutuellement, ce qui vous expliquera à la fois l'amplitude des marées terrestres et pourquoi la Lune tourne toujours la même face vers la Terre. La mécanique des fluides (voir Chapitre 4) vous décrira dans les grandes lignes la dynamique de l'atmosphère de la Terre ou des autres planètes, vous révélant la nature exacte de la Grande Tache rouge de Jupiter (*spoiler* : ce n'est pas un cyclone). L'infinie délicatesse des anneaux de

Saturne, l'infernale température à la surface de Vénus, la répartition des astéroïdes autour du Soleil, les abondances très variables des différents atomes dans l'Univers, tout cela résulte d'applications parfois directes, parfois subtiles et virtuoses, de tout ou partie des lois physiques connues.

Terminons ce survol partiel en faisant une dernière remarque. Notre maîtrise des lois de la physique ne nous assure pas de comprendre tous les phénomènes observés car certains sont redoutablement complexes. Néanmoins, il n'y a pas vraiment un phénomène terrestre dont on a des raisons de penser qu'il ne résulte pas des lois que nous connaissons. En ce sens, nous pouvons considérer que ces lois sont suffisantes pour les décrire. C'est vrai partout sur Terre... mais pas dans l'Univers. Il est des phénomènes, appelés faute de bien les cerner « matière noire » (voir Chapitre 3), « énergie noire » ou « inflation cosmique », dont on est certain qu'ils échappent aux lois que nous connaissons. Celles-ci sont donc incomplètes, et c'est par l'astrophysique que nous arriverons peut-être à les améliorer.

Bref, si vous aimez la physique, vous aimerez assurément l'astrophysique, et inversement !

L'astrophysique, une science jeune

Si l'astronomie est probablement la plus ancienne des sciences, l'astrophysique, née de la capacité à analyser en détail la lumière des astres, n'a vu le jour qu'au XIXe siècle.

Le legs des Anciens

Pendant plus de quatre mille ans, l'Homme a observé le ciel à l'œil nu en s'intéressant d'abord aux deux luminaires (Soleil et Lune) et aux cinq planètes visibles à l'œil nu (Mercure, Vénus, Mars, Jupiter et Saturne), trahies par leur mouvement propre par rapport aux étoiles fixes. L'étude et la description des mouvements apparents de ces sept astres ont longtemps occupé les astronomes et ont abouti au modèle géocentrique exposé par le grand astronome grec Hipparque, qui a vécu de 190 à 120 avant notre ère (voir Chapitre 1). Dans cette représentation du monde, la Terre trône au centre de l'Univers, les autres astres tournant autour d'elle. Le legs astronomique d'Hipparque était aussi constitué d'un catalogue donnant la position et les éclats relatifs d'environ 850 étoiles qui lui a permis de faire une importante découverte. En comparant ses observations (toutes faites à l'œil nu) à celles obtenues cent cinquante ans plus tôt par Timocharis, il a découvert que le pôle céleste Nord se déplaçait par rapport aux étoiles d'un lent mouvement dont la période est actuellement estimée à 25 800 ans.

Figure 3-1

La Terre se comporte comme une toupie et précesse.

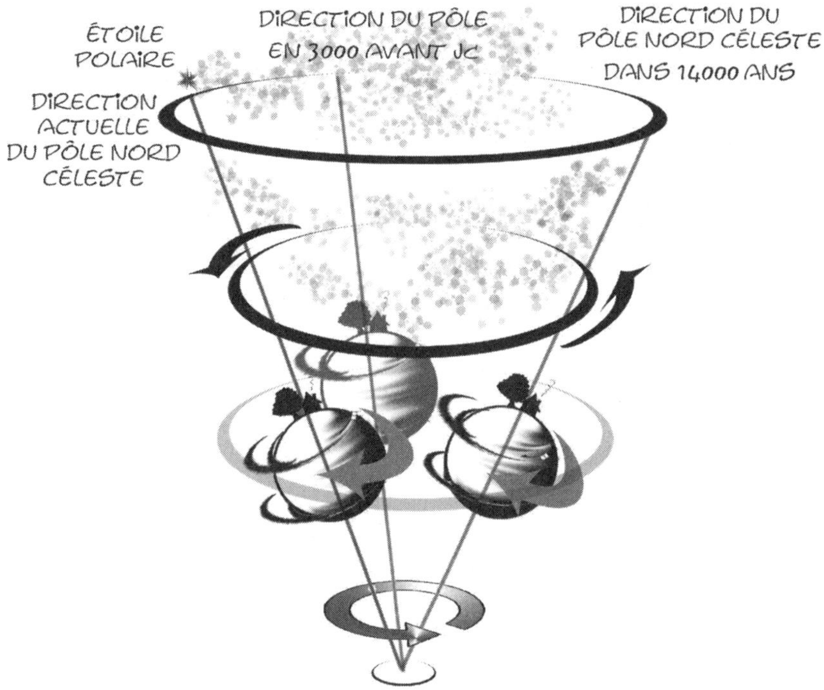

En raison de ce mouvement, l'étoile Polaire n'a pas toujours été située dans la direction du pôle Nord céleste, comme elle l'est actuellement (d'où son nom !). À l'époque des pharaons, c'est l'étoile Alpha de la constellation du Dragon qui était approximativement située vers le pôle Nord ; dans environ 13 000 ans, ce sera la brillante étoile Véga de la constellation de la Lyre qui jouera ce rôle.

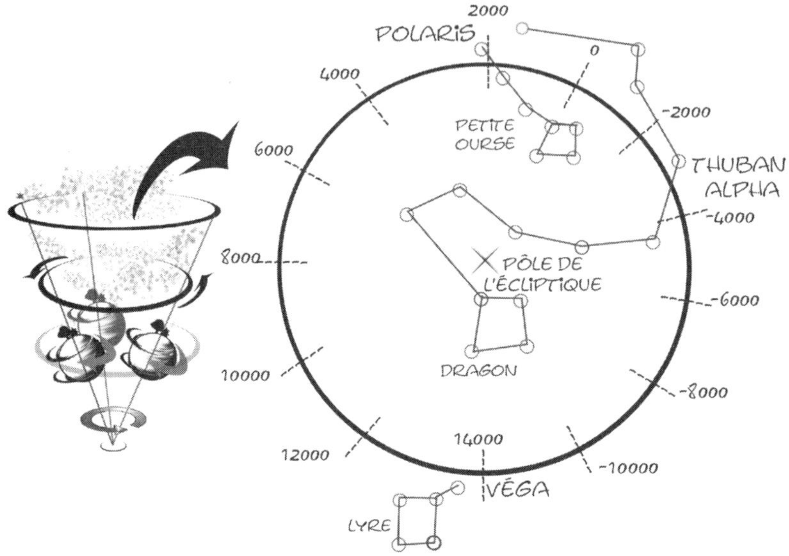

Figure 3-2
La précession de l'axe de rotation de la Terre au cours du temps.

L'ère moderne

Durant l'hiver 1609-1610, Galilée (1564-1641) braque pour la première fois une lunette vers le firmament, ouvrant ainsi l'ère de l'observation instrumentée du ciel. Ses observations des phases de Vénus, des montagnes lunaires et des satellites de Jupiter lui permettent de mettre à bas la vision géocentrique et d'appuyer la proposition de Nicolas Copernic (1473-1543) qui chasse la Terre du centre du monde pour y placer le Soleil (voir Chapitre 2). L'étude du mouvement des astres se poursuit dans le nouveau cadre héliocentrique, marquée par les travaux de Kepler (1571-1630) et d'Isaac Newton (1642-1727). Malgré leurs progrès incontestables, les astronomes, cloués à la surface de la Terre, en sont pourtant réduits à émettre des conjectures parfois fumeuses sur la nature physique des planètes et des étoiles. Le pas décisif est franchi au début du XIXe siècle grâce à l'invention du spectromètre, un instrument capable de décomposer la lumière pour en analyser les composantes colorées (voir Chapitres 8 et 19).

Les atomes trahis par la lumière

Isaac Newton montre au XVIIe siècle que la lumière blanche est en réalité composée de toutes les couleurs. Il suffit de regarder un arc-en-ciel ou d'observer une source lumineuse à travers un prisme pour s'en convaincre (voir Chapitre 19) : on observe aisément des dégradés des couleurs rouge, orange, jaune, verte, bleue et violette. Deux siècles plus tard, la spectroscopie naîtra de cette découverte.

Cette nouvelle branche de la physique expérimentale étudie les spectres lumineux, c'est-à-dire la façon dont l'énergie d'un corps chaud se répartit entre les différentes couleurs. Le filament de tungstène d'une ampoule est un bon exemple de corps qui, sous l'effet de sa température, émet de la lumière visible dans une gamme étendue de couleurs : son spectre est continu (voir Chapitre 5, les travaux de Planck). Mais ce n'est pas la seule possibilité. En 1814, le physicien allemand Joseph von Fraunhofer (1787-1826) étudie le spectre du Soleil et y découvre la présence d'environ 600 raies sombres superposées à un spectre continu. Quelques années plus tard, un autre physicien, Robert Bunsen (1811-1899), élucide la nature de ces raies.

La flamme de Bunsen

Bunsen fabrique des sources lumineuses et étudie à l'aide d'un prisme la composition de la lumière émise par les sources. C'est ainsi qu'il découvre que certains corps émettent des raies brillantes intenses à des longueurs d'onde bien définies. Par exemple, du chlorure de sodium jeté dans une flamme la colore en jaune intense et son spectre présente deux raies brillantes. Bunsen montre que ces raies disparaissent si la lumière de l'ensemble flamme + chlorure de sodium (du sel de cuisine) traverse une enceinte à parois transparentes dans laquelle de la vapeur de sodium est emprisonnée. À la sortie, le spectre présente encore deux raies, mais sombres cette fois-ci : ce sont les raies d'absorption, qui se situent aux mêmes longueurs d'onde que les raies brillantes de la première expérience.

Figure 3-3
Production des spectres d'émission et d'absorption.

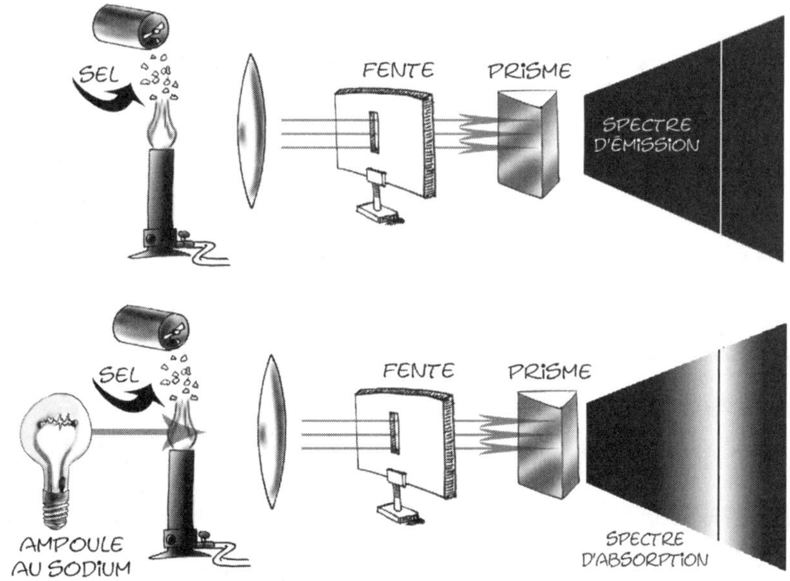

Naissance de l'astrophysique

Comment expliquer ce phénomène ? Un atome ne peut émettre ou absorber une quantité quelconque d'énergie. Son énergie ne peut varier que par paliers bien fixés qui dépendent de la façon dont est arrangé son cortège d'électrons. Au cours d'une émission ou d'une absorption d'énergie, la répartition électronique de l'atome est modifiée. De la lumière est émise lorsqu'un électron effectue une transition d'un niveau d'énergie élevé vers un niveau d'énergie situé plus bas ; l'absorption de lumière correspond au passage d'un électron d'un niveau d'énergie inférieur vers un niveau supérieur (voir Chapitre 11).

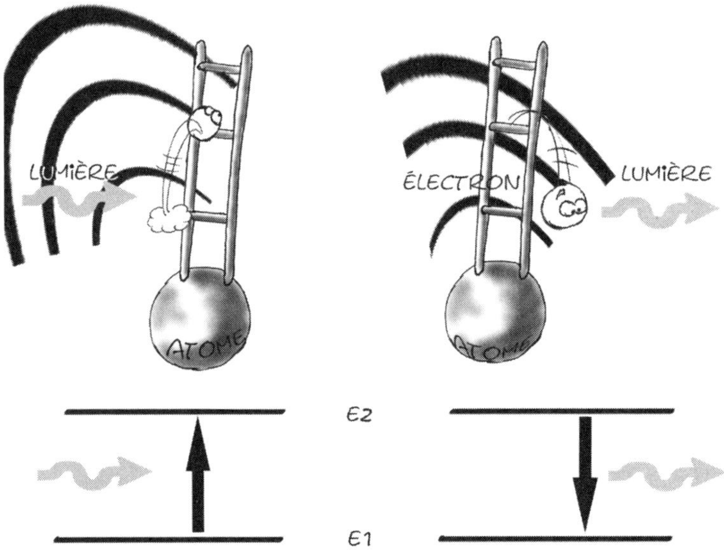

Figure 3-4 Lorsqu'un électron passe d'un niveau d'énergie à un autre, il émet ou absorbe de la lumière.

L'ensemble de ces transitions, qui se manifestent sous forme de raies dans le spectre, est caractéristique d'un atome et constitue sa carte d'identité. Autrement dit, observer les raies d'un élément dans le spectre d'une source lumineuse assure que cet élément y est présent. Voici quelques spectres :

Figure 3-5 Spectres de quelques éléments.

C'est de cette façon que l'on peut connaître la composition des étoiles, en observant les raies d'absorption présentes dans le spectre de leur lumière ! Un spectre d'absorption, ensemble de raies noires sur un fond d'arc-en-ciel, est donc une sorte de code-barres qui caractérise la composition de la source.

Dans les années qui suivent la découverte de Fraunhofer, les astronomes identifient dans des spectres stellaires les raies de l'hydrogène, du sodium, du magnésium, du fer, etc. On comprend mieux l'importance de cette découverte : en montrant la possibilité d'utiliser la lumière comme source d'information sur les astres lointains, elle marque la naissance de l'astronomie physique, c'est-à-dire de l'astrophysique !

Les couleurs du ciel

Moins d'un siècle après l'usage astronomique de la spectroscopie, une autre invention révolutionne la pratique de la toute jeune astrophysique : la photographie (voir Chapitre 23). Elle permet de garder une trace des objets et des phénomènes célestes, notamment ceux trop peu lumineux pour être visibles à l'œil nu. Cela ouvre la voie au dénombrement, à la comparaison et à la classification des astres. De nos jours, les plaques photographiques ont été remplacées par des détecteurs électroniques, mais l'idée d'origine est toujours présente : dépasser les capacités de l'œil humain en le remplaçant par des dispositifs sophistiqués qui compensent ses insuffisances.

Herschel voit (infra)rouge

En 1800, l'astronome anglais William Herschel (1792-1871) fait une découverte qui aura une conséquence importante cent cinquante ans plus tard. Il fait une expérience de décomposition de la lumière solaire à travers un prisme pour en séparer les composantes colorées de l'arc-en-ciel. Herschel cherche alors à déterminer la quantité d'énergie reçue dans chaque couleur. Pour réaliser cette mesure, il place la pointe noircie d'un thermomètre dans chaque région colorée et mesure la « température » de chaque couleur du spectre. Il est fort surpris de constater que la température la plus grande est atteinte dans une région située au-delà du rouge, là où aucune lumière n'est visible à l'œil nu ! Herschel en déduit qu'il doit exister une nouvelle couleur invisible au-delà du rouge, « couleur » que nous nommons maintenant infrarouge. Cette découverte sera immédiatement suivie par celle de l'ultraviolet, une autre lumière invisible à nos yeux observée pour la première fois en 1801 par le physicien allemand Johann Wilhelm Ritter.

Au-delà de l'œil

Après avoir étendu les capacités de l'œil humain en le dotant de lunettes, de télescope, de spectroscope et de plaque photographique, les astrophysiciens se sont dotés d'instruments capables de capter le rayonnement émis par les astres en dehors du spectre visible. C'est ainsi que, depuis le milieu du xxe siècle, il est devenu possible d'observer le ciel en infrarouge, en ultraviolet, en rayonnement radio, en rayons X ou gamma.

Figure 3-6
Étendue spectrale des ondes électromagnétiques.

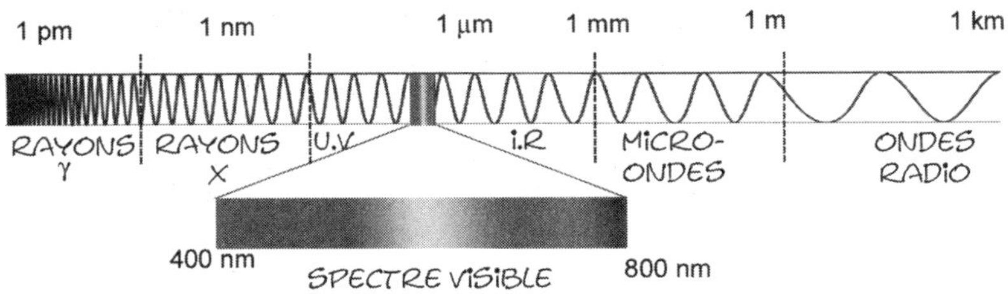

L'extension de la fenêtre spectrale accessible à nos instruments a permis de révéler des phénomènes nouveaux. Ainsi, les objets très chauds, de température supérieure à 10 000 kelvins, émettent préférentiellement des ultraviolets et ne brillent pas aussi intensément en lumière visible. Capter l'ultraviolet permet de faire un bilan d'énergie de l'objet plus complet et donc plus précis. Autre exemple : les grands nuages interstellaires froids, dont la température est de l'ordre de quelques dizaines de kelvins, ne brillent que dans une gamme lumineuse située entre la lumière infrarouge et les ondes radio. C'est en ayant accès à cette fenêtre spectrale qu'ils ont pu être détectés et étudiés en détail : c'est en leur sein que se forment les étoiles.

Pour bien voir, il faut monter au ciel…

L'exploitation de ces longueurs d'onde invisibles à nos yeux a permis la découverte d'objets et de phénomènes célestes nouveaux ou a révélé des objets déjà connus sous un jour tout à fait inattendu. Cette avancée résulte des progrès techniques réalisés dans le domaine des détecteurs mais aussi de la capacité à projeter ces nouveaux instruments dans l'espace. L'atmosphère de la Terre, indispensable à la vie de multiples façons, est, pour l'astrophysicien, un filtre qui absorbe certains rayonnements. Bien sûr, l'atmosphère est transparente à la lumière visible, mais la couche d'ozone, située vers 30 kilomètres d'altitude, absorbe presque toute la lumière ultraviolette et tous les rayons X émis par le Soleil ou les étoiles.

C'est heureux pour la vie terrestre, mais cela limite singulièrement notre vision du cosmos.

Pour capter ces lumières, il est donc nécessaire d'aller dans l'espace, de sortir de l'atmosphère pour s'affranchir de son absorption : fusées et satellites sont donc aussi deux composantes techniques indispensables qui ont permis à l'astrophysique d'investir pleinement son champ d'étude. Aujourd'hui, tous les domaines de longueurs d'onde sont exploités en permanence, au sol et dans l'espace, et la plupart des objets célestes sont observés en de multiples longueurs d'onde de façon à mieux cerner les mécanismes physiques qui s'y déroulent.

Regarder, mais avec quoi ?

Les instruments utilisés par les astronomes ont aussi considérablement évolué depuis les temps héroïques. La lunette de Galilée (4 cm de diamètre) et le télescope de Newton (6 cm de diamètre) ont été remplacés par des instruments autrement plus considérables. En 1948 entrait en service le télescope du mont Palomar dont les 5 mètres de diamètre sont restés inégalés jusqu'en 1976, avec la construction du télescope russe de Zelenchuk (le principe d'un télescope est présenté dans le Chapitre 8). Ces géants sont eux-mêmes devenus des nains au regard des grands télescopes modernes : une douzaine d'instruments dépassent les 8 mètres de diamètre !

Construire des instruments aussi grands était nécessaire pour collecter toujours plus de lumière provenant des astres les plus faibles et les plus lointains. Mais cette course au gigantisme n'aurait pas été possible sans l'emploi de techniques innovantes qui ont fait faire un bond en avant considérable à la qualité des images astronomiques. Ainsi, l'optique active permet de déformer la surface du miroir pour que, en dépit des contraintes imposées par son poids, elle garde toujours la forme idéale. Mais l'atmosphère (encore elle !) perturbe la propagation du signal lumineux reçu des objets célestes et déforme les images. Les télescopes modernes sont maintenant équipés d'un dispositif d'optique adaptative capable de déformer le miroir en temps réel de sorte à corriger les altérations de l'image dues à l'atmosphère.

Figure 3-7

Exemple d'amélioration due à l'optique adaptative.

Enfin, l'astronomie instrumentale s'est découvert une nouvelle source d'information lorsqu'on a cessé de considérer la lumière comme unique vecteur des messages célestes.

Et les particules ?

En 1912, le physicien allemand Victor Hess (1883-1964) observe qu'un électroscope à feuilles d'or se décharge rapidement lors d'une ascension en ballon. Il attribue ce phénomène à l'action d'une source de rayonnement électromagnétique extérieure à l'atmosphère terrestre et reçoit le prix Nobel de physique en 1936 pour la découverte de ces « rayons cosmiques ». Plus tard, l'observation de la déviation de la trajectoire des rayons cosmiques par un champ magnétique impose de leur attribuer une charge électrique et donc une nature corpusculaire. Devenus particules, les rayons cosmiques révèlent encore une grande diversité puisqu'ils peuvent être électrons, protons, ou noyaux de plus forte masse (89 % protons, 10 % noyaux d'hélium, et environ 1 % de particules plus lourdes jusqu'à l'uranium). Tous ont une grande énergie habituellement mesurée en méga-électronvolts (millions d'électronvolts, notés MeV) voire en gigaélectronvolts (milliards d'électronvolts, notés GeV). Les plus énergétiques observés à ce jour avaient une énergie d'environ 10^{20} eV (un 1 suivi de 20 zéros !), soit l'énergie cinétique d'une balle de tennis lancée à plus de 60 kilomètres à l'heure ! Pas mal pour une particule dont la masse est cent millions de milliards de milliards de fois plus faible que la balle jaune ! À ces grandes énergies sont évidemment associées des grandes vitesses. Ainsi, un proton de 500 MeV a une vitesse qui vaut 76 % de celle de la lumière. Attention à l'excès de vitesse…

L'électronvolt, petite unité pour petite particule

Une particule possédant une charge électrique peut être accélérée sous l'effet d'une différence de potentiel électrique. Les énergies mises en jeu par ce processus étant très faibles à notre échelle, les physiciens ont introduit une unité plus adaptée, l'électronvolt. Il s'agit de l'énergie acquise par un électron accéléré sous une différence de potentiel de 1 volt. Dans les accélérateurs de particules, les énergies mises en jeu dépassent couramment la dizaine de milliards d'électronvolts (GeV), voire mille milliards d'électronvolts (1 téraélectronvolt ou TeV) dans le Large Hadron Collider du CERN.

Un bombardement cosmique

À la surface de la Terre, nous ne sommes pas directement exposés à ces particules cosmiques. Le champ magnétique terrestre piège celles dont l'énergie est inférieure à environ 1 GeV. Par exemple, les particules éjectées lors des éruptions solaires ayant une énergie de l'ordre de quelques centaines de MeV franchissent difficilement la magnétosphère terrestre contrairement à celles d'origine galactique, beaucoup plus énergétiques. Lorsque, après un voyage de plusieurs millions d'années, une particule cosmique chargée atteint les couches supérieures de l'atmosphère, elle va bouleverser la région traversée excitant le cortège électronique des atomes proches de sa trajectoire, arrachant parfois certains électrons, brisant les liaisons moléculaires ou initiant des réactions nucléaires. Les produits de ces interactions peuvent à leur tour interagir avec le milieu, arrachant d'autres électrons ou produisant une cascade de particules secondaires. L'énergie d'une particule cosmique se trouve ainsi dissipée dans l'atmosphère et répartie dans une gerbe contenant de nombreuses particules dont certaines atteindront finalement le sol. Le flux moyen de ces particules secondaires est d'environ cent particules par mètre carré et par seconde. Le niveau de radiation résultant ne correspond pourtant qu'à quelques pourcents de la radioactivité naturelle au niveau du sol.

Une pluie de nouveautés

Depuis leur découverte en 1912, les particules cosmiques de haute énergie ont joué un rôle crucial dans le développement de la physique et de l'astrophysique. Ainsi, le positron, l'antiparticule de l'électron, est observé en 1932 dans le rayonnement cosmique par Carl Anderson, un physicien américain, après avoir été prévu par les travaux de P. Dirac quelques années auparavant. En 1963, les physiciens américains D. Frisch et J. Smith ont mesuré la durée de vie des muons du rayonnement cosmique, ce qui a permis de confirmer la dilatation des durées prévues par la relativité restreinte d'Einstein. De nos jours, les particules cosmiques sont devenues une précieuse source d'information qui nous permet de sonder des régions inaccessibles par la voie lumineuse. Qu'elles soient issues du Soleil (vent solaire et neutrinos issus des régions de combustion nucléaire), des supernovae (neutrinos émis lors de l'implosion du cœur de l'étoile et particules accélérées par l'onde de choc) ou de phénomènes cosmiques de très grande intensité (particules d'ultra-haute énergie), les particules font maintenant partie du paysage de l'astrophysique au point que leur étude relève désormais d'une nouvelle discipline, fondée spécialement, l'astroparticule.

Les instruments du futur

La fin du XXe siècle a inauguré les ères des télescopes géants et spatiaux. Le XXIe siècle devrait aussi être riche en matière d'instrumentation.

Sur Terre…

Au sol, le gigantisme sera de mise. Plusieurs projets de télescopes de diamètre supérieur à 20 mètres sont à l'étude, dont l'incroyable projet EELT de l'Observatoire européen austral dont le diamètre atteindra 39 mètres grâce à un miroir composé de 798 segments hexagonaux. Fin 2024, sa mise en service était prévue pour 2028.

Le domaine des ondes radio a beaucoup progressé depuis une quinzaine d'années. Le radiotélescope géant ALMA (*Atacama Large Millimeter Array*) est constitué de 64 antennes de 12 mètres de diamètre. Les signaux captés seront combinés de sorte à disposer de la résolution équivalente à une unique antenne de 14 km de diamètre ! Un successeur est déjà en cours de construction. Baptisé SKA, pour *Square Kilometer Array*, il ambitionne d'utiliser des dizaines de milliers d'antennes offrant en cumulé un pouvoir collecteur équivalent à celui d'une antenne d'un kilomètre carré (d'où son nom). Une partie du réseau devrait être fonctionnelle en 2027.

Le ciel variable fera l'objet d'un instrument dédié, l'observatoire Vera Rubin, dont la mise en service est envisagée pour 2026. Composé d'un télescope de plus de 8 mètres de diamètre à grand champ, il cartographiera l'ensemble du ciel accessible depuis son lieu d'observation (nord du Chili) en seulement 4 jours en effectuant des poses courtes d'à peine 40 secondes. Il procédera ainsi pendant une dizaines d'années, permettant de traquer tous les phénomènes transitoires à l'œuvre dans l'Univers.

… comme au ciel !

L'occupation de l'espace se poursuit activement. Ainsi, le *James Webb Space Telescope* (ou JWST), successeur du télescope spatial Hubble, lancé en 1990, a lancé le 25 décembre 2021 après plus d'une décennie de retard et un surcoût considérable par rapport aux plans initiaux. D'un diamètre de 6 mètres formé de 18 segments hexagonaux, il a été optimisé pour avoir une grande sensibilité dans l'infrarouge proche afin d'observer l'Univers froid, comme les zones de formation d'étoiles, et les objets les plus lointains, dont la lumière est fortement décalée vers le rouge par l'expansion de l'Univers. Lancée huit ans plus tôt, la mission européenne Gaia effectue un catalogage de plus d'un milliard et demi d'étoiles de notre galaxie, auxquelles s'ajoutent d'innombrables galaxies lointaines et astéroïdes, apportant une foison de données qui servira dans tous les domaines de l'astrophysique. Toujours dans l'optique d'effectuer des grands relevés, la mission européenne Euclid, lancée en 2022, va déterminer les propriétés de plusieurs centaines de millions de galaxies et comment elles évoluent, afin de préciser certaines propriétés des différentes formes de matière qui composent l'Univers.

Pendant ce temps, de nombreux projets d'exploration du Système solaire sont en cours et en projet. Mars se taille la part du lion, avec deux missions américaines en cours, les astromobiles (ou rovers) *Perseverance et Curiosity*, la première recueillant des échantillons régulièrement déposés sur le sol martien avant qu'une ambitieuse mission de retour d'échantillons ne se pose à proximité, les récupère à l'aide d'un rover, qui les déposerait sur une plateforme de lancement où une petite fusée les ramènerait sur Terre. Les lunes glacées de Jupiter font l'objet de deux missions déjà lancées, avec arrivé prévue au début de la décennie 2030. La mission américaine *Europa Clipper* sera surtout dédiée à l'étude d'Europe, la lune glacée la plus proche de la planète géante, alors que sa consœur *Juice* se focalisera plus sur Ganymède, le plus gros satellite du Système solaire. Les lunes glacées de Saturne et d'Uranus font l'objet de plusieurs projets de mission, Uranus qu'une mission pourrait atteindre vers 2042… si tout va bien.

Le Soleil et les étoiles

Pour les Grecs de l'Antiquité, Hélios le dieu Soleil parcourait le ciel dans son char de feu, prodiguant lumière et énergie aux mortels. Au XIXe siècle, les physiciens pensent que le Soleil est une sphère de matière chaude qui se refroidit. Ils en déduisent que le Soleil n'est pas âgé de plus de quelques dizaines de millions d'années, durée largement suffisante, pensent-ils alors, pour que la vie puisse se développer. Mais devant les premières datations de fossiles montrant la très grande ancienneté de la Terre, estimée à deux milliards d'années au début du

XXe siècle, il faut se résoudre à reprendre le problème. Cette « crise de l'âge » ne peut être résolue qu'avec les outils de la physique nucléaire alors naissante. Après s'être longtemps demandé ce qu'est le Soleil et pourquoi il brille si intensément, les astrophysiciens découvrent enfin pourquoi il brille depuis si longtemps. Et leur réponse aura une conséquence étonnante...

Entre l'envol et la chute

Qu'est-ce qu'une étoile ? La réponse semble aisée : une étoile, c'est une énorme condensation de gaz chaud. En tout cas, notre Soleil, avec ses 696 000 kilomètres de rayon (109 fois le rayon terrestre !), sa masse 330 000 fois plus importante que celle de la Terre et sa température de surface égale à 5 700 kelvins (voir Chapitre 5 pour la définition d'un kelvin), semble satisfaire cette définition. Et encore, le Soleil n'est pas une étoile *vraiment* grosse : le rayon de l'étoile Bételgeuse, située dans la constellation d'Orion, est 1 100 fois supérieur à celui du Soleil... Il est possible d'affiner notre définition en remarquant que la matière stellaire ne s'éparpille pas bêtement dans le vide interplanétaire. La cohésion de la matière stellaire résulte de l'attraction gravitationnelle entre particules de matière, force qui tend à les rapprocher le plus possible les unes des autres : une étoile est un corps soumis à sa seule gravité qui lui impose une forme sphérique.

Mais si la gravitation tend à rapprocher les particules le plus possible les unes des autres, pourquoi l'étoile ne s'effondre-t-elle pas sur elle-même ? C'est qu'il faut aussi compter sur la pression du gaz stellaire, résultant des collisions incessantes des particules les unes contre les autres. Partout cette pression équilibre l'action de la gravité. Si elle venait brutalement à s'annuler, le Soleil s'effondrerait complètement sur lui-même en à peine trois minutes ! Pour que l'étoile soit en équilibre, il faut que la pression augmente régulièrement avec la profondeur, de sorte que chaque couche pesante soit en équilibre entre une couche inférieure plus comprimée et une couche supérieure qui l'est moins. Au centre du Soleil, la pression est environ 250 milliards de fois supérieure à la pression atmosphérique !

Il fait chaud, au fond !

Nous savons tous qu'un gaz comprimé s'échauffe : il suffit de le constater à l'extrémité d'une pompe à vélo après avoir gonflé énergiquement une chambre à air. La matière stellaire est donc d'autant plus chaude que sa profondeur est grande, puisqu'elle est comprimée par la masse des couches qui, la surplombant, pèsent dessus et agissent comme un piston (voir Chapitre 5, la thermodynamique). La répartition de température au sein de l'étoile dépend évidemment de sa masse puisqu'une grande quantité de matière comprimera plus efficacement les régions centrales qu'une petite. La température centrale, qui vaut environ quinze millions de degrés pour le Soleil, peut atteindre plusieurs centaines de millions de degrés pour une étoile ayant une masse trente fois supérieure à celle du Soleil !

Figure 3-8
Température et densité du Soleil en fonction de la profondeur.

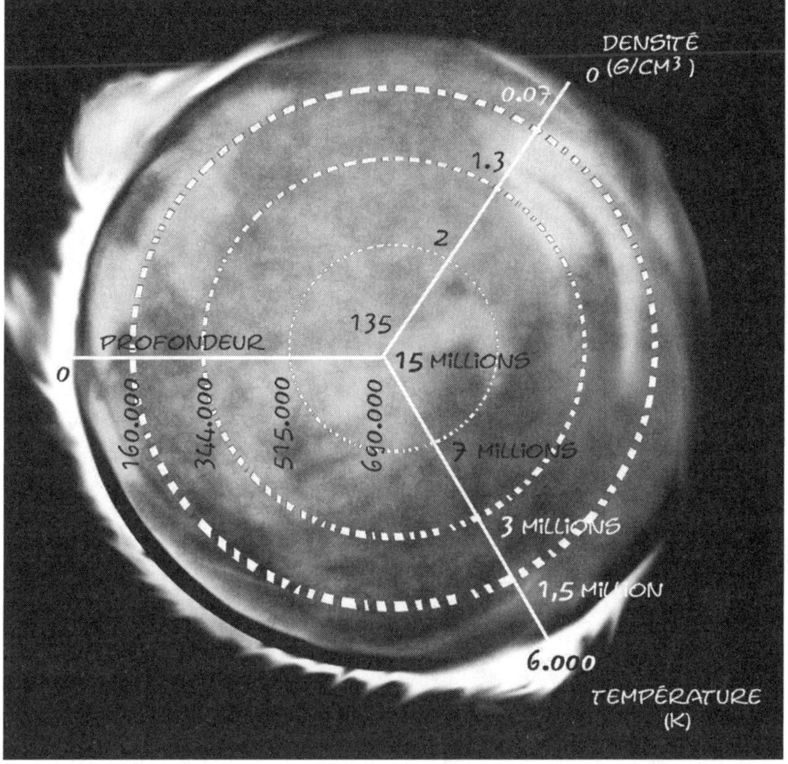

Une étoile de forte masse, supportée par une pression intérieure très élevée, sera donc une étoile très chaude. Mais attention ! Quand la température devient suffisamment élevée, la pression du rayonnement lumineux, proportionnelle à la puissance quatrième de la température, devient non négligeable et vient s'ajouter à la pression du gaz qui, elle, varie proportionnellement à la température. Dans une étoile très massive, la température centrale peut être si élevée et la pression du rayonnement si grande que l'étoile est littéralement soufflée par sa propre lumière. Cette condition extrême fixe une limite supérieure à la masse d'une étoile estimée à environ soixante fois la masse du Soleil.

Un équilibre miné par le rayonnement

Une étoile est donc le siège d'un fort contraste de température engendré par sa propre gravité. Ce déséquilibre de température génère un transfert d'énergie thermique qui, prélevant l'excès de la région chaude pour le céder à la région froide, tend à l'uniformiser. Ce transfert est essentiellement assuré par le rayonnement dans les régions centrales et par de grands mouvements d'ensemble de la matière stellaire dans les régions externes.

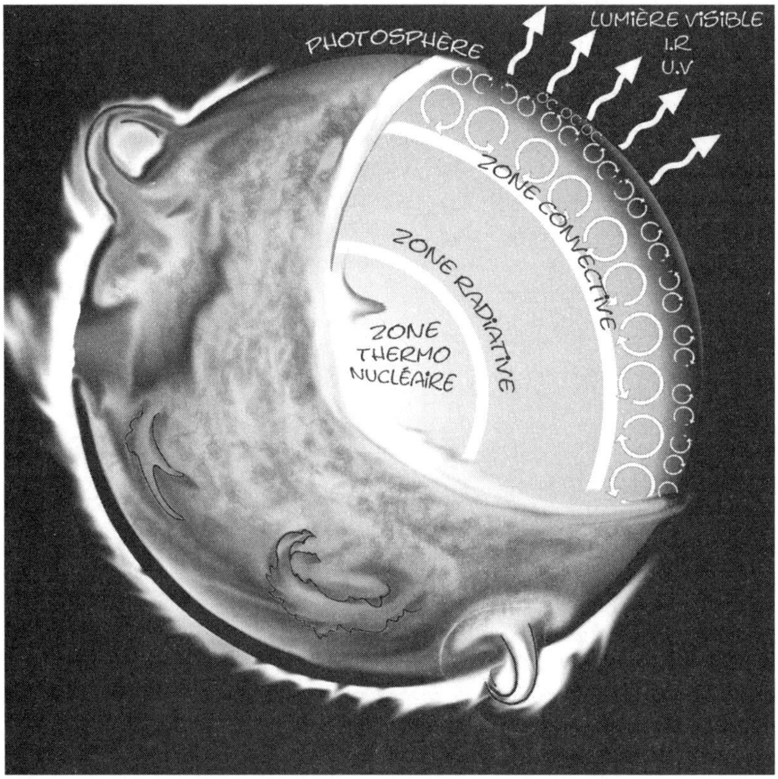

Figure 3-9 Structure interne du Soleil.

Affleurant enfin à la surface, ce flux d'énergie s'échappe sous forme de rayonnement puis se dilue dans l'espace interplanétaire : l'étoile brille. Remarquez qu'à ce stade, le seul ingrédient physique que nous avons introduit est la gravitation (voir Chapitre 2) ; autrement dit, une étoile brille parce qu'elle est chaude et elle est chaude parce qu'elle est très massive. Cependant, l'énergie rayonnée doit bien être prélevée quelque part (c'est l'objet du premier principe de la thermodynamique vu dans le Chapitre 5) : « Rien ne se perd, rien ne se crée, tout se transforme », disait le grand chimiste Antoine Lavoisier.

La première possibilité raisonnable, qui fut proposée par Lord Kelvin au XIXe siècle, consiste à imputer cette énergie au capital d'énergie potentielle gravitationnelle. L'étoile se contracte juste ce qu'il faut pour produire l'énergie qui va compenser l'hémorragie lumineuse. Conséquence : le cœur s'échauffe ! Voici un étonnant exemple de thermodynamique dans lequel un système s'échauffe en perdant de l'énergie (rayonnée par la surface de l'étoile), l'exact contraire de ce que nous indique notre expérience quotidienne où, par exemple, il faut quand même fournir de l'énergie à l'eau pour la faire bouillir, non ? Ainsi, l'évolution naturelle, qui tend normalement à uniformiser la température, va être tenue en échec par le jeu de la gravité qui accentue les différences de température : plus l'étoile rayonne et perd de l'énergie, et plus sa température moyenne augmente à cause de la contraction gravitationnelle qui en résulte. Évidemment, ce petit jeu ne peut durer indéfiniment puisque le « compte en banque » gravitationnel ne contient qu'une quantité finie d'énergie. Ce modèle accorde au Soleil une durée de vie d'environ trente millions d'années, insuffisante pour les géologues qui nous apprennent aujourd'hui que l'âge de la Terre, et donc du Soleil, est de 4,6 milliards d'années. Du coup, la question n'est plus de savoir pourquoi le Soleil brille, mais comment il a pu briller si longtemps.

De quelle loi je me chauffe ?!

La réponse à cette question est apportée en 1921 par le physicien Jean Perrin qui propose une source alternative de production d'énergie : les noyaux des atomes. Cette idée est développée et quantifiée quelques années plus tard par le physicien allemand Hans Bethe qui décrit explicitement les réactions nucléaires qui doivent se produire au cœur du Soleil.

Il montre que pendant la majeure partie de sa vie, l'étoile s'accommode de sa constante déperdition d'énergie en puisant dans ses réserves d'énergie nucléaire. Dans les régions centrales, plus denses et plus chaudes, des réactions de fusion transforment quatre noyaux d'hydrogène en un noyau d'hélium et libèrent l'énergie qui compense celle qui s'échappe par la surface. Une réaction de fusion produit de l'énergie car la somme des masses des noyaux pères est inférieure à celle du noyau fils.

Figure 3-10 Réactions en chaîne dans le Soleil transformant l'hydrogène en hélium.

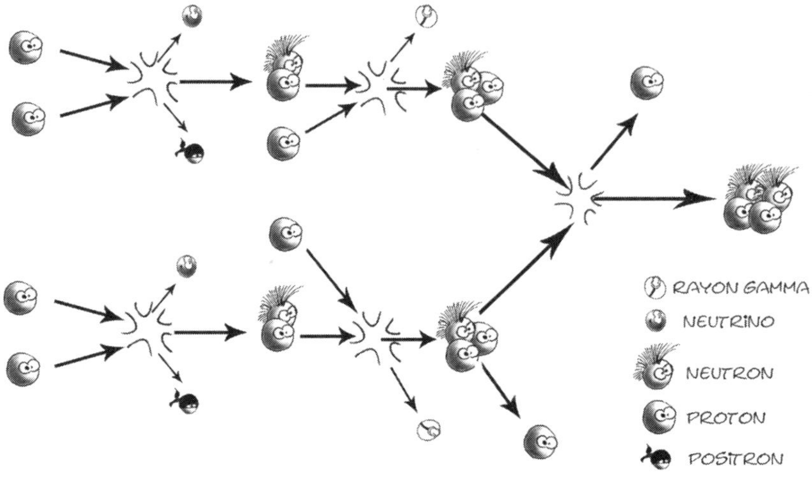

La différence de masse est transformée en énergie selon la célèbre formule d'Einstein, $E = \Delta m\, c^2$ (l'énergie produite est égale au produit de la différence de masse multipliée par le carré de la vitesse de la lumière, voir Chapitre 12). Ces réactions ne se déclenchent que si la température et la densité sont suffisamment élevées, ce qui limite leur champ d'action aux régions les plus centrales de l'étoile. Il faut aussi que l'étoile soit suffisamment massive, plus grosse qu'un dixième de masse solaire, pour comprimer suffisamment le cœur et amorcer les réactions nucléaires (remarquez que Jupiter, avec une masse égale à un millième de masse solaire, est souvent qualifiée d'« étoile ratée »).

Figure 3-11 L'énergie de liaison est équivalente à une perte de masse du noyau.

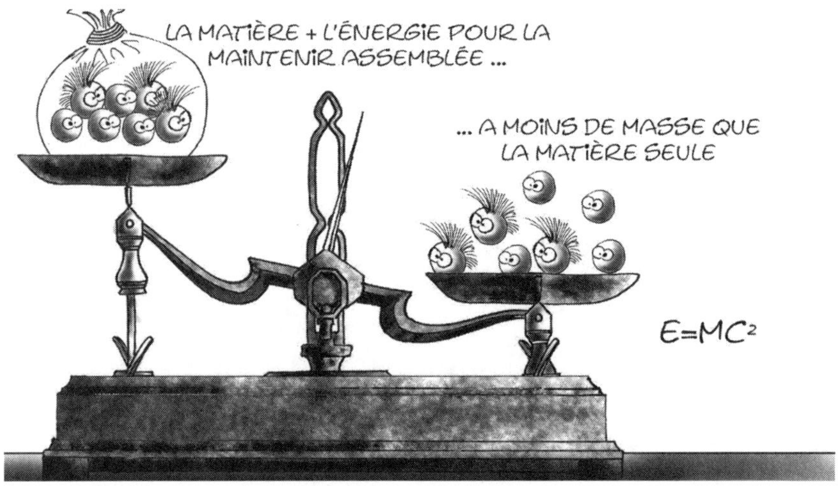

Au centre du Soleil, ce sont 620 millions de tonnes d'hydrogène qui, chaque seconde, sont transformées en 615,7 millions de tonnes d'hélium, la différence (une bonne pyramide de Khéops !) étant convertie en énergie rayonnée vers l'extérieur. Cela fait beaucoup ! En un millionième de seconde, le Soleil rayonne autant d'énergie que l'humanité tout entière en consomme en un an ! La réserve d'énergie nucléaire est nettement plus grande que celle liée à la gravitation : en la consommant, le Soleil a une durée de vie estimée à dix milliards d'années (ouf !).

Panne sèche ?

Cette définition a une conséquence importante sur l'évolution d'une étoile. Condamnée à rayonner de l'énergie à cause de sa forte masse, elle n'a que deux alternatives : soit la fusion thermonucléaire compense l'hémorragie et lui permet de briller durablement, soit elle se contracte et s'échauffe, puisant l'énergie nécessaire dans son capital gravitationnel. Comme ses ressources nucléaires sont limitées, leur épuisement déclenche la contraction gravitationnelle du cœur. La compression et l'échauffement qui en résultent permettent le démarrage d'un nouveau cycle de fusion qui brûle à une température plus élevée les « cendres » du cycle précédent. La vie d'une étoile se compose ainsi d'une succession de phases calmes, pendant lesquelles elle brûle tranquillement son combustible nucléaire, et de phases plus actives où la contraction gravitationnelle permet à ses régions centrales d'atteindre les conditions de température, de densité et de pression propres à déclencher un nouveau cycle de réactions nucléaires. Pendant les phases gravitationnelles, la luminosité, la température et le rayon de l'étoile varient rapidement. Son état se stabilise dès que les réactions nucléaires entrent en action : elles produisent alors l'énergie rayonnée par l'étoile. C'est ainsi que le Soleil a très peu changé d'aspect pendant les quatre derniers milliards d'années grâce à l'énergie libérée en son centre par les réactions transformant l'hydrogène en hélium.

Maintenant que nous avons brossé à grands traits les mécanismes qui règlent la vie d'une étoile, voyons à présent comment ils fixent aussi son évolution.

Étoile, petite étoile

Dans une étoile dont la masse ne dépasse guère trois à quatre fois celle du Soleil, l'hydrogène de la région nucléaire centrale finit par s'épuiser au bout de quelques milliards d'années. Privé de combustible nucléaire, le cœur se contracte lentement, ce qui accroît température et débit d'énergie. Dans le même temps, l'enveloppe externe de l'étoile s'adapte à cette augmentation de la production d'énergie en se dilatant ; son rayon peut alors dépasser une centaine de fois celui du Soleil.

C'est donc une surface considérable qui rayonne dans l'espace avec une température de surface somme toute modeste, de l'ordre de 3 000 à 5 000 kelvins. L'étoile est devenue une géante rouge. Elle restera dans cet état, évoluera parfois jusqu'au stade de supergéante de taille encore supérieure, jusqu'au terme de la combustion de l'hélium qui, pour le Soleil, durera environ un milliard d'années. Une fois l'hélium épuisé, le cœur de l'étoile amorce une nouvelle contraction tandis qu'une partie de son enveloppe externe est expulsée dans l'espace, donnant naissance à une « nébuleuse planétaire », une sorte de bulle de gaz chaud et en expansion ayant l'aspect d'un disque planétaire dans un petit télescope. Pendant l'expulsion de l'enveloppe, la contraction du cœur finit par s'arrêter. Et pourquoi donc ? Si vous êtes balèze ou masochiste, allez voir l'encadré ci-dessous, sinon sachez que la contraction du cœur s'arrête parce que... c'est comme ça ! Au final, il ne restera de l'étoile d'origine qu'un astre très chaud, cent fois moins lumineux que le Soleil, moitié moins massif et gros comme la Terre : une étoile naine blanche.

Pour les super balèzes

Les électrons dictent leur loi

La densité d'un matériau comprimé augmente parce que le vide séparant ses constituants diminue : les électrons se rapprochent des noyaux. Mais quand la densité est suffisamment grande, au-delà de plusieurs centaines de kilogrammes par centimètre cube, plusieurs milliers de fois supérieure à celle du Soleil actuel, il faut tenir compte de la dégénérescence quantique. Ce phénomène est une conséquence du principe d'exclusion de Pauli qui interdit à deux fermions, par exemple deux électrons, d'être dans le même état quantique (voir Chapitre 11). La pression qu'exerce un gaz dégénéré est toujours très supérieure à celle d'un gaz classique à la même température et à la même densité. Au centre d'une naine blanche, c'est le gaz d'électron, fortement comprimé et dégénéré, qui oppose sa pression au poids des couches externes de l'étoile empêchant la contraction de se poursuivre jusqu'au démarrage d'un nouveau cycle de fusion. Dans les années quarante, l'astrophysicien indien S. Chandrasekhar a démontré qu'il existe une pression maximum que peut atteindre un gaz d'électron dégénéré, c'est-à-dire une masse limite au-delà de laquelle la pression des électrons ne peut plus équilibrer la force de gravitation. À mesure que l'étoile se contracte, la force de gravitation augmente ainsi que la répulsion quantique entre électrons. L'existence d'un rayon pour lequel les deux forces s'équilibrent dépend de la masse de l'étoile. Plus précisément, l'équilibre n'est possible que si la masse est inférieure à une valeur critique appelée masse de Chandrasekhar ; au-delà d'une masse de 1,4 fois la masse du Soleil, l'étoile s'effondrerait irrémédiablement sous l'action de sa propre gravité. Ce fait est d'une importance cruciale.

Les dangers de la vie en couple

Il arrive souvent que les étoiles vivent en couple (si ! si ! elles tournent l'une autour de l'autre !), et en particulier, qu'un des membres du système soit une naine blanche. La force des marées (voir Chapitre 2) entre les deux étoiles dissipe l'énergie de rotation du couple et la distance qui les sépare peut devenir suffisamment petite pour que de la matière du compagnon soit happée par la naine, sous forme d'un disque de matière en rotation. Cette matière recouvre progressivement la naine blanche et ajoute sa masse au noyau, essentiellement constitué de carbone et d'oxygène, provoquant le rallumage des réactions de fusion nucléaire qui s'étaient arrêtées lors de la formation de la naine blanche. La chaleur dégagée est considérable et produit une onde de déflagration qui se propage vers l'extérieur et détruit l'étoile. Ce processus ressemble plus à la combustion d'une fusée de feu d'artifice qu'à l'explosion d'un pétard. Cette combustion est suffisante pour disloquer complètement la naine blanche. Cet événement se nomme supernova de type 1.

Des étoiles au cœur fragile

On commence par le fer

Peut-on aussi décrire le futur des étoiles massives ? Tout à fait ! Celles dont la masse est supérieure à dix fois celle du Soleil entretiennent la fusion de l'hydrogène en hélium pendant environ dix millions d'années. À la fin de cette période, l'épuisement de l'hydrogène du centre de l'étoile conduit à la contraction gravitationnelle du cœur jusqu'à ce que la température soit suffisamment élevée pour amorcer la fusion de l'hélium en carbone et en oxygène, pendant que l'hydrogène continue sa fusion dans une couche entourant le cœur. Après environ un million d'années, l'hélium s'épuise à son tour et la contraction du cœur permet la fusion du carbone en néon, sodium et magnésium qui durera dix mille ans. Suivront ensuite la fusion du néon en oxygène et magnésium (qui durera une grosse dizaine d'années), puis la fusion de l'oxygène en silicium et soufre (pendant quelques années), et finalement une semaine suffira à transformer le silicium en fer.

Vers l'étoile à neutrons

L'étoile consomme de plus en plus vite son budget nucléaire... Le fer, noyau le plus stable, est énergétiquement stérile et son apparition marque le début d'un processus qui aboutira à la destruction de l'étoile. Une fois le silicium épuisé, la contraction du cœur reprend. Mais cette fois, la température est si forte que les photons peuvent briser les noyaux de fer. Cette disparition d'énergie lumineuse précipite l'effondrement du cœur, attisée par la capture des électrons par les noyaux transformant les protons en neutrons. Cette réaction nucléaire s'accompagne d'une émission de neutrinos qui emportent la phénoménale quantité d'énergie gravitationnelle dégagée par la contraction du cœur. En quelques dixièmes de seconde, la matière atteint l'incroyable densité d'un million de tonnes par centimètre cube, c'est-à-dire d'une plate-forme pétrolière comprimée dans le volume d'un dé à coudre ! Le cœur de l'étoile, désormais constitué de neutrons, se réduit à une petite sphère d'une dizaine de kilomètres de diamètre : une étoile à neutrons vient de se former.

Vers la fin

Le reste de l'étoile en effondrement vient s'écraser sur la surface rigide de l'étoile à neutrons. La violente compression qui en résulte produit une onde de choc qui remonte à travers les couches externes de l'étoile. Son passage chauffe la matière à des températures supérieures au milliard de degrés et provoque des réactions de fusion qui produisent des éléments lourds, notamment du nickel et du cobalt radioactifs. Quand l'onde de choc atteint la surface de l'étoile, la température s'élève brutalement et l'étoile entière explose, à des vitesses pouvant atteindre plusieurs dizaines de milliers de kilomètres par seconde.

Cet événement, appelé supernova de type II, marque la mort d'une étoile massive et son influence sur le milieu interstellaire se fera sentir pendant des millions d'années. Cette mort se manifeste par une extraordinaire luminosité dans le spectre visible qui rivalise avec celle d'une galaxie entière ! Et encore, cette énergie visible ne représente que la dix millième partie de l'énergie emportée par les fantomatiques neutrinos.

Les supernovae, semeuses cosmiques

La plupart des supernovae sont observées dans des galaxies extérieures à la nôtre et c'est leur incroyable luminosité qui permet de les voir à des distances si grandes. La dernière supernova à avoir explosé dans notre galaxie est celle observée en 1604 par le fameux astronome Kepler. La plus brillante observée depuis est celle de 1987 qui a explosé dans le Grand Nuage de Magellan, une petite galaxie satellite de la Voie lactée.

L'émission lumineuse des supernovae trouve sa source dans les désintégrations des noyaux radioactifs fabriqués lors de l'explosion. En se désintégrant, ces noyaux libèrent des photons gamma de haute énergie qui, à la suite d'interaction avec la matière de l'enveloppe en expansion, s'échapperont sous forme de lumière visible. L'expansion dilue l'enveloppe, ce qui, au bout de quelques mois, permettra aux rayons gamma d'émerger intacts. Les rayons gamma produits par la désintégration du cobalt-56 en fer-56 ont été observés directement et pour la première fois dans la supernova 1987A, grâce à des télescopes gamma embarqués sur des satellites. L'observation de la supernova 1987A a aussi permis de détecter pour la première fois quelques-uns des neutrinos émis lors de l'effondrement du cœur de l'étoile progénitrice.

Poussières d'étoiles

La matière expulsée lors de l'explosion, enrichie en éléments lourds lors des différentes phases de fusion, ensemence le milieu interstellaire. Ainsi, le fer, le calcium ou le carbone, pour ne citer qu'eux, proviennent des supernovae. Petit à petit, les supernovae enrichissent le milieu interstellaire en noyaux nouveaux qui entreront dans la composition des futures étoiles et de leurs éventuelles planètes. Absents au début de l'Univers, ces noyaux lourds ne représentent aujourd'hui que 1 % des atomes : du point de vue de son évolution nucléaire, notre Univers est encore très jeune. Les noyaux rencontrés sur Terre sont quasiment tous issus de la nucléosynthèse stellaire, et le fer ne provient que des supernovae. Ce fait stupéfiant a fait dire, à juste titre, que nous sommes tous constitués de poussières d'étoiles. Les atomes de nos corps ont bien été forgés il y a bien longtemps dans la fournaise des étoiles et particulièrement des supernovae. Nous avons bénéficié des effets conjugués des étoiles de grande masse formées avant le Soleil, qui sont à l'origine des éléments chimiques dont nous sommes constitués, et de la faiblesse de la masse du Soleil qui lui permet d'avoir une évolution très lente, propice à l'apparition de la vie.

Terres à l'horizon

Dès la fin du XVIe siècle, le philosophe et théologien Giordano Bruno prophétisait que les étoiles étaient d'autres soleils et que ceux-ci étaient entourés de planètes. Partant implicitement du présupposé que les mêmes causes produisent les mêmes effets, il envisageait que ces innombrables planètes hébergeaient d'innombrables humanités. Après tout, si Dieu était tout-puissant, qu'est-ce qui l'empêchait de répéter à l'infini ce qu'il avait créé sur Terre ? Ces vues de Giordano Bruno, ainsi que plusieurs autres, étaient très iconoclastes et ne résistèrent pas au jugement de l'Inquisition. Avait-il raison ou tort ? Il faudra attendre près de quatre cents ans pour commencer à apporter des éléments de réponse.

Une première qui va vite en appeler d'autres

À l'automne 1995, les astronomes suisses Didier Queloz et Michel Mayor (le premier étant l'étudiant du second) annonçaient la découverte d'une planète gazeuse de masse comparable à Jupiter autour de l'étoile 51 de la constellation de Pégase (soit 51 Pegasi ou 51 Peg). Cette étoile n'est pas très différente du Soleil, mais sa planète, appelée 51 Peg b, est très différente de Jupiter : située très près de son étoile, elle orbite autour d'elle à une vitesse folle et met seulement quatre jours pour en faire le tour. Sa température de surface est très élevée, d'où le qualificatif de « Jupiter chaud » dont elle est immédiatement affublée. Ces caractéristiques sont très surprenantes : de ce que l'on comprend déjà à l'époque de la formation planétaire, les planètes gazeuses ne peuvent se former que loin de leur étoile, là où la température est très basse. 51 Peg b a probablement quitté sa zone de formation à un moment de son existence : les planètes migrent parfois autour de leur étoile.

Très vite, le Système solaire perd son statut d'unique représentant des systèmes planétaires. Dans les années qui suivent la découverte de 51 Peg b, un nombre croissant de planètes extrasolaires (ou exoplanètes) sont découvertes. Au début, elles se ressemblent : ce sont des grosses planètes proches de leur étoile. Mais il s'agit là d'un biais de sélection : de telles planètes sont simplement plus faciles à détecter que les autres. Peu à peu on découvre un peu de tout. Il y a des planètes autour d'un couple d'étoiles en orbite resserrée (à la façon de Tatooine dans la saga *Star Wars*), des planètes qui orbitent assez proches d'une étoile autour de laquelle orbite une étoile à bien plus grande distance, des planètes bien plus éloignées de leur étoile que ne l'est Neptune par rapport au Soleil, des planètes tellement proches de leur étoile que leur surface dépasse allègrement les 2 000 °C…

Comment « voir » les exoplanètes ?

À la mi-2024, on a dépassé le seuil des 7 000 exoplanètes confirmées. Pour autant, presque aucune n'a été vue. Quasiment toutes celles qui sont détectées le sont par des méthodes indirectes, parfois assez simples dans leur principe, d'autres fois particulièrement ingénieuses.

Les plus évidentes : celles que l'on voit directement

Expédions tout de suite le cas auquel tout le monde pense : pourquoi ne pourrait-on pas voir directement une planète à côté de son étoile ? C'est possible en principe, mais il y a un gros « mais ». Une étoile brille parce qu'elle est chaude. Une planète ne brille pas vraiment, elle est simplement éclairée par son étoile.

C'est une infime partie de la lumière de l'étoile qui est interceptée puis en partie réfléchie par la planète. Depuis la Terre, il s'agit donc de distinguer un point très faiblement lumineux (la planète) à côté d'un point bien plus brillant (l'étoile), et ce alors que les deux sont en projection dangereusement proches. C'est tout ce que l'astronomie observationnelle offre de plus difficile. Quelques rares planètes, à la fois très grosses, très loin de leur étoile, elle-même située (astronomiquement parlant) pas trop loin de la Terre, sont visibles par ce biais.

Les premières : faire se balancer l'étoile

Dire qu'une (exo)planète tourne autour d'une étoile est un abus de langage. Planète et étoile tournent autour de leur centre de gravité commun, mais si le rapport de masse entre les deux objets est très déséquilibré, ce qui est le plus souvent le cas, alors on peut assimiler le centre de gravité du système au centre de l'étoile et dire effectivement qu'en première approximation c'est la planète qui tourne autour de son étoile. Ce n'est pas tout à fait vrai cependant. Par exemple, la Terre, 300 000 fois moins passive que le Soleil et orbitant autour de lui à 150 millions de kilomètres de distance, provoque un déplacement de celui-ci 300 000 fois moindre, dont l'amplitude annuelle est donc de 500 kilomètres, parcouru en une année à une vitesse 300 000 fois moins grande que celle de la Terre (30 kilomètres par seconde), soit 10 centimètres par seconde. Si par spectroscopie un observateur lointain pouvait mesurer des oscillations du mouvement du Soleil avec une précision de 10 centimètres par seconde, alors il pourrait déduire la présence de la Terre ! Cette technique est appelée méthode des vitesses radiales, puisque ce n'est pas le déplacement latéral de l'étoile sur le ciel que l'on observe, mais bien une modulation de sa vitesse le long de la ligne de visée. C'est elle qui a permis la découverte de 51 Peg b, un exploit rendu plus facile parce que la planète est à la fois plus massive que la Terre et bien plus proche de son étoile, ce qui provoque un mouvement plus important de celle-ci avec une périodicité bien plus rapide.

Les plus voyantes : celles qui cachent (un peu) leur étoile

De temps à autre (environ une fois par an en moyenne), la Lune passe exactement entre la Terre et le Soleil. C'est une éclipse (voir Chapitre 1), lors de laquelle le Soleil se trouve parfois complètement occulté par notre satellite. Son éclat baisse alors de 100 % pendant quelques minutes. On parle assez logiquement d'éclipse totale. Mais comme la distance Terre-Lune varie au cours de la lunaison et que la distance Terre-Soleil varie également au cours de l'année – ces deux mouvements sont elliptiques (voir Chapitre 14) –, il peut arriver que la Lune ne masque pas totalement notre étoile. L'éclipse est dite annulaire car le Soleil n'est pas complètement occulté, même s'il s'en faut de peu. Plus rarement, il arrive que Mercure ou Vénus se trouvent exactement entre la Terre et le Soleil. On dit que l'une ou l'autre de ces planètes « transite » devant le Soleil. On peut à cette occasion voir leur disque sombre se découper pendant quelques heures devant celui, bien plus imposant, du Soleil. Sur un cliché, on voit clairement le disque solaire se parer d'un inattendu « grain de beauté » dû à l'une ou l'autre de ces planètes. Cela n'est possible que parce que nous voyons la scène de près et que la résolution de nos instruments permet de voir effectivement le disque sombre de la planète se découper sur celui, lumineux, de notre étoile. Imaginons que l'on voie la scène depuis une très grande distance. Nous ne verrions plus le disque solaire, celui-ci serait réduit à un point quel que soit l'instrument utilisé. Mais un point dont la luminosité baisserait quand le passage de la planète devant celui-ci intercepterait en partie son éclat. Cette méthode dite des transits est de loin la plus efficace : sur un seul cliché d'une zone particulièrement riche en étoiles, on peut observer des dizaines voire des centaines de milliers d'astres dont chacun est susceptible de posséder une ou plusieurs planètes qui transitent devant lui. Un suivi de ces astres pendant plusieurs années permet de détecter nombre d'entre eux.

Les plus subtiles : celles qui dévient la lumière

Dans le cadre des lois de la gravitation édictées par Isaac Newton, les objets s'attirent du fait qu'ils ont une masse. Dans ce contexte, que peut-on dire de l'influence de la gravité sur la lumière ? Vu que cette dernière est composée d'entités sans masse (les photons), ce n'est pas évident. Mais les lois de Newton ne sont qu'une approximation d'un jeu de lois plus complexes, la relativité générale, édictée plus de 230 ans plus tard par Albert Einstein. Pour faire court (on en reparlera abondamment plus tard), pour Einstein, ce ne sont pas les masses qui s'attirent, mais les énergies. D'après la célèbre équation $E = mc^2$ (voir Chapitre 12), cela implique que les masses s'attirent puisque la masse est une forme d'énergie. Mais cela implique aussi que des particules sans masse mais néanmoins dotées d'énergie tels les photons, les grains élémentaires de lumière, sont sensibles aux champs gravitationnels. Avant même de finaliser ses équations, Einstein avait prédit que la lumière devait être déviée par les objets massifs. Quel est l'intérêt de ceci ? Imaginons que le Soleil passe devant une étoile. Comme celui-ci est relativement proche, il occupe une zone relativement large sur le ciel. Même s'il dévie effectivement la lumière d'une étoile, il est largement assez imposant vu depuis notre pont d'observation pour occulter l'étoile. Imaginons maintenant que l'on regarde la scène de bien plus loin. Le Soleil lointain dévie toujours la lumière de l'étoile, mais il occupe une zone bien plus petite du ciel. Ainsi, même si le Soleil passe effectivement devant l'étoile… il ne l'occultera pas ! Au contraire, en déviant sa lumière, il focalisera celle-ci en notre direction. L'étoile apparaîtra donc plus brillante ! C'est le phénomène dit de lentille gravitationnelle. On peut calculer l'évolution de la luminosité d'une étoile ainsi sujette à la focalisation de sa lumière par une étoile plus proche qui transite devant elle. Cette courbe de lumière comme on l'appelle est une jolie courbe en cloche parfaitement symétrique. Si maintenant l'étoile déflectrice possède une planète, cette dernière peut aussi dévier la lumière de l'étoile d'arrière-plan ! Et la courbe de lumière sera différente, plus complexe, et révélera la présence de la planète. Ce phénomène est rare et ne permet pas de détecter beaucoup de planètes, mais fonctionne avec des planètes de petite masse, c'est même le moyen le plus efficace de les trouver.

Les plus discrètes : celles qui ne sont pas à l'heure

Il existe une dernière méthode de détection, pas très différente de celle qui a permis la découverte de Neptune. Quand une planète est détectée par la méthode des transits, on observe une baisse périodique de la luminosité de l'étoile à intervalles qu'on pourrait penser espacés à l'identique puisqu'ils sont espacés d'une révolution complète de la planète. Mais sous l'influence de ses consœurs, le mouvement de l'exoplanète est perturbé et le moment exact du transit se trouve légèrement décalé, parfois suffisamment pour que l'on en déduise les caractéristiques de l'exoplanète perturbatrice. Cette dernière est donc détectée par une influence mesurable non pas sur l'étoile, mais sur d'autres exoplanètes.

Le Système solaire est-il unique ?

Une (quasi-)infinité de mondes

On ne connaît à l'heure actuelle que quelques milliers d'exoplanètes. C'est fort peu, mais cela résulte de deux facteurs : tout d'abord, seule une fraction relativement faible d'étoiles de notre Galaxie a fait l'objet d'une recherche d'exoplanètes ; et surtout détecter des exoplanètes prend du temps, et n'est que rarement couronné de succès. Pour découvrir une exoplanète selon la méthode des transits, il faut que le système exoplanétaire soit vu par la tranche, ce qui ne se fait qu'avec une faible probabilité : entre 0,1 et 1 % à peine, en fonction de la taille de l'étoile et de sa distance à la planète. Ainsi, on sait que parmi les étoiles où on les cherche, il existe 100 à 1000 fois plus de systèmes exoplanétaires que ceux que l'on trouve ! Muni de ce coefficient de redressement, et connaissant le nombre d'étoiles autour desquelles on a cherché des planètes, on change totalement de perspective. Il est *certain* qu'il existe au moins autant de planètes que d'étoiles dans la Voie lactée ! Et comme notre Galaxie ne présente aucune caractéristique qui la singulariserait des innombrables galaxies de l'Univers, ce qui est vrai ici est certainement vrai ailleurs : les systèmes planétaires ne sont pas l'exception, mais la règle.

Perdu parmi la multitude, donc, mais proche ou différent des autres ?

Les difficultés de détection des exoplanètes sont telles que de nos jours un exact jumeau du Soleil et de son cortège de planètes serait bien difficile à détecter. En réalité, seul Jupiter est à la fois suffisamment proche du Soleil et suffisamment massif pour pouvoir être détecté à distance avec les techniques dont nous disposons. Savoir à quel point notre Système solaire est banal ou singulier revient à se demander ce qu'il en est déjà du couple Soleil-Jupiter. Pour ce qui est du Soleil, sans être dans l'exceptionnel, on est dans le peu commun : la majorité des étoiles sont plus petites, plus froides et moins lumineuses que la nôtre. Une étoile de type solaire (de type spectral G dans la nomenclature des astronomes) ne représente que 10 % des populations stellaires. Les planètes de type jovien sont les plus faciles à détecter car de plus grande masse, mais cela ne veut pas dire qu'elles sont les plus nombreuses. Ce sont des planètes moins massives, des « super-Terres » ou des « mini-Neptunes » qui forment le gros des cortèges planétaires détectables. Aucune de ces planètes n'existe dans le Système solaire. Les système planétaires possédant un objet de la masse de Jupiter ne représente que 10 % du total. Mais cela ne suffit pas pour posséder un analogue de notre Jupiter. Encore faut-il que les caractéristiques orbitales de la planète correspondent. Or la plupart des planètes de masse jovienne sont soit très proches de leur étoile (à l'instar de 51 Peg b) ou alors plus distantes mais sur des orbites très elliptiques. Un Jupiter « normal » selon nos standards terriens n'est pas si normal : seulement 10 % des planètes de masse jovienne ont des orbites comparables, à la fois quasi circulaires et assez distantes. Il résulte de ces trois caractéristiques (qui sont les seules raisonnablement faciles à déterminer) qu'un couple Soleil-Jupiter n'existe que dans 0,1 % des cas. À la question de savoir si le Système solaire est ou non unique, un élément de réponse indiscutable s'impose déjà : il n'est certainement pas dans la norme... étant donné qu'il n'y a pas de norme, tant les systèmes découverts présentent une grande diversité.

La vie ailleurs ?

Une question qui se pose naturellement à la lumière de ce qui vient d'être dit est celle de la vie. Avec des centaines de milliards d'étoiles dans notre Galaxie, et des centaines de milliards de galaxies accessibles à nos télescopes, ce sont dans les 10^{22} ou 10^{23} étoiles dont nous recevons la lumière, et potentiellement tout autant de planètes. Est-il possible que seule la Terre héberge la vie ? C'est possible, mais en aucune façon certain. Il existe beaucoup de planètes, mais peut-être les conditions d'apparition de la vie, très mal connues (euphémisme), sont-elles très restrictives, tout comme pourrait être celle d'une vie multicellulaire, évoluée et dotée d'une intelligence comparable voire supérieure à la nôtre. Un grand nombre multiplié par une faible probabilité peut donner un chiffre respectable – auquel cas nous ne serions pas seuls dans l'Univers, loin de là – ou donner un résultat très faible, inférieur à 1. Dans ce cas, nous sommes confrontés à jamais au silence éternel des espaces infinis qui effrayait tant Blaise Pascal il y a quelques siècles. Pour l'instant nul ne sait ce qu'il en est, ce qui n'empêche pas certains astrophysiciens d'argumenter en faveur de la réponse qui leur semble la plus vraisemblable, avec bien sûr tous les biais dont de telles réflexions sont inévitablement affectées.

Si elle est là, comment la détecter ?

Ne pas détecter de la vie ailleurs dans l'Univers ne signifie pas qu'elle n'existe pas. En sciences comme ailleurs, l'absence de preuves n'est pas la preuve de l'absence. En revanche, si la vie est commune dans l'Univers, il est tout à fait plausible qu'elle puisse être détectable « tôt ou tard », c'est-à-dire d'ici quelques décennies. Mais par quel biais ?

L'imagerie directe, on l'a dit, n'est ici d'aucun secours. Mis à part une ou deux rares exceptions, les étoiles n'apparaissent que comme des objets ponctuels, sans qu'on en distingue le moindre détail de surface. Plus petites que les étoiles, les planètes ne révéleront jamais rien de leur surface par imagerie directe. Pour détecter la vie, ce n'est pas la surface des planètes qui intéresse les astronomes, mais leur atmosphère. La Terre est le seul objet dont l'atmosphère est riche en dioxygène. Celui-ci n'existait pas au départ. Il a lentement été fabriqué par les premiers organismes dotés de capacités de photosynthèse, avant d'être utilisé à leur profit par d'autres organismes via la respiration. Contrairement à ce que l'on pourrait penser, ce n'est pas l'oxygène qui est indispensable à la vie, mais la vie qui est indispensable à l'oxygène ! L'oxygène est donc un biomarqueur, un composé dont l'origine est liée à l'existence de la vie. Détecter l'atmosphère d'une exoplanète (ce qui est très difficile), puis détecter dans celle-ci un biomarqueur, permet en principe de prouver l'existence de la vie.

Malheureusement, le dioxygène est d'une grande discrétion. Il est étonnamment difficile à détecter, du moins sous la forme que nous connaissons, à savoir la molécule de dioxygène O_2. Cependant, en présence de rayonnement ultraviolet, le dioxygène peut se transformer en ozone O_3, qui, même peu abondant, est bien plus facile à détecter. C'est à l'heure actuelle une des pistes jugées prometteuses pour détecter la vie ailleurs dans l'Univers.

L'Univers a une histoire !

Il y a 13,7 milliards d'années, l'Univers était extrêmement homogène, dense et chaud. Depuis, il est soumis à une expansion permanente durant laquelle se sont progressivement formées des structures cosmiques. Aussi familière que soit devenue cette vision d'un vaste Univers en évolution, n'oublions pas qu'elle est toute récente. Il y a un siècle, elle aurait bien surpris les astronomes. Car que sait-on de l'Univers au tout début du XXe siècle ? Le Système solaire contiendrait huit planètes (Pluton ne sera découverte qu'en 1930 et, après être classée comme une planète, elle a été reclassée en 2006 dans la catégorie des planètes naines) dont on décrit très précisément le mouvement grâce aux lois de Newton. On sait également que les étoiles sont des soleils, mais on ignore d'où provient leur énergie. La localisation du Soleil dans un ensemble d'étoiles qu'on appelle la Voie lactée est une certitude, mais personne ne peut dire si le Soleil et son cortège de planètes sont au centre ou à la périphérie de cet ensemble. Quant à la question de savoir s'il existe d'autres ensembles d'étoiles au-delà de la Voie lactée, le doute prédomine chez les astronomes. Bref, malgré les succès de la mécanique céleste et de la spectroscopie, l'astronomie a, en ce début de XXe siècle, quantité de questions fondamentales à résoudre.

J'ai l'Univers qui se dilate...

L'une des questions les plus intrigantes alors débattues est peut-être celle qui concerne l'histoire de l'Univers. L'Univers est-il figé ? A-t-il un passé et un avenir ? Un début de réponse viendra des observations faites par l'astronome américain Edwin Hubble (1889-1953). Entre 1920 et 1930, Hubble pointe le télescope de 2,5 mètres du mont Wilson vers des dizaines de nébuleuses, des objets célestes à l'aspect diffus dont on ignore encore la nature exacte. Hubble comprend que certaines nébuleuses sont bien des galaxies, ensembles d'étoiles semblables à la Voie lactée, et il mesure leurs distances : il trouve des valeurs considérables, bien supérieures à celles qui séparent les étoiles de notre voisinage. Mieux, il remarque que les galaxies les plus lointaines s'éloignent toutes de nous : les raies de leurs spectres présentent systématiquement un décalage vers le rouge.

Quelques années auparavant, Albert Einstein publie une théorie de la gravitation, la relativité générale, chargée de rendre compte de l'évolution de l'Univers dans son ensemble. Dans cette théorie, la gravitation est une manifestation de la géométrie de l'espace dont la courbure est imposée par la distribution de matière et d'énergie. Les astronomes belge Georges Lemaître (1894-1966) et russe Alexandre Friedmann (1888-1925) appliquent les équations d'Einstein au cas simple d'un espace homogène et isotrope. Les solutions obtenues alors conduisent à des modèles cosmologiques dans lesquels les propriétés géométriques de l'espace, quantifiées par sa courbure, sont identiques en tout point et dans toute direction. La courbure peut cependant varier avec le temps, ce qui confère à ces modèles un caractère dynamique inattendu mais corroboré par la découverte de Hubble. Le décalage spectral qu'il a observé peu de temps auparavant traduit un éloignement des galaxies interprété comme la signature d'une expansion de l'Univers.

... et l'espace qu'est pas droit !

Concernant les géométries spatiales de l'Univers, le verdict des équations d'Einstein est clair. Elles sont au nombre de trois :

» **La géométrie sphérique associée à un espace de volume fini et de courbure positive ; c'est l'analogue tridimensionnel de la surface d'une sphère. Dans un tel espace, la somme des angles d'un triangle est supérieure à 180°, et ce d'autant plus que le triangle est de grande taille.**

» **La géométrie hyperbolique associée à un espace d'extension infinie et de courbure négative ; une représentation à deux dimensions de cet espace pourrait être une surface infinie qui serait partout localement semblable au creux d'une selle de cheval. Ici, contrairement au cas précédent, la somme des angles d'un triangle est toujours inférieure à 180°. L'écart est infime si le triangle est petit, puis augmente progressivement.**

» **La troisième géométrie possible est tout simplement la géométrie euclidienne qui nous est familière, associée à un espace de courbure nulle ; une représentation à deux dimensions de cet espace est bien sûr le plan infini. C'est la seule configuration où les lois de la géométrie sont à l'œuvre : le théorème de Pythagore est valable, et celle fois la somme des angles d'un triangle est toujours strictement égale à 180°.**

Qu'est-ce qui détermine la courbure ? Partant du rythme auquel l'Univers s'étend, on peut associer une certaine valeur densité, la densité critique, que l'on va comparer à celle de toutes les formes de matière et d'énergie de l'Univers. Le rapport de la seconde à la première, souvent noté Ω_0, va déterminer la courbure : elle est nulle si Ω_0 est strictement égal à 1 (la densité de l'Univers est alors égale à la densité critique), positive si Ω_0 est supérieur à 1 et négative sinon. Par ailleurs, la dynamique de l'expansion dépend de la courbure et de la façon dont la matière et l'énergie sont diluées par celle-ci. On peut envisager des univers issus d'un Big Bang et s'étendant pour l'éternité, et d'autres dont l'expansion ralentit, s'arrête pour céder la place à une phase de contraction et un « Big Crunch », sorte de Big

Bang inversé. Il existe même des possibilités que l'Univers soit infiniment vieux et par le passé très vide et en lente contraction, puis que celle-ci cède la place à un rebond et une phase d'expansion. Les observations actuelles (voir ci-après) favorisent la première de ces trois possibilités.

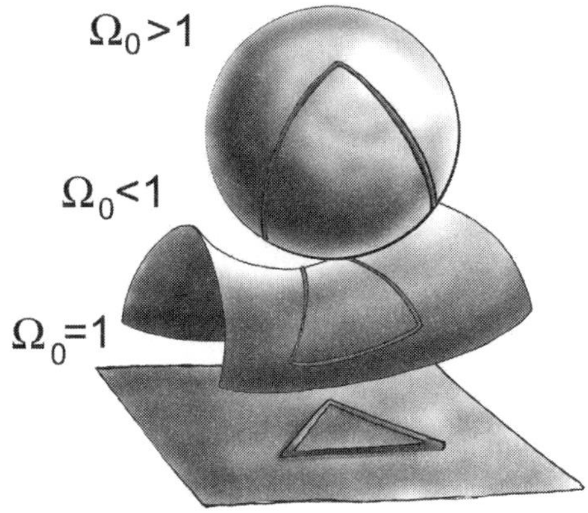

Figure 3-12 Les trois géométries possibles de l'Univers.

Anecdote

Le terme Big Bang a été inventé par l'astronome britannique Fred Hoyle qui voulait se moquer du scénario des modèles de Friedmann-Lemaître. Le terme a plu au public des années cinquante et est devenu depuis celui désignant cette théorie !

De la lumière fossile...

En 1948, le physicien américain George Gamow (1904-1968) réalise que si l'Univers a toujours été en expansion, comme le laissent penser les observations de Hubble ainsi que les calculs de Friedmann et de Lemaître, il a forcément émergé d'une phase pendant laquelle il était plus dense et plus chaud que maintenant. Si l'on suppose que sa température a été de plusieurs milliers de kelvins, alors la matière était totalement ionisée et la lumière diffusait incessamment sur les électrons libres. Comme un gaz qui se détend, l'expansion refroidit le contenu de l'Univers jusqu'à atteindre une température suffisamment basse, égale à environ 3 000 kelvins, à laquelle les électrons peuvent s'associer aux protons pour former les premiers atomes d'hydrogène neutre. L'Univers est alors âgé d'environ 380 000 ans. À ce moment, la lumière peut se propager librement dans un Univers devenu transparent. Gamow prédit qu'à un moment de son évolution, une bouffée de rayonnement aurait été émise qui continuerait aujourd'hui de baigner l'Univers. Seule différence, précise Gamow : l'énergie de ce rayonnement est aujourd'hui plus faible qu'à ses débuts, car cette lumière s'est « refroidie » en même temps que l'Univers se dilatait.

... que l'on observe effectivement !

Elle est observée pour la première fois par les astronomes américains Arno Penzias et Robert Wilson en 1965, qui obtiennent le prix Nobel de physique pour cette découverte capitale qui renforce la cohérence des modèles de Friedmann et Lemaître. Émis par un corps chaud à environ 3 000 kelvins, ce rayonnement primitif est aujourd'hui perceptible sous forme de micro-ondes dont la température ne vaut plus que 2,73 kelvins. Presque aussi vieux que notre Univers, il est appelé « fond diffus cosmologique » et nous donne une image fossile de notre Univers au moment de la formation des atomes d'hydrogène neutre. Retenons aussi que sur 1 000 photons, 999 voyagent depuis cette époque et que chaque centimètre cube d'espace en renferme environ 411 du fond diffus cosmologique dont l'énergie moyenne est plusieurs milliers de fois plus faible que celle de la lumière rayonnée par les étoiles.

Faites-le vous-même

Vous pouvez même en capter chez vous ! Pour cela, il suffit de régler votre téléviseur entre deux canaux de diffusion. La « neige » qui apparaît sur votre écran matérialise le bruit de fond électromagnétique sur le canal que vous avez choisi. Imaginez que quelques pourcents de ces « parasites » sont dus au fond diffus cosmologique, une belle image du passé, non ?

Le chaudron cosmique

Expansion de l'Univers, rayonnement diffus cosmologique : deux des plus grandes découvertes de l'astrophysique militent en faveur des modèles à Big Bang de Friedmann-Lemaître. Mais ce n'est pas tout. Un autre argument de poids allait renforcer la crédibilité du modèle : les proportions relatives des éléments chimiques.

Les atomes, pièces élémentaires du Meccano de la nature, sont au cœur de la matière. L'immense variété de densités, de propriétés chimiques, de couleurs ou de textures des choses qui nous entourent peut être expliquée avec un petit nombre d'atomes, 92 très exactement. Comme les pièces de Meccano, ils sont rangés dans un tableau construit par le chimiste russe Dmitri Mendeleïev à la fin du XIXe siècle, nommé « classification périodique ».

Figure 3-13 Tableau périodique des éléments.

TABLEAU PÉRIODIQUE SIMPLIFIÉ DES ÉLÉMENTS

H																	He
Li	Be											B	C	N	O	F	Ne
Na	Mg											Al	Si	P	S	Cl	Ar
K	Ca	Sc	Ti	V	Cr	Mn	Fe	Co	Ni	Cu	Zn	Ga	Ge	As	Se	Br	Kr
Rb	Sr	Y	Zr	Nb	Mo	Tc	Ru	Rh	Pd	Ag	Cd	Tl	Sn	Sb	Te	I	Xe
Cs	Ba	La	Hf	Ta	W	Re	Os	Ir	Pt	Au	Hg	In	Pb	Bi	Po	At	Rn

Les atomes, formés d'un noyau de protons et de neutrons autour duquel se meuvent des électrons, y sont rangés en fonction croissante du nombre de leurs électrons. La démographie atomique a aussi son importance : dans la nature, tous les atomes ne sont pas présents dans les mêmes proportions. Si les métaux précieux, comme l'or, l'argent ou le platine, sont plutôt rares, les éléments vitaux, comme le carbone, l'azote et l'oxygène sont en revanche très abondants. La répartition terrestre n'est cependant pas représentative de celle qui prévaut dans l'Univers. Ainsi, dans le Soleil, les atomes autres que l'hydrogène et l'hélium représentent moins de 2 % de la masse de l'étoile. Dans tout l'Univers, l'hydrogène représente 90 % du nombre total des noyaux, l'hélium 9 % et tous les autres éléments réunis représentent moins de 1 % de tous les noyaux.

Nous avons déjà vu que les noyaux se forment dans les étoiles. Le succès considérable de cette idée, que l'astrophysicien britannique Fred Hoyle (1915-2001) a beaucoup contribué à développer et qui rend compte de façon satisfaisante des proportions relatives d'un grand nombre de noyaux, ne doit pas masquer que trois d'entre eux résistent à cette explication.

Les fossiles nucléaires

Le premier de ces noyaux réfractaires est le deutérium, aussi nommé hydrogène lourd. Son noyau est constitué d'un proton et d'un neutron. On en dénombre un pour cent mille atomes d'hydrogène. Le deutérium est le plus fragile des noyaux ; il ne résiste donc pas à la fournaise stellaire. Dans les étoiles, il réagit dès que la température dépasse un million de degrés. Une question se pose donc : après près de treize milliards d'années de combustion stellaire, d'où peut bien venir le deutérium encore observable ?

Le second fossile se nomme hélium-4. Les étoiles en fabriquent couramment à partir de quatre noyaux d'hydrogène. Mais pas assez : l'activité cumulée de toutes les étoiles ne suffit pas à rendre compte de sa grande proportion relative, qui est d'un atome d'hélium pour dix atomes d'hydrogène. Dans un certain nombre de galaxies, on a mesuré la proportion d'hélium et de trois éléments lourds (carbone, azote et oxygène) – choisis parce que ce sont de purs produits de la nucléosynthèse stellaire. On a constaté que les galaxies qui ont le plus d'éléments lourds sont aussi celles qui ont le plus d'hélium. Mais, point important, les galaxies les plus pauvres en éléments lourds contiennent néanmoins une bonne quantité d'hélium. On n'a jamais observé d'étoile ou de galaxie qui ait moins de sept noyaux d'hélium pour cent atomes d'hydrogène. Une interprétation s'impose : à leur naissance, les étoiles et les galaxies contenaient déjà 7 % d'hélium. La question est donc : d'où provient cet hélium primordial ?

Enfin, notre troisième fossile nucléaire est le lithium-7. La proportion de lithium a été mesurée dans de nombreuses étoiles de notre galaxie. Quoique faible, elle est quasiment la même dans les étoiles les plus vieilles et elle augmente dans les plus jeunes. Cette remontée indique donc que les étoiles fabriquent du lithium, mais la présence de ce noyau en quantité constante dans les plus anciennes d'entre elles indique qu'il y a eu, comme pour l'hélium, une contribution préalable à celle des étoiles.

La fournaise primordiale

Ces trois fossiles nucléaires ont permis de bâtir un scénario plausible selon lequel l'Univers est passé par une température phénoménale. À dix milliards de degrés, l'agitation thermique est telle que l'interaction nucléaire forte est incapable d'assurer la stabilité des noyaux, qui se décomposent alors en protons et neutrons. Le fluide cosmique est constitué d'un mélange de nucléons (protons et neutrons), au milieu desquels foisonnent électrons, photons et neutrinos. À cette température, les neutrinos jouent un rôle important : absorbés et émis sans cesse par les nucléons, ils transforment les protons en neutrons et vice versa. Ces réactions maintiennent un équilibre entre les nombres de neutrons et de protons.

L'expansion aidant, la température décroît, et vient un moment où les neutrinos ne peuvent plus interagir avec les nucléons, ce qui rompt l'équilibre qui prévalait jusqu'alors. Le neutron est une particule instable qui, en un peu moins d'un quart d'heure, se désintègre en un proton, un électron et un neutrino. La seule voie de conservation du neutron est son assemblage avec un proton pour former un noyau de deutérium. Or, il faut de la chaleur pour engendrer le deutérium et, après fabrication, il faut le refroidir pour le conserver. Et, comme on vient de le voir, l'expansion se charge de ces deux opérations : le deutérium est produit quand la température est voisine d'un milliard de degrés, et il est sauvé de la destruction prématurée par le refroidissement rapide dû à l'expansion.

Les noyaux de deutérium peuvent ensuite se joindre à d'autres nucléons pour engendrer successivement des noyaux d'hélium-3, d'hélium-4 et, en proportion minuscule, de lithium-7. Le refroidissement de l'Univers met fin à cette activité nucléaire primordiale, qui n'a eu que trois minutes pour se réaliser ! Quand la température est trop basse, la composition de l'Univers est figée : on retrouve le deutérium dans l'espace interstellaire, l'hélium-4 primordial s'observe dans les galaxies anciennes et le lithium-7 à la surface des plus vieilles étoiles. Les proportions relatives des éléments légers prédites par le modèle sont en remarquable accord sur plus de dix ordres de grandeur avec les observations faites aujourd'hui. Si les éléments légers ont été créés juste après le Big Bang, les noyaux plus lourds (c'est-à-dire ayant un plus grand nombre de protons et de neutrons) ont dû attendre que se recréent des conditions favorables et durables. Ce sont les étoiles, plus froides que le Big Bang, mais disposant de densités élevées et, surtout, de beaucoup plus de temps, qui synthétiseront les éléments plus lourds.

Quand l'infiniment grand rencontre l'infiniment petit

Finissons par une remarquable prédiction que fit le modèle décrivant la nucléosynthèse primordiale. Les physiciens des particules ont réduit leur inventaire à trois familles fondamentales. Il est naturel de se demander si, au-delà de ces trois familles connues, il en reste d'autres à découvrir. Comment la nucléosynthèse primordiale peut-elle apporter une réponse à cette question ? Le calcul de la proportion d'hélium-4 donne un résultat différent si l'on suppose que le nombre de familles est plus élevé, et l'accord entre théorie et observation est alors rompu.

Revenons à l'instant clé où la température est voisine de dix milliards de degrés. On y trouve des nucléons, des électrons et des photons, mais aussi des neutrinos de chaque famille de particules. En vertu de la théorie d'Einstein de la gravitation, chaque espèce influence la vitesse d'expansion et de refroidissement de l'Univers. Plus il y a de familles, plus il y a d'espèces de neutrinos (un par famille !), plus la densité cosmique est élevée et plus le refroidissement est lent. Le nombre de neutrons qui échappent à la désintégration pour former des noyaux lourds (comme l'hélium) est donc plus important. Voilà comment le nombre de familles de particules influence la proportion d'hélium synthétisé au début de l'Univers.

Les trois familles déjà répertoriées suffisent à assurer une quantité d'hélium en accord avec ce qui est observé dans les galaxies anciennes. D'où la prédiction de la théorie du Big Bang : trois familles de particules suffisent à rendre compte de la répartition des noyaux légers. Une série d'expériences effectuées au CERN (Conseil européen pour la recherche nucléaire) durant les années quatre-vingt a permis de confirmer précisément cette prédiction.

L'atome, écume de la matière

Depuis les années vingt, nous savons que les galaxies se regroupent en amas comptant entre des dizaines et des centaines d'unités, chaque galaxie étant elle-même composée d'une centaine de milliards d'étoiles. L'étude des mouvements de ces différentes structures – étoiles, galaxies et amas – a révélé un mystère qui ne cesse d'intriguer les astronomes : il semble qu'une fraction appréciable de la masse de l'Univers échappe à nos investigations directes.

Les galaxies tournent trop vite...

Une galaxie spirale contient, à première vue, du gaz et des étoiles rassemblés dans un disque. Cette structure en rotation évolue sous l'effet de sa propre gravité. La mesure du décalage Doppler (voir Chapitre 12) de la lumière émise par les étoiles permet d'estimer la vitesse de rotation du disque en fonction de leur distance au centre de la galaxie.

Le calcul conduit alors à une vitesse de rotation galactique qui augmente dans un premier temps à partir du centre puis décroît en continuant de s'en éloigner. Or, les observations fondées sur le décalage Doppler conduisent à des conclusions très différentes : la vitesse de rotation du disque commence bien par augmenter quand on s'éloigne du centre, mais ne décroît pas ensuite ; aussi loin qu'on a pu la mesurer (l'utilisation des étoiles ne permet pas de dépasser le bord du disque, mais l'observation radio des nuages d'hydrogène neutre permet d'aller deux fois plus loin), la vitesse reste à peu près constante.

De la matière sombre

Cela indique qu'il y a une importante quantité de matière peu ou pas lumineuse dans des régions éloignées du centre galactique. Des études systématiques portant sur des milliers de galaxies montrent que ce phénomène est universel : leur masse dynamique, déduite de mesures directes des vitesses de rotation, est différente de leur masse lumineuse, calculée à partir de la mesure de la distribution de luminosité. Une façon de rendre compte de cette anomalie est d'invoquer la présence d'un halo de matière massif, grossièrement sphérique, englobant la galaxie et représentant 90 % de sa masse !

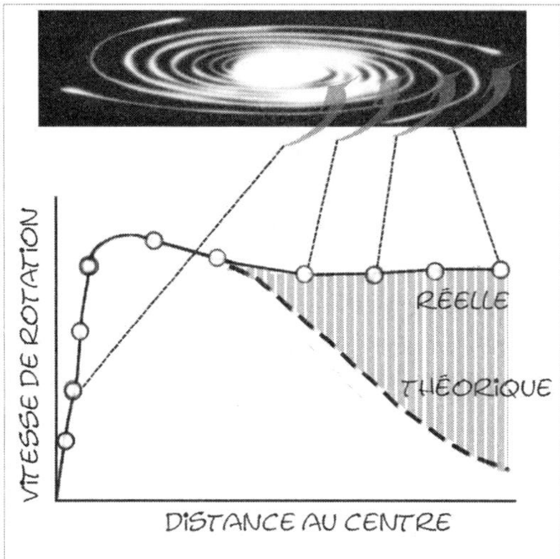

Figure 3-14 Vitesse de rotation d'une galaxie en fonction de la distance au centre.

Une première approche

Les premiers indices de l'existence de cette matière sombre ne sont pourtant pas venus de l'observation des galaxies elles-mêmes, mais de l'étude de leurs mouvements au sein d'un amas. Dans les années trente, l'astronome Fritz Zwicky (1898-1974) s'est penché sur la dynamique de deux amas de galaxies parmi les plus proches, ceux de Coma et de Virgo. Il a constaté que l'attraction gravitationnelle exercée par le contenu visible de l'amas ne suffisait pas à retenir les galaxies : sans la présence d'une masse invisible, ces amas devraient se désagréger. Ces résultats, et d'autres qui ont suivi, ont été ignorés jusqu'à ce que l'on constate, dans les années soixante, que la Voie lactée et la galaxie d'Andromède se rapprochaient plus vite que ce que leurs seules masses lumineuses respectives permettaient de prédire.

Pour sa démonstration, Zwicky s'est appuyé sur une propriété valable dans un système de particules en interaction gravitationnelle ayant atteint un état d'équilibre dynamique (c'est-à-dire dont les propriétés moyennes ne dépendent pas du temps). En appliquant cette propriété aux galaxies de l'amas (qui sont donc les « particules » du système « amas » !), il est possible d'estimer la masse de l'amas de galaxies en fonction de la vitesse moyenne de ces dernières – que l'on mesure par spectroscopie – et de la taille de l'amas. Il est désormais confirmé que la masse nécessaire pour lier les grands amas de galaxies est très nettement supérieure à celle que l'on peut attribuer individuellement aux galaxies, même en tenant compte de la matière sombre déduite de l'étude des courbes de rotation.

La méthode utilisée reste cependant incertaine : il faut être sûr de dénombrer correctement les galaxies des amas – éviter de compter des galaxies qui lui sont extérieures et ne pas oublier les galaxies les moins lumineuses – ; de plus, l'amas n'est pas nécessairement en équilibre dynamique, le temps nécessaire pour atteindre cet état pouvant dépasser dix milliards d'années ; enfin, la spectroscopie ne permet pas de mesurer la vitesse réelle des galaxies, mais seulement sa projection sur la ligne de visée (la vitesse radiale).

Approche confirmée

Ces résultats ont pourtant été confirmés par une autre méthode : l'observation depuis des satellites a permis de découvrir que les amas de galaxies émettent fortement dans la gamme des rayons X. Ce rayonnement provient d'un gaz très chaud porté à plus d'un million de degrés et baignant les galaxies de l'amas. L'intensité de l'émission X d'une région du gaz dépend à la fois de sa température et de la densité du gaz. Mesurer les variations de l'intensité de cette émission et de la température du gaz (par spectroscopie) permet d'en déduire les variations de la densité du gaz, qui dépend du champ gravitationnel dans lequel il est plongé. Finalement, ces mesures permettent d'obtenir la masse totale de l'amas et la masse de gaz qu'il contient. On trouve ainsi que les galaxies ne représentent que 2 à 4 % de la masse totale tandis que le gaz chaud n'y contribue que pour 12 à 16 %. Une fois de plus, le compte n'y est pas, loin s'en faut...

Une confirmation bienvenue

Une autre méthode, plus indirecte encore, se fonde sur la mesure des teneurs en éléments légers, produits lors de la nucléosynthèse primordiale. Revenons dans notre Univers à dix milliards de degrés dans lequel évoluent protons et neutrons, dont le nombre est maintenu en équilibre grâce aux neutrinos. Au fil de la décroissance de la température, un neutron peut suivre deux destins : soit il se transforme en proton en quelques centaines de secondes, soit il se marie avec un proton pour former du deutérium, puis de l'hélium. Comment les neutrons se répartissent-ils dans chacune de ces deux voies ? La réponse dépend justement de la quantité de matière que contient l'Univers. S'il y a très peu de nucléons, les rencontres entre protons et neutrons sont rares, peu de deutérium est produit et les neutrons ont le temps de se désintégrer ; si tel est le cas, on devrait observer une proportion d'hélium faible par rapport à celle de l'hydrogène. En revanche, s'il y a beaucoup de nucléons, les rencontres entre protons et neutrons sont fréquentes, les réactions nucléaires nombreuses et la proportion d'hélium plus importante. Ainsi, la mesure de la contribution primordiale à la proportion actuelle d'hélium nous permet d'évaluer la quantité de matière nucléonique dans l'Univers, incluant, cette fois-ci, celle qui brille et celle qui ne brille pas ! La valeur obtenue est en bon accord avec celle issue des observations.

Le compte n'y est pas...

Force est donc d'admettre qu'une partie importante de la masse de l'Univers se compose d'une matière non visible, appelée, faute de mieux, « matière noire ». Les astrophysiciens supposent qu'elle forme les grumeaux où s'ancrent les galaxies et les grandes structures du cosmos, mais qu'elle ne saurait se condenser en astres plus compacts. Mais de quoi est constituée cette matière noire ? Pas de matière ordinaire (protons et neutrons), sinon elle serait sujette aux interactions électromagnétiques et nucléaires et aurait déjà fait parler d'elle, par exemple en participant aux réactions de fusion nucléaire à l'origine des premiers noyaux, lors de la nucléosynthèse primordiale. La matière noire est donc constituée de particules d'un type encore inconnu et la physique des particules a rejoint l'astrophysique pour traquer cette mystérieuse matière sur Terre.

Pour observer ces particules en laboratoire, les physiciens sont confrontés à deux difficultés : il leur faut tout d'abord détecter une interaction très faible avec la matière ordinaire ; il leur faut ensuite supprimer le bruit de fond assourdissant causé par la radioactivité naturelle terrestre et cosmique, qui en masque la signature. Les expériences actuelles sont conçues pour mesurer la minuscule élévation de température causée par la collision d'une particule de matière noire avec les atomes du détecteur. Constituées de matière ultra-pure, elles fonctionnent à une température d'environ 20 millièmes de kelvin, soit près de – 273 °C, et peuvent enregistrer l'augmentation de cette température avec une précision de l'ordre d'un millionième de kelvin. Pour le moment, aucune particule de matière noire n'a été détectée, mais la sensibilité des expériences devrait être multipliée par cent dans les prochaines années. Si les détecteurs ne trouvent rien, il faudra se résoudre à élaborer d'autres expériences ou un autre modèle pour expliquer la mystérieuse dynamique des galaxies et de leurs amas...

Que contient l'Univers ?

Dans le cadre des modèles de Friedmann et Lemaître, nous avons vu que la géométrie et l'évolution de l'Univers sont entièrement déterminées par son contenu matériel et la constante cosmologique. Dès lors, on comprend l'acharnement des astrophysiciens à mesurer aussi précisément que possible ces paramètres.

De la matière…

La détermination de la densité de matière de l'Univers est une entreprise fort difficile. La matière lumineuse est bien sûr la plus simple à détecter. On la trouve essentiellement sous forme d'étoiles et de galaxies et sa contribution n'atteint guère que 0,5 % de la densité critique. Par ailleurs, l'étude de l'absorption de la lumière des quasars lointains a permis de détecter de grandes quantités de gaz intergalactique apportant à la matière une contribution d'environ 4 % de la densité critique. Une autre méthode plus indirecte se fonde sur la mesure des teneurs de certains éléments légers comme le deutérium, l'hélium et le lithium produits pendant les trois premières minutes qui ont suivi le Big Bang. La densité de matière ordinaire influence considérablement les quantités d'éléments légers produites pendant la nucléosynthèse primordiale : à une faible quantité de matière sont associées une faible production d'hélium et une forte production de deutérium. La plus récente comparaison avec les teneurs observées accorde à la matière ordinaire, qui inclut la matière lumineuse et le gaz intergalactique, une densité égale à 4 % de la densité critique, en bon accord avec la détermination se fondant sur les quasars. Enfin, l'étude de la rotation des galaxies et de la dynamique des amas de galaxies suggère que ces objets contiennent une matière non lumineuse, de nature différente de la matière ordinaire, en quantité six à huit fois supérieure à celle de la matière ordinaire. Finalement, la matière sous toutes ses formes ne représenterait que 27 % de la densité critique.

… et de l'énergie

Mais le bilan ne s'arrête pas là. La géométrie de l'Univers se traduit visuellement par le fait que la taille apparente des objets ne décroît pas au même rythme avec la distance en fonction de la courbure, ce qui offre un moyen de déterminer celle-ci. En particulier les observations du fond diffus cosmologique indiquent que la courbure est quasi nulle, autrement dit que la densité totale en matière-énergie est égale à la densité critique. Or matière ordinaire et matière noire ne comptent même pas pour 30 % du total. Il manque quelque chose ! Pour savoir quoi, il faut observer des objets moins lointains, mais dont la luminosité intrinsèque est connue. Les astronomes appellent de tels objets des « chandelles standard ». Certaines explosions d'étoiles s'avèrent être des chandelles standard d'une remarquable stabilité. Leur étude sur des distances de plus en plus grandes permet de déterminer comment l'expansion de l'Univers a évolué. Si l'Univers contenait uniquement, ou majoritairement, des particules, tels que les atomes ou de la matière noire, l'expansion devrait ralentir au cours du temps : de la même façon qu'un caillou qu'on lance en l'air ralentit peu à peu à mesure qu'il s'élève tout en restant attiré par la Terre, on s'attendrait à ce que le rythme de l'expansion ralentisse. Or, c'est le contraire que révèlent nos chandelles standard ! Il existe donc autre chose dans l'Univers, qui agit non pas de façon attractive vis-à-vis de la gravitation, mais de façon répulsive.

Une grande erreur qui n'en était pas une

Une telle entité avait été envisagée par Einstein dès 1916. Il l'avait baptisée constante cosmologique. Sa raison d'être était de permettre, sous certaines conditions très particulières, à l'Univers d'être non pas en expansion mais statique, une idée qui plaisait largement plus au physicien que celle d'un univers dynamique. La découverte de l'expansion de l'Univers une douzaine d'années plus tard invalida l'hypothèse originelle d'Einstein, qu'il qualifia alors, beau joueur, de « plus grande erreur de sa vie ». Mais à la toute fin du XXe siècle, la découverte de l'accélération de l'expansion de l'Univers remit l'hypothèse d'Einstein au goût du jour, quoique dans un contexte un peu différent : l'aspect répulsif de la constante cosmologique ne contrebalance par exactement le pouvoir attractif de la matière comme Einstein l'imaginait, mais il le surpasse depuis quelques milliards d'années, obligeant en quelque sorte l'Univers à s'étendre de plus en plus rapidement. La constante cosmologique peut être, selon le point de vue adopté, comme une mystérieuse forme d'énergie qui emplit tout l'espace, mais qui possède le pouvoir étonnant et contre-intuitif de ne pas se diluer au cours du temps, quand bien même l'espace s'étend. Cette « énergie noire » comme on la nomme désormais représente environ 73 % de la densité critique, elle dépasse donc très largement la densité de la matière !

Figure 3-15
Composition de l'Univers.

DANS CE CHAPITRE

La mécanique des fluides

•

Des problèmes difficiles à résoudre mais pas à comprendre

•

L'acoustique

•

Des hommes derrière les savants

Chapitre 4
Les milieux continus

L'eau qui ruisselle entre nos mains, la confiture qui dégouline, le mouvement des vagues, les sons que nous émettons sont des phénomènes que nous connaissons bien. Ce chapitre propose un voyage dans la matière en mouvement, qu'elle s'écoule ou qu'elle vibre simplement. C'est un voyage dans la mécanique des milieux continus.

Continu ou pas

À notre échelle, c'est-à-dire à celle de nos yeux, les objets qui nous entourent nous semblent « continus » : la table sur laquelle on écrit semble être faite d'une matière continue, sans vide, car nous ne voyons pas (à travers) le sol dont nous savons pourtant qu'il est situé dessous. Notre capteur optique (l'œil) n'est pas assez sensible et, si nous souhaitons distinguer des petits objets distants d'une fraction de millimètre, il nous faut faire appel à un appareil (un microscope par exemple) pour voir deux petits objets distants d'un micromètre environ.

L'ensemble des objets matériels qui nous entourent est appelé « milieu » ou « milieu matériel ». Qu'ils soient solides, liquides ou gazeux, ces milieux sont qualifiés de milieux continus. Mais il faut bien comprendre que ce qualificatif de « continu » est lié à l'échelle à laquelle ce milieu est observé.

D'ailleurs, très tôt dans l'Histoire, la question suivante s'est posée : et si je coupe en deux cet objet que j'observe actuellement, et que je répète un grand nombre de fois (indéfiniment) cette opération sur l'un des morceaux obtenus... que se passe-t-il ? Cette question sera reprise plus loin dans le livre (voir Chapitre 10). En tout cas, tant que nous coupons avec des instruments de la vie de tous les jours le plus petit fragment obtenu, il apparaît toujours comme un milieu « continu ».

Aujourd'hui nous savons que la matière est formée d'atomes (voir Chapitre 10 pour en savoir plus) et que dans un atome (dont la taille approximative est inférieure au nanomètre – vous prenez un cheveu et vous le divisez en dix mille parties de taille identique : un des filaments obtenus a comme dimension un nanomètre), il y a beaucoup de vide ; la matière (les noyaux et les électrons) n'occupe en fait qu'une très faible part du volume de l'atome. Cela ne remet donc pas en cause cette idée de « milieu continu » à notre échelle. L'ensemble du monde qui nous entoure apparaît à nos yeux comme un tout, ses éléments constitutifs sont invisibles, nous vivons dans un monde qui nous semble continu.

Pourquoi une « mécanique des milieux continus » ?

Soumis à diverses sollicitations, un objet peut se déformer plus ou moins et/ou peut être mis en mouvement. Je jette un caillou dans l'eau : des ondulations se produisent à la surface de l'eau. L'eau n'a pas été mise globalement en mouvement, mais localement une déformation transitoire existe. Pour mieux comprendre imaginons qu'il y ait un objet solide posé sur l'eau et qui flotte : lors du passage de l'ondulation, l'objet va se soulever et s'abaisser comme le fait un bateau sur l'eau par mauvais temps. Le mouvement de l'objet est perpendiculaire à la direction de propagation de l'onde. De même, il est possible de faire vibrer une corde, de taper sur un tambour, c'est-à-dire qu'il est possible de mettre en mouvement cette corde ou la membrane du tambour (donc les déformer passagèrement) et de produire (éventuellement) un son harmonieux. Dans les exemples précédents, il s'agissait de déformation locale, mais la mécanique des milieux continus s'intéresse aussi au mouvement global, par exemple dans le cas des fluides.

Ces différents mouvements et la relation qu'il y a entre les actions mécaniques exercées et les déformations qui en résultent sont étudiés par la « mécanique des milieux continus ». Celle-ci s'adresse aux solides, aux liquides et aux gaz. De l'insonorisation des habitations (*on veut empêcher que des vibrations extérieures viennent chez vous*) à la propulsion des avions (*il faut mettre en mouvement de l'air pour avancer*) en passant par l'écoulement du sang dans les artères ou les veines (*c'est un liquide qui, en présence de parois rétrécies, ne va pas s'écouler normalement*) et l'utilisation des produits vaisselle pour dégraisser une assiette (*il faut que le liquide vaisselle couple l'eau et le gras pour pouvoir nettoyer*), les domaines d'application sont vastes et actuels.

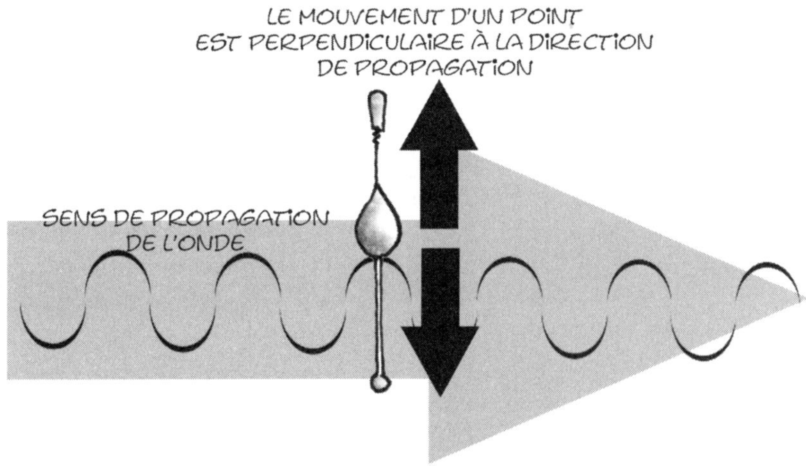

Figure 4-1 Oscillation verticale d'un bouchon à la surface de l'eau.

La suite de ce chapitre va essentiellement concerner les liquides et les gaz, bref les fluides, même si quelques idées développées sont applicables aux solides. Il a donc fallu développer un ensemble de lois adaptées à ces milieux particuliers que sont les milieux continus et plus exactement les fluides : c'est ce que l'on appellera la mécanique des fluides.

Il y a longtemps...

Si l'eau est indispensable à la vie, c'est aussi un liquide qui a de multiples applications. En voici quelques-unes...

Faut pas pousser

On ne sait pas si l'homme préhistorique, en observant le vol d'une flèche, s'est aperçu des phénomènes liés à la résistance de l'air, mais les problèmes liés à l'irrigation des terres en utilisant l'eau du Nil, et donc à l'écoulement guidé de ces eaux, datent d'il y a au moins six mille ans. Les Égyptiens ont également utilisé des horloges à eau pour mesurer « l'écoulement du temps ». Néanmoins, il est usuel de faire remonter les bases de la mécanique des fluides à Archimède (vivant de -287 à -212) qui a étudié les lois de la poussée de l'eau sur un corps complètement immergé. Il a également contribué au développement de machines hydrauliques qui sont les ancêtres des machines à vapeur, elles-mêmes ancêtres des machines électriques. Aujourd'hui, l'avancement d'un véhicule dans l'air, notamment à grande vitesse, fait l'objet de nombreuses études expérimentales : le profil donné au train à grande vitesse a été largement optimisé pour assurer une meilleure pénétration dans l'air. Il en est de même des avions. Mieux pénétrer dans l'air, c'est aussi économiser l'énergie nécessaire à la propulsion.

La Renaissance

Les liquides au repos, les machines hydrauliques vont faire l'objet d'observations (Galilée de 1564 à 1642 et Pascal de 1623 à 1662). Une des lois proposées par Pascal énonce qu'un liquide en équilibre transmet intégralement les pressions. Une des conséquences est qu'une « petite » force appliquée sur une petite surface peut faire agir une force beaucoup plus importante sur une grande surface pour autant que les deux surfaces soient en contact avec le même liquide. C'est le principe de la presse hydraulique, mais ce principe est aussi mis en application quand vous appuyez sur la pédale de frein de votre voiture. Torricelli (1608-1647) va s'intéresser à la vidange d'un réservoir. À travers les exemples précédents, la proximité des applications est bien présente.

Des problèmes difficiles à résoudre mais pas à comprendre

Si au XVIIIe siècle Newton domine l'ensemble de la mécanique, d'autres scientifiques comme Euler, d'Alembert, Lagrange vont s'intéresser aux principes généraux du mouvement des fluides.

Les fondements

Les idées physiques peuvent se traduire mathématiquement à partir du XVIIIe siècle et, à leur tour, les équations vont permettre d'accéder à une meilleure compréhension physique. Un physicien dira d'ailleurs au XXe siècle : « Les équations en savent plus que nous. » Un grand scientifique européen, Leonhard Euler, qui travaille en Suisse, en Russie et en Allemagne au XVIIIe siècle, peut être considéré comme le fondateur de la mécanique des fluides moderne. Il présente en 1757 ce qui est maintenant appelé « équation d'Euler d'un fluide parfait » dans les *Mémoires de l'Académie royale des sciences et des belles-lettres de Berlin.*

Par fluide « parfait », il faut comprendre fluide dont la viscosité est négligée : l'huile, c'est visqueux et l'eau... beaucoup moins. En réalité, et vous le verrez tout au long de ce livre, le physicien est obligé de modéliser des situations physiques. Cela signifie très souvent simplifier ou idéaliser une situation réelle ; ici, pour Euler, c'est un fluide partiellement ou totalement en mouvement. On prend en compte certains phénomènes (par exemple pour Euler, l'influence de la gravitation) et l'on met de côté certains autres (la viscosité). Mais pour simplifier, dans un premier temps, une étape de modélisation est toujours nécessaire. Cette « vieille » équation d'Euler régit des situations physiques aussi variées que la circulation sanguine, l'aérodynamique des avions, des voitures et des trains, la météorologie, l'acoustique dans les fluides... Mais écrire une équation, c'est bien ; en tirer quelque chose, c'est-à-dire la résoudre, c'est mieux. Et c'est ici que les problèmes commencent car, même en ayant considéré l'hypothèse du fluide non visqueux, Euler, et nous avec lui, ne peut pas écrire mathématiquement de solution générale. Il faut dire que les phénomènes embrassés par la théorie d'Euler ne sont pas simples.

Mathématiques et physique

Couple infernal s'il en est, les mathématiques et les sciences physiques ont toujours eu besoin les unes des autres. Pour le physicien, les mathématiques sont au moins une boîte à outils nécessaire... mais pas suffisante. Sans idées, sans intuitions, le physicien n'avancera pas dans ses recherches. Ce n'est pas parce que les mots sont dans le dictionnaire, que tout le monde peut écrire un roman. L'analyse mathématique est nécessaire si on veut décrire un phénomène en vue d'en prévoir d'autres. Ce qu'il y a d'étonnant, c'est que les objets mathématiques, que nous fabriquons, décrivent si bien la nature.

Une application biologique

Le phénomène d'artériosclérose (Figure 4-2) est lié à un étranglement de l'artère – étranglement dû à la présence de plaques grasses sur les parois – qui provoque une augmentation de la vitesse locale de l'écoulement sanguin. Bernoulli a établi une loi, que l'on peut démontrer à partir de l'équation d'Euler, montrant qu'alors, la pression dans l'artère diminue, ce qui provoque son écrasement et empêche le sang de circuler. Si cet écrasement va jusqu'à l'obstruction complète, les conséquences sont irréversibles...

Figure 4-2

Bernoulli nous fait des misères.

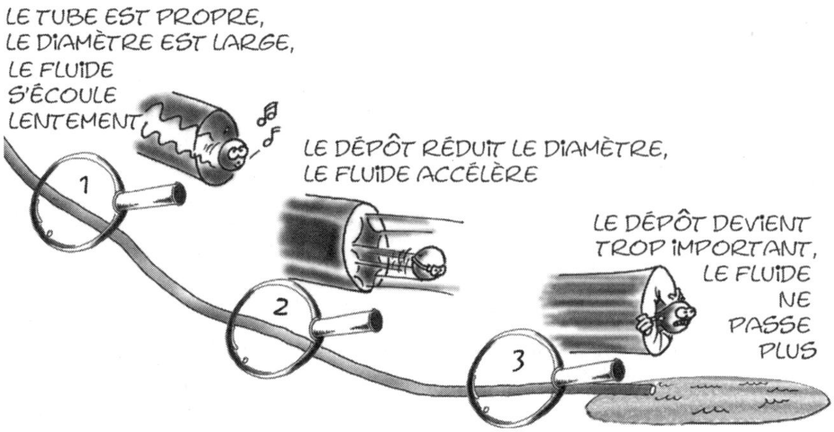

Non linéaire, vous avez dit non linéaire ?

Les préoccupations envisagées ici occupent actuellement de nombreux scientifiques dans le monde entier. Bref, vous allez un peu souffrir mais vous n'êtes pas seul(e).

Positivons : d'abord linéaire

Commençons par un effet linéaire. Un bon exemple est celui du son émis par une cloche. Il faut d'abord définir un « son pur » : c'est par exemple celui émis par un diapason. Il s'appelle le « *la* 440 » car en une seconde le diapason vibre 440 fois. On dit aussi que le son est *pur* et que la fréquence de ce son est 440 (avec la bonne unité appelée hertz du nom d'un physicien, Hertz, du XIXe siècle que l'on rencontrera au Chapitre 7). Sans défaut, la cloche « tinte » en émettant un son « pur », c'est-à-dire avec une fréquence bien déterminée.

Période et fréquence

Un système vibrant périodiquement, appelé « oscillateur », est caractérisé par sa période, intervalle de temps pour lequel il est dans le même état de vibration. Souvent cette période est un petit nombre (dans le cas du diapason, la période est voisine de 0,00227 seconde) et on préfère souvent utiliser la fréquence qui est l'inverse de la période. Ainsi, il est équivalent de dire que nous avons, en moyenne, un rythme cardiaque de 60 battements par minute ou une fréquence cardiaque de 1 Hz.

Apparition de la non-linéarité

Mais en présence d'un défaut (une petite fissure par exemple), le son émis par une cloche est différent et il comporte plusieurs fréquences. En fait, ce sont des effets non linéaires associés à la cloche défectueuse qui provoquent l'émission de plusieurs fréquences. En tapant sur la cloche, vous lui fournissez une certaine énergie. Pour la cloche saine, la fourniture d'une énergie doublera l'énergie sonore émise (mais toujours à la fréquence de 440 Hz). Il n'en est pas de même pour la cloche défectueuse pour laquelle l'énergie sera répartie sur plusieurs fréquences. Nous voici au cœur de ce qu'est un système non linéaire. Un autre exemple peut être donné par la réponse à un étirement d'un fil élastique. Si vous lui appliquez des tensions croissantes, le fil va s'allonger progressivement. L'étirement est proportionnel à la tension appliquée, autrement dit la relation entre étirement et tension est linéaire. C'est la loi de Hooke. Mais au-delà d'une certaine limite, l'étirement n'est plus proportionnel à la tension (et au-delà, ça va casser !). On dit, avant que le fil ne casse, qu'on a dépassé la limite d'élasticité ; autrement dit, c'est parce qu'on veut imposer un grand effort au fil que la réponse n'est plus linéaire : elle est non linéaire.

Figure 4-3 Ce qui se passe si on dépasse la limite d'élasticité…

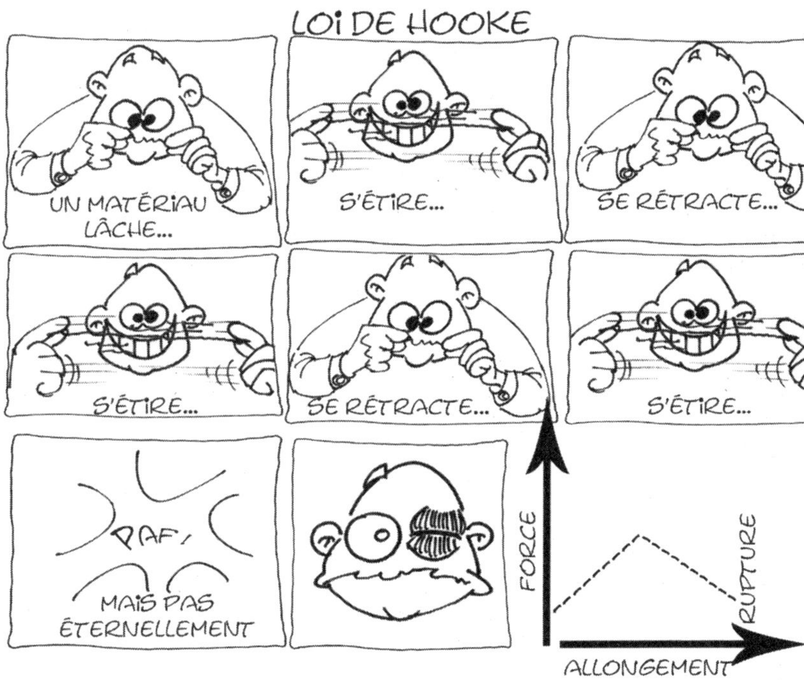

Ainsi, un système ne montre sa non-linéarité que dans certaines conditions. Le même système, peu perturbé, réagira comme s'il était rigoureusement linéaire. De façon très générale, les systèmes réagissent de façon non linéaire quand on les soumet à des excitations mettant en jeu des énergies importantes.

L'équation d'Euler comporte un terme non linéaire. Dans le cas de l'acoustique, on néglige ce terme car les perturbations du fluide sont « petites » (même si vous hurlez très fort !). Mais cette approximation ne peut pas toujours être faite dans d'autres situations physiques. La difficulté de résoudre l'équation d'Euler vient de ce terme « non linéaire ».

Allons plus loin...

Pour caractériser un fluide, il faut connaître sa masse volumique, sa vitesse dans les trois directions de l'espace et sa pression, c'est-à-dire cinq inconnues. Si l'équation d'Euler fournit trois relations, il faut lui adjoindre une relation dite « conservation de la masse » (relation qui sous-entend qu'un système peut subir des transformations mais que sa masse reste constante) et une relation, dite thermodynamique (voir Chapitre 5 décrivant le fluide ; le compte est bon : cinq inconnues et cinq relations, le problème est bien posé !).

Il devient dès lors possible d'expliquer certaines observations de la vie courante. À titre d'exemple :

- L'effet théière ou pourquoi les fluides suivent une surface courbe : quand vous versez du thé (ou du café !) dans une tasse, il a tendance à se répandre partout sauf dans votre tasse.
- Les balles qui suivent des trajectoires bizarres... mais en fait c'est normal, comme dans le tennis de table ou les coups francs magiques qui rentrent dans le but.
- La chute des feuilles qui se balancent doucement en tombant.
- Et il y en a bien d'autres (voir *Ce que disent les fluides*, Étienne Guyon et al., Belin éditeur).

Osons la viscosité

Dans un pot de miel, plongeons une cuillère, soulevons-la, et tournons-la. Le miel s'écoule. Mais il s'écoule lentement. Si, à la place du miel, on place de l'eau, l'écoulement n'est pas, de façon évidente, de même nature. Le miel est plus visqueux que l'eau. Et si on avait pris de l'huile ? L'écoulement aurait été intermédiaire entre celui du miel et celui de l'eau et donc la viscosité de l'huile est intermédiaire entre celle du miel et celle de l'eau.

Imaginons un verre rempli d'un liquide (de l'eau par exemple) placé sur un plateau tournant. On fait tourner le plateau. Le liquide tourne aussi dans le verre. Arrêtons le plateau : évidemment, le verre posé sur le plateau s'arrête aussi. Si le liquide était « parfait », c'est-à-dire sans viscosité, il continuerait à tourner. Or, expérimentalement, le liquide va s'arrêter de tourner « au bout d'un certain temps », et ce, quel que soit le liquide. Cela est une manifestation de la viscosité du liquide. Ainsi tout fluide est plus ou moins visqueux même si cette propriété ne se manifeste pas dans toutes les situations (auriez-vous répondu oui à la question : l'eau est-elle un liquide visqueux ?).

Lorsque vous achetez un bidon d'huile pour moteur, vous êtes confronté à la viscosité à travers des indications du type 10W40 par exemple. La viscosité d'une huile dépend de sa température de fonctionnement. Le premier chiffre renseigne sur la viscosité à froid et le second sur la viscosité à chaud.

Il revient à Navier, puis à Stokes de prendre en compte la propriété de viscosité et de modifier en conséquence les relations écrites par Euler. En 1822, le *Mémoire sur les lois du mouvement des fluides* soumis par Navier, alors professeur à l'École des ponts et chaussées, à l'Académie des sciences de Paris, contient la prise en compte du phénomène de viscosité. Par rapport à Euler, il s'agit d'un terme supplémentaire provenant d'une modélisation plus fine de la réalité. Dans les années 1842-1843, alors à Cambridge, George Stokes commence à s'intéresser aux mouvements des fluides et publie sur les mouvements des fluides incompressibles, puis il prend en compte la viscosité et en déduit une relation d'Euler « améliorée ». C'était celle déjà obtenue par Navier (en réalité, en faisant des hypothèses fausses, Navier avait trouvé une bonne équation !) et donc il se décide à publier ses recherches en 1845. L'Histoire a retenu la relation sous le nom « équation de Navier-Stokes ».

Dur, dur d'être... un mécanicien des fluides !

Lors du tricentenaire de la naissance d'Euler célébré en 2007, il a été écrit : « La compréhension des équations d'Euler est moins avancée que celle des équations d'Einstein de la relativité générale qui ont moins de cent ans. » Dans notre espace à trois dimensions, si on se donne un écoulement initialement très régulier, on ne connaît de solutions régulières que pour des durées courtes ! Au-delà, nul ne sait si ces solutions vont ou non développer des accidents (singularités), ce qui pourrait être à la racine du phénomène de turbulence, l'un des grands défis scientifiques présents. En effet, un des grands défis de l'hydrodynamique est la prévision du climat ; cette prévision est liée à la modélisation du couplage entre l'atmosphère et les océans. Cette interaction influence aussi l'évolution des glaciers. L'élaboration de modèles de plus en plus compliqués nécessite à la fois des simulations sur ordinateurs, et aussi l'utilisation et le traitement de données mesurées sur Terre ou par satellite (ces données concernant l'état de l'atmosphère et des océans). Comme on le voit ici, et comme il sera revu dans la suite, les avancées dans un domaine sont liées à des moyens informatiques et électroniques, à des mesures et à des simulations.

L'acoustique

L'acoustique est d'abord la science des sons dans le domaine audible, l'être humain étant lui-même un générateur de sons. Ces sons peuvent se propager dans un fluide, et c'est en cela que la mécanique des fluides s'y intéresse, mais aussi dans les solides (voir Chapitre 16). À part le domaine audible, d'autres domaines existent, éventuellement accessibles à certains animaux, ce sont les infrasons et les ultrasons. Ce qui différencie ces différents domaines de l'acoustique, c'est le domaine des fréquences (voir supra). Si le domaine de l'audible correspond à un ensemble de fréquences – on dit scientifiquement une bande de fréquence – allant de 20 Hz à 20 000 Hz environ – la fréquence la plus petite correspondant aux sons graves et la plus élevée aux sons aigus –, les infrasons concernent les fréquences plus petites que 20 Hz et les ultrasons les fréquences plus grandes que 20 000 Hz.

Quelques repères historiques très anciens

Si les hommes des cavernes ont fabriqué des instruments dont ils tiraient des sons, il est usuel de considérer que les premières études sur les sons datent de l'époque de Pythagore (de -570 à -480). Ces premières études concernent l'acoustique musicale (il existe encore aujourd'hui des recherches concernant cette branche de l'acoustique). Des sons émis par des cordes tendues que l'on pouvait partager en deux segments de longueurs différentes ont été étudiés. En particulier des rapports de longueur simples (1/2, 2/3, 3/4…) déterminent des intervalles sonores remarquables (octave, quinte, quarte…).

L'acoustique des théâtres grecs est également remarquable (des documents écrits par Vitruve, -90 à -20 environ, sont disponibles). En particulier le théâtre antique d'Épidaure, réalisé vers -350, permet une très bonne écoute d'un acteur situé sur la scène à 60 mètres par un spectateur placé au dernier rang de l'amphithéâtre. La capacité d'accueil est d'environ 14 000 personnes. Cela est lié à la disposition périodique des marches et à l'agencement des gradins. Encore actuellement, l'architecture des salles et des bâtiments est étudiée pour éviter les nuisances sonores (mais on dispose aujourd'hui de matériaux divers facilitant la tâche).

Mais finalement comment ça marche ?

Le son provient d'un mouvement ondulatoire de l'air. Cette idée a été développée en premier par Mersenne dans *Harmonicorum liber* publié en 1636. D'où vient cette idée ? Elle provient du rapprochement entre le mouvement effectué par la surface de l'eau lorsqu'une pierre est jetée dedans, et le son conçu comme une succession de coups effectués dans l'air. Ainsi, presque naturellement, va naître le concept d'ondes sonores, perturbation se propageant dans l'air entre un émetteur (les cordes vocales et la cavité résonnante associée) et un récepteur (l'oreille). La ride circulaire se propage à la surface de l'eau, à une certaine vitesse (pour atteindre un point éloigné de la zone d'impact de la pierre frappant l'eau, il faut un certain temps) : la propagation de cette onde sonore s'effectue dans un matériau.

Figure 4-4

Le son sous cloche.

Pour montrer ce fait, on considère une enceinte contenant de l'air et à l'intérieur de laquelle il y a une cloche. Lorsqu'on enlève l'air au moyen d'une pompe, ce qui de façon rigoureuse s'énonce comme « on fait le vide à l'intérieur de l'enceinte », de l'extérieur on n'entend plus la cloche. Cette expérience a été réalisée avec succès par Boyle en 1660. Il faudra attendre le XIXe siècle pour avoir des valeurs correctes pour la vitesse du son dans l'air ou dans d'autres milieux.

Onde acoustique

Dans un milieu matériel (fluide ou solide), des ondes acoustiques peuvent se propager suivant une (ou des) direction(s) qu'on appelle direction(s) de propagation. En fait ce qui importe c'est que le milieu soit élastique, c'est-à-dire qu'il puisse vibrer. De la même façon qu'un point de la surface de l'eau va se soulever au passage de la ride, l'air (ou un gaz quelconque) va subir de place en place une suite de compressions/dilatations. C'est la transmission de proche en proche de ce mouvement qui constitue une « onde acoustique ». Il est fondamental de remarquer qu'il n'y a pas transport de matière lors de la propagation d'une onde (le postillon émis parfois en même temps qu'une onde sonore n'est pas nécessaire à la bonne réception du message). La vitesse de propagation est une caractéristique du milieu et dépend généralement de la température. Quelques ordres de grandeur des vitesses : la vitesse du son dans l'air à 20 °C est de 340 m/s et dans l'eau à 15 °C, la vitesse est de 1 470 m/s. La vitesse du son dans l'air croît avec la température. Cela est sensible en acoustique musicale où une variation de température de 5 °C entraîne une variation de fréquence d'environ 5 Hz de la fréquence de référence du diapason (445 Hz au lieu de 440 Hz). Dans les mers profondes où la différence de température est sensible entre la surface et le fond, la vitesse du son varie. Il en résulte que l'onde ne se propage pas forcément en ligne droite entre un émetteur et un récepteur. Dans un orchestre, entre le début du spectacle et la fin, la température de la salle peut varier, et à l'entracte, ou entre les actes, il faut réaccorder les instruments.

Quelques mots à l'oreille

Notons que notre capteur auditif est sensible à des vibrations d'amplitude égales au dixième de nanomètre. Avec l'âge, cette sensibilité diminue (« devenir dur de la feuille » est une expression assez juste sur le plan physique : en effet, c'est la mise en vibration d'un organe situé à l'intérieur de l'oreille qui nous donne la sensation auditive ; avec l'âge, cette mise en vibration est plus difficile, les solides sont moins élastiques ou plus rigides). Le seuil d'audibilité dépend de la fréquence du son. À 1 000 Hz, il est d'environ 20 micropascals (la pression atmosphérique est d'environ 100 000 pascals : on voit donc que le son correspond à une – toute petite – surpression par rapport à la pression de l'air ambiant).

Quelle est la relation avec l'hydrodynamique ?

Dans le cas d'un fluide, c'est l'équation d'Euler qui est utilisée. Elle est d'abord simplifiée car on ne tient pas compte du terme non linéaire (au moins tant qu'on étudie l'acoustique linéaire). Il est alors possible d'obtenir une relation montrant explicitement la formation possible d'ondes. Cette équation est appelée équation de D'Alembert ; elle permet l'obtention de la vitesse de propagation si on connaît le milieu de propagation. La confrontation théorie/expérience a été réalisée de nombreuses fois dans l'Histoire et... ça marche ! De façon générale, si la confrontation entre théorie et expérience ne donne pas un résultat conforme, soit la théorie est fausse, soit l'expérience doit être refaite, soit... les deux sont fausses.

Sommes-nous sur la même longueur d'onde ?

Dans cette expression courante et qui, en cas de réponse positive, signifie que nous sommes ensemble de façon cohérente (voir Chapitre 9 pour en savoir plus), le terme « longueur d'onde » apparaît. En fait, en physique des ondes, la longueur d'onde est le chemin parcouru par l'onde (supposée à fréquence fixée) en une période. Dans le cas des ondes sonores, on exprime la variété des sons émis par leurs différentes fréquences (mais on pourrait le faire par leurs différentes longueurs d'onde). En optique, on verra dans la suite que les différentes couleurs sont caractérisées par leurs différentes longueurs d'onde (on pourrait les distinguer par leurs différentes fréquences).

Oscillateur amorti

Un objet que l'on peut mettre en vibration constitue un oscillateur. Un oscillateur peut vibrer avec une amplitude maximale pour certaines fréquences que l'on appelle fréquences de résonance de l'oscillateur ou encore « fréquences propres ». Par exemple, à une corde de guitare, je peux associer un certain nombre de fréquences : les notes. Celles-ci sont caractéristiques de cet oscillateur (si je change le matériau dont est faite la corde, toutes choses égales par ailleurs, je change les notes jouables). Tout oscillateur peut être mis en mouvement par une action extérieure, mais on ne peut exciter qu'une ou des fréquences propres. Généralement, les oscillateurs sont « amortis », ce qui signifie qu'ils ne peuvent pas osciller infiniment. Une note jouée ne dure pas éternellement. Le fait qu'on entende la note est lié à la mise en vibration de l'air ambiant et donc, vu de l'onde, à une déperdition de son énergie.

Un cas pathologique mais stationnaire

Lorsqu'une onde acoustique se propage, après une excitation convenable, dans un milieu limité, de nouveaux phénomènes se produisent. Par milieu limité, on entend milieu de dimensions finies : une pièce dans une maison – avec sa longueur, sa largeur et sa hauteur –, une corde – avec sa longueur –, une membrane de tambour – avec son rayon.

Le problème de la corde vibrante, déjà examiné par les pythagoriciens, est de nouveau examiné par Mersenne au XVIIe siècle. Il étudie expérimentalement les relations qu'il y a entre la longueur de la corde, sa masse et sa tension et les fréquences émises. Sauveur (1653-1716) qui a utilisé le premier le mot « acoustique » est l'un des premiers avec Wallis (1616-1703) à avoir observé sur une corde vibrante des points qui ne vibrent pas (ce sont des « nœuds » de vibration) et des points qui vibrent avec une amplitude maximale (ce sont des « ventres » de vibration). Cela ne se produit qu'à une fréquence fixée ; de plus, ces points sont alternés. Pour une autre fréquence bien déterminée, ils observent le même phénomène (succession de nœuds et de ventres de vibration). Pour une fréquence quelconque, ce phénomène est moins accentué.

Il y a une série de fréquences pour lesquelles ce phénomène existe. Il a été observé expérimentalement que ces fréquences ne sont pas indépendantes et sont des multiples d'une fréquence de base f_0, $2\ f_0$, $3\ f_0$. La fréquence f_0 est appelée fréquence fondamentale et les autres, fréquences harmoniques (cela a été introduit vers 1700 et l'explication physique a été donnée par Daniel Bernoulli).

Que se passe-il ? Quand on tape sur la corde, donnant naissance à une onde propagative, celle-ci va se réfléchir multiplement sur les extrémités. Les fréquences pour lesquelles les ventres vibrent avec une amplitude maximale sont des fréquences de « résonance ». Tout système vibrant est caractérisé par l'ensemble de ses fréquences de résonance.

Dans un instrument de musique, on cherche à produire des notes (une fréquence fondamentale) et des fréquences harmoniques – avec plus ou moins d'amplitude. C'est l'ensemble de ces harmoniques qui constitue le timbre de l'instrument. Par exemple, le timbre du piano (la note émise correspond à une corde frappée) n'est pas le même que celui du clavecin (la note émise correspond à une corde pincée). Ce que nous apprécions, c'est moins la fréquence de la note que le timbre de l'instrument.

Résonance

Un diapason est souvent monté sur une petite boîte ; une guitare ou une harpe comportent une « caisse de résonance ». Pourquoi ce nom ? La vibration du diapason ou de la corde est transmise à l'air contenu dans la caisse. Celle-ci a pour but de renforcer cette vibration par création d'ondes stationnaires dans l'air, à l'intérieur de la cavité. Le son perçu semble ainsi renforcé.

Il est bien connu qu'une excitation par des vents d'un pont suspendu a provoqué, par résonance, l'effondrement de ce pont. En effet, le vent a excité une des fréquences propres de vibration du pont. À cette fréquence est associée une amplitude de déplacement suffisamment importante pour provoquer l'effondrement (pont de Tacoma, USA, en novembre 1940).

Les marées au Mont-Saint-Michel peuvent avoir une amplitude particulièrement grande : c'est la conséquence du fait que l'eau contenue dans la baie joue le rôle d'un oscillateur qui rentre en résonance lors des « grandes marées ».

Non, John, t'es pas tout seul

Voici une lecture intéressante : *Report on Waves* (« Report of the fourteenth meeting of the British Association for the Advancement of Science »), York, September 1844 (London, 1845), pp. 311-390, Plates XLVII-LVII, écrit par John Scott Russell. John Scott Russell, ingénieur de la marine écossaise, y rapporte l'observation d'un phénomène spectaculaire en 1834. Lors d'un arrêt brusque d'un bateau dans un canal étroit vers Édimbourg, il observe la formation à la proue du bateau d'une perturbation se déplaçant rapidement (par rapport aux ondes qui se déplacent à la surface de l'eau sous l'action d'un caillou jeté par exemple) avec une amplitude de l'ordre du mètre. Il a suivi cette perturbation sur un cheval au galop pendant environ vingt minutes. Le profil de la perturbation, sa forme et son amplitude, restait sensiblement analogue, mais le cheval, lui, était fatigué par l'effort. Cette onde qu'il a appelée « onde de translation » est dite maintenant onde solitaire ou soliton. On la connaît sous d'autres noms : mascaret, tsunami... Il s'agit bien d'une onde propagative mais elle n'obéit pas à l'équation de D'Alembert. La modélisation de cette onde revient à Boussinesq vers 1870 et à deux scientifiques hollandais Korteweg et De Vries à la fin du XIXe siècle. Cette équation traduit un splendide exemple... d'effet non linéaire !

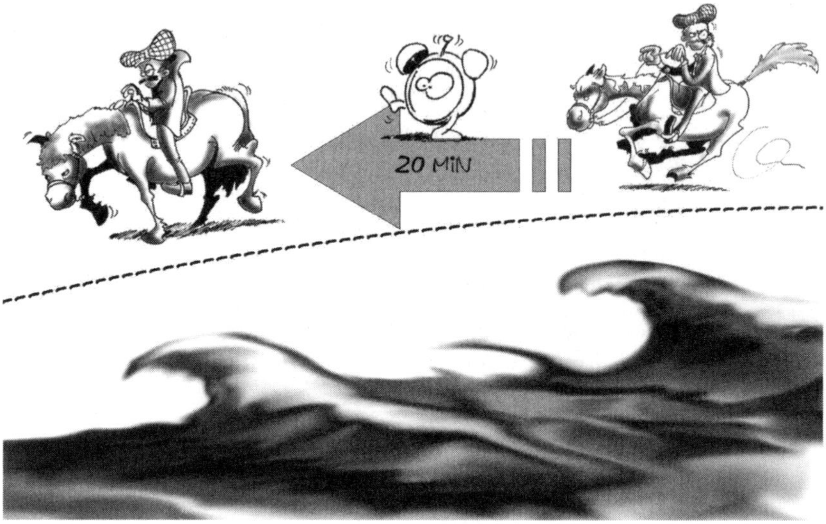

Figure 4-5 Le soliton ne s'épuise pas, le cavalier et sa monture si !

Onde acoustique dans un solide

Dans un solide dont les propriétés sont indépendantes du point considéré et de la direction d'espace, deux types d'onde peuvent se propager. Soit les vibrations du solide sont parallèles à la direction de propagation, comme dans le cas des fluides et on a affaire à une onde longitudinale (ordre de grandeur des vitesses : 5 500 m/s pour des métaux). Soit les vibrations sont perpendiculaires et on a affaire à une onde transversale (ordre de grandeur des vitesses dans un métal : 3 000 m/s). Les géologues appellent ces ondes P – pour première – et S – pour seconde – car elles arrivent dans cet ordre lors d'un tremblement de terre qui correspond à la mise en vibration d'un solide.

Partie 2
La physique s'enrichit

Dans cette partie...

Le XIXᵉ siècle est l'âge d'or de la physique. Elle explose dans tous les domaines, la thermodynamique avec les machines à vapeur et les principes induits par Carnot. C'est aussi l'affrontement des deux modèles de la lumière, corpusculaire et ondulatoire. Et encore, l'électricité, le magnétisme et finalement l'électromagnétisme vont se voir unifiés sous la plume de Maxwell. Cette période semble aussi marquer l'accomplissement, l'aboutissement de cette science, mais c'est sans compter sur le génie d'un certain Albert Einstein...

DANS CE CHAPITRE

Une question de température

•

La notion de pression avant 1664 !

•

Carnot, Joule et Thomson

•

Wien, Rayleigh et Planck

Chapitre 5

Ça chauffe de Carnot à Planck : la thermodynamique

La thermodynamique est la branche de la physique qui étudie les transferts d'énergie et plus particulièrement ceux sous forme de travail et de chaleur. La notion d'énergie a été construite par l'homme pour interpréter les comportements de différents phénomènes physiques. Il n'est pas possible de définir l'énergie autrement que par ses effets. La thermodynamique s'intéresse essentiellement aux principes (règles) qui régissent ces transferts énergétiques. Cette discipline est extraordinaire car, à partir de quelques principes très simples, elle a permis des avancées dans tous les domaines de la science. En bref, la thermodynamique c'est la science de l'énergie !

Commençons par prendre la température

Énergie, chaleur, température, autant de termes que nous utilisons quotidiennement mais qu'il est difficile de définir. Commençons par la température : dans la vie courante, la température est une notion liée à notre sensation de chaud ou de froid. Le premier contact que nous avons eu avec la notion de température s'est souvent traduit par un cri. Ensuite, tout nous semble bien tiède !

Il fallait donc développer un instrument capable de distinguer objectivement un corps chaud d'un corps froid. Cet appareil va se développer au fil des années et la définition de la température restera longtemps l'indication donnée par ce qui va devenir le thermomètre.

Développement du thermomètre

L'invention d'un système d'évaluation de la température est attribuée à Galilée, et à Santorio un peu avant 1600. Le « thermoscope » de Galilée (et de Santorio) est un objet simple, basé uniquement sur la dilatation de l'air. Une personne place sa main sur la boule de verre. L'air dans l'ampoule chauffe et se dilate (son volume, la place qu'il occupe, augmente) ; il déplace alors la colonne d'eau dans le tube, ce qui permet de visualiser les variations de température de l'air dans la partie supérieure.

Figure 5-1
Le thermoscope de Galilée.

Dilatation thermique

Lorsque la température augmente, les corps voient, en général, leur volume augmenter, ils se dilatent. Un rail de chemin de fer de 30 mètres voit sa longueur augmenter d'environ 2 centimètres entre la période hivernale (où il fait -20 °C) et la période estivale (où il fait + 40 °C). Cela représente une variation de moins de 0,1 %. Un gaz, l'air par exemple, voit son volume augmenter de 20 % dans les mêmes conditions.

Aujourd'hui, un coefficient, appelé coefficient de dilatation thermique, traduit cette propriété des corps.

Les appareils évoluent, l'air est remplacé par de l'eau, ensuite l'eau par de l'esprit-de-vin (c'est quand même meilleur !). Un mélange eau-alcool se dilate beaucoup plus que l'eau pour une même différence de température. L'effet observé est donc plus important.

Au fil des années, des dispositifs plus perfectionnés ont été mis au point à Florence, notamment dans l'entourage du duc de Toscane. Certains de ces modèles, de formes plus extravagantes, étaient destinés à figurer dans les salons. L'appareil utilisé en sciences est aussi un objet de décoration, la notion de « design scientifique » ne date pas du XXe siècle !

Les thermomètres de Galilée « actuels »

Dans la plupart des magasins, il est possible d'acheter un thermomètre dit de Galilée. Il est composé d'un récipient cylindrique fermé contenant un liquide translucide. Des petits objets sont placés à l'intérieur du fluide. Un de ces objets flotte si sa masse volumique (la masse qu'occupe un volume unité) est plus faible que celle de l'eau, comme le bois par exemple. Au contraire, un objet coule si sa masse volumique est plus élevée que celle de l'eau, l'acier par exemple. La masse volumique du fluide translucide dépend fortement de la température alors que celle des objets en dépend peu. S'il fait très chaud, la masse volumique du fluide sera plus faible que celle de tous les objets qui se trouvent à l'intérieur, ceux-ci sont alors au fond du cylindre. Inversement, s'il fait très froid, tous les objets présentent une masse volumique inférieure à celle du fluide, ils flottent. L'astuce consiste à disposer des objets de masses volumiques différentes, l'appareil est ensuite étalonné avec un thermomètre de référence. Les objets qui sont à la limite de la flottaison indiquent la température du fluide, donc souvent celle de la pièce (voir Figure 5-2).

»

»

Les thermomètres de Galilée « actuels » *(suite)*

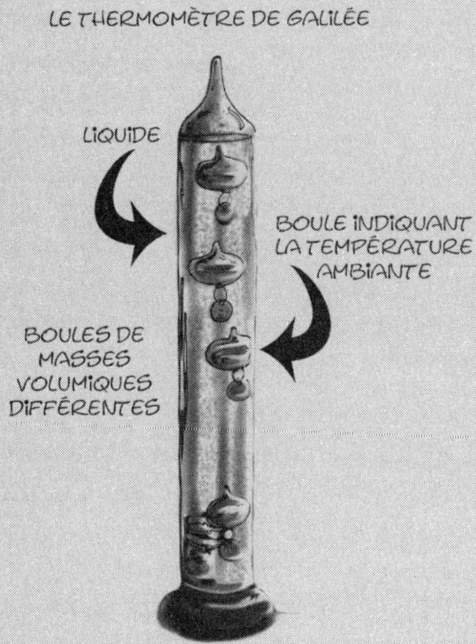

Figure 5-2 Le thermomètre de Galilée.

Avant de graduer le tube, il s'agit de choisir le fluide qui va se trouver à l'intérieur. La dilatation des liquides apparaît comme le phénomène le plus intéressant car le plus simple à repérer (il suffit de colorer le liquide). Le choix de l'eau est rejeté à cause de la température à laquelle la glace fond (température jugée trop élevée). Le fluide qui fait l'unanimité à l'époque (aux alentours de 1700) est « l'esprit-de-vin » qui est un mélange d'eau et d'alcool. Ce liquide présente un coefficient de dilatation élevé, l'appareil sera alors très sensible. Le mercure (le vif-argent) n'était pas ou très peu utilisé à l'époque (avant 1720) car il ne se dilate que très peu comparé au mélange eau-alcool (pour une même différence de température).

La matière dans tous ses états

La matière peut se trouver dans trois états différents : solide, liquide ou gazeux. Ces deux derniers états sont appelés l'état fluide.

Les particules qui constituent la matière peuvent être animées de vitesses importantes (quelques kilomètres par seconde) et éloignées les unes des autres, c'est l'état gazeux.

Celles-ci peuvent être en contact les unes des autres, mais l'ensemble reste facilement déformable. Les particules n'occupent pas une place particulière, elles se déplacent en glissant les unes sur les autres, c'est l'état liquide.

Si à l'inverse, les particules s'organisent suivant une structure parfaitement définie, la matière ne se déforme plus facilement, c'est l'état solide.

Un, puis deux points fixes pour « accrocher » l'échelle

Le premier « thermomètre » qui ressemble au thermomètre actuel serait l'œuvre de Ferdinand II, grand-duc de Toscane. Il s'agissait d'un thermomètre à alcool en verre scellé, construit vraisemblablement vers 1641, qui présentait 50 traits mais qui ne possédait pas de référence.

Reste à graduer le tube, à fabriquer une échelle. Pour ce faire, il faut un début, une fin et un certain nombre de barreaux (de traits) entre ces deux points. Encore fallait-il s'entendre sur un point de départ (point fixe bas) et un point d'arrivée (point fixe haut) que chacun reconnaisse et puisse reproduire simplement de façon identique.

En 1664 (autour d'une bonne bière !), Robert Hooke (voir Chapitres 2 et 23) fabrique un thermomètre à alcool contenant un colorant rouge. Il réalise une échelle (où chaque degré correspond à 1/500 du volume total d'alcool) avec comme unique point de référence la température à laquelle la glace fond. Ce thermomètre a d'ailleurs été utilisé par la Royal Society jusqu'en 1709.

L'échelle se monte d'abord à l'envers

La maîtrise des techniques de soufflage du verre est telle que l'on parvient à fabriquer des tubes extrêmement fins, de la taille d'un cheveu, des tubes capillaires. Le diamètre de ces tubes est inférieur au millimètre. Il est alors possible d'utiliser des fluides qui présentent un coefficient de dilatation plus faible. C'est ce que fait

Daniel Gabriel Fahrenheit, physicien prussien (1686-1736), qui construit en 1717 des thermomètres à mercure divisés en 180 intervalles égaux. Il attribue 0 degré au point correspondant à la température la plus basse mesurée à cette époque (celle atteinte durant le terrible hiver de 1708-1709) et 12 degrés pour la température normale d'un homme en bonne santé, 12 degrés qu'il subdivise ensuite en huit sous-degrés qui vont devenir les 96 degrés correspondant à cette température. Il donne au thermomètre sa forme définitive. Cette échelle de température est encore en utilisation de nos jours, notamment aux États-Unis (consultez les étiquettes des vêtements donnant les températures de lavage, vous verrez...).

Anders Celsius (1701-1744) va proposer des repères physiques qui lui semblent immuables (à cette époque), avec un thermomètre à mercure, en 1742 : la division centésimale de ce même intervalle. Il fixe la température de fusion de la glace à 100 degrés et celle d'ébullition à 0 degré. On attribue au Lyonnais J.-P. Christin en 1743 (ou quelquefois à Linné) l'inversion de l'échelle de Celsius, correspondant à notre échelle actuelle.

Le thermomètre de Celsius

Les scientifiques disposent d'un thermomètre et d'une échelle de température. Du mercure (liquide) est placé dans un réservoir surmonté d'un fin tube de verre. L'ensemble est placé dans un mélange d'eau et de glace fondante, la hauteur de mercure est repérée par un premier trait (0 °C), l'ensemble est ensuite placé dans de l'eau bouillante, la hauteur de mercure est repérée par un second trait (100 °C). La distance qui sépare ces deux traits est finalement divisée en cent parties égales. La température ainsi définie dépend de la nature du thermomètre (ici, le mercure), elle n'est pas (encore) absolue, mais il est possible de la repérer de façon objective, c'est-à-dire de préciser si la température d'un corps est supérieure ou inférieure à celle d'un autre.

Anecdote

Quand Celsius a présenté son invention à l'Académie des sciences, un scientifique trouvant l'invention complètement inintéressante se serait levé et aurait dit « Monsieur Celsius, votre thermomètre, vous savez où vous pouvez vous le mettre ? » et depuis... Mais plus sérieusement, une des applications de cet instrument est aussi de connaître, avec précision, la température du corps humain.

Le thermomètre à gaz et les origines de la température absolue

Pour les balèzes

Il faut attendre les travaux de Guillaume Amontons (1663-1705) vers 1702, pour voir réapparaître les appareils à air (à gaz). Cette fois, Amontons adopte comme grandeur thermométrique la pression d'une masse fixée d'air sous un volume constant. À partir de résultats expérimentaux, il postule que la pression est proportionnelle à la température. Il anticipe ainsi de cent cinquante ans deux notions fondatrices que nous allons retrouver un peu plus tard, celles de gaz parfait et de température absolue.

La notion de température va encore évoluer au fil des années et celle-ci va bientôt trouver une définition absolue, **indépendante** de l'appareil qui sert à la mesurer.

La notion de pression avant 1664

Les fluides et plus particulièrement les gaz se propagent un peu partout, la raison invoquée jusqu'à Galilée est : « la nature a horreur du vide » (aphorisme d'Aristote), ce qui est bien sûr faux, comme l'ont compris, au fil du temps, les scientifiques...

À la suite des travaux des puisatiers de Florence, Galilée (1564-1642) écrit que l'on ne peut pas pomper de l'eau d'un puits à une profondeur de plus de 10 mètres (avec une pompe aspirante). Des explications fantaisistes étaient avancées, on pensait que le vide disposait d'une force qui empêchait l'eau de monter au-delà de la dizaine de mètres.

Il faudra attendre 1630 pour que Battista Baliani propose une idée différente : si l'eau s'élève dans un tube cylindrique, cela est dû à l'air atmosphérique qui appuie sur la surface de l'eau en contact avec elle (la surface libre). Il s'établit alors un équilibre entre l'eau située dans le tube, au-dessus du niveau de la surface libre, et l'atmosphère qui pèse de tout son poids sur cette surface.

Mais pourquoi l'eau s'arrête-t-elle de monter lorsqu'elle atteint une hauteur d'un peu plus de 10 mètres ? L'eau qui s'élève dans le tube a tendance à redescendre sous l'action de son poids. Les deux actions, celle de l'atmosphère et celle de l'eau dans le tube, s'équilibrent.

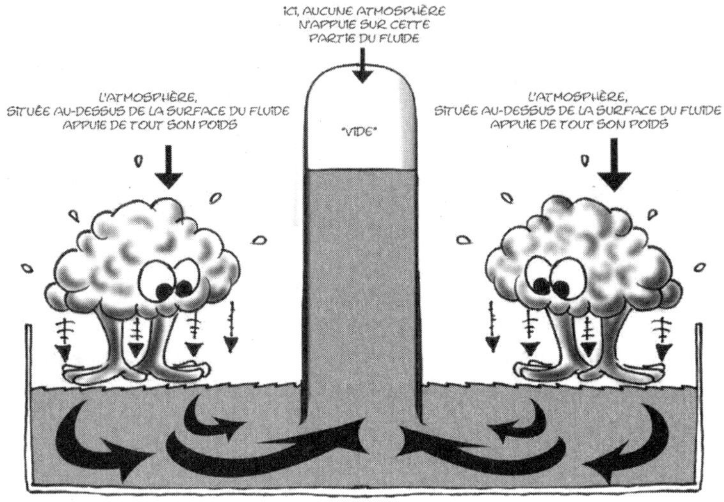

Figure 5-3
Le liquide monte dans le tube à cause de la pression atmosphérique.

Eh oui, vous ne vous en êtes pas rendu compte, mais l'atmosphère est toujours pesante !

La nature n'a plus horreur du vide !

En juin 1644, Torricelli et son assistant Viviani, tous deux disciples de Galilée, ont l'idée de remplacer l'eau par du mercure qui, à volume égal, pèse beaucoup plus lourd. Ils retournent alors un tube plein de mercure sur un récipient rempli du même métal (liquide). Le mercure s'élève à environ 76 centimètres dans le tube. Torricelli fait alors l'hypothèse que l'espace laissé libre au sommet du tube est vide, la nature tolère donc le vide !

L'expérience sera reprise en France, en 1646, par Blaise Pascal et Pierre Petit. Pascal la reprendra avec d'autres fluides et, pour satisfaire les besoins techniques de celle-ci, on ira jusqu'à confectionner des tubes de verre de plus de 12 mètres de haut !

Au fait, savez-vous que lorsque l'on écrase une bouteille de plastique vide, que l'on referme le bouchon, celle-ci reste écrasée… avec l'aide de l'atmosphère !

Faites-le vous-même

Récupérez une cannette métallique de boisson vide. Faites bouillir un peu d'eau et maintenez-la renversée au-dessus de l'eau bouillante afin qu'elle se remplisse de vapeur d'eau. Attention à ne pas vous brûler, faites-le avec des gants et en présence d'un adulte. Au bout de quelques minutes, plongez, toujours en position renversée, la cannette dans l'eau froide, vous la verrez alors s'écraser sous le poids de l'atmosphère. La vapeur d'eau se condense au contact de l'eau liquide et laisse au-dessus de la surface libre un espace vide. La cannette ne peut lutter contre le poids atmosphérique.

Périer, c'est pas fou !

Reste à vérifier que le poids de l'atmosphère situé au-dessus de la surface libre de mercure est bien responsable de l'ascension du métal liquide dans le tube. L'expérience est alors faite devant témoins, en 1648, par Florin Périer (qui n'est autre que le beau-frère de Blaise Pascal) au sommet du puy de Dôme. La hauteur de mercure dans le tube est alors plus faible. Elle confirme la théorie, il y a moins d'air atmosphérique au-dessus de nos têtes au fur et à mesure que l'on s'élève en altitude.

Vers 1650, Pascal est en Auvergne et il constate que la hauteur du mercure varie avec les conditions météorologiques. Cet appareil très simple deviendra rapidement (en 1664) le baroscope puis (en 1665) le baromètre grâce à R. Boyle.

Pascal met la pression

Blaise Pascal est né le 19 juin 1623 à Clermont-Ferrand. Il va rédiger un *Traité de l'équilibre des liqueurs et de la pesanteur de la masse de l'air*. Dans ce traité, il prend la suite d'Archimède (voir Chapitre 1) et il énonce les principes de l'hydrostatique qui régissent le comportement des fluides à l'équilibre.

Reprenons le tube plein d'eau renversé sur un bac du même liquide. Doublons la surface libre (en contact avec l'atmosphère), la hauteur d'eau dans le tube ne change pas. La surface en contact avec l'atmosphère a doublé, le poids de l'air situé au-dessus de cette surface a donc lui aussi doublé. Puisque la hauteur d'eau dans le tube est restée la même, la grandeur importante n'est ni le poids (la force) ni la surface mais le rapport des deux. La pression est le rapport entre la force et la surface sur laquelle elle s'exerce.

La pression dans un fluide

La pression est définie localement à partir de la force pressante et de la surface sur laquelle elle s'exerce. D'une façon simple, c'est le rapport entre la valeur de cette force et la surface sur laquelle elle s'exerce :

$$p = \frac{F}{S}.$$

Au sein d'un fluide, la pression est la même à une profondeur donnée. Elle ne dépend que de la quantité de fluide située au-dessus du point considéré.

Plus on descend au fond d'une piscine, plus la pression est importante. En effet, la quantité d'eau située au-dessus est de plus en plus importante. La pression dans un liquide dépend fortement de la profondeur à laquelle on se situe. C'est ce que l'on ressent au niveau des oreilles lorsque l'on nage au fond d'une piscine.

Pour un gaz, l'air par exemple, la pression au niveau du sol est due au poids de la colonne d'air au-dessus du sol, soit environ une colonne d'une dizaine de kilomètres. Que l'on se place au niveau du sol ou quelques mètres plus haut, le poids de cette colonne est approximativement le même. On parle alors de pression d'un gaz sans préciser exactement à quel endroit on se trouve. En revanche, entre le sol et le sommet du mont Blanc, la pression est différente, mais il y a plus de 4 000 mètres…

D'une façon générale, à force égale, la pression est d'autant plus faible que la surface sur laquelle se répartit cette force est grande. C'est d'ailleurs l'intérêt de marcher avec des raquettes sur la neige.

Figure 5-4

Les raquettes permettent de répartir le poids du corps sur toute leur surface, la pression sur la neige est plus faible.

À votre avis, les fakirs ont-ils intérêt à utiliser une planche avec peu ou beaucoup de clous ?

Pascal comprend que les liquides (incompressibles) transmettent la pression d'un point à un autre. Un liquide dans un tuyau souple va transmettre la force qu'il subit d'une extrémité du tuyau à l'autre. Ce principe est encore mis en œuvre aujourd'hui dans bon nombre d'applications. Les freins des véhicules, les tire-palettes et toutes les machines hydrauliques reposent sur ce principe.

Origine de la force pressante

Puisqu'un fluide prend la forme du récipient qui le contient, il appuie sur les parois de ce récipient. La force qu'il exerce sur ce récipient est donc répartie sur toute la surface de contact.

Dans le cas d'un liquide dans un verre, l'atmosphère exerce une pression à la surface libre du fluide. Elle transmet cette pression au niveau de cette surface par l'intermédiaire des chocs des particules atmosphériques avec celles de l'eau à la surface libre.

Chaque particule qui constitue le fluide se déplace à une vitesse importante et heurte plusieurs milliards de fois par seconde les parois du récipient qui le contient. Chaque collision avec la surface exerce une force minuscule, mais la démesure du nombre de particules fait que la force totale qu'exerce le fluide sur ces parois est notable et s'appelle **la force pressante**. La force pressante s'exerce toujours perpendiculairement à la surface considérée, elle est dirigée du fluide vers cette surface.

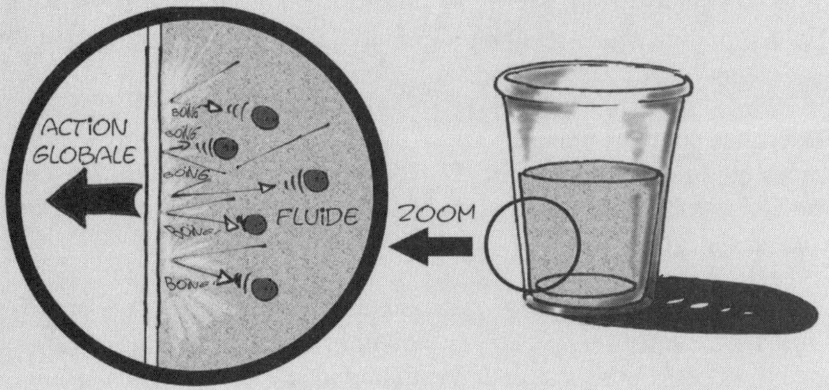

Figure 5-5 Un très grand nombre de particules frappent les parois du verre, exerçant sur lui-ci une force pressante.

Notons que lorsqu'on descend au fond de l'eau, la pression augmente (voir encadré) d'un bar tous les dix mètres, une règle à ne pas appliquer au pied de la lettre ! Gare à l'éthylisme...

L'unité de pression porte aujourd'hui le nom de pascal de symbole Pa. Pour des raisons pratiques on emploie fréquemment le bar, le millibar ou l'hectopascal (avec 1mbar = 1hPa). Un bar vaut cent mille pascals, c'est l'ordre de grandeur de la pression atmosphérique. Souvent les présentateurs des bulletins météo utilisent d'ailleurs l'hectopascal.

Personne n'est parfait, sauf le gaz

Robert Boyle est considéré comme le père de la chimie moderne (il conteste vivement les notions des quatre éléments d'Aristote) ; il perfectionne l'expérience de Torricelli et établit (en 1662) une des premières lois qui rendent compte du comportement des gaz.

À température constante, le volume occupé par un gaz est inversement proportionnel à sa pression. Cette loi sera (re)trouvée indépendamment par Edme Mariotte en 1676.

Finalement, les deux noms seront associés à cette proposition. Cette loi est habituellement formulée de la façon suivante : le produit de la pression par le volume d'un gaz ne dépend que de la température.

Au fil du temps, d'autres relations liant pression, volume et température d'un gaz vont être établies par, notamment, Gay-Lussac (1778-1850) et Avogadro (1776-1856). Finalement, Clapeyron (1799-1864) combine les différentes lois établies pour proposer, en 1834, une loi unique qui lie la pression, la température et la pression d'un gaz un peu particulier, un gaz parfait.

Décrire le comportement d'un gaz réel n'est pas chose simple. Toutes les particules qui le constituent sont en mouvement aléatoire, elles heurtent les parois du récipient, elles interagissent entre elles et avec les parois. La situation est souvent inextricable.

Imaginons, au contraire, un gaz constitué de particules très petites comparées aux distances qui les séparent, sans interaction entre elles (ni avec les parois) sauf lors des chocs, la situation est alors idéale, c'est le gaz parfait.

En première approximation, il est possible de considérer de l'air à pression atmosphérique et à température ambiante (25 °C) comme un gaz parfait.

Faites-le vous-même

Testez le mythe de la porte du frigo. Non, il ne s'agit pas de savoir si la lumière est éteinte lorsque vous avez refermé la porte du réfrigérateur. Mais, plutôt que celle du réfrigérateur, ouvrez la porte de votre congélateur et, après quelques instants, fermez-la (la porte). Attendez quelques secondes, essayez à nouveau de l'ouvrir, ça bloque ! En fait, personne ne s'est glissé à l'intérieur pour retenir la porte, l'air chaud qui est entré s'est refroidi et s'est comprimé à l'intérieur du congélateur. La contraction de l'air chaud devenu froid provoque alors le blocage de la porte.

Les mots des gaz

Il est fréquent de rencontrer les termes de « compression » et de « détente » d'un gaz. Tout d'abord, le volume d'un gaz c'est la place qu'il occupe dans l'espace. Ce volume dépend à la fois de la pression à laquelle il est soumis et de sa température.

À la pression atmosphérique et à la température ambiante (25 °C), 30 grammes d'air occupent un volume d'environ 25 litres. Plaçons cet air dans une enceinte que l'on referme avec un piston métallique lourd (de l'ordre du kilogramme). L'air subit alors une contrainte supplémentaire, sa pression augmente, il subit une **compression**. Généralement, une compression s'accompagne d'une diminution de volume du gaz.

Et la **détente** ? C'est le contraire, c'est diminuer la pression subie par le fluide. Généralement, elle s'accompagne d'une augmentation de son volume.

Le règne des machines à vapeur

Toutes ces recherches autour de la notion de pression et de vide barométrique induisent les travaux d'un technicien de génie, Otto von Guericke (1602-1686), conseiller d'État et bourgmestre de la ville de Magdeburg. Il va travailler dans le domaine de l'électrostatique, de la propagation du son et bien sûr mettre au point l'expérience qui le rendra célèbre, celle des « hémisphères de Magdeburg » en 1654. Grâce à une pompe qu'il a mise au point, il parvient à réaliser un vide relativement poussé à l'intérieur d'une cavité sphérique constituée par deux hémisphères simplement mis en contact par l'intermédiaire d'un peu de graisse pour que l'ensemble soit étanche. Une fois le vide réalisé, deux attelages de huit chevaux ne parviendront pas à séparer les hémisphères.

Figure 5-6 Seize chevaux ne parviendront pas à séparer les hémisphères.

Cette expérience met en évidence l'importance des forces que l'atmosphère peut exercer, même sur des surfaces de petite taille. Il s'agit maintenant de mettre ces forces au travail ! Von Guericke construit cette fois un autre appareil, un cylindre métallique où coulisse un piston. Il effectue un vide grossier dans ce cylindre, la pression atmosphérique déplace alors, avec force, le piston. Nous sommes en 1654, c'est la première forme de machine à pression atmosphérique ! Seul problème : pour effectuer ce vide, il faut fournir de l'énergie. On imagine alors de faire exploser de la poudre dans le cylindre, de laisser s'échapper l'air chaud (par un robinet) et de laisser refroidir l'air restant, créant ainsi une dépression. Le piston est ensuite débloqué, la pression atmosphérique le plaque alors brutalement au fond du cylindre.

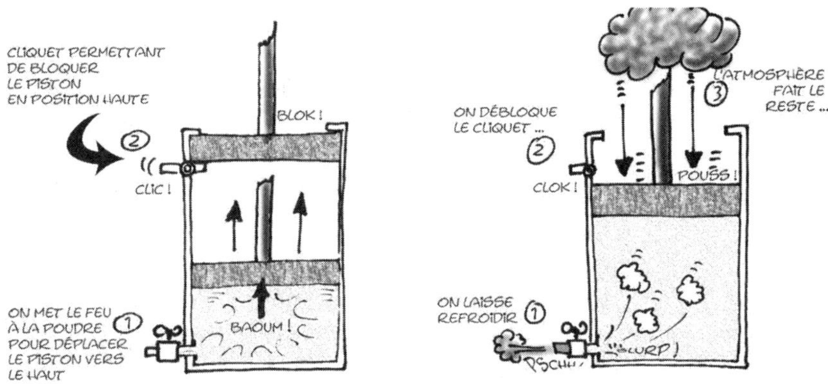

Figure 5-7 La pression atmosphérique plaque le piston au fond du cylindre.

Denis Papin, un homme à vide de progrès

Papin s'intéresse d'abord à la médecine, puis c'est la physique qui l'intéresse. Il travaille avec Robert Boyle et devient membre de la Royal Society après la mise au point d'une marmite avec une « soupape » réglable, la première Cocotte-Minute !

Papin quitte ensuite l'Angleterre pour Venise, revient en France qu'il doit aussi quitter en 1685 (il est protestant et l'édit de Nantes vient d'être révoqué !) et s'exile en Allemagne, à Marburg où il accepte, pour survivre, un poste de professeur de mathématiques. Il développe un nouvel appareil constitué d'un piston qui referme un cylindre de cuivre. Celui-ci est rempli d'un peu d'eau liquide, le piston est tout en bas du cylindre. L'eau est portée à ébullition, le piston monte dans le cylindre qui est bloqué en position haute par un cliquet. On laisse l'eau refroidir et elle redevient liquide. La pression de vapeur est alors très faible dans le cylindre. Le piston est débloqué, il s'enfonce violemment et permet ainsi d'actionner un mécanisme. L'opération est ensuite répétée. L'inconvénient essentiel de cette machine est le temps, très long, nécessaire au refroidissement de la vapeur d'eau. C'est sur ce point que vont travailler les techniciens de l'époque.

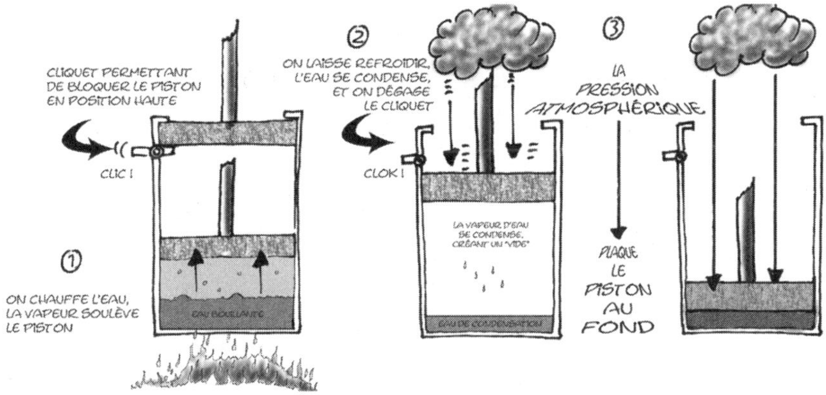

Figure 5-8 Après condensation de l'eau, la pression atmosphérique plaque le piston au fond du cylindre.

Nécessité d'un cycle

Afin de pouvoir exploiter un mécanisme de façon continue, et non pas une seule fois, il faut imaginer une suite d'opérations (une suite d'étapes) telles que la machine se retrouve à son point de départ. Il faut que la machine suive un cycle d'opérations toujours identique, donc répétable.

C'est en pompant qu'il y est arrivé

Thomas Savery connaît bien le milieu aquatique, puisqu'il est d'abord marin, mais c'est sur terre qu'il va vaincre les flots. Après ce premier métier, il devient mineur, sa préoccupation majeure est alors d'évacuer l'eau qui s'accumule au fond des mines et rend l'extraction difficile voire impossible. Pour ce faire, il développe une pompe constituée d'un récipient rempli de vapeur d'eau (chaude) qu'il refroidit brutalement en arrosant ce récipient avec de l'eau froide. À l'intérieur du récipient, l'eau se condense, créant ainsi une dépression qui aspire l'eau du fond de la mine. Cette eau est chassée par une nouvelle arrivée de vapeur sous pression, et ainsi de suite... Cette machine sera construite en plusieurs exemplaires et utilisée dans les mines anglaises aux alentours de 1700.

Figure 5-9 Une des premières pompes de l'Histoire.

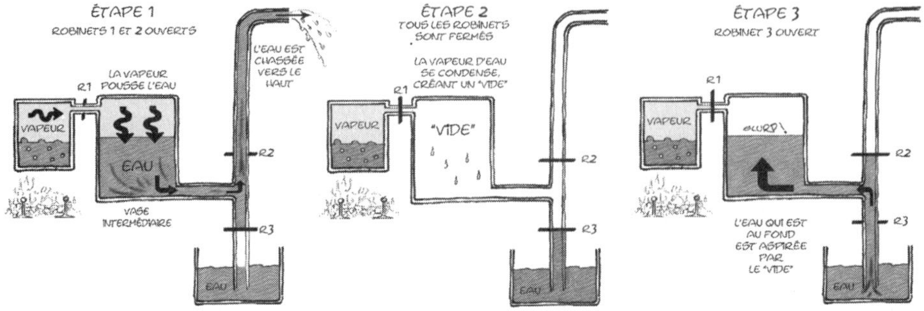

« Y a dû y avoir des fuites » (A. Bashung)

Ensuite, c'est Thomas Newcomen qui trouve la clé (il était serrurier, forgeron, quincaillier) en observant la pompe de Savery fonctionner juste à côté de chez lui. Il a l'idée de combiner le cylindre de Papin et la pompe de Savery. C'est en 1711 que la première machine à « pression atmosphérique » fonctionne réellement. Et puis, coup de chance, un jour, une fuite d'eau à l'intérieur du cylindre… et la machine se met à fonctionner plus vite. Newcomen comprend que l'eau qui est entrée dans le cylindre améliore son fonctionnement ; il remplace alors l'arrosage extérieur par une arrivée d'eau directe dans le cylindre. Cette machine sera encore perfectionnée techniquement, mais uniquement dans les détails, pendant une cinquantaine d'années, jusqu'à une modification de taille, l'invention du condenseur.

C'est la Watt qu'elle préfère

C'est un jeune artisan horloger, James Watt, qui, en travaillant sur le modèle réduit de la machine de Newcomen, comprend que pour améliorer son rendement, il faut parvenir à condenser la vapeur d'eau à l'intérieur du cylindre sans trop le refroidir. Il a alors l'idée d'utiliser un second cylindre (relié au premier par une sorte de robinet) qui, lui, sera constamment refroidi par arrosage. La fonction de ce cylindre est de condenser la vapeur en eau liquide (**le condenseur**). Ainsi le premier cylindre, celui qui est équipé du piston, reste chaud, il est donc inutile de le réchauffer à chaque cycle. L'efficacité de la machine est alors multipliée par dix !

Figure 5-10

La machine de Watt.

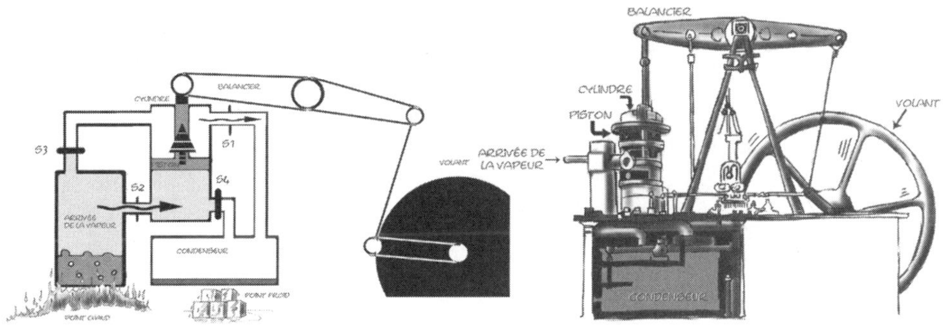

Watt va encore perfectionner la machine à vapeur en ajoutant un volant, un régulateur, un balancier et c'est en 1759 qu'il dépose un brevet pour sa nouvelle machine. Il s'associe à l'industriel Boulton (et au fondeur Wilkinson) pour la fabriquer à grande échelle. Ce type de dispositif va initier la révolution industrielle et fonctionnera encore au début du xxe siècle. Son brevet tombe dans le domaine public et les ingénieurs qui lui succèdent vont augmenter la pression de la vapeur d'eau afin d'augmenter encore le rendement de la machine. Watt les met en garde, la technologie n'est pas prête, mais rien n'y fait et les nouvelles machines qui sont développées fonctionnent avec une pression de vapeur de plus en plus importante. Les explosions, les accidents se succèdent, mais la course au rendement ne s'arrête pas, quel qu'en soit le prix !

C'est le développement de l'électricité avec l'avènement de la machine électrique qui va tuer la machine à vapeur, du moins c'est l'impression que nous en avons. Il faut néanmoins garder à l'esprit que toutes les machines, toutes les centrales, nucléaires, solaires, à charbon et peut-être demain à fusion thermonucléaire, ont toujours pour but de produire de la vapeur pour faire tourner une turbine, avec une électronique de régulation de plus en plus perfectionnée mais toujours un condenseur…

Tout l'électroménager de votre cuisine fonctionne suivant ce principe. Le réfrigérateur présente un point froid (l'intérieur) et un point chaud (la pièce dans laquelle il se trouve). Votre climatiseur aussi, le point froid est votre pièce et le point chaud l'extérieur. C'est la raison pour laquelle il faut toujours une connexion vers l'extérieur. Faire fonctionner un réfrigérateur porte ouverte ou un climatiseur en rejetant l'air chaud dans la pièce ne conduit qu'à les réchauffer globalement.

Ça, c'est puissant !

La contribution de Watt au développement des machines thermiques est telle que l'on va donner son nom à l'unité de puissance. La puissance fournie par un système traduit la quantité d'énergie qu'il fournit par unité de temps, une sorte de vitesse de transfert de l'énergie, de débit d'énergie.

Les machines à vapeur évoluent et permettent à l'industrie de se développer, mais aucune théorie générale, aucun raisonnement d'ensemble ne guide ces développements. Il n'existe à ce stade aucune science de la chaleur, aucune conceptualisation de ces transferts énergétiques.

Un peu d'unité

Durant le règne de la reine Victoria, l'Angleterre arrive à son apogée (grâce, entre autres, aux développements des machines thermiques). Mais c'est aussi la montée en puissance de la science en général et de la mécanique en particulier. Grâce à la Révolution française, un nouveau système d'unité s'installe en France, le système métrique. Il est le symbole d'une unité, imposée à la fois par celle de la mesure mais aussi et surtout par celle de la science en marche. Ce système d'unité, aujourd'hui international, n'est toujours pas installé partout, il est encore des pays où le pied règne en maître, pays où l'on souhaiterait voir le mètre prendre pied…

Naissance de la thermodynamique

Alors que la machine à vapeur de Watt s'empare de l'industrie, elle est boudée par les scientifiques qui ne s'intéressent pas à elle. Comme nous l'avons vu, cette formidable machine est le fruit de règles technologiques astucieuses, mais empiriques.

Aucune théorie de la chaleur n'est à l'origine de sa réalisation. Il faut attendre la publication (à ses frais !) d'un mémoire intitulé « *Réflexions sur la puissance motrice du feu et les moyens propres à développer cette puissance* » pour que soient enfin établies quelques lois générales concernant cette puissance si mystérieuse. L'auteur de ces réflexions est le père de la thermodynamique : Sadi Carnot.

Parce que Lazare fait bien les choses

Pour comprendre le cheminement de la pensée de Sadi Carnot, il faut connaître la vie mouvementée et les travaux scientifiques de son père : Lazare Carnot.

Celui-ci était un des hommes politiques les plus éminents de la période révolutionnaire et du Premier Empire. En 1796, lorsque Sadi est né, Lazare Carnot est membre du directoire exécutif. Il est le seul à avoir survécu au Comité de salut public après la chute de Robespierre et il a été ministre de Napoléon à plusieurs reprises. Plus tard, l'homme sera controversé, en Belgique, en Pologne, en Allemagne, et le nom de Carnot n'est pas toujours facile à porter, mais son fils a de la personnalité.

D'un point de vue scientifique, Lazare s'est intéressé aux mathématiques et à la technologie des machines. À la différence des nombreux ingénieurs de l'époque, il aborde la problématique d'un point de vue théorique et cherche à dégager une sorte d'idée unique qui gouverne le comportement de l'ensemble de ce type d'équipement. Il rejette fortement l'idée (encore en vogue à l'époque puisque la notion d'énergie est floue) qu'une machine, quelle qu'elle soit, puisse réaliser un mouvement perpétuel. En 1795, il fait partie du collectif qui fonde l'École centrale des travaux publics qui deviendra, un an plus tard, l'École polytechnique.

Ensuite, il érige en principe le fait que les variations brutales et les chocs sont à bannir, que la puissance mécanique doit être transmise de façon progressive, par petits sauts, les plus petits possible.

Mais ce n'est pas tout, Lazare est aussi un homme de lettres ; il aime la poésie, plus particulièrement le poète persan Saadi de Shiraz, dont il a tiré le prénom de son fils, Sadi.

Le fils est le père de la thermodynamique

Sadi Carnot est né le 1er juin 1796 au palais du Petit-Luxembourg, il entre à 16 ans à l'École polytechnique. Il quitte le monde militaire en 1819 et s'installe à Paris, où il se rend régulièrement à la Sorbonne et au Collège de France.

Le 23 juin 1823, il rend visite à son père exilé à Magdebourg. C'est là qu'avec lui, il s'intéresse aux machines à vapeur, puisque c'est dans cette même ville qu'a été construite une des premières d'entre elles. C'est un an plus tard, en 1824, que ses *Réflexions* allaient paraître chez un petit éditeur scientifique, mais personne n'y prête attention. Peut-être à cause du style, jugé trop théorique pour un article sur les machines thermiques principalement lu par des ingénieurs. Ses travaux sombrent dans l'oubli pendant au moins vingt ans et il ne connaîtra jamais l'enthousiasme qu'ils ont suscité par la suite.

Carnot, un homme de principes

Comme son père, Sadi Carnot travaille à la rédaction d'une théorie universelle, indépendante de tout mécanisme, de tout agent calorifique (le fluide qui est chauffé puis refroidi lors du fonctionnement de la machine). Celle-ci est basée sur une analogie de comportement entre les roues hydrauliques (établi par papa) et les machines thermiques, les machines à feu (établi par le fils) :

Lazare (le papa de Sadi)	Sadi (le père de la thermo)
Pour tourner, les roues sont mises en mouvement par de l'eau qui tombe d'un point haut vers un point bas.	Pour fonctionner, les machines thermiques sont actionnées par un fluide qui circule d'une zone chaude (le point haut) vers une zone froide (le point bas).

Figure 5-11 Le transfert d'énergie selon Sadi Carnot.

Il faut se procurer du froid…

… car sans lui la chaleur est inutile ! Sadi est le premier à comprendre que pour qu'une machine thermique fonctionne, la « chaleur » **doit** passer d'une température élevée à une température plus basse, c'est là l'essence du second principe (avant le premier !)… qui fait tourner la machine. Cependant, le second principe proposé par Carnot dans sa forme initiale est peu exploitable et il faudra attendre les travaux de Clausius pour que ce principe soit exploité quantitativement.

Le cycle de Carnot

Sadi Carnot pense que si les transferts thermiques se font par petits « sauts », les plus petits possible et dans le cas idéal à température presque constante, le dispositif présente alors un rendement maximal.

Afin de concrétiser cette idée, Sadi Carnot imagine un cycle effectué par un gaz en quatre étapes :

- Une dilatation lente du gaz (détente), à température constante élevée, en contact avec un corps chaud à cette température. Durant cette opération, le gaz emmagasine de l'énergie sous forme de chaleur à partir de ce corps.
- Une dilatation rapide (détente adiabatique) du gaz qui l'amène de la température précédente élevée à une température plus basse. À ce stade, le gaz perd une partie de son énergie qu'il transfère au milieu extérieur sous forme d'énergie mécanique (travail).
- Une compression lente du gaz, à température constante basse, en contact avec un corps froid à cette température. Durant cette opération, le gaz cède de l'énergie sous forme de chaleur à cette source.
- Une compression rapide (adiabatique) du gaz qui le ramène dans l'état initial, à la température élevée.

Et on recommence…

Lorsque les transformations se font par petits sauts, le système est très peu perturbé, la transformation globale sera qualifiée de réversible.

D'après Carnot, ces quatre étapes constituent le cycle idéal. Elles sont représentées sur un diagramme introduit par Clapeyron en 1834 (mais inventé secrètement par Watt avant) et qui porte désormais son nom.

Figure 5-12
Le cycle de Carnot.

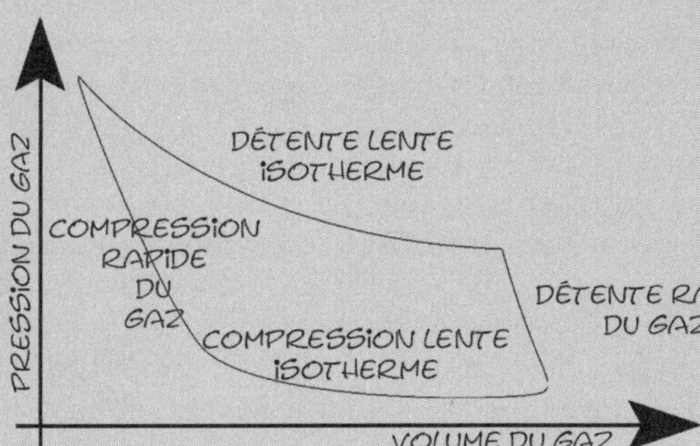

Le premier principe reste inconnu

Un certain nombre de « techniciens » cherchent à développer des machines qui tournent toutes seules. Le mouvement perpétuel fascine, une machine qui permet de produire un effort et qui ne consomme rien ! En 1775, sous l'influence de Laplace, l'Académie des sciences de Paris condamne solennellement le mouvement perpétuel, coupable de consommer inutilement l'énergie, le temps et la fortune de trop de mécaniciens ingénieux. Notons enfin que cette chimère perpétue son ensorcellement, bon nombre de personnes pensent avoir réalisé un mouvement perpétuel ; tapez « mouvement perpétuel » sur Google et vous verrez...

Comme son père, Sadi Carnot a appuyé ses raisonnements sur l'impossibilité du mouvement perpétuel. Refuser son existence, c'est déjà s'imposer l'idée de la conservation de l'énergie. Mais quel est le lien entre chaleur et travail mécanique (voir encadré « La nature du travail et de la chaleur ») ? Il faut attendre ses réflexions faites en 1831. À cette date, il affirme que : « la production d'une unité de puissance motrice nécessite la destruction de 2,70 unités de chaleur » (valeur qui correspond à environ 3,7 J/cal), le lien est établi, mais ses travaux ne seront publiés que beaucoup plus tard et cette équivalence restera inconnue.

De la chaleur entre maths et physique

Joseph Fourier (1768-1830) est passionné de mathématiques et, faute de pouvoir entrer dans l'artillerie, il entre chez les Bénédictins (!) pour en sortir en 1789, date à laquelle il présente oralement à l'Académie son premier mémoire qui porte sur la résolution des équations numériques de degré quelconque, devant des personnalités comme Legendre, Monge et Cousin.

En 1811, l'Académie propose comme sujet du grand prix de mathématiques : « Donner la théorie mathématique des lois de la propagation de la chaleur et comparer le résultat de cette théorie à des expériences exactes. » Fourier envoie un travail très approfondi : « Théorie des mouvements de la chaleur dans les corps solides » dont la première partie paraît, en 1822, sous le titre : *Théorie analytique de la chaleur*. Ces travaux, qui ont beaucoup contribué au développement des mathématiques et de la physique, portent surtout sur la propagation de la chaleur dans les solides, notamment sur l'établissement et la résolution d'une équation satisfaite par la température en tenant compte des conditions imposées aux bords du solide (condition aux limites). Pour résoudre cette équation, il introduit une somme infinie qui n'est autre que la série de Fourier (1807). Il introduira un peu plus tard (1812) un autre outil appelé « intégrale de Fourier », qui donnera naissance à l'analyse de Fourier, analyse qui va permettre un développement important dans de nombreux domaines.

Joule, un expérimentateur de génie

James (Prescott) Joule est né la veille de Noël, en 1818, à Salford près de Manchester (en Angleterre). Il travaille toute la journée dans la brasserie familiale. Ce n'est que tôt le matin ou en soirée qu'il peut s'adonner à sa passion : l'étude de la nature et de ses lois qu'il considère comme une quête sainte. Joule est un amateur au sens noble du terme, il n'a pas suivi d'études universitaires. Il a cependant été l'élève de Dalton (John pas Joe, le célèbre chimiste anglais) qui lui donne le goût des sciences et plus particulièrement celui de la chimie, de l'électrochimie.

C'est l'époque des grandes découvertes physiques et chimiques, de la pile de Volta, des premiers effets électrochimiques, de l'induction de Faraday, et Joule est très vite convaincu que toutes ces découvertes ne sont pas indépendantes, elles sont liées entre elles. La circulation d'un courant électrique dans un fil de cuivre entraîne un échauffement de celui-ci, les réactions chimiques qui ont lieu dans la pile de Volta (voir Chapitre 6) provoquent la circulation d'un courant, le déplacement mécanique d'une bobine de fil dans un champ magnétique provoque la circulation d'un courant électrique, tous ces effets sont manifestement liés. Joule cherche à déterminer une relation, une loi, une sorte d'équivalence numérique entre tous ces effets.

Pour ce faire, il élabore un appareil qui lui permet de mesurer l'intensité du courant électrique, il construit même un système d'unités électriques et ces premières mesures conduisent à établir que l'énergie produite sous forme de chaleur (par unité de temps) par un courant électrique qui traverse un fil est proportionnelle au carré de cette intensité et à une caractéristique du fil que l'on appellera la résistance. Ce phénomène porte aujourd'hui son nom, l'effet joule.

Joule fait des bilans

Il multiplie les expériences dans tous ces domaines, celles-ci sont toujours astucieuses, parfaitement menées et les mesures d'une précision extrême pour l'époque. Il mesure des différences de température au dixième de degré près alors que la précision habituelle à cette époque est de l'ordre du degré. Il utilise des thermomètres qu'il fait fabriquer spécialement pour lui. Il a une approche novatrice dans l'exploitation de ses résultats, il effectue des bilans, ce qui est gagné par le système moins ce qui est perdu, des bilans qui ne sont pas encore des bilans d'énergie mais qui en sont déjà l'expression.

Pour les balèzes

La détente de Joule-Gay-Lussac

Dans un récipient isolé (sorte de thermos), Joule place deux vases reliés entre eux par une sorte de petit robinet. Dans l'un des vases le vide est fait, l'autre est rempli de gaz. Il ouvre le robinet et mesure la différence de température au cours de l'expérience, celle-ci ne varie pas.

Il conclut que tout ce qui s'est passé est interne au gaz, il n'y a pas d'échange avec l'extérieur, ce qui est compatible avec son observation, la température n'a pas varié.

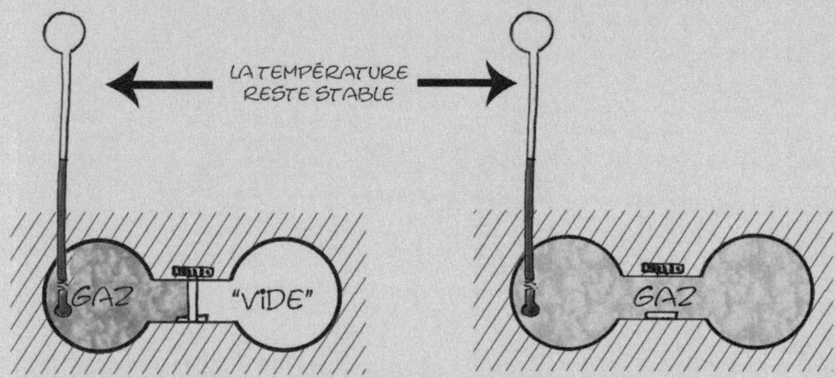

Figure 5-13 La détente de Joule.

Cette expérience sera menée à bien par Hirn en 1856. Il utilisera comme grandeur thermométrique la pression du gaz, les thermomètres de l'époque ne permettant pas de mesure suffisamment précise.

Joule s'attache particulièrement à montrer et à déterminer le lien entre le travail mécanique et la chaleur. Il imagine alors une expérience très simple, au cours de laquelle la chute de différentes masses entraîne la rotation d'un système de palettes qui agitent l'eau d'un récipient isolé (thermos). Il relie l'augmentation de température de l'eau à la hauteur de chute des masses. Cette expérience prouve, par sa simplicité, que la chute des masses est à l'origine de l'augmentation de la température de l'eau, la conversion d'une forme d'énergie mécanique en « chaleur » est indéniable. Il obtient plusieurs valeurs numériques pour cette équivalence, dont la moyenne conduit à environ 4,15 J/cal (la valeur actuelle est de 4,18 J/cal).

L'idée de la conservation

En 1847, Joule présente les résultats de ses expériences lors d'une réunion de la British Association, l'assemblée (dont Faraday, Thomson, Stokes...) reste muette et sceptique. C'est un jeune homme, du nom de William Thomson (le futur Lord Kelvin), qui rompt le silence pour traduire son intérêt vis-à-vis des travaux présentés. Cette présentation sera le déclencheur de la notoriété de Joule, elle sera aussi le point de départ d'une fructueuse collaboration avec Thomson.

L'idée d'une grandeur qui se conserve mais qui change de forme est à l'origine de toutes les expériences de Joule. La théorie maîtresse de Joule est que le mouvement n'est pas perdu, qu'il produit l'augmentation de température, que la chaleur est une forme de mouvement désordonné, aléatoire des particules qui constituent le milieu. À ce titre, il pense que l'eau est plus chaude en bas qu'en haut d'une cascade, il cherche d'ailleurs à en faire la mesure au cours de son voyage de noces ! Il n'y parviendra pas.

Le concept énergétique n'est pas encore accepté, il faudra attendre encore dix bonnes années pour que les travaux de Joule soient appréciés à leur juste valeur. Il faudra attendre les travaux de Thomson et de Clausius pour que ces résultats soient enfin formalisés. L'unité de l'énergie porte aujourd'hui le nom de Joule, de symbole J.

Les joules sont les euros de la physique

Une image intéressante est celle d'un compte en banque approvisionné avec une certaine somme d'argent (une certaine quantité d'énergie). Avec cette somme d'argent, vous pouvez faire énormément de choses différentes, par exemple investir de façon très organisée dans la pierre ; vous allez alors convertir une fraction de votre argent (ce type de conversion organisée pourrait être une image de ce que nous appelons en physique le travail). Bien immobilier que vous pouvez éventuellement revendre dans l'espoir de récupérer une partie de votre argent (de votre énergie), mais à chaque opération, il y a des pertes... (mais pas pour tout le monde !).

Vous pouvez aussi dépenser votre argent n'importe comment, par toutes petites sommes, de façon irréfléchie (ce type de conversion désorganisée pourrait être une image de ce que nous appelons en physique la chaleur).

L'énergie associée à un système, c'est un peu sa situation financière, il est alors possible de convertir une fraction de cette énergie (de dépenser son argent !) : de le mettre en mouvement, d'émettre un rayonnement lumineux, de produire un son, autant d'effets qui ne sont que des conversions de l'énergie initiale du système. En physique, on ne peut ni créer ni faire disparaître de l'énergie, cette grandeur se conserve (c'est le premier principe de la thermodynamique), elle ne peut que se transformer.

La conservation se propage

Hermann Ludwig von Helmholtz (1821-1894) s'intéresse aux sciences physiques dans le but de trouver des lois unificatrices communes aux différents domaines de la physique, de la chimie et de la médecine. Dans ce sens, il est un peu le pionnier de la biophysique ou de la biochimie.

En 1847, il présente à la Berliner Physical Society une publication sur la conservation de l'énergie (qu'à l'époque Helmholtz nomme force) qu'il voit, à titre personnel, un peu comme une synthèse des travaux de ses prédécesseurs. Il s'attendait à une sorte d'indifférence, mais il est victime de vives attaques de la part des autres physiciens de l'époque. Ces réactions ont l'avantage de propager l'idée de conservation de l'énergie dans les différents domaines scientifiques. Il sera néanmoins soutenu par un physicien de génie, William Thomson.

Maxwell dira un peu plus tard : « Combien de physiciens, à qui nous devons tant de découvertes, se sont appuyés sur ses travaux ? »

William Thomson, un homme qui vaut de Lord

Né à Belfast, le 26 juin 1824, c'est une sorte de génie dans tous les domaines. Il est particulièrement doué en mathématiques et, à 16 ans, il défend l'aspect mathématique de la théorie de la chaleur de Fourier contre les attaques (non fondées) d'un professeur de l'université d'Édimbourg.

La contribution de William Thomson est immense (il a publié plus de 600 articles !) : il est l'inventeur du galvanomètre à miroir, de l'électromètre à quadrants, il propose même une valeur numérique pour l'âge de la Terre[2].

En thermodynamique, grâce aux travaux de Clapeyron, il étudie les *Réflexions* de Carnot et propose une interprétation énergétique des travaux de Mayer, Joule et Helmholtz. C'est le premier à proposer un énoncé du premier principe de la thermodynamique qui correspond quasiment à l'énoncé actuel[3].

2. En fait, la valeur de vingt millions d'années proposée par Thomson est erronée, il ne pouvait, en effet, pas tenir compte des effets dus à la radioactivité.
3. Thomson avait multiplié le terme de transfert thermique Q par le facteur de conversion d'équivalence énergétique J proposé par Joule.

Le premier principe de la thermodynamique

La variation d'énergie d'un système est égale à l'énergie qu'il échange avec l'extérieur sous forme de travail et de chaleur. Sous forme mathématique, il s'énonce de la façon suivante :

$$\underbrace{\text{énergie restante} - \text{énergie initiale}}_{\Delta\text{[4]}E} = \underbrace{W}_{\substack{\text{énergie}\\ \text{transférée}\\ \text{sous forme}\\ \text{de travail}}} + \underbrace{Q}_{\substack{\text{énergie}\\ \text{transférée}\\ \text{sous forme}\\ \text{de chaleur}}}$$

Ce principe traduit la conservation de l'énergie interne du système (notée *U* aujourd'hui). Une variation de celle-ci ne peut être due qu'à un échange avec l'extérieur, l'énergie ne peut être ni créée ni perdue. Ce principe reconnaît à la chaleur un statut identique à celui du travail, c'est une façon de transférer de l'énergie.

Pour Thomson, il fallait encore résoudre le problème de la température. En effet, la mesure (ou plutôt le repérage) de la température était attachée à la nature du matériau constituant le thermomètre. Thomson reprend alors la proposition de Carnot : le rendement maximum d'une machine thermique (fonctionnant de façon réversible) ne dépend que des températures du corps chaud et du corps froid avec lesquels elle est en contact. Il peut alors définir une température indépendamment du matériau qui constitue l'appareil qui la mesure. L'échelle de température que va proposer Thomson est alors absolue puisqu'elle est indépendante de l'outil qui sert à la mesurer.

En 1855, Thomson opère un tournant dans sa carrière et devient le directeur de la Compagnie atlantique du télégraphe, il va faire construire et superviser la pose du premier câble transatlantique (voir Chapitre 7). Cette réalisation est considérée à l'époque comme l'une des plus grandes merveilles technologiques. À la suite de ces travaux, en 1892, William Thomson devint le baron (Lord) Kelvin of Largs. L'unité de température absolue porte aujourd'hui son nom, le kelvin, de symbole K[5].

4. Le symbole Δ traduit une différence entre deux valeurs de la grandeur envisagée.
5. Le kelvin est une unité au même titre que le mètre ou la seconde, il est donc erroné de parler de degré kelvin.

Pour les super balèzes

L'échelle absolue des températures

Une grandeur est mesurable s'il est possible de définir le rapport de deux valeurs de cette grandeur.

Une machine thermique qui fonctionne de façon idéale (réversible) reçoit de l'énergie (Q_{chaud}) d'un corps chaud à une température élevée T_c et en cède à un corps froid (Q_{froid}) à une température basse T_f.

Le rapport des énergies échangées par ce type de machine ne dépend que des températures des deux corps, il suffit de poser que ce rapport est égal au rapport des températures correspondantes.

Mathématiquement cela se traduit par :

$$\frac{Q_{chaud}}{Q_{froid}} = \frac{T_c}{T_f}$$

L'unité d'intervalle est choisie de sorte que la différence entre les températures d'ébullition de l'eau et de fusion de la glace soit égale à 100, l'échelle historique de Celsius se déduit alors de l'échelle absolue par une simple soustraction, la température absolue en kelvins (K) est égale à la température évaluée en degrés Celsius additionnée de la quantité 273,15 K.

L'échelle de température de Celsius ne permet pas de définir un rapport, il ne fait pas trois fois plus chaud à 3 °C qu'à 1 °C, mais dire qu'il fait trois fois plus chaud à 300 K qu'à 100 K garde un sens.

Pourquoi faire des économies d'énergie !

L'énergie se conserve, quoi qu'il arrive, il n'est possible ni d'en détruire ni d'en créer, alors pourquoi faire des économies ? Reprenons l'image financière : en début de mois, nous avons tous un peu d'argent, mais quoi qu'il arrive nous n'en avons plus à la fin ! Ça aussi, c'est un grand principe (jamais démontré mais toujours vérifié).

Si nous plaçons notre argent dans la pierre par exemple, il est possible de revendre le bien immobilier et de récupérer l'argent investi (moins les pertes !). En revanche, si nous dépensons notre argent dans une multitude de petites choses (ticket de métro, petit pain...), il n'est plus possible de le récupérer.

Pour l'énergie, c'est un peu la même chose, certes elle se conserve, mais pas sous la même forme. Il existe une forme d'énergie que l'on qualifie de forme noble, c'est-à-dire directement utilisable, c'est celle qu'on exploite dans la vie courante. Il en existe une seconde forme, dite dégradée, que l'on ne peut pas récupérer facilement. Dans le cadre de nos activités, nous sommes amenés à transformer l'énergie brute en énergie utilisable. Cette transformation s'accompagne toujours d'une dégradation. Une fraction de l'énergie initiale est irrémédiablement dégradée. Outre la mesure de l'énergie (les joules), il faut désormais inventer une mesure de la « qualité » de l'énergie contenue dans un système.

La planète se réchauffe ! Et si l'on pouvait récupérer cette énergie en la refroidissant un peu, non seulement le problème du réchauffement serait réglé, mais celui de la crise énergétique aussi. Hélas, dans ce sens, ce n'est pas possible. Une fois l'énergie d'un litre d'essence transférée sous forme de travail mécanique pour la voiture et finalement sous forme de chaleur (dans l'atmosphère) par les freins et les frottements, il n'est plus possible d'effectuer le chemin inverse. Les temps sont venus pour Clausius de formaliser cette constatation.

La nature du travail et de la chaleur

Un des apports les plus importants de la thermodynamique du XIXe siècle concerne la détermination de la nature de la chaleur et du travail. Ces deux termes ne désignent pas des objets, mais deux façons, deux modes de transfert de l'énergie. Un système ne contient ni chaleur ni travail, la seule chose qu'il contienne c'est de l'énergie, celle-ci peut traverser la frontière qui sépare le système de l'extérieur de deux façons différentes : soit de façon globalement organisée, nous appellerons cette méthode le travail, soit de façon désorganisée, nous appellerons cette modalité la chaleur.

La chaleur n'est pas une forme d'énergie, c'est une façon particulière de la transférer.

Clausius clarifie et met de l'ordre

En 1850, l'énergie et sa loi de conservation s'installent difficilement dans les esprits, leurs interprétations ne sont pas encore claires, il subsiste des zones d'ombre entre l'équivalence travail-chaleur de Joule ainsi que la nécessité de différence de température entre le corps chaud et le corps froid qui accompagne le fonctionnement de la machine de Carnot.

À 28 ans, Clausius (1822-1888) prouve dans un article qu'il publie que, dans une machine idéale, la quantité d'énergie fournie par le corps chaud doit toujours être supérieure à celle qui est cédée au corps froid. La différence de ces quantités est exactement égale à l'énergie fournie à l'extérieur sous forme de travail. Pour que cette différence ne soit pas nulle, il faut que la machine soit en contact avec deux corps à des températures différentes. C'est en fait l'aboutissement du travail de

Carnot, lui qui avait, le premier, insisté sur la nécessité du corps froid pour que la machine fonctionne (voir encadré « Le cycle de Carnot »).

L'équilibre thermique

Si deux objets sont à la même température, il n'y a pas d'échange global d'énergie entre eux, on dit que ces deux systèmes sont en équilibre thermique. Cette affirmation est quelquefois appelée principe zéro de la thermodynamique.

Mais Clausius va plus loin, il comprend et affirme que, d'une façon générale (pas seulement pour les machines), le transfert d'énergie sous forme de chaleur ne se fait jamais spontanément du corps froid vers le corps chaud, cette affirmation constitue un des énoncés du second principe de la thermodynamique.

Un énoncé du second principe de la thermodynamique selon Clausius

L'énergie thermique (la « chaleur ») ne passe pas **spontanément** d'un corps froid vers un corps chaud. À la différence du premier principe qui traduit la conservation de l'énergie du système, le second principe est un principe d'évolution, il donne une information sur le sens des transformations. La généralisation de ce principe va permettre de prévoir l'état final, à l'équilibre, d'un système quelconque.

Naissance de l'entropie

Sous la forme précédente, le second principe est difficilement exploitable pour prévoir l'état final de systèmes plus complexes qu'un bloc de matière qui se refroidit.

L'équilibre thermique se traduit par l'égalité des températures, le premier principe par la conservation de l'énergie et le second, par quelle grandeur caractéristique du système allons-nous le traduire ?

Il faut créer une grandeur, dont la valeur, ou plus exactement ses variations vont permettre de prévoir le sens dans lequel vont se faire les transferts d'énergie. Clausius construit une grandeur un peu particulière : elle est constituée du rapport entre l'énergie échangée sous forme de chaleur et la température du corps considéré. Clausius comprend, qu'à partir de l'évaluation de ce terme, il sera possible de savoir si le système va spontanément évoluer ou non. À partir de ce rapport, il va construire une nouvelle fonction qui permettra de prévoir l'évolution d'un système thermodynamique.

En 1865, Clausius va introduire, en ces termes, une nouvelle grandeur, l'entropie :

« Je proposerai donc d'appeler la quantité S l'entropie du corps, d'après le mot grec *tropé* (τροπη), transformation. C'est à dessein que j'ai formé le mot entropie, de manière qu'il se rapproche autant que possible du mot énergie, ces deux quantités ont une telle analogie dans leur signification physique qu'une certaine analogie de détermination m'a paru utile. »

Cette nouvelle grandeur, l'entropie, étant définie, il est possible de la déterminer pour un système dans différents états. L'état final du système isolé sera celui qui correspond à la plus grande augmentation d'entropie.

Figure 5-14 L'état final d'un objet isolé est celui qui s'accompagne d'un maximum d'entropie.

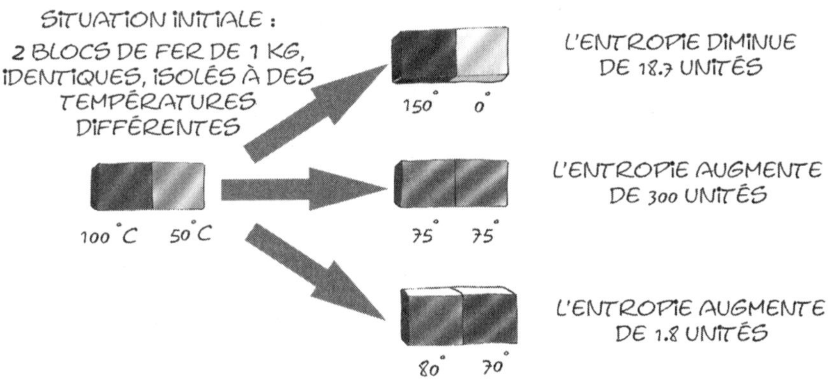

Dans notre exemple, l'état final du système est celui qui correspond à l'augmentation maximale d'entropie, correspondant aux deux blocs à la même température. C'est effectivement ce que l'on observe.

Le second principe peut alors être énoncé de la façon suivante : un système parfaitement isolé (du monde extérieur) évolue spontanément vers la valeur maximale de son entropie.

Approche simpliste de l'entropie

Nous avions utilisé une image financière pour comprendre ce que peut représenter l'énergie d'un système. Pour l'entropie, nous pourrions l'associer au désordre qui règne au sein du système. Plus un système est désorganisé, plus son entropie est importante. L'armée romaine de Jules César présente une entropie très faible, en revanche, les troupes gauloises présentent une entropie beaucoup plus importante.

Un même système voit son entropie varier au cours du temps, mon bureau par exemple voit son entropie en perpétuelle augmentation...

Rappelons une des formulations du second principe, lorsque le système est isolé (lorsque l'on n'intervient pas de l'extérieur, son entropie ne fait que croître. Cela signifie, de façon simpliste, que le système ne peut que se désorganiser, qu'il évolue naturellement vers un désordre maximal.

Si nous souhaitons ranger, augmenter l'ordre, il nous faut intervenir et fournir de l'énergie, et ô combien lorsque j'observe mon bureau...

Dans un système isolé, le désordre va toujours en augmentant.

L'inaccessible zéro...

Rappelons que tout a commencé autour des machines thermiques dont on souhaitait améliorer le rendement. Qu'il faut que de l'énergie tombe d'une température élevée vers une température plus basse, que plus cette différence de température est importante, plus le rendement de la machine est important.

Deux possibilités sont alors offertes pour augmenter ce rendement, la première consiste à produire des températures importantes. Dans une centrale thermique, la vapeur d'eau est chauffée à environ 500 °C, dans un moteur de voiture, les gaz sont portés à environ 3 000 °C, la deuxième descend de plus en plus bas. La faiblesse de la température du corps froid amplifie l'effet du transfert et avec lui le rendement de la machine. On pourrait penser à des températures négatives mais cela violerait le premier principe, on ne peut pas dépenser plus d'énergie que celle dont on dispose (pas de crédit revolving en physique, donc pas de crise financière...).

La valeur limite est alors le zéro des températures absolues, 0 K. Mais, un des énoncés du second principe (dû à Lord Kelvin) affirme que toute l'énergie thermique transférée du corps chaud vers le corps froid ne peut pas être intégralement convertie en travail, le rendement de la machine ne peut donc pas être égal à un, le zéro kelvin devient alors l'inaccessible zéro absolu. Notons que l'on atteint actuellement, en laboratoire, une température très proche du zéro absolu de l'ordre de 0,0000000005 K (valeur atteinte au MIT en 2003).

Pour les balèzes

Formulation actuelle du second principe de la thermodynamique

La variation d'entropie d'un système est la somme de deux termes : un terme d'échange qui prend en compte les transferts d'énergie thermique entre le corps et l'extérieur et un second terme dit « de création » qui ne peut être que positif (ou nul) et qui traduit le caractère irréversible de la transformation.

« The last but not the least »

Et l'entropie, que devient-elle à zéro kelvin ? La réponse est donnée par Walther Nernst, physico-chimiste (1864-1941). C'est en étudiant les variations d'entropie de réactions chimiques qu'il propose ce qui allait devenir un peu plus tard le troisième principe. Nernst étudie les variations d'entropie qui se produisent au cours d'une réaction chimique et constate qu'elles dépendent de la température ; reste à déterminer leurs valeurs à 0 K. Nernst pose, en principe, que la variation d'entropie au cours d'une réaction doit être nulle à cette température. En 1911, c'est Max Planck (dont nous parlerons un peu plus tard) qui généralisera ce principe en posant que l'entropie d'un corps pur est nulle au zéro absolu. Cette dernière proposition constitue aujourd'hui le troisième principe de la thermodynamique.

Le troisième principe de la thermodynamique

Lorsque la température d'un corps pur tend vers zéro kelvin, son entropie tend vers une valeur limite nulle.

Il est encore possible d'énoncer le troisième principe de la façon suivante : il n'est pas possible d'atteindre le zéro absolu par l'intermédiaire d'un nombre fini d'opérations. En d'autres termes, le zéro absolu est inaccessible.

Le zéro absolu correspond à une entropie nulle, c'est-à-dire à un ordre parfait, pas étonnant qu'il soit inaccessible...

(Pour mon bureau, c'est sûr, le zéro absolu ne sera jamais atteint... !)

Ces quatre principes permettent de traduire toute la thermodynamique classique, macroscopique. Mais que deviennent ces lois quand on s'intéresse aux comportements des particules qui constituent la matière, que deviennent ces principes au niveau microscopique ?

Vers la thermodynamique statistique

Ce sont les études concernant les gaz qui ont permis les premières approches microscopiques. Daniel Bernoulli (1700-1782) (voir Chapitre 4) a établi, en 1738, une relation entre des grandeurs macroscopiques comme la pression et le volume d'un gaz et la moyenne du carré de la vitesse des particules qui le constituent. Vers 1850, lorsque la démarche énergétique est acceptée par les physiciens, l'interprétation de l'énergie transmise sous forme de chaleur commence à se faire en termes de mouvement, d'agitation de molécules. L'expérience de Joule (voir encadré « La détente de Joule ») montre que l'énergie interne d'un gaz ne dépend pas de son volume, cela amène Clausius à penser qu'il est possible d'imaginer qu'un gaz se comporte comme un ensemble de particules (de toutes petites billes) sans interactions entre elles, en mouvement permanent et qui s'entrechoquent. Le gaz parfait.

Figure 5-15
Le modèle du gaz parfait.

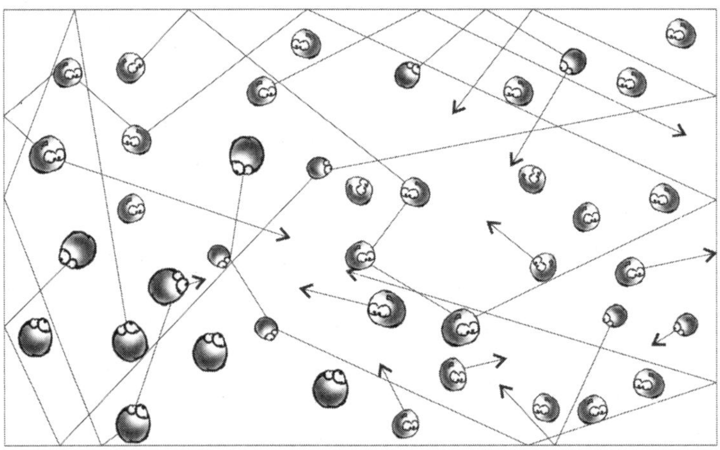

Et… entre deux chocs, tu fais quoi ?

De microscopiques petites billes toutes identiques, en agitation permanente, qui vont dans tous les sens et qui se heurtent les unes aux autres. À chaque collision, la vitesse des particules change, mais entre deux chocs que se passe-t-il ?

C'est encore Clausius qui propose une réponse, en 1857 : entre deux chocs, les molécules gazeuses doivent être animées d'un mouvement rectiligne uniforme (de vitesse constante). Il va plus loin en proposant une expression de la distance moyenne parcourue entre deux chocs, ce que l'on appelle le libre parcours moyen. Cette relation fait intervenir le diamètre d'une molécule. La mesure de ce libre parcours moyen permettrait à la fois de valider l'hypothèse moléculaire (car c'est encore une hypothèse à cette époque !) et d'obtenir un ordre de grandeur du diamètre de ces particules.

Maxwell construit un pont entre micro et macro

James Clerck Maxwell (1831-1879) est un physicien exceptionnel à la contribution immense. En thermodynamique, il réalise une série d'expériences qui permettent d'obtenir une valeur du libre parcours moyen, et grâce aux travaux d'un autre physicien, Johan Josef Loschmidt, il est alors possible de déterminer un ordre de grandeur de la taille des molécules. Cet ordre de grandeur est de 10^{-10}m (c'est cent mille fois plus petit que le diamètre d'un cheveu). Cette détermination permettra de déduire une approximation de la constante d'Avogadro (voir Chapitre 26). Le modèle moléculaire s'impose (difficilement) en physique, un gaz semble bien être constitué de milliards de milliards de toutes petites particules qui se déplacent de façon aléatoire. Dans le cadre de ce type de représentation, Clausius travaillait avec des valeurs moyennes.

Maxwell va proposer une approche différente, celle du calcul statistique et probabiliste. Il propose une loi qui permet de connaître la probabilité qu'a une particule d'être animée de telle ou telle vitesse, cette loi est une loi de distribution des vitesses qui a une forme de cloche et qui porte aujourd'hui son nom, la distribution de Maxwell. Cette loi de distribution permet de connaître, pour un gaz porté à une température uniforme, la probabilité qu'a un atome ou une molécule d'être animé d'une vitesse de valeur donnée.

Figure 5-16

Loi de distribution des vitesses de Maxwell.

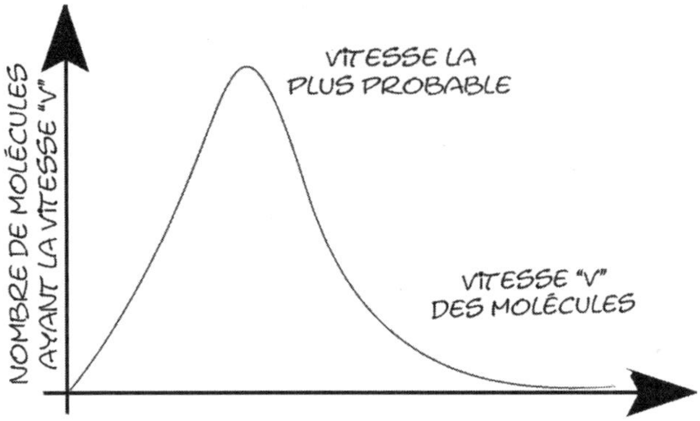

En 1860, Maxwell énonce le principe de l'équipartition de l'énergie[6]. Principe selon lequel l'énergie cinétique (l'énergie due au mouvement) se partage également, en moyenne, entre chaque direction possible pour une particule. Cette théorie permet alors de relier des lois écrites à l'échelle microscopique au premier principe de la thermodynamique, principe à l'échelle macroscopique (la nôtre !). Reste à relier le second principe aux processus microscopiques.

Boltzmann : l'êta, c'est moi

Ludwig Boltzmann (1844-1906) suit à l'université les cours d'un éminent physicien, Josef Stefan. Boltzmann étudie et admire beaucoup les travaux de Maxwell, il dira de ses recherches qu'elles sont comparables à un chef-d'œuvre symphonique (normal, il est viennois !).

En 1872, Boltzmann propose une nouvelle démonstration de la loi de distribution des vitesses, mais cette fois généralisée à tous les mouvements possibles pour les molécules. Pour des systèmes qui ne sont pas à l'équilibre, il introduit une fonction statistique H (êta majuscule) qui ne fait que décroître jusqu'à ce que le système ait atteint son équilibre. Cette fonction se révélera plus tard être l'opposé de l'entropie.

Mais, c'est en 1877 que Boltzmann donne à l'entropie son interprétation statistique, il la relie à Ω, le nombre de situations (micro-état) microscopiques dans lesquelles le système peut se trouver par la relation qui porte désormais son nom.

6. Ce principe avait été énoncé par J.J. Waterston en 1851, mais ses travaux sont restés inconnus jusqu'en 1892.

L'entropie selon Ludwig Boltzmann

L'entropie est proportionnelle au logarithme du nombre de micro-états accessibles à un système.

Sous forme mathématique : $S = k \log\Omega$.

La constante de proportionnalité qui porte aujourd'hui son nom a, en fait, été introduite par Max Planck. La constante de Boltzmann vaut : $1{,}38 \times 10^{-23}$ J/K.

Cette relation permet d'interpréter l'entropie comme une mesure du « désordre » du système. Rappelons-nous qu'un système isolé voit son entropie croître jusqu'à une valeur maximale, correspondant à l'équilibre. Cela signifie qu'un système isolé évolue jusqu'à présenter un désordre maximal. Une fois admise, cette relation permet de retrouver toutes les lois macroscopiques de la thermodynamique présentées dans les paragraphes précédents.

L'évolution des théories physiques, comme la mécanique quantique, confirmera non seulement la validité mais aussi l'immense portée de cette approche statistique.

Comme nous l'avons vu, la thermodynamique est la science des transferts d'énergie. Or, celle-ci peut encore se propager sous une forme un peu particulière, le rayonnement lumineux. Un corps chauffé à haute température devient d'abord rouge puis blanc, la lumière du soleil réchauffe l'atmosphère, mais quelles sont les lois qui gouvernent ces phénomènes ?

La lumière vient du corps noir

Un corps quelconque absorbe une fraction du rayonnement qu'il reçoit et en réfléchit une autre. Et, pour ne pas simplifier les choses, il émet son propre rayonnement ! Afin d'étudier les propriétés de ces radiations, il fallait envisager un objet qui absorbe intégralement le rayonnement qu'il reçoit (sans réflexion). G. Kirchhoff (1824-1887) introduit, en 1860, cette notion de corps idéal parfaitement absorbant, qu'il appelle corps noir. Dans ce contexte, l'adjectif noir est censé rappeler la propriété d'absorption totale, rien à voir avec la couleur éventuelle de l'objet, le comportement thermique superficiel d'un homme peut être modélisé par le modèle du corps noir.

Il ne subsiste alors que le rayonnement absorbé et émis. Si, de plus, l'objet a une forme de cavité (voir Figure 5-17), le rayonnement est, en quelque sorte, piégé, en équilibre à l'intérieur de la cavité, un peu comme l'énergie d'un fluide dans une bouteille thermos. En 1895, W. Wien montre que ce type de dispositif se comporte, avec une excellente approximation, comme un corps noir.

Le prof et l'élève font la loi

Josef Stefan enseigne à l'université de Vienne et, comme nous l'avons vu précédemment, l'un de ses étudiants n'est autre que Boltzmann. Stefan est interpellé par l'une des expériences de John Tyndall (1820-1893) concernant les couleurs d'un filament de platine chauffé par le passage d'un courant électrique (vous savez, l'effet Joule dont nous parlions en milieu de chapitre). Tyndall, dans ses notes, remplace l'identification des différentes couleurs du filament par des valeurs de température. Tyndall avait placé un détecteur (une des premières photopiles) à proximité du filament et il avait relevé la puissance reçue par le détecteur. Stefan dispose pour chaque température de filament proposée par Tyndall de la puissance correspondante reçue par le détecteur et cherche alors à relier ces deux grandeurs. Il finit par remarquer que la puissance reçue par le détecteur est approximativement proportionnelle à la puissance quatre de la température absolue. En 1879, il publie ses résultats obtenus de façon empirique. En 1884, l'élève (qui ne l'était plus à l'époque !) intervient et démontre le fondement de cette loi jusqu'alors empirique. Boltzmann a l'idée de génie (une de plus) de reprendre le problème en traitant la lumière non pas de façon classique, mais comme un fluide auquel il applique les lois de la thermodynamique et de l'électromagnétisme développées par Maxwell (voir Chapitre 7).

La loi de Stefan-Boltzmann

La puissance, par unité de surface, du rayonnement émis par un corps noir porté à la température absolue *T*, est proportionnelle à la puissance quatre de cette température.

Sous forme mathématique : $p_s = s\sigma T^4$.

La constante de proportionnalité porte le nom de constante de Stefan et vaut : $s\sigma = 5{,}67 \times 10^{-8}$ W/K^4

Figure 5-17
« Un modèle expérimental de corps noir », un four avec un capteur permettant d'analyser le rayonnement

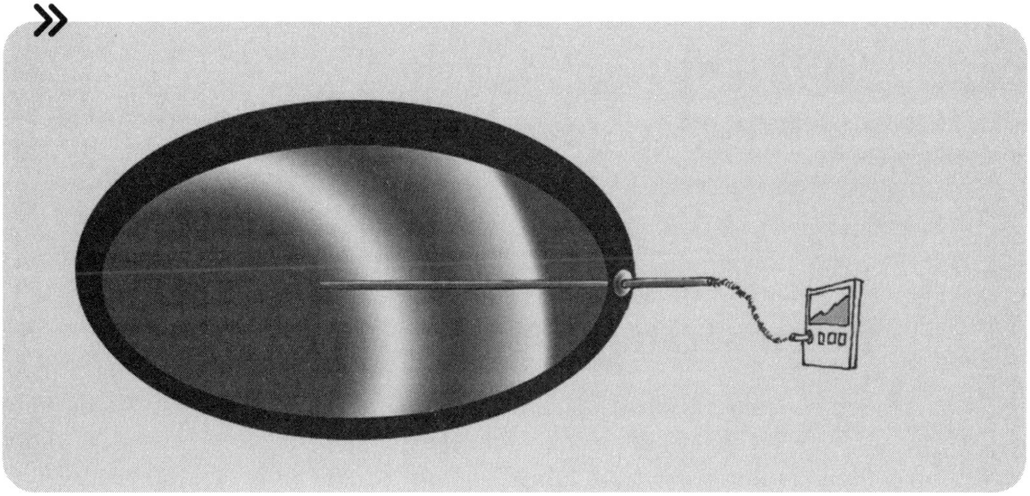

On va parler de toits

Une fraction de rayonnement émis par le soleil parvient sur la surface terrestre. Sa puissance est de l'ordre de 700 W pour un mètre carré. Les capteurs placés sur les toits des habitations transfèrent une fraction de cette énergie à l'eau qui les traverse, une application qui prend de l'essor !

Wien écrit le début...

La loi de Stefan-Boltzmann rend compte d'un comportement global. Il s'agit de savoir quelle est l'énergie émise couleur par couleur, en physique, on dira en fonction de la longueur d'onde (voir Chapitre 9).

Le premier à proposer une loi qui traduit le comportement de l'émission d'un corps noir en fonction de la longueur d'onde est W. Wien. Sa première loi rend compte d'une bonne partie des phénomènes et surtout elle permet de retrouver la loi de Stefan-Boltzmann. Mais elle s'effondre pour les rayonnements de type ultraviolet (les courtes longueurs d'onde, les hautes fréquences), c'est la catastrophe ultraviolette.

Wien n'a pas dit son dernier mot, il établit une seconde loi, dite loi de déplacement, qui relie la température du corps noir à la longueur d'onde (la couleur) correspondant au maximum d'énergie émise par le corps à cette température. Wien obtiendra le prix Nobel en 1911 pour la découverte de ses lois.

La loi de déplacement de Wien

Pour un corps noir porté à la température *T*, le produit de la longueur d'onde correspondant au maximum d'émission par cette température est une constante.

Sous forme mathématique : $\lambda_{max} \times T = \text{constante}$.

La température prend des couleurs

Cette loi présente beaucoup d'applications et permet, entre autres, de donner une idée de la couleur d'un corps (considéré comme un corps noir) en fonction de sa température et inversement.

À titre indicatif, la température de surface du Soleil est de l'ordre de 5 700 K, le maximum de l'émission correspond au jaune, qui est aussi le maximum de sensibilité de l'œil (ce n'est peut-être pas un hasard, on s'adapte…).

Un corps à température ambiante présente une température de l'ordre de 300 K, son émission se fait principalement dans le domaine infrarouge. C'est le principe des caméras à vision nocturne qui sont, en fait, des détecteurs perfectionnés dans ce domaine.

Il faut néanmoins rester prudent, le corps noir est un concept idéal, donc qui n'existe pas. Une approximation dite du corps gris permet de corriger cette relation. De plus, beaucoup d'autres phénomènes entrent en ligne de compte dans le mécanisme de la vision des couleurs.

Rayleigh écrit la fin

En 1900, John William Strutt, qui va devenir plus tard Lord Rayleigh, approche ce même problème par la voie électromagnétique et propose, lui aussi, une loi qui rend compte de l'émission du corps noir, mais c'est une autre *catastrophe*, elle n'est correcte que dans le domaine ultraviolet (hautes fréquences, faibles longueurs d'onde). Rayleigh doute, mais James Jeans montre que tous les raisonnements classiques conduisent à cette même loi. Rayleigh obtient le prix Nobel en 1904 (mais pour sa découverte de l'argon).

La situation, à cette période, est la suivante : les expériences autour du corps noir sont nombreuses et correctement maîtrisées et les scientifiques disposent de deux lois qui ne sont valables que dans les domaines limites, mais rien de global, pas de théorie unifiée qui couvre l'ensemble du spectre radiatif.

Planck, un homme continûment discret

Si Wien a écrit le début et Rayleigh la fin, c'est Max Planck (1858-1947) qui écrit finalement l'histoire. Il s'intéresse, en 1894, au rayonnement du corps noir, il suppose que les parois de la cavité (voir Figure 5-18) sont constituées de microscopiques émetteurs de lumière. Il calcule l'entropie de ce système et s'impose de retrouver les comportements limites annoncés par Wien et Rayleigh. Il s'inspire de la technique que Boltzmann utilise pour ses calculs d'entropie : attribuer aux particules qu'il étudie des multiples d'une valeur élémentaire, appelées en physique : valeurs discrètes. Il fait l'hypothèse que chaque émetteur présente une énergie égale à un nombre entier de fois une valeur élémentaire fixée d'énergie. Une sorte de « quantum » d'énergie, c'est d'ailleurs le nom que va lui donner Planck. Fort de cette hypothèse, il établit une relation qu'il propose à la Société de physique le 19 octobre 1900. Un des expérimentateurs, H. Rubens, assiste à la conférence et confronte, au cours de la nuit qui suit la présentation, la relation proposée à l'expérience, la concordance est étonnante. Max Planck obtiendra le prix Nobel en 1918.

La formule de Planck

Ce quantum d'énergie doit dépendre de la nature de la radiation (de sa couleur), il va proposer une expression de l'énergie proportionnelle à la fréquence du rayonnement.

Sous forme mathématique : $E = h\nu$.

La constante h porte aujourd'hui son nom, elle vaut : $h = 6{,}62 \times 10^{-34}\,\mathrm{J{\cdot}s}$.

Le rayonnement du corps noir

Comme nous l'avons vu, une cavité avec une toute petite ouverture constitue une approximation du corps noir.

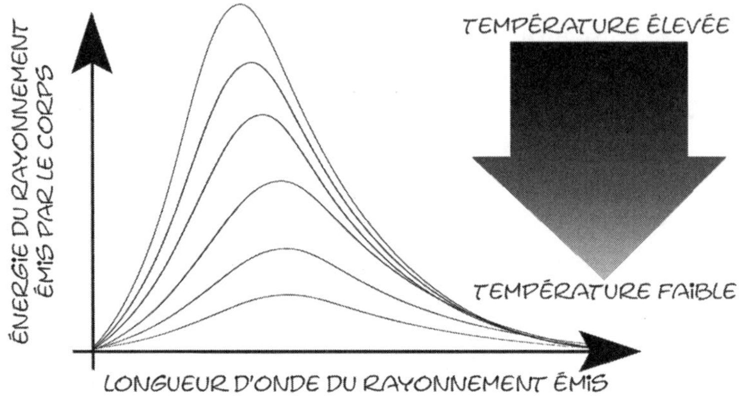

Figure 5-18
La loi de Planck.

Il reçoit de l'énergie, et s'il n'en émettait pas, sa température augmenterait indéfiniment... C'est impossible, le corps noir réémet donc l'énergie qu'il a absorbée sous forme de rayonnements électromagnétiques. L'énergie émise dépend de la température du corps noir. La loi de Planck relie la valeur de l'énergie émise en fonction de la température du corps noir.

Planck est lui-même stupéfié par la concordance de la relation qu'il propose, mais il est perplexe voire inquiet, car il se rend compte de l'étendue de la remise en question que suggère son hypothèse de quantification énergétique. Le modèle de Planck va intéresser Einstein, qui va accepter cet aspect révolutionnaire et expliquer un effet jusque-là incompris, l'effet photoélectrique.

DANS CE CHAPITRE

Chapitre 6

Des charges et décharges : l'électricité

En grec le mot *êlektron* signifie ambre, une sorte de résine d'arbre fossilisée. Lorsqu'elle est frottée énergiquement contre un tissu, cette matière présente la particularité d'attirer les corps légers, comme les cheveux ou les grains de poussière. William Gilbert, médecin personnel de la reine Élisabeth, va procéder à une étude systématique et proposer de nommer ces phénomènes à partir de cette racine grecque. Bien d'autres matériaux dont le diamant et les pierres précieuses présentent ce comportement. Prenez un intercalaire en matière plastique et frottez-le sur vos cheveux. Lorsque vous éloignez la feuille de quelques centimètres, vos cheveux se dressent sur votre tête.

Les premières étincelles de l'électricité

Les expériences d'électrostatique, souvent spectaculaires, constituaient un divertissement fort apprécié des cours royales du XVIIIe siècle. Les progrès dans l'expérimentation vont ouvrir la porte à une approche scientifique des phénomènes électriques.

Une Terre électrique

Au XVIIe siècle, les forces électriques sont supposées être à l'origine de l'atmosphère terrestre. Pascal vient de montrer que la Terre retient les particules gazeuses sur une épaisseur de quelques dizaines de kilomètres. Otto von Guericke, bourgmestre de Magdebourg, est convaincu que la pesanteur est le résultat du frottement de l'atmosphère sur le sol. Il fait fabriquer une boule de soufre pour représenter la Terre. Une manivelle permet de la faire tourner rapidement autour d'un axe. La main posée sur cette boule va électriser le soufre, ce qui rend cette sphère capable d'attirer de petits objets placés dans son voisinage. Les forces ainsi créées sont d'une autre nature que la force de pesanteur. Ce sont des forces électriques entre des particules que l'on va qualifier de chargées. L'intuition du bourgmestre est fausse, mais la première machine électrostatique est née. En remplaçant le soufre par du verre et la main par un coussinet de cuir appliqué contre le verre, le procédé gagne en efficacité.

Ça crache des étincelles

Les expérimentations vont énormément progresser, bien que personne ne soit en mesure d'en décrire le mécanisme physique avant la seconde moitié du XVIIIe siècle. Il faudra attendre longtemps encore pour comprendre que la matière est globalement neutre.

On sait aujourd'hui qu'il y a autant de charges positives que de charges négatives. En pratique ce sont surtout les électrons qui se déplacent. Dans l'expérience de la sphère de soufre frottée, des électrons de charge négative sont arrachés de la main et vont se trouver en excès sur le soufre : la sphère va donc se charger négativement. Le corps de l'expérimentateur présente un manque d'électrons et est chargé positivement, du moins tant que les charges ne peuvent pas s'échapper vers la terre en traversant les semelles des chaussures.

L'excès d'électrons sur un corps chargé négativement est extrêmement faible en rapport au nombre total d'électrons dans cet objet. C'est la différence entre la charge totale des électrons et celle des protons qui est effectivement détectée.

Les machines électrostatiques de la fin du XVIIe siècle étaient capables de produire des étincelles de quelques centimètres de longueur. Si la charge électrique accumulée devient trop importante, l'air devient conducteur. Les électrons s'écoulent des zones où ils se trouvent en excès vers celles où ils sont déficitaires. Ce déplacement de porteurs de charge permet à la matière de revenir dans son état de neutralité.

Conducteurs et isolants

Dans un premier temps, les expérimentateurs classent les matériaux en deux catégories : ceux que l'on pouvait charger et ceux qui n'étaient pas électrisables comme les métaux. Le physicien anglais Stephen Gray va montrer que cette distinction n'est pas pertinente. Il remarque qu'un objet métallique suspendu à des fils de soie conserve sa charge électrique. En revanche, le même objet relié à la terre à l'aide d'un fil métallique se décharge immédiatement. Cette mise à la terre entraîne une répartition des charges électriques au bénéfice quasi exclusif de la terre. C'est comme si vous reliiez deux vases communicants de taille très différente. Le petit récipient peut se vider dans le grand sans que cela entraîne une variation importante du niveau d'eau dans le grand. La terre est un objet immense avec lequel tout objet peut partager sa charge électrique sans que celle de la terre varie de manière sensible.

Figure 6-1
Des récipients de capacité variable.

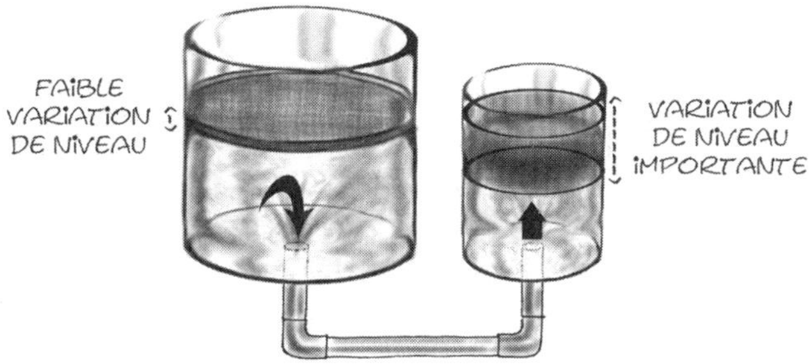

Le classement physiquement pertinent porte sur le caractère conducteur ou isolant. Les métaux, l'eau (donc le corps humain) ou la terre humide sont à classer chez les conducteurs ; le verre, la soie, le bois ou le coton sont de bons isolants. Des fils métalliques suspendus avec des cordons isolants permettent ainsi le transport de charges électriques sur plusieurs centaines de mètres. L'EDF ou la SNCF ont gardé l'idée : les câbles métalliques nus sont isolés des poteaux de soutien avec du verre.

La différence entre les deux matériaux tient à l'énergie à fournir pour arracher un électron de l'atome. Pour un atome métallique, cette énergie est très faible. Les électrons sont quasi libres de leurs mouvements. S'il existe un faible excès électronique à un endroit et un surplus à un autre, un déplacement d'ensemble – un courant électrique – va se mettre en place pour rétablir la neutralité en tout point du métal. À l'opposé, la laine et la soie, par exemple, font intervenir des atomes comme le carbone, l'hydrogène, l'oxygène ou l'azote qui possèdent un environnement électronique beaucoup plus stable. Les électrons restent fortement liés aux atomes. Ce sont donc des isolants électriques.

Un coup d'épée dans l'eau électrisée

Les expériences d'électrostatique deviennent spectaculaires : les cours royales en raffolent. Une des expériences les plus célèbres est celle du feu qui jaillit de l'eau. On peut électriser de l'eau contenue dans un récipient en verre posé sur un plateau isolant en y plongeant une tige métallique reliée à une machine électrique. Quand on approche la pointe d'une épée de la surface de l'eau, des étincelles jaillissent alors de l'eau. La version la plus aboutie est d'enflammer une vasque d'alcool, tenue par un expérimentateur suspendu au plafond par des fils isolants, à l'aide d'une épée. Une telle mise en scène rivalise avec celles des plus grands illusionnistes actuels !

Figure 6-2
Le bisou électrique.

La machine électrostatique crée un déséquilibre de charges dans l'eau. Comme le verre est isolant, ces charges ne peuvent pas s'écouler vers la terre. Si l'on approche l'épée tenue par un expérimentateur, des charges venues du sol via le corps vont se concentrer sur la pointe métallique. Cette concentration de charges augmente si l'on approche davantage la pointe du vase rempli d'eau. Dépassé un certain seuil, l'air devient conducteur. Les charges électriques excédentaires dans l'eau vont prendre le chemin de la terre en passant par l'air, l'épée puis le corps. Dans une autre expérience, on réussit même à faire passer une décharge électrique entre un homme et une femme espacés de 30 mètres via un jet d'eau !

La première châtaigne

L'expérience du feu qui jaillit de l'eau était un grand classique, mais elle n'est pas sans danger. Il faut impérativement poser le vase sur un support isolant. Tout le monde n'a cependant pas pris cette précaution. Ce qui devait arriver arriva en Hollande. Pieter Van Musschenbroek, professeur de physique à l'université de Leyde, se saisit du récipient d'une main et touche par mégarde la tige de laiton de l'autre. Le choc électrique est violent. Musschenbroek croit sa dernière heure arrivée. Il jure qu'on ne l'y reprendra plus même si on lui propose la couronne de France en échange.

Ce cri du corps donne la mesure de la vive douleur occasionnée par cette première électrisation de l'Histoire. Convaincu qu'il vient de mettre la main sur une découverte de premier plan, il charge son assistant de refaire l'essai. Ce dernier est pris de convulsions et d'hémorragie nasale après la décharge. Le récipient rempli d'eau, appelé depuis bouteille de Leyde, a donc accumulé les charges électriques qui se sont frayé un chemin pour s'écouler à travers le corps dès la mise en contact avec la tige de laiton et la base du verre.

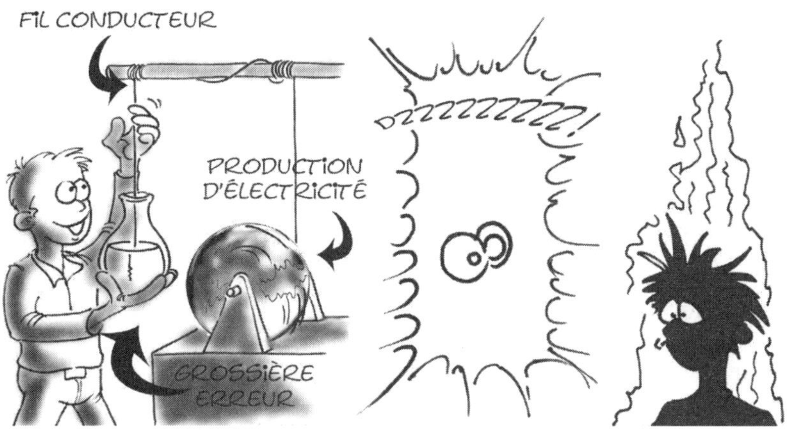

Figure 6-3 La première châtaigne électrique.

Nollet ou l'abbé attitude

Rapidement, cette bouteille de Leyde est perfectionnée. L'eau est remplacée par du métal froissé réparti sur la face intérieure du verre. Une seconde feuille métallique remplace la main sur la face externe. La décharge électrique devient plus efficace si l'on augmente la surface des feuilles en contact avec le verre et diminue l'épaisseur du verre. Ces bouteilles hollandaises groupées en batteries vont se répandre et tout le monde ira se faire électriser gaiement sur les foires et dans les cours royales.

Un des plus doués en la matière était l'abbé Nollet. Fils de paysan, cet abbé est aguerri à la vie rude des campagnes. Ce n'est pas un choc électrique qui va le faire reculer. Il est le premier à répéter à Paris la merveilleuse expérience. Le public averti par la rumeur veut lui aussi participer à la science en marche. Pour satisfaire à la demande exponentielle de frissons électriques, on invente une canne à surprises : une sorte de bouteille de Leyde miniature qui envoie des décharges une fois frottée contre une peau de chat ou de lapin. Mais rien ne peut égaler une décharge venant de chez l'abbé Nollet. Comme les files d'attente pour le grand choc électrique s'allongent devant son domicile, Nollet tente de faire du rendement. Afin de servir tout le monde en même temps, il place les personnes en ligne se donnant la main. Quand il relie les deux extrémités de cette chaîne humaine aux deux faces d'une bouteille de Leyde, l'ensemble de la file saute en l'air ! Nollet vient d'inventer l'électrisation de groupe, qui évoluera ensuite en thérapie de groupe. On pense souvent à tort que ce n'est que le dernier de la file qui prendra la décharge. Or, les charges électriques doivent passer par toutes les personnes pour décharger la fameuse bouteille.

On refait en grand devant Louis XV

Devant Louis XV et sa cour, Nollet va passer au grand spectacle. Cent quatre-vingts gardes royaux qu'il a placés sur des briques en verre afin de les isoler du sol se donnent la main en formant une grande boucle. La main libre du premier touche l'extérieur de la bouteille de Leyde chargée. Lorsque le dernier touche la tige en laiton qui plonge dans la bouteille, toute la compagnie saute en l'air comme un seul homme.

Pour faire bonne figure devant ses autorités de tutelle, l'abbé répète son expérience... avec un couvent de Chartreux. Là encore, les religieux qui forment une chaîne humaine de près de 1 700 mètres sursautent en chœur.

Ces expériences peuvent, *a priori*, sembler bien peu scientifiques. Chercher à les améliorer, c'est pourtant déjà se poser le problème de l'explication plus théorique de ces phénomènes électriques. Nollet a fait un travail expérimental remarquable dans le domaine de l'électricité. Il sera d'ailleurs le professeur de Lavoisier.

L'électricité est perçue au siècle des Lumières comme un élément majeur dans la progression de la connaissance scientifique. Beaumarchais l'évoque dans *Le Barbier de Séville ou la Précaution inutile* :

« Rosine : Vous injuriez toujours notre pauvre siècle.

Bartholo : Pardon de la liberté ! Qu'a-t-il produit pour qu'on le loue ? Sottises de toute espèce : la liberté de pensée, l'attraction, l'électricité, le tolérantisme, l'inoculation, le quinquina, l'encyclopédie, et les drames... »

L'électricité traverse la Tamise...

... sans passer sur le pont

Ce qui frappe le plus les esprits de l'époque est le caractère instantané de ces chocs électriques. À première vue, l'influx électrique semble se déplacer à très grande vitesse. Plusieurs tentatives de mesure de cette vitesse sont tentées. En 1746, Lemonnier dispose deux fils parallèles écartés de quelques mètres sur quelques dizaines de mètres de long. Après avoir fait le tour de l'enclos, cette ligne revient à son point de départ. Un condensateur (sorte de bouteille de Leyde) est relié à une extrémité de cette ligne. Il s'agit alors d'estimer la durée séparant la fermeture de l'interrupteur et la réaction de l'expérimentateur cobaye à l'autre bout des fils. Mais en vain ! Impossible de détecter avec les moyens de l'époque un quelconque décalage temporel.

Figure 6-4 La décharge électrique traverse la Tamise sans prendre le pont.

Des physiciens anglais dont Cavendish et Watson, qui n'est pas encore docteur mais qui trouve l'expérience élémentaire, reprennent le flambeau l'année suivante. Ils ont l'idée de transporter le courant électrique par la Tamise, l'eau du fleuve jouant le rôle d'une partie de la chaîne conductrice. On place donc une bouteille de Leyde du côté de Westminster reliée par un conducteur à un assistant qui trempe une baguette métallique dans l'eau tout en étant lié au conducteur extérieur de la bouteille de Leyde. Un autre assistant placé sur l'autre rive procède de même. Un fil métallique suspendu au-dessus de l'eau referme le circuit électrique.

Les charges électriques doivent ainsi franchir successivement le corps du premier observateur, l'eau de la Tamise puis le corps du second observateur avant de revenir par un fil métallique relié à la bouteille de départ. Ils réussissent à enflammer quasi instantanément de l'alcool par l'électricité ayant traversé la rivière. Le fait devenant de plus en plus intrigant, ils passent à l'échelle au-dessus. Un fil de 800 pieds sur la terre, 8 miles de Tamise qui fait une boucle, puis 2 miles à nouveau sur la terre : soit une bonne quinzaine de kilomètres en tout ! Et toujours cette impression de vitesse infinie et impossible à mesurer. Ils n'ont de toute façon aucune chance. Dans une ligne formée de deux fils placés dans l'air, les charges électriques se déplacent quasiment à la vitesse de la lumière !

Un test de virilité électrique

Sigaud de Lafond enseigne la physique au collège d'Harcourt, l'actuel lycée Saint-Louis à Paris. Lorsqu'il tente l'expérience de la chaîne électrique avec sa classe de soixante élèves, un phénomène surprenant se produit. La commotion électrique ne peut franchir le septième élève de la chaîne malgré plusieurs tentatives. Tout le monde s'en prend au jeune homme qui garde l'électricité pour lui et empêche ses camarades de se faire électriser en rond. Comme cet élève ne présente pas « tout ce qui constitue le caractère distinctif de l'homme », Sigaud de Lafond avance l'hypothèse que l'électricité ne traverserait que les hommes à la virilité affirmée. Cette hypothèse de travail émise par ce physicien devient par la force de la rumeur une certitude scientifique. On vient de mettre au point un test de virilité ! Il suffit pour cela d'être déclaré positif à l'électricité. Bien entendu, de nombreuses personnes apportent de l'eau à ce moulin. N'oublions pas que les expériences d'électricité font à l'époque sur les foires une concurrence déloyale aux montreurs d'ours ou aux femmes à barbe.

La rumeur devient si persistante qu'un membre de la famille royale, le duc d'Orléans, décide d'en avoir la confirmation expérimentale. On procède à l'essai au Palais-Royal, sur trois musiciens de la chapelle du roi, dont le caractère efféminé ne fait aucun doute. Des savants convoqués à titre de témoins sont contraints de se rendre à l'évidence. Il n'y a aucune corrélation entre la sensibilité aux chocs électriques et le caractère plus ou moins efféminé de l'individu. Sigaud de Lafond reconnaît, mais un peu tard, que la place qu'occupe le jeune homme réfractaire à l'électricité était particulièrement humide. Comme il avait les pieds mouillés, les charges électriques s'écoulaient vers la terre à travers son corps. Quelques décennies avant la Révolution, les hommes qui ne sont pas encore égaux devant la loi le sont pourtant déclarés… devant l'électricité.

Charges en stock

Les physiciens n'ont pas encore percé à ce moment-là tous les mystères de la bouteille de Leyde. On pense à l'époque que le verre présenterait une sorte de perméabilité à l'électricité. Dans ce contexte, un verre épais devrait mieux conserver l'électricité qu'un verre fin. Or, les chocs électriques sont beaucoup plus douloureux avec un verre très fin. Dans une série d'expériences, Franklin va prendre le contre-pied de cette approche. Pour lui, le verre est imperméable et la charge accumulée à l'intérieur est égale à celle perdue par sa surface externe. Les charges électriques ne peuvent pas traverser le verre, mais elles interagissent à distance à travers la paroi. Quand on diminue l'épaisseur de verre, la force d'interaction entre les particules chargées devient plus intense. Si les charges situées de part et d'autre s'attirent davantage, il doit être possible de mettre plus d'électricité dans une bouteille de Leyde si la paroi est fine. La controverse sur le rôle du verre va faire rage, mais l'explication de Franklin s'imposera progressivement.

L'eau électrique reste dans le vocabulaire

Le terme de « bouteille de Leyde » va progressivement être abandonné au profit de celui de « condensateur » par analogie avec la condensation de la vapeur d'eau que l'on recueille dans un récipient. La capacité (terme clairement lié à un contenant) d'un condensateur caractérise la quantité d'électricité que l'on peut mettre sur une armature avec la même machine électrostatique. Si l'isolant présente une certaine conductivité, on dit encore aujourd'hui que le condensateur a des fuites… comme une bouteille percée.

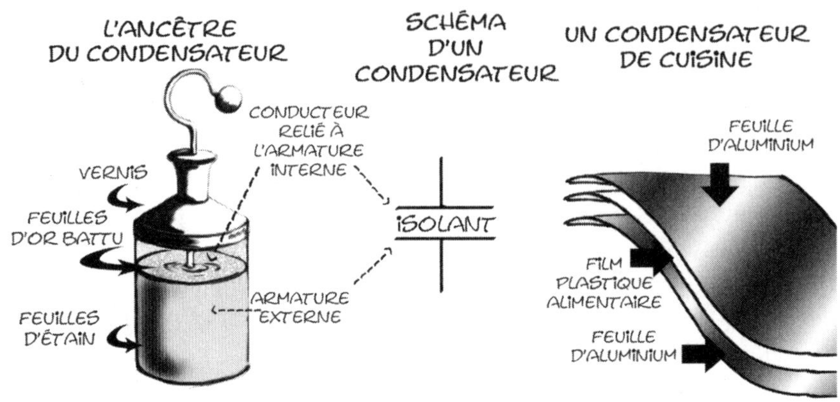

Figure 6-5
L'ancêtre du condensateur et son symbole.

Vous pouvez fabriquer un condensateur rudimentaire dans votre cuisine avec une feuille de film étirable pour emballage alimentaire entre deux feuilles de papier d'aluminium. La capacité de ce condensateur, qui est proportionnelle à la surface des feuilles, sera nettement supérieure à celle d'une bouteille de Leyde. En revanche, l'ancêtre du condensateur pouvait supporter des tensions très élevées de plusieurs dizaines de milliers de volts. Dans les mêmes conditions, votre condensateur de cuisine ne tiendrait pas le choc. Il « claquerait » par perforation de la feuille isolante.

Le condensateur est un composant de base en électronique. Il est présent un peu partout, notamment dans les flashs des appareils photo. Un condensateur est lentement chargé par la batterie : les charges stockées sont brutalement libérées dans le circuit électrique lorsque vous appuyez sur le déclencheur, et c'est le flash.

On le sent passer mais on n'en meurt pas

Ces expériences très spectaculaires n'ont jamais tué personne. Au contraire, on pensait même ranimer les moribonds de cette manière ou dessoûler les ivrognes. Cela a de quoi surprendre sachant que la tension délivrée par une bouteille de Leyde peut dépasser 100 000 V au début de la décharge ! Par chance, la capacité de ces condensateurs était assez faible pour que la durée de la décharge à travers le corps ne dépasse pas la dizaine de microsecondes. Pendant le choc électrique, la puissance absorbée par le corps atteint la valeur considérable de 100 kW en début de décharge, d'où la vive douleur ressentie. Mais la durée brève limite de manière suffisamment significative l'impact sur l'activité cardiaque pour ne pas présenter de danger, sauf faiblesse cardiaque.

L'air devient électrique

Une série d'expériences relativement dangereuses va établir la nature électrique des phénomènes orageux pour déboucher sur le paratonnerre. Cette première tentative de l'Homme pour tenter de maîtriser la Nature va d'abord se heurter à un certain obscurantisme.

On crève le nuage avec une pointe

Pour Descartes, le tonnerre résulte de la chute de nuages d'en haut sur ceux situés en contrebas. L'air comprimé en dessous dégage une grande quantité de chaleur, d'où l'éclair puis le tonnerre. Un peu plus tard, on admettra que ces phénomènes ne sont que l'inflammation des vapeurs sulfureuses venant de la terre, des animaux et des végétaux, qui s'accumulent dans les nuages. Des petits cristaux de glace font loupe pour les rayons solaires afin d'allumer le feu d'artifice qui pouvait du coup se prolonger durant la nuit.

Dès 1749, l'Académie de Bordeaux lance un concours sur l'origine physique du tonnerre et des éclairs. L'analogie entre la foudre et l'électricité était déjà dans l'air du temps sans que l'on dispose d'expérience convaincante. Les grandes inventions scientifiques sont rarement l'apanage d'un seul homme, mais résultent souvent des efforts collectifs dirigés vers un objectif commun. La nature électrique de la foudre ne déroge pas à cette règle. Cela sera le premier éclair de la science américaine avec Benjamin Franklin.

En 1750, Franklin propose de dresser une tige métallique reliée au sol vers le ciel. Ce dispositif devrait avoir la propriété de vider les nuages de leur électricité sans que la foudre devienne trop violente. En pratique, il suggère de fixer un mât en fer au sommet d'un édifice assez élevé en le plantant dans un matériau isolant. Si l'on approchait ensuite un autre métal ou tout simplement le doigt, l'électricité du nuage devrait s'écouler dans le sol.

Les Français ont le coup de foudre

Dans un premier temps, l'idée de Franklin ne sera pas jugée digne d'être publiée par l'Académie royale d'Angleterre. Les savants anglais n'ont que peu de considération pour les colons d'outre-Atlantique, qui ne vont d'ailleurs pas tarder à leur causer quelques soucis, avec Benjamin Franklin à leur tête. Il en est tout autre en France sous l'impulsion de Buffon. L'expérience proposée par Franklin est tentée à Marly à côté de Versailles. On fixe sur une table, à l'abri de la pluie, une tige de fer d'une dizaine de mètres de long à l'aide de cordons de soie. La météo favorable aux orages de ce 10 mai 1752 va faire de Marly la capitale historique de la présence d'électricité dans l'atmosphère. Devant la population entière du village, curé en tête (on ne sait jamais, et si l'expérience devenait dangereuse ?), les expérimentateurs téméraires tirent des étincelles d'une bonne dizaine de mètres en approchant une tige en fer reliée à la terre et emmanchée dans une bouteille afin d'isoler l'expérimentateur.

Richmann inaugure la chaise électrique

Très rapidement, ces expériences vont se multiplier à travers l'Europe tout entière. Personne n'est alors conscient du danger extrême ! Richmann, physicien de Saint-Pétersbourg, va le comprendre à ses dépens, à supposer que la foudre lui en ait laissé le temps. Les charges électriques accumulées sur la tige métallique trop bien isolée s'élancent vers sa tête lorsqu'il s'approche de la base de la tige métallique. Cette chaise électrique naturelle ne lui laissera aucune chance...

L'expérience du cerf-volant : version américaine

En juillet 1752, un physicien français, Romas, propose à Bordeaux d'allonger la tige métallique en utilisant un cerf-volant. Mais la météo, avare en orages cette année-là, va repousser l'expérience à l'année suivante. Au même moment, à 4 000 kilomètres de là, Franklin a la même idée. Par un après-midi au temps lourd, il se rend dans les prairies entourant Philadelphie accompagné de son fils avec un cerf-volant ordinaire. Ce cerf-volant est guidé par une corde de chanvre terminée par un cordon de soie. Une clé est fixée au niveau de la jonction entre le chanvre et la soie. Si l'idée de Franklin est correcte, des étincelles devraient jaillir de la clé. Mais le premier nuage orageux qui passe au-dessus du hangar où il s'est abrité ne semble pas donner de réaction au niveau de la clé. Quand soudain quelques gouttes de pluie se mettent à tomber, et immédiatement, les brins de la corde de chanvre se dressent comme les cheveux sur la tête ! Franklin approche le doigt et se prend une bonne décharge électrique. Ce qui le pousse à une certaine prudence. Heureusement pour le futur auteur de la Déclaration d'indépendance qu'il est alors ! La pluie qui ne tarde pas à redoubler d'intensité rend le fil de chanvre conducteur et les étincelles jailliraient en nombre de la clé si l'expérimentateur ne restait pas à bonne distance. Franklin peut exulter. L'origine électrique des orages est prouvée !

Le maître des orages

De son côté, Romas va pouvoir mener dès le premier orage de 1753 à Nérac dans le Lot-et-Garonne des essais très concluants sur son cerf-volant sans connaître l'existence de Franklin. Son observation est capitale pour la suite. À partir du moment où les étincelles crépitent, les orages ne donnent plus d'éclairs. En revanche, dès que le cerf-volant retombe sur le sol, les nuages redeviennent menaçants. Romas passe donc pour un grand sorcier, une sorte de maître des orages ! Cette réputation va lui coller à la peau.

Quelques années après, il est question de refaire l'expérience du cerf-volant électrique devant les notables de Bordeaux. Dans l'attente d'un orage, l'engin maléfique est déposé dans le jardin d'un cafetier dans un quartier touché par la foudre quelques jours plus tôt. La rumeur ne tarde pas à attribuer au cerf-volant le pouvoir d'attirer la foudre même à terre. La foule menaçante somme le cafetier de lui livrer cette invention du diable. L'appareil ne réchappe pas de la vindicte populaire. À partir de ce jour, les passants se signent en croisant l'infortuné physicien de Nérac soupçonné d'avoir pactisé… avec le diable.

La baguette du diable

Toujours à l'écoute des nouvelles scientifiques venant de la vieille Europe, Franklin installe sur sa maison une barre de fer pointue isolée reliée à un carillon électrique. L'approche d'un orage fait tinter le carillon. Progressivement, l'idée d'utiliser un conducteur pour protéger les bâtiments va germer dans sa tête. Le premier paratonnerre est installé en 1760 sur la maison d'un riche marchand de Philadelphie. L'orage est si violent que les coups de foudre à répétition vont raboter le quart de la longueur de la tige de cuivre.

Un paratonnerre n'évite pas du tout que la foudre tombe chez soi, c'est même tout le contraire. Mais s'il est bien conçu, il drainera efficacement les charges vers le sol. À cet endroit, elles ne peuvent pas être une source de danger. En dépit de son efficacité prouvée, la résistance des Européens à cette invention venant de l'autre côté de l'Atlantique est très forte. On ne bouscule pas aussi simplement des préjugés aussi profondément ancrés dans l'inconscient collectif.

Un avocat plein d'avenir

En 1783, un gentilhomme de Saint-Omer dans le Pas-de-Calais fait installer un paratonnerre sur sa maison. Les préjugés sont tenaces et cette initiative manque de tourner à l'émeute tant la foule devient menaçante à la vue de cette baguette hérétique. Avec le souci de l'ordre public, la municipalité donne l'ordre à son propriétaire de détruire ce paratonnerre ; il ne l'entend cependant pas de cette oreille. L'affaire est portée en justice devant le tribunal d'Arras qui casse l'arrêté municipal après une défense brillante d'un jeune avocat qui fera beaucoup parler de lui. Cet ardent défenseur du progrès et de la raison n'est autre que Monsieur de Robespierre, le terrible conventionnel de la Terreur.

La résistance au paratonnerre n'est alors pas moins forte en Italie. Par sa situation isolée et sa grande hauteur, le campanile de la place Saint-Marc à Venise est une cible privilégiée pour la foudre. Lassée de ces dépenses à répétition, la République vénitienne décide de doter d'un paratonnerre toutes les églises de la lagune contre l'avis des habitants et surtout de leurs curés. Ceux-ci ne voient pas d'un bon œil cet instrument du Malin trôner sur les maisons de Dieu. Mais le premier orage venu, l'efficacité du dispositif réconcilie rapidement les bons catholiques avec la science profane. Les voies de la bourse sont parfois impénétrables !

Le coup de foudre relie les opposés

Le sol et la haute atmosphère sont d'assez bons conducteurs électriques. Entre les deux, l'air est relativement isolant. Les nuages orageux vont profondément modifier la répartition des charges électriques dans leur voisinage. L'éclair résulte alors d'une avalanche électrique dans l'air qui devient localement très conducteur.

Champ et potentiel électriques

Pour décrire l'état électrique au voisinage d'un objet chargé, comme un nuage orageux, on utilise le concept de champ électrique. En physique, un champ est une grandeur définie en tout point de l'espace. Par exemple, les cartes de météorologie font apparaître les répartitions de pression et de température à un moment donné de la journée. Ce sont des exemples de champs scalaires. À chaque point est associé un nombre, la température par exemple. En électrostatique, c'est un peu plus complexe. Le champ électrique est un champ vectoriel. Un mot compliqué pour dire qu'on dessine une flèche en chaque point de l'espace. Cette flèche est dirigée des charges positives vers les charges négatives. Elle indique le sens de déplacement d'une charge positive placée en ce point. Plus la flèche du champ électrique est longue et plus l'effet électrique sera important.

Le potentiel électrique en un point est une sorte « d'altitude électrique » de ce point que l'on exprime en volts. Si vous jouez au ballon en montagne, celui-ci va spontanément commencer à rouler en suivant la ligne de plus grande pente. La pente du relief caractérise la variation plus ou moins importante de l'altitude. L'équivalent électrique de ces lignes est l'équipotentielle, soit l'ensemble des points de même potentiel électrique.

Comme le torrent descend de la montagne, le champ électrique descend les potentiels. Le champ électrique indique la manière dont varie le potentiel lors d'un petit déplacement dans l'espace. C'est l'équivalent de la pente du relief au point où vous jouez au ballon dans l'exemple précédent.

Nous vivons dans un gigacondensateur

La terre présente, même par temps sec, un excédent d'électrons de l'ordre de 10 milliards d'électrons par mètre carré. En revanche, la très haute atmosphère vers 40 à 50 kilomètres porte une charge positive qui compense celle du sol. La différence de potentiel moyenne entre ces deux « conducteurs » est de l'ordre de 4 000 000 volts. Nous vivons donc dans l'isolant d'un condensateur à l'échelle de la planète.

Pour les balèzes

Comme vous êtes doué pour le calcul mental, vous avez déjà estimé que cela fait 10 V pour un mètre (de différence d'altitude). Le rapport de la différence de potentiel sur la différence d'altitude est l'intensité du champ électrique. Cela n'est qu'une valeur moyenne. Au niveau du sol, le champ électrique est plus intense que dans la haute atmosphère.

Si vous lisez ces lignes par temps non orageux, le champ électrique dans votre environnement est une flèche verticale dirigée vers le bas et de longueur approximative de 100 V/m.

180 volts de la tête aux pieds !

À 100 volts par mètre de différence d'altitude, la différence de potentiel entre le sommet de votre crâne et votre plante des pieds devrait donc valoir 180 V environ en position debout. Ce n'est pas tout à fait exact car le corps humain modifie localement la structure électrique de l'atmosphère. Formé à 70 % d'eau salée, le corps est un assez bon conducteur électrique. Quelques électrons vont donc se placer sur votre épiderme exactement comme il faut pour que votre corps reste au même potentiel. La différence de potentiel entre deux points de votre corps reste minime (de l'ordre du millivolt) essentiellement suite à l'activité cardiaque. Le champ électrique est quasiment nul à l'intérieur du corps.

Il suffit de très peu de charges électriques réparties sur votre peau pour compenser l'action des charges réparties sur le sol. Vous ne sentez pas le déplacement de ces charges. Il en est autrement si un générateur électrique (comme une prise de courant) impose une différence de potentiel entre deux points de votre corps. Le nombre de charges électriques impliquées dans ce processus est des millions de fois plus élevé. La tension du secteur peut donc devenir rapidement mortelle lorsque les électrons s'engouffrent dans le corps.

Il y a des fuites... compensées par les orages

L'air est très légèrement conducteur (électrique). Le passage d'un très léger courant provient de fines particules de poussières qui peuvent se charger et des ions (atomes ayant perdu ou gagné des électrons) créés par les rayons cosmiques. Ce second effet augmente avec l'altitude. De ce fait, il y a environ dix millions d'électrons qui quittent le sol pour se diriger vers la haute atmosphère chaque seconde. Vu la quantité d'électrons qui étaient en excès au départ, le sol devrait être neutre en moins d'une demi-heure. Ce sont les orages qui rechargent en permanence le gigacondensateur terrestre en maintenant en moyenne une charge négative au sol et la charge opposée dans la très haute atmosphère. Ces orages convertissent l'énergie solaire en énergie électrique dans une sorte de machine complexe hydro-thermo-électrodynamique.

Figure 6-6 Les éclairs rechargent le condensateur terrestre.

Tempête au sein d'un nuage

Le mécanisme des orages est complexe et n'est pas complètement éclairci. Deux ingrédients sont essentiels pour réussir un bon orage. Il faut d'abord des courants d'air ascendants et descendants de vitesse élevée, 25 à 30 m/s. Le vent doit souffler à 90-100 km/h au sein de la formation orageuse. La présence simultanée dans le nuage de particules de glace lourdes et légères est aussi nécessaire. Lors des chocs violents dans les courants d'air, ces fines particules solides vont se charger électriquement.

Figure 6-7 Les vents internes courants séparent les charges électriques.

Les porteurs de charges positives sont les plus légers : ils vont être entraînés par les courants ascendants. Les particules lourdes portent des charges négatives : trop massives pour être emportées par le vent, ces charges négatives vont s'accumuler à la base du nuage.

Le résultat net de ces processus de séparation est que la partie supérieure des nuages orageux est chargée positivement, tandis que leur base est chargée négativement. La charge totale pour le nuage est de l'ordre de la centaine de coulombs (l'unité de charge électrique) pour un gros orage. Cela représente au bas mot 10^{21} électrons (un 1 avec 21 zéros derrière) !

Le nuage fait fuir les électrons du sol

La base du nuage chargé négativement va repousser les électrons libres du sol vers d'autres cieux. La Terre est grande. Il y a donc assez de place pour créer un gros défaut d'électrons sous le nuage en augmentant l'excès électronique ailleurs. Par temps sec, l'excès d'électrons porte sur 10 milliards de particules par mètre carré. À la verticale du nuage orageux, le manque d'électrons va dépasser les 3 000 milliards (d'électrons par mètre carré). L'effet de cette énorme charge positive et de celle, négative, de la base du nuage est de faire grimper le champ électrique à plus de 3 000 000 volts par mètre. Au-delà de ce seuil, l'air devient un bon conducteur électrique. Le champ électrique n'est pas uniforme sous le nuage. Il est très élevé près des excroissances du relief, comme un arbre isolé ou un promeneur en rase campagne. La foudre va frapper préférentiellement ces pointes conductrices, car le champ électrique élevé va rendre l'air conducteur dans leur voisinage.

Figure 6-8
Les nuages font fuir les électrons.

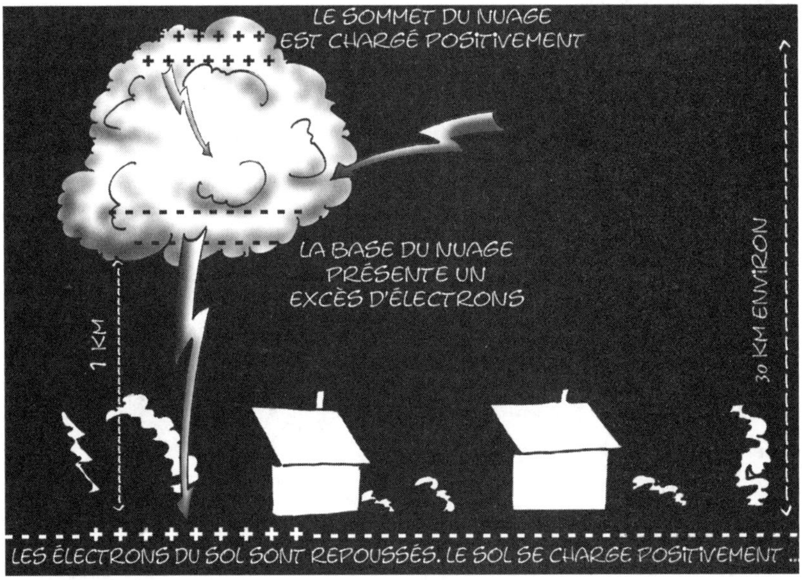

L'éclair jaillit

Avant que la foudre ne frappe, la différence de potentiel entre le sol et le nuage orageux monte à plusieurs millions de volts. La couche d'air normalement isolante ne peut plus empêcher les charges opposées de se rejoindre. Un effet d'avalanche se produit, qui aboutit très rapidement à un nombre élevé d'électrons mobiles arrachés de leur orbite atomique.

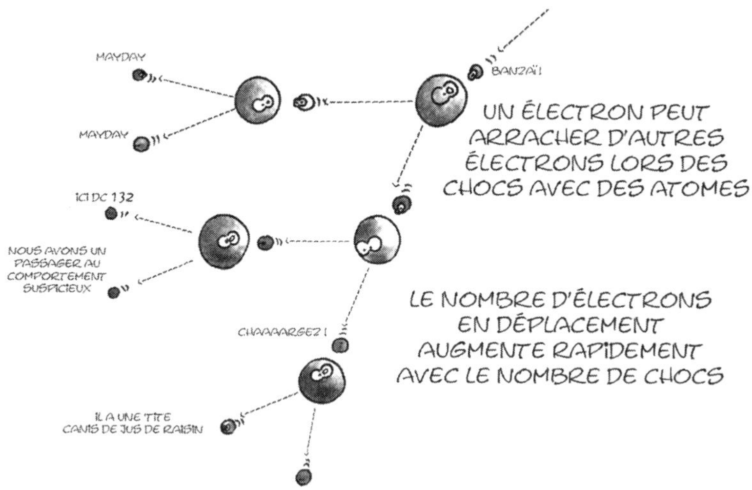

Figure 6-9 Un effet d'avalanche qui multiplie les électrons en mouvement.

Dans un premier temps, un traceur (un éclaireur pour la foudre) suit un parcours aléatoire entre la base du nuage et le sol à la vitesse de 200 km/s. Ce boyau rempli d'électrons reste invisible pratiquement jusqu'à l'arrivée au sol. Brutalement, les électrons du nuage se déversent dans la terre pour rétablir la neutralité électrique. L'intensité de ce courant électrique orienté du sol vers le nuage est énorme : 10 000 ampères. À titre de comparaison, l'intensité du courant électrique du TGV est de plusieurs centaines d'ampères. L'air est porté à haute température ; les molécules excitées émettent un flash lumineux très intense. La décompression brutale de l'air comprimé par l'échauffement engendre l'onde sonore du tonnerre.

L'effet des pointes

Il est bien connu – et pas seulement des fakirs – qu'il ne faut jamais se réfugier sous un arbre isolé lorsque l'orage menace. Il serait suicidaire de se promener une fourche métallique à la main, pointes vers le haut. Les électrons ont, en effet, une fâcheuse tendance à s'accumuler sur les pointes conductrices. De même, l'effet des charges négatives situées à la base du nuage orageux sera plus marqué sur un arbre que sur le sol environnant. Un gros défaut d'électrons sur une pointe va créer un champ électrique intense dans son voisinage. L'atmosphère aura donc tendance à s'ioniser davantage à ces endroits. La foudre y tombera donc plus souvent. Cet effet existe aussi en mer. Les feux de Saint-Elme sont des aigrettes électriques apparaissant au sommet des mâts.

Une loi qui balance, Coulomb

Les forces d'interaction électrostatique entre particules chargées diminuent lorsque la distance entre les charges augmente. Pour mesurer ces micro-forces, Coulomb va mettre au point une balance ultra-sensible.

L'homme de toutes les forces

En 1777, l'Académie des sciences lance un prix portant sur l'amélioration des boussoles afin de rattraper le retard de la Marine royale sur la Royal Navy en matière de magnétisme. Charles Augustin de Coulomb se lance dans la compétition. Pour lui, le problème se situe au niveau du point de suspension de l'aiguille aimantée. Ce qui l'amène à l'étude de la torsion des fils. Il dégage les lois expérimentales qui décrivent l'influence de la nature du fil, de sa longueur et de la résistance de l'air dans les mouvements lents. S'appuyant sur l'analogie entre le pendule pesant et l'aiguille aimantée, il en arrive à la conclusion que les deux systèmes oscillent autour de leur position d'équilibre. La période d'oscillation permet des mesures très fines pour l'époque. Ses travaux seront être récompensés par la moitié du prix mais il n'en restera pas là : il y a un second prix de l'Académie sur les frottements et les raideurs des cordes en 1881. Le problème posé est loin d'être académique : il s'agit de maîtriser davantage la mise à l'eau des bateaux. Il jette les bases de la physique des frottements, ou tribologie.

Cet esprit inventif est capable de travailler tout aussi bien avec les forces très élevées des chantiers navals et des microforces de torsion de fil de soie. Il sera le seul à son époque à maîtriser ce savoir-faire expérimental. Les expériences sont simples dans leur principe, mais souvent délicates à réaliser proprement. Coulomb approche de la cinquantaine, un âge vénérable pour l'époque, quand il réalise qu'une vieille hypothèse remontant à Newton est à sa portée. Les forces électriques suivent le même modèle que la loi de gravitation ; ces forces doivent diminuer en fonction de l'inverse du carré de la distance qui sépare les objets en interaction.

Une balance à microforces

Spécialiste des fils de suspension, Coulomb va inventer la balance de torsion. Un fétu de paille horizontal est suspendu à un fil de soie. Une petite boule de sureau est fixée à une extrémité. Un petit morceau de papier placé à l'autre bout sert à la fois à faire contrepoids et à amortir les oscillations par frottement sur l'air.

Une seconde boule de sureau est chargée à l'aide d'une machine électrostatique et approchée de l'équipage mobile. Lorsque les deux boules se touchent, les charges électriques excédentaires vont se répartir sur les deux objets. Comme elles portent alors des charges de même signe, les deux boules se repoussent. Or, Coulomb sait comment estimer la force de répulsion à partir de l'angle de torsion du fil.

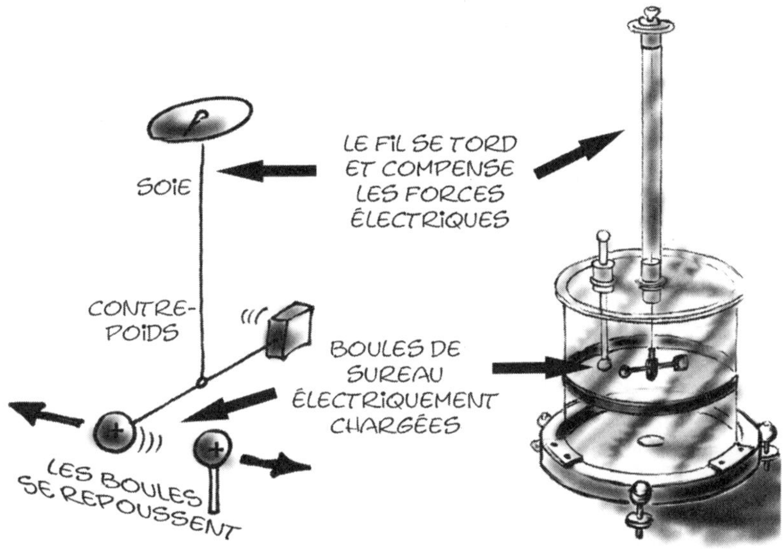

Figure 6-10 Une balance de torsion pour mesurer des microforces.

En 1785, il va procéder à trois essais et pas un de plus. Ces trois mesures sont en accord avec une variation de l'intensité de la force suivant l'inverse du carré de la distance qui sépare les deux charges. Si Coulomb n'a pas publié de série de mesures plus longue, ce n'est pas par paresse expérimentale, bien au contraire ! Il sera le seul à pouvoir faire fonctionner son dispositif. Coulomb connaît parfaitement son affaire. D'une part, les charges mettent du temps à se répartir entre les deux balles car le sureau n'est pas un bon conducteur. Par ailleurs, les poussières et l'humidité de l'air peuvent neutraliser les charges excédentaires présentes au départ. Dans certains cas, les expérimentateurs doivent se déshabiller afin de ne pas apporter de charges pouvant parasiter l'expérience. Il faut donc procéder à des mesures rapides de l'angle de torsion sous peine de fausser totalement la mesure. L'habileté expérimentale de Coulomb va faire de lui la figure emblématique de la méthodologie scientifique naissante, du moins en France. Cette loi mettra quand même un quart de siècle pour s'imposer dans la communauté scientifique internationale.

Les forces électriques

La forme de l'interaction électrostatique découle d'une modélisation de l'expérience précédente. Coulomb introduit le concept de particules quasi ponctuelles en interaction. Leur taille est négligeable devant la distance qui les sépare.

Pour les balèzes

L'intensité de la force exercée par une particule sur l'autre est inversement proportionnelle au carré de la distance qui sépare les charges.

La direction de cette force électrostatique est suivant la droite qui relie les deux charges ponctuelles. L'intensité est proportionnelle au produit des valeurs des charges. Cela explique que deux charges de même signe se repoussent et deux charges de signes opposés s'attirent.

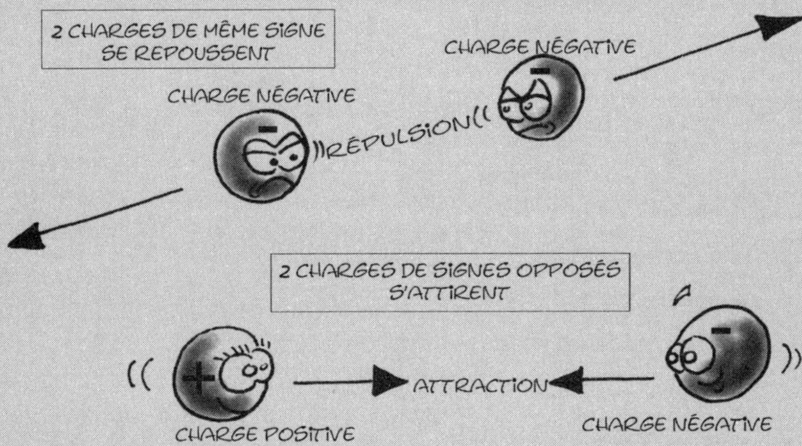

Figure 6-11 Les forces électriques peuvent s'attirer ou se repousser.

La force électrostatique qu'exerce une charge q_1 sur une autre charge q_2 placée à une distance d s'exprime par la relation $F = \frac{q_1 q_2}{4\pi\varepsilon_0}\frac{1}{d^2}$,

e_0 est une constante que l'on appelle la permittivité du vide. C'est une des constantes fondamentales de l'électromagnétisme.

La loi de Coulomb ne s'applique directement qu'à des charges ponctuelles. Dans le cas où plusieurs charges peuvent interagir simultanément, il suffit d'additionner les flèches qui représentent les forces s'exerçant sur une particule donnée. Ces caractéristiques des forces électrostatiques ont été testées à l'échelle humaine. Il n'est pas du tout évident *a priori* que la même loi s'applique à des distances microscopiques voire atomiques. C'est pourtant le miracle qui se produit. Coulomb avait mis la main sur une structure universelle valable à toutes les échelles de distance.

Des forces qui agissent...

... mais pas à toutes les échelles. Comme la gravitation, les forces électriques sont des interactions de longue portée. Mais leur intensité est très différente. La force gravitationnelle entre deux électrons est d'environ 10^{40} (un 1 avec 40 zéros derrière) fois plus faible que la force électrique qui les repousse. L'interaction électromagnétique peut être soit attractive soit répulsive suivant le signe des charges, tandis que l'interaction gravitationnelle est toujours attractive. La matière reste globalement neutre car une charge positive a tendance à attirer une charge négative de même valeur et inversement. C'est la meilleure preuve de l'égalité parfaite des valeurs absolues de la charge de l'électron et du proton. À l'échelle astronomique, l'interaction électrique est totalement négligeable devant l'interaction gravitationnelle, car les objets macroscopiques sont pratiquement (électriquement) neutres.

Le champ électrique

Les charges électriques interagissent par l'intermédiaire d'un champ défini en tout point de l'espace. Une première charge électrique modifie son environnement en créant ce champ électrique, qui agit ensuite sur une autre charge électrique.

Éliminer la force au bénéfice du champ !

La loi de Coulomb permet de décrire la force d'interaction entre deux particules chargées si leurs positions et leurs charges sont connues. Au lieu de dire que la particule n° 1 exerce une force sur la particule n° 2, il est plus judicieux de dire que la particule n° 1 crée un champ électrique en tout point de son environnement. Si maintenant la particule n° 2 s'approche, elle va subir le champ électrique créé par la charge n° 1. La force que cette charge d'épreuve subit est le produit de sa charge électrique par le champ électrique de la charge 1 au point où elle se trouve.

De prime abord, cela revient à se compliquer l'existence en introduisant un intermédiaire dont on pourrait bien se passer. Cette stratégie s'avère en fait extrêmement payante et va donner naissance à une branche de la physique mathématique : la théorie du champ. Le champ électrique devient alors une entité autonome dont l'étude peut être menée en se passant complètement du concept de force. Celle-ci s'introduit uniquement si on cherche à mesurer le champ électrique en un point donné à l'aide d'une charge test.

On teste le champ

Imaginons que l'on se trouve près d'une charge électrique fixe et que l'on dispose d'une charge test positive. En observant dans quelle direction se dirige cette charge d'épreuve si on la lâche, il est possible de déterminer la direction et le sens du champ électrique en ce point. Déplaçons la charge test d'un petit pas et recommençons la mesure de la force. De proche en proche une ligne va se construire. C'est une ligne de champ électrique. Ce processus de pensée (mais qui est très proche de l'algorithme de calcul par ordinateur) permet de dresser une carte de champ électrique comme un ensemble de lignes qui indiquent en chaque point la direction et le sens du champ électrique. La flèche qui représente le champ est tangente à la ligne de champ.

L'environnement électrique d'une charge

Pour une charge électrique unique (Figure 6-14), les lignes de champ sont des lignes qui partent de la charge si elle est positive et qui se dirigent vers elle si elle est négative. Quand il y a plusieurs charges sources (figure de droite), on additionne les flèches de chaque point source.

Toutes les cartes de champ électrique ont deux points communs. Les lignes de champ divergent à partir des charges positives mais convergent (ou, si l'on préfère, divergent négativement) vers les charges négatives. En partant d'une charge positive, on arrive toujours sur une charge négative en suivant la ligne de champ électrique.

Figure 6-12
Des lignes qui indiquent la direction du champ électrique.

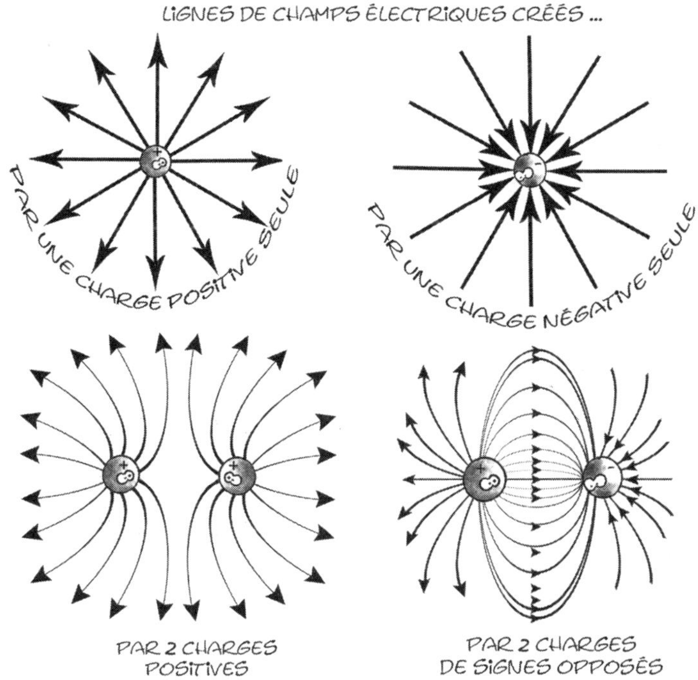

L'électrostatique chez vous

Les forces électrostatiques sont à l'œuvre dans des appareils que vous utilisez quasi quotidiennement…

Même pas chargé, ça attire

Une règle frottée attire toujours

Faites-le vous-même

Frottez un sac ou une règle en matière plastique contre votre pull et approchez-le d'un mince filet d'eau sortant d'un robinet. Le filet d'eau est dévié sans être en contact avec l'objet chargé. Mais la force résultante sera toujours attractive. Cela se passe de la même façon avec de petits bouts de papier. Cette observation simple est surprenante à bien y réfléchir. L'eau ou le papier sont électriquement neutres et ils interagissent quand même avec un objet chargé.

La loi de Coulomb nous en donne l'explication. La molécule d'eau est neutre, mais les charges ne sont pas réparties uniformément. Certaines zones sont plutôt chargées positivement (les atomes d'hydrogène). L'atome d'oxygène tire la couverture électronique à lui et acquiert une charge négative pour compenser. Quand vous approchez l'objet chargé positivement du filet d'eau, les molécules d'eau commencent par pivoter sur elles-mêmes. Cela ne se voit pas à notre échelle. Une molécule d'eau donnée va se placer de telle sorte que l'atome d'oxygène soit du côté de la règle frottée.

Figure 6-13

Les molécules d'eau pivotent et filent vers la règle chargée.

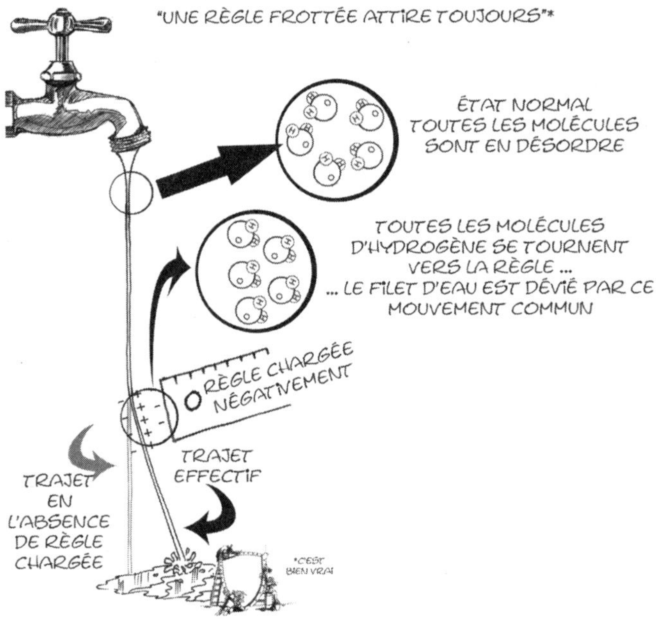

Les charges négatives intramoléculaires sont donc un tout petit peu plus proches de la charge extérieure que les charges positives des atomes d'hydrogène. La règle attire un peu plus qu'elle ne repousse la molécule. La taille d'une molécule d'eau est un milliard de fois plus petite que la distance règle-jet d'eau. C'est pourtant cet effet différentiel que vous voyez dans votre cuisine. Globalement, c'est l'attraction qui gagne. Cet effet est notable tant que la température n'est pas trop élevée.

La polarisation de la molécule d'eau ou séparation des charges au sein de la molécule est aussi à l'œuvre dans votre four à micro-ondes.

Un attrape-poussière

Les écrans de télévision cathodiques sont toujours très poussiéreux. Les électrons qui arrivent sur l'écran pour le rendre lumineux point par point sont captés par une grille métallique fine pour retourner ensuite vers le canon à électrons. Mais entre-temps, des charges positives apparaissent sur la surface visible de nos écrans. Notre écran se comporte donc comme une règle frottée énergiquement. Si vous n'êtes pas convaincu, approchez une feuille de papier de l'écran. Elle reste collée !

Dans un grain de poussière, il y a toujours quelques charges mobiles. La vitesse de chute d'un petit grain de poussière est très faible. Le poids est pratiquement compensé par le frottement de l'air. Il suffit donc d'une petite force supplémentaire pour le faire dévier de sa trajectoire. Lorsque ce grain passe au gré des courants d'air près de votre écran, quelques électrons de la poussière vont se mettre du côté de l'écran en laissant une zone chargée positivement de l'autre côté du grain. La poussière se comporte comme une mégamolécule d'eau dans l'expérience précédente. Le grain va filer en direction de l'écran par interaction électrostatique et s'y coller. Les chiffons électrostatiques, bien connus des ménagères, procèdent de la même analyse physique.

Le gecko

Le gecko, un petit lézard, peut grimper le long des murs ou des plafonds. Son secret ? Des milliers de petits filaments de kératine, les *setae*, situés sous ses pattes, de la taille d'un dixième de cheveu. Sur chaque *seta* se trouvent des poils invisibles au microscope optique de 200 nanomètres. Le gecko utilise l'effet des pointes électrostatiques en chargeant les extrémités de ces poils. Le champ électrique à l'extrémité de ces minuscules filaments est assez intense pour déformer les nuages électroniques des atomes du support sur lequel ils marchent. Chaque poil est ainsi attiré comme le filet d'eau par la règle chargée par des forces dénommées « forces de Van der Waals ». La force d'un poil est très faible. Mais leur grand nombre est suffisant pour que la force totale atteigne jusqu'à cent fois le poids du lézard.

L'électrostatique dans votre photocopieuse...

La photocopieuse a été inventée par Chester Carlson. Il a déposé le brevet en 1938, mais il lui faudra encore dix ans pour mettre au point le procédé de xérographie, des racines grecques *xeros* (sec) et *graphos* (écrire), et créer la Xerox Compagny. À la base, on trouve un matériau photosensible comme le sélénium, l'oxyde de zinc ou l'anthracène. Ces substances sont habituellement isolantes, mais elles deviennent conductrices de l'électricité lorsqu'elles sont éclairées. La photocopie nécessite cinq étapes. Un film fin de sélénium est fixé sur un tambour métallique. La rotation de ce tambour fait passer le film photosensible près d'un fil électriquement chargé à l'aide d'un générateur de haute tension. La surface du film est ainsi chargée positivement de manière uniforme. L'image du document est formée sur le tambour à l'aide d'un jeu de lentilles. Les zones blanches du document vont correspondre à des zones éclairées sur le film photosensible. À ces endroits, le sélénium devient conducteur et les charges électriques passent dans le métal du tambour. En revanche, sur les zones sombres de l'image, les charges électriques restent en place car le matériau reste isolant. Des particules de toner très fines et de charges de signe opposé au tambour sont ensuite mises en contact avec le film de sélénium. Le toner se fixe sur les endroits sombres du tambour. Il suffit ensuite de placer une feuille de papier en contact avec le film pour que les particules de toner passent sur le papier. Une opération de chauffage fixe les grains sur le papier avant l'expulsion de la feuille. Dans une imprimante laser, le procédé est très voisin. Une diode laser produit le fin faisceau lumineux modulé par l'ordinateur, qui va éclairer le film photosensible.

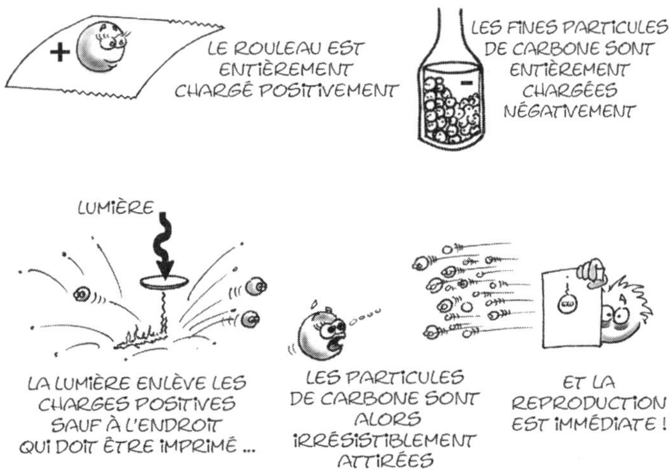

Figure 6-14

La lumière enlève les charges positives. Le toner se dépose sur les charges qui restent.

… et dans votre jet d'encre

Une autre application concrète de l'électrostatique est l'imprimante à jet d'encre à jet continu. Ce jet de diamètre 0,1 mm environ passe dans un cylindre porté à une différence de 100 V par rapport à l'encre. Le jet devient ainsi une armature d'un condensateur cylindrique. À la sortie, le jet est haché pour produire des gouttes de 0,025 mm à 0,125 mm de diamètre. Ces gouttes passent ensuite entre deux plaques alimentées par un générateur électrique, dont on contrôle la tension, de l'ordre de quelques milliers de volts. Ces plaques déflectrices guident les gouttes d'encre vers l'endroit prévu sur la feuille de papier. La tension entre ces deux plaques varie suivant les instructions du fichier d'impression et contrôle ainsi finement la trajectoire des gouttes d'encre.

Galvani et Volta tombent pile

Les machines électrostatiques ne pouvaient délivrer que des impulsions électriques. La découverte de la pile électrochimique va révolutionner l'électricité en créant des courants électriques circulant en continu.

Une révolution technologique de premier plan

Née autour de 1800, la première pile électrique va provoquer une révolution technologique de grande ampleur. Volta la présente comme un condensateur autorechargeable, un appareil « capable de produire les mêmes effets que la bouteille de Leyde et dont la charge après chaque explosion se rétablirait d'elle-même ». Cet allongement considérable du temps de décharge a de multiples conséquences. L'électrochimie qui utilise le courant électrique pour provoquer des réactions chimiques est née dans les mois qui ont suivi la publication de Volta. On découvre rapidement l'électrolyse de l'eau, c'est-à-dire sa décomposition en oxygène et hydrogène. Suit la découverte d'une multitude d'éléments chimiques comme le sodium, le potassium, le calcium, le magnésium, le baryum et le strontium. L'étude des actions de type magnétique produites par des courants électriques annonce l'électrodynamique, bientôt suivie de l'électromagnétisme qui fait la synthèse des phénomènes électriques et magnétiques. La rupture introduite par Volta dans l'évolution des sciences fait de sa pile la « base fondamentale de toutes les inventions modernes ». Volta passera à la postérité en donnant son nom à l'unité de tension électrique qui caractérise au départ la « force d'une pile ».

Galvani fait sauter les grenouilles

Tout commence en Italie par une histoire de batracien. Les pattes d'une grenouille décérébrée et écorchée présentent des contractions visibles lorsque l'on met en contact un nerf et un muscle par l'intermédiaire d'un objet formé de deux métaux différents. Pour Galvani, l'expérience démontre la présence d'une électricité animale. Celle-ci est stockée dans le cerveau, puis acheminée vers les muscles via les nerfs. Chaque fibre musculaire est semblable à une toute petite bouteille de Leyde. Une armature de ce condensateur biologique est le nerf proprement dit et l'autre la surface du muscle. Le fil métallique permet la décharge de ce condensateur. La contraction musculaire est la traduction visible de cette action électrique.

Un poisson électrique bien connu

Un poisson connu depuis la haute Antiquité apporte de l'eau au moulin de Galvani. Le poisson torpille occasionne de violentes commotions au pêcheur imprudent qui aurait le malheur de le toucher. Ce poisson particulier peut produire une décharge de 500 volts pendant 0,003 seconde. Il émet des décharges électriques grâce à des organes électriques composés de regroupements très denses de terminaisons nerveuses. Dès 1773, John Hunter étudie l'anatomie de l'organe électrique de ce poisson torpille : « Chaque organe électrique consiste en 470 à 1 200 colonnes perpendiculaires, dépendant de la dimension de l'animal, et chaque colonne d'un pouce de long contient environ 150 partitions. » Ces électroplaques reliées en série sont ainsi disposées le long de son corps. Le champ électrique interne au corps du poisson peut atteindre 400 V/m.

Il est alors de tradition de relâcher tous les poissons du filet si une torpille fait partie du lot. Pour Galvani, le poisson torpille est une preuve incontestable de l'existence de l'électricité animale. On peut faire avec ces poissons l'expérience de l'électrisation de groupe de la bouteille de Leyde. Si plusieurs personnes se tiennent la main, lorsque celle se trouvant à une extrémité de la chaîne touche le poisson tandis que la personne à l'autre extrémité trempe son doigt dans l'eau, une décharge électrique est ressentie par tous les membres de cette chaîne de conducteurs humains. En 1773, John Walsh établit que les deux côtés de l'organe électrique du poisson torpille présentent des charges électriques de signes opposés.

Volta empile les disques

En essayant de compléter les expériences de Galvani, Volta comprend deux choses essentielles. La grenouille se comporte donc comme un détecteur biologique de l'électricité extrêmement sensible. Le rôle des muscles et des nerfs est secondaire. Volta montre que l'on peut obtenir une décharge avec la grenouille tout entière placée entre deux métaux différents. Il va orienter ses recherches sur l'action des métaux. Ceux-ci sont non seulement conducteurs, mais également moteurs d'électricité.

Anecdote

Une controverse qui fait rage...

La controverse entre Galvani tenant de l'électricité animale et Volta fait rage en 1797, lorsque les troupes de Bonaparte envahissent l'Italie. Pour conserver leur poste, les fonctionnaires devaient prêter allégeance à l'envahisseur. Galvani ne signera pas ! Il est alors obligé de quitter son poste universitaire. Volta, quant à lui, prêtera serment et pourra finir de liquider le concept d'électricité animale en l'absence de son opposant.

Le léger picotement produit par le contact de la langue sur les deux métaux plongés par ailleurs dans de l'eau salée est encourageant. Mais cela n'a pas l'ampleur des expériences d'électrostatique ou des décharges du poisson torpille. L'anatomie de ce poisson est la clé pour amplifier la force de cette pile électrique rudimentaire. Volta, sur les conseils d'un physicien anglais, va reproduire une torpille électrique en empilant alternativement des disques de cuivre et de zinc, séparés par une matière poreuse (du carton) imbibée d'eau salée ou d'acide.

Figure 6-15 La pile biologique et l'empilement de Volta.

Lors de la présentation de la pile à Napoléon, Volta insiste sur la différence majeure entre sa pile et les machines électrostatiques. La première fait circuler un courant électrique de basse tension pendant une longue durée, tandis que la circulation du courant est très brève et la tension élevée avec les machines électrostatiques.

La « force » d'une pile

La tension délivrée par une association cuivre-carton-zinc est d'environ un volt. Lorsque plusieurs éléments identiques sont posés l'un sur l'autre pour former une pile, les tensions s'additionnent. Vous procédez de la même façon lorsque vous insérez des piles dans un appareil portable. Les générateurs sont alors montés en série : le pôle positif de l'un est relié au pôle négatif du suivant. Quatre piles de 1,5 V en série sont équivalentes à une seule de 6 V. En revanche, le courant est le même dans tous les générateurs.

La chimie : moteur de l'électricité

La pile de Volta est le prototype d'une pile électrochimique. C'est une réaction chimique que l'on appelle une oxydoréduction. Elle fournit l'énergie chimique dont une partie va être convertie en énergie électrique, le reste sera libéré sous forme d'énergie thermique. Dans le cas précis de la pile de Volta, la partie métallique en zinc (la cathode) se dissout. Pour chaque atome de zinc transformé (en ion zinc), celui-ci libère deux électrons. Ils vont être attirés par le disque de cuivre (anode). La réaction chimique avec le cuivre proprement dit est quasi inexistante. Ce sont les ions hydrogène qui vont capter les électrons pour former de l'hydrogène gazeux qui se dégage. Ces deux processus chimiques ont lieu à deux endroits différents. Il n'y a pas de contact métal-métal mais un sandwich métal-électrolyte-métal. Un fil métallique est donc nécessaire pour permettre aux électrons libérés sur une électrode d'être utilisés sur l'autre.

Ce déplacement d'électrons dans le fil métallique est un courant électrique. Dans l'eau acidulée, la conduction électrique est assurée par les ions présents en solution. Cette pile va fonctionner tant que les réactifs chimiques seront présents et tant que la conductivité de l'électrolyte restera suffisante. La pile de Volta va s'avérer peu performante à l'usage. De nombreuses améliorations y seront apportées pour en faire une source d'énergie électrique fiable et de plus en plus puissante.

DANS CE CHAPITRE

Chapitre 7

Dans le sens du courant : l'électrodynamique

Les lois de l'électricité permettent de comprendre une multitude de techniques utilisées aujourd'hui dans notre vie quotidienne. Mais l'interaction électromagnétique intervient aussi dans l'organisation de la matière, des atomes aux cristaux et des liaisons chimiques aux molécules. La construction de l'électromagnétisme théorique, étalée sur la grosse première moitié du XIXe siècle, a été relativement rapide. Après l'apparition de zones de recouvrement entre les phénomènes électriques et magnétiques en 1820, les concepts de champs électrique et magnétique ont progressivement émergé. De nouvelles interconnexions entre ces deux domaines sont apparues lors de l'étude de l'induction vers 1830. Finalement, l'électromagnétisme s'est unifié en 1865 en quatre équations, qui contiennent toutes les applications potentielles développées jusqu'à nos jours.

Deux domaines sans relation apparente

Les phénomènes magnétiques sont connus depuis le haut Moyen Âge. Pierre de Maricourt est l'auteur du premier traité sérieux sur les aimants en 1269. À cette époque, la boussole découverte par les Chinois est utilisée comme guide dans la construction des galeries de sape sous les fortifications ennemies. On ne distinguait pas l'attraction du fer par des aimants de celle de bouts de papier par de l'ambre frotté. William Gilbert (voir Chapitre 6) montre, en procédant à des expériences rigoureuses vers 1600, qu'il s'agit de deux choses différentes. Au début du XIXe siècle, l'électricité et le magnétisme forment donc deux sciences sans lien apparent. Même Ampère précise dans un de ses cours de 1802 que les deux phénomènes agissent indépendamment l'un de l'autre. Imaginer un lien entre électricité et magnétisme n'avait pas plus de sens que de chercher un lien entre gravitation et magnétisme.

Pourtant, l'électricité et le magnétisme produisent tous les deux des attractions et des répulsions. En électricité, il y a deux catégories de charges, les positives et les négatives. En magnétisme, il faut considérer les pôles nord et sud des aimants. Mais si on peut séparer des charges électriques, il est impossible d'isoler un pôle magnétique nord de son inséparable pôle sud. En brisant un barreau aimanté, vous obtenez deux aimants possédant chacun deux pôles. Un fragment, même microscopique, de matériau magnétique présente encore un pôle nord et un pôle sud. On ne peut pas isoler un monopôle magnétique, alors qu'on peut le faire avec une charge électrique.

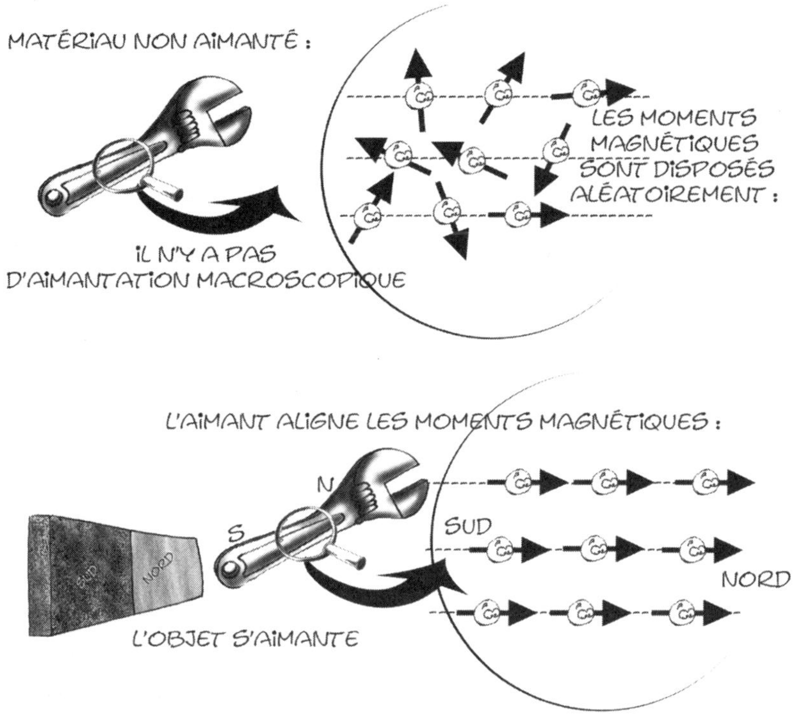

Figure 7-1 Un aimant agit sur les aimants microscopiques appelés moments magnétiques.

Deux autres phénomènes magnétiques sont intrigants en ce début du XIXe siècle. D'une part, l'aimantation peut se transmettre. Une aiguille frottée sur un aimant devient à son tour un aimant. Par ailleurs, l'aimantation peut disparaître suite à des chocs ou une élévation de température au-delà de 770 °C. Il n'y a aucun équivalent pour les charges électriques.

Oersted lance un pont

Au départ, il y avait l'électricité et le magnétisme. Oersted est le premier à se rendre compte que l'un ne va pas sans l'autre.

L'aiguille aimantée perd le nord

Fin 1820, Christian Oersted fait un cours à l'université de Copenhague portant sur le dégagement de chaleur dans un fil joignant les deux bornes d'une pile de Volta. Un de ses élèves lui fait remarquer qu'une aiguille aimantée, placée par hasard sous le fil, pivote lorsque le courant circule. L'aiguille dévie et cesse d'indiquer le nord ! Il y aurait donc une liaison entre électricité et magnétisme, les deux grands problèmes scientifiques de l'époque.

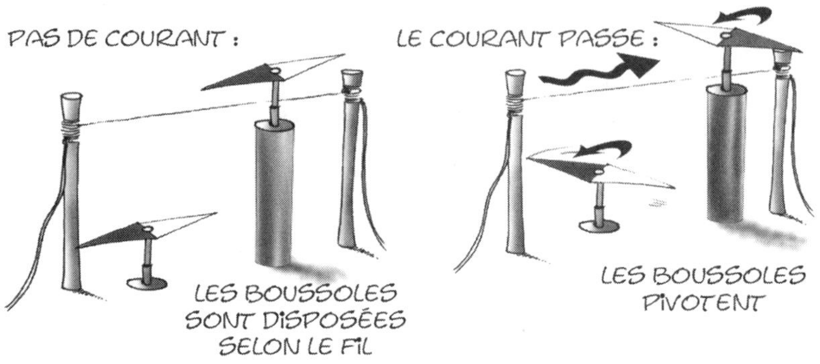

Figure 7-2 Les boussoles ressentent l'action du fil parcouru par un courant.

La déviation de l'aiguille aimantée s'inverse si la pile est branchée en sens contraire. La boussole ne dévie pas si elle est placée perpendiculairement à l'aiguille. L'action du courant électrique diminue en éloignant l'aiguille aimantée. Pour décrire ces phénomènes s'exerçant à distance, il est judicieux d'introduire la notion de champ de vecteurs : le champ magnétique. L'aiguille aimantée sert de détecteur de champ. La flèche, qui le représente, sera simplement celle de la boussole, orientée du sud vers le nord de l'aimant.

La découverte de l'électroaimant

À peine quelques jours après la découverte d'Oersted, les physiciens Arago et Ampère remarquent qu'un fil de cuivre parcouru par un courant électrique possède la propriété d'attirer la limaille de fer. Lorsque le courant est interrompu, cette attraction disparaît. Cela montre que chaque grain de cette poudre de fer devient un petit aimant, sous l'action du champ magnétique créé par le fil. Chaque particule de fer va d'abord s'orienter, suivant le champ magnétique, puis se diriger vers les zones de champ intense au voisinage du fil.

L'effet est beaucoup plus intense si on bobine le fil autour d'une aiguille en acier. Ces aimants temporaires ou électroaimants résultent d'un alignement d'un très grand nombre de minuscules aimants suivant l'axe de la bobine. Une extrémité de l'aiguille devient un pôle nord et l'autre un pôle sud.

Avec Ampère, ça circule

Un courant électrique est un déplacement d'un très grand nombre de charges électriques mobiles. Ampère va forger les outils pour mesurer le débit des courants électriques.

Les électrons sont comme les saumons

Si nous permutons les pôles de la pile dans l'expérience d'Oersted, la déviation s'inverse. Cela ne peut s'expliquer que si l'on attribue une direction à ce courant. Il fallait faire un choix. On a alors pris le sens tel que le courant sorte par le pôle positif du générateur et entre par son pôle négatif. On sait maintenant que le choix inverse aurait facilité les choses. Dans les métaux, le courant électrique est véhiculé par des charges négatives, les électrons. Ils entrent dans la pile par le pôle positif. Dans l'eau salée, les porteurs de charge sont de deux types : les ions positifs (les ions sodium) et négatifs (les ions chlorure). Toutes les lois de l'électrodynamique ont été établies avant la découverte de l'électron et de sa charge négative. Ensuite, il n'a pas été jugé utile de reprendre toutes les lois, il fallait simplement se rappeler que les électrons remontent le courant...

Surveillez le bras gauche du bonhomme

« Si Oersted avait été le Christophe Colomb du magnétisme, Ampère en fut le Pizarro et le Fernand Cortez. » Cette appréciation d'un contemporain d'Ampère n'est pas exagérée. Ampère va, en quelques mois, jeter les bases mathématiques des actions magnétiques et mettre au point des dispositifs de mesure de l'intensité du courant électrique. Il commence par préciser l'orientation de l'aiguille aimantée en fonction de la position du fil. La règle est simple : prenez un bonhomme allongé le long du courant, celui-ci lui entrant par les pieds et sortant par la tête. Pour connaître le champ magnétique en un point (donc la position de la boussole), le bonhomme regarde ce point et tend le bras gauche. Une autre possibilité pour trouver la direction du champ magnétique utilise la main droite. Placez votre main autour du fil parcouru par un courant qui circule dans le sens du pouce. Le sens d'enroulement de la paume de la main indique le sens de la flèche représentant le champ magnétique.

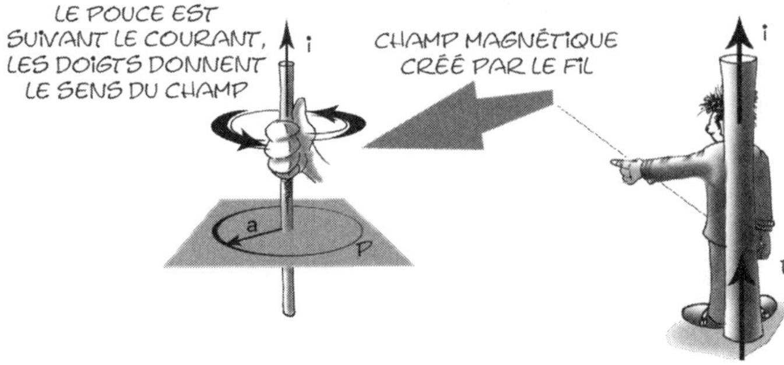

Figure 7-3 Comment déterminer la direction du champ magnétique.

Suivez la boussole pour tracer la ligne

Faisons abstraction de l'action magnétique de la Terre. L'aiguille aimantée donne la direction et le sens de la flèche qui représente le champ magnétique $\vec{B}$ créé par le circuit en un point donné. Déplaçons la boussole en un autre point très proche en suivant la direction indiquée par l'aiguille aimantée. La boussole va s'orienter suivant une nouvelle direction. En procédant de proche en proche, une ligne va se construire. C'est une ligne de champ magnétique. En suivant une telle ligne, vous revenez toujours à votre point de départ.

Figure 7-4 La ligne de champ indique la direction du champ magnétique.

La ligne de champ magnétique se referme toujours en faisant le tour d'au moins un fil parcouru par un courant. Par exemple dans le cas d'un fil rectiligne, les lignes de champ magnétique sont des cercles centrés sur ce fil. Plus on s'éloigne du fil et plus longue est la distance à parcourir pour faire le tour et plus faible est le champ magnétique.

Une boussole des courants

Avant les travaux d'Ampère, l'intensité était estimée à partir des masses de métaux déposés ou des volumes gazeux dégagés par électrolyse. Cette méthode peu commode va rapidement laisser la place aux effets magnétiques du courant. La Terre produit un champ magnétique qui oriente les boussoles. Une boucle de fil métallique parcourue par un courant agit elle aussi sur une aiguille aimantée. Placée au centre de la boucle, celle-ci a tendance à se mettre perpendiculairement au cercle. Ampère a eu l'idée de comparer ces deux actions magnétiques.

Un courant parcourant la boucle conductrice engendre alors un champ magnétique qui s'ajoute au champ magnétique terrestre. L'aiguille s'oriente suivant le champ résultant (on additionne les deux flèches des champs magnétiques). La mesure de l'angle de déviation donne l'intensité du courant. La sensibilité de l'appareil est améliorée grâce à plusieurs tours de fil autour de l'aiguille. Cette boussole des tangentes est le premier appareil de mesure de l'intensité du courant électrique. C'est rudimentaire, mais la percée est réalisée. D'autres dispositifs vont suivre sur la base d'un circuit en forme de cadre mobile dans le champ d'un aimant. Ces systèmes ont bien résisté à l'épreuve du temps, jusqu'à l'avènement des appareils électroniques.

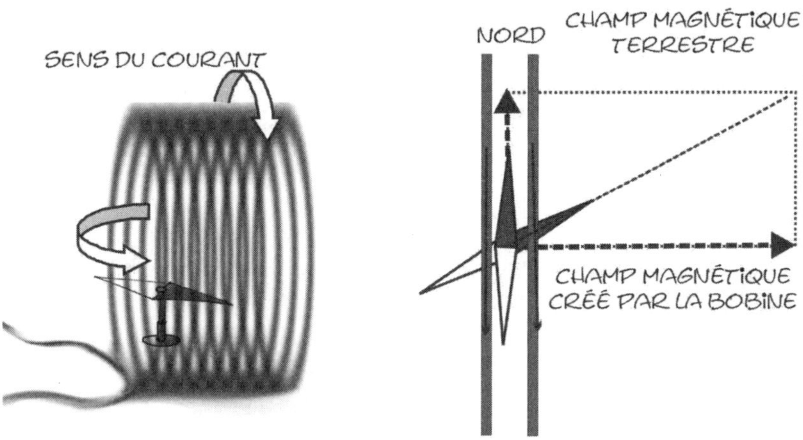

Figure 7-5 La boussole se place suivant la somme des deux champs magnétiques.

L'écoulement du courant

Dans une certaine mesure, le courant électrique dans un circuit est l'analogue de la circulation d'un fluide dans des conduites. Dans la vie courante, l'eau sort des canalisations. En revanche, en électricité, les électrons circulent en circuit fermé.

Sans pression, l'eau ne s'écoule pas du robinet ouvert. Inversement, aucune eau ne s'échappe d'un robinet fermé. Le débit est alors nul, en dépit d'une pression dans le réseau d'eau.

Le débit d'électricité

Pour mesurer la force du courant d'une rivière ou d'un fleuve, on mesure son débit. Il correspond à la quantité d'eau passant en une seconde sous un pont par exemple. L'équivalent électrique est l'intensité du courant exprimée en ampères (A), qui représente la « force » du courant de charges électriques. Plus les charges passant dans le fil sont nombreuses, plus l'intensité est forte. En l'absence d'une chaîne de matériaux conducteurs reliant les deux bornes d'un générateur, l'intensité est nulle.

Une pompe à charges

Figure 7-6
Analogie entre l'écoulement d'un fluide et le courant électrique.

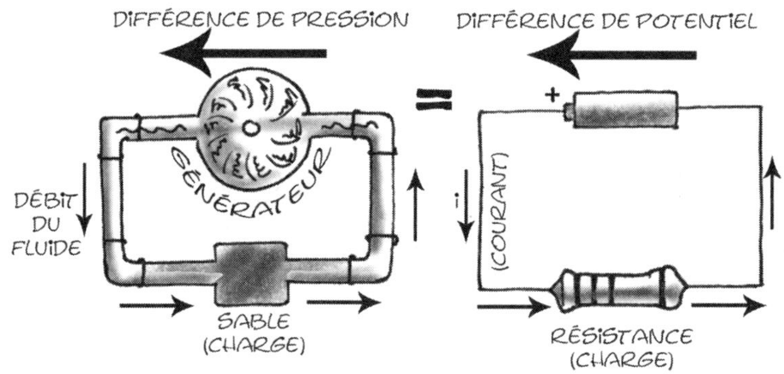

C'est la différence de pression entre les deux extrémités d'une canalisation qui fait avancer l'eau. La pression hydraulique est la grandeur analogue au potentiel électrique, et la différence de pression celle de la tension exprimée en volts (V). Les électrons avancent dans un fil, s'il y a une tension aux bornes du conducteur. Une pile électrique est donc une sorte de pompe hydraulique, que l'on caractérise par sa « force électromotrice » exprimée elle aussi en volts. Ainsi, une pile plate de lampe de poche pousse les électrons avec une force électromotrice de 4,5 V avec plus d'efficacité qu'une pile d'1,5 V.

Une analogie est toujours de portée limitée. Dans le vide, la pression est nulle. Au sein d'un liquide, la pression est définie sans ambiguïté. En revanche, le potentiel électrique est une grandeur arbitraire. On peut choisir le zéro du potentiel comme on le veut. Il n'y a que la différence de potentiel, ou la tension, qui importe. Les hirondelles posées sur un fil électrique sont portées à un certain potentiel, mais elles n'en ressentent aucun effet. Au contraire, les cigognes peuvent être électrocutées si leurs ailes touchent deux fils voisins. Il y a alors une différence de potentiel entre deux points de leur corps, donc circulation d'un courant électrique.

Pour les balèzes

Circuit électrique et système cardio-vasculaire

En électricité, doubler la surface de section du fil revient à donner deux fois plus de place pour le passage des électrons. L'intensité va doubler, toutes choses égales par ailleurs. L'écoulement des fluides, comme le sang dans les artères ou l'air dans les bronchioles, suit une autre loi. Doubler la surface multiplie le débit de fluide par quatre. Il n'y a plus proportionnalité entre le débit et la surface. Ce comportement plus général dénommé « fractal » gouverne les structures de nos systèmes sanguin et respiratoire.

Pourquoi un électron devrait-il se bouger ?

Les processus à l'œuvre dans la conduction électrique sont complexes. Il faudra attendre le XXe siècle pour que les physiciens élaborent des modèles performants.

Avance parce que je te pousse

Si vous appuyez sur l'interrupteur de votre lampe, l'ampoule s'allume quasi immédiatement. Cela voudrait dire que les électrons se déplacent très vite dans le circuit. Il n'en est rien ! Reprenons l'analogie hydraulique en considérant un tuyau d'arrosage déroulé sur la pelouse. Lors de l'ouverture du robinet d'alimentation, l'eau sort presque tout de suite à l'autre extrémité du tuyau. Mais la goutte d'eau qui est éjectée est celle qui était près de la sortie. La goutte qui vient d'entrer dans le tuyau sortira plus tard. De même en électricité, le porteur de charge avance parce qu'il est poussé par les autres. La vitesse moyenne de déplacement des charges mobiles dans les conducteurs est faible, de l'ordre d'un millimètre par seconde. L'impression d'instantanéité lors de l'allumage de la lampe vient de ce que le fil électrique est plein d'électrons (dont la charge est compensée par les ions positifs). L'onde électromagnétique générée par la fermeture du circuit les met en mouvement presque instantanément.

Les électrons mobiles ont du réseau

Dans un métal, les électrons doivent se frayer un chemin entre les ions positifs qui constituent le réseau cristallin. Les chocs, qui en résultent, entravent le mouvement de ces porteurs de charge. Pour comprendre le mécanisme de conduction, prenons l'image suivante. On vous abandonne dans une forêt, les yeux bandés. Vous entendez au loin une cloche et vous essayez de vous en approcher. Comme vous courez à l'aveuglette, vous vous cognez aux arbres, ce qui limite fortement votre vitesse. Si les arbres étaient bien alignés, vous pourriez courir à grande vitesse en suivant une rangée. Mais dans votre forêt, les arbres ne sont pas toujours bien à leur place. Imaginez maintenant que les arbres se déplacent autour de leur position moyenne. Les chocs vont devenir encore plus nombreux et vous allez avancer encore moins vite. Les électrons dans un métal ont le même type de comportement. Ils se mettent en mouvement sous l'action des forces électriques produites par le générateur. En prenant de la vitesse, ils se cognent aux impuretés du réseau cristallin. Avec l'échauffement du conducteur métallique, l'amplitude des oscillations des ions augmente. La vitesse moyenne des électrons diminue. Le courant passe moins bien. Le filament d'une ampoule à incandescence oppose ainsi huit fois plus de résistance au passage du courant à chaud qu'à froid.

Un courant de trous

La conductivité est extrêmement variable avec la nature du matériau. On distingue trois grandes catégories : les bons conducteurs, les semi-conducteurs et les isolants. D'une famille à l'autre, la conductivité varie au moins d'un facteur 1 million.

Dans les isolants, les électrons sont solidement liés aux atomes. L'énergie thermique ne suffit pas pour qu'un électron s'échappe de l'atome pour participer à la conduction.

La conductivité d'un semi-conducteur se situe entre les isolants et les métaux. Dans un semi-conducteur, l'énergie à fournir pour qu'un électron quitte l'atome pour participer à la conduction est relativement faible. Pour franchir cette barrière énergétique, l'électron doit acquérir de l'énergie sous forme thermique ou lumineuse par absorption de photons. Chaque électron ainsi libéré par un atome laisse une place vacante sur cet atome. Un électron des atomes voisins peut ensuite occuper ce trou. Dans un semi-conducteur, la conduction électrique est assurée par des électrons (comme dans les métaux) et par des trous. Un trou se comporte comme une charge positive. Sous l'action d'un champ électrique, les trous se déplacent dans le sens du champ et les électrons en sens inverse.

Une augmentation de la température accroît de manière significative à la fois le nombre d'électrons ayant franchi la barrière énergétique et le nombre de trous. Pour ces matériaux, la conductivité augmente fortement avec la température tout en restant très inférieure à celle des métaux.

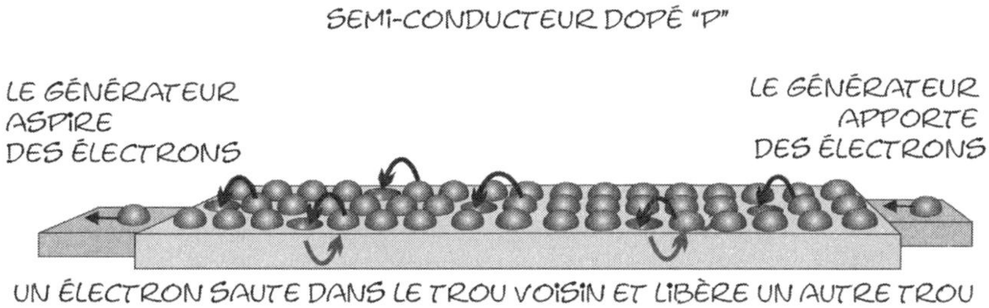

Figure 7-7 Dans un semi-conducteur, la conduction électrique se fait avec des électrons et des trous.

Pour les balèzes

Il y a dopage et dopage

Les semi-conducteurs sont primordiaux en électronique. Pour ces applications, on n'utilise pas le silicium pur. Après purification poussée, des impuretés sont injectées en très faible quantité dans des zones bien précises du cristal de silicium. Les atomes d'aluminium ou de bore ont trois électrons de disponibles pour se lier aux atomes voisins. Pour le silicium, il en faut quatre. Si un atome d'aluminium est placé dans le réseau cristallin à la place d'un atome de silicium, il va manquer un électron pour compléter les liaisons chimiques, ce qui apparaît comme un trou. Ainsi, une infime quantité d'aluminium augmente considérablement le nombre de trous dans le cristal, que l'on dit alors dopé P. Un autre type de dopage utilise des atomes possédant cinq électrons sur leur couche externe comme l'arsenic ou l'antimoine. Un tel atome fournit un électron au cristal (il lui en faut quatre pour les liaisons chimiques, il lui en reste un). Les porteurs de charges majoritaires sont alors de charge négative. Le cristal est dit dopé N. Le formidable développement de l'électronique repose sur les propriétés particulières de ces semi-conducteurs dopés. En associant des zones N et P de taille micrométrique, il est possible de créer des structures de plus en plus complexes sur un tout petit cristal de silicium.

Les électrons font la paire

La résistance d'un métal diminue avec la température. Dans certains cas, elle tombe à zéro lorsque la température descend en dessous d'une température critique. Ce phénomène de supraconductivité a été découvert en 1911 par Kamerlingh-Onnes sur le mercure avec une température critique de -269 °C. D'autres matériaux supraconducteurs ont été découverts, mais toujours à très basse température critique. Ce n'est que très récemment, vers 1987, que Bednorz et Muller (Prix Nobel 1987) ont fini par découvrir que des oxydes métalliques devenaient supraconducteurs en dessous de 125 K (-149 °C). Cela reste très froid, mais l'azote liquide (au litre, c'est beaucoup moins cher qu'une bonne bière) suffit pour atteindre cette température.

Pour les balèzes

Une première théorie a été proposée par Bardeen, Cooper et Schrieffer (Prix Nobel 1973). Le mécanisme de la supraconductivité est un effet exercé par les électrons les uns sur les autres par l'intermédiaire des vibrations du cristal. Un électron négatif, qui se déplace dans le réseau d'ions positifs, va attirer ces ions à lui. Cette légère déformation du réseau cristallin va être ressentie par un autre électron comme une force attractive. Il apparaît alors que la bonne interaction attractive est celle qui implique des paires d'électrons de spins opposés. L'électron est une charge électrique, mais aussi un minuscule aimant. L'orientation de cet aimant équivalent est liée au spin, que l'on peut se représenter comme résultant d'un mouvement de rotation de l'électron. Dans le supraconducteur, les paires d'électrons sont formées d'électrons de spins opposés. Cette paire ne va pratiquement pas interagir avec le réseau cristallin. Comme le déplacement des charges ne rencontre alors aucune opposition, la résistance s'annule. Les paires peuvent être détruites par une augmentation de température ou par un champ magnétique externe. Dans un matériau placé dans un fort champ magnétique, les spins ont tendance à s'orienter selon le champ imposé. Le renversement brutal qui en résulte brise les paires et détruit la supraconductivité.

Il y a des nœuds dans les mailles

Pour rendre l'écoulement de fluide plus difficile dans une canalisation, on peut allonger le tuyau, le rendre plus fin ou placer du sable dans une partie du circuit hydraulique. La vitesse de l'écoulement du fluide est alors fortement freinée. En électricité, cela se passe un peu de la même façon.

Ohm fait de la résistance

Le premier essai de classement quantitatif de la conductivité de différents métaux a été fait par Cavendish en 1799 avec une technique très subjective. Une machine électrostatique est déchargée à travers son corps à l'aide d'un fil métallique. Suivant l'intensité du choc électrique ressenti dans les mêmes conditions de charge, il parvient à classer les métaux suivant leur conductivité électrique et note d'emblée que la décharge est moins violente si le fil est long. Les appareils de mesure d'intensité construits suivant les idées d'Ampère vont s'avérer beaucoup plus fiables.

Ohm fait la loi

Georg Ohm publie en 1827 une étude quantitative du comportement d'un conducteur. Pour cela, il relie une pile de Volta à un fil métallique long et mince en mesurant l'intensité du courant électrique. En associant deux piles en série, Ohm constate que cette intensité double elle aussi. Il y a bien une relation de cause à effet. Pas de pile, pas de courant.

Pour les balèzes

La loi d'Ohm

Le coefficient de proportionnalité entre la tension (ou différence de potentiel) imposée par la pile et l'intensité, qui en résulte, traduit la résistance qu'oppose le conducteur au passage du courant.

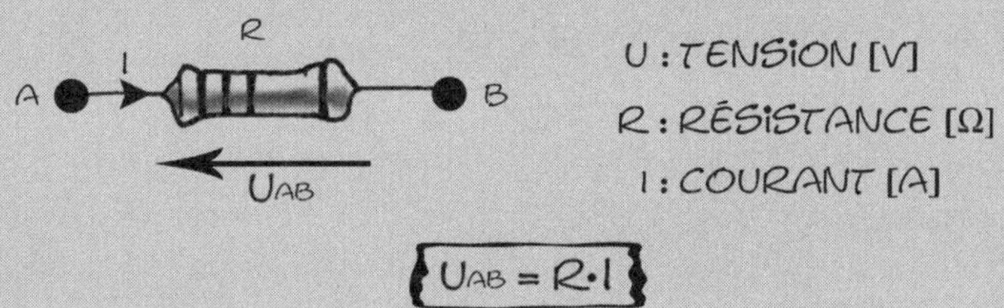

Figure 7-8 Loi d'Ohm pour une résistance.

Pour que la loi d'Ohm s'applique, il est nécessaire que le passage du courant ne modifie pas un paramètre du matériau. Le filament d'une ampoule à incandescence ne suit pas la loi d'Ohm. Une augmentation de l'intensité entraîne une élévation de température qui va se répercuter sur le comportement du tungstène du filament.

La résistance d'un fil

À tension fixée, l'intensité du courant est inversement proportionnelle à la longueur l du conducteur et proportionnelle à la section transversale S du fil. Ces résultats sont intuitifs. Si le conducteur électrique est plus long, les porteurs de charges doivent se frayer un chemin à travers une plus grande quantité de matière. Par ailleurs, un conducteur avec une plus grande section transversale donne plus de place pour que les charges puissent se déplacer.

Pour les balèzes

La résistance R s'exprime donc par la relation $R=\frac{l}{\gamma S}$. Le coefficient γ est la conductivité du matériau, qui dépend de la température.

Avec les lois tout juste élaborées par Ampère, la loi d'Ohm pose la première pierre d'une description théorique des phénomènes électriques. C'est en l'honneur de ce physicien allemand que l'unité de résistance électrique porte aujourd'hui son nom. Si tous les composants électriques ne suivent pas sa loi, les conducteurs ohmiques sont néanmoins des « briques » de base des circuits électroniques.

Joule laisse la puissance à Watt

Joule fait de l'effet

En 1841, James Joule débute une série d'expériences quantitatives sur l'effet thermique du passage du courant dans un conducteur. Pour cela, il immerge des fils de différentes longueurs dans de l'eau et mesure l'élévation de température sur une durée donnée. L'échauffement observé par Joule est proportionnel à la résistance R du fil, au carré de l'intensité I qui le parcourt et à la durée Δt de passage du courant.

Pour les balèzes

Joule en déduit que l'énergie thermique dégagée vaut $Q_{Joule} = RI^2\Delta t$. La puissance électrique P_{Joule} est le rapport de l'énergie dégagée sur la durée : $P_{Joule} = RI^2$.

L'unité familière utilisée pour la mesure de la puissance électrique est le watt, même si James Watt ne s'est pas du tout occupé d'électricité, mais a travaillé à l'amélioration de la machine à vapeur. Un conducteur ohmique est donc un convertisseur d'énergie électrique en énergie thermique. Cette conversion s'effectue à 100 %. Il n'y a pas de radiateur électrique plus performant que les autres. À l'échelle microscopique, le dégagement d'énergie thermique vient des chocs des porteurs de charges sur le réseau cristallin. Tout se passe comme si les électrons libres subissaient une force de frottement opposée à la vitesse. L'effet Joule est la traduction à notre échelle de ces mouvements fortement freinés par une multitude de chocs successifs.

Il faut laisser le temps à l'énergie

Dans la vie quotidienne et en particulier sur vos factures d'électricité, l'énergie est mesurée en kilowattheures. Un kWh est l'énergie consommée pour une puissance de 1 000 W pendant une heure. Un kWh est donc égal à 3 600 000 joules. Pour un appareil quelconque qui consomme de l'énergie électrique, la puissance est le produit du courant I par la tension U à ses bornes : $P = UI$. Pour l'énergie E_{elec} consommée, il faut encore tenir compte de la durée d'utilisation : Δt. $E_{elec} = UI\Delta t$ L'unité est le joule comme pour toute forme d'énergie.

Pour les balèzes

La formule $P = UI$ s'applique aussi à un générateur, comme une batterie rechargeable par exemple. La puissance est alors fournie par le chargeur. Les constructeurs de batteries rechargeables indiquent la tension aux bornes, par exemple 1,5 V, et la charge totale que la pile peut mettre en mouvement, comme 2 800 mAh. Une pile n'est pas pour autant devenue un réservoir de charges électriques. Il s'agit de la charge qui sort par le pôle positif et rentre par le pôle négatif, la pile restant toujours neutre. Dans notre exemple, la batterie peut faire circuler un courant de 2 800 mA pendant une heure ou 1 400 mA pendant deux heures, ou encore 100 mA pour 28 heures. L'énergie chimique stockée dans la batterie est fournie ensuite sous forme électrique. Sa valeur est donc de $E_{elec} = 1{,}5 \times 2{,}800 \times 3600$, soit 15 000 joules ou encore 0,04 kWh.

Plus c'est fin et plus c'est chaud

L'effet Joule peut provoquer un échauffement excessif des fils conducteurs. C'est le principe du fusible. Un fil est calibré pour fondre si l'intensité dépasse une valeur fixée. La rupture du circuit protège le reste de l'installation. De manière générale, la surface de section du câble doit être choisie en fonction de la puissance maximale que doit supporter votre ligne. Plus la puissance est élevée et plus le fil sera gros. Si l'on branche plusieurs appareils sur la même rallonge électrique, chacun d'entre eux sera alimenté en 220 V. Mais l'augmentation de puissance consommée va de pair avec une augmentation de l'intensité dans les fils. Il peut être dangereux de brancher plusieurs appareils puissants sur la même prise. Ce problème de choix de la bonne section des fils d'alimentation est encore plus important en basse tension. Un amplificateur de chaîne stéréo délivre une tension de l'ordre de quelques volts. L'intensité qui parcourt les enceintes est alors relativement élevée même si la puissance des haut-parleurs est raisonnable. Il faut donc prendre des gros fils pour relier les enceintes à l'amplificateur.

Des circuits de plus en plus complexes

L'électrostatique a fait naître les concepts de champ et de potentiel électriques pour des charges placées dans le vide. Kirchhoff va aller plus loin et supposer que ce champ électrique existe aussi dans les diverses parties d'un circuit électrique. C'est ce champ qui met les électrons en mouvement pour former un courant électrique. Les divers points d'un circuit électrique ne sont donc pas au même potentiel, comme la pression n'est pas la même en tout point de votre système cardio-vasculaire. Dans cette synthèse entre l'électricité statique et l'électrodynamique, Kirchhoff établit les lois qui régissent tous les circuits électriques du plus simple à l'infiniment complexe comme ceux que l'électronique actuelle peut produire.

Kirchhoff tricote les mailles

Un générateur a tendance à augmenter le potentiel électrique. Le potentiel à la sortie est plus élevé qu'à l'entrée du générateur, comme la pression à la sortie d'une pompe est supérieure à la pression à l'arrivée d'eau. La loi des mailles de Kirchhoff traduit une idée simple. Un circuit électrique est une association de composants. Chaque intersection de ce réseau de fils est à un potentiel électrique. Pour mesurer la différence de potentiel entre deux points d'un circuit, on utilise un voltmètre. Vous pouvez revenir à votre point de départ en parcourant une boucle fermée (ou maille) dans le réseau électrique. La loi des mailles relie les indications des voltmètres branchés le long de votre chemin. C'est exactement la même chose dans une randonnée en montagne. Quand vous revenez à votre voiture, les dénivelés montants sont compensés par ceux de la descente.

Le courant fait des nœuds

Des tuyaux d'arrosage connectés l'un à la suite de l'autre sont traversés par le même débit d'eau. De même, les circuits, qui ne comportent qu'une boucle fermée, sont parcourus par le même courant électrique. L'ampèremètre, qui mesure l'intensité du courant, doit être incorporé en série dans le circuit pour permettre au courant de le traverser. Dans un circuit en parallèle, il y a plusieurs embranchements électriques. Le courant peut emprunter plus d'un trajet. L'intensité dans chaque branche du circuit peut avoir une valeur différente. En chaque nœud ou intersection de courant, l'intensité totale qui arrive doit rester égale à l'intensité qui en repart. C'est comme le débit d'un fleuve qui est grossi par plusieurs affluents ou qui se ramifie pour former un delta. En pratique, tous les appareils électriques de votre logement sont montés en parallèle. Ils sont ainsi indépendants les uns des autres et tous branchés sur la différence de potentiel du secteur 220 V.

Figure 7-9

Les deux montages électriques de base.

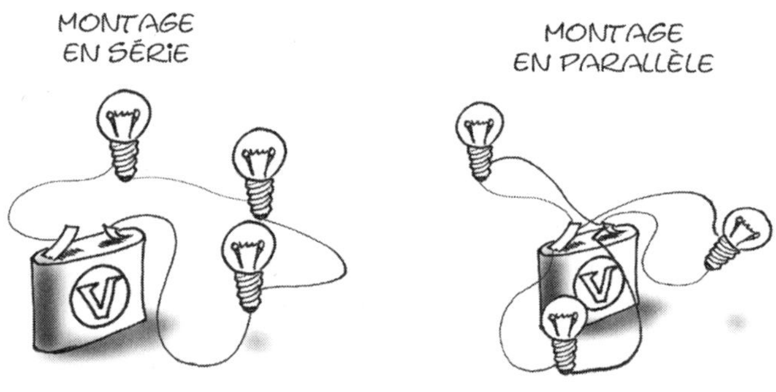

L'électricité devient mouvement

Les forces d'interaction magnétiques sont d'une extrême importance dans les applications de notre vie quotidienne et plus particulièrement dans les moteurs électriques.

Laplace y va de sa force

Si un fil parcouru par un courant peut agir sur un aimant, l'inverse doit aussi être possible. Cette force magnétique dite de Laplace est proportionnelle à l'intensité du courant, au champ magnétique et à la longueur du fil plongé dans la zone de champ magnétique. L'intensité de la force de Laplace dépend aussi de l'orientation du fil par rapport au champ magnétique. Elle est la plus forte si le fil est placé perpendiculairement au champ.

Figure 7-10

Position de la force magnétique de Laplace qui s'exerce sur un fil parcouru par un courant.

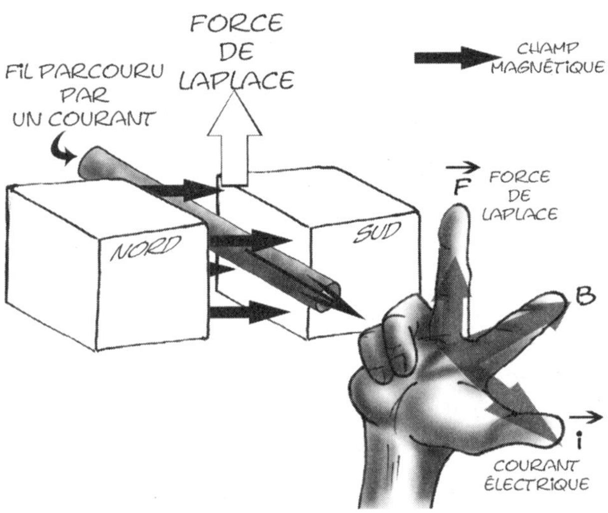

Pour les balèzes

Pour un positionnement rapide « à la main » de la force de Laplace, on place le pouce le long du fil dans le sens du courant et l'index dans la direction de $\vec{B}$. Le majeur indique alors le sens de la force de Laplace, étant donné que la force est orthogonale au conducteur et au champ magnétique.

Des fils qui s'attirent… ou se repoussent

Deux fils conducteurs parallèles parcourus par des courants électriques interagissent par l'intermédiaire des forces de Laplace. Les fils s'attirent si les courants sont de même sens, mais se repoussent si les courants sont de sens inverse.

Figure 7-11
Deux fils parcourus par un courant interagissent.

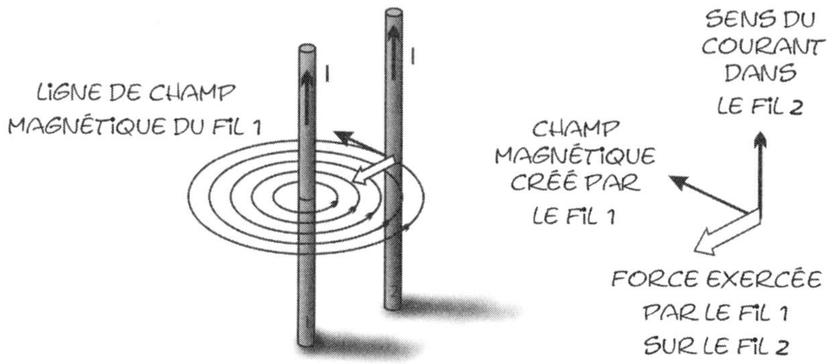

Il y a là une différence importante entre l'électricité et le magnétisme qui a intrigué à juste titre la communauté des scientifiques de l'époque. Deux charges électriques identiques se repoussent toujours, mais deux fils parcourus par des courants identiques s'attirent. Cette expérience a joué un rôle majeur dans la réflexion d'Ampère. L'intensité du courant est donc directement liée à une force qui est une grandeur que les physiciens savaient mesurer depuis longtemps.

Pour les balèzes

En raison de ses nombreux travaux sur l'électromagnétisme, Ampère a donné son nom en 1881 à l'unité de mesure de l'intensité électrique qui est l'une des sept unités de base du système international (SI). Un courant d'un ampère parcourant deux conducteurs parallèles, rectilignes, de très grande longueur et placés à une distance de 1 mètre l'un de l'autre dans le vide, produit une force égale à 2×10^{-7} newtons par mètre de longueur.

Le moteur électrique

La tentation était grande d'exploiter ces forces pour en faire des moteurs électriques. Dès 1822, Barlow invente un prototype de moteur à base d'une roue conductrice placée dans l'entrefer d'un aimant et parcourue par un courant. Mais, alimentés par des piles, les premiers modèles rudimentaires ne sont guère puissants. Ils vont rester des curiosités de laboratoire à des fins de démonstration jusque dans les années 1870. L'apparition des dynamos et de génératrices à induction plus puissantes va les faire passer au stade d'applications industrielles.

Dans tous les moteurs électriques, il y a deux éléments essentiels : une source de champ magnétique (aimant permanent ou électroaimant) et un cadre conducteur mobile parcouru par un courant électrique.

Faites-le vous-même

Un moteur électrique de poche

Vous pouvez réaliser un moteur rudimentaire à l'aide d'une pile d'1,5 V, d'un morceau de fil de cuivre rigide et d'un aimant cylindrique petit mais puissant (facile à dénicher sur Internet). Le fil conducteur est tordu de telle sorte que le circuit se referme sur l'aimant via deux contacts glissants. Dès que le courant passe, le cadre en cuivre se met à tourner.

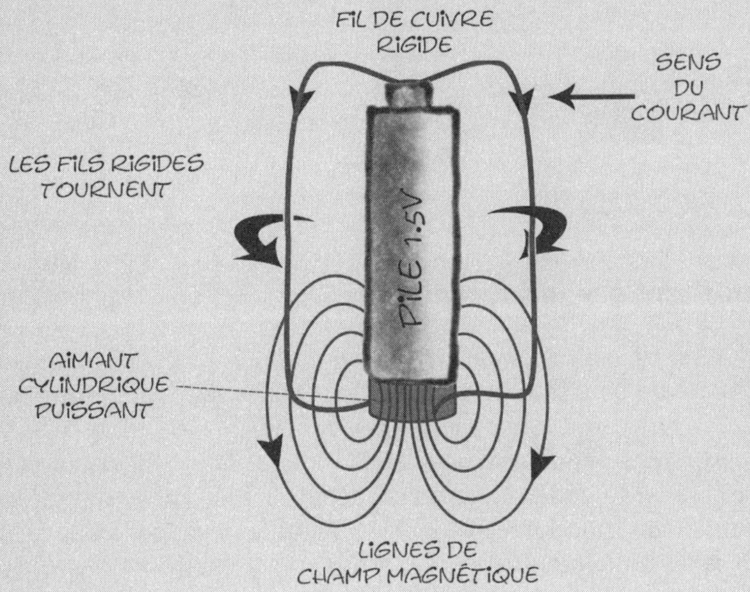

Figure 7-12 Un moteur électrique [d]émonstration.

Les courants fugitifs

Issu d'une famille pauvre, Michael Faraday quitte l'école très jeune et se fait engager comme apprenti relieur à Londres. Avide de connaissances, il se plonge dans la lecture des livres qu'il a à relier. Par la suite, il va devenir un des géants de la physique. Expérimentateur de génie, Michael Faraday établit, en étudiant l'induction, le lien entre les phénomènes électriques et magnétiques.

Des courants qui ne durent qu'un temps

Ça circule tant qu'il y a mouvement

En 1831, Michael Faraday démontre qu'il est possible de créer un courant électrique dans une bobine fermée, lorsqu'on déplace un barreau aimanté à proximité de la bobine. Le sens de ce courant induit dépend à la fois du sens de déplacement de l'aimant et de la disposition de ses pôles magnétiques. Le courant induit dans la bobine n'existe que tant que l'aimant est en mouvement par rapport à la bobine. C'est le mouvement relatif qui compte. On peut déplacer l'aimant ou la bobine.

Figure 7-13 Existence de courants induits par déplacement.

Ça circule tant que le courant varie

Dans un autre type d'expérience, Faraday enroule un fil de cuivre isolé autour d'un cylindre de bois et relie les deux extrémités à une pile de Volta, via un interrupteur. Autour du même cylindre, il bobine un autre fil de cuivre en reliant ensuite cette seconde bobine à un détecteur de courant. S'il ferme le circuit de la première bobine, l'aiguille du détecteur dévie puis revient à sa position de repos. De même, lorsqu'il déconnecte la pile, l'aiguille dévie dans l'autre sens, puis revient à sa position initiale.

Figure 7-14 Existence de courants induits par variation dans le temps.

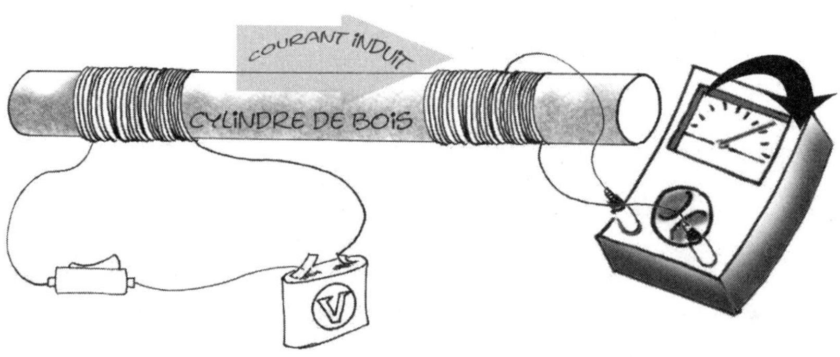

Faraday a donc trouvé le moyen de produire de l'électricité par induction, autrement que par une machine électrostatique ou une pile de Volta.

Henry voit des étincelles

Joseph Henry est le premier à constater que la présence d'une bobine dans un circuit retarde l'instauration du courant. Si l'on ferme l'interrupteur, l'intensité du courant monte progressivement pour atteindre une valeur limite. Mais si l'on ouvre brutalement un circuit, une étincelle apparaît au niveau de l'interrupteur, comme si la circulation du courant ne pouvait pas s'interrompre instantanément.

Pour les balèzes

Cette inertie du courant est mesurée par le ***coefficient d'auto-inductance*** du circuit qui dépend de la surface du circuit, du nombre de spires, de leur forme géométrique et de la présence éventuelle d'un noyau de fer, qui peut multiplier ce coefficient par un coefficient plus important. L'induction peut donc se manifester sur un circuit unique. Le courant qui y circule produit un champ magnétique propre au circuit.

Avez-vous vu la bobine de Ruhmkorff ?

Jules Verne équipe ses voyageurs du centre de la Terre d'un dispositif à induction : « [...] dans cette lanterne se trouve un serpentin en verre où le vide a été fait, et dans lequel reste seulement un résidu de gaz carbonique ou d'azote. Quand l'appareil fonctionne, ce gaz devient lumineux en produisant une lumière blanchâtre et continue [...] M. Ruhmkorff est un savant et habile physicien. Sa grande découverte, c'est sa bobine d'induction qui permet de produire de l'électricité à haute tension. Il vient d'obtenir, en 1864, le prix quinquennal de 50 000 francs que la France réservait à la plus ingénieuse invention de l'électricité. » *Voyage au centre de la Terre*, de Jules Verne, chapitre XI.

Ruhmkorff met effectivement au point un dispositif qui permet de créer des tensions très élevées de l'ordre de plusieurs milliers de volts à partir d'une source de courant continu comme une pile. Pour cela, il reprend l'expérience des deux bobines de Faraday avec des enroulements d'une longueur avoisinant la dizaine de kilomètres en ouvrant et refermant périodiquement le circuit de la pile. Dans un premier temps, la bobine d'induction est diffusée dans les cercles médicaux comme outil thérapeutique. Elle va ensuite très fortement contribuer à la découverte des ondes électromagnétiques, puis des rayons X (voir Chapitre 23).

Lenz modère les excités

Une loi qualitative dégagée par Lenz permet de prévoir le sens du courant induit. Si le circuit électrique est fermé, la force électromotrice induite provoque un courant induit. Le sens du courant est tel que ses effets ont donc tendance à s'opposer aux causes qui leur ont donné naissance. L'induction est donc une loi de modération.

L'induction chez vous

De nombreux dispositifs de notre environnement technologique utilisent l'induction. Toutes les centrales électriques du monde font tourner des alternateurs électriques en transformant une énergie primaire en énergie électrique. Le transport efficace de cette énergie sur de longues distances repose sur des transformateurs. Les plaques à induction envahissent nos cuisines. Des ralentisseurs électromagnétiques équipent les poids lourds, les bus voire les TGV.

Produire l'énergie électrique

La turbine et l'alternateur

Le principe de toutes les centrales électriques repose sur la conversion d'énergie mécanique en énergie électrique. Il faut pousser davantage sur les pédales lorsque l'alternateur de votre bicyclette est en fonction. L'énergie mécanique, que vous fournissez, est partiellement transformée en énergie électrique, puis lumineuse dans l'ampoule. De même, la turbine actionnée par la source d'énergie de la centrale entraîne une bobine en rotation dans un champ magnétique. Si l'on associe plusieurs bobines sur le même axe, la tension aux bornes de ce circuit est quasiment sinusoïdale. En Europe, la fréquence de rotation choisie est de 50 tours par seconde, mais elle vaut 60 hertz sur le continent nord-américain.

Figure 7-15 Principe d'un alternateur par induction.

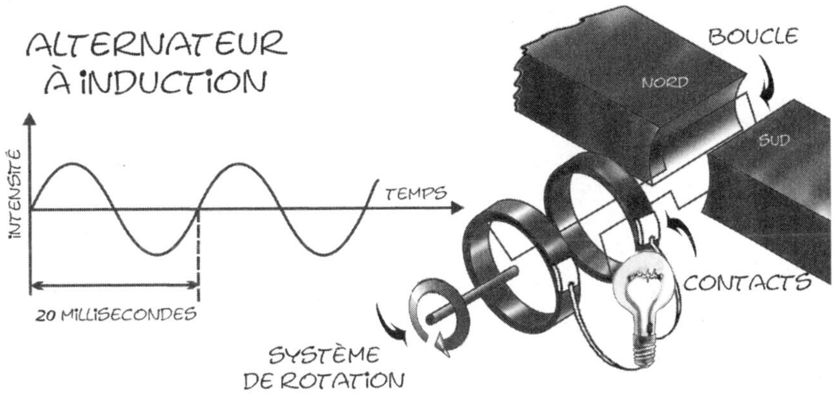

Il n'y a pas de sens défini pour l'écoulement du courant en alternatif. Les électrons font du surplace. Ils avancent sur une demi-période, puis reculent d'autant sur la seconde moitié de période. Vu la très faible vitesse moyenne des porteurs de charge, un électron situé près de votre prise électrique n'a aucune chance de partir en voyage pour arriver à votre lampe. Plus la fréquence est élevée et plus faible sera l'amplitude du mouvement des électrons de conduction.

Secouez pour vous éclairer

Vous pouvez trouver dans le commerce des lampes qu'il suffit d'agiter pour produire de la lumière. Il n'y a pas de pile. Le déplacement d'un aimant devant une bobine crée une tension induite. L'énergie mécanique du mouvement est partiellement transformée en énergie électrique transitoirement stockée dans un condensateur. Cette « dynamo linéaire » est l'équivalant de l'alternateur de votre bicyclette. Le condensateur est prévu pour accumuler l'énergie produite lors de l'agitation et la restituer en l'absence de mouvement. On peut très bien imaginer charger votre téléphone portable de la sorte en logeant l'alternateur dans votre chaussure. Développement durable garanti !

Générateur magnétohydrodynamique

Une charge électrique en mouvement dans une zone de champ magnétique subit une force dite « force de Lorentz ». Cette force courbe les trajectoires des charges électriques, mais elle ne modifie pas leur vitesse (donc leur énergie cinétique). C'est encore la règle de la main droite, qui va nous permettre de prévoir le sens de déviation. On place la vitesse suivant le pouce et le champ magnétique le long de l'index. Le majeur indique alors la direction de la force exercée sur une charge positive. Pour un électron ou un ion négatif, c'est la direction opposée.

Anecdote

Il suffisait d'y penser !

Faraday était vraiment un expérimentateur de génie. En janvier 1832, il a l'idée de plonger deux électrodes en platine de part et d'autre de Waterloo Bridge (avec un nom pareil, ça ne peut être qu'à Londres). En reliant les deux plaques par un fil longeant le parapet du pont, il détecte une différence de potentiel due au mouvement de l'eau de mer remontant la Tamise lors de la marée. Les ions sodium et chlorure présents dans l'eau saumâtre sont partiellement séparés par l'effet du champ magnétique terrestre. Faraday vient d'inventer les générateurs magnétohydrodynamiques.

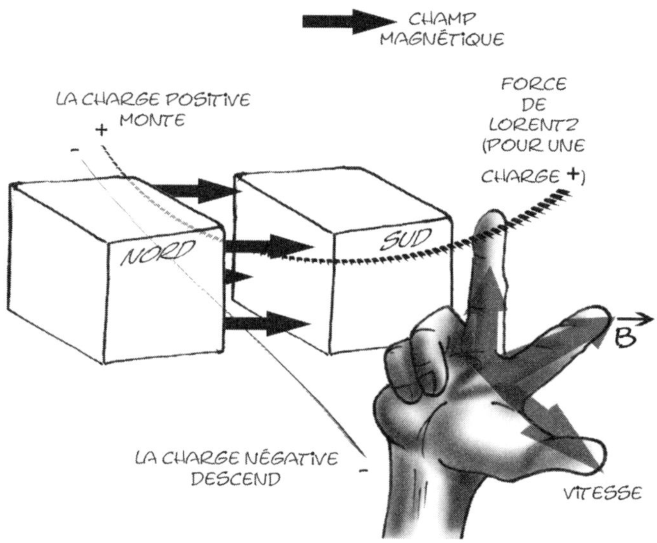

Figure 7-16 Position de la force magnétique de Lorentz.

Une pile en mouvement autour de la Terre

Considérons un barreau de cuivre en déplacement dans une zone de champ magnétique. Les ions positifs sont rigidement fixés au réseau cristallin. Mais les électrons vont, quant à eux, subir l'action de la force de Lorentz. Ils vont donc s'accumuler à une extrémité du fil. Comme le conducteur reste globalement neutre, l'excès d'électrons à un bout est compensé par un défaut (manque) d'électrons à l'autre extrémité. Le fil de cuivre en mouvement est donc une sorte de pile avec un pôle positif et un pôle négatif. Si maintenant, on relie les deux extrémités du fil par un conducteur, un courant induit va circuler dans le circuit. Cette méthode de production d'énergie électrique a été testée dans l'espace. Une navette spatiale a remorqué une grosse sphère métallique à l'aide d'un câble métallique long de 20 kilomètres recouvert d'un isolant. La magnétosphère dans laquelle se déplace la navette est constituée d'un gaz raréfié et ionisé, qui constitue un assez bon conducteur électrique. Le câble, le plasma et les appareils situés dans la navette forment ainsi un circuit fermé.

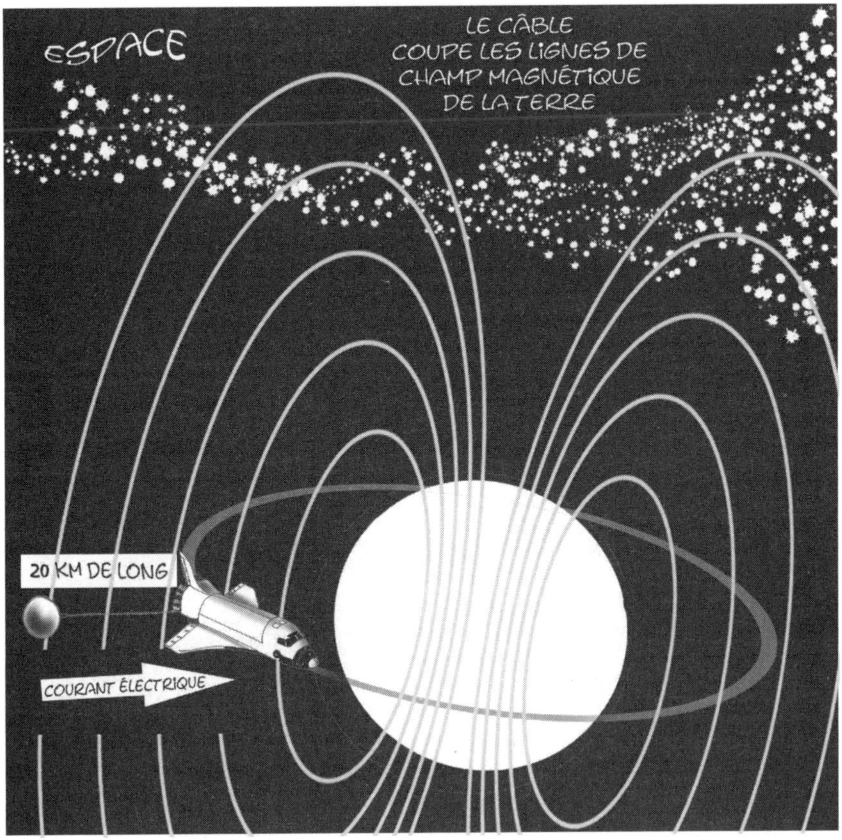

Figure 7-17 Un générateur électrique dans l'espace.

Transporter l'énergie électrique

On limite les pertes

Pour transporter l'énergie électrique, il faut relier le générateur au dispositif d'utilisation au moyen de fils conducteurs. Sur de longues distances, il faut impérativement diminuer les pertes par effet thermique dans ces fils. Pour cela, on diminue l'intensité du courant, ce qui oblige à augmenter la tension pour maintenir une puissance suffisante. Cette augmentation ne peut se faire qu'en courant alternatif à l'aide de transformateurs. Pour acheminer l'énergie électrique de la centrale électrique jusqu'au lieu de consommation, la tension est élevée à

400 000 volts via un transformateur survolteur. Des transformateurs dévolteurs ramènent ensuite cette tension à 220 V en plusieurs étapes avant la distribution aux particuliers.

Le transformateur pour jouer sur la tension

Le transformateur permet de modifier la tension d'utilisation pour obtenir 220 V en Europe et 110 V aux États-Unis. Un transformateur est constitué d'une carcasse en fer sur laquelle on a enroulé deux fils. L'enroulement primaire est relié à la prise de courant. L'enroulement secondaire est associé à l'appareil d'utilisation. Le noyau de fer en forme de bouée à section souvent carrée sert à canaliser les lignes de champ magnétique. Un courant variable dans le primaire induit alors une tension dans la bobine secondaire.

Figure 7-18

Principe du transformateur.

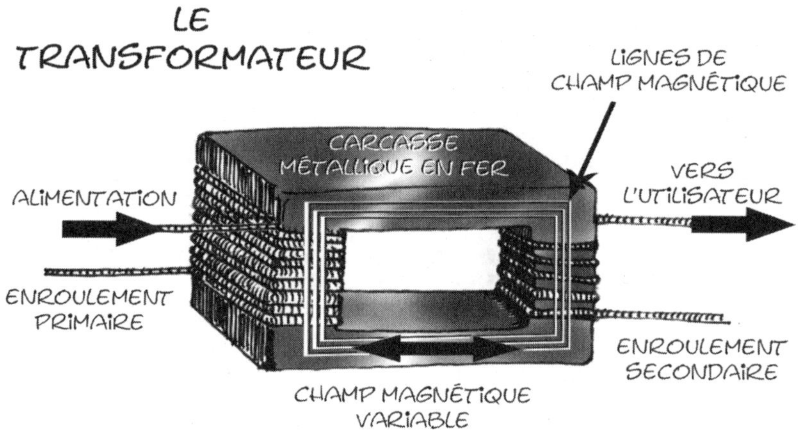

Pour les balèzes

En courant alternatif, la tension disponible en sortie est égale à la tension d'entrée multipliée par le rapport du nombre de tours de fil dans le secondaire divisé par le nombre de spires dans le primaire : $u_2 \approx \frac{N_2}{N_1} u_1$.

En modifiant ce rapport, le transformateur peut devenir survolteur ou dévolteur. Pour le transformateur d'un chargeur de batteries, il y a vingt fois plus de tours de fil dans le primaire que dans le secondaire. Mais cette tension de sortie ne peut pas charger une batterie car elle est alternative. Un dispositif de redressement évite que le courant de charge ne change de sens cinquante fois par seconde. Inversement, un appareil prévu pour fonctionner en 220 V ne peut pas être utilisé avec une batterie d'automobile qui est une source de tension constante. Dans les camping-cars, la batterie alimente un oscillateur qui fournit une tension alternative de 12 V. Un transformateur élève ensuite cette tension à 220 V.

On chauffe sans feu

Foucault dessine des boucles de courant

Le déplacement d'un circuit fermé devant un aimant fait apparaître un courant induit. Il doit donc en être de même si un solide métallique se déplace dans une zone de champ magnétique. Pour tester cette hypothèse, Léon Foucault fait tourner en 1855 un disque de cuivre à l'aide d'une manivelle dans l'entrefer d'un aimant. En présence de l'aimant, Foucault a de la peine à actionner la manivelle. Le disque s'arrête rapidement dès que l'opérateur lâche la manivelle. C'est la preuve de l'existence de courants électriques induits dans la masse du conducteur. Ces courants induits appelés « courants de Foucault » circulent le long de boucles juxtaposées qui se referment sans jamais se couper. Ces courants dissipent de l'énergie et échauffent la matière conductrice par effet Joule tout en freinant par interaction magnétique avec le champ magnétique imposé par l'aimant. Plus généralement, les courants de Foucault existent aussi quand un solide conducteur est placé dans une zone de champ magnétique variable dans le temps.

La plaque à induction

L'effet thermique des courants de Foucault peut se révéler très utile. L'induction magnétique par champs variables est l'un des moyens les plus efficaces pour produire de la chaleur. En principe, il suffirait de faire pivoter un aimant sous une casserole pour la chauffer. On s'en doute, mieux vaut ne pas être pressé pour boire son café.

Figure 7-19
L'induction pour faire la cuisine.

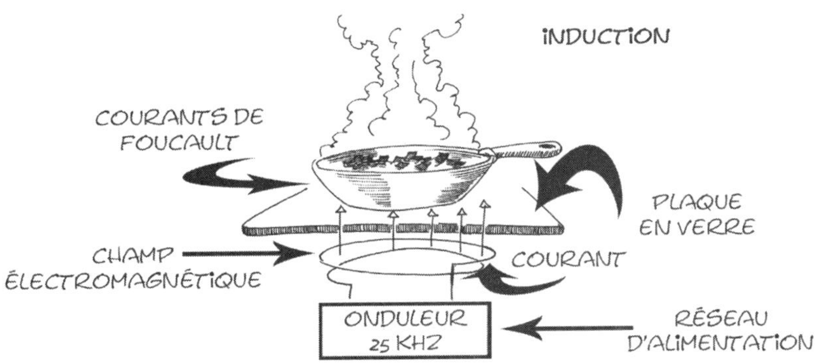

Une plaque à induction est formée d'une bobine alimentée par des courants variables intenses de fréquence assez élevée de l'ordre de quelques dizaines de kilohertz. Une casserole placée sur cette plaque est soumise à un champ magnétique variable dans le temps. Les courants de Foucault font le tour de la casserole dans tout le fond métallique. C'est là le grand avantage du chauffage par induction : le dégagement de chaleur se fait dans tout le matériau et pas uniquement à sa surface de contact. Par ailleurs, aucune énergie n'est consommée en l'absence de casserole. Même le chat peut marcher sur la plaque sous tension sans risque de se griller les petons, car son corps est insensible au champ magnétique tout comme celui du cuisinier. À bien y regarder, l'effet Joule dans la casserole est insuffisant pour chauffer aussi rapidement. Tous les vendeurs de plaques à induction vous le diront. Il faut une batterie de casseroles en acier pour chauffer par induction. En effet, les atomes de fer contenus dans l'acier sont des minuscules aimants, qui se retournent à chaque fois que le courant change de sens dans la bobine de la plaque à induction. Ces retournements incessants dégagent une forte puissance thermique bien supérieure à l'effet Joule. C'est pour cette raison qu'il faut éliminer les casseroles en aluminium ou en cuivre pour ce type de chauffage.

Des courants qui freinent

Frein magnétique

Les courants de Foucault dans un conducteur en mouvement suivent la loi de modération de Lenz. La force magnétique de Laplace d'interaction de ces courants induits avec le champ magnétique inducteur se traduit toujours par une force de freinage. Ce dispositif de freinage équipe actuellement la grande majorité des poids lourds et des bus. Ces freins sont sans contact, donc sans usure mécanique. Dans ce type de freins, des disques métalliques solidaires de l'arbre de transmission tournent entre des électroaimants alimentés par la batterie. Le freinage devient d'autant plus efficace que la vitesse est élevée. En revanche, ils ne peuvent pas servir de frein à main. Sans vitesse du métal donc du camion, pas de courants induits, et donc pas de force de freinage.

L'aimant paresseux

Faites-le vous-même

Une expérience très simple à réaliser illustre bien ce freinage magnétique. Il est aisé de trouver sur Internet des aimants puissants pour un prix modique. Il suffit en plus d'un tube de cuivre pour distribution d'eau. L'aimant introduit dans le tube vertical est si violemment freiné qu'il peut mettre plusieurs dizaines de secondes pour tomber d'une hauteur de 1 mètre. Les courants de Foucault sont très intenses : plus d'une dizaine d'ampères. Ils circulent en deux boucles parcourues en sens inverse de part et d'autre de l'aimant. Lorsque celui-ci se déplace, les courants induits le suivent. Tout se passe comme s'il y avait un aimant virtuel en dessous qui repoussait le mobile vers le haut, et un autre aimant virtuel au-dessus qui le retenait.

Maxwell, unificateur et visionnaire !

En 1831, au moment où Faraday découvre le phénomène de l'induction, naît, à Édimbourg en Écosse, James Clerk Maxwell, qui montre rapidement de brillantes dispositions pour les sciences. Les travaux de Faraday ont été pour lui une grande source d'inspiration et sont au centre de sa réflexion. Là où son mentor a échoué par manque de formation mathématique, Maxwell va réussir à synthétiser et mathématiser l'électromagnétisme en quatre équations différentielles.

Maxwell, pas la peine d'en rajouter !

Quand Maxwell débute sa réflexion, les physiciens savent déjà calculer le champ électrique produit par des charges électriques ainsi que le champ magnétique créé par des courants. Dans chaque cas, on additionne un grand nombre de petites contributions. Maxwell va prendre le problème dans l'autre sens en se demandant comment les champs varient, quand on passe d'un point à un autre très voisin. Il aboutit ainsi à des équations différentielles en transposant avec succès les techniques mathématiques élaborées en mécanique des fluides au champ électromagnétique. En quatre équations, Maxwell explique tout ce que les physiciens connaissaient à cette époque sur les phénomènes électrostatiques, magnétiques et électromagnétiques.

La première de ces équations affirme que les lignes de champ magnétique ne peuvent converger nulle part. Une seconde équation montre que les lignes de champ électrique convergent vers les charges négatives et divergent en partant des charges positives. L'induction se traduit par une troisième relation entre la variation du champ électrique (noté E) dans l'espace et la vitesse d'évolution du champ magnétique (noté B). Le savant écossais ne se contente pas de mathématiser les résultats de ses prédécesseurs. Son génie est à son apogée lorsqu'il modifie le théorème d'Ampère qui relie le champ magnétique B en fonction de la répartition des courants. Un excès de charge à un endroit va créer un courant pour rétablir la neutralité. Pour intégrer cette conservation de la charge électrique dans son système d'équations, Maxwell va ajouter un terme à la relation d'Ampère...

Vers de nouveaux horizons

Mais Maxwell est trop fin physicien pour comprendre qu'il vient de franchir le Rubicon. Introduire ce terme supplémentaire signifie que le champ électromagnétique est une onde, une oscillation qui se propage dans l'espace. Pour la première fois, un physicien pense l'électromagnétisme en termes de propagation de signal. L'interaction électromagnétique s'exerce avec un certain retard et non comme une action à distance agissant instantanément. C'est là un pari audacieux et un véritable saut dans l'inconnu. Aucune expérience d'induction n'avait permis de déceler le moindre décalage entre la cause et l'effet. Il y avait bien un indice. La mesure de la vitesse de la lumière venait d'être effectuée et le résultat était très proche de la valeur prévue par la théorie de Maxwell pour les ondes électromagnétiques. Théoricien de génie, Maxwell est un des plus grands physiciens du XIXe siècle. Il a mis fin à une époque et lancé la science vers d'autres voies. Maxwell décédera trop tôt pour voir sa théorie triompher. Heinrich Hertz va écrire la suite expérimentale de l'histoire… au chapitre 16.

DANS CE CHAPITRE

Les mathématiques s'invitent en optique

•

Deux modèles pour la lumière

•

Le boom des instruments d'optique à lentilles

•

La lumière suit son chemin

Chapitre 8
Pour en connaître un rayon : l'optique

Historiquement, l'optique est, avec la mécanique, une des premières branches de la physique à s'être constituée, probablement dans un but utilitaire. Il n'est donc pas surprenant que l'on retrouve les grands noms de la mécanique dans le développement de l'optique géométrique, qui s'est rapidement mise en place au XVIIe siècle. Le concept de rayon lumineux a permis de comprendre le guidage de la lumière par les lentilles, les prismes ou encore les miroirs. En quelques décennies, le développement de cette partie de l'optique a considérablement repoussé les limites de la perception humaine : vers l'infiniment petit avec le microscope et vers l'infiniment grand avec les lunettes astronomiques puis les télescopes. En revanche, les interrogations sur la nature de la lumière vont durer plus de deux siècles. Cette période sera marquée par l'affrontement sans merci de deux théories *a priori* antagonistes. Pour Huygens et ses partisans, la lumière est un phénomène ondulatoire à l'image des vagues qui se déplacent à la surface de l'eau. Pour les opposants, dont Newton fait partie, il faut raisonner en termes de grains de lumière : un faisceau lumineux est une sorte de pluie constituée de corpuscules de lumière.

Les précurseurs

Les premières représentations connues de la lumière sont à mettre à l'actif des Grecs. Pour les uns, les corps ne sont pas lumineux par eux-mêmes, mais ils produisent des micro-objets, les *eidôla*, qui émettent de la lumière à la manière d'un feu qui dégage des volutes. À cette théorie du feu externe est opposé le feu visuel ou intérieur. L'œil permet la vision en émettant un rayon spécifique : le quid. Le langage courant se réfère souvent à cette analyse. Ne peut-on pas lancer un regard assassin ? À l'époque, tout le monde s'accordait sur l'existence d'un support matériel pour la propagation de la lumière. Héritiers des savoirs de l'Antiquité, les Arabes approfondiront les recherches en optique.

La « camera obscura » d'Ibn Alhazen

Au tournant du premier millénaire, Ibn Alhazen est un des premiers à mettre en avant l'expérience comme préalable à la validation d'une théorie. Il a repris l'expérience particulièrement simple de la « camera obscura » déjà utilisée par Aristote pour les éclipses. Une minuscule ouverture est ménagée dans un mur d'une chambre obscure. Plusieurs lampes disposées en dehors de la chambre donnent des points lumineux sur le mur opposé à l'ouverture. Il y a bien une relation de cause à effet ! Un obstacle placé entre l'une des lampes et l'ouverture entraîne la disparition du point lumineux correspondant. Plus le trou est petit et plus l'image d'une lampe sur le mur est nette et moins elle est lumineuse.

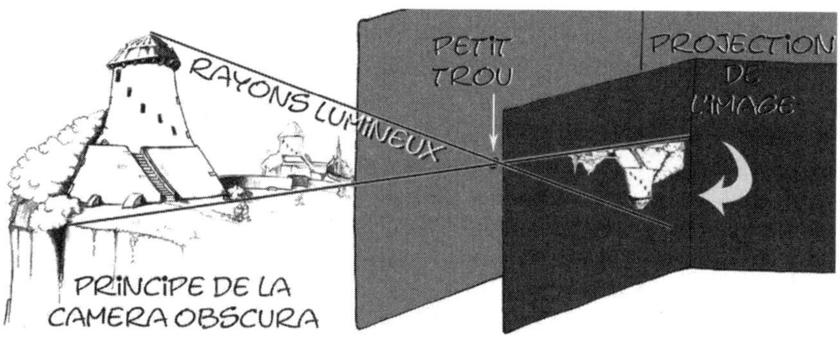

Figure 8-1 Le premier système de projection optique, le sténopé ou « camera obscura ».

En tirant des fils entre la lampe source et l'image projetée sur le mur, Alhazen constate que ces points sont parfaitement alignés avec l'ouverture. La lumière se déplace donc en ligne droite.

Alhazen fait ensuite une analogie entre le processus de vision et la projection du paysage situé devant l'ouverture sur le mur. Il y a une correspondance point par point entre les objets et les images. Alhazen abandonne l'œil comme auxiliaire de création de la lumière. Il suppose que celle-ci est bien émise par le corps lumineux, indépendamment de l'observateur. L'œil est un instrument d'optique naturel. Mais le problème de l'inversion de l'image restera en suspens jusqu'au XIXe siècle lorsque le « câblage » du nerf optique sera clairement compris.

Alhazen distingue également les sources primaires, comme le soleil, la bougie ou le ver luisant, qui émettent par elles-mêmes des sources secondaires qui ne font que diffuser la lumière reçue en provenance des sources primaires. Une très petite source lumineuse doit émettre dans toutes les directions suivant des lignes droites : les rayons lumineux. Le concept de rayon lumineux s'avère donc pertinent pour décrire la propagation de la lumière. La géométrie s'invite ainsi en optique dès le Xe siècle.

L'artisan taille le verre

L'optique est d'abord une affaire d'artisan verrier. L'usage d'un verre bombé est ancien. Néron utilisait une pierre précieuse taillée pour corriger sa vue. Les premiers lorgnons, à destination d'un plus large public, sont apparus dès le XIe siècle. Un peu plus tard, un moine anglais, Roger Bacon, a l'idée d'assembler deux verres bombés dans deux cercles de bois reliés par un clou afin de corriger les méfaits de l'âge sur sa vue. La première représentation d'un homme portant des lunettes remonte à 1493 dans la *Chronique universelle* de Schedel. Deux types de lentilles différentes vont s'avérer utiles pour une personne hypermétrope (qui voit bien de loin et mal de près) et pour le sujet myope (qui voit bien de près et mal de loin).

Figure 8-2
À chaque défaut de vision, sa lentille correctrice.

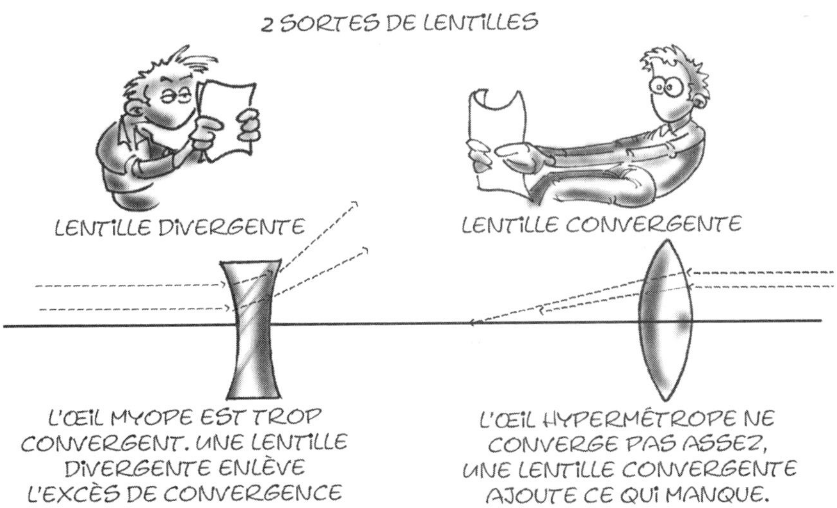

Encore aujourd'hui, les lentilles sont taillées dans des palets de verre présentant une symétrie de révolution autour d'un axe appelé l'axe optique. Cette symétrie est difficile à voir sur vos lunettes car la forme des verres est adaptée à celle de la monture.

Les lentilles, c'est bon pour la vue

Une lentille est une sorte de « machine à casser les rayons lumineux ». Les lentilles convergentes ont tendance à les rapprocher de l'axe tandis que les lentilles divergentes vont les écarter de l'axe. L'angle de déviation d'un rayon est directement proportionnel à la distance qui sépare le point d'arrivée sur la lentille de l'axe optique, au moins pour des rayons peu éloignés de l'axe.

Pour reconnaître le type de lentille, on peut toujours essayer de concentrer les rayons solaires sur sa peau. Si l'expérience réussit, la lentille est convergente, mais la brûlure est assurée ! En arrivant d'un point de la surface du soleil sur la lentille, les rayons lumineux incidents sont quasi parallèles. Une lentille convergente dévie chaque rayon pour les faire tous converger vers un point particulier de l'axe optique : le foyer. L'énergie solaire interceptée par la lentille est ainsi concentrée près de ce point. Un tesson de bouteille légèrement bombé peut se comporter comme une telle lentille et provoquer un départ de feu en été. Une lentille a deux foyers placés symétriquement de part et d'autre du verre. L'un est le foyer image et l'autre le foyer objet. Une petite source lumineuse placée en ce point produit un faisceau lumineux parallèle en sortie.

Pour une lentille divergente, on définit aussi un foyer comme le point d'où semblent provenir les rayons émergents si le faisceau incident provient d'une source ponctuelle très éloignée. Mais il n'y a aucune concentration d'énergie en ce point en quelque sorte virtuel.

D'une manière générale, la déviation des rayons lumineux par une lentille dépend étroitement de la courbure des surfaces de verre. Plus c'est courbe et plus ça dévie ! On caractérise une lentille par la distance focale qui sépare le foyer du centre de la lentille.

Pour les balèzes

Les ophtamologistes utilisent la vergence, qui est l'inverse de la distance focale, pour indiquer à l'opticien lunetier le degré de correction à apporter à votre vision. Par exemple, une correction de + 3 dioptries signifie qu'il faut prendre une lentille convergente de distance focale 1/3 de mètre. Les verres de lunettes à double foyer correspondent à une courbure différente de la surface du verre dans la partie haute et dans la partie basse. La correction visuelle dépend alors de la direction du regard.

Les mathématiques s'invitent en optique

Jusqu'à la fin du XVe siècle, les physiciens se méfient des lentilles ou des miroirs suspectés de substituer des illusions à la vision directe et objective du monde. Une tige plongée partiellement dans l'eau n'est-elle pas un exemple d'illusion d'optique ? À cette époque, les dispositifs optiques avaient toute leur place auprès des illusionnistes dans les foires. Depuis l'Antiquité, les scientifiques ont cherché à établir les relations mathématiques entre les divers angles qui interviennent, mais sans résultat probant.

Kepler en connaît un rayon...

... mais pas tous. Lorsque la lumière arrive sur une surface de séparation ou dioptre entre deux milieux transparents de caractéristiques différentes, deux phénomènes peuvent se produire : la réflexion et la réfraction. Une partie de la lumière est renvoyée et le reste est transmis ou réfracté à travers le dioptre. Kepler sera le premier à introduire systématiquement le concept de rayon lumineux pour définir les notions d'objets et d'images obtenus par réflexion ou par réfraction. Dans un milieu transparent et homogène, une source ponctuelle émet de la lumière dans toutes les directions. Afin de modéliser le trajet suivi par la lumière, on peut utiliser une infinité de traits rectilignes appelés rayons lumineux. Il n'y a qu'un chemin, donc un seul rayon possible, qui relie une source à un récepteur, tous les deux supposés ponctuels.

L'action d'une lentille est clairement séparée de la physiologie de l'œil. Kepler analyse les défauts de l'œil et explique le principe de correction de la vision par les lentilles. Il explique l'expérience de la tige brisée en cherchant le chemin suivi par la lumière pour aller de l'extrémité de la tige à l'œil. Au passage de la surface de séparation eau-air, les rayons lumineux s'écartent de la perpendiculaire à la surface. L'œil a donc l'impression que l'extrémité du bâton s'est déplacée.

Kepler dégage tous les principes de base de l'optique géométrique en se basant sur une relation mathématique approchée entre les angles formés par les divers rayons et la perpendiculaire au dioptre séparant les deux milieux. La relation de proportionnalité proposée dans le *Dioptrique* de 1611 n'est correcte que pour des rayons arrivant pratiquement perpendiculairement sur la surface de séparation.

Figure 8-3 La réfraction semble briser les objets.

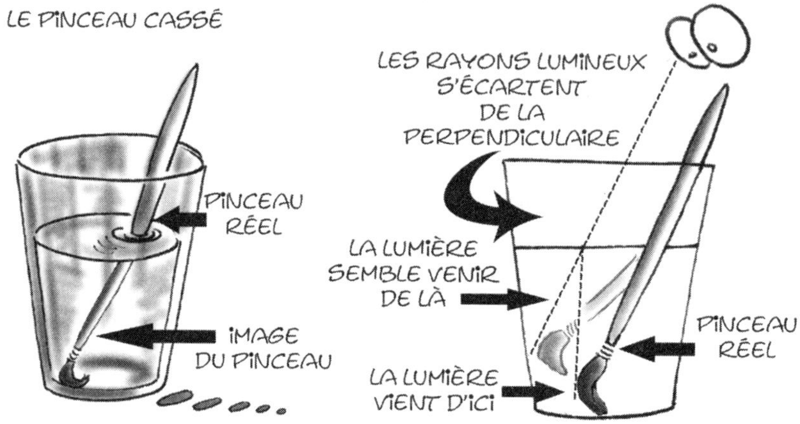

En 1621, un Hollandais, Snell Van Royen, trouve les bonnes relations, mais ne les publie pas ! Un peu plus tard, René Descartes montre en annexe de son *Discours de la méthode* qu'il faut faire intervenir les sinus des angles. Néanmoins, au début de l'optique géométrique mathématique, cette relation de base n'est qu'une formule empirique. Elle fonctionne bien, mais personne ne sait d'où elle vient, ni où elle va. Pour la lumière, c'est un comble.

L'homme n'est pas le seul à réfléchir

Lorsqu'un faisceau lumineux arrive sur un dioptre, il peut y avoir diffusion ou réflexion suivant la rugosité de la surface. La réflexion s'observe sur les vitres, les surfaces des liquides ou encore sur les couches métalliques déposées sur les miroirs.

Figure 8-4 Tout objet diffuse la lumière. Il n'y a que les surfaces lisses qui réfléchissent.

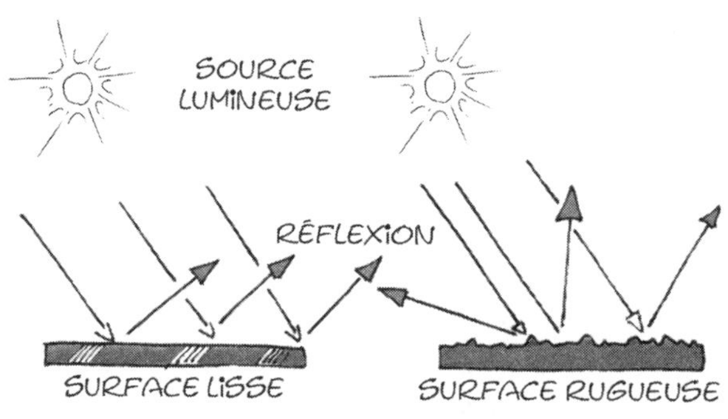

Dans le cas d'une réflexion, un rayon réfléchi est associé à un rayon incident donné. Les deux rayons sont symétriques par rapport à la perpendiculaire au point de rencontre du rayon incident avec le dioptre.

Pour une surface plane réfléchissante, les divers rayons lumineux issus d'un même point objet semblent provenir après réflexion du point symétrique de la source par rapport au plan du miroir.

Figure 8-5 L'image est symétrique de l'objet lumineux.

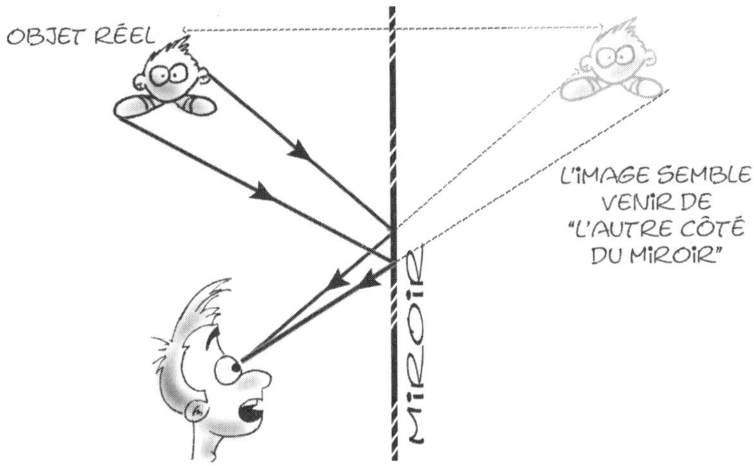

Pour les balèzes

D'une manière générale, un système optique associe une image à un objet. Si les rayons lumineux sortant du dispositif optique convergent en un point, l'image est dite réelle. Une image réelle peut être projetée sur un écran ou sur un capteur optique. En revanche, comme dans le cas du miroir plan, les rayons émergents semblent provenir d'une image que l'on qualifie alors de virtuelle. Il n'y a pas de concentration d'énergie en ce point ; il n'est donc pas possible d'observer une image virtuelle directement sur un écran.

On dit souvent qu'un miroir inverse les choses. Il faut nuancer cette affirmation. Si un miroir inverse la gauche et la droite, il devrait aussi permuter le haut et le bas. Lorsque vous vous regardez dans une glace, votre œil gauche est bien à gauche de l'image que vous renvoie le miroir. Il est néanmoins vrai que votre œil gauche est l'œil droit d'une personne imaginaire qui prendrait la place de votre image derrière le miroir. Ce n'est pas le miroir qui inverse par réflexion, mais notre esprit « réfléchissant ». On mesure la difficulté pour le peintre de réaliser un autoportrait.

Réfraction

Au cours de sa propagation, un rayon lumineux peut rencontrer un milieu d'indice différent de celui dans lequel il se propage. La surface qui sépare les deux milieux s'appelle un dioptre. À la traversée du dioptre, le rayon est généralement réfléchi et réfracté. Les trois rayons, incident, réfléchi et réfracté, sont dans le même plan. Le rayon réfracté ne se propage pas dans la même direction que le rayon incident. Si le rayon réfracté se rapproche de la perpendiculaire (trait vertical sur la figure), **le second milieu est dit plus réfringent que le premier**.

Figure 8-6 Un rayon qui arrive donne un rayon réfléchi et un rayon réfracté.

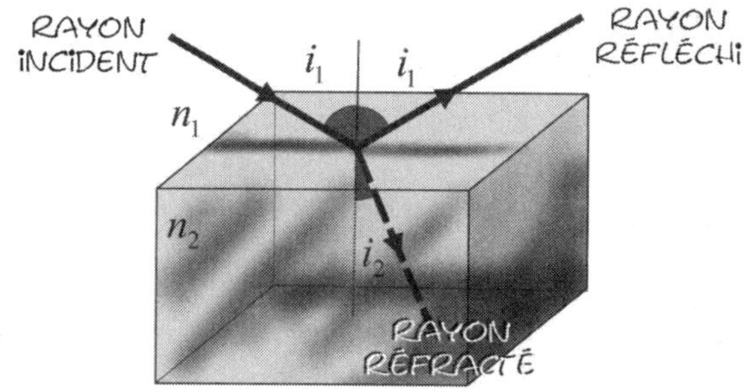

Pour les balèzes

Le comportement des rayons est décrit par une relation entre l'angle d'incidence et l'angle de réfraction :

$$n_1 \sin(i_1) = n_2 \sin(i_2).$$

Les nombres n_1 ou n_2 caractérisent le comportement de la lumière dans chaque milieu. Cet indice de réfraction vaut exactement un pour le vide et pratiquement la même chose dans l'air. Pour les autres matériaux transparents, il est toujours supérieur à l'unité. Il faudrait en fait parler d'indice moyen, car l'indice de réfraction dépend de la couleur de la lumière.

Tableau 8-1 Quelques valeurs d'indices de réfraction à 25 °C.

Milieu de propagation	Indice de réfraction à 25 °C
Le vide	1
L'air (dépend de la pression)	1,0003
L'eau	1,33
Un verre organique	1,50 à 1,74
Un verre minéral	1,52 à 1,90
Le diamant	2,46

En passant de l'eau dans l'air, les rayons lumineux s'écartent de la perpendiculaire. C'est ce qui explique que vous n'arrivez pas à trouver les pièces de monnaie dans les fontaines (avouez-le, vous avez déjà essayé…).

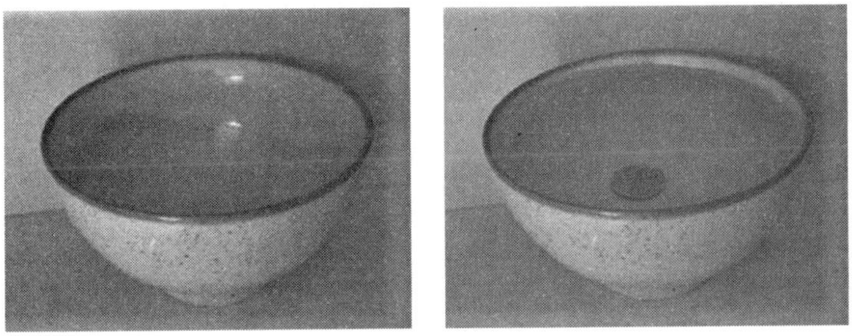

Figure 8-7 À gauche, le bol contient une pièce de monnaie, à droite, le bol contient la même pièce de monnaie et de l'eau.

Les deux photos sont prises sous le même angle de vue.

Photographies issues du site https://physiqueludique.fr/

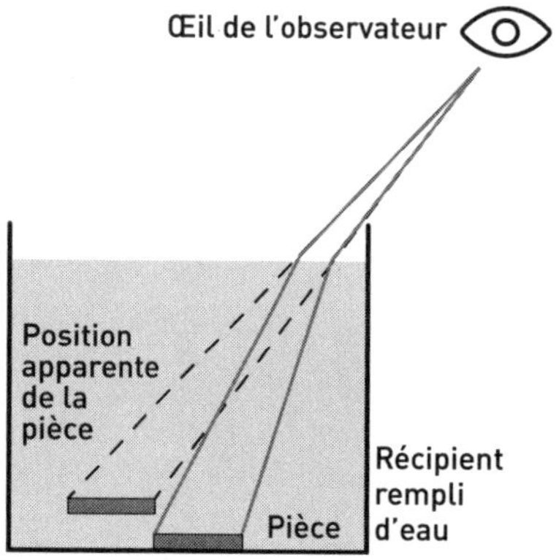

Pour évaluer les distances, votre cerveau analyse l'angle entre les directions de visée des deux yeux. Cette vision stéréoscopique est piégée par la réfraction. Vous ne voyez pas la pièce mais son image, qui est ici virtuelle.

Figure 8-8
La réfraction peut perturber la perception des distances.

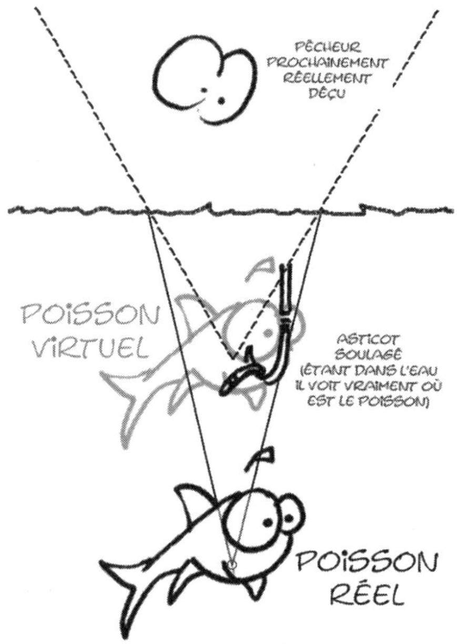

Le diamant brille de mille feux...

... grâce à la réflexion totale. À la traversée du dioptre, l'énergie lumineuse se répartit entre le rayon réfléchi et le rayon réfracté. L'optique géométrique ne peut que prédire les angles entre les rayons mais reste muette quant à la répartition de cette énergie. Dans certains cas, le rayon réfracté n'existe pas, contrairement au rayon réfléchi qui est toujours observable. Toute l'énergie est alors concentrée dans le rayon réfléchi. Cette réflexion totale peut se produire si la lumière se propage d'un milieu d'indice élevé vers un milieu d'indice faible.

Le diamant est un des milieux transparents à plus fort indice de réfraction (voire financier, si vous avez des actions dans les mines). L'indice moyen vaut en effet 2,4. Le phénomène de réflexion totale y apparaît pour des angles nettement plus faibles que pour les matériaux transparents courants. Au-dessus d'une incidence de 25 degrés, le rayon lumineux est totalement réfléchi sur le dioptre diamant-air. Tout l'art du joaillier est de tailler le bijou de telle sorte que les rayons lumineux pénétrant par la face supérieure ressortent après une, deux voire trois réflexions pour que le diamant donne l'impression de briller de mille feux.

La loupe

Les lentilles étaient bien connues avant que l'optique géométrique n'émerge. Celle-ci a néanmoins permis de comprendre le cheminement des rayons lumineux dans une lentille. Pour tracer les rayons lors de la traversée des lentilles, trois règles simples suffisent :

» **Un rayon venant de l'infini, dont la direction est parallèle à l'axe optique, est réfracté à travers le foyer.**

» **À l'inverse, un rayon en provenance d'un foyer ressort parallèle à l'axe optique.**

» **Un rayon traversant la lentille en son centre n'est pas dévié.**

Pour aller du point source ou objet jusqu'à l'œil, un rayon lumineux doit traverser deux dioptres en se réfractant à chaque fois. Quand les angles sont petits, tous les rayons lumineux (ou leur prolongement) émergeant du système optique passent par un point, que l'on appelle image de l'objet à travers le dispositif optique.

Figure 8-9

Une lentille est une « machine à casser les rayons lumineux ».

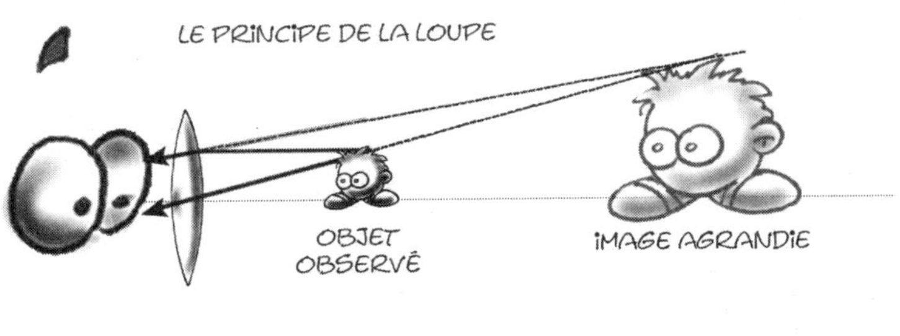

Pour les balèzes

Dans la loupe, les rayons lumineux semblent provenir d'une image, que le cerveau analyse comme agrandie par rapport à l'objet. Descartes puis Newton vont exploiter les lois de Snell pour établir chacun à sa manière les relations donnant la position et la taille de l'image à partir de caractéristiques de l'objet.

Deux modèles pour la lumière

Christian Huygens veut construire un modèle de la lumière pour comprendre l'origine physique des relations de Snell. Ole Römer vient de prouver en 1672 que la vitesse de la lumière n'est pas infinie (voir Chapitre 12), ce qui lance le débat sur la nature de ce qui se déplace. Sur invitation de Colbert, c'est en France que Huygens va jeter les bases de la théorie ondulatoire de la lumière dans son *Traité de la lumière* de 1678. Pour lui, il n'y a pas déplacement de matière, mais propagation de proche en proche d'une déformation d'un milieu matériel. Ce livre sera un des ouvrages favoris de Newton, nettement plus jeune que Huygens. Mais Newton est convaincu que la lumière est constituée de corpuscules qui se propagent plus ou moins vite dans un milieu transparent. Mais leur vitesse est supérieure à celle dans le vide. La lumière serait une sorte de gaz extrêmement ténu dont les particules restent inaccessibles à l'observation directe.

Propagation rectiligne

La propagation rectiligne de la lumière s'explique très simplement pour Newton. Le grain de lumière ne subit aucune force dans un milieu homogène. D'après les lois de la mécanique, il doit donc continuer tout droit. Le rayon lumineux est la trajectoire de la particule de lumière.

Huygens s'appuie sur le modèle des rides à la surface de l'eau. Il introduit le front d'onde, qui est en quelque sorte la ligne de crête de la « vague de lumière ». Un rayon est une ligne perpendiculaire au front d'onde. Un cercle de soldats qui marchent en s'éloignant du centre figure un front d'onde. La direction de la marche de chaque soldat représente le rayon lumineux. Cette image doit être maniée avec prudence. Pour les tenants de l'hypothèse ondulatoire, la lumière n'est pas le déplacement d'un objet matériel, mais la propagation de proche en proche d'une déformation d'un milieu matériel hypothétique à ce stade. Huygens remarque aussi qu'une vague arrivant sur une petite ouverture donne ensuite une vague circulaire qui progresse en aval du trou.

Figure 8-10

Des « vagues de lumière » s'évasent en passant par un trou.

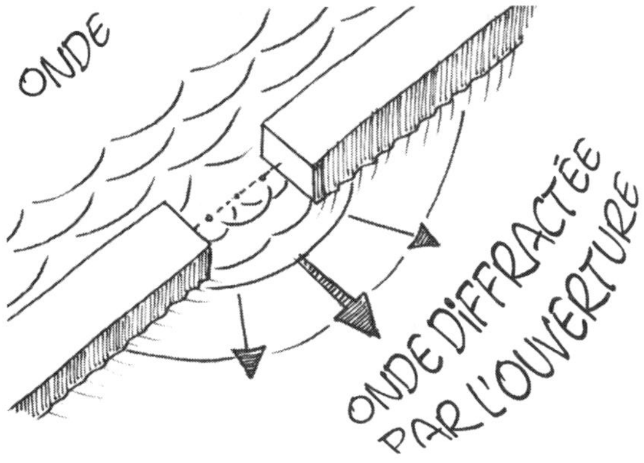

Cela l'amène à penser qu'une onde peut être vue comme la superposition d'une multitude de petites ondelettes circulaires. La progression d'une vague ou front d'onde peut être décrite par l'émission d'ondelettes sphériques émises par chaque point de la vague. La forme de la vague à une date ultérieure est l'enveloppe de ces ondes secondaires. Cette idée sera approfondie par Fresnel cent cinquante ans plus tard. Mais il y a un point faible à ce modèle. Pourquoi les ondes secondaires ne sont-elles émises que vers l'avant et non vers l'arrière, ce qui les ferait revenir au point d'émission ?

L'éther, mais pas celui du pharmacien

Pour que les ondes puissent se déplacer, il faut un support matériel : l'éther (rien à voir avec le produit chimique). Huygens l'imagine comme composé de petites particules dures. Un rayon lumineux met ces particules en mouvement suivant la direction du rayon. La propagation s'explique s'il est supposé qu'à chaque particule s'appliquent les lois des chocs. Tous les points d'une onde peuvent être le siège d'un choc de départ. Mais Huygens ne peut ni indiquer la nature du signal lumineux, ni préciser la structure du milieu matériel nécessaire à la propagation de la lumière.

Newton, quant à lui, est d'abord réticent mais finit par se rallier à l'idée d'éther, mais pas avec les mêmes fonctionnalités. Pour l'inventeur de la gravitation, il faut trouver un support doté de la fonction de transmission des forces. L'éther va commencer une très longue carrière en donnant des migraines à des générations entières de physiciens durant les deux siècles qui suivront.

Pour tourner, il faut changer de vitesse

Pour Huygens, la position des fronts d'onde change lorsqu'une onde passe d'un milieu à un autre car la vitesse de propagation varie. L'indice de réfraction s'interprète comme le rapport de la vitesse de la lumière dans le vide c (en pratique dans l'air) sur la vitesse v dans le milieu transparent :

$$n = \frac{c}{v}.$$

Comme la vitesse v de la lumière dans un milieu transparent est toujours plus faible que dans le vide, l'indice de réfraction n est un nombre sans unité toujours supérieur ou égal à 1 (sauf pour les rayons X et le plasma, mais ça c'est une autre histoire).

Reprenons l'exemple des soldats vu plus haut pour comprendre le changement de direction lors du passage par un dioptre. Des soldats en ordre de marche, qui passent d'une prairie à un champ labouré, avancent plus vite sur l'herbe que dans le champ. S'ils arrivent perpendiculairement à la limite de la prairie, il n'y aura pas de cassure dans l'alignement du groupe. L'ensemble de la ligne ralentit en même temps en arrivant sur la terre labourée. En revanche, pour une direction oblique, certains soldats vont arriver dans le champ avant les autres. Ces derniers vont prendre du retard par rapport à ceux qui marchent sur l'herbe. Cela fait tourner la ligne de front comme la réfraction « casse » les rayons lumineux.

Des problèmes à l'horizon

Les limites de l'optique géométrique ont été rapidement perçues à défaut d'être correctement expliquées.

La diffraction

Le père jésuite italien de Bologne, Francesco Grimaldi, publie en 1665 un ouvrage dont la première proposition est tout un programme : « *Lumen propagatur seu diffunditur non solum Directe, Refracte, ac Refexe, sed etiam Quatro modo, Diffracte.* » Grimaldi montre que la lumière passant à côté d'un obstacle comme un trou dans un écran opaque ne continue pas exactement tout droit. Pour Newton, l'incurvation des rayons lumineux est le résultat de l'action de microforces exercée par la matière du bord de l'écran opaque sur le corpuscule de lumière. Une situation analogue se produit en gravitation lorsqu'un objet passe près d'une planète. La déviation est d'autant plus importante que le corps passe près du sol planétaire. Ce phénomène est largement utilisé de nos jours pour l'assistance gravitationnelle. Une sonde pour exploration lointaine est accélérée lors du passage près des planètes.

Huygens peut, lui aussi, donner une analyse qualitative de la diffraction en utilisant la construction du front d'onde comme enveloppe des ondelettes issues des sources secondaires. Un front d'onde qui avance peut rencontrer un obstacle. Les parties opaques absorbent l'onde. Il ne reste plus que les ondelettes réparties sur l'ouverture. C'est la lumière issue des sources secondaires situées près du bord de l'ouverture qui va contourner l'obstacle, d'après Huygens.

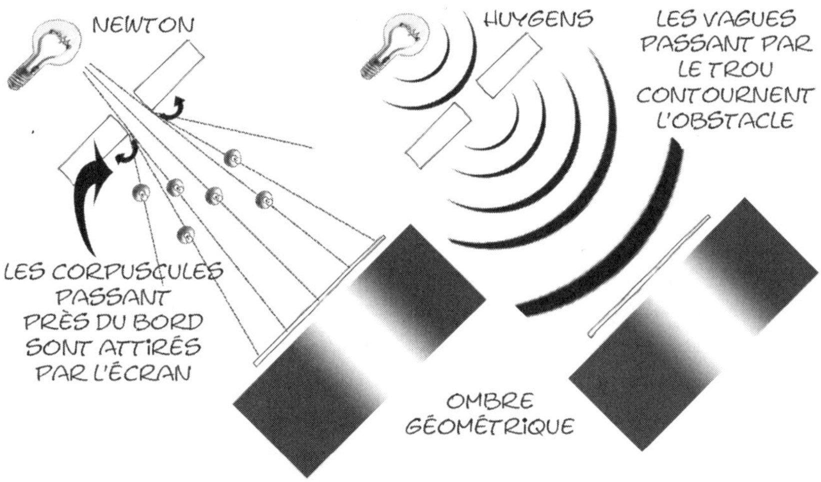

Figure 8-11 Deux interprétations du passage de la lumière par une petite ouverture.

Les milieux anisotropes

Un cristal venu du Nord

Un cristal de calcite (ou spath d'Islande) présente d'étranges propriétés mentionnées la première fois par le père Bartholin dans un ouvrage intitulé *Experimenta crystalli islandici* publié en 1670. Placez un tel cristal sur un journal et vous verrez non pas un, mais deux textes (et sans consommation préalable d'alcool !). Un rayon lumineux se dédouble en un rayon ordinaire et un rayon extraordinaire. Le premier suit les lois de la réfraction, le second non. Lorsque la lumière traverse successivement deux tels cristaux, on voit apparaître quatre rayons lumineux. C'est la multiplication des rayons ! Amen.

Figure 8-12
Le cristal fait d'un « pour » deux « pour ». Nous, on est pour !

La calcite n'est qu'un exemple parmi d'autres de matériaux anisotropes. Cette double réfraction va jouer un rôle important dans l'histoire de la lumière. Huygens arrive à expliquer la géométrie du phénomène en supposant que la lumière ne se propage pas à la même vitesse dans toutes les directions de ce cristal.

Newton en profite pour déstabiliser Huygens

Pour expliquer l'apparition de deux rayons lors de la réfraction dans la calcite, Huygens suppose que la lumière ne se propage pas avec la même vitesse dans toutes les directions. La théorie de Huygens est séduisante, mais elle n'arrive pas à expliquer une observation expérimentale, qui va s'avérer lourde de conséquences cent cinquante ans plus tard (voir Chapitre 9). Quand on fait passer de la lumière successivement dans deux cristaux, les intensités lumineuses des quatre rayons en sortie du second cristal changent, si l'on fait tourner un des cristaux. Pour une disposition particulière des cristaux, certains rayons disparaissent. Newton sait que la théorie ondulatoire est en difficulté sur cette question. Il va présenter des résultats expérimentaux en contradiction avec la théorie de Huygens. Dans son *Traité d'optique* de 1709, Newton met la théorie ondulatoire KO. Ses résultats sont pourtant approximatifs et ses explications des plus floues. Il imagine des corpuscules de lumière comme des petits aimants susceptibles de s'orienter par interaction avec un cristal dissymétrique. Or, en présence d'aimants, la lumière… n'est pas déviée. Mais on ne prête qu'aux riches et presque tout le monde adopte les idées de Newton.

La lumière se disperse

Les couleurs du prisme

L'optique de Newton est inséparable de la dispersion (voir Chapitre 19). Avant Newton, on pensait que c'était le verre qui donnait la coloration aux rayons lumineux. Pour Newton, les couleurs ne viennent pas de la réfraction, mais préexistent dans la lumière blanche. Pour le prouver, il va étudier en détail le phénomène de dispersion de la lumière blanche lors d'une double réfraction dans un prisme. Cette expérience sera essentielle dans la construction d'une théorie de la couleur. Un faisceau de lumière blanche se disperse pour faire apparaître les couleurs de l'arc-en-ciel. La déviation du rayon lumineux croît du rouge au violet dans le domaine visible.

Pour les balèzes

Cette dispersion chromatique est assez faible mais peut provoquer des irisations colorées des images. Elle est à l'origine de la mauvaise qualité des images obtenues avec les lentilles simples. Comme l'indice de réfraction du verre dépend de la longueur d'onde, la position du foyer dans le rouge ne coïncide pas avec le foyer dans le bleu. La qualité des images en est altérée.

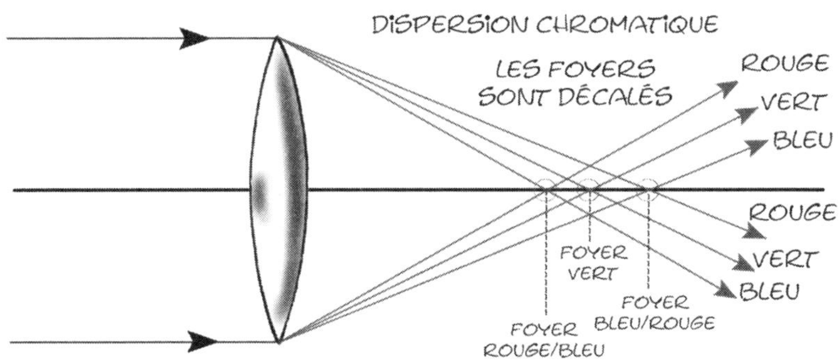

Figure 8-13 L'indice de réfraction dépend de la couleur, d'où une irisation des images.

Newton à la recherche du poids de la lumière

Pour expliquer la séparation des couleurs par un prisme, Newton suppose que tous les corpuscules de lumière arrivent à la même vitesse et que c'est l'inégalité des masses qui les fait dévier différemment. Un grain de lumière rouge serait donc plus lourd qu'un grain de lumière bleue.

Huygens surfe sur des vagues plus ou moins rapides

Huygens exploite l'analogie avec les vagues à la surface de l'eau. Il interprète les couleurs par la distance entre deux crêtes consécutives. D'après lui, les « vagues de lumière » sont plus resserrées pour le bleu que pour le rouge. Mais il ne peut donner des ordres de grandeur pour ces distances de la lumière visible.

Newton, le seigneur des anneaux...

... des bulles de savon. Newton va s'occuper, entre autres, de la couleur des bulles de savon. Son intuition relie la couleur à l'épaisseur de la couche d'eau. Pour justifier cette conjecture, il va poser une lentille bombée sur un miroir plan recouvert d'une mince couche d'eau. Ainsi, l'épaisseur va changer en s'éloignant du point de contact entre les deux objets en verre. Non seulement le résultat est au rendez-vous, mais il va même observer des anneaux alternativement sombres et lumineux en se limitant à une lumière d'une couleur donnée.

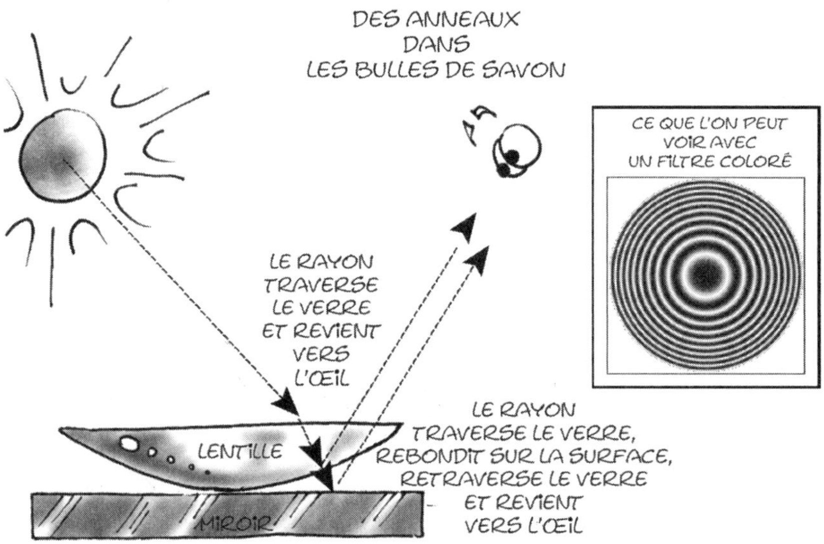

Figure 8-14 Des anneaux pour comprendre les couleurs des bulles de savon.

De tels anneaux peuvent être observés quand deux vitres placées l'une sur l'autre ne sont pas suffisamment planes. Près des endroits où les deux surfaces se touchent, des anneaux sont visibles par réflexion ou par transmission.

Newton est gêné par cette découverte qui semble approuver la théorie de Huygens. Il est obligé d'inventer une autre théorie compliquée dans laquelle la lumière alterne entre des phases de facile transmission et des phases de facile réflexion.

Le boom des instruments d'optique à lentilles

1610 est une année *mirabilis* pour l'optique. La découverte des satellites de Jupiter par Galilée ouvre une période extrêmement féconde. En quelques décennies, l'homme va faire reculer les frontières de sa vision à la fois vers les grandes étendues avec les lunettes astronomiques et vers les très petites distances avec le microscope. Le mérite essentiel des physiciens de cette période est non seulement de voir davantage de choses que leurs prédécesseurs, mais surtout de porter un regard neuf sur le monde. Pour pousser les murs de sa perception visuelle, il fallait associer plusieurs lentilles pour en décupler les effets optiques. Mais l'histoire des grandes découvertes prend parfois de drôles de détours.

Galilée travaille pour l'armée vénitienne

Galilée est un esprit brillant qui devient très vite professeur à l'université de Padoue. Son père étant décédé, il doit subvenir aux besoins de sa famille à laquelle se rajoutent trois enfants illégitimes dont il assure la garde. Galilée doit à plusieurs reprises son salut financier à de riches protecteurs, en dépit des nombreux cours particuliers donnés à de riches étudiants. Afin d'augmenter ses revenus, il invente en 1597 le compas géométrique et militaire. Outre ses qualités de physicien, Galilée s'avère être un excellent commercial. Son compas est vendu à bas prix, mais les stages de formation sont facturés au prix fort. Ses travaux en mécanique lui confèrent une bonne renommée, mais ses revenus continuent de stagner car le filon du compas s'épuise. En mai 1609, il reçoit une lettre d'un de ses anciens étudiants qui lui fait part d'une lunette commercialisée en Hollande par Hans Lippershey, un fabricant de lunettes de Middleburg. La lettre indique seulement que les Hollandais ont fait usage de deux lentilles pour voir des objets éloignés. Galilée voit d'emblée tout le parti qu'il peut en tirer, non pour l'astronomie, mais pour l'armée. Galilée ne savait pas que Lippershey avait déjà tenté de breveter son invention et que deux Allemands réclamaient eux aussi la paternité de l'invention.

Galilée voit loin

Galilée connaît bien les verriers de Murano qui vont lui tailler des lentilles sur mesure. Il améliore la lunette hollandaise sur deux plans. D'une part, il remplace la lentille convergente située près de l'œil par une lentille divergente. Cette modification qui produit des images non renversées est essentielle pour une observation terrestre. Il modifie aussi la courbure des verres et finit par produire une lunette deux fois plus performante.

Le 21 août 1609, il réalise une seconde lunette de grossissement de neuf fois. Il procède à une remarquable opération de marketing. Il invite le doge et le sénat de Venise à tester la lunette du haut du campanile de la place Saint-Marc. Les invités sont stupéfaits. Murano située à 2,5 kilomètres semble très proche, à moins de 300 mètres. On voyait des bateaux dans la lagune deux heures avant l'arrivée au port. Galilée a un second coup de génie commercial. Il offre cette lunette au doge et cède les droits de la lunette à l'armée. Les pirates pourront ainsi être détectés à temps pour organiser la défense. En récompense, Galilée est nommé à vie à son poste de Padoue avec un salaire double. Ses soucis financiers sont enfin réglés et Galilée peut se consacrer à l'amélioration de la lunette.

Il ne connaissait pas les lois de l'optique, il doit se fier à son intuition. Il n'y aura qu'un petit nombre de lunettes performantes sur plus de soixante lunettes qu'il va réaliser sur quelques mois. Cette longue-vue est à la fois une innovation scientifique et un véritable défi technologique.

Les observations astronomiques de Galilée

En novembre 1609, Galilée réalise un instrument qui grossit une vingtaine de fois. En quelques semaines, il explore la nature de la Voie lactée, compte les étoiles de la constellation d'Orion et observe les taches solaires. La nuit du 7 janvier 1610, il remarque trois petites étoiles à côté de Jupiter. Les nuits suivantes sont favorables, il constate qu'il y a en fait quatre objets qui se déplacent d'une nuit à l'autre. En fin connaisseur de la mécanique naissante, Galilée se dit que Copernic doit avoir raison (voir Chapitre 2). Nous tournons autour du Soleil comme ces satellites tournent autour de Jupiter. Il publie ses observations, mais personne n'y croit. Il est vrai que les images fournies par ces instruments posent un véritable problème philosophique. Comment comprendre que des objets célestes puissent ainsi sortir du néant ? Préexistent-ils effectivement à notre perception ou sont-ils une énième illusion ? La question divise la communauté scientifique.

Johannes Kepler soutient Galilée même si l'astronome allemand ne dispose pas de lunette dans un premier temps. L'Italien ne fera pas parvenir d'instrument à Kepler car Galilée se méfie de l'astronome officiel impérial. Kepler est en effet théologien calviniste de formation et fait souvent référence aux Écritures saintes, voire à l'astrologie. Pour emporter l'adhésion à ses thèses, Galilée invite la cour de Toscane à une séance d'observation de ces astres le 10 avril 1610. Le triomphe est total.

Le virage pris par Galilée est plus important qu'il n'y paraît. Avant lui, la science était pour l'essentiel une observation relativement passive de phénomènes naturels. La lunette astronomique procède d'une démarche plus active voire plus agressive. L'instrument de mesure devient l'outil permettant d'arracher ses secrets à la Nature.

Kepler invente la sienne

En quelques semaines, Kepler établit la relation mathématique qui lie la position de l'objet de l'image et les caractéristiques des lentilles sans connaître les lois que Snell n'avait pas encore découvertes. Kepler invente un autre type de lunette astronomique en remplaçant l'oculaire divergent par une lentille convergente, ce qui permet d'augmenter le champ visuel de l'instrument.

Figure 8-15

La lunette astronomique de Kepler à deux lentilles convergentes.

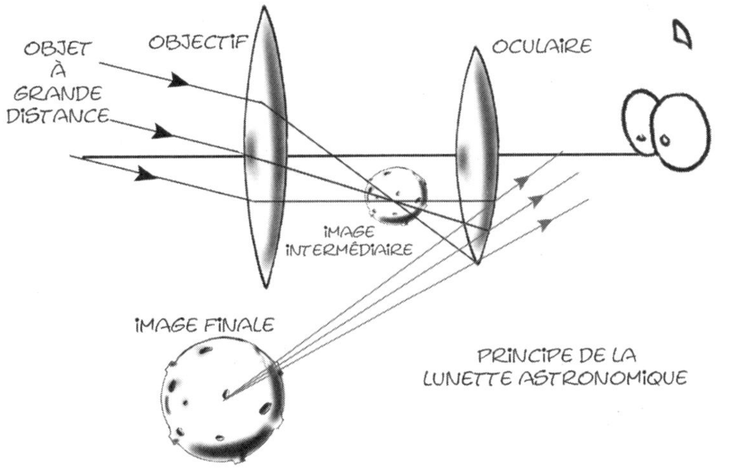

L'idée de Kepler est de faire l'image de la planète près du foyer de la lentille qui constitue l'objectif, puis d'utiliser l'oculaire judicieusement placé comme loupe pour agrandir cette image intermédiaire. On voit ainsi l'image de l'image de l'étoile à travers les deux lentilles.

Avec de tels dispositifs d'observation, l'Univers acquiert une troisième dimension : la profondeur. Il devient clair que tous les objets célestes ne sont pas à la même distance de la Terre contrairement à la théorie de la voûte céleste. La liste des découvertes s'allonge rapidement : les cratères lunaires, la Voie lactée et ses myriades d'étoiles, les phases de Mercure et de Vénus et les taches solaires.

La démesure

Au cours du XVIIe siècle, la formule optique mise au point par Kepler, basée sur deux lentilles convergentes, va s'imposer. Huygens y apporte en 1659 une amélioration sensible en introduisant une graduation permettant un positionnement précis des objets. Cela n'était pas possible avec l'oculaire divergent de Galilée. Ce dernier avait placé une graduation à côté du tube de la lentille. Il regardait avec un œil dans la lunette et avec l'autre œil reportait assez grossièrement les positions sur le quadrillage.

Les lunettes atteignent bientôt des longueurs démesurées. Il n'est plus possible de fixer les lentilles aux deux extrémités d'un tube. Les assistants sous les ordres de l'astronome créent d'énormes échafaudages afin d'aligner les deux lentilles sur la ligne de visée souhaitée par l'observateur. Huygens entre autres va concevoir des lentilles de très grande distance focale allant jusqu'à 37 mètres (210 pieds anglais). Les difficultés de manipulation sont à la hauteur des espérances. Huygens met en évidence les anneaux de Saturne, son plus gros satellite Titan et la calotte polaire de Mars.

De même, la grande lunette de l'Observatoire de Paris, fondé par Colbert en 1667 sous Louis XIV, est si longue qu'une tour – la tour de Marly – est construite pour la supporter. C'est avec cet instrument que Cassini, le directeur de l'Observatoire, peut distinguer des détails de deux secondes d'arc, soit environ un demi-millième de degré. Il ajoute quatre satellites à Saturne et observe la division des anneaux de cette planète qui porte son nom. Les lunettes astronomiques sont un peu comme les dinosaures : elles vont payer le prix de leur gigantisme. La « machine céleste » de Hevelius longue de 46 mètres ne lui servira guère : elle est trop difficile à manœuvrer et des images bien imparfaites résultent des imperfections géométriques et des irisations produites par la dispersion chromatique des verres.

Anecdote

Des *Femmes savantes* à *La Création*

Dans une réplique fameuse qu'il met dans la bouche des « Femmes savantes », Molière se demande à quoi peut bien servir « cette longue lunette à faire peur aux gens ». En 1672, il anticipe la formidable lunette astronomique de Sir William Herschel, installée en place publique sous d'imposants échafaudages, et qui fera 12 mètres de long.

Aux siècles passés, la science n'était pas encore angoissante, elle restait source de poésie et de musique. Au cours de l'hiver 1797, Herschel avait invité Joseph Haydn à contempler son ciel nocturne. Sous le choc de l'émotion, le musicien s'en retourne composer le premier oratorio en langue allemande, *La Création*.

Des monstres dans les lunettes astronomiques

De toute façon, la précision de ces instruments était trop faible pour décrire les éventuels habitants d'outre-ciel. La plume de l'écrivain va combler ce déficit. Cyrano qui ne venait pas de Bergerac sera le premier à s'enfoncer dans la brèche. Avant de devenir un personnage de théâtre, cet astronome et poète de chair et de sang avance l'hypothèse d'habitants sur la Lune. Ceux-ci risquent d'ailleurs de tomber sur Terre à tout moment. Voltaire et Swift vont lui emboîter le pas dans *Micromégas* et *Les Voyages de Gulliver*.

Anecdote

Hergé et Jean de La Fontaine font de l'optique

Les lecteurs assidus de Hergé auront sûrement fait la relation avec l'album *L'Étoile mystérieuse*. Tintin voit une énorme araignée en observant cet objet céleste qui fonce vers la Terre. Mais Hergé se trompe lourdement en plaçant la petite araignée sur la surface de l'objectif de la lunette. Tintin ne pouvait pas voir l'araignée dans cette position à travers la lunette astronomique. Si l'araignée se trouvait sur l'objectif, son image serait pratiquement sur l'œil. Or, pour voir un objet de manière distincte, il faut qu'il y ait une distance minimale de l'ordre de 25 centimètres pour un œil normal.

Dans une de ses fables « Un animal dans la Lune », Jean de La Fontaine décrit, bien avant Hergé, l'apparition d'un monstre lors de l'observation de la Lune à travers une lunette astronomique. Jean de La Fontaine avait fait preuve de plus de rigueur scientifique en plaçant la souris entre les deux lentilles près du foyer de l'objectif. Tout se passe alors comme si on regardait l'animal à travers une loupe.

La lunette déréglée appelée microscope

La microscopie a fait ses premiers pas au XVIIe siècle sous l'impulsion de Robert Hooke et d'Anton Leeuwenhoek. Au départ, le microscope se limite à deux lentilles fixées aux extrémités d'un tube : l'objectif et l'oculaire. L'échantillon à étudier est éclairé à l'aide d'une chandelle dont on fait converger la lumière à l'aide d'une sphère remplie d'eau. Leeuwenhoek fabrique lui-même plus de 500 microscopes, alors que la science de l'optique n'est pas encore à son apogée. À l'aide de ces instruments, il observe des animalcules (des microbes), mais aussi des hématies et des spermatozoïdes.

Quand on lui demande s'il a vu les atomes de Démocrite, Leeuwenhoek est bien obligé de répondre par la négative. Personne à l'époque ne se doute que la route sera encore longue avant que l'hypothèse atomique ne s'impose définitivement avec les travaux de Jean Perrin vers 1910.

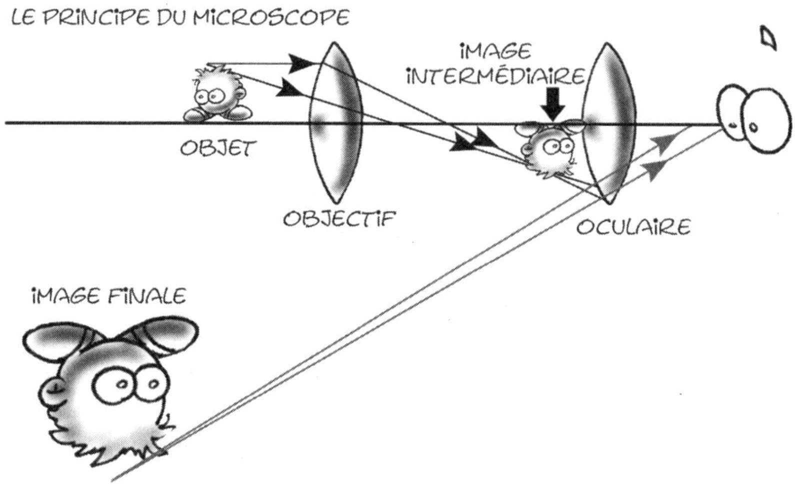

Figure 8-16 Le microscope.

Le principe du microscope peut se schématiser avec deux lentilles convergentes. La lentille de l'objectif forme une première image fortement agrandie de l'objet. L'oculaire forme l'image définitive encore une fois agrandie de cette image intermédiaire. On retrouve une structure voisine de celle de la lunette de Kepler. D'ailleurs, si vous retournez une lunette astronomique en la déréglant, vous obtenez un microscope !

Les miroirs se courbent

Les miroirs courbes sont une alternative aux lentilles pour guider ou concentrer la lumière. Ces miroirs sont connus bien avant que la géométrie ne s'en empare pour en formaliser le fonctionnement. À la National Gallery de Londres, vous pouvez admirer un tableau de Jan Van Eyck peint en 1434 où figure un tel miroir. On y distingue nettement la courbure des lignes verticales de la pièce, ce qui montre que le peintre n'avait pas fait usage d'une *camera obscura*.

Dans les rétroviseurs ou les supermarchés

Plus près de nous, les miroirs bombés ou convexes sont souvent placés près des caisses de supermarché. Ils donnent des images non renversées dans une large zone de vision. De même pour diminuer l'angle mort, la surface du rétroviseur est souvent de forme convexe du moins dans sa partie externe. Le champ visuel augmente même si les distances apparentes sont modifiées. C'est pour cela que figure la mention « *Objects in mirror are closer than they appear* » (Vus dans le miroir, les objets sont plus près qu'ils ne semblent) sur les rétroviseurs des voitures américaines côté passager.

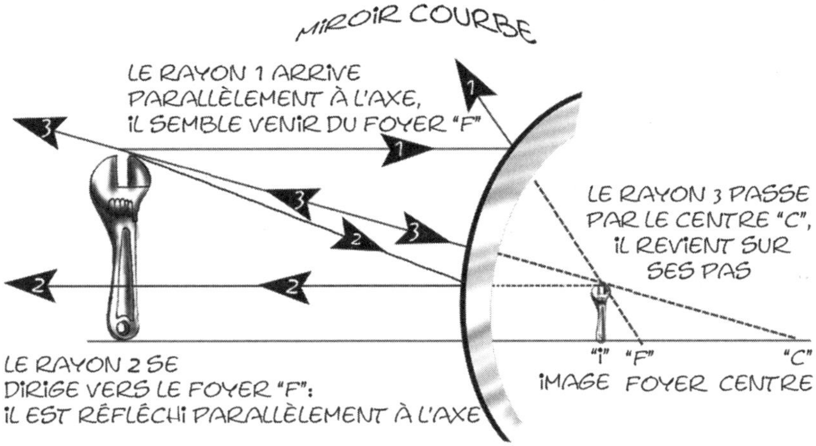

Figure 8-17
Tracé des rayons pour un miroir convexe.

Les miroirs concaves sont la version optique de la parabole de réception satellite. Vous avez probablement un tel miroir dans votre salle de bains comme miroir grossissant.

Ces miroirs concentrent la lumière venant d'un objet lumineux éloigné en un point appelé, là aussi, foyer. La forme optimale est parabolique, mais une surface sphérique plus facile à réaliser donne des images de bonne qualité tant que les rayons ne s'éloignent pas trop de l'axe.

Le télescope

Après réflexion sur un miroir, les rayons lumineux se concentrent en un même point quelle que soit la couleur de la lumière. C'est une conséquence directe des lois de la réflexion qui ne font pas intervenir l'indice de réfraction. Avec les miroirs, on reste dans le même milieu. En revanche, les lentilles basées sur la réfraction présentent une dispersion chromatique. La position du foyer dans le bleu diffère légèrement du foyer dans le rouge. Il en résulte une irisation des images. Des instruments astronomiques à base de miroirs devraient donc améliorer la qualité des observations. Mais il y a une difficulté de taille : les rayons lumineux convergent en avant du miroir concave.

Pour observer avec une loupe cette image intermédiaire, il faut placer la tête sur le trajet des rayons lumineux venant des étoiles, ce qui empêche la lumière d'arriver au miroir. Newton résout ce problème en renvoyant sur le côté cette image à l'aide d'un petit miroir plan.

Figure 8-18
Le télescope de Newton.

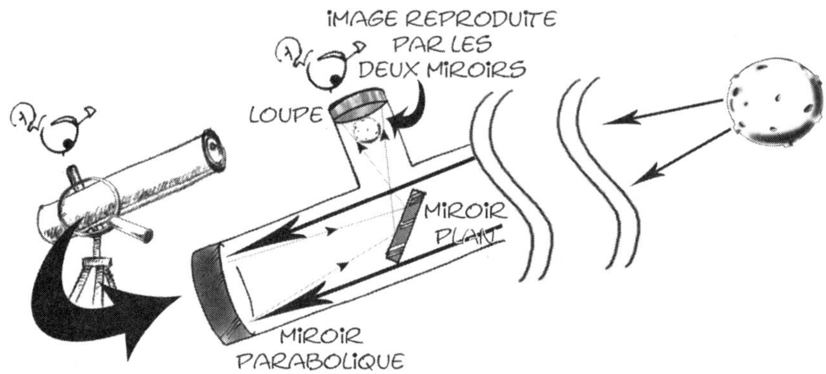

Le premier engin de ce type présenté à la Royal Society de Londres est équipé d'un miroir de 37 millimètres de diamètre, grossit trente-huit fois et a une distance focale de 160 millimètres. Une lunette de même diamètre fait à l'époque entre 3 et 10 mètres de longueur. L'idée de Newton était géniale, mais elle venait trop tôt. Les miroirs s'altéraient rapidement. Il faudra attendre le XIXe siècle pour que les gros télescopes se mettent en place. Entre-temps, l'opticien anglais Dollond apporte une solution au problème de l'aberration chromatique des lentilles en associant deux lentilles, une convexe et l'autre concave, polies dans des verres d'indices de réfraction différents. Les aberrations chromatiques sont ainsi fortement réduites sans être totalement éliminées.

La lumière choisit son chemin

Où vas-tu, dis donc...

Lorsque la lumière traverse un système optique, il y a plusieurs réfractions ou réflexions successives. Les lois de Snell permettent de placer de proche en proche les diverses parties de la trajectoire de la lumière. Le mathématicien français Pierre de Fermat va prendre le problème sous un autre angle en 1650. Connaissant le point de départ et le point d'arrivée de la lumière, Fermat commence par considérer tous les chemins possibles sans prendre en considération les lois de la réflexion et de la réfraction. Parmi toutes les courbes reliant la source au récepteur, la lumière suit celle qui correspond à un temps de parcours minimal ou (plus rarement) maximal. La démarche est tout à fait nouvelle et va s'avérer extrêmement riche. C'est la première, et de loin pas la dernière fois, que cette démarche va être utilisée en physique. Pour trouver le bon chemin parmi tous ceux possibles, il faut optimiser la durée mise par la lumière pour parcourir ces chemins.

Fermat l'extrémiste

Dans un milieu homogène, ce principe de moindre temps donne directement la ligne droite reliant la source au récepteur. Dans ce cas, le chemin le plus rapide est aussi le plus court. Si on introduit un miroir plan, on reste dans le même milieu de propagation avec une contrainte particulière. Il faut prendre en compte les chemins en deux parties rectilignes, le point de « cassure » se trouvant sur la surface réfléchissante. Le chemin est le plus court lorsque le rayon incident est symétrique du rayon réfléchi par rapport à la perpendiculaire au miroir, comme prévu par la loi de Snell.

Ce qui compte dans le principe de Fermat est moins la distance à parcourir que la durée nécessaire pour le faire. Si l'émetteur et le récepteur ne se trouvent pas dans le même milieu, il faut tenir compte de la différence de vitesse pour optimiser la durée. Dans ce cas, la ligne droite n'est pas le chemin le plus rapide. Il vaut mieux rallonger un peu le chemin là où la vitesse est élevée et raccourcir la partie située dans le milieu le plus lent. Le chemin optimal est exactement celui qui correspond à une trajectoire en deux morceaux rectilignes placés suivant les lois de Snell-Descartes, qui deviennent ainsi une conséquence du principe de Fermat. Un instrument d'optique associe une image à un objet lumineux. Il y a ainsi plusieurs chemins reliant ces deux points (voir Figure 8-19). Tous ces chemins présentent un point commun : la durée de parcours est quasiment identique. On parle alors de stigmatisme approché.

Figure 8-19

Dans un instrument optique, les chemins objet-image sont de durée (presque) égale.

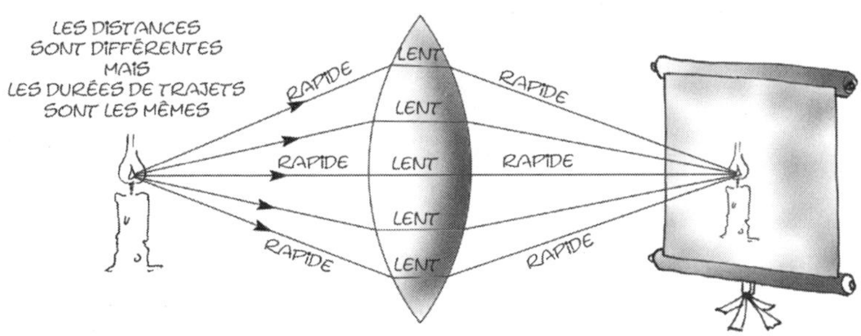

Les mirages

Si l'indice de réfraction varie d'un point à l'autre de l'espace, la lumière suit une ligne courbe dont la forme peut être déterminée par le principe de Fermat. Par exemple, la température élevée au voisinage de l'asphalte d'une route goudronnée en été modifie localement l'indice de réfraction de l'air. Un rayon lumineux venant du soleil peut rebondir sur cette couche d'air chaud avant de pénétrer dans votre œil, exactement comme la réflexion sur une couche d'eau ! La route semble inondée, mais ce n'est qu'un mirage.

Un coucher de soleil est un second exemple de propagation courbe de la lumière. Lorsque le soleil est bas sur l'horizon, il apparaît aplati, comme écrasé suivant la verticale. Les rayons lumineux provenant des bords supérieur et inférieur du soleil ont suivi des trajets courbes lors de la traversée de l'atmosphère. La pression de l'air diminue avec l'altitude, il en est de même de l'indice de réfraction bien que la variation soit faible. La courbure des rayons lumineux est suffisante pour que l'effet soit détectable. Le bord inférieur étant relevé davantage que le bord supérieur, l'observateur a l'impression d'un aplatissement du disque solaire.

Figure 8-20
Une étoile n'est pas à la place où on la voit.

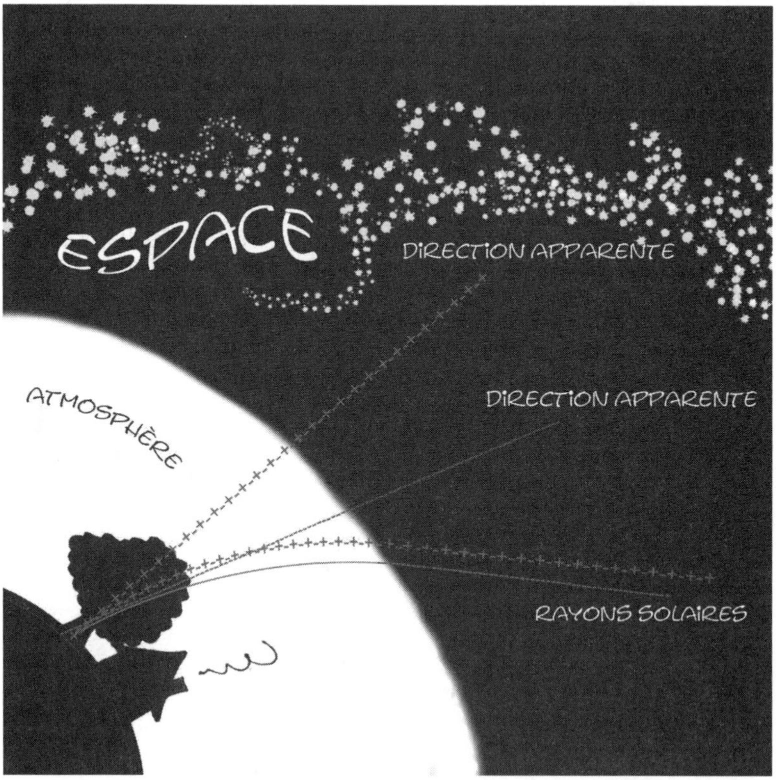

Un test pour séparer les concurrents

Le XVIIe siècle aura vu l'optique faire des progrès considérables, à la fois pour les techniques expérimentales et pour les développements mathématiques. Quant à la nature même de la lumière, les physiciens restent dans l'expectative. Le match entre les corpusculaires et les ondulatoires se solde par un résultat nul. Il y aurait bien un test qui pourrait les départager. Pour Huygens, la vitesse de la lumière est plus faible dans l'eau ou dans le verre que dans l'air. Pour Newton, c'est exactement l'inverse. Mais personne ne sait mesurer la vitesse de la lumière dans l'eau ou dans le verre. La situation est bloquée. C'est le prestige du chef de file qui fera la différence. La balance penche pour Newton.

Newton a écrit une des plus belles pages de la physique naissante avec sa théorie de la gravitation, ce qui lui vaudra d'être enterré à Westminster Abbey. Sa démarche est cohérente avec ses travaux sur la mécanique. Il veut logiquement intégrer l'optique dans un système du monde où tout n'est que masse, force d'interaction et trajectoire. Le programme est séduisant, même s'il n'est qu'ébauché. Même Voltaire va faire la promotion de la physique newtonienne dès son retour en France après un exil en Angleterre.

Paradoxalement, le « siècle des Lumières » apportera peu à l'optique. Mais les bouleversements sociaux, politiques, économiques et philosophiques vont profondément modifier les questionnements de la science sur elle-même. Au tout début du XIXe siècle, la physique est mûre pour reprendre le débat de la nature de la lumière. Thomas Young va faire vaciller le piédestal sur lequel les physiciens avaient placé l'immense Newton.

DANS CE CHAPITRE

- Ce qu'est une onde
- Ondes lumineuses, interférences et diffraction
- La polarisation
- La mesure de la vitesse de la lumière
- Les différents modèles de la lumière

Chapitre 9
Lumières, top-modèles

En 1800, la théorie corpusculaire de la lumière avait les faveurs de la quasi-totalité des physiciens. Le charisme de Newton avait suffi pour éclipser la théorie ondulatoire de Huygens. Coup de théâtre en 1802 ! Wollaston lève le lièvre d'une erreur manifeste de Newton concernant la calcite (voir Chapitre 8), qui donne deux rayons réfractés au lieu d'un seul. Le débat entre les deux théories de la lumière est relancé. En vingt ans, tout va basculer. Young donne le premier coup de butoir sérieux à la théorie corpusculaire, que Fresnel va ensuite mettre à terre en expliquant la diffraction. Mais la polarisation de la lumière découverte par Malus est une sérieuse épine dans le pied de l'approche ondulatoire. Pour expliquer ce phénomène, il a fallu attribuer des propriétés contradictoires au milieu de propagation, ce fameux éther déjà abordé plus haut. La mesure de la vitesse de la lumière dans divers milieux et pour divers observateurs va être au cœur du débat sur l'existence d'un support matériel pour la propagation et sur la nature même de la lumière.

La machinerie des ondes

Thomas Young est un touche-à-tout de génie. Il lit la Bible dès quatre ans, parle une foule de langues, écrit des articles sur la vision, l'arc-en-ciel, le mouvement des fluides et les marées, la capillarité, la pesanteur, l'architecture navale, la médecine, la rosée et même les hiéroglyphes. Il faillit damer le pion à notre Champollion national en découvrant que certains mots de la pierre de Rosette sont écrits de manière phonétique. Young a décidé de déboulonner Newton de son piédestal. Il sait que le maître est en difficulté sur les couleurs des bulles de savon. Ironie de l'histoire, Young est daltonien. Partisan de Huygens, il aborde ce problème en termes d'ondes en s'appuyant sur l'analogie avec les vagues.

L'horloge de l'onde

Pour décortiquer davantage la machinerie commune à toutes les ondes, considérons une corde horizontale très longue. Un expérimentateur communique un mouvement vertical régulier à une extrémité, ce qui entraîne la propagation de ce mouvement le long de la corde. Un point quelconque de la corde reproduit le mouvement imposé par l'expérimentateur avec un retard dû à la propagation. Il va donc lui aussi monter et descendre périodiquement. Une horloge à une aiguille permet de visualiser l'état vibratoire de ce point. Si le point est en position haute, l'aiguille pointe vers le haut. Elle est dirigée vers le bas si le point mobile est en position basse. Au mouvement vertical de la corde est associé un mouvement de rotation de l'aiguille. Chaque point a son « horloge de l'onde ». Quand l'aiguille ou flèche de phase tourne, le point considéré monte et descend.

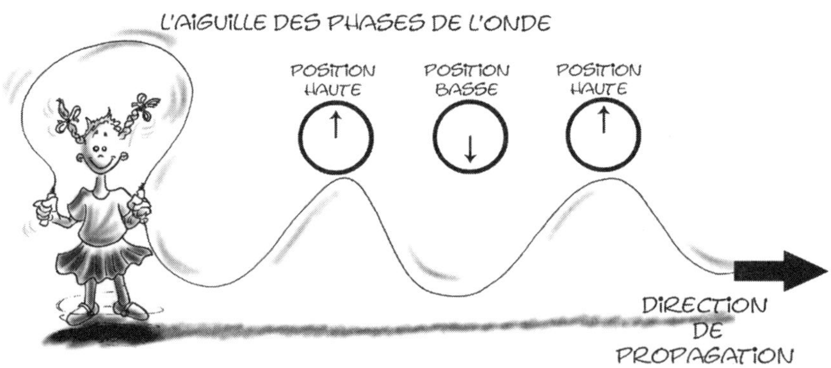

Figure 9-1
Une horloge à une aiguille pour visualiser l'état vibratoire.

La durée nécessaire pour qu'un point revienne à son état de départ est la période de l'onde. C'est l'expérimentateur qui impose cette périodicité à tous les points du milieu de propagation. Les diverses flèches de phase tournent donc toutes à la même vitesse, mais elles n'indiquent pas la même heure. La fréquence est le nombre de fois que le mouvement vertical se reproduit identiquement à lui-même en une seconde. C'est aussi le nombre de tours que fait l'aiguille de phase durant ce laps de temps.

Il n'est pas la même heure de phase partout

À un instant donné, certains points de la corde montent tandis que d'autres descendent. La position de la flèche de phase change donc d'un point à l'autre à un instant donné. Les points de la corde dont les flèches pointent dans une direction donnée à cet instant sont régulièrement disposés le long de la corde. La distance qui sépare deux points consécutifs avec la même position de la flèche est la longueur d'onde, que l'on note souvent par la lettre grecque λ.

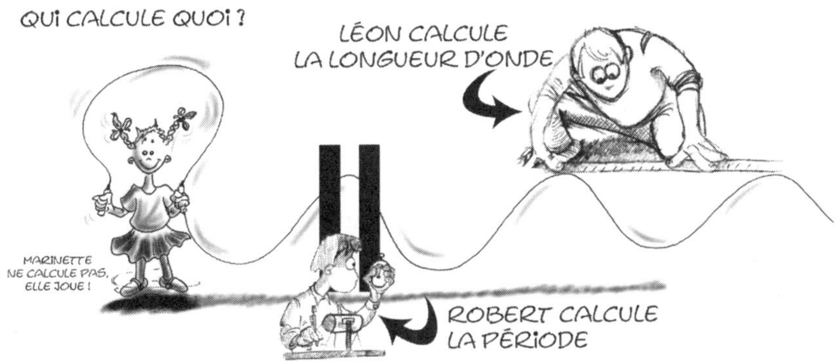

Figure 9-2 Période temporelle et spatiale d'une onde.

Pour un mouvement périodique du vibreur, les flèches de phase présentent une double périodicité. À la période temporelle commune à tous les points s'ajoute une période spatiale au moins pour un milieu où la vitesse de propagation de l'onde est indépendante du point. Se déplacer d'une longueur d'onde le long de la corde à un instant donné fait faire un tour complet à la flèche de phase exactement comme si on attendait une période en restant sur un point de la corde.

Deux ondes se rencontrent

Cette description de l'état vibratoire à l'aide d'une flèche de phase est utilisable pour n'importe quel type d'onde à condition de se limiter aux sources générant des ondes sinusoïdales. Quand deux ondes de même fréquence se rencontrent, chacune a son système de flèches de phase. Mais les horloges des deux ondes sont synchrones ; elles tournent à la même vitesse. Pour obtenir l'état vibratoire résultant de la superposition de deux voire plusieurs ondes, il suffit d'additionner leurs flèches respectives.

Young fait des bulles colorées

Quand deux vagues se rencontrent, les ondes interfèrent. Deux ondes peuvent se renforcer : les interférences sont alors constructives. Mais elles peuvent aussi se compenser en donnant des interférences destructives. Pour Young, l'origine des couleurs des lames d'eau savonneuse est à chercher dans cette direction. Lorsque la lumière rencontre une lame d'eau savonneuse, deux ondes sont renvoyées vers l'œil. La première se réfléchit sur la face avant de la couche d'eau. Une partie de l'onde lumineuse pénètre dans l'eau, puis se réfléchit sur la face arrière de la lame d'eau avant de ressortir en direction de l'observateur. D'après Young, ces deux ondes se superposent au niveau de la rétine. Pour certaines longueurs d'onde, il y a interférences destructives ; les couleurs correspondantes seront absentes. D'autres teintes seront, au contraire, renforcées par interférences constructives.

La lumière vient des trous

Lorsque Young publie son analyse qualitative des couleurs des bulles en 1801, personne n'est convaincu. Pour les physiciens de l'époque, il ne fait que ressortir les vieilleries proposées par Huygens plus de cent ans auparavant. En physique, il faut étayer la théorie par des expériences reproductibles et irréfutables. Young se met alors à la recherche d'une preuve expérimentale de son intuition. À partir d'une onde lumineuse, il faut en créer deux pour ensuite les superposer. En 1807, il a l'idée de génie qui va le faire passer à la postérité une seconde fois (par ailleurs, le module de Young est une grandeur qui caractérise l'élasticité d'un solide) !

Forever Young

Il fait passer la lumière solaire à travers deux petits trous voisins percés dans un écran opaque. Ces trous jouent le rôle de deux sources émettant des faisceaux de lumière divergents (par diffraction). Le faisceau lumineux s'évase en passant par l'ouverture, ce qui crée une zone où les deux faisceaux lumineux se recouvrent sur un écran éloigné des trous. Des zones sombres et claires apparaissent alors dans le secteur de superposition. Young sait qu'il est sur la bonne piste. Ces franges alternativement claires et sombres ont des points de ressemblance avec les anneaux de Newton (voir Chapitre 8). Il a alors une idée géniale : il obture un des trous et toutes les franges disparaissent. La théorie corpusculaire ne peut pas expliquer cette observation. Pour Newton, la déviation du rayon lumineux passant dans une ouverture est due à des forces de très courte portée (voir Chapitre 8). On voit mal pourquoi et comment le second trou modifierait le comportement du faisceau de lumière passant par le premier trou. Les deux ouvertures sont trop éloignées pour agir sur le corpuscule de lumière via des forces à très courte portée. En revanche, l'explication est simple dans le cadre du modèle ondulatoire (il faudra attendre le XXe siècle pour que cette dualité onde/corpuscule soit dépassée).

Deux chemins pour la lumière

L'expérience des trous de Young n'est qu'un exemple de dispositif interférentiel qui additionne deux ou plusieurs ondes lumineuses. L'idée générale est de donner à la lumière deux chemins possibles pour aller de l'atome émetteur S jusqu'au récepteur M. L'onde lumineuse ne choisit pas l'un ou l'autre des chemins, mais elle emprunte les deux à la fois. La superposition des deux ondes peut alors conduire à la formation de franges d'interférences, juxtaposition de zones alternativement sombres et claires.

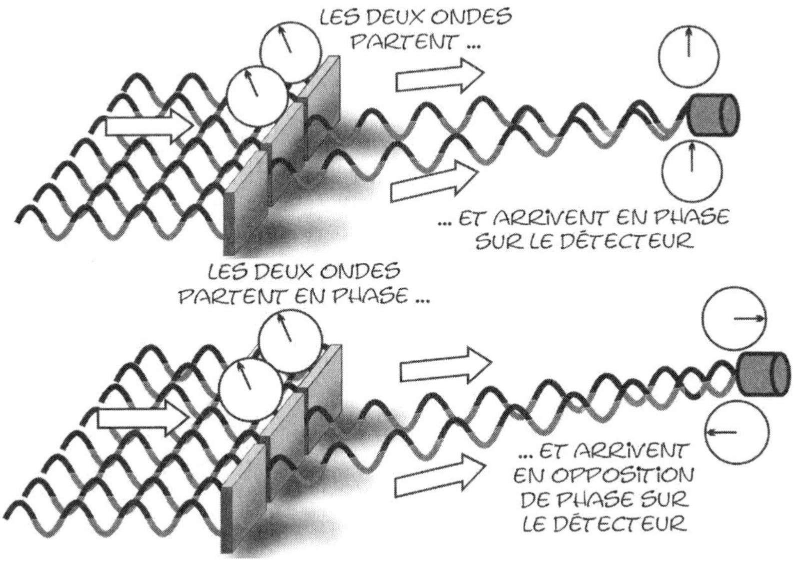

Figure 9-3 Interférences constructives et destructives pour deux fentes de Young.

Pour aller de S à M en passant par le chemin n° 1, la lumière doit parcourir la distance d_1. Pour chaque pas d'une longueur d'onde, la flèche de phase fait un tour complet. Le nombre de tours effectués par la flèche de phase pendant ce trajet est égal au rapport de la distance parcourue sur la longueur d'onde. Ce nombre n'est pas forcément un nombre entier. Pour le second trajet, le nombre de tours de l'aiguille de phase de la deuxième onde est égal au rapport distance parcourue-longueur d'onde. Deux cas extrêmes sont intéressants à considérer.

Lumière + lumière = obscurité

Les deux flèches de phase sont alignées à l'arrivée en M : elles ont alors pivoté du même angle à un nombre entier de tours près. Les deux vibrations lumineuses sont en phase et les interférences sont constructives. Cela est obtenu si la différence de distance parcourue $d_2 - d_1$ est un multiple de la longueur d'onde notée λ.

Lumière + lumière = obscurité

Une des flèches a fait un demi-tour de plus que l'autre (à un nombre entier de tours près). Les deux ondes sont alors en opposition de phase et les interférences sont destructives. Ces ondes vont au moins partiellement se compenser. La lumière peut engendrer l'obscurité si la différence de longueur de trajets $d_2 - d_1$ est un multiple demi-entier de la longueur d'onde λ par exemple si $d_2 - d_1$ vaut 3,5 fois λ.

Pas de franges avec deux bougies !

Les interférences lumineuses sont plus difficiles à mettre en évidence qu'il n'y paraît. Si Young avait pris deux bougies comme source au lieu de deux trous éclairés par la même bougie, il n'y aurait pas eu de franges. Tous les dispositifs d'interférométrie optique doivent créer deux ondes à partir d'une seule, puis faire parcourir des chemins différents avant de les superposer à nouveau.

Pour les balèzes

La raison profonde de cette difficulté de mise en évidence est liée au processus d'émission lumineuse. Un atome excité n'émet pas en continu pour se désexciter, mais envoie une très brève impulsion lumineuse. D'une impulsion à l'autre, la flèche de phase prend une position aléatoire au départ. Or, pour établir la condition d'interférences constructives stipulant que la différence de marche $d_2 - d_1$ est un nombre entier de longueurs d'onde λ, nous avons supposé que les flèches des deux ondes coïncidaient au départ. Cela est vrai si les deux ondes proviennent du même atome. Mais pour les ondes venant de deux atomes différents, ce n'est plus le cas. Deux trains d'ondes peuvent interférer pendant une durée très courte. Mais la figure d'interférence fluctue très rapidement au gré de l'angle initial entre les flèches de phase des deux trains d'ondes. Aucun capteur ne peut suivre ces fluctuations rapides. La réponse d'un détecteur n'indique qu'un effet moyen.

Young descend sous le micromètre

L'expérience de Young met en évidence le caractère ondulatoire de la lumière. Pour estimer la longueur d'onde, il va faire un peu de géométrie pour exprimer la distance séparant les milieux de deux franges lumineuses voisines, ou interfrange, notée i. Cette distance, de l'ordre du millimètre, ne dépend que de la longueur d'onde et des facteurs géométriques comme la distance entre les deux trous et la distance entre l'écran opaque percé et l'écran de visualisation des franges :

$$\text{Interfrange} = \frac{\text{longueur d'onde} \times \text{distance écran-trous}}{\text{distance entre les trous}}$$

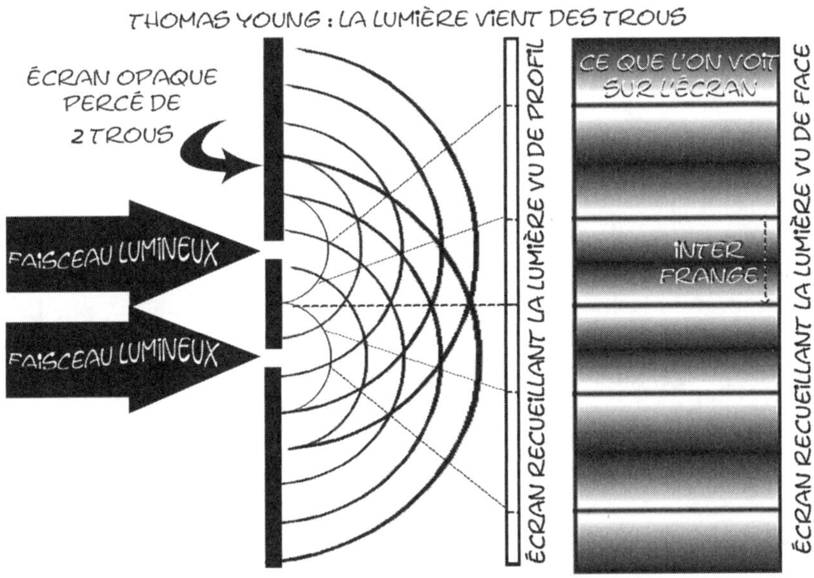

Figure 9-4 Des franges sombres et claires en lumière monochromatique.

Young est ainsi en mesure d'évaluer la longueur d'onde de la lumière pour différentes couleurs ; par exemple 0,58 µm pour le jaune et 0,70 µm pour le rouge. Il s'agit là d'un véritable tour de force ! Aucun instrument de mesure de l'époque ne peut apprécier directement des distances aussi petites. Les newtoniens vont sentir passer le vent du boulet. La réaction ne se fait pas attendre. Lord Brougham, écrivain, spécialiste reconnu de l'optique, futur président de la Chambre des pairs et futur Lord chancelier va couvrir d'insultes l'infortuné Young pour ce crime de lèse-majesté envers le grand Newton. Nul n'est prophète en son pays et Young va se retirer de la scène sur la pointe des pieds. D'autres reprendront le flambeau. De l'autre côté de la Manche, un certain Augustin Fresnel pense lui aussi que Newton radote en optique. Mais pour l'instant, la théorie corpusculaire tient encore la corde dans la communauté des physiciens.

Fresnel ressuscite Huygens

Un jeune ingénieur des Ponts et Chaussées affecté à des travaux de voirie dans le Sud de la France remplit ses carnets de chantier de rêveries sur la nature de la lumière. Le passage d'Augustin Fresnel à l'École polytechnique – haut lieu de la science newtonienne – ne va pas entamer sa conviction : Newton « radote » au sujet de la lumière. Doté d'une excellente formation mathématique, Fresnel va résoudre un problème vieux de cent cinquante ans. Assigné à résidence dans un petit village près de Caen comme opposant déclaré à Napoléon au retour de l'île d'Elbe, Fresnel se lance dans une étude expérimentale de la diffraction avec les moyens du bord.

La diffraction et les limites de l'optique géométrique

Comme lentille, Fresnel va utiliser une goutte de miel pour concentrer la lumière solaire, qui filtre à travers l'ouverture de ses volets. En interposant un écran percé, un cheveu ou une plume d'oiseau, il va observer les franges de diffraction (propriété qu'a la lumière de « contourner » les obstacles). Sur l'écran placé derrière ces objets, des franges irisées apparaissent en dehors du trajet géométrique normal. L'altération des images projetées est d'autant plus importante que l'ouverture par où doit passer la lumière est petite.

Figure 9-5

Diffraction par un bord d'écran opaque.

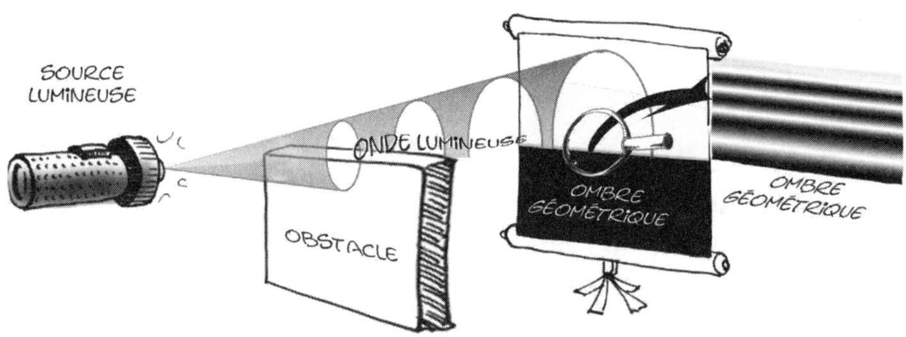

Anecdote

De l'intérêt de ne pas perdre son latin !

Assez ignorant en latin et en anglais, Fresnel n'a jamais lu les publications de Grimaldi, Newton ou de Young qui avaient déjà largement rapporté ces observations. Fresnel est donc persuadé que la diffraction, qu'il pense avoir découverte, est l'obstacle qui va faire tomber la théorie corpusculaire de la lumière. Il ignore que pour Laplace et les newtoniens, l'évasement du faisceau lumineux serait une manifestation des microforces exercées par le bord de l'ouverture sur le corpuscule de lumière. Après Waterloo, Fresnel peut retourner à Paris. Il demande audience à un académicien, François Arago, qui lui conseille de se former davantage avant de vouloir révolutionner l'optique. Déçu mais pas découragé, Fresnel décide de suivre son intuition en faisant l'impasse sur des lectures, qui lui sont indigestes. Il va prendre la diffraction par son versant théorique en essayant de mettre la lumière en équations en posant plusieurs hypothèses simples.

Un phénomène ondulatoire

La diffraction par essence ondulatoire est un écart à l'optique géométrique que l'on peut analyser qualitativement pour un faisceau lumineux arrivant sur une ouverture. Pour une longueur d'onde petite devant le diamètre du trou a , on peut négliger la diffraction et traiter la propagation dans le cadre de l'optique géométrique. Si le diamètre du trou est de l'ordre de cent fois supérieur à la longueur d'onde (au moins), la diffraction devient significative. L'angle du cône lumineux en sortie est de l'ordre de grandeur du rapport longueur d'onde-diamètre du trou. Si la longueur d'onde est grande devant la taille du trou, la diffraction se fait donc dans toutes les directions. La forme précise de la figure de diffraction dépend de la forme de l'ouverture par où passe la lumière.

Dans une certaine mesure, la figure de diffraction (figure obtenue sur un écran par une petite ouverture) renseigne sur la forme de l'obstacle (voir Figure 9-6). Par exemple, une croix apparaît souvent autour d'une étoile sur des photos prises avec un télescope professionnel. C'est le résultat de la diffraction par les fils de suspension d'un des miroirs du télescope.

Figure 9-6
Diffraction par un trou circulaire ou rectangulaire.

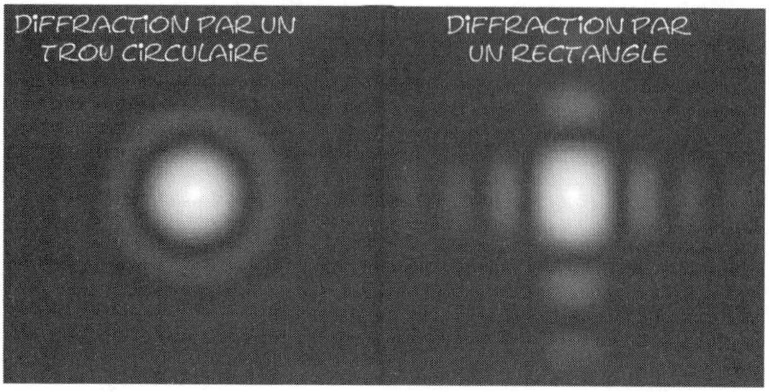

La diffraction au fond des yeux

Par une belle soirée romantique, vous regardez les étoiles de cette belle nuit sans nuages. L'image d'une étoile sur votre rétine ne sera pas un point, même si le cristallin de votre œil était géométriquement parfait. Le rayon de la tache de diffraction par la pupille de l'œil, tel un diaphragme qui laisse passer la lumière, est de l'ordre du micromètre, soit à peu près la taille des aires cellulaires de votre rétine. Même si la génétique vous a doté de très petites cellules rétiniennes, vous ne pouvez pas en tirer avantage, car la diffraction impose une limite physique que la biologie ne peut outrepasser. L'image de l'étoile sera une tache.

Fresnel découpe les trous en morceaux

Pour décrire la figure de diffraction, Fresnel commence par imaginer que l'ouverture est constituée de petites ouvertures de taille élémentaire très inférieure à la longueur d'onde. Chaque surface élémentaire va jouer le rôle de source de lumière secondaire en émettant des ondes lumineuses vers l'avant du faisceau. Fresnel reprend là une idée exprimée par Huygens cent quarante ans avant. En arrivant sur l'écran d'observation, ces ondelettes se superposent pour créer l'onde résultante. Si les flèches de phase sont dans la même position lors de l'émission par ces sources secondaires, elles ne le sont pas forcément à l'arrivée. Chaque ondelette a dû parcourir une distance différente pour arriver sur le point de l'écran où on cherche à connaître l'onde diffractée. Lorsque ces ondes arrivent dans le même état vibratoire (flèche de phase dans la même position), elles vont se renforcer et donner un point brillant. Elles peuvent aussi se détruire mutuellement pour donner lieu à une zone sombre.

Fresnel met la diffraction en équations

Armé de ces considérations qualitatives, Fresnel retourne voir Arago, qu'il réussit à convaincre facilement car l'académicien est un des rares tenants de la théorie ondulatoire. Arago ne cache pourtant pas à Fresnel que ses calculs ne seront peut-être pas suffisants pour rallier la communauté scientifique. La lecture du mémoire de Fresnel à l'Institut ne lui donnera pas tort. La réaction est vive et les conservateurs laplaciens majoritaires à l'Institut vont mener une bataille en règle. La question de la diffraction devient l'objet d'un concours de l'Institut. Deux mémoires sont en lice. Celui de Fresnel témoigne d'une grande maîtrise mathématique de la théorie ondulatoire. Il va gagner le prix haut la main en 1819 : on oubliera jusqu'au nom de son adversaire malheureux.

L'amplitude de l'onde lumineuse résultante est donc obtenue sous forme d'une sorte de sommation sur un très grand nombre d'ondes de très faible amplitude (mathématiquement, une intégrale). L'intensité observée est le carré de l'amplitude calculée par cette intégrale de Fresnel. Les méthodes introduites par Fresnel sont novatrices. Elles n'ont pas évolué depuis sa mise au point en 1819 et permettent de déterminer théoriquement la figure de diffraction d'une ouverture de forme quelconque.

Anecdote

Le « point » de Poisson

Les partisans de la théorie corpusculaire n'ont pas déposé les armes du jour au lendemain. Poisson pensait avoir trouvé une faille dans les calculs ondulatoires. Il réussit à montrer que si les idées de Fresnel sont correctes, alors le centre de l'ombre portée par un disque opaque sur un écran devait être lumineux. Cette prévision tout à fait contre-intuitive jetait le trouble. Poisson réalise l'expérience et constate avec surprise que le centre de l'ombre est effectivement lumineux. Ironie des sciences. Cette expérience avait déjà été réalisée par Newton un bon siècle plus tôt. Personne n'y avait pris garde et entre-temps tout le monde avait oublié. La théorie ondulatoire est triomphante. Il reste pourtant un nuage noir à l'horizon. La théorie de Fresnel est muette sur la polarisation découverte à peine dix années auparavant par un certain Malus.

La direction de vibration de la lumière

En ces dernières années du XVIIIe siècle, Coulomb venait de montrer l'analogie mathématique entre les forces de gravitation et les forces électrostatiques. Les microforces de Newton semblaient avoir de l'avenir. Sous l'impulsion de Pierre Simon de Laplace, les physiciens français vont relever le défi sans se douter qu'ils vont donner à Fresnel une occasion en or pour consolider la théorie ondulatoire.

Une société savante sur le RER B

La Société d'Arcueil était un cercle de scientifiques français qui se réunissaient régulièrement entre 1806 et 1822 dans les maisons de campagne du chimiste Berthollet et du mathématicien et physicien Laplace à Arcueil (pas très loin de l'actuelle station de RER de même nom). Ce groupe de savants allait jouer un rôle très actif dans le développement des sciences sous l'Empire avec le soutien direct de Napoléon, grand amateur de sciences vu sa formation d'officier d'artillerie. Les membres fondateurs de ce groupe connaissaient personnellement l'Empereur. Laplace avait été l'examinateur de Bonaparte à l'école militaire en 1785. Monge y était son professeur de mathématiques. Il va rejoindre Berthollet dans la commission nommée par le Directoire pour accompagner le Premier consul afin de rapatrier en France des trésors artistiques lors de la campagne d'Italie. Ce sont encore ces trois scientifiques qui vont pousser à la roue pour que Bonaparte soit nommé à l'Institut de France à la place laissée vacante par Lazare Carnot (le père de Sadi Carnot, voir Chapitre 5). En retour, Berthollet sera chargé de recruter les scientifiques de l'Institut d'Égypte pour la visite des Pyramides. C'est donc en tant qu'ami de longue date que Napoléon va soutenir d'emblée le lancement de la Société d'Arcueil avec une subvention de 150 000 francs.

Où l'on voit resurgir le spath d'Islande

Cette société savante va proposer chaque année un problème scientifique à résoudre. Chaque citoyen peut concourir en vue d'empocher la somme importante allouée par Napoléon au gagnant. Mais en pratique, les questions mises en débat sont en fait taillées sur mesure pour les membres du groupe. Les jeunes polytechniciens qui sont sélectionnés pour en faire partie y voient un sacré coup d'accélérateur pour la suite de la carrière. En physique, ce programme de recherche a pour but de parachever l'œuvre de Newton. Laplace, qui a pris une grande part dans le développement de la physique mathématique en cette fin du siècle des Lumières, se propose d'aller plus loin dans cette direction. Son rêve est d'unifier dans un même cadre conceptuel les trois domaines : gravitation, électrostatique et optique. Une des questions clés est le passage de la lumière d'un milieu à un autre. Pour cela, il faut trouver la forme explicite des fameuses microforces qui agissent sur le corpuscule de lumière d'après Newton.

Entre-temps, Wollaston en Angleterre exhume les erreurs expérimentales au sujet de la double réfraction de la calcite, ce qui jette le trouble chez les partisans de la théorie corpusculaire. Le concours de 1808 va prendre ce problème à bras-le-corps. Les concurrents ont deux ans pour élaborer une théorie mathématique de la double réfraction en accord avec l'expérience.

Malus joue son bonus

La chance va sourire à un des jeunes loups du groupe d'Arcueil lancés dans la compétition. Étienne Malus étudie la double réfraction, lorsqu'il admire le reflet du soleil couchant sur les vitres du palais du Luxembourg à travers un cristal de calcite. À sa grande stupéfaction, l'intensité lumineuse varie s'il fait tourner le cristal. Intrigué par ce phénomène que personne n'avait jamais signalé, Malus va passer sa nuit à refaire l'expérience avec la lueur d'une chandelle. Il doit se rendre à l'évidence : l'intensité lumineuse change après deux reflets sur des miroirs ou sur la surface de l'eau. Le cristal de calcite n'est donc qu'un exemple de dispositif expérimental permettant d'expérimenter une propriété totalement inédite de la lumière. La simple réflexion sur un dioptre donne les mêmes effets.

La réflexion sur une surface de séparation entre deux milieux optiques simplifie notablement la géométrie du problème. Il n'y a que la disposition des rayons lumineux par rapport aux perpendiculaires aux deux surfaces réfléchissantes qui intervienne. Pour gagner le concours, il faut encore comprendre comment les microforces, dont on ignorait tout, peuvent donner à la lumière une disposition géométrique particulière.

Malus va apparemment réussir ce tour de force. En supposant que le corpuscule de lumière avait la forme d'un ballon de rugby, il explique mathématiquement tous les phénomènes observés. Selon lui, le grain de lumière serait doté de pôles comme ceux d'un minuscule aimant. Des forces répulsives agiraient à la surface de séparation pour orienter le corpuscule de lumière à la manière d'un aimant qui oriente la limaille de fer dans son environnement. Dans ce contexte, il invente le terme de « polarisation » de la lumière. La réflexion sur le verre, par exemple, a la propriété de polariser la lumière. Il va empocher le prix du concours en 1810. Sa théorie est en fait totalement fausse ! Mais le vocabulaire restera.

Arago sèche à la lumière

La polarisation va donner beaucoup de fil à retordre à Arago et à Fresnel. Ils ont beau refaire toutes les expériences connues sur la lumière polarisée, aucune explication ondulatoire ne leur vient à l'esprit. À force de sécher, Arago a l'idée géniale de faire interférer des ondes lumineuses produites par un cristal de calcite qui génère deux rayons lumineux à partir d'un seul. Le rayon ordinaire suit les lois de Snell-Descartes, tandis que le rayon extraordinaire s'en écarte. L'expérience sera rondement menée avec deux cristaux de calcite et un dispositif interférentiel. Comme ils s'y attendaient, les franges d'interférences sombres et claires apparaissent s'ils superposent deux rayons ordinaires ou deux rayons extraordinaires.

Quelle n'est pas leur surprise de voir un écran vierge de tout signe d'interférence, lorsqu'ils associent un rayon ordinaire et un rayon extraordinaire ! Cette expérience ne peut s'expliquer que si l'on suppose que la lumière est une vibration transversale, une sorte de flèche placée perpendiculairement à la direction de propagation et dont la longueur et le sens varient périodiquement. Si les directions de vibration des flèches représentant les deux rayons sont parallèles, les interférences apparaissent. En revanche, si les directions sont perpendiculaires, il n'y a pas de franges. Polariser la lumière revient donc à imposer la direction de la flèche tout en restant perpendiculaire au rayon lumineux. On est loin de la forme du grain de lumière postulé par Malus.

On revient à la corde oscillante

Tout se passe un peu comme pour les ondes transversales, que l'on peut créer dans une corde tendue horizontalement. Si nous agitons une extrémité de haut en bas dans un plan vertical, la déformation se propage le long de la corde. Un point de cette corde vibre verticalement. On dit que l'onde mécanique est polarisée verticalement. Si l'expérimentateur fait vibrer l'extrémité horizontalement, il en sera de même de tous les autres points de la corde.

Figure 9-7
Des ondes de différentes polarisations.

Les ondes lumineuses sont elles aussi polarisées. La grandeur vibratoire est le champ électrique de l'onde électromagnétique (voir Chapitre 16), perpendiculaire à la direction de propagation. La lumière émise par une source lumineuse est produite par un très grand nombre d'atomes. Les émissions spontanées sont aléatoires dans le temps et dans l'espace. Il n'y a aucune « concertation » entre les différents atomes. Les trains d'ondes émis par les divers atomes excités n'ont aucune corrélation : ni en phase, ni en orientation. La direction du signal optique perpendiculaire à la direction de propagation change du tout au tout d'une impulsion lumineuse à l'autre. La lumière naturelle est donc non polarisée.

Polar(isation) avec vos lunettes (noires)

Lorsque vous avez acheté vos dernières lunettes de soleil, le vendeur vous a peut-être proposé le must en la matière : des lunettes polarisées. Le verre de ces lunettes constitue un filtre polarisant doté d'une direction privilégiée. Les vibrations lumineuses qui vibrent parallèlement à cette direction vont pouvoir traverser le verre. Mais les vibrations perpendiculaires à cet axe seront plus ou moins absorbées.

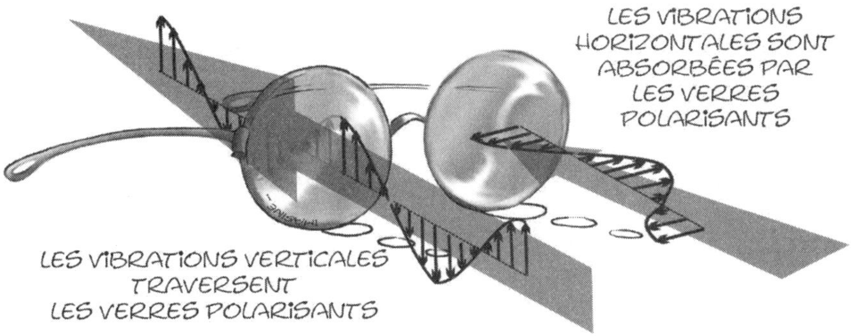

Figure 9-8 Des verres de lunettes polarisants.

L'intérêt de ces lunettes est d'amoindrir la lumière par réflexion. Comme le montre l'expérience de Malus, la lumière réfléchie sur une route mouillée est polarisée, donc atténuée par les lunettes. Si la lumière tombe sur la route en formant avec celle-ci un angle particulier (appelé angle de Brewster), la lumière réfléchie ne présente que de la lumière polarisée. L'autre direction de polarisation n'est pas réfléchie. En formant une barrière bloquant les reflets, ces verres offrent un confort de vision exceptionnel et une excellente perception des contrastes.

Figure 9-9 Des polariseurs pour ondes mécaniques sur une corde.

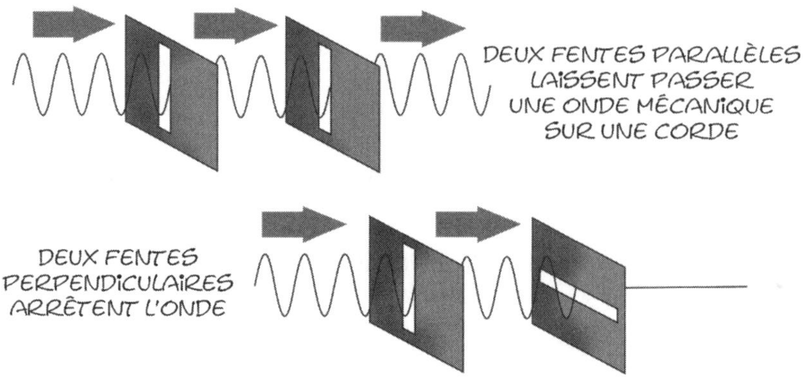

Pour les balèzes

Les polariseurs sont généralement constitués de cristaux microscopiques emprisonnés dans une feuille de gélatine. Une autre technique introduite par la firme Polaroïd repose sur des plaques constituées de grandes molécules de polymères alignées par étirement. Un procédé chimique bloque la position de ces macromolécules lorsqu'on supprime la contrainte. Ces molécules absorbent efficacement l'onde lumineuse dont le champ électrique oscille parallèlement à la direction des molécules. En revanche, ces molécules n'ont pratiquement aucun effet pour un signal lumineux polarisé perpendiculairement aux macromolécules. Dans ces matériaux dichroïques, l'absorption lumineuse dépend de la polarisation.

Le ciel est aussi polarisé

Si vous observez un coin de ciel bleu à travers un verre polarisant, vous verrez le ton du ciel varier par simple rotation du filtre polarisant. S'il y a des nuages, le contraste avec le fond du ciel va se modifier vers des tons plus profonds en créant une impression plus dramatique. C'est là une manifestation d'un autre processus naturel polarisant la lumière. Lorsque la lumière solaire frappe les molécules de la haute atmosphère, le champ électrique de l'onde lumineuse fait osciller les électrons de ces molécules. Ces charges électriques en mouvement vont ensuite émettre de la lumière par diffusion. Mais cette onde ne sera pas rayonnée avec la même intensité dans toutes les directions. En particulier, il n'y aura pas de signal émis suivant la direction de vibration des électrons. La lumière bleue du ciel est polarisée par cette anisotropie du rayonnement. Vous ne pouvez détecter toutes les directions de polarisation de la lumière solaire qui excite les molécules diffusantes. La lumière venant du coin du ciel que vous regardez est polarisée perpendiculairement au plan contenant le soleil, le point observé et votre œil. L'effet de la polarisation sur la tonalité des couleurs est subtil et il est intéressant de noter que les logiciels de retouche et de traitement d'images ne peuvent pas simuler l'action d'un filtre polarisant sur le ton du ciel ou sur la lumière réfléchie sur un étang.

Les étranges propriétés de l'éther

Fresnel et Arago ont pourtant eu beaucoup de mal à franchir le pas et à proposer l'explication simple et élégante d'une vibration lumineuse transversale. La critique de ce modèle était aisée. À l'époque, on pensait que la lumière avait besoin d'un milieu matériel pour se propager : l'éther (qui avait déjà 150 ans d'âge au bas mot). On sait maintenant qu'elle se propage dans le vide. Pour Fresnel et Arago, imaginer que la lumière est une onde transversale revient alors à postuler des propriétés contradictoires pour ce milieu de propagation. D'une part, l'éther ne doit pas empêcher la lumière de parcourir de grandes distances. On commence à arpenter le cosmos et on a une assez bonne idée de la distance séparant la Terre des étoiles proches. Par ailleurs, l'éther doit se comporter comme un fluide visqueux pour transmettre une onde transversale. Par analogie, un son se propage de proche en proche, par compression et dilatation des couches d'air suivant la direction de propagation (voir Chapitre 4). L'onde sonore est longitudinale. Si vous déplacez une couche de fluide perpendiculairement à la direction de propagation désirée, la propagation de proche en proche ne peut se faire que si cette couche de fluide peut accrocher – un peu comme du Velcro – la couche suivante et ainsi de suite. Dans le miel, vous pouvez créer une onde transversale, car c'est un fluide visqueux. La viscosité de l'air est trop faible pour qu'une onde transversale sonore soit observable.

On comprend alors la gêne de Fresnel et d'Arago devant les propriétés extrêmement surprenantes de cet éther pourtant nécessaire à leur modèle ondulatoire de la lumière. Ils ne vont jamais arriver à lever cette contradiction. Il faudra attendre les travaux théoriques de Maxwell pour comprendre que la lumière peut se propager dans le vide et que la grandeur vibratoire qu'ils avaient introduite n'est autre que le champ électrique de l'onde électromagnétique.

Le test critique : la vitesse de la lumière

Pourtant, il subsiste encore en 1840 quelques villages d'irréductibles physiciens opposés à la nature ondulatoire de la lumière. Pour en finir définitivement avec cette vieille controverse, il faut mesurer la vitesse de la lumière dans l'air et dans l'eau. Dans le modèle corpusculaire, la lumière se propage plus vite dans l'eau que dans l'air. C'est exactement le contraire pour le modèle ondulatoire. Le test est donc décisif. Arago imagine en 1838 un dispositif utilisant un miroir tournant pour comparer la vitesse de la lumière dans l'air et dans l'eau.

D'abord dans l'air

L'expérience réalisée par Fizeau, en 1849, est la première mesure de la vitesse de la lumière n'utilisant pas de techniques liées à l'astronomie. Le principe de base de son expérience repose sur la détermination de la durée mise par la lumière pour faire un aller-retour entre une roue dentée placée à côté de la source de lumière et un miroir. La vitesse de la lumière c s'obtient par le rapport distance parcourue-durée du parcours.

Figure 9-10 La lumière doit passer deux fois entre deux dents de la roue.

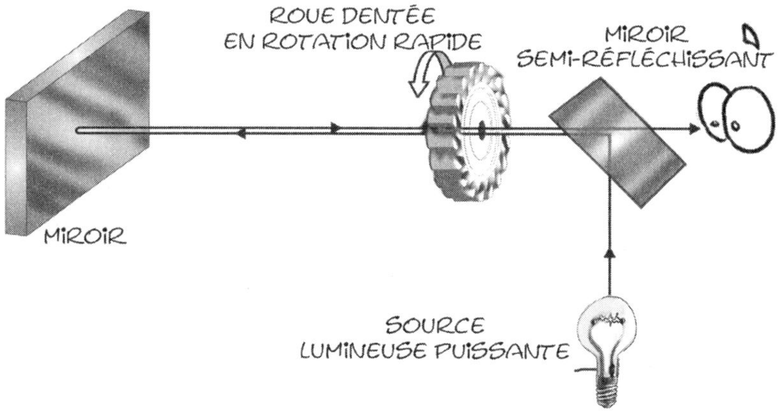

Pour obtenir une précision convenable, il faut allonger la distance roue dentée-miroir. L'expérience a lieu entre le mont Valérien à Suresnes et la butte de Montmartre distants de 8,6 kilomètres. La roue dentée transforme un faisceau lumineux intense en une série de flashs. L'impulsion de retour est observée à travers la même roue dentée. Pour une vitesse de rotation de 12 tours par seconde, le faisceau qui réussit à traverser la roue à l'aller trouve une dent qui lui bloque le passage au retour du trajet Suresnes-Montmartre-Suresnes. Fizeau évalue ainsi la vitesse de la lumière à 315 000 km/s. Cette valeur un peu trop élevée tient à la difficulté de la mesure et à la stabilité de la vitesse de rotation de la roue dentée.

La mort du corpuscule de lumière

Pour mesurer la vitesse de la lumière dans l'eau, il faudra changer de méthode. Il est impossible de voir une source lumineuse à une distance de quelques kilomètres sous l'eau à cause de l'absorption dans le domaine visible. Raccourcir la distance revient à mesurer des durées de propagation mille fois plus petites.

C'est Léon Foucault qui relève le défi. Il a déjà fait parler de lui en mettant en évidence la rotation de la Terre (dans le référentiel de Copernic) avec son fameux pendule du Panthéon. Foucault a déjà eu maille à partir avec « l'establishment » scientifique de l'époque, qui n'a guère apprécié qu'un amateur dégage un phénomène que les mandarins de l'Académie n'ont pas su prévoir. C'est en quelque sorte conforme à une tradition française qui, sous certains aspects, privilégie l'analytique et le formel par rapport à l'intuitif et à l'expérimental. La mesure de la vitesse de la lumière dans l'eau est taillée à la mesure de cet expérimentateur de génie, qui va remplacer la roue dentée de Fizeau par un miroir tournant à grande vitesse.

La lumière issue d'une source lumineuse est projetée sur un miroir à facettes planes tournant à 24 000 tours par minute. Après réflexion sur un miroir concave, le rayon revient sur le miroir tournant. Une dernière réflexion donne l'image de sortie du montage.

Figure 9-11

La lumière doit se réfléchir deux fois sur le miroir tournant.

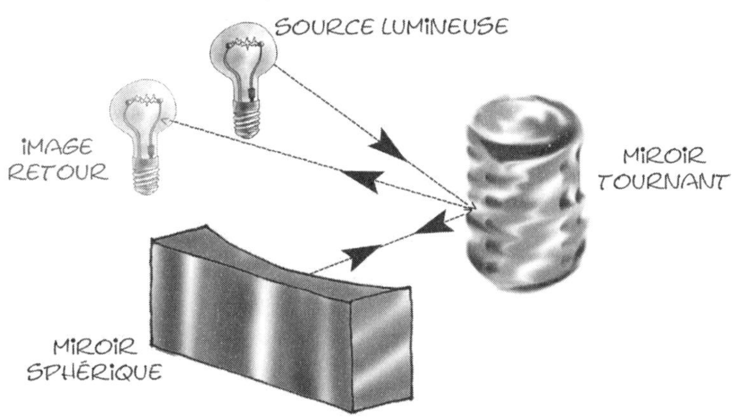

Celle-ci se sera légèrement déplacée par rapport à la source de lumière, car le miroir tournant a pivoté pendant l'aller-retour de la lumière entre les deux miroirs. En interposant une cuve remplie d'eau, Foucault montre ainsi que la lumière avance moins vite dans l'eau que dans l'air et signe ainsi l'arrêt de mort de la théorie corpusculaire.

On affine la mesure dans l'air

Foucault ne pourra pas se reposer longtemps sur ses lauriers car Le Verrier, découvreur de Pluton et directeur de l'Observatoire de Paris, fait appel à ses talents. En analysant de manière précise les diverses grandeurs du Système solaire, cet astronome est arrivé à la conclusion suivante : la vitesse de la lumière dans le vide mesurée à 308 000 km/s est surévaluée de 3 %.

Foucault remet son miroir en service, multiplie le nombre de miroirs et annonce une vitesse de la lumière à 298 000 km/s, soit à moins de 1 % de la valeur admise actuellement. Les expériences de physique sont toujours beaucoup plus complexes à réaliser en pratique qu'à décrire au tableau. Pour ces expériences de miroirs tournants, Foucault a dû inventer une nouvelle technologie de fabrication des miroirs. À cette vitesse de rotation élevée, le tain des miroirs à base d'amalgame métal/mercure était expulsé par la force centrifuge. La turbine à vapeur utilisée dans l'expérience de Foucault existe toujours. Vous pouvez la voir au musée du Conservatoire des arts et métiers.

Léon Foucault va rejoindre les autres acteurs français de cette saga de la lumière sur la tour Eiffel ; les noms de Laplace, Malus, Fresnel, Fizeau et Foucault sont coulés dans la charpente de notre fierté nationale sur la périphérie du premier étage.

Maxwell soulève le voile

La théorie ondulatoire était triomphante, mais on ignorait tout de la véritable nature de cette vibration lumineuse. C'est en 1873 que le physicien écossais James Clerk Maxwell (1831-1879) effectue une brillante synthèse des connaissances de l'époque sur le champ électrique et sur le champ magnétique qui agissent tous les deux à distance sur les particules chargées. Maxwell introduit quatre équations qui couplent les deux champs : toute variation dans le temps de l'un entraîne une variation dans l'espace de l'autre. Maxwell entrevoit alors la possibilité de propagation de proche en proche d'une association des deux champs électrique et magnétique dont la vitesse est justement numériquement égale à celle de la lumière que Foucault vient de mesurer avec précision. Il faudra attendre la confirmation expérimentale de l'existence de ces ondes électromagnétiques par le physicien allemand Heinrich Hertz en 1888. Ces ondes sont polarisées perpendiculairement à la direction de propagation. Elles obéissent aux mêmes lois que la lumière : réflexion, réfraction, diffraction et interférences. Seule la fréquence diffère. Dès lors, la lumière s'inscrit dans le cadre beaucoup plus large des rayonnements électromagnétiques.

Les différents modèles de la lumière

Nous avons vu que plusieurs approches des phénomènes lumineux étaient possibles. Il faut choisir la description la plus adaptée aux conditions expérimentales. Le modèle géométrique permet de prévoir de manière simple le cheminement de la lumière lors de la traversée d'un système optique même complexe. Le concept de rayon lumineux est pertinent si la taille des ouvertures est grande devant la longueur d'onde et si l'énergie lumineuse est suffisante pour qu'il y ait un grand nombre de corpuscules de lumière ou photons présents (voir Chapitre 18).

Le modèle ondulatoire est beaucoup plus puissant et plus large que l'optique géométrique. Outre la formation des images, cette approche explique correctement les interférences, la diffraction par de très petites ouvertures et la polarisation de la lumière. L'approche ondulatoire atteint ses limites lors de faibles échanges énergétiques lumière-matière. Le modèle corpusculaire doit alors être introduit pour expliquer l'effet photoélectrique ou la détection d'un photon unique.

L'expérience de pensée ci-dessous dégage trois quantités fondamentales d'un signal lumineux. Le filtre coloré sélectionne une étroite bande de longueur d'onde. La fente est un obstacle géométrique qui diffracte la lumière. Un détecteur particulièrement sensible, le photomultiplicateur, compte les photons un à un (cela ne marche que s'il n'y a pas trop de photons détectés).

Figure 9-12 Plusieurs modèles de la lumière.

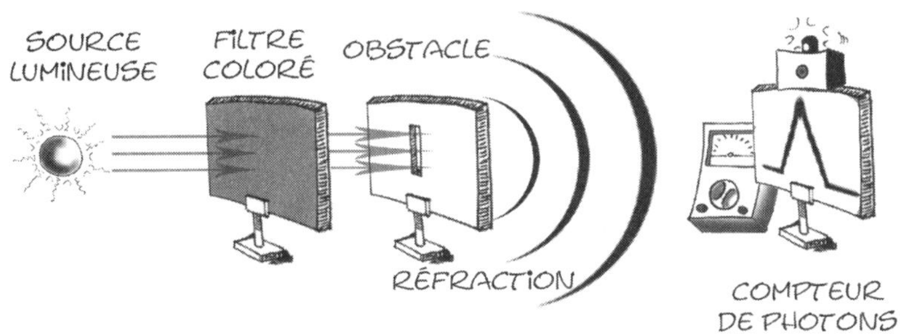

Le modèle le plus élaboré de la lumière est celui proposé par l'électrodynamique quantique qui explique tous les phénomènes d'émission, de propagation et d'interaction de la lumière avec la matière. C'est au physicien de choisir la description adaptée à ses besoins. Il ne serait pas raisonnable d'essayer de comprendre comment votre maison tient debout à partir des forces d'interactions interatomiques.

De même, il serait maladroit de chercher à comprendre la formation des images dans votre paire de jumelles en présentant le grain de lumière ou photon comme le boson intermédiaire de l'interaction électromagnétique (ce qu'il est pourtant).

La lumière cherche son chemin

Quand un photon (grain de lumière) frappe votre miroir, il disparaît complètement et communique son énergie aux atomes de la surface réfléchissante. Un photon ne rebondit pas sur le miroir : il est absorbé et un autre photon est ensuite émis. Comment l'atome qui vient d'absorber le photon sait-il dans quelle direction émettre le second photon ? Il n'en sait rien et émet le photon dans une direction aléatoire. Lorsque vous vous regardez dans la glace, le nombre d'atomes concernés par ce processus d'absorption-réémission est énorme. Il y a donc un très grand nombre de photons émis à l'aveuglette. Le phénomène d'interférences entre toutes ces ondes permet de comprendre que la lumière est réfléchie suivant la direction prévue par l'optique géométrique. En règle générale, les ondes renvoyées se détruisent car la flèche de phase varie très rapidement d'un atome à l'autre. Il n'y a qu'une direction telle que toutes les ondes arrivent en phase sur le détecteur. C'est celle prévue par l'optique géométrique ! L'amplitude de l'onde résultante dans toute autre direction de propagation est très faible du fait des interférences destructives.

La lumière essaye tous les chemins

Pour expliquer la diffraction, Fresnel a introduit une multitude de chemins allant de la source au récepteur en passant par un point de l'ouverture par où la lumière doit passer. Cette multiplicité des possibilités doit rester pertinente, même s'il n'y a pas d'écran percé entre la source et le détecteur. Pour décrire le cheminement de la lumière de la source au détecteur, on peut utiliser le principe de Fermat. La lumière suit le chemin en règle générale le plus rapide. L'approche ondulatoire est amenée à prendre en compte tous les chemins possibles et pas seulement le chemin proposé par Fermat. Pour chaque chemin, il y a une rotation de la flèche de phase lorsque l'onde se propage entre l'émission et la réception. L'angle de rotation change en passant d'un chemin à l'autre.

Mais pour au moins un chemin particulier, cet écart entre les aiguilles de phase du départ et de l'arrivée ne varie pratiquement pas si on déforme très peu le chemin. C'est le chemin optimal, qui n'est autre que celui prévu naguère par Fermat. Toutes les ondes empruntant les chemins très proches de ce chemin optimal vont être en phase à l'arrivée. Ils vont interférer de manière constructive. En revanche, la phase varie très rapidement d'un chemin à l'autre, si on s'éloigne du trajet optimal. Les interférences vont très rapidement devenir destructives et la contribution de ces chemins trop éloignés du cas optimal sera négligeable. La lumière ne choisit pas son chemin, elle les prend tous. Mais tout se passe finalement comme si elle ne prenait que le chemin optimal. Cette stratégie sera développée par Richard Feynman dans les années cinquante. Elle lui permettra de construire avec d'autres l'électrodynamique quantique, travaux récompensés par le prix Nobel 1965. Les « intégrales de chemin » sont devenues un outil extrêmement puissant qui s'applique à une foule de situations dans des domaines très divers de la physique.

Partie 3

Toujours plus loin

Dans cette partie...

À la fin du XIXe siècle, la construction de l'édifice physique semblait se terminer. Seuls quelques petits nuages noirs peuplaient ce ciel qui semblait si bleu. Dans cette partie, nous allons voir comment une découverte due à l'absence de soleil va en entraîner d'autres, jusqu'à une remise en cause totale et complète de la physique classique.

DANS CE CHAPITRE

Les premiers tubes cathodiques

•

Les rayons X et la radioactivité

•

La granularité et les premiers pas de la physique subatomique

•

La découverte du noyau

Chapitre 10
La nature atomisée

L'aphorisme du regretté Pierre Dac ne se dément pas, nous vivons encore et toujours une époque moderne. La molécule d'ADN fait fureur dans les séries américaines du dimanche soir, et sa cousine l'ARN a été déclarée molécule de l'année en 2002. En lieu et place de « médicament », tout le monde dit « molécule », et on a appris avec intérêt que la libido freudienne avait désormais un support moléculaire dans notre cerveau, la dopamine. On se demande bien qui, de nos jours, pourrait ignorer l'existence des molécules. Et pourtant...

Des atomes ? Non merci !

La Philosophie pour les Nuls étant déjà parue, ce n'est un secret pour personne que l'idée des atomes remonte à l'Antiquité. Mais les choses ne sont pas si simples, et pour commencer, tous ces philosophes grecs n'étaient pas d'accord entre eux, loin s'en faut. À la Renaissance, Galilée prend parti pour l'atomisme grec de Démocrite, mais sans l'ombre d'une preuve. Au XIXe siècle enfin, quand l'existence des atomes commence à s'imposer, les savants montrent sur ce sujet plus d'aptitudes à l'anathème qu'au dialogue pondéré. En résumé, cette affaire d'atomes et de molécules est en réalité une découverte... toute récente !

Des Idées pas toujours aimables...

Les physiciens ont un péché mignon, ils tiennent à faire remonter leur savoir à quelques illustres ancêtres, contemporains de Socrate. Et en effet, les philosophes grecs ont jeté les bases de ce qu'on appelle la méthode scientifique, par opposition aux pratiques primitives, où la magie le disputait à la pensée religieuse. Pourfendeurs de l'irrationnel, ils inventent le questionnement rigoureux, se demandant ce qu'est l'espace ou la matière, et écartant les réponses bien commodes où les dieux jouent un rôle trop direct. Laissons parler Démocrite : « Si je fragmente un bout de matière en deux puis encore en deux, et ainsi de suite, où cela s'arrête-t-il ? Au dernier morceau divisible. Eh bien, ce dernier fragment, non divisible, insécable, sera l'*atomos.* » En bon français, le non-sécable.

Démonstration imparable ? Ce serait aller vite en besogne, car dans la Grèce antique, les « atomistes » sont une minorité. Démocrite est cordialement détesté par Platon, qui rêve de faire brûler tous ses livres ! Le grand Platon a horreur des atomes, sa vision du monde à lui est beaucoup plus abstraite, basée sur des entités non matérielles, ses fameuses Idées.

Ce spiritualisme est repris avec enthousiasme par saint Augustin et tous les pères de l'Église. Les manuscrits originaux de Démocrite ou Lucrèce se perdent ensuite dans les ténèbres des âges barbares, et dans toute la chrétienté, le concept d'atomes tombe, pour de longs siècles, dans l'oubli le plus complet.

Des grains et des Jeux

À l'époque qui a vu naître la chimie, les savants ont-ils été plus raisonnables ? Honte sur eux, les atomes étaient l'occasion d'une nouvelle foire d'empoigne. L'épisode est pieusement oublié de nos jours, mais dans ce qui était une véritable guerre de Religion, certains colloques finissaient dans l'échange d'insultes ! Le parti dit des « énergéticiens » était emmené par l'intransigeant Ernst Mach (1838-1916), qui déclarait : « Je prétends, moi, que la matière reste lisse et continue à toutes les échelles. Voyez la mécanique des fluides, Messieurs ! Ne fonctionne-t-elle pas admirablement, sans le moindre recours à vos atomes ? »

En face, le camp des atomistes faisait moins de bruit. On y trouvait des théoriciens (Boltzmann) et de brillants expérimentateurs (Faraday), sans oublier John Dalton et Amedeo Avogadro, pour ainsi dire l'ensemble des chimistes.

Le pugilat s'est terminé par KO au dernier round. Et c'est un agitateur d'idées encore peu connu qui trouve alors comment départager les deux camps. Dans un article traitant innocemment du « mouvement des particules en suspension dans un fluide », l'expert de troisième classe Einstein, du Bureau des brevets de Berne, propose, début 1905, un test imparable. À la fin de son article, l'expert encore inconnu appelle (poliment) les expérimentateurs à faire (enfin) leur boulot.

Jean Perrin relève le défi : un simple microscope lui suffit. Et les atomes reviennent officiellement à l'existence en 1908 – presque en même temps que les Jeux olympiques.

Signalons que le bouillant Ernst Mach est resté un fidèle disciple de Platon, droit dans ses bottes, insensible aux arguments de l'expérience. Le platonisme rendrait-il aveugle, la question ne se pose pas qu'en amour…

Résistances électriques et autres

1900 à Paris, l'Exposition universelle doit une partie de son succès à la fée Électricité. Tiens justement, l'électricité… N'apprend-on pas à l'école que tous ces ampères sont une sorte de fluide qui court dans les fils de cuivre ? Cette image fluidique n'est pas de la poésie, elle explique très bien tout ce qui se passe dans les circuits ordinaires. Quand soudain, sans prévenir, le Britannique J.J. Thomson prétend découvrir des grains individuels, chargés d'une minuscule quantité d'électricité. Mais l'idée est encore trop neuve, et en 1897, Thomson est presque le seul à croire à la réalité de ces « corpuscules chargés ».

Et là encore, cette lumière qui tombe de votre lampe de chevet ? On sait depuis 1830 que la lumière est faite d'ondes, voilà donc une autre sorte de fluide, en tout cas un flux continu. Mais bientôt d'autres types d'expériences bousculent l'ordre établi, et Einstein introduit les grains de lumière ! En 1905, ils portent encore le doux nom de *Lichtquanten* (à prononcer avec l'accent allemand). En bon français, on peut dire des quanta lumineux.

Eurêka ? Pas si vite ! Le comité Nobel travaille à un rythme de sénateur, et Einstein devra patienter seize années avant d'être invité à Stockholm.

Comme on le voit, c'est avec une grande prudence – pour ne pas dire à reculons – que le XXe siècle naissant refait l'inventaire de la physique. Si on se résigne à coller le label « discontinu » un peu partout, c'est bien à contrecœur. Matière, électricité et lumière deviennent, laborieusement, atomes, électrons et quanta lumineux.

Comme on dit de nos jours, la pente est raide, et les résistances sont fortes.

Les rayons cathodiques se mettent au X

La découverte des électrons s'est faite grâce à un appareil peu connu, mais qui a eu une belle descendance. Parmi les instruments dont il est l'ancêtre, rien de moins que les tubes de télévision et... le premier ordinateur.

Petit tube... mais gros succès

Durant toute la seconde moitié du XIXe siècle, le « tube de Crookes » (tube de verre sous vide partiel avec deux électrodes métalliques situées à chaque extrémité) fut un objet de petite science amusante. On se divertissait fort dans les foires ou les salons mondains, à la vue de ces effets lumineux, variés et imprévisibles. Pendant que les gens s'amusaient, les physiciens continuaient à expérimenter, tirant de cet objet une extraordinaire moisson de découvertes, dont les raies spectrales des atomes, l'électron de Thomson et enfin les rayons X – excusez du peu.

En 1942, un assemblage de deux mille de ces « tubes électroniques » (un peu modifiés) est devenu le circuit pensant de Colossus, le tout premier ordinateur, installé dans la banlieue de Londres pour décrypter les codes allemands (cette machine a été détruite par la suite, secret défense !). Les tubes au néon de nos éclairages modernes sont un autre avatar de cet objet mythique. Sans oublier l'ampoule à rayons X qui équipe tous les cabinets de radiologie du monde.

Figure 10-1

Un gaz, deux électrodes et de la haute tension.

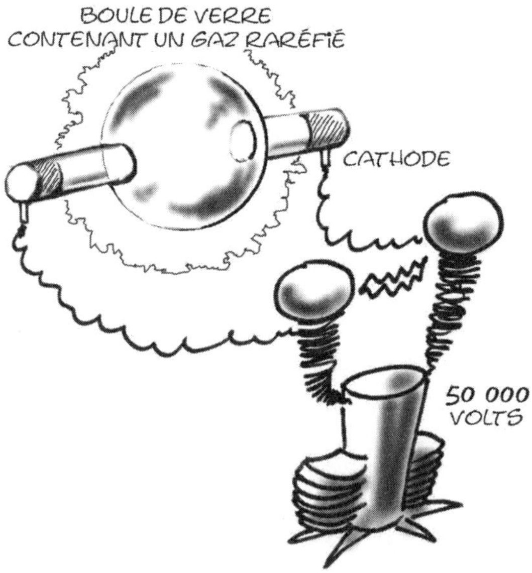

Dans le tube de Crookes, selon le type de gaz, la pression, la forme des électrodes ou la tension appliquée, on obtient une foultitude d'effets lumineux. Grâce aux machines à induction de Faraday, Sir William Crookes, vers 1890, produisait des décharges de 50 000 volts entre les deux électrodes, baptisées anode et cathode. Nos écrans cathodiques ont ainsi une étymologie qui provient directement du grec *kata* (aucune allusion à la qualité des programmes).

Des ampères réduits en miettes

Dans le noir, Crookes observe que quelque chose est émis depuis la cathode (le pôle moins), en direction de l'anode. Une espèce de pinceau vaguement lumineux, qu'il peut dévier avec un aimant.

Faites-le vous-même

Le magnétisme cathodique

Pour ressentir un peu de l'émotion de ces découvreurs, approchez donc un aimant de votre écran TV, les électrons qui bombardent l'écran de l'intérieur ressentent le champ magnétique et vous le montreront. Si vous ne voyez rien, c'est que vous avez déjà échangé votre modèle ancien (qui contenait un canon à électrons) contre un écran plat… Ces derniers fonctionnent différemment : les LCD sont des cristaux liquides insensibles aux aimants et les écrans plasma ont un microcanon à électrons à l'intérieur de chaque pixel…

Mais le filet luminescent qui jaillit de la cathode n'est justement pas de la lumière ! Car la lumière, non chargée, ne se prête pas à ce petit jeu de déviation. En outre, le pinceau résiste quelque peu à l'aimant, faiblement, mais il résiste. Il y a donc de l'inertie, en d'autres termes, de la masse ! Joseph John Thomson, à l'université de Cambridge, entreprend de mesurer ces déviations avec grand soin. Il trouve un rapport charge électrique sur masse égal à 176 millions par gramme, nombre insolite qui ne correspondait à rien de connu. Quand on trouve du neuf, il faut commencer par chercher un nom : en l'honneur de l'ambre, dont les Grecs connaissaient déjà les penchants électrostatiques, Thomson baptise ses corpuscules *électrons*. Nous sommes en 1897.

Le Philanthrope et le Mathématicien

En ces années optimistes de la fin du XIXe siècle qui croient au progrès avec un grand P, on invente l'institution Nobel. L'époque est au positivisme, et l'industriel suédois Alfred Nobel, fortune faite dans les explosifs et malheureux en amour, décide de léguer ses avoirs à la science. Il crée par testament une fondation dotée d'un petit pécule, dont les seuls intérêts annuels constituent l'enveloppe des prix décernés aux lauréats. Vous avez bien lu, juste les intérêts. Pour vous consoler, songez que ces dernières années, la couronne suédoise a beaucoup baissé sur le marché des changes...

Le riche industriel refuse que son prix puisse couronner les mathématiques, car le rival amoureux du grand homme était mathématicien. Le premier lauréat de ce prix pour la physique, en 1901, sera Wilhelm Conrad Roentgen.

Entretien avec Monsieur X

Dans son laboratoire de province, l'obscur Wilhelm Conrad Roentgen avait construit une version musclée du tube de Crookes, dont il bombardait sans relâche l'électrode positive (l'anode). À force de tester tous les métaux possibles, il a fini par observer un étrange phénomène : quelque chose d'invisible sortait du tube ! « Ça » traverse les obstacles, « ça » rend fluorescents les objets de la pièce, même cachés derrière les murs. En panne d'imagination pour trouver un nom, Roentgen choisit « rayons X » (comme accouchement sous X). Ce devait être une appellation par défaut, c'est un coup de génie médiatique.

On a de la peine à imaginer l'émotion suscitée par cette découverte. Le matin du 8 novembre 1895, Roentgen réalise une photographie qui restera dans les annales de l'Histoire. Le surlendemain, le monde découvre une image stupéfiante à la une des journaux, à Munich, à Vienne et bientôt dans le monde entier : le squelette de la main gauche de Mme Bertha Roentgen (bien vivante, évidemment !).

Figure 10-2 La photo historique de la main de Bertha Roentgen.

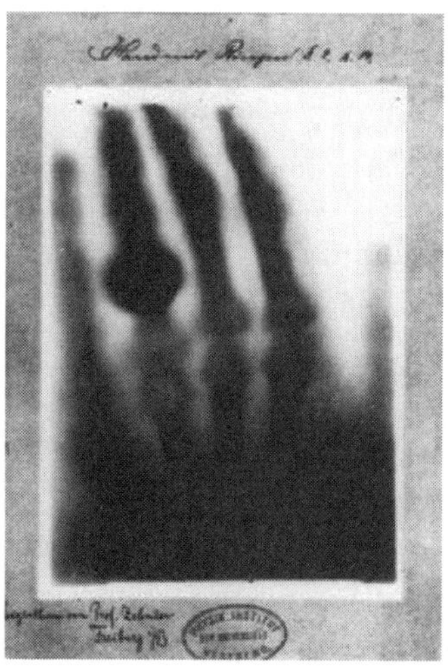

C'est l'époque d'avant Internet, mais la nouvelle finit tout de même par atteindre Paris. Nous sommes en janvier 1896, un certain Henri Becquerel quitte l'Académie des sciences, un peu songeur, persuadé qu'il est à deux doigts de faire cette même découverte.

Regrets inutiles, car trois mois plus tard, Becquerel entre à son tour dans l'Histoire. Et par la grande porte.

Dynasties : les Becquerel et les Curie

La radioactivité est un exemple de ces nombreuses découvertes que l'on doit au hasard. Cela dit, le hasard se mérite, et sans les qualités d'un grand homme de science, ce phénomène serait certainement passé inaperçu. Mais Henri Becquerel était justement un bon scientifique. Issu d'une famille de savants de père en fils, il étudiait la fluorescence des minéraux de la collection du Muséum. Sa méthode préférée était d'exposer ces pierres au soleil et de photographier la lumière émise ensuite par les minéraux (dans le noir).

Un « jour sans soleil »

Le 26 mars 1896, notre homme annote son carnet d'un laconique « jour sans soleil », donc sans expérience possible. Le 2 avril, le soleil revenu, il vérifie, à tout hasard, si ses plaques photographiques sont encore vierges. Surprise ! Elles ne le sont pas ! Que se passe-t-il ? Des plaques toutes neuves, encore emballées ! Nouvelle vérification : où donc ces plaques ont-elles été rangées ? Dans l'obscurité, très bien, c'est ce qu'il faut. Oui mais voilà, rangées dans le même tiroir que ses chers minéraux, riches en uranium… Oh ! Oh !

Le lundi matin, Becquerel fonce à l'Académie et annonce que les sels d'uranium émettent en continu et sans la moindre haute tension (mieux que Roentgen !) un rayonnement nouveau, « électrisé ». Comme pour les électrons de Thomson – et d'ailleurs, ce sont parfois des électrons.

Pierre Curie est lui aussi électrisé par cette découverte (et non pas par le sourire d'une certaine étudiante polonaise de la Sorbonne, comme on a pu le dire). Il délaisse sans regret son cher magnétisme pour prendre le train de cette nouvelle physique. Et malgré les préjugés de cette époque si peu moderne, le comité Nobel sera obligé de partager le prix de 1903 entre Becquerel et… une dame (Marie Curie).

Un crépitement inexorable

Le phénomène que Marie Curie baptise « radioactivité » est parfaitement naturel. Il faut le préciser car certaines gens nous feraient presque croire que c'est une invention (diabolique) du lobby nucléaire. Rappelons aussi que la radioactivité est omniprésente sur Terre, dans le sol, dans l'air qu'on respire, dans l'eau de source, dans notre squelette. À petites doses, certes, mais d'origine naturelle. Les doses sont déjà plus importantes si vous voyagez en avion ou dans l'espace, mais les rayons cosmiques qui en sont responsables sont, là encore, un phénomène naturel, et plus ancien que le Système solaire...

La radioactivité est déroutante pour plusieurs raisons. À proximité d'une roche uranifère, un compteur Geiger fait entendre une série incessante de petits crépitements, que vous ne pouvez ni arrêter, ni ralentir, ni déclencher plus vite ou différemment. Ça crépite, et personne n'y peut rien. Chauffez l'uranium si vous voulez, refroidissez, congelez, cristallisez, vaporisez, versez de l'acide, passez-le au marteau-pilon, faites ce que vous voulez, les crépitements continueront, imperturbables. Le phénomène est insensible à la température, à la pression, à toute réaction chimique, aux coups de marteau. Il est insensible à tout car il vient de loin, du plus profond de l'atome, de son noyau le plus intime, que la chimie est bien incapable d'atteindre.

Rêveries d'alchimiste

Le crépitement est l'enregistrement d'un rayonnement, mais au cœur de la matière, ce signal accompagne un événement d'un genre complètement nouveau. Imprévisible, et plus radical qu'une réaction chimique, car en chimie, les atomes ne font que se déplacer d'une molécule à l'autre. Ici, l'atome d'uranium qui crépite a tout bonnement changé de peau !

Figure 10-3 La mutation radicale et soudaine d'un atome d'uranium.

Osons le mot, il s'agit d'une transmutation. Voilà, comme si le plomb se transformait en or. Quand on pense que les alchimistes poursuivaient un rêve qui existe depuis l'aube des temps (à l'insu de leur plein gré, évidemment...) !

L'horloge absolue

Un deuxième paradoxe de ces transmutations est leur tempo bien particulier, mélange d'imprévisible et de mesurable. Car l'instant précis du déclic reste insaisissable, impossible de l'avancer ou de le retarder. Mais le pire (pour un scientifique) est qu'on ne peut même pas le prévoir. Vous disposez peut-être d'un microscope ultrapuissant, capable de viser un atome particulier ? Ce genre de microscope existe à présent, mais même ainsi équipé, vous ne pouvez faire qu'une chose : attendre.

La musique du Hasard

Radioactivity est un tube de musique électronique de 1976. On y entend un compteur Geiger, imité par synthétiseur. Imitation cependant imparfaite, car les crépitements authentiques dans un vrai compteur délivrent une autre musique... celle de la pure probabilité.

Un minerai d'uranium est semblable à un sac de billes rouges qui ont la possibilité de devenir vertes. Mais laquelle de ces billes décide de changer de couleur, vous n'en savez rien. Et à quel moment ? Idem. Une bille « décide » soudain de changer d'état, et sans prévenir personne. Il n'y a aucun moyen de le savoir à l'avance, la bille numéro 175 passe du rouge au vert à la 126e minute, puis une autre à un autre instant. Chaque déclic est un coup de dés, les intervalles qui les séparent sont parfaitement aléatoires.

Cette probabilité est tellement pure que les informaticiens s'en servent pour générer des séries parfaites de nombres aléatoires, non calculés, non bricolés, mais purement et splendidement aléatoires. La radioactivité comme figure du Hasard.

En revanche, si vous observez non pas un, mais une collection entière d'atomes instables, apparaît alors un temps caractéristique, mesurable avec toute la précision voulue. Chaque espèce radioactive possède son horloge, sa constante de temps très personnelle. Par exemple 5 734 ans pour le radiocarbone, qui est le ^{14}C, isotope rare du carbone ordinaire. L'uranium, lui, a adopté le rythme incroyablement lent de 4,51 milliards d'années (nous donnons plus de détails sur cette horloge dans l'encadré « L'origine de l'exponentielle »).

Voilà donc un tic-tac bien intéressant. Inusable, inaltérable, long de plusieurs siècles, quand ce ne sont pas des millions d'années, ce qui donne des idées à l'Américain Willard Libby. On s'en rappelle difficilement, mais avant 1960, les pauvres historiens ou paléontologues ne disposaient d'aucune horloge vraiment fiable pour se repérer dans les couloirs du temps. Libby décroche le Nobel de chimie comme découvreur de la datation historique infaillible. Outre le carbone, les archéologues utilisent aujourd'hui de nombreux isotopes radioactifs (thorium, potassium) selon la chimie de l'objet ou l'échelle de temps pertinente, qui peut aller au milliard d'années.

Cette horloge absolue est irremplaçable pour l'authentification de certaines pièces de musée. Et sans elle, on en serait encore à croire qu'Oetzi, l'homme des glaces découvert dans les Alpes autrichiennes, est mort gelé l'hiver dernier. Ou que le fameux Suaire de Turin serait l'authentique linceul de Jésus...

Anecdote

Radiochronologie d'un Suaire (presque) authentique

La relique connue sous le nom de Suaire de Turin est apparue en France en plein Moyen Âge, mais certains croient la reconnaître dans diverses pièces de tissu offertes à la dévotion du public à Byzance ou ailleurs, à des époques variées remontant (forcément) jusqu'au Christ. Le linge de Turin présente les traces d'un corps d'homme martyrisé, crucifié et couronné d'épines, traces qui deviennent spectaculaires sur un négatif photographique.

Le Vatican laisse d'abord les scientifiques procéder à des tests indirects, non destructifs, qui semblent conclure à la parfaite authenticité. Après des années de tergiversations pontificales, un test au ^{14}C est enfin autorisé.

Le résultat a été annoncé en 1986 par trois laboratoires différents : le tissu de lin est daté dans l'intervalle 1260 à 1390 (de notre ère, évidemment).

Mais les dévots ne désarment pas, ils imaginent que le flash de la Résurrection aurait remonté artificiellement l'horloge radioactive ! Bien joué. On se demande juste pourquoi ce « remontage » miraculeux tombe précisément sur 1350, l'époque de son apparition dans une église de Champagne.

Trente milliards de becquerels

Marie Curie appelle « activité » le nombre de coups par seconde que le compteur détecte près de votre échantillon radioactif. Plus la constante de temps est longue, moins ça crépite (forcément). À l'inverse, si une espèce est très active, sa durée caractéristique T est courte. En clair, l'activité A est inversement proportionnelle à T. Par ailleurs, plus vous prenez de matière, plus ça crépite (normal).

On résume tout cela par une formule simple, valable pour un échantillon de N atomes : $A = N/T$. Pour une même quantité d'uranium ou de carbone 14, le second crépite un million de fois plus vite que le premier, c'est sa nature.

Quand le compteur mesure un coup par seconde (pour quelques grammes d'uranium naturel), l'activité égale « un becquerel ». Quand elle en fait 37 milliards par seconde (comme le radium), on dit « un curie ».

Voilà, vous savez l'essentiel sur la radioactivité.

Pour les balèzes

L'origine de l'exponentielle

L'activité d'une population de *N* atomes est inversement proportionnelle au temps caractéristique *T*, ce qui s'écrit $A = N/T$. Mais qu'est-ce que l'activité, sinon justement le rythme de disparition de nos atomes ? On définit donc *A* comme une variation de population dans le temps $A = -dN/dt\ d_2$.Remarquez bien le signe moins, car pour une disparition, le nombre *N* diminue. En rapprochant ces deux expressions, on obtient une équation différentielle, dont la solution est la loi d'évolution du nombre *N(t)* au cours du temps. Ainsi apparaît la fameuse loi en exponentielle décroissante, qui indique que la période *T* est le rythme de division par deux de l'échantillon.

La technique de datation des objets archéologiques (bois, tissus, roches, etc.) exploite cette belle régularité. On mesure en fait les rapports de concentrations des différents isotopes, d'où découle l'âge de l'échantillon.

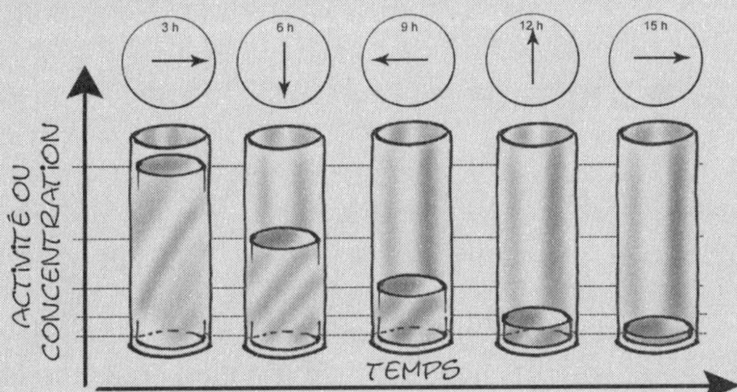

Figure 10-4 Le rythme implacable de la division par deux. Au final, la loi exponentielle !

Le prix du danger

Bien entendu, il ne suffit pas de distinguer un becquerel d'un curie pour avoir fait le tour de la question. La transmutation est sans danger, mais le rayonnement qui l'accompagne, lui, peut faire des dégâts, selon son énergie et son type, que Marie Curie a baptisés α, β ou γ. (En fait, il n'y a que deux sortes de transmutations, α et β, mais presque toujours accompagnées de rayons γ.)

La nocivité de ces rayonnements provient de leur caractère « ionisant », à la différence des ondes de nos téléphones portables. Le problème apparaît quand ces matières sont concentrées, soit exprès (sources de radiothérapie), soit par effet collatéral (déchets nucléaires, cigarette...).

Radioscopie de la feuille de tabac

Par « ionisant », on indique que le rayonnement est capable d'arracher les électrons des atomes qu'il rencontre sur sa route, y compris ceux de votre corps. À très haute dose, l'énergie déposée est tellement importante que la brûlure devient visible. À faible dose, on ne sent rien, mais le rayonnement affecte silencieusement nos molécules d'ADN, avec des conséquences à long terme sur notre santé.

La radioprotection (la science qui enseigne à s'en protéger) mesure les doses reçues non plus en rads ou rems, mais en « grays » et « sieverts ». L'environnement (et les radiographies) expose le Français moyen à 2,5 millisieverts par an. À comparer à l'irradiation accumulée par les poumons d'un fumeur invétéré (20 cigarettes par jour), qui, d'après *Le Monde* du 7 janvier 2009, serait de vingt fois la dose naturelle.

Résultat vigoureusement contesté – on s'en doute – par le lobby concerné.

Une légende nationale

Si on demande à l'homme de la rue de citer une femme de science, il y a de bonnes chances qu'il propose... une Polonaise. Née Sklodowska en 1867, Marie choisit les sciences à une époque où les femmes devaient se battre ne serait-ce que pour s'inscrire à l'université. Première de sa promotion de licence, elle se passionne pour la découverte d'Henri Becquerel et entraîne Pierre Curie dans l'aventure. Sa découverte à elle ? Avoir compris que les sels d'uranium contiennent plusieurs radioéléments. Maniant autant les éprouvettes que la pelle et la pioche, elle filtre des tonnes de minerai pour isoler enfin, au bout de quatre ans, quelques milligrammes de radium. Même pas un gramme par tonne... Le radium est en effet très rare, mais des millions de fois plus actif que l'uranium.

C'est pourquoi on ne dit pas « uranactivité » mais radioactivité.

Anecdote

Le polonium à toutes les sauces

Marie découvre ensuite le polonium, baptisé en référence à sa patrie d'origine. Première femme à décrocher le Nobel, elle est aussi l'une des très rares personnes qui en recevra deux ! Ces derniers temps, le polonium ^{210}Po est devenu tristement célèbre depuis qu'un certain service secret de l'Est l'emploie comme poison d'un nouveau style, aux effets retardés mais impitoyables.

Marie Curie elle-même paiera de sa vie son exposition à ces rayonnements, mais la dynastie Curie ne s'éteint pas avec Marie. L'une de ses filles, Irène, reprend le flambeau. Avec son mari Frédéric Joliot, ils découvrent ensemble la radioactivité dite artificielle (mais qui est, elle aussi, un phénomène parfaitement naturel).

Les atomes existent, on les a comptés !

Ce que nous appelons « atomisation de la nature » n'est pas la guerre nucléaire mais un processus intellectuel, l'irruption de cette idée neuve dans la tête des physiciens : la granularité. Cheminement radical (et douloureux), qui s'est fait en très peu de temps : l'électricité en 1897, la lumière en 1905 et enfin la matière elle-même en 1908, grâce à l'association fructueuse d'un tandem insolite : Albert Einstein et Jean Perrin.

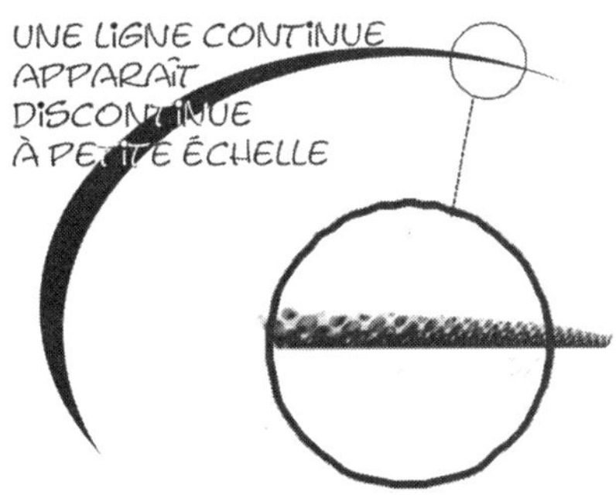

Figure 10-5 La granularité dépend de l'échelle d'observation.

Du pollen dans mon portefeuille ?

Le phénomène analysé par Jean Perrin est connu sous le nom de « mouvement brownien ». Rien à voir avec un *brownie*, mais avec Robert Brown qui décrit en 1827 l'agitation continuelle, vue au microscope, de « grosses » particules en suspension dans un liquide. Ces granules bien visibles, par exemple du pollen, sont mille fois plus dodus qu'une molécule, donc énormes comparés à l'échelle moléculaire. Leur danse incessante a longtemps intrigué les physiciens, car ce mouvement perpétuel ressemble fort à un pied de nez à la thermodynamique classique…

Cette agitation ne conduit la particule de pollen nulle part, sa position ne fait que fluctuer autour de son point de départ (fluctuer sans progresser, quiconque possède un portefeuille boursier sait de quoi on parle). Le premier à avoir trouvé comment caractériser ce genre de phénomène est le Français Louis Bachelier, spécialiste, justement, des fluctuations boursières.

Pour les balèzes

La volatilité boursière

Lorsqu'une variable aléatoire fluctue autour de la même valeur, la moyenne arithmétique des écarts donne bêtement… zéro. En Bourse, d'une semaine à l'autre, il y a peu de changements, mais les professionnels mesurent quelque chose en continu : la volatilité. Cette grandeur n'est ni la moyenne des écarts (qui donne zéro), ni la moyenne des valeurs absolues de ces écarts (peu pratique). Depuis Gauss, on préfère élever ces écarts au carré, ce qui donne un nombre toujours positif, et ensuite, on peut réaliser une moyenne.

La volatilité est une variance comme une autre, une « moyenne quadratique » qui est la moyenne des carrés des différences entre $\boldsymbol{x}$ et la moyenne des $\boldsymbol{x}$. Si vous préférez l'écart type, prenez simplement la racine carrée de la variance.

La preuve par le Nombre

Dans ses jeunes années, Einstein s'était occupé des liquides et de leur viscosité. Appliquant la méthode de Louis Bachelier au mouvement brownien, il calcule les fluctuations de position d'une grosse particule de pollen en suspension dans l'eau, et trouve un écart type de 6 micromètres par minute, facilement mesurable. Ce déplacement dépend de paramètres connus (la constante de diffusion, la température) mais aussi d'une variable clé : la population de molécules, autrement dit le Nombre d'Avogadro. Car le mouvement de la grosse particule n'a rien de mystérieux, il provient du bombardement incessant de milliards de molécules à chaque seconde, donc tout cela doit dépendre du nombre d'impacts.

Figure 10-6
Le mouvement brownien, clé du dénombrement des atomes.

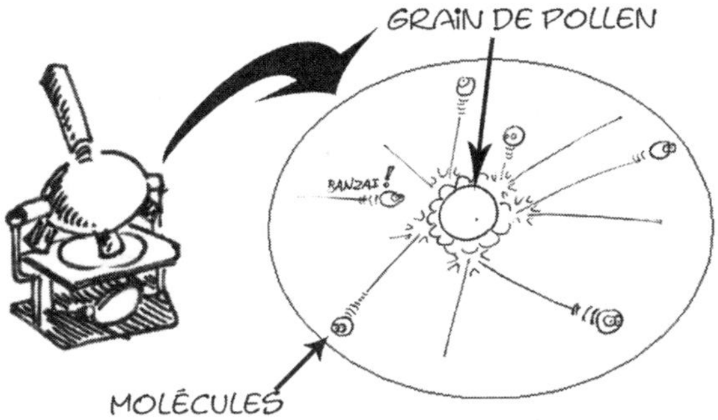

Einstein montre mathématiquement qu'une mesure fine du déplacement (au microscope) suffirait pour dénombrer les molécules. Cette mesure du Nombre d'Avogadro est historique, car la valeur ainsi obtenue est exactement la même que celle des chimistes, avec une méthode complètement différente.

La mole

Pour les balèzes

Dans une expérience d'électrolyse de l'eau, on récupère deux volumes d'hydrogène pour un d'oxygène. Au niveau de la molécule, la proportion atomique est la même, ce qu'on écrit H_2O. Mais quel est le nombre de molécules H_2O dans un volume donné ? Amedeo Avogadro est encore bien seul en 1811 lorsqu'il propose son hypothèse. À la fin du XIXe siècle, on dénombre « environ » 10^{24} molécules dans « quelques » grammes de matière. Normaliser les volumes gazeux à 22,4 litres permet enfin de préciser les choses, car les gaz occupent tous le même volume spécifique (à pression et température données). La « mole » est définie de nos jours comme le nombre d'atomes contenus dans 12 grammes de carbone ^{12}C. Et le résultat est : $6{,}022\ 10^{23}$.

Les atomes existent donc, car ce qu'on peut dénombrer aussi précisément existe forcément, CQFD. Avec six cent mille milliards de milliards d'atomes dans un gramme de matière (plutôt qu'aligner vingt-trois zéros, on écrit $6\ 10^{23}$), on en déduit que la taille des atomes se mesure en millionièmes de millimètre. Disons nanomètres, soyons modernes !

Le pudding était trop indigeste

Ne lançons pas la pierre aux antiatomistes du XIXe siècle, car si le platonicien Ernst Mach n'a jamais renoncé à ses idées ce n'était pas par stupidité. Il avait au contraire d'excellentes raisons, des raisons de pure logique !

Un redoutable paradoxe

« Vous croyez aux atomes ? Fort bien, disait Mach, dites-nous donc de quoi ils sont faits ! Et s'ils sont faits de quelque chose, ils ne sont pas la plus petite partie de matière, n'est-ce pas ? »

Le paradoxe de Mach exigeait une réponse claire sur la structure interne des atomes. Thomson, ayant découvert l'électron, en a fort justement déduit que les atomes contiennent des électrons. Quant à la structure de ces atomes, il a naïvement proposé une espèce de pâte informe, genre pudding aux raisins.

Mais la recette de ce pudding aux électrons était un peu indigeste, et la pâte en question s'est révélée n'être que... du vide.

Le CERN des années 1900

Quand on dit laboratoire de pointe, on pense au CERN de Genève ou au MIT de Boston. À l'époque, on avait le laboratoire Cavendish de Cambridge. Un temps dirigé par James Maxwell *himself* puis par Lord Thomson, cet épicentre de la matière grise scientifique attirait tous les jeunes talents de l'Empire britannique (qui incluait la Nouvelle-Zélande).

Ernest Rutherford (1871-1937) n'est pas assez connu du grand public, et pourtant, sa contribution dépasse de beaucoup ce qu'on entend habituellement par « découverte ». Son coup de sonde dans la matière a été un coup de maître, un exploit scientifique, un eurêka pour la physique tout entière. Et sa méthode deviendra l'archétype des futures expériences en accélérateurs.

Rutherford a vécu avant l'époque des accélérateurs, mais son laboratoire disposait d'autres trésors : quelques échantillons des très rares – et très chères – sources radioactives présentes sur le marché (radium, polonium).

Il avait aussi un assistant plutôt doué, un certain Hans Geiger...

Coup de sonde, coup de génie

Le précieux assistant a commencé par construire un appareil de mesure, car dans les périodes héroïques, il faut partir de zéro et tout faire soi-même. L'assistant a donné au monde le fameux compteur Geiger, toujours utilisé de nos jours.

Munis de leur détecteur flambant neuf, les deux hommes exposent un grand nombre de cibles aux rayonnements radioactifs. Constatant que l'espèce α ne pénètre pas très loin dans la matière, ils ont l'idée de prendre des feuilles de plus en plus minces pour voir ce qui va en ressortir. Une feuille d'or fine à l'extrême en devient translucide. Un voile léger et brillant, bleuâtre et translucide à la fois.

Première surprise : si la feuille est assez fine, le projectile appelé « particule α » est capable de la traverser de part en part. Les feuilles d'or étant faites d'atomes, la pâte atomique « genre pudding » doit être bien légère !

Figure 10-7
Le coup de sonde de Rutherford.

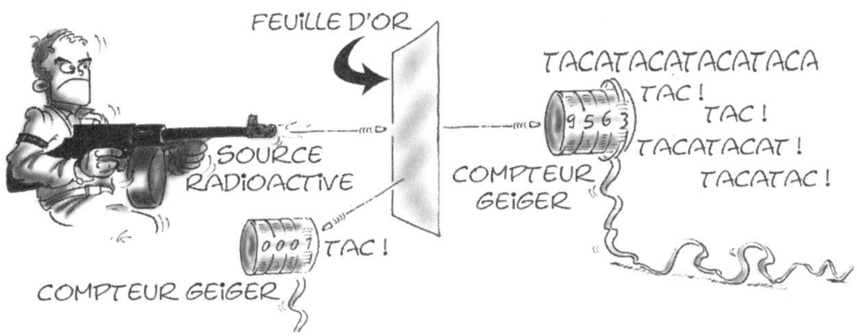

Mais il y a une cerise sur le gâteau, car de temps en temps (un cas sur dix mille) les projectiles se mettent à rebondir. Retour à l'envoyeur ! Vous imaginez, des artilleurs envoyant des boulets de canon sur des rideaux de mousseline, et constatant, de temps en temps, qu'un boulet leur revient à la figure ?

Un petit pois qui en fait des tonnes

Cette expérience a fondé la science atomique et encore plus profond, la physique *subatomique*. Rutherford renvoie le pudding de Thomson au cimetière des mauvaises idées, car de toute évidence, l'atome est surtout... très vide. Une vraie passoire, que les particules α traversent sans effort.

Étrange passoire tout de même, capable de renvois à l'expéditeur ! Ces rebonds s'expliqueraient par la charge électrique portée par le noyau (les corpuscules α sont électrisés et la force électrique devient infinie à très courte distance).

Mais que penser de la rareté de ces rebonds ? Une seule solution : le noyau doit être petit, incroyablement petit, cent mille fois plus petit que l'atome lui-même ! Ne passez pas trop vite à la ligne suivante : cent mille, c'est comme un millimètre comparé à 100 mètres. Disons... un petit pois au milieu d'un stade de foot !

Imaginez une espèce de Système solaire en miniature, avec un petit pois au centre du stade et des athlètes (les électrons de Thomson) qui circulent au loin.

Figure 10-8 Vu par un électron, le noyau est une fourmi au centre d'un stade.

Et ce petit pois – pardon, ce noyau – serait vraiment très spécial : les électrons étant ultralégers, c'est forcément dans le noyau qu'on trouve toute la masse de l'atome (99,8 % pour être précis). Toute cette masse, dans si peu d'espace ? Rutherford hésite, la « matière nucléaire » aurait une densité phénoménale, inouïe... Un dé à coudre rempli d'une telle matière pèserait des tonnes. Un seul cheveu, fait de matière nucléaire, serait plus lourd qu'une collection d'haltères !

Figure 10-9 La densité de la matière nucléaire est phénoménale.

Premières retombées

Cette structure étonnante était bien la bonne, beaucoup d'espace vide et de la matière nucléaire ultra-dense. Mais le jeu des structures emboîtées continue, car le noyau, à peine découvert, suscite de graves interrogations.

Poupées russes

Avions-nous dit que Rutherford a réussi au passage à mesurer le diamètre de ce noyau ? Donnons le résultat : deux millionièmes de millionième de millimètre. Petit si on veut, mais le point essentiel est sa taille finie. Quand un objet possède une certaine extension dans l'espace (même petite), un physicien raisonnablement curieux va immédiatement se demander ce qu'il contient, c'est plus fort que lui.

Le noyau de l'atome a fini par révéler sa composition : il renferme deux espèces de particules. À l'ombre du proton (bien visible avec sa charge électrique) était tapie une particule fantôme. Presque invisible, car dépourvue de charge.

Une neutralité à peine bienveillante

Les chimistes savaient de longue date que les espèces atomiques élémentaires existaient en plusieurs versions. Exemple de ces « isotopes », l'hydrogène ordinaire est accompagné de quelques pourcents d'un hydrogène plus lourd, mais dont les propriétés chimiques sont exactement les mêmes. L'eau « lourde » est ainsi faite de telles molécules déviantes, D_2O au lieu de H_2O, oxygène ordinaire mais hydrogène deux fois plus massif (appelé deutérium).

Pour deux noyaux isotopes, le cortège d'électrons – responsables de toute chimie – est parfaitement identique, et les chimistes rangent donc ces variantes dans les mêmes cases du tableau de Mendeleïev.

Le noyau de l'isotope plus lourd doit porter la même charge électrique, strictement et sans exception, car l'atome complet est neutre. Charge identique mais plus de masse ? À Cambridge, Rutherford imagine déjà les propriétés d'hypothétiques briques massives et neutres électriquement. Mais en science, l'hypothèse de l'existence ne suffit pas, on veut des preuves.

Pendant ce temps, au Collège de France, Frédéric Joliot étudie le « rayonnement du béryllium », et voit ses compteurs s'affoler quand ce rayonnement attaque une couche de paraffine. Ce phénomène singulier avait été obtenu presque par hasard, quand on a enveloppé les sources radioactives (uranium, polonium) d'une couche qui se voulait protectrice. Mais si la coque est faite de ce métal rare et léger appelé béryllium, il en sort ce rayonnement nouveau.

James Chadwick (élève de Rutherford) apprend les résultats de Joliot. Il sait que la paraffine, en plus de servir à faire des bougies, est aussi un véritable réservoir d'atomes d'hydrogène. Les Français voient leurs compteurs frétiller ? Le rayonnement inconnu est certainement en train d'expulser des noyaux d'hydrogène hors de la paraffine. Expulser, voilà qui n'est pas à la portée de n'importe qui !

Figure 10-10 L'expérience de Joliot est finalement comprise par Chadwick.

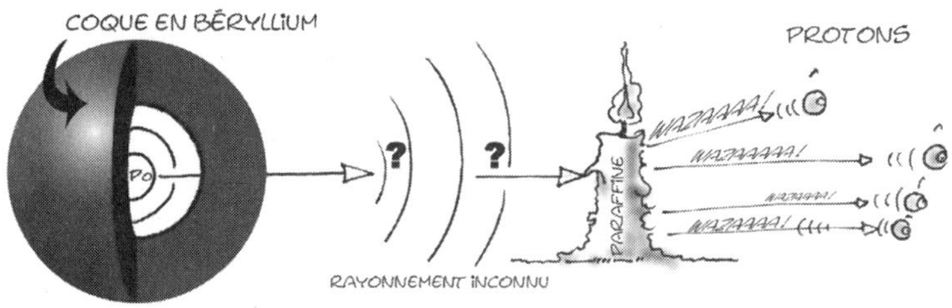

Chadwick réussit à photographier ces traces d'expulsion avec une chambre à brouillard. La longueur des traces et un simple calcul de chocs de billes l'amènent à la bonne conclusion : ce « rayonnement » est fait de grands frères du proton, de masse presque identique, mais sans charge électrique.

Nous sommes en 1932, le neutron vient de faire son entrée en scène.

Ce qui fait bouillir la marmite

Le béryllium a joué un rôle spécial pour Joliot car ses noyaux sont anormalement riches en neutrons. Expulsé par les particules alpha, le neutron franchit tous les obstacles et va heurter des protons un peu plus loin.

Même scénario dans une cuve de réacteur nucléaire. La source de neutrons est ici l'uranium qui fissionne. La moitié de ces neutrons rapides sort de la pastille de combustible et va errer dans la cuve, se heurtant aux molécules d'eau, leur transférant toute leur énergie. Les molécules d'eau, frétillant de plus en plus vite, font monter la température du bouillon.

Il ne reste plus qu'à surveiller le tout comme le lait sur le feu, car l'autre moitié des neutrons entretient la fission, toujours prête à s'emballer (sauf dans les réacteurs français, plus sûrs, à chaque nouveau modèle, que tout ce qu'il y avait déjà de plus sûr…).

De nos jours, le neutron sert à des tas de choses, depuis la physique fondamentale jusqu'à l'expertise des tableaux de Rembrandt ou encore à l'analyse magnétique des couches minces de céramique, en passant par l'électricité nucléaire.

Si on y ajoute l'inquiétante bombe à neutrons, on est bien obligé de conclure que toute neutralité n'est pas forcément bienveillante. Une malédiction peut-être en rapport avec l'époque de sa découverte, en pleine montée du nazisme.

Anecdote

La bataille de l'eau lourde : Épisode I

Quand on réalise que c'est en 1938 (et en Allemagne !) que la fission de l'uranium a été découverte, on sent passer comme un frisson glacé… Frédéric Joliot-Curie est mêlé au tout premier acte de la guerre secrète qui deviendra plus tard la « bataille de l'eau lourde ». Au cours d'une fission, l'uranium émet des neutrons surnuméraires, mais ceux-ci sont un peu trop rapides. Il faut les ralentir si on veut contrôler la réaction en chaîne. Ce ralentissement est faisable dans de l'eau, mais la molécule d'eau absorbe aussi les neutrons, donnant de l'eau lourde. En prenant directement de l'eau lourde comme ralentisseur, ça marche nettement mieux. Cette eau lourde (de densité environ 1,1) est extraite de l'eau de mer, mais en 1939, une seule usine au monde en produit. La France achète alors la totalité du stock mondial à la Norvège, et Joliot se rend à Oslo pour ramener les 220 litres d'eau précieuse, juste avant l'invasion allemande du 10 mai 1940. Ce stock sera plus tard déménagé à Bordeaux puis en Angleterre, échappant aux nazis qui échoueront – Dieu merci – à fabriquer la bombe A.

La physique du XIXe siècle échouera à expliquer la structure de l'atome, il fallait des idées neuves, et de toute urgence ! Trois ans après la percée de Rutherford naissait le modèle atomique de Niels Bohr (1913), premier pas vers la mécanique quantique. Mais cela vaut bien un chapitre entier.

DANS CE CHAPITRE

Un monde binaire, déjà...
Des spectres hauts en couleurs

•

Le Cercle des pères fondateurs

•

Touche pas à mon code !

Chapitre 11

Le Quantique de la nouveauté

En 2005, la médaille d'Or du CNRS est décernée au Français Alain Aspect, chercheur en optique quantique, une discipline d'avenir qui devrait envahir bientôt l'informatique et les télécoms. Allons bon, encore un domaine mis à la sauce quantique ? En l'espace d'un siècle, on a collé l'adjectif « quantique » à presque tout, la mécanique, puis à l'électronique, même à la chimie. Les médias nous annoncent un « nanomonde » rempli d'objets plus étranges les uns que les autres, jusqu'aux fameux nanotubes de carbone. C'est l'invasion quantique !

L'optique quantique parle aussi une langue étrange, entre « états intriqués », q-bits, décohérence, et même téléportation ! On pourrait se croire en pleine science-fiction, mais quand il s'agit de sécurité sur Internet, la DST ne plaisante plus. Les services secrets sont sur les dents ? Pas de panique, les physiciens sont là.

Le XXIe siècle sera (peut-être) celui de l'information quantique. Avant l'arrivée redoutée du premier ordinateur quantique. Ce serait une belle consécration pour une science qui a déjà soufflé sa centième bougie...

Premiers craquements

En ces temps de crise qui rappellent 1929, qui se souvient que les toutes premières années du XXe siècle ont baigné dans un optimisme sans précédent ? Les expositions universelles attiraient les foules, on croyait au progrès, les trains se mettaient à circuler. La lumière se faisait électrique, on explorait les pôles, Londres parlait à New York par télégraphe ! Stravinski et Picasso inventaient encore une autre modernité, on vivait une époque formidable.

Lord Kelvin ne voit rien venir

La physique également vivait une apothéose, grâce à ses deux nouvelles stars, Sir James Maxwell et le professeur Ludwig Boltzmann, qui venaient de couronner l'édifice déjà vénérable, en ajoutant l'électromagnétisme et la thermodynamique à la splendide mécanique de Newton. Ce sentiment de triomphe était exprimé sans modestie aucune par Lord Kelvin, qui se pâmait d'autosatisfaction, proclamant que toute la physique était écrite, achevée et comprise. C'était bien simple, il se préparait à mettre un point final au Grand Livre de la Science.

À sa décharge, signalons que Lord Kelvin déplorait tout de même, dans le ciel très bleu des exploits scientifiques de son époque, deux petits nuages sombres, qui résistaient encore et toujours à l'explication...

Deux nuages vraiment très noirs

Les deux petites taches de Lord Kelvin se sont révélées tenaces. Le premier problème était le fameux résultat négatif de Michelson, nuage sans doute insignifiant mais qui refusait de s'évaporer. Il a même grossi démesurément, finissant par engloutir les idées anciennes d'espace et de temps dans la relativité d'Einstein. Vous saurez tout de cette histoire mouvementée dans le chapitre suivant.

Il y avait cependant une deuxième zone d'ombre : on ne comprenait rien à la relation entre la température des corps chauds et leur couleur apparente. Pourquoi une barre de fer rougit-elle, et pourquoi le rouge devient-il plus blanc quand on chauffe davantage ? Ce problème dit « du corps noir » a tenaillé les physiciens pendant quarante ans, pas moins. Max Planck, en octobre 1900, ne résout l'énigme qu'au prix d'un artifice qui horrifie tout le monde – y compris Planck lui-même –, l'hypothèse des quanta.

Einstein souffle sur les braises

En désespoir de cause – selon ses propres termes –, Planck avait calculé que l'énergie thermique de la barre de fer ne pouvait s'échanger avec le rayonnement lumineux que pour des valeurs particulières, et non plus de manière continue. D'un côté, ces paquets de lumière étaient bien minuscules, car la constante de Planck est encore et toujours le plus petit nombre de toute la physique : quand on écrit $\boldsymbol{h} = 6\ 10^{-34}$, on veut dire un 6 précédé de trente-trois zéros après la virgule ! Mais la petitesse du nombre n'y change rien : il n'est pas nul, et c'est grave. Planck introduit le ver dans le fruit ; l'horreur quantique vient d'entrer en scène.

Le monde académique fait semblant de l'ignorer, mais en 1905, le trublion Einstein ressort la constante ***h*** de son placard et – nouvelle horreur – l'applique avec brio à un autre problème en suspens. De nos jours, l'effet photoélectrique n'horrifie plus personne, il permet de commander toutes les portes vitrées du monde.

L'hypothèse de Planck était au départ une toute petite brise ; avec Einstein, elle enfle pour devenir un véritable cyclone, entraînant la physique dans la révolution quantique. Les curieux trouveront les détails mathématiques de ce nouveau « quantique » dans d'innombrables ouvrages savants, mais nous laisserons les équations touffues aux forts en thème (qui n'ont, évidemment, nul besoin de lire « Les Nuls »).

Un monde binaire, déjà

L'année 1905 a été un très grand millésime pour la physique, y compris pour le magnétisme. Si la boussole est utilisée par les Chinois depuis l'aube des temps, la nature réelle des aimants est restée très longtemps un mystère complet. Malgré les travaux de Gauss, d'Oersted puis du Français André-Marie Ampère, personne ne sait pourquoi la matière est parfois magnétique. Jusqu'à ce que Paul Langevin propose la première théorie microscopique du magnétisme. Le lecteur de *La Physique pour les Nuls* est décidément un privilégié, car peu de gens savent (même en France) à quel point Langevin a inspiré le grand Niels Bohr...

Des pinceaux de molécules

À la question « pourquoi du magnétisme ? », Langevin répondait simplement : parce que les atomes eux-mêmes sont de minuscules aimants !

Cette réponse a également inspiré le jeune Otto Stern : « Les molécules sont des aimants ? Excellent ! J'ai une idée pour les manipuler. » Avec sa technique de faisceaux moléculaires, Stern est parvenu, pour la toute première fois, à mesurer les vitesses des molécules. Il a ainsi pu vérifier la relation entre ces vitesses et la température du gaz, calculée par Boltzmann (la température n'est que du mouvement moléculaire, on le rappelle). Cette réussite illustre les beaux succès de la science du XIXe siècle, la physique « achevée » de Lord Kelvin.

Mais si Stern a obtenu le Nobel en 1944, c'est qu'il y avait encore autre chose.

Molécules ou balles de fusil ?

Prenez une bouteille « vide », c'est-à-dire remplie d'air. Voilà immédiatement une quantité énorme de molécules (des milliards de milliards), animées de mouvements frénétiques. Et si le mot « gaz » renvoie au vocable « chaos », ce n'est pas un hasard. Imaginez ces milliards de petites billes qui s'entrechoquent à des vitesses supersoniques (la vitesse d'une balle de fusil). Du kilomètre par seconde dans une simple bouteille, le chiffre est facile à retenir.

De tels mouvements moléculaires étant difficiles à maîtriser, Stern a eu l'idée de les organiser en faisceaux. Mais comme les molécules sont dépourvues de charge électrique, sa recette est un peu biscornue : vaporisez un métal dans un four bien chaud, percez un orifice dans la paroi, agencez quelques petits diaphragmes et profitez des vitesses naturelles des atomes en les envoyant dans des tubes longs de plusieurs mètres. Et voilà des faisceaux de molécules, dont il ne reste plus qu'à trier les vitesses (par des roues dentées en rotation rapide).

Une loterie d'un genre particulier

Otto Stern a fait des faisceaux moléculaires avec tout ce qui marchait, surtout les atomes qui faisaient les meilleures petites aiguilles aimantées (argent, lithium, sodium). Avec son assistant Walther Gerlach, ils ont analysé ces pinceaux avec des champs magnétiques bien agencés, et dès 1922, les deux compères exhibent les deux paradoxes du monde quantique : le discontinu et la probabilité.

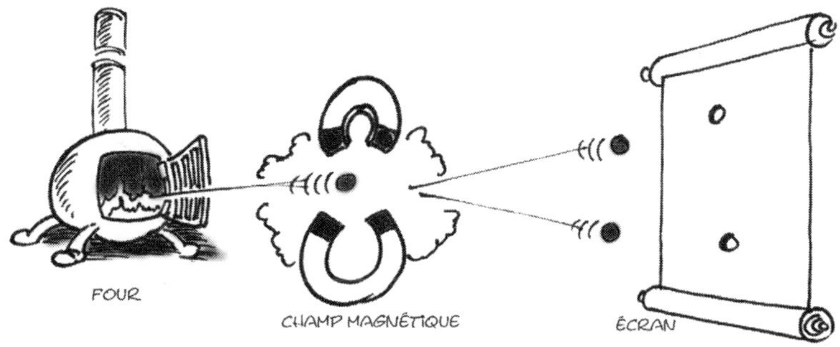

Figure 11-1
L'expérience de Stern et Gerlach.

Les atomes d'argent sont donc de petits aimants. Et que font des aiguilles aimantées quand on les plonge dans un champ magnétique ? Elles s'alignent plus ou moins vite, elles oscillent un peu, puis finissent par montrer le nord, n'est-ce pas ? Eh bien... justement pas !

Éjectés du four, les atomes passent dans l'entrefer, et... hop ! ils se retrouvent systématiquement triés en deux lots, les uns déviés vers le haut (le nord de l'aimant) et les autres vers le sud. Voilà qui est déjà surprenant.

Mais la vraie, la grande surprise est qu'il n'y a jamais de demi-mesure, pas d'atomes indécis. L'écran ne montre que deux taches. Uniquement deux possibilités, et non pas une infinité ! Que se passe-t-il ?

Si la nature était raisonnable, on devrait observer toutes les situations intermédiaires. Mais là, c'est comme si au Loto ne sortaient toujours que le 5 et le 32, jamais les autres chiffres ! C'est aussi fou que d'ouvrir un dictionnaire au hasard, en tombant toujours sur les deux mêmes mots...

Allons bon, des vecteurs...

Pendant des années, les explorateurs du monde quantique ont avancé très lentement. Tâtonnant dans le noir, ils ont fait quelques progrès après avoir renommé les choses. Dans le vocabulaire d'aujourd'hui, les atomes sont « le système », l'aimant effectue un « acte de mesure » et les deux taches sur l'écran révèlent les « deux états possibles du système ». On les note $|1\rangle$ et $|2\rangle$ pour que tout le monde voie bien qu'il s'agit d'objets mathématiques.

Que personne ne prenne la fuite, même les lecteurs fâchés avec les maths. Pour ceux qui ont tout oublié des vecteurs, il suffit de savoir qu'on peut toujours les

« décomposer ». Dans le monde quantique, un état de la nature se comporte comme un vecteur noté $|Etat\rangle$, que l'on peut décomposer en des vecteurs de base.

L'appareil de Stern réalise la situation la plus basique, avec seulement deux états de référence, peut-on faire plus simple ? On écrit alors :

$$|Etat\rangle = a.|1\rangle + b.|2\rangle$$

Cette équation très anodine contient le grand secret de la mécanique quantique : on y combine des états.

La nature dans tous ses états

L'appareil de Stern permet de réitérer l'opération. Il suffit de remplacer l'écran par un second aimant, par exemple pour les atomes du haut. Que devient alors cet état $|1\rangle$ trié une seconde fois ? Très simple : le discontinu et la probabilité ! Ce second « acte de mesure » donne une nouvelle répartition en deux populations (juste deux), et la théorie permet de calculer les probabilités, par exemple 100 % et 0 % si le second champ magnétique est parallèle au précédent (ou alors 50-50 si le nouveau filtre est perpendiculaire au premier).

Statistiquement, tout est limpide. Mais ne demandez surtout pas ce qui va arriver précisément à l'atome n° 8 ou n° 154, même s'il vous intéresse en particulier. La théorie quantique ne connaît que des probabilités (entre nous, les mathématiques ordinaires ne disent rien non plus sur le prochain tirage du Loto, sans quoi tout le monde étudierait les mathématiques...).

Pour les balèzes

Précision illimitée sur... les probabilités

L'aimant doit être subtilement agencé. Pour y voir clair, Stern ajoute une condition supplémentaire : le champ doit être non uniforme. C'est ce « gradient de champ » qui permet la séparation spatiale des deux populations. Avec un champ uniforme, les atomes seraient aussi répartis en deux familles, mais les états $|1\rangle$ et $|2\rangle$ seraient mélangés au centre de l'écran : on n'y verrait rien !

Une fois séparés physiquement, les états peuvent alors accepter un second tri, avec un angle α entre le premier champ magnétique et le second. Les probabilités de répartition à la sortie p et $1-p$ doivent respecter la règle du total égal à 100 %, comme pour toute probabilité. La quantique donne : $p = \cos^2 (\alpha / 2)$, soit 100 % vers le haut si les deux champs sont parallèles (ou 50-50 s'ils sont perpendiculaires).

Des spectres hauts en couleurs

La découverte de Stern et Gerlach n'est pas un cas isolé, car depuis le milieu du XIXe siècle, on avait déjà sous les yeux une foule d'autres situations qui annonçaient le « discontinu ». Refaisons quelques pas en arrière.

En 1884, on note déjà une première coïncidence : dans la bonne ville de Bâle, un enseignant du secondaire publie une formule cabalistique qui résume toutes les situations (incomprises) observées dans les « lampes spectrales ». Cette même année, à Copenhague, on enregistre la naissance d'un certain... Niels Bohr.

Le code-barres des étoiles

Bon alors, ces lampes spectrales, encore un appareil du Professeur Tournesol ? Vous pensez probablement n'en avoir jamais vu, mais en réalité, tout le monde connaît les lampadaires à lumière jaune au bord des routes. Donc vous avez déjà vu une lampe spectrale.

Ces ampoules à lumière jaune contiennent du gaz sodium à basse pression. Leur lumière vue dans un prisme ne révélera aucun arc-en-ciel, mais une unique bande, une seule « raie spectrale » (jaune, forcément). Toutes les ampoules de ce type, dont les tubes au néon, émettent une lumière ainsi tronquée, qui ne contient que quelques rares bandes lumineuses.

Figure 11-2 La lumière blanche, composition de couleurs.

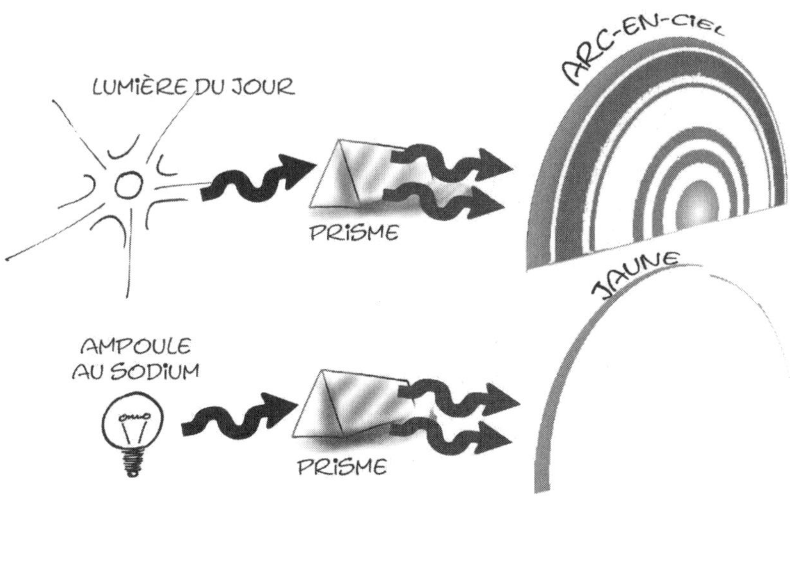

Le citoyen suisse Josef Balmer trouve donc une formule énigmatique qui mélange des nombres entiers et les longueurs d'onde émises. Pour les curieux, donnons sa formule : $\frac{1}{\lambda} = 109677(\frac{1}{4} - \frac{1}{n^2})$. Pas facile à trouver, d'accord, mais on reste un peu perplexe.

À défaut d'explication, on a trouvé une application : ces codes-barres étaient une véritable empreinte digitale, car chaque corps avait le sien ! Découverte capitale pour l'analyse chimique, d'abord dans les laboratoires, bientôt dans le Soleil, et enfin jusque... dans les étoiles.

Figure 11-3 Les étoiles ont leur code-barres lumineux.

Le philosophe Auguste Comte déplorait qu'on ne connaisse jamais la composition chimique des étoiles, mais on sait bien qu'il ne faut jamais dire « jamais ». Grâce à sa signature spectrale, le gaz hélium a été détecté dans le Soleil, le 18 août 1868, trente ans avant d'être découvert sur Terre.

L'atome ? Un grand instable

L'explication de ces bandes lumineuses est forcément dans la structure intime des atomes, car un gaz ne contient quasiment rien – rien que des atomes, justement. Une fois lancée l'idée de structure planétaire, avec un centre très dense et les électrons en orbite (merci Monsieur Rutherford !), Niels Bohr prend ce petit modèle au sérieux. En bon étudiant de la physique classique, il sait que l'électrodynamique de Maxwell dit des choses très précises sur les charges électriques en mouvement.

Que dit donc la Bible selon Maxwell ? Qu'un tel système devrait tout simplement... ne pas exister. Ou alors juste une fraction de milliseconde, avant que l'électron ne s'écrase sur son noyau.

Figure 11-4
L'électron émet un rayonnement synchrotron dans les virages.

Bohr met les pieds dans le plat

Un homme d'esprit a dit : « Quand je ne me sens pas dans mon assiette, je mets les pieds dans le plat. » Ces atomes impossibles (mais pourtant bien réels) appelaient des décisions radicales. Constatant que l'atome existait, et donc que l'électron ne s'écroulait pas sur le noyau en une fraction de seconde, voilà comment Niels Bohr a mis les pieds dans le plat : en décidant de nouvelles lois.

Figure 11-5
L'électron, les nouvelles Tables de la Loi, selon Bohr.

Sur cette base, Bohr publie un calcul inespéré, car il réconcilie le modèle d'atome de Rutherford avec les grands maîtres Maxwell et Newton. Tout en expliquant la formule de Balmer, chapeau !

Il y avait un prix à payer pour cette réconciliation générale : ces diables de nombres entiers s'incrustaient. En 1913, personne ne le sait encore, mais l'installation du discontinu dans le paysage était définitive.

Pour les balèzes

Le magnétisme des grands hommes

Dans sa thèse de doctorat déjà, Niels Bohr médite sur la mécanique ordinaire et la théorie de Langevin.

Tout corps en rotation (planète, toupie, patineuse) porte un moment cinétique noté ***j***. S'il est chargé, se rajoutent des propriétés magnétiques. Et Langevin a prouvé que les atomes, petits aimants, portent un « quantum » magnétique qui ne s'annule jamais.

Bohr calcule le quantum magnétique ⊠ de l'électron en orbite, et trouve ***j*** **=** ⊠ (à des constantes près). Comme le ⊠ de Langevin est fini, Bohr en déduit que le moment de rotation ***j*** est fini lui aussi, ce qui est une grande première en physique. Et dans le calcul complet (avec les bonnes unités), le moment cinétique de l'électron donne, comme par hasard… la constante de Planck ***h*** !

L'unité magnétique à l'échelle de l'atome s'appelle désormais magnéton de Bohr. Et une fois admis que le moment de rotation est discontinu (les valeurs permises pour ***j*** sont 1,2 ou *n* fois ***h*/2**⊠ ou ***h*/**⊠), on a obligatoirement des valeurs discontinues pour l'énergie.

Le quantum s'incruste

Cette situation frôlait l'absurde, car les balançoires ou les toupies ne marchent pas aux valeurs discontinues ! A-t-on déjà vu un moteur qui ne peut tourner qu'à 1 000 tours/min, ou 2 000, ou 3 000, mais jamais 1 268 ou 2 022 ?

Les mathématiciens et les physiciens savent calculer une grandeur continue (la longueur d'un long trajet complexe par exemple) en la découpant en petits bouts (ici, on découpe le trajet en distances élémentaires rectilignes de petite longueur connue), mais ensuite, on fait toujours tendre ces petits intervalles vers zéro (c'est le calcul infinitésimal) que l'on somme ensuite. Le désespoir de Planck, c'est que sa constante a une valeur définie, incompressible, qui ne se réduit pas à zéro.

En 1913, Bohr n'a même pas trente ans quand il impose la quantification (il attribue aux grandeurs une valeur particulière, les autres étant des multiples de cette valeur) dans les atomes. Les rayons des orbites atomiques deviennent des multiples entiers d'un rayon fondamental (appelé aujourd'hui « rayon de Bohr »). Ne seriez-vous pas étonné de savoir que pour nos satellites, seule l'orbite géostationnaire est permise, ou deux fois celle-ci, mais qu'il ne sera jamais possible de voir un satellite sur une trajectoire située entre ces deux orbites ?

Et l'énergie aussi s'échange dorénavant par paquets, par multiples de nombres entiers, comme des barreaux d'échelle rigoureusement espacés.

Folie ? Si on veut, mais les « sauts » de l'électron, d'une orbite à l'autre, s'accompagnent de paquets lumineux qui sont très exactement ceux de la formule de Balmer. Il n'y a plus qu'à s'incliner.

Figure 11-6 Les « sauts quantiques » de l'atome de B

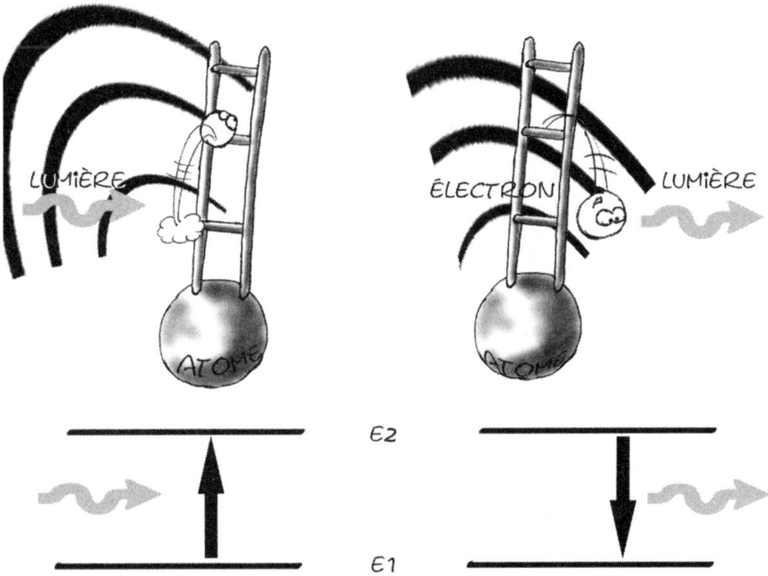

Malaise chez les chats

La science est avant tout une affaire d'hommes et de femmes, mais la mécanique quantique a également rendu célèbre un animal de compagnie.

Muet comme une tombe ?

Si vous avez l'occasion de visiter le cimetière central de Vienne, en Autriche, qui cumule les noms d'une véritable pléiade de célébrités, musiciens, généraux, artistes, politiques ou hommes de science, vous pourrez y relever de nombreuses épitaphes, dont certaines vous sembleront... plus étonnantes que d'autres ! Prenez celle-ci par exemple, choisie (presque) au hasard.

Figure 11-7 L'équation de Schrödinger figure sur son épitaphe.

Message crypté ? Formule magique ? Non, la grandeur Ψ est juste la fonction présentée sous le nom $|Etat\rangle$ un peu plus haut : l'équation de Schrödinger annonce que l'on peut dorénavant calculer l'évolution des états au cours du temps.

On reconnaît aussi la constante de Planck h, qui fixe l'échelle du monde quantique. Si vous trouvez les solutions de cette équation différentielle, vous savez tout sur les fameux états de base.

En prime, au bout du calcul, on obtient le spectre complet des valeurs de E (en d'autres termes, les valeurs exactes des barreaux d'échelle qui fixent l'énergie de chacun de ces états).

Des vacances de ski plutôt réussies

À l'automne 1925, le quantum de Bohr n'a toujours pas trouvé d'explication satisfaisante. Ces diables de nombres entiers irritent et agacent, et pendant une bonne décennie, leur raison d'être reste un mystère… entier. Mais on signale du nouveau à la Sorbonne : un jeune aristocrate vient de publier une thèse de physique qui traite les électrons comme des ondes !

Erwin Schrödinger s'enthousiasme, car – mais oui mais c'est bien sûr ! – il y a des nombres entiers partout dans la physique des ondes. Au cours d'un séminaire à Zurich, ses collègues lui conseillent de faire mieux que de s'agiter sur une chaise en criant « des ondes, des ondes ! ». Ils préféreraient une équation d'onde.

Notre homme est aussi un sportif. Ayant promis des vacances de neige à sa fiancée, il part donc au ski – en emportant tout de même de quoi écrire. Dans les premiers jours de janvier 1926, il redescend des pistes, bronzé, avec en poche l'équation qui fera sa célébrité.

« Il » joue aux dés... Et alors ?

L'équation de Schrödinger est du genre coriace. Mais si vous venez à bout de ces calculs fastidieux, vous tenez la fonction Ψ de votre atome ou molécule particulière. On fait ces calculs avec toute la précision voulue. Une précision extrême sur... une fonction de probabilité !

Un Lord Kelvin aurait exprimé sa frustration, et beaucoup ont crié à l'imposture. De ce point de vue, même Einstein était un esprit classique, car contre ces probabilités omniprésentes, il prétendait que « Dieu ne joue pas aux dés ».

Figure 11-8 Le credo philosophique d'Einstein : Dieu ne joue pas aux dés !

Dès 1926, les discussions philosophiques sont lancées, de plus en plus acharnées, Einstein presque seul contre Bohr et toute l'école de Copenhague. On cantonne ensuite ce problème à la philosophie, mais la science continue sur sa lancée.

Dans les années quatre-vingt, l'expérience peut enfin trancher, la Nature nous joue un pur jeu de dés (désolé Albert). C'est la conclusion majeure des percées récentes en optique quantique, les probabilités sont la seule et unique chose à mesurer, à calculer. Tous les objets du monde quantique se comportent ainsi, atomes, molécules, électrons, photons, noyaux, neutrons, gluons, tout ce petit monde marche aux probabilités...

Le chat schizophrène

Le monde quantique permet des tas de choses étonnantes, ubiquité, particules passe-muraille, etc. Si vous tentez d'utiliser vos intuitions habituelles, vous serez rapidement conduit à des conclusions déroutantes, pour ne pas dire choquantes. Pour frapper les esprits, Schrödinger a illustré cette situation inconfortable par la parabole du chat schizophrène.

Les ennuis commencent dès qu'un système se voit offrir deux voies de sortie, car la combinaison linéaire des deux solutions est obligatoire pour rendre compte de tout ce qu'on observe. Avec des électrons ou des photons, personne (ou presque) n'est choqué : on superpose des états, et alors ?

Mais le chat de Schrödinger, lui, il dérange ! On commence par l'enfermer dans une pièce avec un mécanisme (mortel) commandé par un système quantique. Ce qui dérange, ce n'est pas de molester un animal, mais c'est le calcul : tant que vous n'avez pas ouvert la boîte pour vérifier ce qui s'y passe, la fonction d'onde du félin est, obligatoirement, un mélange des états $|mort\rangle$ et $|vivant\rangle$. On frôle en effet la schizophrénie.

Le Cercle des pères fondateurs

Bohr est reconnu unanimement comme le père de la mécanique quantique, mais force est de reconnaître qu'il s'agit d'une œuvre collective. Einstein lui-même, qui passera de longues années à tenter de prendre cette théorie en défaut, a toute sa place parmi ses pères fondateurs.

Prix Nobel pour... un double jeu

Contre Newton qui professe (sans aucune preuve) que la lumière est faite de corpuscules, Fresnel et Young exhibent des interférences lumineuses, preuve éclatante que ce sont des ondes. Lorsqu'en 1873 Maxwell obtient une équation d'onde à partir des lois de l'électricité et du magnétisme, la boucle est bouclée, on sait enfin ce qu'est la lumière...

Sauf que dans les mêmes années, Hertz découvre que la lumière peut arracher des électrons à une feuille de métal, mais dans de bien étranges conditions. Si la fréquence de la lumière (sa couleur) reste inférieure à un certain seuil, vous pouvez déverser un Niagara de lumière sur votre métal, il n'en sort pas le moindre électron. Einstein propose alors pour la lumière une structure granulaire, avec une correspondance stricte : un grain de lumière pour un électron. Mais un « bon » grain (pas de l'ivraie) ! Quand l'énergie du quantum de lumière ne suffit pas, leur nombre n'y change rien.

Figure 11-9 Quand la puissance lumineuse est insuffisante.

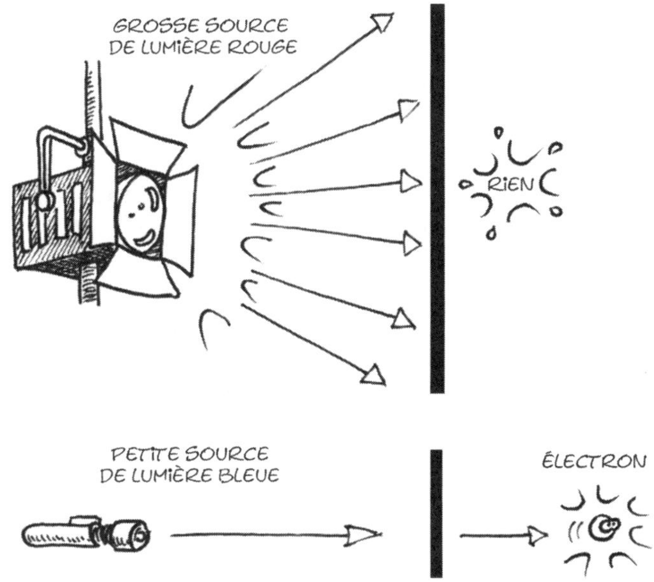

En 1905, la lumière révèle ainsi son caractère insolite, dual, ambigu, à la fois corpuscule et onde. On peut parler d'un véritable double jeu. Et dire que c'est pour cette contribution à la science qu'Einstein a obtenu le Nobel...

Est-ce grave ? Entre nous, une simple boîte de camembert joue déjà un double jeu : il suffit de l'éclairer d'en haut ou de côté, et son ombre apparaîtra soit comme un disque soit comme un rectangle (alors qu'il s'agit d'un cylindre). L'un des messages de la physique quantique est que l'observation crée sa propre réalité. Il y a en effet du travail pour les philosophes...

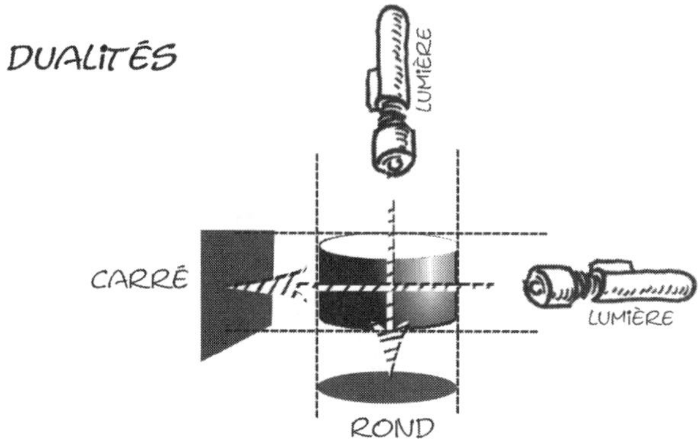

Figure 11-10 Une dualité classique : tout dépend de l'observateur !

Young et Fresnel revisités

Dans l'expérience de Young, la lumière passe par deux fentes proches, et sur l'écran apparaissent des raies claires aux endroits où la lumière additionne ses effets, et noires là où ils se compensent exactement. Le calcul de Fresnel est une somme de fonctions sinusoïdales dans l'espace, et l'interférence apparaît.

Et si on atténue la source de lumière ? Photon par photon ? On observe alors une suite aléatoire d'impacts sur l'écran, qui arrivent l'un après l'autre, apparemment n'importe où. Mais petit à petit, l'aléatoire s'organise, et l'œil voit les impacts se regrouper dans certaines bandes. À la fin de la journée, on retrouve la même figure qu'avec la source à pleine puissance. Le calcul pertinent reste une somme, mais en termes de probabilités. Et c'est encore une combinaison $|Etat\rangle = a.|1\rangle + b.|2\rangle$.

Un prince de la physique

Ce double jeu est ensuite constaté ailleurs, par exemple avec des « lumières » plus énergétiques comme les rayons X. Pour un jeune idéaliste comme Louis de Broglie, la dissymétrie de la situation était intolérable : « Comment, seule la lumière aurait ce droit d'être à la fois onde et particules ? »

On peut être de noble ascendance et professer des idéaux démocratiques. Le prince Louis demande, dans sa thèse de doctorat, qu'on attribue également un caractère ondulatoire à l'électron. Son hypothèse, faite en 1923, est confirmée très rapidement par l'expérience, et c'est pourquoi on dispose aujourd'hui de microscopes électroniques – et d'accélérateurs de particules. Pire, on sait aujourd'hui que la duplicité (la dualité, en termes plus diplomatiques) s'étend à l'ensemble des objets quantiques.

À la lecture de son mémoire, Einstein lui rend cet hommage : « De Broglie a soulevé un coin du voile. » Si les ondes sont importées dans l'atome, les orbites des électrons se mettent, tout naturellement, au rythme des nombres entiers.

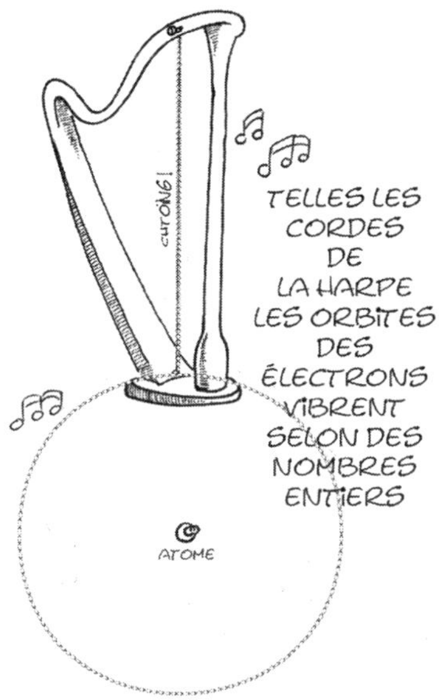

Figure 11-11 La métaphore musicale explique enfin les nombres entiers.

Werner, Félix, Paul et les autres...

Dans les années vingt, Bohr réussit à attirer à Copenhague tous les jeunes talents du continent, parmi lesquels Werner Heisenberg. Connu également pour son regrettable engagement dans le projet de bombe pour le régime nazi, le jeune Heisenberg des années vingt a été celui de toutes les audaces. Il a adopté avec enthousiasme le modèle d'atome de Bohr et inventé une méthode de calcul qui faisait fi des notions non mesurables (comme les trajectoires) pour se concentrer sur les seules « observables ». Son approche radicale a été formalisée dans un ensemble d'équations connues sous le nom d'« inégalités d'Heisenberg ».

Les « relations d'incertitude »

Pour les balèzes

Les inégalités d'Heisenberg sont des équations du genre coercitif. Elles autorisent de la précision sur une mesure à condition d'y renoncer sur une autre variable, par exemple le couple position et vitesse. Il en découle, logiquement, la fin de la notion de trajectoire. Du coup, le schéma de l'atome, avec ses électrons sur des orbites bien dessinées, doit être un peu modifié : il faut « flouter » ces trajectoires, qui deviennent des bandes de probabilités. D'où ces « lobes » en relief, représentations d'orbitales que l'on trouve dans tous les bons livres de chimie.

Le phénomène bien connu de la diffraction de la lumière est également réinterprété à la lumière de ces « relations d'incertitude » : contraindre les particules à passer dans un petit trou, c'est vouloir de la précision sur la position. Il faut donc en perdre ailleurs, d'où l'étalement dans toutes les directions. Et l'effet est d'autant plus prononcé que le trou est petit, comme le montre l'équation qui couple les dispersions de position et de « quantité de mouvement » : $\Delta x.\Delta p_x \geq h$. On constate que l'échelle pertinente est celle de la constante de Planck : inutile de s'attendre à de telles incertitudes dans la vie ordinaire, la trajectoire d'un ballon de foot reste très bien définie.

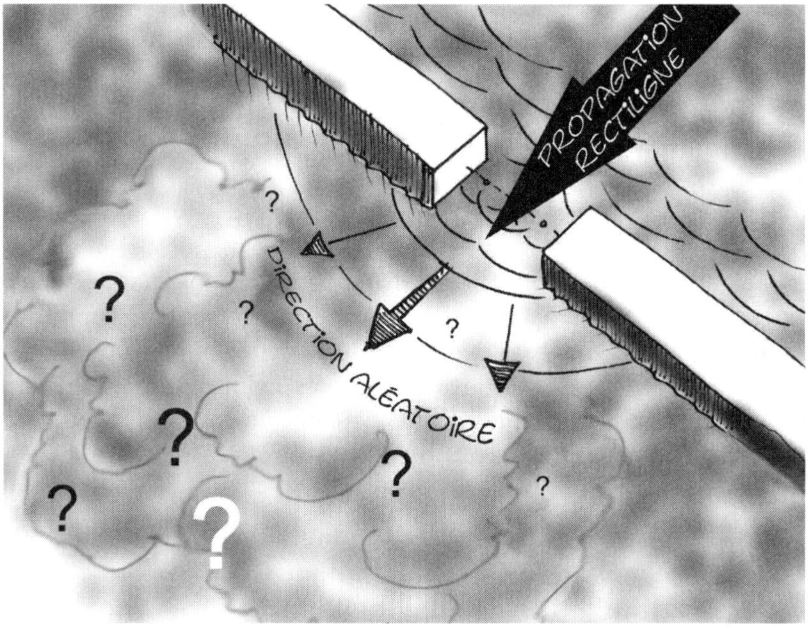

Figure 11-12 La diffraction de la lumière, réinterprétée par Heisenberg.

La liste Bohr, Heisenberg, Schrödinger, de Broglie n'est même pas complète, mais il est impossible de passer en revue le bataillon de grands talents qui ont contribué à l'édifice. Les plus emblématiques sont Wolfgang Pauli – encore un Autrichien ! – ou encore Paul Dirac, qui réussira à écrire un « quantique compatible avec la relativité » (nous les retrouverons tous deux au rayon des particules élémentaires). Félix Bloch, lui, a été le premier à expliquer, grâce à ce quantique nouveau, les propriétés des solides.

Mais n'allez pas croire que cette belle physique ne se visite que dans les musées, il est donc grand temps de sauter à l'époque moderne.

Touche pas à mon code !

En dehors des physiciens – qui en font un usage quotidien et immodéré –, la mécanique quantique est surtout connue des philosophes des sciences pour ses casse-tête logiques. Mais ces dernières années, un nouveau pas a été franchi, car ses propriétés exotiques sont devenues un enjeu d'abord militaire, et maintenant économique… Conséquence directe, le Bac pro d'agent secret comporte dorénavant une bonne dose de physique quantique, puisque la science du cryptage (et de son corollaire, le craquage des codes) est à la merci de ses théorèmes !

Quand l'EPR n'était pas un réacteur

Un colloque de 1928 est resté fameux pour les joutes oratoires (mais toujours courtoises) qui ont opposé deux géants. Agacé par toutes ces probabilités, Einstein propose chaque jour à Bohr d'ingénieuses expériences de pensée pour mettre en défaut l'interprétation de Copenhague. Les attaques sont ciblées sur les inégalités d'Heisenberg, gardiennes de l'ensemble des phénomènes quantiques. Comme une seule mise en défaut peut faire s'écrouler tout l'édifice, Einstein se démène. Bohr réplique, réussissant même à déjouer l'une de ces peaux de banane grâce à… la relativité générale.

Mais dans son propre pays, Einstein devient la bête noire de cercles universitaires bien étranges, promoteurs d'une « physique aryenne » (on croit rêver). L'arrivée au pouvoir du régime hitlérien le contraint à l'exil aux États-Unis.

Depuis Princeton, il continue sa réflexion critique sur la mécanique quantique. En 1935, il publie, avec ses collègues Podolski et Rosen un argument qui, depuis lors, est désigné par les initiales des trois compères : EPR.

Deux photons émis ensemble par une même source restent corrélés, même à grande distance : si la polarisation du premier est dirigée vers le haut, celle de l'autre pointe vers le bas, et réciproquement. Mais le mélange des états (sur le mode du chat schizophrène) reste obligatoire avant la moindre mesure. Si la mesure intervient après 100 kilomètres de distance, alors instantanément, le photon jumeau, à 100 kilomètres de là, bascule dans l'état opposé. Instantanément ! Einstein pensait donc que la mécanique quantique était fausse, à tout le moins incomplète.

De nos jours, on dit que la théorie est « non locale », et hop, le tour est joué.

Téléportation, mais de quoi au juste ?

Les journaux s'émeuvent périodiquement lorsque des physiciens annoncent avoir réussi une nouvelle expérience de « téléportation ». Que ce soit sur le lac de Genève ou entre deux tours distantes à San Francisco, à quoi jouent donc ces messieurs, et est-ce vraiment si extraordinaire ?

Dans *Star Trek*, les héros disposent de machines à désintégrer les organismes pour les reconstruire ailleurs, molécule par molécule. Mais ce mode de transport reste (encore) de la fiction. Ce que les vrais humains Nicolas Gisin ou Anton Zeilinger réussissent à faire, c'est de transporter... un simple message.

On transporte ici un paquet d'états « intriqués », une double rafale de photons qui encodent un message binaire. Tant que le premier message n'est pas lu, le texte jumeau, envoyé dans la direction opposée, reste dans un état trouble, pas très bien défini, à la fois « mort et vivant ». Mais dès que le premier message est lu, le second se trouve projeté dans un état parfaitement clair (et opposé au premier). Instantanément, et à distance !

Pour les balèzes

John Bell relance les dés

Grâce aux propriétés de décomposition des vecteurs, on peut fabriquer des états particuliers appelés « états intriqués ». Mathématiquement, cela revient à mélanger des états sur le mode particulier $|a\rangle|b\rangle - |b\rangle|a\rangle$. Et ne suspectez pas un artifice de savants pervers, car certaines particules élémentaires se désintègrent exactement comme cela, à l'état naturel (dans le cas du « méson pi-zéro », les vecteurs $|a\rangle$ et $|b\rangle$ sont les états de polarisation des deux particules filles).

Une avancée théorique majeure intervient en 1964 : le physicien irlandais John Bell démontre un théorème qui introduit de subtiles inégalités, et les expériences de pensée de type EPR deviennent réalisables en laboratoire ! Les spécialistes de l'optique quantique utilisent des sources de lumière spéciales, appelées justement « sources EPR », qui délivrent à volonté de tels états intriqués.

La loi du Très Grand Nombre

L'économie numérique est enfin arrivée, musique MP3, transactions bancaires, fichiers vidéo, tous ces « messages » sont digitalisés, transformés en longues trames de 0 et 1, regroupés par paquets de huit (les octets) et envoyés aux quatre coins de la planète à la vitesse de la lumière. Et du coup, la confidentialité devient un souci majeur, car pirates et hackers sont tapis dans l'ombre complice.

Le sait-on suffisamment, la protection des signatures électroniques et autres transactions bancaires repose entièrement sur l'arithmétique des nombres premiers. Pour encoder un mot (devenu nombre binaire), on le multiplie par un nombre secret, le décodage étant l'opération inverse, une division. Ça marche, pourvu que le nombre secret ne tombe pas en mains ennemies.

Ce procédé est employé par tous les états-majors, consulats et ambassades, la clé secrète devant être changée périodiquement, car tout le monde écoute tout le monde, et le craquage du code est toujours possible par la force brute (avec du temps et de la puissance de calcul).

Devant la menace d'interception des codes, les militaires espèrent pouvoir bientôt remplacer les suites ordinaires 0101... par des « états cohérents ». Ces produits intriqués $|a\rangle|b\rangle - |b\rangle|a\rangle$ permettront de vérifier, à l'autre bout de la fibre optique, que les subtiles propriétés d'intrication sont intactes. Si le message jumeau a basculé dans un état déterministe, la décohérence signale avec certitude que le message a été intercepté. La physique quantique sera-t-elle le bouclier ultime dans les guerres secrètes du monde numérique ?

La menace quantique

Pour les transactions civiles entre un fournisseur et ses nombreux clients (dont certains encore inconnus), la méthode varie quelque peu : on emploie une clé double, dont l'une est publique, donc connue de tous, et l'autre privée. Pour empêcher la fraude, l'algorithme RSA fabrique un nombre très long, qui n'admet que deux diviseurs. Craquer ce type de code prend beaucoup de temps, la sécurité repose donc sur la lenteur de tous les procédés (connus) de factorisation des très grands nombres premiers. La puissance de calcul des microprocesseurs double bien à intervalles réguliers, mais assez lentement (tous les dix-huit mois selon la loi de Moore). On a le temps...

Mais voilà que les physiciens nous promettent un processeur quantique, construit directement à l'échelle atomique, et qui multipliera les puissances de calcul par des facteurs astronomiques, le tout du jour au lendemain ! Pour le coup, la sécurité de l'ensemble des transactions sur Internet serait *vraiment* menacée.

Des « q-bits » dans mon café ?

Le processeur quantique sera lui-même construit à base d'états intriqués, par exemple sur des molécules uniques dont chaque atome porte un q-bit (un bit quantique), programmé grâce à l'impulsion micro-onde d'un scanner RMN. Plus le nombre de q-bits augmente, plus la puissance de calcul explose. La molécule de caféine, ni trop longue ni trop courte, est un bon candidat pour cette technique.

D'autres réalisations sont envisagées (cavités résonantes, électronique de spin) mais dans tous les cas, cette science est encore balbutiante, car les états superposés sont très instables, et extrêmement sensibles aux bruits environnants. Cependant, plusieurs laboratoires civils et militaires y consacrent déjà de gros moyens (moyens évidemment plus conséquents dans les seconds).

Travailler à la fois au bouclier inviolable et à l'arme fatale, les physiciens seraient-ils eux aussi en pleine dualité schizophrène ?

TROIS CENTS ANS DE RÉFLEXION

La plus mauvaise idée de tous les temps

•

Einstein relativise, mais à dose restreinte

•

Pour généraliser, un peu de géométrie

•

La relativité se niche partout

Chapitre 12

Un élastique nommé espace-temps : la relativité

La relativité ? Bien sûr ! Cette théorie fumeuse que seuls deux ou trois savants cosinus dans le monde arrivent à comprendre... Mais non, voyons, ça n'a rien de compliqué, on sait bien de nos jours que tout est relatif ! Attendez un peu, cet Einstein, ce ne serait pas l'inventeur de la bombe ?

Voilà quelques opinions aussi répandues que contradictoires, avec, en prime, un personnage historique presque insaisissable, qui a pratiquement disparu derrière le « mythe Einstein ». On a cherché la trace de son génie en disséquant son cerveau, alors que notre homme a bien failli se faire coiffer sur le poteau par le Français Henri Poincaré ! Et curieusement, personne n'a songé à disséquer les neurones du grand mathématicien.

En son temps, les idées d'Einstein étaient jugées révolutionnaires (voire intolérables), mais depuis, le temps a passé. Le temps, oui... Sait-on seulement à quel point, depuis 1905, la marche du temps s'est trouvée bouleversée ?

Einstein n'est ni l'auteur de théories invérifiables, ni le père de la bombe. Mais en revanche, sans la relativité, le système GPS n'aurait jamais pu voir le jour.

Devinette : quelle est l'anagramme de

« RIEN N'EST ÉTABLI » ?

(Indice : un nom et un prénom.)

Trois cents ans de réflexion

Comment se fait-il qu'au printemps 1905, un jeune inconnu de vingt-six ans ait pu se permettre de corriger les calculs des plus grands savants de son temps – dont Lorentz et Poincaré ? Et dans un article qui ne s'intitulait même pas « Invention de la relativité », mais « Électrodynamique des corps en mouvement ».

La théorie moderne du mouvement est née au XVIIe siècle avec Galilée et Newton (voir Chapitre 2), et tout serait resté simple si on n'avait pas découvert par la suite que la lumière voyage avec une vitesse finie, pour ne pas dire une certaine lenteur. C'est la confrontation entre la mécanique et la physique de la lumière qui a mis les savants dans un tel embarras, et cette situation a perduré jusqu'à l'intervention (remarquée) de notre jeune employé du Bureau des brevets de Berne. Trois repères historiques ne seront pas de trop pour apprécier cette petite révolution.

Le bûcher des vanités

Rome, 22 juin 1633. Au couvent dominicain Santa Maria se joue le dernier acte du procès le plus médiatique depuis celui de Jeanne d'Arc. « Il Professore Galileo Galilei », à genoux devant le tribunal de l'Inquisition, doit abjurer sa théorie de la Terre en mouvement. Galilée s'incline devant la force, mais en sortant de la salle d'audience, il aurait murmuré tout bas : « Et pourtant, elle tourne. »

Ses juges n'étaient pourtant pas de mauvais physiciens, puisqu'ils avaient lu Aristote. Ayant quasiment valeur de parole d'évangile, ces enseignements avaient figé la réflexion, car depuis deux mille ans, la Terre était – par décret – immobile au centre de l'Univers. Écoutons un disciple d'Aristote :

« Si la Terre était en mouvement, un caillou lancé en l'air ne retomberait pas dans ma main, puisque, le temps du vol, ma main aurait bougé ! *Ergo* : la Terre est immobile. »

Pour Galilée, l'expérience du jet de pierre était une fausse évidence. Au lieu de lire Aristote, il réfléchissait, imaginant des navires en mouvement « idéal », c'est-à-dire sur une mer d'huile. Einstein, lui, préférait les trains, et rien ne vous empêche de faire l'essai à bord du TGV. Lancez en l'air un objet quelconque, vous le récupérez à chaque coup, ça marche aussi les yeux fermés, et même à 350 km/h. Un jongleur peut s'exercer aussi bien dans le train que sur le quai, tout le monde le sait.

Cette « relativité du mouvement » est la grande découverte de Galilée. Si fenêtres et rideaux sont fermés, on ne peut pas déceler le mouvement. Du dedans, la vitesse passe inaperçue. Et notre véhicule Terre, cher Aristote, est lancé à 30 kilomètres par seconde autour du Soleil (le TGV est battu…).

Anecdote

L'Inquisition bouge toujours

Depuis cette époque troublée, l'Église catholique romaine a eu le temps de la réflexion, et le pape Jean-Paul II a entrepris, au sujet de Galilée, un procès en réhabilitation. Une statue à l'effigie du savant a été réalisée, elle devait être installée (en 2009) dans les jardins du Vatican. Mais l'Histoire bégaie, car le nouveau souverain pontife est ancien préfet de la Congrégation pour la doctrine de la foi, officine discrète, qui n'est autre que la nouvelle appellation de la défunte Inquisition. Sa Sainteté Benoît XVI a décidé de reporter le projet de statue *sine die*… Infaillibilité papale ? Il faudra qu'on nous explique auquel des deux souverains pontifes elle doit s'appliquer.

La royale lenteur de la lumière

Paris, 1672. Le jeune Louis XIV règne enfin seul depuis le décès de Mazarin. Finançant les arts et les sciences, il fait venir à sa cour l'un des meilleurs astronomes de l'époque pour diriger l'Observatoire de Paris, situé près du Rungis actuel. Nuit après nuit, Cassini étudie les satellites de Jupiter (découverts par Galilée), ces quatre lunes faisant office de petites horloges célestes qui doivent permettre de résoudre le lancinant problème des longitudes, véritable casse-tête pour les marins.

Cassini tente de dresser les tables de leurs révolutions, mais il est gêné par une agaçante anomalie : tous les six mois, ces petites horloges perdent le fil et se dérèglent. Ce retard singulier (un bon quart d'heure) retombe à zéro six mois plus tard. Le grand homme donne sa langue au chat, mais son jeune assistant danois ose cette explication : il prétend qu'entre Jupiter et nous, la lumière se traîne si lentement dans le cosmos que c'est elle qui provoque ce retard apparent. Contre l'avis de son mentor, l'astronome stagiaire Ole Römer publie, à ses frais, sa fracassante découverte : la lumière met un quart d'heure pour parcourir un diamètre de l'orbite terrestre !

La distance en question fait quelque trois cents millions de kilomètres, d'où une vitesse que l'on peut juger rapide si on s'arrête aux seuls chiffres (300 000 km par seconde). Mais l'essentiel est ici : la lumière ne voyage *pas instantanément*. Pour aller du point A au point B, elle se propage à vitesse finie.

Figure 12-1

La lenteur de la lumière… à l'échelle du Système solaire.

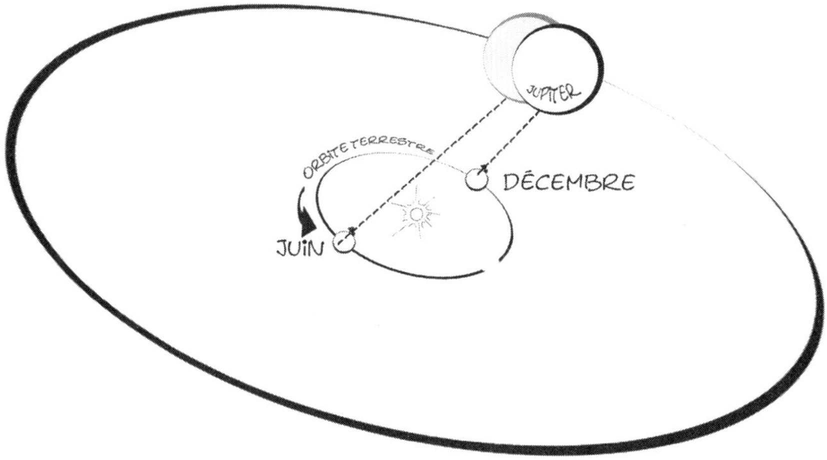

La pluie qui tombe des étoiles

Oxford, Noël 1725. Un certain James Bradley se rend de nuit à l'Observatoire royal de Londres, pour discuter avec un collègue de son étoile mystérieuse, « Gamma Draconis ». Ce n'est pas l'étoile Polaire mais presque – si vous la cherchez cette nuit, la constellation du Dragon est située juste en dessous de la Petite Ourse. Bradley est impatient de publier sa découverte car l'étoile bouge lentement, elle décrit dans le ciel une sorte de cercle minuscule, qui vient de se refermer au bout d'une année.

Le balancement est presque imperceptible : 20 secondes d'arc, la taille apparente d'un homme vu à 20 kilomètres de distance. Et en astronome consciencieux,

Bradley a comparé les étoiles, il a remarqué que l'effet s'atténue pour les étoiles plus proches du plan de l'écliptique, qui est aussi le plan de l'orbite terrestre. Ce qui prouve que le mouvement de la Terre y est pour quelque chose.

Comme on sait, Londres est une ville où il pleut de temps en temps. Bradley a noté qu'une pluie verticale, quand on se déplace en fiacre, semble tomber en oblique. Ne serait-ce pas la même chose pour la lumière qui tombe de l'étoile ? Voilà ! La lumière « semble » nous arriver en oblique, car la Terre bouge (merci Galilée). Conséquence, il faut incliner le télescope, sans quoi l'image de l'étoile ne se forme pas au fond du tube.

Pour les balèzes

L'aberration enfin comprise

Pour les étoiles de la constellation du Dragon, l'angle d'inclinaison du télescope vaut un dix millième de radian (l'unité trigonométrique officielle). Valeur petite, mais capitale pour le raisonnement. Dans son déplacement cosmique, notre Terre fonce à la vitesse respectable de 30 km/s (il faut ça pour boucler en douze mois cette longue orbite autour du Soleil). On représente la lumière de l'étoile par différents plans d'onde, qui doivent tous atteindre le fond du télescope (l'image se forme par accumulation). Comme le télescope bouge avec sa planète, il faut l'incliner.

Pour les étoiles à la verticale du plan de l'écliptique, tout cela forme un beau triangle rectangle. La vitesse de la lumière est notée ***c*** (comme célérité) et le rapport des vitesses V_{Terre}/c donne 30 km/s à diviser par 300 000, on retrouve la valeur de l'angle de Bradley (notez que le triangle réel est *énormément* plus aplati).

Six mois plus tard, la Terre fonce en sens inverse, et l'inclinaison du télescope change de sens. Sur une année entière, le télescope aura effectué un cercle complet.

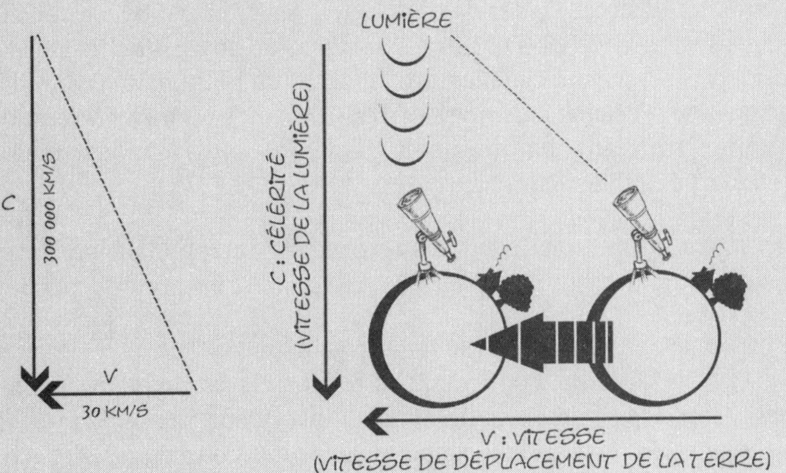

Figure 12-2
Explication de l'aberration des étoiles.

La plus mauvaise idée de tous les temps

À partir de l'étoile, la lumière se propage par bulles concentriques, des « surfaces d'onde ». Elle voyage dans le cosmos à la manière des sons qui se propagent dans l'air, ou dans l'eau. Mais le son est très exactement la vibration *de* l'air (ou de l'eau). Que dites-vous ? Il n'y a pas d'air dans le cosmos ? Ni d'eau ? Ni rien de matériel ? Aucun problème, la lumière doit être la vibration de quelque chose d'autre. Disons... d'un milieu impalpable, invisible et sans saveur, éthéré, en quelque sorte. Appelons ce milieu « éther » et le tour est joué.

L'invention de l'éther a été une vraie calamité. Ce support supposé des vibrations lumineuses est devenu un marécage pour des générations de physiciens. Voyez les propriétés contradictoires de ce « milieu » : l'aberration des étoiles implique un éther immobile dans l'espace, mais comment le traversons-nous sans effet notable, sans ressentir dans les cheveux un « vent d'éther » ? N'est-il pas plutôt entraîné avec la Terre comme elle emporte son atmosphère ? Certaines observations suggèrent l'immobilité, d'autres semblent démontrer le contraire, et un Augustin Fresnel par exemple tentait de concilier les contraires, plaidant pour un entraînement partiel. C'était le casse-tête intégral.

Prix Nobel pour un flop

L'Américain Albert Michelson (1852-1931), considéré comme le « meilleur expérimentateur du siècle », décide d'employer les grands moyens. Il construit deux versions successives (1881 et 1887) d'un appareil optique hallucinant de sensibilité, qui pouvait mesurer un écart de temps d'un millionième de milliardième de seconde (une précision à quinze chiffres !). Avec les performances annoncées, cet interféromètre géant allait mesurer, à la virgule près, le mouvement de la Terre par rapport à l'éther cosmique.

Bizarrement, Michelson a échoué. Notre planète lui semblait complètement, gravement et stupidement immobile (ce qu'elle n'est pas, on le rappelle).

Michelson déclare forfait en 1887, l'année même où Heinrich Hertz détectait les premières ondes radio, confirmant la théorie électromagnétique de la lumière. Précisons que les équations de Maxwell n'exigent pas réellement de support vibrant pour ces ondes, mais quand une idée vous obsède...

Quant à Michelson, son flop retentissant ne l'empêchera pas de décrocher le Nobel de 1907, car en science, un résultat négatif est parfois une grande réussite.

Poincaré tente une « Hypothèse »

Maxwell avait frappé fort, mais sa théorie présentait un point faible : comment faire en sorte que ces ondes restent raisonnables pour un observateur en mouvement ? Par « raisonnables », on demande juste que les équations soient les mêmes pour tous, qu'on s'embarque dans les trains ou les bateaux – les matheux disent que les équations doivent rester « invariantes par translation ». Lorentz avait trouvé des formules de passage d'un observateur à l'autre, mais ces recettes de cuisine imposaient aux bras de l'appareil de Michelson des allongements, ou des contractions suspectes. On pataugeait.

À la Sorbonne, un mathématicien d'exception venait d'être élu à trente-deux ans à la chaire de physique mathématique. Il y professait des opinions fortes devant les rares étudiants admis à son cours sur la théorie mathématique de la lumière. *La Science et l'Hypothèse* paraît en 1902, Henri Poincaré y annonce que pour respecter des symétries abstraites mais nécessaires, on allait probablement devoir renoncer à l'espace absolu (gloups !). Et peut-être même au temps absolu !

Il était à deux doigts de la solution, il brûlait.

Einstein relativise, mais à dose restreinte

En 1904, tandis que Poincaré est au sommet de sa gloire, un jeune rebelle pacifiste, qui a renoncé à sa nationalité allemande, reste exilé en Suisse. Diplômé de l'Institut polytechnique de Zurich, sans le sou, il frappe sans succès aux portes de l'establishment universitaire. Son petit boulot au Bureau des brevets de Berne lui laisse du temps pour réfléchir, et pour lire Maxwell et Poincaré...

Le métronome de lumière

Einstein réalise que Michelson cherchait à mesurer un mouvement « de l'intérieur » (Galilée aurait souri). Inutile de détailler son interféromètre ultra-précis, il s'agit essentiellement d'une horloge. Une horloge un peu particulière, car son balancier mécanique est remplacé par... des va-et-vient de lumière.

Pour une version simplifiée, agençons juste deux miroirs parallèles qui se regardent l'un l'autre : un unique flash de lumière va rester prisonnier des miroirs, et ce système devient un véritable métronome lumineux, car les allers-retours de la lumière sont d'une régularité absolue.

En pensée, Einstein installe ce tic-tac lumineux dans un train, ce qui conduit aussitôt à un intéressant paradoxe. Avec un miroir au sol et l'autre au plafond, la lumière fait des allers-retours verticaux (vu de l'intérieur) mais attention, depuis le quai de gare, les rayons lumineux semblent marcher... en zigzag !

Figure 12-3
Le tic-tac du métronome de lumière.

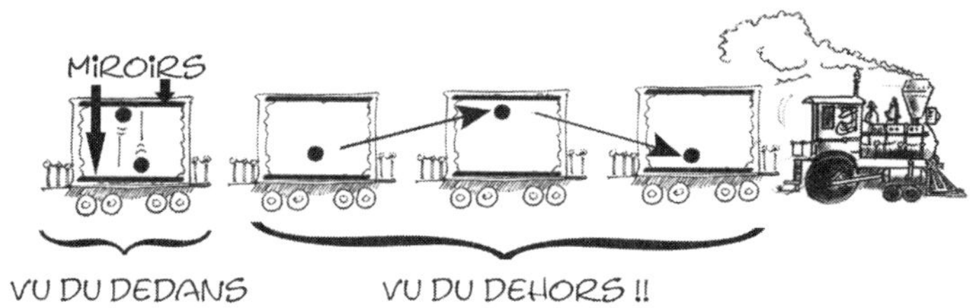

Pourquoi ces zigzags ? Tout simplement parce que les miroirs se dérobent pendant la marche du train ! Et à la vitesse super-TGV, le rayon finirait par manquer sa cible, donc l'horloge s'arrêterait. Ce qui est interdit par le principe de relativité de Galilée, aucune expérience interne ne saurait détecter le mouvement uniforme. D'où les diagonales obligatoires.

Quant au jongleur dans son train, on sait bien ques'il est vu du quai, la trajectoire de la balle est une parabole. Les trajectoires changent de forme, mais tout est normal.

Figure 12-4
Jongleur dans son train vu de dedans et de dehors.

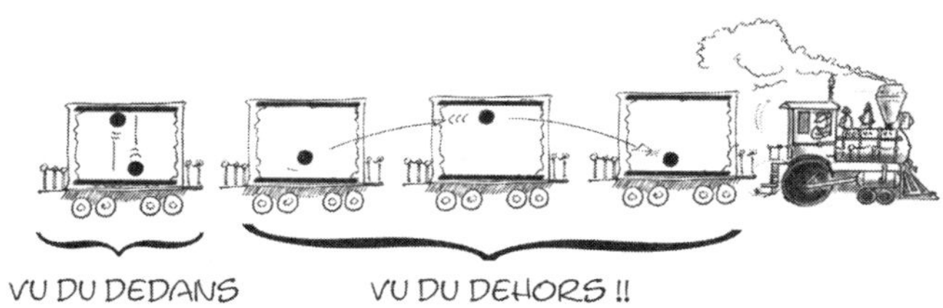

Et le temps devint élastique

La relativité de Galilée est un principe démocratique, tous les observateurs sont égaux en droit. Michelson ayant montré que la vitesse de la lumière garde la même valeur **c**, mesurée dans le cosmos ou dans le vaisseau Terre, il faut bien que le long des trajectoires en zigzag, le chef de gare mesure la vitesse **c** ! Ces diagonales sont évidemment plus longues que la hauteur du plafond, d'où la conclusion : le temps s'écoule différemment au-dedans et au-dehors…

Ces triangles ressemblent à ceux de Bradley, et ce n'est pas un hasard. Avec Pythagore, on calcule la relation entre le temps interne ***t*** et le temps apparent ***t'***. Tout observateur mobile voit son ***t'*** étiré comme un élastique. Chaque seconde s'allonge d'un facteur numérique appelé le « gamma de Lorentz ».

Le facteur de Lorentz

Pour les balèzes

L'hypoténuse lumineuse fait apparaître le facteur : $\gamma = 1/\sqrt{1-(\frac{v}{c})^2}$.

Hendrik Lorentz essaie de préserver le temps absolu, et se contente d'appliquer ce facteur correctif aux longs bras de l'interféromètre de Michelson. Mais Einstein saute le pas : c'est le Temps en personne qui coule différemment !

Aux faibles vitesses, ce nombre reste proche de 1, le temps coule quasiment à l'identique pour tous. Si la vitesse augmente, le facteur de Lorentz évolue lentement. Les électrons de nos vieux tubes cathodiques atteignaient 3 000 km/seconde, soit une lenteur considérable, car le γ de ces électrons vaut à peine 1,005… Il faut une vitesse égale à 87 % de celle de la lumière pour que l'élasticité du temps atteigne 2 : une seconde dure alors deux secondes. Et tout cela s'aggrave si la vitesse monte encore…

La très sérieuse revue *Annalen der Physik* prend le risque de publier l'article qui dérange (qui dé-range !). Einstein débute par un grand nettoyage de printemps et jette aux orties l'encombrant éther. En lieu et place de ce machin brumeux, il garde deux principes lumineux de clarté : primo, l'équivalence de tous les points de vue (merci Galilée), et secundo, la constance de la vitesse de la lumière.

Alors, comme par magie, les ondes de Maxwell deviennent invariantes par translation. Et toutes les pièces du puzzle s'emboîtent, des étoiles de Bradley au flop de Michelson, en passant par l'effet Doppler.

Magique, c'est vite dit. Qui peut se sentir soulagé quand chacun voit midi à sa porte ? Quand le Temps en personne est devenu relatif ?

La transformation de Lorentz

Muni de ses seuls miroirs et wagons, Einstein trouve $x' = \gamma(x - vt)$, qui n'est autre que l'équation de Galilée... un peu modifiée. Le facteur gamma est proche de 1 pour les trains de banlieue et les tapis roulants, donc invisible. Mais aux vitesses proches de celle de la lumière, le gamma enfle, et là, tout devient extraordinaire (le paysage rapetisse autour des voyageurs...).

Pour passer d'une horloge à l'autre, l'équation est plus compliquée, mais dans les cas simples, on obtient $t' = \gamma.t$. Une horloge qui bouge indique un tic-tac dilaté. Pour voir le plus rapide de tous les rythmes (le temps propre), restez au repos par rapport à l'horloge.

Dans le cas général, l'espace et le temps sont mélangés de manière inextricable : on parle de la structure espace-temps, objet mathématique fascinant, avec ses quatre dimensions.

L'effet Doppler

Faites-le vous-même

Il est au cœur des radars, il sert aux médecins pour mesurer le débit sanguin dans nos veines. Arrêtez-vous pour écouter la sirène de la prochaine ambulance ; elle vous semblera plus aiguë en phase d'approche, pour retomber ensuite dans le grave. Pour l'onde lumineuse, il se passe la même chose : si la source de lumière s'approche, la longueur d'onde raccourcit (la couleur bleuit), et semble plus rouge si la source s'éloigne. Ce phénomène est capital pour mesurer la vitesse des galaxies, et dès 1846, Christian Doppler pensait appliquer sa formule aux étoiles.

Problème : Doppler pouvait démontrer deux versions de sa formule de rougissement, formule différente si l'ambulance roule ou si c'est vous qui courez vers elle ! Cette situation absurde a perduré pendant soixante ans... avant qu'Einstein ne montre qu'en relativité, les deux formules sont exactement les mêmes. Ouf !

Figure 12-5
L'effet Doppler dans la vie courante.

Deux jumeaux avaient une Rolex

Tout cela est bien joli, mais ça ne concerne que la lumière, non ? N'y songez même pas. Un éclair lumineux est juste le signal le plus rapide dans l'Univers, il n'a rien de particulier, sinon d'aller aussi vite que le lui permet la structure de notre espace-temps. Et le métronome de lumière n'a rien de particulier, un système mécanique (Rolex ou autre) indiquera la même heure.

De même pour nos horloges biologiques ! Paul Langevin a popularisé ce thème avec l'image des jumeaux, dont l'un, devenu astronaute, fait un petit tour dans l'espace aux vitesses proches de celle de la lumière : au retour, les jumeaux n'en sont plus ! Cette expérience a été vraiment réalisée, aux États-Unis et en Angleterre, avec des horloges atomiques embarquées en avion. Et les horloges jumelles ont confirmé que le temps *est* élastique (n'y voyez pas un défaut de la technique, car ces horloges mesurent le milliardième de microseconde, et au sol, elles restent synchronisées pendant des millénaires…).

Nous reparlerons plus loin de ces particules rapides qui tombent du ciel, exemples naturels des voyageurs de Langevin, semblant vivre vingt ou trente fois leur durée de vie normale. Vous vous imaginez dans un vaisseau spatial, revenir sur Terre où trente générations sont passées ?

Et il n'y a pas de limite au facteur gamma, le temps peut se révéler élastique jusqu'à l'infini, ill vous suffirait de frôler quelques temps la surface d'un trou noir comme Joseph Cooper et Amelia Brands dans *Interstellar* pour en être convaincu.

Pour les balèzes

Mouettes, tapis roulants et simultanéité

Un observateur A (comme Assis) voit un confrère B s'éloigner à la vitesse v. La distance AB varie au cours du temps, selon AB = v.t (si v = 2 km/s, par exemple, la distance AB augmente bien de 2 km à chaque seconde). Pour décrire le mouvement d'un mobile M, vu par A ou par B, il faut relier les coordonnées x = AM et x' = BM, ce que fait l'équation de Galilée : $x' = x - vt$ (les distances s'ajoutent selon AM = AB + BM). Ça marche pour les tapis roulants, les bateaux, les TGV ou tout ce qui bouge à vitesse constante. Précision superflue : chacun voit le temps couler de la même manière. Si les horloges de A et B indiquent t et t', tout le monde pense, depuis toujours, que t' = t !

Ajoutons l'ingrédient « lumière ». Le point M, lumineux, voyage à la vitesse c. L'observateur A écrit x = c.t, mais pour B, l'équation de Galilée donne x' = (c-v).t. En effet, M. Bougeotte voit une vitesse v' = c-v. Cette composition des vitesses est familière : sur un tapis roulant, on dépasse

Pour les balèzes

Mouettes, tapis roulants et simultanéité *(suite)*

ceux qui vont au sol (ou bien on reste sur place en marchant dans l'autre sens, comme les mouettes immobiles au-dessus des bateaux). Problème, un rayon de lumière n'est pas une mouette, car la vitesse de la lumière reste la même, qu'elle soit embarquée dans le vaisseau Terre ou bien émise d'une étoile lointaine. Alors ? Si x = ct et x' = c.t, il y a quelque chose qui cloche dans l'équation de Galilée.

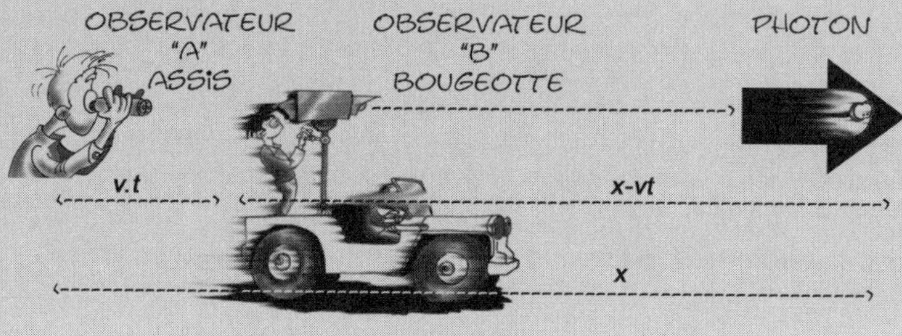

Figure 12-6 Quand deux observateurs s'intéressent au même phénomène.

Une conséquence mégatonnique

Si de nombreuses théories restent à jamais confinées dans les laboratoires, la relativité, elle, en est sortie à grand bruit... Ces équations relient les positions et les temps, dont la combinaison donne des vitesses. Et tout cela nous amène à l'énergie. Dans un petit post-scriptum daté de la fin 1905, Einstein calcule déjà qu'un atome émettant un photon de lumière perd de l'énergie, soit, mais semble aussi perdre de la masse.

C'est en 1907 qu'il démontre la validité générale de l'équation la plus célèbre de toute la physique. Le redoutable $E = mc^2$ est un nouveau principe d'équivalence, car le facteur c étant une constante universelle, il suffirait de changer nos unités pour écrire simplement : $E = m$. La masse est intégralement convertible en énergie.

Cependant, dans nos unités habituelles, le facteur c^2 n'est pas simplement égal à 1, il s'agit même d'un nombre colossal. Conséquence : un unique gramme de matière recèle quelque 28 milliards de kWh ! Cet excellent carburant sert depuis la nuit des temps, au cœur du Soleil et de toutes les étoiles de l'Univers.

La simultanéité ? Très relatif !

Un éclair lumineux est émis au centre d'un wagon : le flash touche l'arrière et l'avant du véhicule en même temps (vu du dedans). Or, pour les voyageurs restés à quai, l'avant du wagon fuit devant l'onde lumineuse, et l'arrière avance vers elle. La simultanéité semble dépendre du point de vue. Oh ! Oh !

Mais attention, la simultanéité n'est qu'un intervalle de temps nul par l'arrangement de l'expérience. Si *cet* intervalle de temps est différent pour le voyageur ou vu du quai, c'est que *tous* les intervalles de temps sont concernés. C'est donc le temps lui-même qui dépend de l'observateur ! Le mouvement d'un point lumineux s'écrit ***x = c.t***, mais Monsieur B doit remplacer l'équation *fausse* x' = c'.t par ***x' = c.t'***, ce qui n'est pas la même chose ! Notez bien cet autre ***t'***.

Créations et destructions

Bien entendu, ***E = m*** implique que ***m = E***. Toute énergie est convertible en masse, à ce détail près que l'énorme facteur c^2 rend le processus bien peu efficace. Ainsi, la perte d'embonpoint d'un atome qui émet un photon lumineux est ridicule. Au moment de conclure son codicille de la fin 1905, Einstein est vaguement déçu, persuadé qu'on ne pourra jamais vérifier sa formule. Mais l'Histoire ne s'arrête jamais, et quand on découvre en 1933 une différence de masse bien mesurable entre un noyau d'uranium et ses deux débris de fission, c'est une tout autre affaire… Comme l'échelle des énergies dans les noyaux est cent mille fois plus intense que dans le cortège d'électrons de l'atome, un « défaut de masse » dans une réaction nucléaire ne peut plus passer inaperçu. Et dans les rares processus nucléaires qui donnent lieu à une réaction en chaîne, l'effet devient apocalyptique.

Et dans le sens de la création de masse ? Ça marche aussi, à condition d'investir une énergie suffisante. Toute la matière de l'Univers est apparue ainsi, dans le cocon cosmique du Big Bang. Nous en reparlerons plus loin, quand le temps sera venu de présenter les antiparticules.

Pour généraliser, un peu de géométrie

La relativité fait grand cas de l'équivalence des points de vue, et le lecteur attentif l'a bien remarqué : nous n'avons parlé que de vitesses uniformes.

Mais si les mouvements sont soudain accélérés (ou freinés), alors là, attention ! Les voyageurs aériens sont écrasés sur leur siège au décollage, on est projeté à travers son pare-brise si on freine sans ceinture, on est ballotté de droite à gauche au moindre virage. Tiens oui, les virages : vous l'aviez peut-être oublié, mais les virages sont aussi des accélérations. Quand la vitesse change, c'est un vecteur qui est modifié : il suffit que la direction change pour avoir une accélération (même si le compteur de vitesse ne signale rien).

Bref, quand les vitesses changent, le point de vue de chaque observateur redevient *extrêmement* particulier (jongler dans un TGV en phase d'accélération est impossible). Mais tenez-vous bien, ce diable d'Einstein voulait que sa relativité soit encore vraie, même dans ces cas-là ! Et il ne s'est pas contenté de cette intuition personnelle en retournant faire sa sieste. Il a construit de toutes pièces la théorie adéquate, avec une ténacité extraordinaire, et au bout de huit années de travail, Einstein publie l'une des théories les plus spectaculaires de toute la physique.

Graviter sans gravité...

Comment croire à cette nouvelle équivalence, alors que les points de vue d'un observateur au repos et d'un voyageur accéléré sont aussi différents ? Une phase d'accélération n'est en rien comparable à un voyage à vitesse constante, mais en revanche, on peut comparer un voyageur accéléré à un voyageur... en chute libre ! Et dès l'année 1907 (l'encre de son équation $E = mc^2$ n'est même pas encore sèche), Einstein explique, dans une lettre à son ami Besso, qu'il vient de rouvrir le chantier de la gravitation.

La gravité, force qui remplit l'Univers, s'exerce, d'après Newton, entre deux masses en raison de l'inverse de leur distance (au carré). Bien peu d'humains ont pu en ressentir le caractère universel, sur une planète différente de la nôtre. Seulement douze citoyens américains ont pu fouler le sol lunaire, mais l'espace devrait se démocratiser dans peu de temps, car l'expérience du vol spatial autour de la Terre sera bientôt accessible au commun des mortels (au vu des tarifs annoncés, la sensation d'apesanteur devrait cependant rester une expérience rare).

Einstein décédera en 1955, un peu trop tôt pour assister à la première escapade humaine dans l'espace (Youri Gagarine, 1961).

L'inertie n'est pas la pesanteur !

La formule de Newton fait intervenir la masse de l'objet qui subit l'attraction, la « masse grave ». Or, les équations de la mécanique comportent un autre genre de masse, la « masse d'inertie », qu'il faudrait noter autrement (ce que personne ne fait jamais). Cette autre masse (***minertie***) est celle qui contrecarre les mouvements, même en apesanteur. Mais quel est le rapport entre la masse d'inertie, omniprésente, et la masse **mgrave** visible uniquement en situation de gravité ?

Les chanceux (!) qui ont fait de la physique jusqu'au bac s'en souviennent : dans un problème de chute libre, il se passe un truc étonnant, les masses disparaissent complètement des équations. Ainsi, tous les boulets tombent à la même vitesse, et Galilée (déjà) réalise l'expérience du haut de la tour de Pise. Plus récemment, un astronaute d'*Apollo 14* a profité de son séjour sur la Lune pour vérifier la chose.

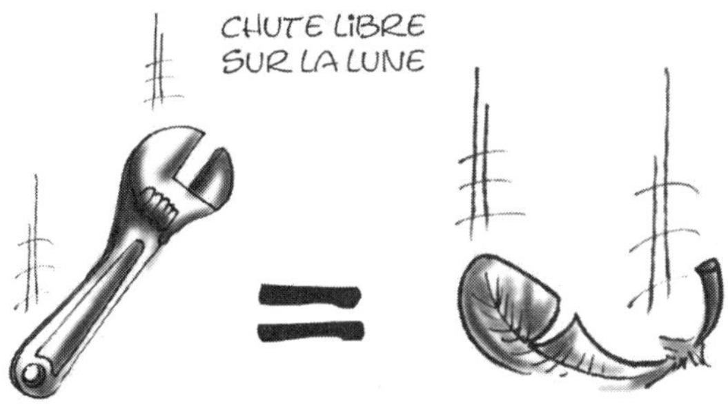

Figure 12-7 Sur la Lune, tous les objets tombent avec la même accélération.

On savait donc (tout en l'oubliant) que ***minertie = mgrave***, résultat bien pratique pour flotter en apesanteur, calculer l'angle de visée d'un canon ou envoyer des gens sur la Lune. Seul Einstein se demandait ce que cette identité pouvait bien cacher.

Les courbes ? De simples droites !

Il comprend que si les corps « semblent » dévier de leur trajectoire dans un champ de gravité, ce n'est qu'une illusion. Les masses disparaissent des équations ? C'est donc que la masse n'existe pas. Pas de masse, donc pas d'accélération.

Ainsi, les changements de direction sont une illusion, les virages, les ellipses et les orbites, toutes ces « courbes » seraient donc... des droites déformées !

Cela n'a rien d'impossible, à condition que l'espace lui-même soit courbe. La surface de la Terre, par exemple, est une surface courbe, et pour aller de Paris à

Tahiti, la trajectoire la plus courte est… un arc de cercle (déjà de Paris à Rouen, c'est un arc de cercle, mais ça se voit moins).

Au voisinage d'un astre massif, l'espace tridimensionnel n'est maintenant plus celui d'Euclide, il est (gravement) déformé par la seule présence de cette masse.

Figure 12-8 Les objets massifs ? Des déformations de l'espace-temps.

Soumises à la gravité, les planètes, les comètes et les capsules spatiales sont en réalité libres dans un espace courbe, elles ne font que suivre les lignes de plus court chemin, appelées poétiquement « géodésiques ». Et dans un tel espace, les géodésiques sont alors des paraboles, des hyperboles, des ellipses.

Déformations professionnelles

L'espace étant déformé, Einstein doit s'atteler au calcul des déformations. Même pour lui, le travail est ardu, et l'élève rebelle regrette d'avoir rêvassé à Zurich pendant les cours d'algèbre tensorielle. Il rattrape le temps perdu avec son ami Albert Grossmann, qui lui, était un étudiant sérieux. Les premiers résultats indiquent que l'effet de la courbure de l'espace sur la lumière serait petit, mais mesurable ! Les Américains disposant des meilleurs télescopes au monde, il écrit à l'astronome George Hale pour savoir avec quelle précision il pourrait mesurer des positions d'étoiles, au voisinage de cette masse déformante qu'est le Soleil, donc en plein jour ! Hale lui répond que ça ne va pas être possible…

Einstein est à présent professeur à l'université Kaiser-Wilhelm de Berlin. Au cours d'une série de séminaires à Göttingen, il soumet ses calculs au gratin des mathématiciens, dont Félix Klein et David Hilbert. Quelques semaines plus tard, ce dernier lui envoie, sur une petite carte postale, la solution du dernier problème technique que rencontrent ces calculs (condition dite de covariance généralisée). Einstein, un peu grippé en ce mois de novembre 1915, bondit de son lit, et termine enfin ses calculs pour présenter à l'Académie des sciences de Berlin son mémoire sur la « Théorie géométrique de la gravitation ».

Comme première preuve, il explique un petit décalage dans l'orbite de la planète Mercure, défaut inexplicable avec les équations de Newton. La seconde preuve attendra, car les gouvernements, les états-majors et surtout les hommes du front sont occupés à des choses bien trop sérieuses pour songer à la science.

L'éclipse de la science newtonienne

Une fois la paix revenue, le problème refait surface. Il devient même urgent, car la théorie de la gravité est en jeu, et au pays de Newton, les astronomes royaux Eddington et Dyson en font une affaire nationale.

Une longue éclipse de Soleil est prévue pour 1919, mais loin de l'Europe. Deux navires sont donc envoyés au large du Brésil et des côtes africaines pour intercepter le pinceau d'ombre qui doit faire la lumière sur cette question.

Le 29 mai 1919, des télégrammes traversent l'Atlantique et annoncent l'incroyable nouvelle : les étoiles ne semblent plus à la même place quand leur lumière rase le Soleil ! Et les mesures coïncident avec le calcul, à la virgule près.

Des mirages d'un nouveau genre

La lumière qui nous vient des étoiles va d'ordinaire en ligne droite. Mais si elle rencontre un champ de gravitation intense, elle subit la courbure de cet espace déformé. Ainsi, en rasant un objet massif comme le Soleil, les rayons épousent la forme de l'Espace et se recourbent. De la même manière qu'en passant dans une lentille ! Résultat, l'« image » du fond du ciel semble agrandie. C'est ce qu'observe Eddington ce 29 mai 1919.

Plus récemment, les astronomes ont repéré des dizaines de cas semblables, mais à des distances encore plus grandes. L'image de certains amas de galaxies nous apparaît déformée, dessinant des formes spectaculaires appelées « arcs d'Einstein ». Cette lumière a rencontré sur sa route des objets très massifs (mais invisibles pour nous), jouant le rôle de lentilles gravitationnelles.

Les Anglais doivent s'incliner, Newton est détrôné. Et l'inventeur de la relativité devient instantanément une célébrité mondiale.

Anecdote

Quand une « célébrité » voyage incognito

Einstein racontait volontiers une foule d'anecdotes sur sa nouvelle vie en tant que célébrité. À un voyageur qui ne l'avait pas reconnu et lui demandait ce qu'il faisait dans la vie, le facétieux physicien avait répondu : « ces derniers temps, je suis modèle pour les photographes ». Une autre fois, son chauffeur lui déclare, juste avant une conférence, qu'il serait lui-même capable de la donner, tellement il l'avait entendue. Ce que les deux compères ont le culot de faire ! Et à la fin de la conférence, quand une question arrive, l'imposteur désigne Einstein et répond que la question est si simple que son chauffeur va y répondre !

L'équation de l'Univers

Pour les balèzes

Les équations de la relativité générale font peur, et le lecteur sujet au vertige pourra les ignorer. Partons de cette photo célèbre où Einstein écrit au tableau noir : $R_{ik} = 0$? (avec le point d'interrogation). Cette équation est valable en l'absence de masse, c'est-à-dire dans un espace plat, sans courbure. La grandeur R_{ik} est le tenseur de courbure, sorte de matrice à seize composantes très utile pour décrire toutes sortes de déformations, des poutres, des ponts ou de l'espace lui-même (les indices i et k courent de 1 à 4 car l'espace-temps est à quatre composantes, et bien entendu 4 x 4 = 16, même en relativité). Einstein voulait l'équivalent de $E = mc^2$ à quatre dimensions, ce qui donne, en présence de masse, quelque chose comme : $R_{ik} = T_{ik}$. Cette équation incomplète traduit déjà l'équivalence fondamentale de la courbure et du tenseur-énergie.

En incluant la correction technique d'Hilbert (condition de covariance), on obtient finalement : $R_{ik} - \frac{1}{2}R \cdot g_{ik} = T_{ik}$, version géométrisée du $E = mc^2$.

La relativité se niche partout !

La relativité est peut-être une théorie abstraite et très mathématique, mais ne croyez surtout pas qu'elle dort dans les grimoires. En réalité, elle est à l'œuvre absolument partout. Le vaste cosmos ne peut fonctionner qu'à la relativité, depuis la naissance de l'Univers lui-même jusqu'aux mirages lumineux de galaxies lointaines, en passant par les trous noirs ou les effets fins mesurables dans la banlieue du Soleil (à commencer par l'orbite de Mercure).

Le cosmos, donc, mais pas seulement…

« Ô Temps, suspens ton vol ! » (Lamartine)

Dans les années soixante, le physicien Luis Alvarez a tenté de « radiographier » la Grande Pyramide de Gizeh avec des particules qui tombent du ciel et traversent tout de part en part, y compris les pyramides. Mais si Dame Nature n'était pas relativiste, l'expérience serait impossible. En effet, ces particules sont d'authentiques voyageurs de Langevin qui naissent dans la haute atmosphère, à 15 ou 20 kilomètres d'altitude, sous l'impact des rayons cosmiques. Elles sont instables, et se désintègrent tellement vite qu'elles devraient disparaître sans jamais atteindre le sol. Et pourtant, on les voit atteindre le sol, et traverser les pyramides !

Figure 12-9

Sous les pyramides, des muons vous contemplent (alors qu'ils ne devraient pas y être).

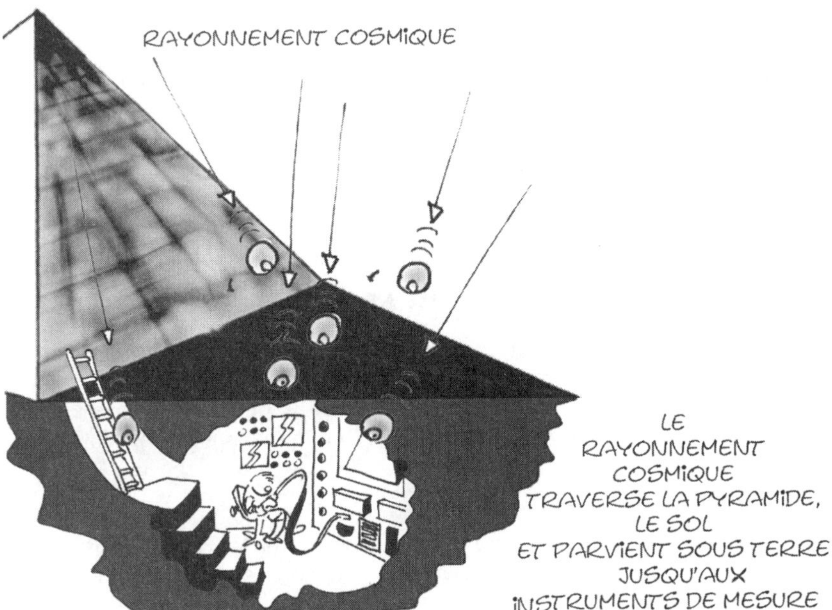

Pour les balèzes

Les muons cosmiques

Voilà une belle preuve que les horloges voyageuses sont en profond désaccord avec les horloges au repos. L'espérance de vie du muon est de 2,2 μs (résultat statistique, 63 % des muons ont disparu après cette durée, mais malgré les rares Jeanne Calment chez ces particules, un muon produit à 20 km d'altitude n'a quasiment aucune chance d'atteindre le sol). En si peu de temps, la lumière parcourt tout juste 600 mètres. Avec une vitesse très légèrement inférieure (à un dix millième près), l'espérance de vie de ces muons nous semblera soixante fois la normale ! (ils peuvent donc parcourir 36 km). Inversement, la situation dans le référentiel du muon est interprétée comme suit : ce n'est pas le temps qui s'est étiré mais la distance à parcourir qui semble contractée.

Une expansion obligatoire

On présente parfois la théorie du Big Bang comme une lubie d'amateur (un Belge de surcroît) qui aurait inventé un beau jour l'idée d'« atome primitif », explosant pour donner naissance au vaste Univers. Mais Georges Lemaître n'était pas un amateur, il connaissait sa physique, et avait étudié en particulier la relativité générale. Le schéma du Big Bang découle très exactement de ces équations, au grand dam d'Einstein lui-même, qui était plutôt partisan d'un Univers bien tranquille, immuable et statique.

Anecdote

Les avatars de la « constante cosmologique »

Laissez les équations aussi libres que possible, introduisez juste dans l'Univers vide quelques étoiles tests, et hop, on voit déjà ces points se mettre en mouvement. Un Univers statique est incompatible avec la gravité relativiste.

En 1916, Einstein est si dépité qu'il introduit de force une constante destinée à stabiliser le tout, la fameuse constante cosmologique agissant comme une anti-gravité. Erreur qu'il regrettera par la suite, quand les solutions les plus générales pour l'Univers entier sont découvertes. En 1922, le jeune mathématicien russe Alexandre Friedman montre que le genre d'Univers permis en relativité générale ne peut faire qu'une chose : enfler (ou désenfler, tout dépend de sa masse).

Par une nouvelle ironie de l'Histoire, la constante cosmologique, reniée par Einstein, refait son apparition à la fin du XXe siècle, quand on découvre que les galaxies les plus lointaines semblent accélérer de plus en plus.

La relativité générale dans ma voiture !

La géolocalisation par satellite se démocratise, et de nos jours, tout le monde peut avoir un récepteur GPS dans sa voiture ou même à son poignet (en attendant la version européenne Galileo). Mais sait-on seulement que les signaux satellites doivent être largement corrigés des effets relativistes, sans quoi rien ne tournerait rond ? La vitesse d'un satellite en orbite se mesure en centaines de mètres à la seconde, et nous revoilà déjà en plein effet Doppler.

À ces corrections de simple translation (relativité dite restreinte), il faut rajouter la gravité ! Car un signal lumineux émis vers l'espace doit remonter un puits de potentiel (nous sommes au fond du puits). En montant, il « rougit », même aux fréquences radio. Et un bip-bip descendant subit au contraire un bleuissement important, les pas de temps sont rapprochés. Pour couronner le tout, les corrections de translation sont parfois nulles (en orbite géostationnaire) ou vont une fois sur deux dans le sens opposé aux corrections de gravité. Quand on pense que le GPS américain a été développé pour diriger des missiles balistiques qui, eux aussi, voyagent à grande vitesse, on mesure les dégâts qu'entraînerait une erreur de calcul d'une seule microseconde.

Pour les civils plus paisibles, un GPS non relativiste se tromperait tout de même de 12 kilomètres par jour. Autant revenir aux bonnes vieilles cartes de l'IGN.

Monstres cosmiques

La conséquence la plus fascinante de la relativité générale est la prédiction de l'existence des trous noirs. Nous avons dit qu'une étoile massive achevait sa vie en supernova et laissait derrière elle une étoile à neutrons (voir Chapitre 3). Mais il y a une autre issue. Si l'étoile est vraiment très massive (probablement plus de 15 à 20 fois la masse du Soleil), alors son cœur est tellement comprimé lors de l'effondrement qu'il se transforme en trou noir, un objet au champ de gravité si intense que rien, pas même la lumière ne peut s'en échapper.

Les trous noirs sont des objets assez déroutants, pour ne pas dire... troublants. Leur existence fut rejetée avec force par Einstein, mais sur foi d'arguments inexacts. Les travaux de Roger Penrose et Stephen Hawking dans les années 1960 et 1970 ont expliqué en quoi leur formation était en réalité inéluctable au sein des étoiles massives. Dans les années 1990, on a par ailleurs établi que chaque galaxie possédait en son centre un trou noir géant, dont la masse se compte cette fois en millions, voire en milliards masses solaires. Leur mode de formation ainsi que leur évolution ultérieure ne sont pas bien compris.

Étudier les trous noirs est difficile puisque par définition ils n'émettent pas de lumière. Les voir l'est tout autant, pour la même raison. Il est cependant possible de les mettre en évidence par leur influence sur leur voisinage. Par exemple, un trou noir engloutissant de la matière va échauffer celle-ci jusqu'à des températures parfois très élevées. La lumière émise par celle-ci juste avant de disparaître à jamais permet de le révéler. C'est ainsi qu'en 2019 on a pu « photographier », ou plutôt produire une image du trou noir central de la galaxie M87, située à 50 millions d'années-lumière. L'image, un peu floue car l'objet occupe une infime portion de la voûte céleste, révèle un halo lumineux entourant une zone sombre : c'est le disque de matière entourant le trou noir, dont on voit ainsi la silhouette. En 2022, c'était au tour de Sgr A*, le trou noir central de la Voie lactée, de se faire tirer le portrait.

Le plus extraordinaire cependant était arrivé en 2016 : on a réussi à observer la fusion de deux trous noirs. La relativité générale prédit en effet que deux trous noirs en orbite l'un autour de l'autre font vibrer l'espace-temps (on dit qu'ils émettent des ondes gravitationnelles), ce qui les fait spiraler l'un vers l'autre, en général très lentement mais parfois suffisamment vite pour qu'ils finissent par entrer en collision au bout de quelques milliards d'années. Cela n'arrive que très rarement, peut-être une fois tous les 100 millions d'années par galaxie, mais grâce à des instruments capables de détecter pareil phénomène à grande distance, c'est-à-dire dans un volume suffisamment étendu pour contenir des milliards de galaxies, alors on peut détecter cet événement plusieurs fois par mois désormais.

Cher lecteur courageux, venu à bout des deux derniers chapitres, voici venir votre récompense. Car armé de ces deux outils fondamentaux nés au XXe siècle (la quantique et la relativité), vous pouvez aborder sereinement, voire en sifflotant, les sentiers escarpés de la recherche la plus actuelle : la physique des particules.

DANS CE CHAPITRE

Au commencement, tout était simple

•

Le vide ? Il est plein comme un œuf !

•

À quoi servent donc ces accélérateurs ?

•

Des quarks au Grand Tout

Chapitre 13
Élémentaire, mon cher Watson ? La physique des particules

Le 10 septembre 2008, la une du *Monde* titre sur une expérience de physique, ce qui n'est pas si courant. Et les superlatifs pleuvent, pour le « plus grand instrument scientifique jamais construit » (bigre !) ou la « machine à décrypter l'Univers » (carrément). Dans d'autres journaux, on préfère parler d'un tuyau à remonter le temps ou encore, sur le mode mystique, de la recherche de la « particule de Dieu ». Le public abasourdi apprend que dix mille chercheurs du monde entier sont impliqués dans ce projet titanesque, avec des budgets qui se comptent en milliards. Le tout sur fond d'angoisses millénaristes, car cet accélérateur géant risquerait… de créer un mini-trou noir, capable d'avaler la Terre en un instant…

Au soulagement général, la Machine, au fond de son tunnel franco-suisse, n'a toujours pas créé de trou noir. En revanche, elle va tenter de résoudre le problème de la masse des particules, en recréant sous terre les conditions physiques de l'Univers primordial, celles du début du Big Bang.

L'électron est la toute première particule élémentaire découverte. Et dire qu'en 1897, personne ne soupçonnait encore l'existence de ce fameux Big Bang…

Au commencement, tout était simple...

L'idée remonte à l'Antiquité, mais finalement non, l'atome n'est pas la structure ultime de la matière. L'étymologie nous trompe, car les atomes sont bel et bien « sécables ». On peut de nos jours, non seulement les manipuler un à un (c'est le minimum), mais aussi les désosser, les démantibuler, les modifier, les reconstruire à volonté. On en fabrique même d'autres, auxquels Dame Nature n'avait pas pensé, par exemple des atomes muoniques, et même des antiatomes.

La structure planétaire de nos atomes a été dévoilée grâce à une astuce qui marche encore et toujours : bombarder la matière avec les bons projectiles. Et c'est exactement ce qu'on fait avec les accélérateurs : on bombarde, à des énergies de plus en plus grandes, pour y voir de plus en plus clair.

Quatre particules pour un Univers

À l'orée du xxe siècle, on connaît donc les électrons, et un noyau qui garde pendant vingt ans le secret de sa structure, mais Chadwick réussit bientôt à distinguer les neutrons des protons chargés électriquement. Si on se rappelle que la lumière, elle aussi, est faite de granules lumineux, on voit se dessiner une liste, très courte, des objets les plus élémentaires de la nature.

Toute la chimie est depuis longtemps rangée dans la table de Mendeleïev, grand jeu de Lego pour la totalité des espèces possibles et imaginables de molécules... Les atomes eux-mêmes obéissent à un plan de construction simple, avec seulement trois briques de base. Soit au total quatre particules qui suffisent à construire notre vaste Univers, photons de lumière, électrons du cortège atomique, et les deux petits nouveaux : protons et neutrons.

Quatre particules « élémentaires » qui remplacent joliment les quatre éléments de la philosophie grecque. Devant tant de simplicité, les physiciens étaient tout simplement heureux.

Les dessous de la radioactivité « bêta »

En temps normal, le neutron est confortablement installé à l'intérieur de son noyau, il peut y rester des milliards d'années. Mais sortez-le de son cocon nucléaire, il se désintègre ! Personne ne peut garder un bocal de neutrons dans son armoire : fermez la porte et revenez deux heures plus tard, ils auront presque tous disparu.

Disparu ? Mais n'apprend-on pas à l'école que « rien ne se crée ni ne se perd, tout se transforme » ? Précisément ! Cette désintégration est en réalité une transmutation. Le neutron ne disparaît pas, il se transforme en proton. En d'autres termes, le neutron est radioactif ! Et comme il y a en même temps émission d'un électron, les experts écrivent (dans un premier temps) : $n \rightarrow p + e$.

Nous voici au cœur de la radioactivité « bêta », qui ne concerne pas que le fameux radiocarbone, loin de là. On peut se demander pour quelle raison ces noyaux ne se tiennent pas tranquilles. Pourquoi donc toute cette activité ? La raison est un petit déséquilibre, un trop-plein de neutrons, qui met ces noyaux dans un état instable. Seule solution : muter ! Du dehors, les compteurs enregistrent l'émission d'électrons, mais si on pouvait, à l'intérieur du morceau de bois fossile, repérer l'atome qui vient d'émettre, on verrait un carbone 14, non pas disparu, mais transmuté en azote 14. Et à l'intérieur de son noyau, *in fine*, c'est un neutron qui a changé d'identité.

Figure 13-1 La désintégration bêta du carbone 14 (vue de l'intérieur).

Allons bon, un « petit neutre » à présent !

Réactions chimiques ou nucléaires, tous ces processus doivent respecter des règles très contraignantes, dont certaines sont même inviolables. La charge électrique, par exemple, reste strictement identique en termes de bilan, on ne connaît aucune exception à cette règle ! Ainsi de la désintégration du neutron : sa charge électrique nulle redonne ensuite une charge nette égale à zéro. Si on veut insister sur cette histoire de charge, cela donne : $n \rightarrow p^+ + e^-$.

La masse obéit aux mêmes contraintes. Les chimistes écrivent $A + B \rightarrow C + D$ pour leurs bilans de matière, car si on pèse les ingrédients A et B, puis les produits C et D, on trouve des masses identiques. L'auteur du fameux « Rien ne se perd... », Antoine de Lavoisier, avait, le premier, songé à inclure les gaz dans la pesée... Il suffisait d'y penser.

En revanche, pour une transformation nucléaire, le bilan de masse semble problématique : dans la désintégration du neutron, la masse manquante est très exactement de 0,08 %. Où est le reste ?

Mais voyons, Messieurs, relisez Einstein, la masse est une forme d'énergie ! Cet électron éjecté, il est plutôt rapide, ce qui signifie une énergie cinétique importante. Hélas, cet électron « bêta » est d'humeur très variable, il choisit son énergie un peu au hasard, entre la valeur théorique et... zéro. Et dans les nombreux événements où l'électron est lent, la sacro-sainte règle de conservation de l'énergie semble violée... Ce qui est grave, docteur. Extrêmement grave !

Il manque donc une pièce au puzzle (en réalité, d'autres lois de conservation sont piétinées dans cette désintégration, mais ne compliquons pas). Une solution à tous ces manques serait que le neutron émette, en plus, une particule « invisible ». Cette particule devrait avoir très peu de masse, pas de charge électrique, en bref tous les nombres quantiques qui manquent au bilan. Le jeune physicien autrichien Wolfgang Pauli franchit le pas, il se permet de retoucher l'équation, qui « devrait être » : $n \rightarrow p + e + X$!

Pauli avait le plus grand respect pour les lois de conservation, il était certain que sa particule « X » serait détectée... un jour. En attendant, Enrico Fermi la baptise « neutrino », ou « petit neutre » en italien. Et pour la distinguer du neutron (et des photons X !), on lui attribue la lettre grecque ν, qui se prononce « nu ».

Pauli propose donc : $n \rightarrow p + e + \nu$, puis il patiente vingt-cinq ans, jusqu'à ce que les Américains Cowan et Reines détectent enfin le premier neutrino (auprès d'une centrale nucléaire). Cet exploit leur vaut le Nobel de 1995... après une nouvelle attente de trente ans.

D'où ce conseil : ne faites surtout pas de la physique pour espérer le Nobel de votre vivant.

« Mais qui a commandé ce truc ? »

L'Univers ne serait-il pas magnifiquement simple avec seulement quatre particules élémentaires ? Sans doute, mais cette situation idyllique était appelée à évoluer. Pauli invente le neutrino, pièce « nécessaire » à la cohérence de la physique, et dans les mêmes années, le Britannique Paul Dirac, en contemplant ses seules équations, devine l'existence des « antiélectrons » (rendez-vous au prochain paragraphe). Mais ce ne sont là que conjectures mathématiques, et les physiciens sérieux, qui font de vraies expériences, restent sereins.

Voilà pourtant qu'en 1936, un physicien sérieux découvre un cousin à l'électron. Cette nouvelle particule est deux cents fois plus lourde que l'électron, et ne vit que 2,2 microsecondes. On la baptise « muon ». Cette fois, ce ne sont plus les seuls théoriciens qui inventent des particules, on commence à les voir grâce aux instruments de mesure (en cette époque reculée, les détecteurs de particules étaient surtout des plaques photo et des capteurs à scintillation). Adieu simplicité...

Et certains s'énervent quelque peu, Isidore Rabi par exemple, à propos du muon, demandant à qui veut l'entendre : « Mais qui a commandé ce truc ? »

La Nature adore jouer des tours aux physiciens qui se veulent sérieux.

Le vide ? Il est plein comme un œuf !

Dans l'un de ses romans, Dan Brown imagine un chantage diabolique, une bombe à antimatière déposée dans les sous-sols du Vatican. Pure science-fiction, ou l'antimatière existe-t-elle vraiment ? Les deux, mon général ! L'antimatière existe, et en effet, elle est particulièrement explosive. Mais les visiteurs de la chapelle Sixtine peuvent déambuler en paix, une seule goutte d'antiliquide devrait contenir des milliards de milliards de particules, et si fabriquer un tel explosif est possible en principe, cela reste infaisable en pratique : la seule « bouteille » qui peut contenir de l'antimatière est un accélérateur, on vous laisse imaginer les problèmes aux portiques d'aéroport...

Paul Dirac ou le génie taciturne

Les années 1905-1926 ont donc vu la naissance des deux piliers de la nouveauté en physique, la relativité suivie de la mécanique quantique. Mais ces deux théories, superbes séparément, sont peu compatibles l'une avec l'autre. Les équations d'Einstein sont réfractaires à la probabilité, et Schrödinger ne tient aucun compte de la relativité. Incompatibles ? Paul Dirac, lui, croit à la vérité une et indivisible (et avant tout mathématique). Et ce grand taciturne se met, en solitaire, à la recherche d'une équation à la fois quantique et relativiste.

Son équation pose d'emblée les symétries requises par la relativité d'Einstein (donc quatre dimensions). Et entre les lignes de ses calculs, Dirac découvre des particules jumelles de l'électron. De même masse, mais de charge opposée. Eh oui, des électrons de charge positive, l'équation est formelle.

Faites-le vous-même

Voir l'antimatière

En ce temps-là, un physicien débutant se passionne pour les rayons cosmiques, mais ce type d'expérience requiert des ballons pour envoyer les instruments dans la haute atmosphère. Déjà en 1932, la recherche peinait parfois à se faire financer, et le jeune Carl Anderson déménage ses détecteurs en montagne. Au sommet du mont Wilson, il enregistre jour après jour la trace des particules en provenance du cosmos. La plupart ne lui apprennent rien de neuf, jusqu'au passage d'un objet en tout point semblable à l'électron. À ce détail près qu'il porte une charge… positive.

Comment Anderson a-t-il reconnu ce tout premier antiélectron ? Il suffit d'un ballon stratosphérique et d'une petite chambre à traces installée dans une bobine magnétique. En tombant du ciel dans votre champ magnétique, toutes les particules de charge négative sont déviées dans la même direction. Vous reconnaîtrez facilement les traces d'antiélectrons, car elles ont exactement le même genre de courbure que les électrons, mais dans le sens opposé !

Ce vide-là est-il bien sérieux ?

D'où sortent donc les antiparticules ? Directement de la relation d'Einstein ! Le très fameux $E = mc^2$ dit que si vous disposez de l'énergie E, vous pouvez obtenir, en échange, la masse m. Obtenir ? Mais où exactement ? Dans un supermarché ? Un laboratoire souterrain ultrasecret ? La bonne réponse est : dans le vide.

Il suffit de concentrer suffisamment d'énergie en un point de l'espace pour « obtenir » une particule (de masse $m = E/c^2$ pour être précis). Dans les années trente, on prenait des photons gamma, intenses en énergie, pour bombarder une feuille de métal. Mais le métal est inutile, il suffit par exemple d'entrechoquer deux électrons, et on produit – *ex nihilo* ! – des particules et des antiparticules. Et cela en nombre illimité, pourvu que l'on fournisse l'énergie requise.

Comme il n'y a besoin de rien, sauf d'énergie, on en conclut que ces antiparticules proviennent de ce « rien », c'est-à-dire du vide.

Le vide selon Dirac est un immense réservoir de particules. Dans ce vide, devenu un objet physique, les particules vivotent dans un état « virtuel », elles peuvent en émerger à tout moment si on y met le prix (en énergie). Et elles y retournent encore plus facilement : c'est l'annihilation d'une paire e^+e^- en deux photons gamma. Ce processus étant cent mille fois plus énergétique qu'une réaction chimique, on comprend mieux les fantasmes des militaires (ou des auteurs de science-fiction).

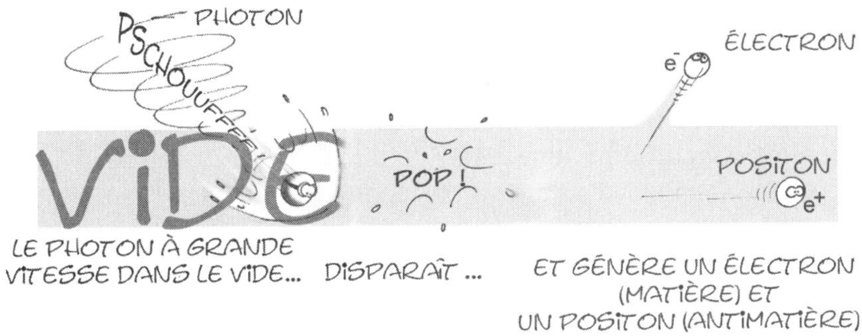

Figure 13-2 Le vide selon Dirac, réservoir de particules et d'antiparticules.

La lumière des trous noirs

On ne présente plus le physicien Stephen Hawking, survivant d'une maladie qui aurait dû le terrasser à vingt ans, paralysé dans son corps mais la tête dans les étoiles, obligé de s'exprimer avec un appareil à synthèse vocale, auteur d'ouvrages sur la forme des trous noirs ou les « bords » de l'Univers. Reçu en audience au Vatican, cet homme a eu l'audace de demander au pape les minutes du procès de Galilée.

Dans les années 1975, il est l'un des premiers à avoir réussi à marier un phénomène de gravité avec la mécanique quantique. Aux abords immédiats d'un trou noir, l'espace est fait de vide ordinaire, donc quantique, « vide » étrange dont Dirac a montré qu'il était le siège d'un bouillonnement de particules virtuelles. Pendant un court intervalle de temps (autorisé par Heisenberg), des paires électron-positon émergent du vide pour y replonger illico. Mais lorsqu'une des deux particules se fait avaler par le trou noir tandis que l'autre en réchappe, l'astre a avalé une énergie négative et sa masse diminue ! Ce processus correspond à une lente évaporation du trou noir, qui, au bout d'un temps inimaginablement long, finira par disparaître.

Richard Feynman ou le génie extraverti

Dirac décroche le Nobel en 1933, un an après la preuve expérimentale du premier antiélectron. À la même époque, on découvre une équation notablement différente, mais qui marche pour d'autres familles de particules. Il devient urgent de trouver un cadre plus vaste, car on aimerait bien « déduire » ces différentes équations d'un théorème général (et pas seulement les deviner). On se rappelle alors une méthode ancienne, qui avait permis de « déduire » la mécanique de Newton de principes plus généraux. Ces méthodes, développées au XVIIIe siècle par le Français Lagrange puis l'Écossais Hamilton, sont assez abstraites pour mériter de ne pas figurer ici. Quoi qu'il en soit, ce formalisme lagrangien est recyclé et appliqué illico à la nouvelle physique.

La théorie quantique de l'électromagnétisme (ou QED) ne lésine pas sur la complexité mathématique. Mais Julian Schwinger, Richard Feynman et le physicien japonais Tomonaga parviennent à déduire l'équation de Dirac et toutes les autres (y compris celle de Schrödinger) à partir d'un principe unique.

Anecdote

Fragments d'une biographie

Feynman était une sorte d'anti-Dirac brillant, connu pour ses sorties nocturnes à jouer du djembé, ou encore pour ses cours d'université très peu conventionnels. Parmi ses provocations préférées, il disait à ses étudiants : « Si vous pensez avoir compris la mécanique quantique, c'est que vous êtes dans l'erreur. » En véritable visionnaire, Feynman a prononcé à Caltech une conférence célèbre où il annonçait, trente ans à l'avance, l'éclosion du nanomonde.

Les sénateurs américains ont voulu utiliser sa grande perspicacité dans l'enquête sur l'explosion de la navette *Challenger*, drame survenu en 1986 : Feynman se montrera même un peu trop perspicace au goût du management de la NASA... Il décède en 1988, avant d'avoir pu mener ce dernier travail à son terme.

Les propriétés physiques de ce vide (décidément bien peu vide) deviennent calculables, et la QED explique une petite anomalie observée depuis belle lurette dans les spectres atomiques : le « déplacement de Lamb » de certaines raies lumineuses est dû à une subtile polarisation du vide, ce grand vide, découvert par Rutherford, qui sépare le noyau et l'électron.

Aussi étrange soit-elle, cette théorie donne des résultats faramineux, elle explose tous les standards. L'électrodynamique est la théorie la mieux vérifiée du monde, elle atteint un niveau de précision extrême, inégalé dans toute la science.

Pour les balèzes

Une précision hallucinante

Otto Stern manipulait les atomes comme de simples petits aimants, mais les particules encore plus élémentaires (électrons, muons, etc.) sont, elles aussi, de minuscules aimants. On peut donc les faire interagir avec des champs magnétiques, les suspendre et les mettre en rotation rapide. Au cours d'une telle précession, le paramètre mesuré, lié au moment magnétique de l'électron, est connu avec un nombre absolument effrayant de chiffres après la virgule : 0,001159652181643 !

La théorie QED, qui part de l'interaction entre l'électron et un photon (quantum de champ magnétique), n'est pas non plus avare de précision : quand on calcule ce que « devrait être » cette grandeur, on trouve très exactement : 0,00115965218059.

On peut faire pire, comme concordance...

Vous prendrez bien une pincée d'antihydrogène ?

L'antiélectron (ou positon) annonçait d'autres antiparticules. La particule miroir du proton a été produite et détectée en 1955, dès que l'on a disposé d'un accélérateur d'énergie suffisante. Au fil du temps, toutes les particules connues ont révélé leur double, version matière et version antimatière, antiproton, antineutron, antiélectron, antineutrino, antitout... Profitons-en pour écrire (enfin) la réaction de désintégration du neutron sous sa forme exacte : $n \rightarrow p + e + \nu$. Comme on le voit, le neutron sait produire (et sans le moindre accélérateur) un antineutrino.

Ayant à leur disposition ces antibriques de matière (ou ces briques d'antimatière), les physiciens se sont mis à jouer aux anti-Lego. Avec une poignée de collaborateurs italiens, le physicien Walter Oelert se réserve l'anneau à antiprotons du CERN, puis vise avec d'infinies précautions une cible bien choisie (du gaz xénon). Des positons sont alors produits en grand nombre, et grâce à la douceur de la méthode, quelques-uns sont assez lents pour se laisser capturer par les antiprotons.

Résultat : en 1995, Oelert produit cinq antiatomes d'hydrogène, avec chaque fois un positon en orbite autour d'un antinoyau...

Résultat fugace cependant, ces objets ne vivant que quelques milliardièmes de seconde. L'annihilation rapide guette en effet toute antimatière, car même les tubes à vide poussé du CERN contiennent quelques molécules de matière très ordinaire. Si Dan Brown venait à nous lire, nous lui signalerions amicalement qu'une bombe à antimatière, contenant des milliards de milliards d'antiatomes, serait d'abord dangereuse pour... les artificiers !

Mais à quoi servent donc ces accélérateurs ?

L'accélérateur LHC est donc la « plus grande expérience de tous les temps » si on en croit les journaux. Avec ses 30 kilomètres de circonférence, ce « machin » a été installé à cent mètres sous terre ; le principe de précaution est sauf. Et quant à ces angoisses de fin du monde que suscite la science moderne, formons le vœu que ce livre contribuera à les atténuer.

Transformation réussie !

Ernest Rutherford ne disposait pas d'accélérateur, ce qui lui a justement permis de faire sa découverte ! Car en 1910, les particules α rebondissaient sur les noyaux d'or sans les atteindre, à cause de l'intense répulsion électrique entre les deux noyaux. Et sans ces rebonds, il serait passé à côté de la solution.

En 1919, il réussit à franchir cette barrière électrostatique (toujours sans accélérateur), en prenant pour cible un noyau moins chargé. Rutherford n'a eu droit qu'au prix Nobel de chimie, alors qu'il est en réalité le premier alchimiste de l'Histoire ! Une transmutation est une transmutation, plomb en or, azote en oxygène, le schéma est le même. Dans la réaction historique, $\alpha + N \rightarrow O + p$ Rutherford identifie sans ambiguïté le proton expulsé, preuve indiscutable de la transformation réussie. Mieux qu'au rugby !

Des alchimistes à l'hôpital

C'est cet exploit de 1919 que reproduisent tous les cyclotrons d'hôpital, car on trouve aujourd'hui des cyclotrons jusque dans les hôpitaux. L'imagerie médicale fait un usage intense d'isotopes particuliers du fluor, de l'iode ou du technétium (^{18}F, ^{131}I, ^{99m}Tc), et ces noyaux exotiques sont tout sauf naturels. Émetteurs de photons gamma ou de positons, ils doivent être fabriqués à la demande. Il faut ensuite les greffer sur des molécules compatibles avec notre métabolisme, et une courte durée de vie est exigée, gage de disparition rapide dans le corps du patient. Cela dit, l'horloge tourne dès l'instant de leur fabrication, et il faut leur laisser le temps d'arriver jusqu'au chevet dudit patient ! D'où l'installation de cyclotrons à proximité immédiate de ces centres de cancérologie.

Faites-le vous-même

De l'antimatière dans mon corps

Dans un examen dit de scintigraphie, on vous injectera de l'antimatière dans le corps ! Ces positons (qui sont donc des antiélectrons e^+) sont générés naturellement par le produit radioactif (bêta plus) qui va s'accumuler dans l'organe ou la tumeur visée. Au scanner, on obtient les images dites de tomographie par émission de positons, TEP. Une fois lâché dans la matière ordinaire, muscle ou tissu, le positon va rapidement rencontrer un autre électron, et là, va replonger dans le vide de Dirac en laissant une signature très facile à reconnaître : une paire de photons gamma : $e^+ + e^- \rightarrow \gamma + \gamma$. Cette paire de photons (qui se fuient à 180°) est détectée en simultané, d'où l'image reconstruite par l'ordinateur.

Puisqu'on vous dit que les antiparticules entrent et sortent du vide comme dans un moulin !

Ce premier type d'accélérateur est donc un creuset d'alchimiste duquel peut sortir le noyau ou l'isotope particulier qui vous intéresse. On les fabrique à volonté, il suffit de changer la cible ou le projectile. La physique nucléaire fondamentale continue à fabriquer et à étudier tous les noyaux possibles, car la matière nucléaire résiste encore et toujours à une explication complète et unifiée.

On s'intéresse même aux noyaux inconnus sur Terre. Ainsi, le projet international SPIRAL 2, installé à Caen, fabrique des isotopes super-rares. Ces noyaux hors norme n'existent qu'au cœur des étoiles, et juste pendant quelques fractions de secondes…

La formule 1 du microscope

Depuis le premier cyclotron de E. Lawrence (1932), l'histoire de l'évolution des accélérateurs révèle une montée en énergie obstinée. Désir incontrôlé de fabriquer des noyaux de plus en plus exotiques ? Certainement pas, car aux énergies actuelles, on les détruit ! La clé de cette course aux hautes énergies est une équation bien précise, celle qui en 1924 a unifié les ondes et les particules.

La lumière ordinaire est en effet bridée, ses longueurs d'onde cantonnées dans une très étroite fourchette de valeurs (0,2 à 0,65 micron), et cela empêche les microscopes optiques de progresser, même avec des lentilles monstrueuses !

Quand Louis de Broglie découvre qu'à toute particule correspond une vibration, de longueur d'onde d'autant plus courte que la vitesse augmente, le jeu est relancé. L'idée est exploitée dès 1931 avec l'invention du premier microscope à faisceaux d'électrons. Pour le plus grand bonheur des cristallographes et des biologistes.

Les ondes de matière

Pour les balèzes

L'acuité visuelle des microscopes optiques est limitée aux objets comme les cellules ou les bactéries, car leur taille correspond exactement aux longueurs d'onde de la lumière naturelle pour nous, que nous appelons lumière « visible ». Quand on veut voir plus fin, il faut de meilleures lunettes. Et les physiciens sont des gens curieux, on commence à le savoir.

De Broglie a écrit très exactement $\lambda = \frac{h}{mv}$, la longueur d'onde est inversement proportionnelle à la vitesse. Mais le facteur de proportionnalité est la constante de Planck, h, le plus petit nombre de toute la physique ! Ces ondes de matière sont-elles donc visibles ? Heureusement, la masse des électrons est également un très petit nombre, et cette sympathique coïncidence donne des longueurs d'onde λ de l'ordre du micromètre à la vitesse normale pour un électron (le kilomètre par seconde). Pour des détails encore plus fins, il n'y a qu'à augmenter la vitesse.

Figure 13-3

Plus petite est la longueur d'onde, plus fins sont les détails.

Les microscopes à faisceaux d'électrons manipulent, avec des « lentilles » électriques et magnétiques, une « lumière » faite de ces ondes de matière. Pour la biologie ou l'examen des circuits électroniques, ces appareils font environ un mètre de haut et accélèrent des électrons sous 1 000 volts, ce qui donne la bonne longueur d'onde pour voir bactéries ou chromosomes. Si vous poussez la tension accélératrice jusqu'au milliard de volts, vous commencerez à distinguer les noyaux atomiques. Robert Hofstader (1915-1990) a ainsi mesuré, espèce par espèce, le tour de taille de tous les noyaux atomiques, de l'hydrogène à l'uranium.

Bien entendu, on n'obtient pas un milliard de volts sur un tube d'un mètre : le « microscope » d'Hofstader était le *Stanford Linear Accelerator*, bel engin de trois kilomètres de long. Molière aurait apprécié...

Pour être précis, le milliard de volts n'existe pas vraiment : l'accélérateur multiplie les passages dans des champs électriques d'un million de volts par mètre, jusqu'à obtenir, au final, un milliard d'électronvolts (qui est une énergie).

Marteaux-pilons pour le vide

Il existe un troisième type d'accélérateurs. Ni creusets d'alchimistes, ni microscopes de haute précision, ceux-là ne font que cogner. Ces monstres emmagasinent de l'énergie dans des « anneaux de stockage », à Chicago ou Genève, pour la concentrer sur un point minuscule de l'espace vide, histoire d'en extraire tout ce qui y est caché. Des excavateurs géants, si on veut.

Un tel « collisionneur » se passe de cible, il fracasse l'un contre l'autre des faisceaux de protons ou d'électrons, à la vitesse de la lumière ou presque.

Comme la relativité ne limite pas l'énergie, depuis huit décennies, on a fait monter les enchères, car le prix à payer pour sortir du vide la masse $\boldsymbol{m}$ reste $\boldsymbol{mc^2}$ (toujours l'énorme facteur $\boldsymbol{c^2}$, environ cent millions de milliards). Ce réservoir de tous les possibles a été sondé dans tous les sens, et quatre-vingts ans d'expériences en accélérateurs ont permis d'extraire du vide toutes les espèces de particules qu'il contient. Ou quasiment toutes.

Figure 13-4

Un choc électron-positon extrait du vide une foule de particules.

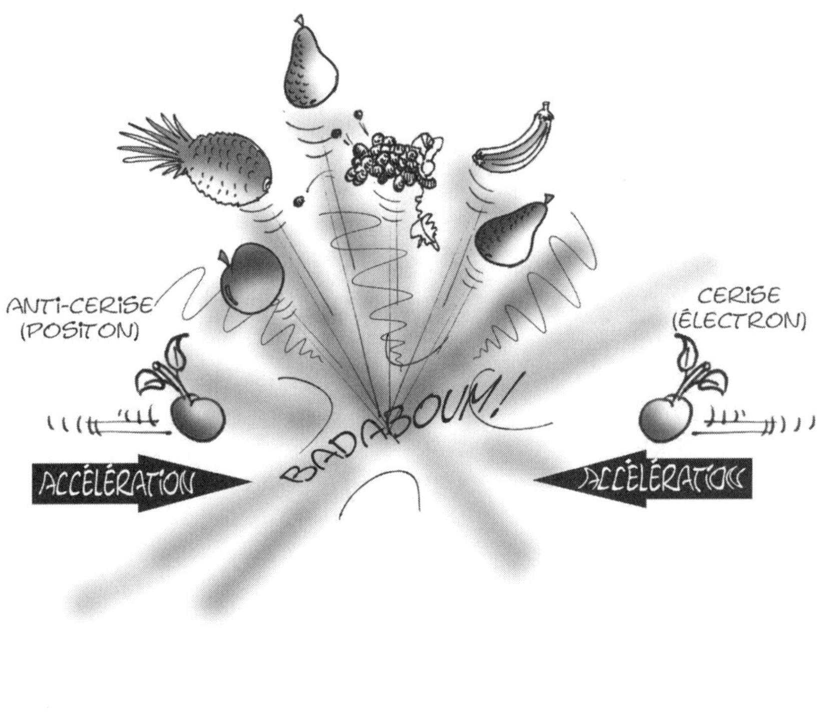

La dernière particule découverte est le boson de Higgs, déniché par les expériences auprès du LHC en 2012. Mais pour comprendre l'enjeu de cette énième (et dernière ?) particule, un détour par les forces est obligatoire.

Des forces ? Non, des symétries !

La physique des particules a un objectif simple : ramener l'ensemble des phénomènes de l'Univers à une liste restreinte de briques élémentaires. Briques qui subissent des forces différentes en apparence, mais que l'on aimerait « unifier ». Sur le modèle de Newton expliquant une multitude de phénomènes (pommes, boulets, lunes, planètes, marées) avec la seule force de gravité.

Ce programme « liste restreinte » a failli aboutir dans les années trente, avec seulement quatre particules élémentaires, ne subissant que deux interactions, gravité et forces électriques (en langage moderne, « force » se dit « interaction »). Mais la Nature avait d'autres tours dans son sac… À partir de 1940, la démographie redevient exubérante, surtout les briques (on dénombrera jusqu'à 200 particules « élémentaires »). Les forces, elles, passent de deux à quatre.

« Exit » les anges pousseurs

On trouve des gravures du XIVe siècle montrant l'harmonie des sphères célestes, empilées comme pelures d'oignon, et mises en mouvement par des anges. Dans d'autres représentations, les anges poussent directement chaque planète en battant des ailes… Car depuis Aristote, il faut une force pour avoir du mouvement, n'est-ce pas « évident » ?

Cette fausse évidence a été balayée par le principe d'inertie de Galilée : s'il y a mouvement, le mouvement se perpétue (en absence de frottement). En réalité, on n'a besoin de forces que pour démarrer un mouvement, ou pour le contrecarrer. Comme les planètes avancent seules, *exit* les anges pousseurs.

Faites-le vous-même

Triangulation avec des vecteurs

Newton se considérait comme un nain assis sur les épaules de géants qui l'ont précédé. Mettant ses pas dans ceux de Galilée, il n'a plus qu'à expliciter la forme mathématique du changement de vitesse

$$\Delta\vec{v} = \vec{v}_2 - \vec{v}_1 .$$

Et attention, ces grandeurs sont des vecteurs, qui s'additionnent selon la fameuse règle du parallélogramme. Sur la trajectoire de la Terre autour du Soleil, il vous suffira de dessiner deux vecteurs vitesse à deux dates différentes, d'effectuer la différence et, ô surprise, dans ce triangle, on voit pointer le vecteur « cause du changement » vers… le Soleil. Et non plus le long de la trajectoire, mais perpendiculairement à elle ! Petite difficulté tout de même : lorsque ces différences deviennent infinitésimales, il faut un outil mathématique spécial, le calcul différentiel, que Newton est bien obligé d'inventer puisqu'il n'existe pas à son époque. En résumé, la force est le vecteur du changement. Au niveau des particules élémentaires, cette proposition se généralise à *tout type* de changement, y compris les changements d'identité que sont les désintégrations.

Place à l'ange d'Erlangen

Il était une fois une période reculée où il était quasiment impossible à une femme de faire des sciences, domaine réservé à la gent masculine. Le haut Moyen Âge ? Vous n'y êtes pas. Emmy Noether est née à Erlangen en 1884, dans un pays à la pointe de la civilisation (qui accorde aux femmes le droit de s'inscrire à l'université depuis 1900). Chercheuse en physique théorique, Emmy ne peut donner ses cours que sous le couvert du nom d'un mentor masculin. Et dans ces conditions idéales, l'ange d'Erlangen a réussi un exploit inouï (*dixit* Einstein), celui de jeter un pont lumineux entre mathématiques et physique, d'expliquer les grandes lois de conservation par des histoires de symétrie.

Un mobile lancé dans l'espace continue sa course indéfiniment : vous allez me dire que c'est le principe d'inertie, ou que l'impulsion se conserve, fort bien. Mais pourquoi ce principe ? D'où vient cette « loi » de conservation ? Pourquoi la Terre tourne-t-elle sur elle-même depuis la nuit des temps ? Conservation encore, cette fois du « moment cinétique », mais quelle est l'origine de cette loi ? Le théorème de Noether démontre, en 1915, que le pourquoi est dans les propriétés de l'espace lui-même !

La force est dans la brisure (de symétrie)

Pour les balèzes

Il faut imaginer avec Emmy des transformations purement abstraites : si une situation physique (une trajectoire) est inchangée par translation, il y a conservation du mouvement. Donc, pas de force pour une simple ligne droite, alors qu'une trajectoire courbe brise cette invariance, révélant qu'une force est à l'œuvre. De même, l'espace cosmique est invariant si on effectue une rotation (imaginaire). En cas d'invariance, quelque chose se conserve (ici, le moment cinétique). En revanche, si l'invariance est brisée, il n'y a plus conservation, et cela implique une force.

Ces propriétés d'invariance sont si évidentes que personne avant Emmy ne les avait remarquées. D'apparence anodine, ces symétries sont reconnues aujourd'hui comme la cause profonde des grandes lois de la physique. Étonnant, non ?

Deux forces ? Trois ? Quatre ?

Aux toutes dernières heures de sa vie, Albert Einstein travaillait encore à un projet d'unification des forces. Tentative prématurée, car il n'incluait que la gravité et l'électromagnétisme, sa liste était hélas incomplète.

La matière nucléaire n'est pas seulement d'une densité fantastique, elle recèle aussi un mystère bien épais. Déjà dans le noyau d'hélium, la répulsion électrique que ressentent deux protons en si étroit voisinage est tout simplement colossale. Si les noyaux sont stables malgré tout, quelle espèce de glu avons-nous là ? Cette « interaction nucléaire », non réductible à la gravité ou à l'électricité, est une force du troisième type. Il a fallu spécifier plus tard : « interaction nucléaire *forte* », pour la distinguer d'une quatrième…

Car voyez-vous, une force ne sert pas juste à cimenter des objets, comme la gravité pour les étoiles, la force électrique dans les molécules ou l'interaction nucléaire comme glu dans les noyaux. Depuis Newton, la force est le vecteur de tout changement d'état (vitesse ou autre). Or, la radioactivité de Becquerel et Marie Curie est un tel changement d'état (et plutôt radical !), mais qui ne s'explique par aucune des trois interactions précédentes. Si donc Dame Nature autorise des changements aussi spectaculaires que : *neutron* → *proton* +, c'est l'indice d'une « force » nouvelle. Baptisée « interaction nucléaire *faible* », elle ferme la liste des quatre forces irréductibles l'une à l'autre.

Nous voilà bien avancés, quatre forces fondamentales au lieu de deux. Du coup, le défi est encore plus complexe : comment unifier ces deux forces nouvelles aux deux anciennes, la gravité et l'électromagnétisme ?

Retour vers le futur

Lorsque deux électrons se frôlent, ils se repoussent, la physique classique parlera de force (ou de champ électrique, ou encore d'autre chose). Cherchant l'explication au niveau quantique, Feynman manipule des équations de champ tellement longues qu'il invente une méthode visuelle pour s'y retrouver dans ses calculs. Ces diagrammes, initialement « images du calcul », sont en effet particulièrement expressifs :

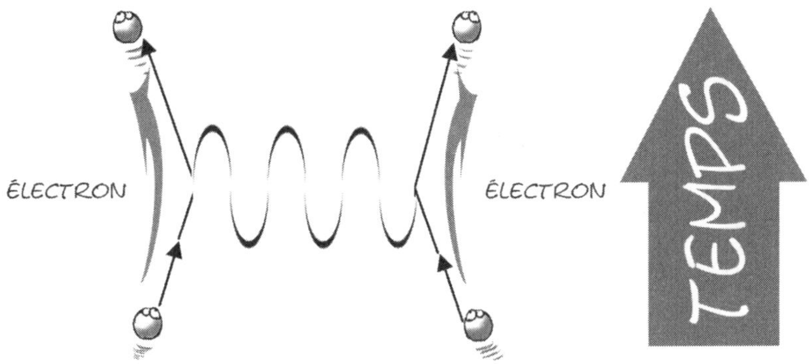

Figure 13-5 Interaction entre électrons (Mise en scène : R. Feynman).

Le film se déroule de bas en haut : les deux électrons s'approchent, interagissent par l'échange de quelque chose et se repoussent. Exactement comme deux patineurs qui peuvent se repousser à distance en se lançant un sac de patates. Le paquet échangé par nos électrons doit respecter les règles de ce jeu particulier : d'après ses nombres quantiques, ce ne peut être que le photon.

Cette explication des forces par échange de paquets quantiques peut sembler biscornue, mais on obtient ainsi (après de longs calculs !) la probabilité de détecter tant d'électrons dans tel détecteur placé à telle distance. Et le résultat est fantastiquement précis, beaucoup plus précis qu'avec nos forces classiques.

Faisons un pas de plus : en relativité, le temps et l'espace peuvent se transformer l'un dans l'autre ! Après échange des axes, le même film se déroule à présent de gauche à droite.

Figure 13-6 Interaction entre électrons (Mise en scène : R. Feynman).

Notez le subtil changement, deux petites flèches se sont inversées, car le temps coule vers la droite. Dans un circuit électrique, si les charges positives vont vers la droite, on peut dire que de manière équivalente, ce sont des charges négatives qui vont à gauche. Même chose ici, on a inversé le sens de la marche, il faut inverser la charge. Résultat : un nouveau scénario ! À gauche, du côté du passé, c'est maintenant la rencontre d'un électron et d'un antiélectron. Qui s'annihilent ensuite. Et du vide de Dirac ressortent deux petits nouveaux : le « calcul » nous fait assister en direct à la « création » d'une paire électron-positon.

Voilà l'un des secrets les mieux gardés de la physique : les antiparticules sont des particules ordinaires, mais qui remontent le temps.

Premières images de l'unité

Le processus de désintégration du neutron $n \rightarrow p + e + \nu$ est suspect, car en l'inversant, il faudrait une rencontre (très improbable) de trois particules. L'étonnante propriété de remontée du temps permet de deviner la véritable écriture, qui est bien plutôt : $n + \nu \rightarrow p + e$... C'est comme si la rencontre d'un neutrino (venu du futur !) avec votre neutron « déclenchait » la désintégration. Et maintenant, ce processus symétrique peut se décliner à la Feynman !

Ici, la force agissante est trop faible pour construire quoi que ce soit, elle ne réussit qu'à induire des changements d'état. Pour cette interaction faible, le « paquet » échangé est très différent d'un photon (on voit déjà qu'il transporte une charge négative de gauche à droite, mais en plus il est massif). Son nom officiel est « boson W » (faible se dit *weak*, en anglais). Mais n'entrons pas dans les détails, l'essentiel est cette possibilité d'un schéma universel, valable pour tous les types d'interaction : les forces élémentaires, malgré leurs grandes différences, acceptent d'entrer dans un cadre mathématique unique.

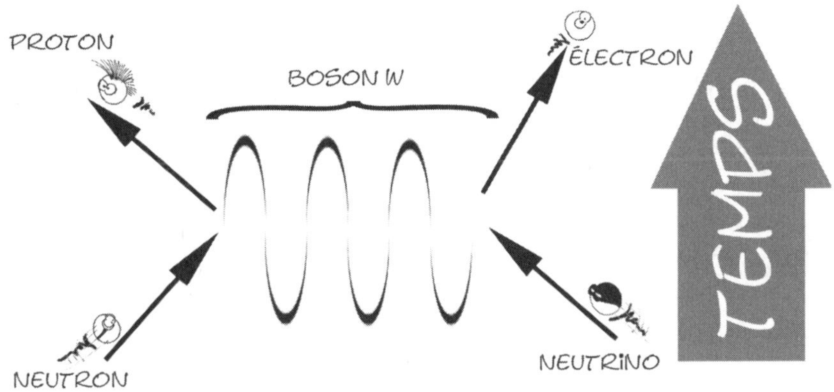

Figure 13-7 La désintégration du neutron, toujours selon Feynman.

L'unification entre électromagnétisme et interaction faible a eu lieu, sur le papier, par le trio Weinberg, Salam, Glashow (nobélisés en 1979), puis dans les accélérateurs du CERN, avec un autre prix Nobel en 1984 pour Carlo Rubbia, directeur scientifique de ces expériences qui ont découvert le boson W.

Pour les balèzes

Bosons et fermions

Le vocable « boson » renvoie à une famille de particules (dont le comportement statistique a été explicité par le physicien indien S. Bose). Déjà Wolfgang Pauli avait compris que le monde des particules se divisait en grégaires et solitaires. Les briques de construction de l'Univers (électrons, quarks) sont plutôt solitaires et refusent l'entassement, et cette répulsion quantique entre électrons génère par exemple la structure du tableau périodique de Mendeleïev. On a dénommé fermions ou particules de Fermi les membres de cette première famille.

D'autres particules (dites de spin entier) acceptent d'être entassées à l'infini dans un tout petit volume, comme les photons dans une cavité LASER. Les paquets quantiques de Feynman véhiculent des forces à des énergies sans limites, ce qui suppose une densité de particules sans limites : la nature a logiquement retenu ces « particules de Bose » ou bosons comme médiateurs des forces.

Pour résumer, l'Univers quantique se divise en briques élémentaires (les fermions) qui subissent des interactions véhiculées par des bosons. Tout ça est finalement très simple.

Des quarks au Grand Tout

Vous vous souvenez de ce cousin de l'électron qui, à peine découvert, était déclaré « *persona non grata* » ? La raison de cette hostilité ouverte était bien simple : ce petit muon faisait désordre, on ne savait pas où le ranger ! Et l'histoire s'est ensuite reproduite, jusqu'à la bonne solution de classement.

Entre-temps, il a aussi fallu démêler le véritable élémentaire du faux, car le proton a fini par perdre son statut de particule élémentaire (et il n'est pas le seul).

Des pépins dans le nucléon...

Surfant sur l'équation de Louis de Broglie, les physiciens font donc monter la tension, allongent encore leurs tubes accélérateurs, et plongent ainsi le regard toujours plus profondément, atteignant pour finir l'intérieur des noyaux. Frôlé par des électrons survoltés, le proton forme une sorte de figure de diffraction, dont on déduit une sous-structure : les Américains Taylor, Kendall et Friedmann sont formels, le proton contient trois « pépins » ! Idem pour le neutron.

Dans un laboratoire de physique plus théorique, un certain Murray Gell-Mann joue avec les groupes de symétrie mis en vogue par Poincaré et Emmy Noether. Et le miracle se produit : ces dizaines de nouvelles particules, qui font le désespoir des amateurs de simplicité, Gell-Mann les réduit à de simples combinaisons mathématiques de trois entités fondamentales (seulement !).

Voulant sans doute garder le mystère sur leur nature, il baptise ses constituants « quarks », d'après un poème de Joyce plutôt énigmatique. Mais entre nous, les quarks des physiciens ne sont pas non plus des modèles de clarté.

Un Lego à base de quarks

Pour les balèzes

Le neutron et le proton existent aussi en versions fugaces, états excités à courte durée de vie, connus des seuls spécialistes. Ces « particules » se laissent expliquer par la seule combinaison de deux quarks, baptisés « u » et « d », porteurs d'une charge électrique fractionnaire, +2/3 pour le premier et pour le second –1/3. Le proton est un assemblage (u,u,d) et le neutron (u,d,d) : la charge totale est bien 1 et 0. Et lorsque le neutron se désintègre, c'est en réalité un processus entre quarks : $d \rightarrow u + e + \nu$.

Pour les balèzes

Dans les années quarante-soixante, les accélérateurs révèlent de nouvelles particules encore plus déroutantes. Elles se désintègrent selon des lois tellement étranges qu'on les baptise, dans un superbe effort d'imagination, « particules étranges » ! On leur dédie un nombre quantique sur mesure, le « nombre d'étrangeté ». Gell-Mann n'hésite pas : il doit exister un troisième quark, le quark « s » (étrange se dit ***strange*** dans la langue de Shakespeare). Et maintenant, les multiples combinaisons à deux ou trois quarks (u,d,s) et leurs antiquarks suffisent pour le grand rangement. Mais ce n'est pas que du classement, on calcule ainsi les multiples désintégrations, et on réussit même à prédire l'existence de particules nouvelles (le dénommé « Oméga moins », triplement étrange, a ainsi existé au tableau noir plusieurs mois avant d'être vu en chambre à bulles).

Un puzzle à douze pièces

Les particules faites de quarks sont sensibles à l'interaction forte, d'où leur nom de « hadrons » (de la racine grecque *hadros* qui signifie « fort »). En sus, nous avons encore le bon vieil électron, son cousin indésirable le muon, ainsi que le neutrino, tous trois complètement insensibles à l'interaction forte. De ceux-là, l'étymologie n'a retenu que leur légèreté, d'où leur nom de famille : les « leptons » (toujours le grec).

La table des particules réellement élémentaires ne contient que deux leptons (électron et neutrino « ν ») et deux quarks (« ***u*** » et « ***d*** »), pépins du proton. Le classement actuel distingue naturellement les forces auxquelles ces briques sont sensibles : le neutrino ne ressent que l'interaction faible (flèche légère sur la figure 13-8), la force électromagnétique n'a de prise que sur les particules chargées (flèche plus intense). Seuls les quarks ressentent l'interaction forte.

Figure 13-8 Quatre briques pour un Univers stable.

Ce tableau rassemble tout ce qu'il vous faut pour construire un Univers d'atomes et de molécules stables.

Oui mais… et le muon ? L'indésirable a pris sa revanche, il est réellement élémentaire ! On lui a ouvert une nouvelle ligne, aux côtés du neutrino qui l'accompagne toujours (et qui se distingue parfaitement de celui qui escorte l'électron). À cette nouvelle génération de leptons correspond une nouvelle paire de quarks, l'étrange « ***s*** » de Gell-Mann et le charmant « ***c*** ». Apparu en 1974, ce dernier fut dénommé quark de « charme » par plaisanterie, mais aussi par soulagement, car il résolvait de nombreuses anomalies. À cette seconde génération s'est rajoutée une troisième, deux leptons lourds et deux quarks super-lourds. Ensuite, étrangement, le jeu semble terminé.

On connaît au total six quarks et six leptons, d'où le tableau complet, qui inclut ces deux « générations », lourdes et très instables :

Figure 13-9

Les douze briques élémentaires de la matière.

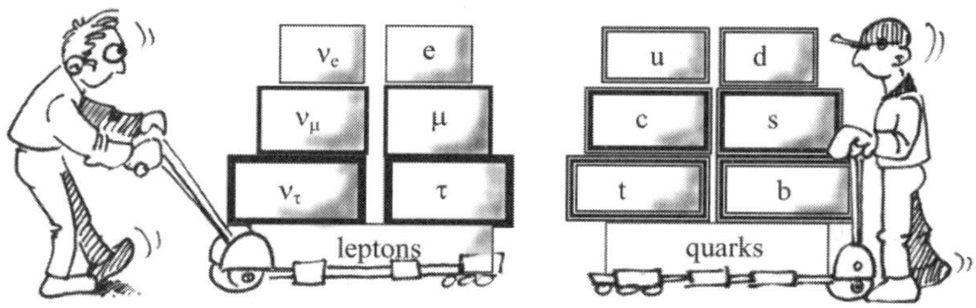

Seules douze particules ont gardé leur statut élémentaire, les centaines que l'on voit dans les accélérateurs ne sont que des assemblages. Cette table résume un siècle entier de recherches, de 1897 à 2000, entre la découverte de l'électron et celle du troisième neutrino. Notre Univers matériel est un jeu de construction à douze pièces.

Dans chaque colonne, la charge est la même : 0 puis -1 chez les leptons, et 2/3 puis -1/3. La raison de ce rangement est encore inconnue, on sait seulement que le compte est bon, car les cascades de désintégrations se passent toutes dans ce tableau. Les masses augmentent à chaque génération, et le quark le plus lourd, étiqueté « ***t*** » et découvert en 1994 à Chicago, a la masse d'un noyau de plomb ! Élémentaire, mon cher Watson ? L'histoire n'est sans doute pas finie…

Pour les super balèzes

La couleur des gluons

Le Nobel de 2004 a été décerné au trio Gross, Politzer et Wilzcek, les découvreurs de la structure mathématique de l'interaction forte. La cohésion des protons est assurée par des forces – très intenses – entre quarks. Cette interaction implique un nouveau type de « charge », grandeur plus complexe que la charge électrique. Les résultats expérimentaux prouvent, de manière certaine, que les quarks doivent exister sous *trois* états de « charge », dont la somme doit être nulle. Par simple analogie, on a dénommé cette grandeur à trois états « couleur », respectivement « bleu », « rouge » et « jaune », à cause de ce résultat bien connu que B + R + J donne du blanc (ou zéro). L'analogie peut être poussée plus loin, et puisque les antiparticules doivent porter une « anticouleur », les antiquarks portent les charges complémentaires « cyan », « jaune » et « magenta ».

La théorie dynamique des forces qui s'exercent entre particules « colorées », la *chromodynamique quantique*, décrit les forces entre quarks. Ce champ quantifié est porté par les « gluons », analogues du photon pour le champ électromagnétique. Le photon ne porte pas de charge électrique, mais les gluons sont, eux, porteurs de la nouvelle charge de couleur. L'interaction entre deux quarks est un échange de gluon, avec un changement de « couleur » qui doit respecter des règles de symétrie très strictes, règles données par la « théorie des groupes ». Ainsi, à tout couple couleur-anticouleur doit correspondre son gluon : il existerait donc neuf champs différents, mais les règles de composition interdisent une superposition particulière (dite diagonale) qui redonnerait du « blanc », donc un gluon non coloré.

Dans la QCD, l'interaction forte entre quarks implique finalement huit champs de couleur différents. Pour les forts en maths, ces huit gluons correspondent aux huit générateurs du groupe des transformations SU(3).

Et cette « particule de Dieu » ?

Le boson qui porte le nom de son inventeur Peter Higgs est une pièce maîtresse du modèle standard des particules élémentaires. Non pas dans le jeu de construction, mais dans la dynamique de l'unification. En 1979, le Nobel couronne Steven Weinberg et ses collègues, qui ont réussi à unifier les champs électromagnétique et nucléaire faible dans une seule forme mathématique, la « théorie électrofaible ». Cette prouesse a été possible au prix d'un champ nouveau, artifice de calcul et finalement découvert au LHC, après une quête d'un demi-siècle qui pourrait avoir son mot à dire dans les modèles du Big Bang.

La plus vieille particule de l'Univers ?

Pour les balèzes

On voit pourquoi le LHC (*Large Hadron Collider*) est aussi désigné comme un « tuyau à remonter le temps ». Mais il est inutile de se rendre à Genève pour obtenir des billets pour voyager dans le passé, les physiciens vont juste remonter le film des événements cosmiques en une suite de séquences claires. Nous présenterons quelques candidats à la « théorie du tout » dans un chapitre ultérieur.

Le boson de Higgs et sa découverte

Une belle théorie, mais qui ne colle pas à la réalité…

Rappelons que, selon le principe d'inertie de Galilée, une interaction est nécessaire pour modifier l'état d'une particule. Ces interactions sont les conséquences directes de symétries fondamentales de la nature.

Cependant, cette description posait un sérieux problème. Si elle fonctionne parfaitement pour l'interaction électromagnétique, elle échoue pour l'interaction faible. Selon la théorie, les bosons médiateurs Z_0, W_+ et W_- devaient être sans masse, tout comme le photon. Or, bien avant leur découverte, les expériences montraient qu'ils étaient massifs, avec des masses environ cent fois supérieures à celle du proton. Une contradiction majeure !

Une solution venue d'un champ mystérieux

La solution vint d'un mécanisme introduit « à la main » dans la théorie et dont le boson de Higgs est le résidu dont il fallait s'accommoder. Contrairement aux apparences, les physiciens ne sont pas prompts à introduire de nouvelles particules, surtout celles dont on n'avait détecté aucun signe. Ce qui était le cas du boson de Higgs.

Le problème se règle dès la naissance de l'Univers...

Le mécanisme de Higgs a permis, au passage, d'unifier deux des quatre forces fondamentales de la nature, la force électromagnétique et la force nucléaire faible.

Les physiciens partent d'un scénario initial où il y avait quatre bosons médiateurs sans masse, ainsi que des fermions sans masse également. La symétrie associée à cette interaction était ainsi respectée. Mais cette situation ne correspond pas à la réalité expérimentale.

Un nouveau champ à quatre composantes a été introduit « à la main ». Trois des bosons médiateurs initiaux « absorbent » trois des composantes de ce nouveau champ. Les termes qui en résultent ressemblent à des termes de masse, et les trois nouveaux bosons médiateurs qui en résultent sont ainsi identifiés aux trois bosons massifs connus de l'interaction faible. Le dernier boson initial reste sans masse et devient le familier photon, médiateur de l'interaction électromagnétique.

La quatrième composante restante du nouveau champ, introduite pour des raisons de symétrie, reste seule. Elle est interprétée comme une nouvelle particule, résidu de ce mécanisme : le boson de Higgs.

Puisqu'elle a survécu au mécanisme, le champ correspondant à cette nouvelle particule baigne tout l'Univers et interagit avec toutes les autres particules, en respectant les lois de conservation. L'interaction du boson de Higgs avec les fermions électriquement chargés donne naissance à des termes qui ressemblent aussi à des termes de masse. Bingo, les fermions chargés acquièrent aussi une masse.

Mais il est à qui, ce boson ?

Depuis son adoption définitive dans le modèle standard des particules élémentaires, ce boson est appelé boson de Higgs par la quasi-totalité des physiciens. La réalité est plus complexe. Il s'avère que deux physiciens belges, Robert Brout et François Englert, avaient publié le même mécanisme deux mois en 1964 avant Higgs, de manière totalement indépendante. La communauté s'est souvenue d'eux au moment où la recherche de cette particule battait son plein, lors du démarrage du LHC. On parlait alors du boson BEH, ou du mécanisme BEH, en utilisant les initiales des trois physiciens. D'ailleurs, le prix Nobel de 2013 a été décerné à Higgs et Englert, Brout étant malheureusement décédé en 2011. Un autre article proposant le même mécanisme a été publié un mois après celui de Higgs, par les Américains Gerald Guralnik, Carl Hagen et le Britannique Thomas Kibble. Certains ont donc parlé du mécanisme BEHHGK...

Mais, une décennie après les festivités de la découverte et du prix Nobel, on peut constater que l'appellation boson de Higgs a ressurgi et est de nouveau la plus utilisée...

Arrêtons-nous pour faire le bilan de ce mécanisme : il part d'un scénario où il existe une seule interaction, avec des médiateurs et des fermions sans masses, et où la symétrie est respectée, comme dans le monde idéal de la théorie quantique des champs ! Puis, en mettant à la main un champ à quatre composantes (techniquement, on parle d'un doublet de champs scalaires complexes), on se retrouve avec deux interactions, l'une à portée infinie, l'électromagnétisme, et l'autre à portée finie, la force faible, et avec des fermions massifs. C'est-à-dire comme dans le vrai monde que l'on observe ! La voilà la solution : la symétrie est brisée par ce mécanisme. La symétrie a dû être réalisée lors des premières dizaines de picosecondes de l'Univers, avec une interaction nommée électrofaible, qui s'est brisée en donnant les deux interactions que l'on connaît : l'interaction électromagnétique et l'interaction faible.

La particule de Dieu

Au moment de sa découverte, beaucoup de journaux ont parlé du boson de Higgs comme étant la « particule de Dieu ». Quand on connaît ses propriétés uniques, et le rôle qu'il a joué lors des tout premiers instants de l'Univers, beaucoup de termes grandiloquents viennent à l'esprit pour qualifier le boson de Higgs. Particule de Dieu est le titre d'un livre que Leon Lederman, physicien américain et prix Nobel en 1988, a consacré au boson de Higgs, en 1993. Ce titre est resté collé à cette particule, et il est parfois difficile de convaincre le grand public de la facétie de cette dénomination…

Les conséquences : pas très excitantes…

Oui, mais voilà, les scientifiques n'aiment pas les objets introduits à la main. Ils préfèrent que les prédictions coulent de source, à partir d'un nombre réduit d'hypothèses. Ce mécanisme est payé très cher : il introduit un couplage au boson de Higgs pour chaque particule massive, couplage qu'il ne prédit pas ! Il prédit aussi l'existence d'un autocouplage de ce même boson ainsi qu'une valeur fondamentale non nulle du champ de Higgs. C'est-à-dire que dans le vide, et en absence de toute particule, le champ de Higgs est non nul ! Pire que tout, il ne prédit pas la masse de la nouvelle particule. On ne sait donc pas comment faire pour la détecter ! Seule consolation, en supposant que la théorie de Fermi des interactions faibles est une version effective de la « vraie » théorie avec ses bosons intermédiaires, on arrive à calculer la valeur du champ de Higgs dans le vide : 246 GeV ! L'énergie équivalente à la masse de 262 protons (voir encadré ci-dessous). Une énergie énorme à l'échelle quantique. Surtout en l'absence de toute particule…

Les unités d'énergie et de masse

L'électron-Volt noté eV, et ses multiples, sont les unités d'énergie utilisées en physique atomique, nucléaire et en physique des particules. Un eV est l'énergie gagnée par un électron qui traverse une différence de potentiel électrique de 1 Volt. Un eV vaut 1.6×10^{-19} joules.

L'énergie d'un moustique en vol qui se déplacerait à un mètre par seconde est d'environ dix mille milliards d'électron-Volts. Autrement dit, de 10 000 Giga-électron-Volts ou GeV. L'énergie d'un moustique semble donc plus grande que celle des faisceaux du LHC, qui est de 7 000 GeV ! La différence est qu'un seul proton d'un faisceau du LHC possède une énergie de 7 000 GeV. Tandis que les 10 000 GeV du moustique doivent se répartir entre tous les protons et neutrons qui le composent, si nous négligeons les électrons. Sachant qu'un moustique de 5 mg contient environ 3×10^{21} protons et neutrons, nous obtenons une énergie ridicule de 0.33×10^{-8} eV pour chaque proton du moustique.

Une énergie est aussi équivalente à une masse, en vertu de la formule la plus connue de la physique, $E = mC^2$. Les physiciens des particules aiment travailler en « unités naturelles » où la vitesse C = 1 de la lumière. C'est pour cela que dans ce chapitre, la masse des particules est donnée en GeV, unité d'énergie. En guise de référence, un proton « pèse » 938 millions de eV ou 938 MeV..

Une autre particularité du boson de Higgs est que c'est une particule scalaire. C'est-à-dire qu'au repos, elle n'a pas de direction privilégiée, et que la particule que serait son image dans un miroir lui ressemble rigoureusement. Une sorte de particule idéale. Aucune autre particule fondamentale connue ne possède cette propriété.

Le modèle standard

C'est le modèle théorique développé dans les années 1960 et qui a reçu tellement de confirmations expérimentales dans les années 1970 qu'il s'est imposé comme le modèle décrivant les particules élémentaires et leurs interactions. Ses initiateurs ont reçu le prix Nobel de physique en 1979. Il s'agit des Américains Sheldon Glashow et Steven Weinberg et du Pakistanais Muhammad Abdus Salam.

Le modèle standard repose sur la théorie quantique des champs, un édifice admirable qui met en œuvre la physique quantique, la relativité restreinte, les symétries dont nous avons déjà parlé et dont la dynamique emprunte à la physique classique le concept de moindre action.

Ce modèle vole de succès en succès depuis des décennies et n'a pas encore été pris en défaut. Il le faudra pourtant, parce qu'il laisse sans réponses beaucoup de questions qui se posent naturellement en physique. Mais c'est une autre histoire...

La situation en l'an 2000

Nous avons planté le décor de ce qui va être une quête d'un demi-siècle, depuis les premières idées purement formelles des années 1960, jusqu'à la découverte du boson de Higgs au CERN en 2012. La recherche expérimentale du boson de Higgs ne démarrera qu'à la fin des années 1970, lorsque le modèle standard des particules élémentaires s'est imposé (voir encadré). C'est aussi la période où les constructions de plusieurs grands accélérateurs sont entreprises, ce qui aboutira finalement à la construction du collisionneur LHC qui a permis la découverte du boson de Higgs.

La théorie ne prédisant pas la masse du boson de Higgs, les expérimentateurs étaient obligés de le chercher partout ! C'est-à-dire là où ils pouvaient : aux énergies auxquelles ils pouvaient accéder, celles fournies par les accélérateurs du moment... À partir du début des années 1980, la recherche du boson de Higgs figurait en bonne place dans le programme de chaque nouvel accélérateur qui s'apprêtait à explorer des énergies plus grandes. C'est ainsi que quelques expériences de cette époque avaient exclu un boson de Higgs plus léger que 5 GeV.

L'âge d'or de la recherche du boson de Higgs commença par les grands collisionneurs électron-positron : CESR aux États-Unis, Petra en Allemagne, Tristan au Japon, puis SLC aux États-Unis, mais surtout LEP (Grand collisionneur électron-positon) au CERN, qui avait exploré les énergies les plus hautes, dans son tunnel long de 27 km. Les recherches de nouvelles particules étaient plus faciles auprès de ces collisionneurs car les électrons et les positrons sont des particules ponctuelles, fournissant des collisions dépourvues d'éclats, réduisant ainsi les particules parasites qui viendraient compliquer l'identification de l'état final.

Ces recherches furent sans succès et ne purent qu'établir une limite inférieure à la masse du boson de Higgs, à la fin de l'exploitation du collisionneur LEP, en l'an 2000.

Le fantôme d'Alfred Hitchcock travaillait-il au LEP ?

L'arrêt du LEP a donné lieu à un suspense inédit en science. Cela a marqué les journalistes scientifiques du monde entier, et contribué à la popularité du boson de Higgs. En effet, la communauté des physiciens des particules a cru fugacement apercevoir le boson de Higgs, dans les dernières données fournies par le LEP. Mais les physiciens du LEP n'ont pu mener à bout cette piste car LEP a été arrêté.

Nous voici donc en 2000, dans les derniers mois du LEP, collisionneur du laboratoire européen du CERN, situé en dessous de la frontière franco-suisse, pas loin de Genève. Après plus de dix ans de campagne, le résultat le plus important du LEP était de mettre fin à la multiplication des familles de particules, en montrant qu'il n'y avait que les trois familles déjà connues, et que toute autre famille additionnelle découverte dans le futur serait tellement différente des familles connues qu'elle nécessiterait un autre cadre théorique.

Durant la dernière période de son exploitation, le LEP fournissait des collisions électron-positron à une énergie totale de 192 GeV. Avec cette énergie, on pouvait rechercher le boson de Higgs jusqu'à une masse d'environ 100 GeV. La différence entre l'énergie totale fournie par l'accélérateur et la masse accessible du boson de Higgs allait dans le « système de recul », d'autres particules émises dans la direction opposée au boson de Higgs, de manière à respecter la loi de conservation de la quantité de mouvement. Lors des dernières semaines de l'exploitation du LEP, il a été décidé de le pousser au-delà des limites, afin de vérifier que le boson de Higgs n'était pas tapi dans les énergies immédiatement au-delà des 100 GeV réglementaires. Les risques étaient calculés, et celui de griller un aimant était acceptable vu qu'on allait de toute façon démanteler le LEP pour faire place nette au LHC, dans le même tunnel. Le LEP a ainsi atteint une énergie de 209 GeV. Des expériences ont alors donné l'impression que ce satané boson avait été attrapé dans leur détecteur, et qu'il avait une masse de 114 GeV. Oui, mais la signification statistique n'était pas suffisante (voir encadré). Les autres expériences du LEP ont été sollicitées, et, surprise, quand on additionnait les données des quatre expériences du LEP, la signification statistique du signal augmentait. Elle restait toutefois insuffisante pour crier à la découverte. Au comble de l'excitation, les physiciens du LEP ont demandé à la direction du CERN de permettre l'exploitation du collisionneur pour quelques mois encore, afin de transformer cette observation en découverte. La direction du CERN était dans une situation embarrassante. La possibilité d'une découverte fondamentale de portée historique d'un côté, et de l'autre, de grandes pénalités de retard à payer aux entreprises qui attendaient la fin des opérations afin de procéder au démantèlement du LEP. La direction du CERN a accordé deux mois de plus, ce qui n'a satisfait personne. D'autant plus que les données prises dans ces deux mois supplémentaires n'ont pas permis de trancher et la signification statistique est demeurée inférieure aux limites admises pour annoncer une découverte. L'état de frustration généré par la fin rocambolesque du LEP n'a été dissipé qu'au démarrage du LHC. Où l'on a vite compris qu'il n'y avait pas de boson de Higgs à 114 GeV. C'étaient simplement des fluctuations statistiques, une façon dont la nature nous taquine...

La signification statistique

La recherche de nouvelles particules dans un ensemble de données enregistrées par un détecteur auprès d'un accélérateur se résume souvent à un problème de comptage d'événements. Dans le jargon des physiciens des particules, un événement est le produit d'une seule collision, c'est-à-dire sa « photo » accompagnée de toutes les propriétés mesurées des diverses particules créées dans la collision. Une fois que l'on a tenu compte de tous les paramètres qui pourraient biaiser l'analyse, la situation devient très simple : si la particule n'existe pas, nous nous attendons à ne mesurer que des événements parasites, qui ressemblent aux événements où la particule recherchée est produite, mais qui n'en contiennent pas. Le nombre de ces événements parasites est souvent estimé par simulation, à l'aide des processus connus qui génèrent ces événements parasites. Si nous mesurons un nombre *compatible* avec le nombre d'événements parasites, nous pourrions conclure que la particule recherchée n'a pas été trouvée. Si nous observons un *excès* par rapport au nombre prédit d'événements parasites, nous pourrions conclure que nous avons découvert la particule. Mais ce n'est pas si simple. Tout est dans *compatible* et *excès*. En effet, les nombres sont sujets aux fluctuations statistiques. Les probabilités de ces fluctuations sont parfaitement calculables grâce à la loi de Poisson. À partir de quelle probabilité peut-on considérer que l'excès est dû à une nouvelle particule plutôt qu'à une fluctuation statistique ? La réponse est forcément arbitraire. En physique des particules, la convention est de ne crier à la découverte que si l'on a un effet de « 5 sigmas ». Ce jargon est emprunté à la

»

»

La signification statistique *(suite)*

loi de Gauss, vers laquelle tend la loi de Poisson pour les grands nombres. Un effet de « 5 sigmas » signifie que la probabilité d'une fluctuation est de 0,000 06 %. Et que donc il y a 99,999 94 % de chances pour que l'excès observé soit dû au phénomène recherché. Un tel degré de certitude est considéré comme exagéré dans beaucoup de disciplines. La complexité des détecteurs et des analyses en physique des particules incite les physiciens à beaucoup de prudence. L'exemple de l'aventure des derniers jours du LEP, relatée ci-contre, est éloquent.

La recherche du boson de Higgs était un des buts principaux du programme de recherche du LHC. Le LEP s'est terminé avec la conclusion que ce boson devait être plus lourd que 114 GeV. En ajoutant les calculs théoriques les plus récents, et les résultats des recherches au Tevatron, collisionneur proton-antiproton en service alors aux États-Unis, il est apparu en 2012, alors que la prise de données au LHC battait son plein, que le boson de Higgs devait également être plus léger que 152 GeV. La fenêtre se resserrait enfin. On allait bientôt l'avoir et le voir…

On prépare le matériel

Lors de la conception du LHC dans les années 1990, nous savions déjà que le boson de Higgs devait être plus léger que 1 000 GeV. Cette borne supérieure était imposée par des considérations théoriques générales, afin d'éviter des probabilités supérieures à 100 %. Pour être sûr de produire le boson de Higgs, il fallait donc atteindre au moins une énergie de 1 000 GeV. Une telle énergie n'était pas atteignable avec les accélérateurs préférés des physiciens que sont les collisionneurs électron-positron. En effet, à cause de leur légèreté, ces particules ont le mauvais goût d'émettre des rayons X en très grandes quantités quand elles tournent, comme dans les collisionneurs. Pire, la probabilité de ces émissions augmente avec la puissance quatrième de l'énergie que les accélérateurs leur fournissent. Plus on leur donne de l'énergie, plus ils la gaspillent ! Il était clair dès le début que l'accélérateur qui allait remplacer le LEP dans son tunnel allait être un accélérateur de protons.

Contrairement à l'électron, le proton n'est pas une particule fondamentale. Il est composé de quarks et de gluons, qui se partagent donc l'énergie du proton. À grande énergie, la collision entre deux protons est en fait une collision entre leurs composants. Seule l'énergie des composants participant à la collision est disponible. Si on veut atteindre 1 000 GeV, il faut en donner beaucoup plus aux protons. C'est ainsi qu'au début du projet, les protons du LHC devaient avoir une énergie de 8 000 GeV, avant que les concepteurs n'optent finalement pour 7 000 GeV.

Il aurait été plus intéressant d'avoir un état initial électriquement neutre, et de construire un collisionneur proton-antiproton, comme ses prédécesseurs le $Sp\bar{p}S$ au CERN ou le Tevatron aux États-Unis. Mais fabriquer des antiprotons coûte cher, et le choix s'est sagement porté sur un collisionneur proton-proton.

On prépare la stratégie

Le collisionneur fournit des collisions à des points précis le long des trajectoires circulaires des deux faisceaux. C'est autour de ces points que sont construits les détecteurs des particules, dont le but est de prendre des « photos » de chaque collision, de les numériser et de les mettre à disposition des physiciens pour les analyser. La conception des détecteurs auprès du LHC a commencé dès la fin des années 1980. Les expériences se sont formées et ont finalisé les choix de leurs composants au milieu de la décennie suivante. Quatre énormes détecteurs ont ainsi été construits autour des quatre points de collision du LHC. Parmi ces expériences, seules deux avaient vocation à rechercher le boson de Higgs. Ces deux expériences s'appellent ATLAS et CMS. Les deux autres expériences, LHCb et Alice, sont respectivement spécialisées dans l'étude des quarks lourds et des propriétés de l'interaction forte.

Nous avons déjà dit que la théorie ne prédisait pas la masse du boson de Higgs. Mais pour une masse donnée, la théorie prédit tout le reste : les mécanismes de sa production au LHC et leurs probabilités, les mécanismes de sa désintégration et leurs probabilités, et même les directions relatives des produits de sa désintégration. Tout cela est simulé par ordinateur, jusqu'aux « photos » des collisions qui produiraient le boson de Higgs. C'est grâce à ces simulations que les détecteurs ATLAS et CMS ont été optimisés de manière à maximiser leurs chances de détecter le boson de Higgs.

De tous les canaux de désintégration possibles du boson de Higgs, nous allons choisir sa désintégration en deux photons. Ce n'est pas la désintégration la plus probable, mais la plus simple : il suffit de détecter deux photons. La recherche semble donc aisée : il suffit de rechercher les « photos » qui contiennent deux photons. La réalité est plus compliquée.

Dans la multitude d'interactions hadroniques dans les collisions du LHC, beaucoup de photons sont émis. Il y a ainsi beaucoup de collisions contenant deux photons qui ne sont pas originaires de la désintégration du boson de Higgs. La probabilité de telles collisions est même très largement supérieure à la probabilité de production du boson de Higgs et de sa désintégration en deux photons. Que faire alors ?

Le détecteur ne fournit pas seulement la « photo » des produits de la collision. Il mesure aussi les énergies et les directions de ces produits. Nous connaissons donc les énergies des deux photons, et nous pouvons facilement calculer l'angle que forment leurs deux directions. La cinématique élémentaire, combinée aux lois de conservation, nous permet de calculer la masse du boson de Higgs qui aurait donné naissance aux deux photons. Seuls les deux énergies et l'angle entrent dans ce calcul. Et c'est là que cela devient intéressant. Si les deux photons ne viennent pas d'un boson de Higgs, la masse ainsi calculée n'a aucun sens, et sa distribution formera un patatoïde difforme. En revanche, les photons issus de la désintégration du boson donneront toujours la même masse, celle du boson. Leur distribution sera un pic centré autour de la masse du boson de Higgs. Donc, si le boson de Higgs existe, et s'il est à une énergie accessible, et s'il se désintègre en deux photons, il suffit de rechercher un pic sur un patatoïde. En prime, la position du pic nous donnera la masse de la bestiole.

Et voilà le travail !

Et c'est comme ça qu'il a été trouvé ! Les figures ci-après ont été montrées lors de l'annonce de la découverte du boson de Higgs, le 4 juillet 2012. On y voit des bosses, dans la distribution de la masse de deux photons telle que l'ont mesurée ATLAS et CMS. Les bosses sont des pics élargis par la précision des détecteurs. Point crucial : les bosses apparaissent à la même masse, 125 GeV, dans les deux expériences dont les données sont indépendantes. Le boson de Higgs est découvert, et sa masse est de 125 GeV.

Figure 13-10

La distribution de la masse de la particule qui se serait transformée en deux photons, telle que l'ont mesurée les expériences ATLAS et CMS en 2012, auprès du LHC, collisionneur proton-proton situé au laboratoire européen pour la physique des particules (CERN, à Genève). On voit distinctement la bosse issue du boson de Higgs sur le fond issu de la production aléatoire de deux photons.

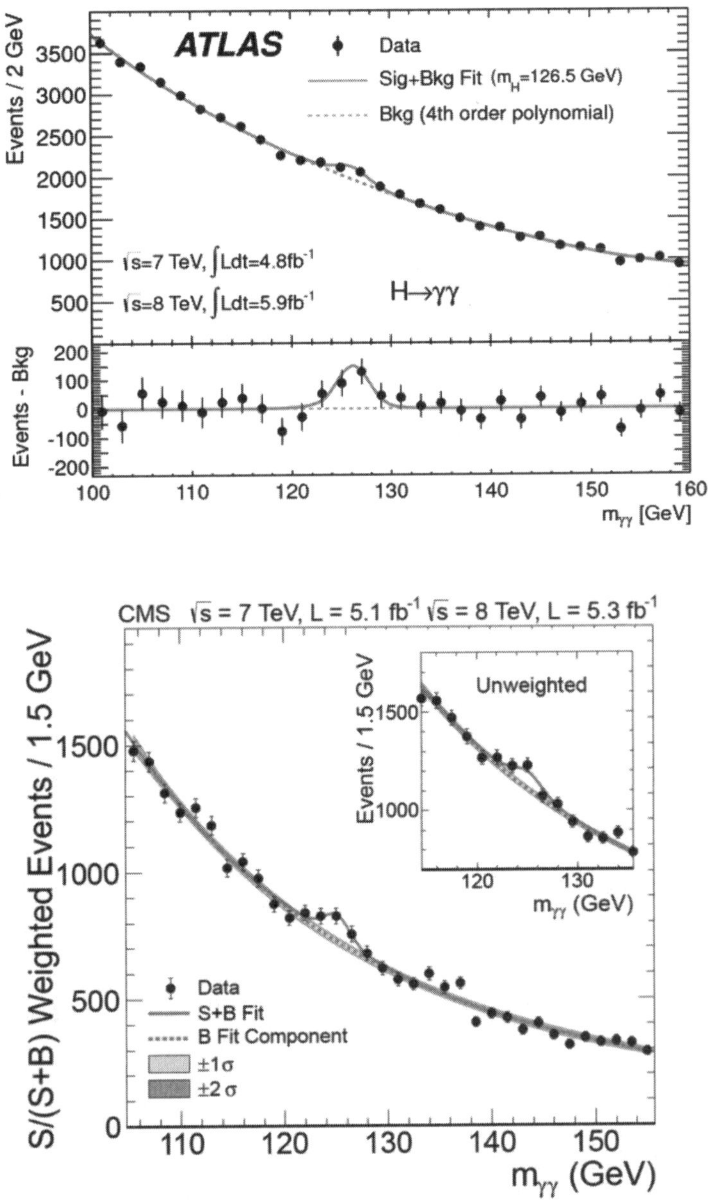

Source : ATLAS Collaboration, Observation of a new particle in the search for the Standard Model Higgs boson with the ATLAS detector at the LHC, Phys. Lett. B716 (2012) 1 ; CMS Collaboration, Observation of a new boson at a mass of 125 GeV with the CMS experiment at the LHC, Phys. Lett. B716 (2012) 30.

D'autres canaux ont aussi contribué à la découverte, la rendant plus robuste. Dans les années suivantes, d'autres canaux, moins probables ou plus difficiles à débusquer, ont été identifiés dans des proportions en parfait accord avec les prédictions théoriques. Des études plus fines ont pu séparer les différents mécanismes de production du boson de Higgs. ATLAS et CMS ont aussi réussi à établir son caractère de particule scalaire. Bref, tout semble indiquer que la particule découverte est bien le boson de Higgs du modèle standard.

Le boson de Higgs : un portail pour la « nouvelle physique » ?

L'histoire n'est pas terminée pour autant. Il y a encore des désintégrations prédites mais non encore observées. Il reste aussi la mesure du couplage du boson de Higgs avec lui-même. Cet autocouplage est crucial pour le rôle de briseuse de symétrie que tient cette particule dans l'édifice théorique. Pour le mesurer au LHC, il faut sélectionner des collisions où deux bosons de Higgs sont produits. Une telle production est mille fois moins probable que celle d'un boson unique et il sera difficile de réaliser une telle mesure au LHC, même dans son ultime version, le HL-LHC, où le taux de collisions sera multiplié par 7, et qui fonctionnera entre 2029 et 2041.

Pour produire confortablement deux bosons de Higgs et pouvoir mesurer directement son autocouplage, il faudra peut-être attendre le prochain collisionneur proton-proton du CERN, qui délivrera une énergie totale de 100 000 GeV, et dont les projections les plus optimistes prévoient le démarrage en 2073...

L'étude du boson de Higgs se poursuivra donc au HL-LHC. Il s'agit de mesurer ses propriétés avec la plus grande précision possible. L'espoir est qu'au moins une de ces mesures contredise les prédictions théoriques du modèle standard, ouvrant ainsi la porte à d'autres théories, qui pourraient répondre aux questions laissées en suspens par le modèle standard. Il y a aussi la recherche de désintégrations non prévues par ce modèle, comme la désintégration du boson de Higgs en une paire de particules constituantes de la matière noire, dont la recherche demeure infructueuse. Comme les autres particules lourdes connues (quarks b et t, bosons intermédiaires), le boson de Higgs est considéré comme un possible portail à de la « nouvelle physique », en dehors du modèle standard.

Des projets pour le futur

Maintenant que nous connaissons sa masse, il y a une façon plus confortable d'étudier le boson de Higgs, dans un environnement sans éclats parasites et sans incertitudes liées à la nature composite des protons : auprès d'un collisionneur électron-positron. Un tel projet existe et porte le nom provisoire de FCC pour futur collisionneur circulaire. Il s'agit de creuser un tunnel circulaire de 91 km de circonférence, dans le Genevois près du CERN, et d'y installer un accélérateur électron-positron qui délivrerait des collisions à une énergie totale de 240 GeV, l'énergie où la production du boson de Higgs est maximale. La grande circonférence de ce projet est nécessaire pour réduire les émissions des rayons X dont on a déjà parlé, mais aussi pour pouvoir faire tourner les électrons et les positrons avec des champs magnétiques plus petits. Il y aurait quatre points de collision, ouvrant la voie à quatre expériences. Chaque expérience collecterait 2 millions de bosons de Higgs en trois ans d'exploitation. Les projections montrent que FCC permettra de réaliser des mesures plus précises et d'observer des désintégrations plus rares que ce qui pourrait être fait au HL-LHC.

Le programme scientifique du FCC prévoit une exploitation d'une quinzaine d'années et comporte d'autres mesures et recherches, ayant toutes pour point commun de prendre le modèle standard en défaut et de tenter d'identifier la théorie dont le modèle standard ne serait que la manifestation effective à des énergies autour de 100 GeV. À la fin de ce programme, ce serait ce tunnel qui servirait à l'installation du collisionneur proton-proton à 100 000 GeV dont on a parlé plus haut pour réaliser la mesure directe de l'autocouplage du boson de Higgs.

Ce projet n'est pas unique. Les physiciens chinois se préparent à soumettre un projet similaire, et le projet d'un accélérateur linéaire électron-positron continue de séduire nombre de physiciens. Ces projets sont sur les bureaux des gouvernements qui prendront des décisions dans les années à venir.

Et les neutrinos ?

Nous avons cru les neutrinos sans masse depuis leur découverte. En 1999, en mesurant leurs changements spontanés d'identité, phénomène qui ne peut se produire que si les neutrinos sont massifs, l'expérience Kamiokande au Japon a montré que les neutrinos possèdent des masses. Minuscules, certes, mais non nulles. Et inconnues jusqu'à aujourd'hui, car trop petites pour nos instruments.

Contrairement aux autres fermions, la masse des neutrinos n'est pas due au boson de Higgs. L'origine de leurs masses est encore inconnue et demeure l'objet d'un programme de recherche soutenu.

L'angoisse du pèse-personne

L'un des rôles du boson de Higgs est de générer la masse des fermions chargés. Et donc, la masse des quarks. Comme les quarks constituent les protons et les neutrons, qui eux-mêmes constituent toute la matière ordinaire, y compris nous-mêmes, on serait tenté de faire au boson de Higgs le procès de l'excès de masse dont se plaignent beaucoup de personnes...

Le boson de Higgs est totalement innocent de cette accusation. En effet, la masse des quarks ne représente que 1 % de la masse des protons et neutrons. Le gros de leur masse vient de leur énergie de liaison, mise en œuvre par l'interaction forte pour assurer leur cohésion.

En consultant votre balance, laissez donc le boson de Higgs en paix et maudissez l'interaction forte !

Partie 4

Vers les applications...

Dans cette partie...

Nous avons vu, dans les trois premières parties, comment l'édifice scientifique s'est construit. Et maintenant tout ça, à quoi ça sert ? Tout d'abord à connaître l'heure, à savoir où nous sommes exactement, mais nous verrons que c'est la même chose ! Et puis, nous sommes à l'époque de la communication, nous voulons tout voir, tout entendre, ça aussi c'est une affaire de physique.

DANS CE CHAPITRE

Chapitre 14

Avec le temps, va… : la mesure du temps

On sait perdre son temps, le gagner et accessoirement le tuer. Le temps échappe à nos sens, même si nous sommes tous certains qu'il s'écoule inéluctablement. La seule façon de pouvoir se sentir un peu « maître du temps » est de définir une échelle de temps : une sorte de système non ambigu de datation des événements.

Plusieurs milliers d'années avant notre ère, la régularité cyclique des saisons, de la lune et de l'alternance des jours et des nuits était attribuée aux dieux. Les premiers à avoir le privilège de la connaissance de l'heure étaient les prêtres, qui observaient le mouvement des astres pour fixer le moment de la prière. Progressivement, la mesure du temps va se défaire de cette relation avec l'astronomie. L'homme va inventer des dispositifs qui laissent s'échapper des morceaux de temps pour les compter. Mais pour qu'il accepte de se soumettre à ce temps artificiel, il a fallu rendre ces étalons à la fois plus précis et plus objectifs. Il n'existe pas d'horloge unique cachée quelque part dans l'Univers, qui décompte le temps sans erreur de façon uniforme et absolue. Une horloge n'est jamais isolée de son environnement. Aucun mouvement de la nature n'est totalement insensible à l'observation, transportable d'un point à un autre.

Le regard du physicien sur le temps est à la fois pragmatique et conceptuel. Pour lui, la mesure effective du temps se limite à celle des durées donc des intervalles de temps. Le paramètre temps n'est pas vraiment une grandeur observable, même si le physicien doit construire ce concept pour l'intégrer dans les équations d'évolution. Les deux choses sont intimement liées. La réalisation d'une horloge est sous-tendue par une théorie du temps. Galilée sera le premier au début du XVIIe siècle à concevoir le temps comme grandeur physique fondamentale. Pour Newton, le temps s'écoule uniformément à la même vitesse partout dans l'Univers. Avec Einstein, le temps devient plastique. En changeant d'observateur, le temps se transforme en partie en espace, et l'espace se transforme en partie en temps. Le temps est bien ce que m'indique ma montre. Vive la confusion générale !

Dans une de ses toutes premières nouvelles, Jules Verne nous conte l'histoire fantastique de cet horloger capable de réaliser des horloges parfaites qui ne se dérèglent jamais. Il se croit devenu maître du temps, et donc du monde. Il n'échappera pas à son destin tragique : « Qui tentera de se faire l'égal de Dieu sera damné pour l'éternité. » Les physiciens ont pourtant quasiment réussi cette maîtrise extrême sans s'attirer les foudres divines. La performance actuelle est d'une seconde d'erreur en trois millions d'années. Et vous êtes tous bénéficiaires de cette précision : elle a d'ores et déjà pénétré dans votre vie quotidienne et en plus à votre insu (de votre plein gré !).

Le temps du physicien

Peut-on retourner le temps comme un gant ? Le temps est-il élastique ? Pour avoir une prise sur le temps afin de l'intégrer dans les équations d'évolutions, il faut d'abord définir une échelle non ambiguë de temps.

« Ce qu'indique l'aiguille de ma montre »

Une horloge est « ce qu'indique l'aiguille de ma montre », a déclaré Einstein.

Le calendrier est construit sur une idée commune à tous : on compte le nombre de jours. Cette échelle de temps sur laquelle tout le monde s'accorde nous indique une première coordonnée de temps. Ensuite, on peut estimer une fraction de journée à l'aide d'un pendule de longueur donnée. Cette masse accrochée à un fil va rythmer le temps et définir une horloge. Il suffit de compter le nombre d'oscillations du pendule idéal sans frottements donc sans amortissement.

Cette procédure pose un problème car elle dépend de l'observateur. Le champ de pesanteur n'est pas exactement identique aux divers points du globe. L'intensité de la pesanteur augmente en partant de l'équateur pour se diriger vers l'un des pôles. La marche de votre horloge s'en trouve affectée. Durant une journée solaire, un pendule à Paris oscillera moins vite que le même pendule placé à Orléans, par exemple. Le temps propre indiqué par le nombre d'oscillations est donc spécifique à chaque point. Ce temps propre n'a donc qu'une définition locale et ne peut être utilisé qu'au voisinage de l'instrument de mesure. En revanche, la coordonnée de temps établie sur le décompte des jours est de portée globale, même si cette échelle est strictement conventionnelle. Cette coordonnée permet une datation dénuée d'ambiguïté d'un événement quelconque.

La gravitation ralentit les horloges

On peut argumenter que cette distinction entre échelle de temps commune à tous les observateurs immobiles les uns par rapport aux autres et temps propre d'un observateur est purement artificielle. Il suffirait de changer de mécanisme d'horloge en prenant un ressort horizontal, ou un mécanisme électrique. La période d'un tel oscillateur ne dépend pas de l'intensité du champ de pesanteur local.

Dans la théorie de la relativité générale, Albert Einstein a dégagé quelque chose de beaucoup plus subtil. Pour lui, une horloge locale va être affectée par le champ de gravitation, et cela quel que soit le mécanisme physique à l'œuvre !

Dans un premier temps, nous allons ignorer cette complication. Faisons comme si la relativité n'avait pas encore été inventée, et prenons le temps comme il apparaît à nos montres, comme un simple tic-tac qui permet de repérer une suite d'événements qui « se déroulent ». Comme le numéro d'image sur un film. Avec cette définition simple du temps, Newton et Laplace ont inventé la mécanique, dans laquelle le temps peut se retourner comme un gant.

On retourne le temps dans les équations…

… mais pas dans toutes ! Vous pouvez deviner à l'aide d'une foule de détails qu'un film est projeté à l'envers. Mais ce n'est pas toujours aussi simple. Prenons l'exemple d'un régiment de soldats défilant au pas. Vu d'hélicoptère, c'est un mouvement d'ensemble du groupe. Mais on est incapable de déterminer l'orientation du temps à partir du mouvement du groupe. En revanche, un régiment d'ivrognes n'aura pas le même comportement. À partir d'un certain taux d'alcool, la mémoire immédiate s'estompe. L'ivrogne ne sait plus s'il doit avancer ou reculer. Il choisit au hasard à chaque pas. Vu de haut, le groupe d'individus va progressivement se disperser. Vous pouvez alors être quasi certain de prévoir le sens de projection du film. Il est très peu probable que des marches au hasard aboutissent à un regroupement en un point donné.

Ces deux comportements d'évolution sont observés dans un grand nombre de systèmes physiques. Pour aller deux fois plus loin, il faut deux fois plus de temps. C'est une propagation d'un signal ondulatoire. Une sorte de mouvement ordonné comme le régiment allant au pas.

Pour une marche au hasard, il faut quatre fois plus de temps pour aller deux fois plus loin en moyenne. Ce sont les phénomènes de diffusion. Le temps n'apparaît pas de la même façon dans les équations mathématiques qui gèrent des phénomènes. La physique des ondes est gouvernée par une équation de propagation dite « équation de D'Alembert ». Si vous retournez le temps en le changeant en son opposé, l'équation ne change pas. Dans ce sens, il n'y a pas de passé et de futur pour une onde. Si vous renversez le temps dans une équation de diffusion, les solutions changent profondément et deviennent physiquement incohérentes.

En physique quantique, le temps pose aussi problème. Contrairement à d'autres paramètres physiques, le physicien ne peut associer un opérateur à la variable temps. Le temps n'est pas une grandeur observable d'un système physique, ce qui n'empêche pas d'utiliser la variable temps pour prévoir son évolution. Finalement, le temps reste une énigme. Personne ne l'a jamais vu, personne ne sait le définir de manière absolue... mais tout le monde l'utilise.

Onde, retourne d'où tu viens !

Vous souffrez d'un calcul rénal que le médecin essaye de détruire par des ultrasons. Pour détruire ce calcul repéré par rayons X, rien de mieux que les ultrasons si vous voulez éviter le bistouri. L'efficacité est pourtant assez limitée. Soixante-dix pour cent des ondes ratent leur cible même si les salves ultrasonores sont bien focalisées, il faut dire que pour arriver au cœur de votre rein, les sons doivent se frayer un chemin dans un milieu très peu homogène.

Les miroirs acoustiques à retournement temporel (voir Figure 14-1) vont doper la focalisation des ultrasons sur votre calcul rénal. Pour cela, il faut des dispositifs capables de servir d'émetteur ou de récepteur. Ces transducteurs piézoélectriques génèrent une tension électrique quand ils reçoivent une onde acoustique (rôle de capteur), mais ils peuvent aussi produire une onde acoustique quand on leur applique une tension électrique (rôle d'émetteur).

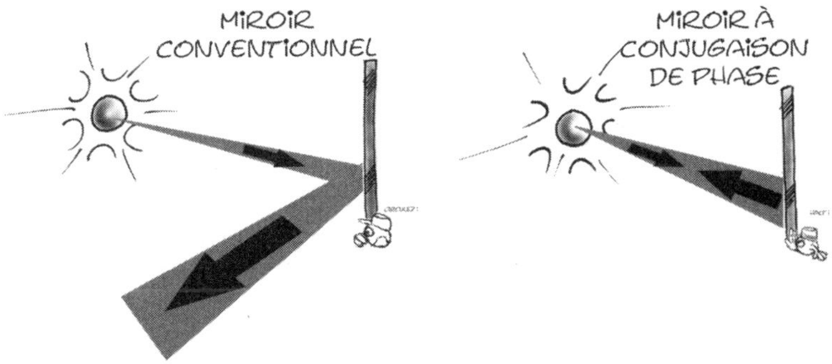

Figure 14-1 Un miroir à retournement temporel.

Dans un premier temps, les émetteurs-capteurs placés en réseau envoient sur la zone à étudier des impulsions ultrasonores. L'écho enregistré par les divers capteurs est alors mémorisé. Les signaux sont ensuite renvoyés en verlan : les premiers arrivés repartent en dernier. L'onde revit ainsi les étapes antérieures de sa propagation (toute analogie avec des séances chez le psy est évidemment fortuite !) et se concentre sur le point source initial. Cette focalisation en retour fonctionne très bien même dans un milieu assez chaotique comme le corps humain. Avant de réémettre les signaux, on peut les amplifier afin de dégager une énergie élevée dans une zone restreinte autour du point de focalisation sur une distance de l'ordre de la longueur d'onde.

Les miroirs à retournement temporel sont très particuliers. Lorsque vous vous regardez dans une glace, la lumière réfléchie semble provenir de votre image que l'on qualifie alors de virtuelle. Dans les miroirs à retournement temporel, l'onde qui est renvoyée fait en quelque sorte marche arrière et revient au point d'émission. Une onde temporellement inversée se propage donc comme une onde directe qui remonterait le temps.

L'horloge du Système solaire

Notre Système solaire est apparemment un modèle de régularité. Il rythme le temps de l'homme depuis la nuit des temps. Mais Newton prévient dès 1687 qu'« il est possible qu'il n'y ait point de mouvement parfaitement uniforme qui puisse servir à la mesure du temps ».

Pourquoi vingt-quatre heures dans une journée ?

L'alternance nuit-jour est utilisée depuis des millénaires pour construire des calendriers. La subdivision en tranches de temps plus fines va mobiliser un système de numération. Pour les rythmes temporels, nos habitudes remontent loin dans le temps : à Babylone, il y a environ cinq mille ans. Les Babyloniens avaient l'habitude de compter par paquets de soixante. Ils distinguaient dans une journée trois périodes pour le jour et trois pour la nuit. Comme le Soleil fait un tour de 360 degrés en une journée, le compte est bon. L'usage des trois phases de la journée est resté : le matin, l'après-midi et le soir. Nous conservons aussi l'habitude de compter par paquets de soixante les secondes et les minutes. Pour les besoins du commerce, les astronomes ont décidé de diviser chacune de ces six périodes en deux puis en quatre. La journée de vingt-quatre heures était née.

Il est midi au Soleil, mais pas aux étoiles

Plantez un bâton dans le sol. Quand l'ombre sera la plus courte, il sera midi au Soleil. Vous recommencez le lendemain pour mesurer la durée du jour... et vous obtenez vingt-quatre heures entre vos deux mesures. Si vous êtes insomniaque, vous pouvez utiliser la Grande Ourse, par exemple, pour faire la même opération... et vous n'obtenez pas vingt-quatre heures ! Au Soleil, vous mesurez le jour solaire comme il se doit. Avec une étoile, vous obtenez le jour sidéral qui est un peu plus court que le jour solaire. Pour revenir dans la même position par rapport au Soleil, la Terre doit faire un peu plus qu'un tour sur elle-même, car entre-temps le centre de la Terre s'est déplacé par rapport au Soleil.

En une année, la Terre a tourné de 360 degrés autour du Soleil. En une journée, l'angle parcouru est de presque 1 degré. Pour passer d'un midi au Soleil au suivant, la Terre fait un tour complet plus un degré. La durée est de vingt-quatre heures en moyenne sur l'année. Le jour sidéral correspond à 360 degrés tout rond. Sa durée s'obtient en enlevant $24 \times 60 \times \frac{1}{361} \cong 4mn$ au jour solaire pour trouver exactement 23 heures 56 minutes et 4,09 secondes.

Figure 14-2 Le jour sidéral est un peu plus court que le jour solaire.

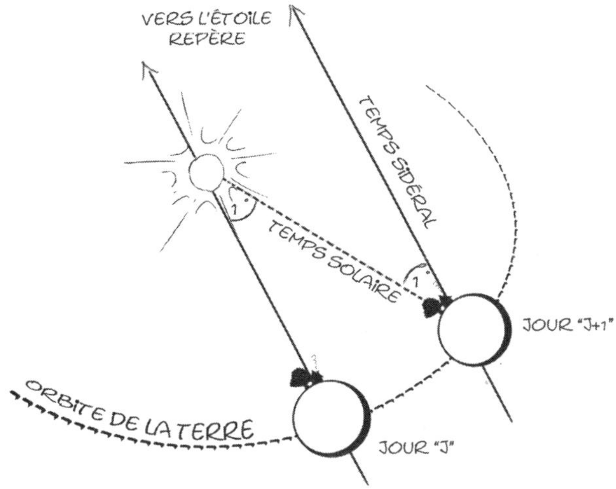

Le jour solaire n'a pas toujours vingt-quatre heures

La Terre ne tourne pas autour du Soleil suivant une orbite parfaitement circulaire mais elliptique. La vitesse de la Terre n'est donc pas constante dans sa course autour du Soleil. En se rapprochant du Soleil, la Terre accélère un peu. La vitesse est maximale au point le plus proche début janvier. Elle est minimale début juillet. L'angle auquel a tourné la Terre varie donc légèrement au long de l'année. De ce fait, le jour solaire vrai varie entre 23 heures 59 minutes 39 secondes et 24 heures 0 minute 36 secondes. Cumulé sur plusieurs jours, l'écart entre l'heure solaire vraie (en prenant la durée exacte du jour) et l'heure solaire moyenne (avec la valeur moyenne de 24 heures) peut aller jusqu'à plus ou moins 16 minutes. Donc si vous êtes en retard au travail, vous pouvez toujours tenter cette excuse : c'est la faute du Soleil...

La durée des saisons

Le printemps commence à l'équinoxe de printemps lorsque la durée du jour est égale à celle de la nuit à la sortie de l'hiver. Le début de l'automne est marqué par l'équinoxe de même nom. À ces dates particulières, les positions de la Terre sont diamétralement opposées par rapport au Soleil. Le solstice d'hiver correspond à la durée minimale du jour dans l'hémisphère Nord. Le solstice d'été correspond à la durée maximale du jour. Les positions de notre planète sont à l'opposé l'une de l'autre lors des solstices. La Terre est une gigantesque toupie dont l'axe reste fixe dans l'espace en dépit de la rotation autour du Soleil. Pour passer du début d'une saison au début de la suivante, il faut tourner de 90 degrés dans le plan de la trajectoire terrestre. Quelle est alors la durée d'une saison ? Cela semble évident. On divise 365 jours par quatre, soit 91 jours et 6 heures. Le résultat obtenu est faux ! Les saisons n'ont pas la même durée. Vous pouvez vérifier sur un calendrier.

La raison de cette différence vient de la forme de la trajectoire terrestre. Si elle était circulaire, les saisons seraient de durée égale car la vitesse de la Terre serait alors constante. Mais la trajectoire circulaire est légèrement déformée en ellipse.

Figure 14-3

L'été est plus long que l'hiver... dans l'hémisphère Nord.

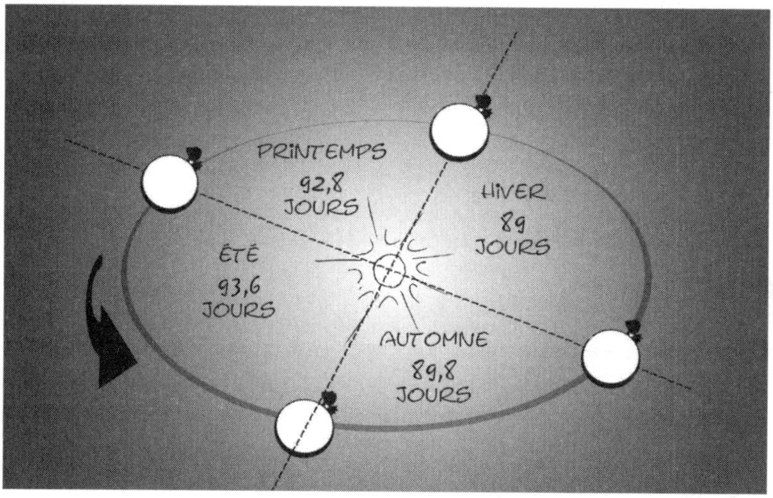

En exploitant la durée des saisons, les astronomes du Moyen Âge avaient déterminé avec précision l'excentricité qui traduit la déformation de la trajectoire réelle par rapport au cercle.

La Terre ralentit... et la Lune a déjà fini

Il y a trois cents millions d'années au Carbonifère, la durée du jour n'était que de vingt-deux heures. Si la durée du jour s'allonge, c'est que la Terre tourne sur elle-même de moins en moins vite. Le jour solaire moyen augmente actuellement de 16 microsecondes par an. Tous les deux cents millions d'années, il faut une heure de plus à la Terre pour boucler un tour complet autour du Soleil. Les dates des éclipses de l'Antiquité avaient mis la puce à l'oreille de Halley, ami de Newton et premier spécialiste des comètes. Il s'était rendu compte d'un léger décalage entre les dates calculées des éclipses et les dates conservées dans les archives. Il en avait conclu fort logiquement que l'horloge de la rotation terrestre ralentissait lentement mais sûrement. La durée du jour ne va pas s'allonger indéfiniment : elle se stabilisera autour de 47 heures dans quelques milliards d'années.

Mais il n'y a pas que la Terre qui ralentisse. Des anneaux de croissance dans le corail fossilisé indiquent que la période des marées était différente il y a 360 millions d'années. La période de révolution de la Lune autour de la Terre devait donc être différente. Il n'y a pas de raison que ce processus s'arrête. Rassurez-vous, nous n'allons pas perdre la Lune. Le rayon de son orbite va continuer à augmenter jusqu'à ce que la Terre soit dans le même état que la Lune actuelle. La période de révolution de notre satellite naturel s'est déjà calée sur la période de révolution orbitale autour de la Terre. C'est pour cela que nous voyons toujours la même face.

Un effet collatéral des marées

Les énormes masses d'eau qui se déplacent lors des marées dissipent une grande quantité d'énergie du fait des divers frottements. Pour payer cette facture énergétique, la Lune s'éloigne de la Terre au rythme annuel de 3 à 4 centimètres par an. Les variations de vitesse de rotation de la Terre et de la Lune vont de pair avec un allongement de la distance entre les deux astres. Nous sommes dans une situation analogue à une patineuse effectuant des tours sur elle-même. En écartant les bras, la vitesse de rotation diminue. C'est une manifestation de la conservation d'une grandeur physique que l'on appelle « moment cinétique ». Pour le système Terre-Lune, c'est un peu pareil, mais en plus compliqué, car il y a plusieurs mouvements de rotation interdépendants.

Le mécanisme de freinage est le suivant. La Lune n'exerce pas exactement la même force sur tous les points de la Terre car la distance avec le centre de la Lune varie un peu d'un point à l'autre. La Terre se déforme légèrement sous l'action de ces forces. Il y a des « marées terrestres ». Tous les jours vous montez puis redescendez de 30 centimètres, même sur le plancher des vaches. Les masses d'eau sont plus sensibles à cette action lunaire. Lorsque notre satellite naturel passe au-dessus d'une mer ou d'un océan, l'eau monte en formant une sorte de bourrelet : c'est la marée haute. Ce renflement des masses océaniques essaye de rester aligné avec la Lune en suivant son mouvement de rotation autour de la Terre. Mais il est en fait légèrement écarté de l'axe Terre-Lune. Notre satellite a donc tendance à tirer en permanence ces masses d'eau en arrière, freinant la totalité du globe terrestre.

La Terre ne tourne pas rond !

À côté de ces tendances sur le très long terme géologique, il y a aussi des perturbations de la durée du jour sur les échelles de temps plus proches de la vie humaine. La conservation du moment cinétique va encore frapper !

Pour les balèzes

Une orange pressée !

Lors de la création d'un cyclone dans le golfe des Caraïbes, les masses d'air accumulent du moment cinétique du fait de leur rotation autour de l'œil du cyclone. De ce fait la Terre doit compenser en baissant légèrement sa vitesse de rotation. La tempête passée, la Terre revient à sa vitesse initiale. L'inversion du courant océanique El Niño sur une période de deux ans modifie pour la même raison la durée du jour d'une milliseconde environ.

Lors de la dernière époque glaciaire, il y a 18 000 ans, le Canada et la Scandinavie étaient couverts de glace. Comme la Terre se comporte comme un corps visqueux, la croûte terrestre s'affaisse sous le poids des calottes glaciaires et repousse de la matière vers l'équateur. Le globe terrestre est donc déformé, un peu comme une orange pressée entre les paumes des mains. Lorsque les glaces fondent, la pression sur la croûte terrestre baisse et le renflement équatorial de la Terre diminue. On se retrouve dans le cas de la patineuse qui rapproche les bras et donc voit sa vitesse de rotation augmenter. De ce fait, la durée du jour a donc diminué depuis l'homme de Cro-Magnon.

On prépare le terrain pour le pendule

Bien avant le Moyen Âge, de nombreux dispositifs ont été mis au point pour estimer le rythme du temps qui passe. Le pendule va s'imposer au XVIIe siècle sous l'impulsion de Huygens, qui fera une synthèse brillante des acquis de ses prédécesseurs. La montre est née.

Le temps part en fumée ou ruisselle

Le cadran solaire a été le premier dispositif répandu pour estimer l'heure de la journée, avec un défaut majeur : pas de soleil, pas d'indication de l'heure. Il fallait donc mettre au point d'autres instruments de mesure d'intervalles de temps. Au VIIIe siècle, un moine bénédictin a eu l'idée de graduer un cierge afin de déterminer la durée d'un office. Le cierge paré de clous équidistants indiquait l'heure à chaque fois que le choc du clou libéré par la combustion de la cire tombait par terre. À l'époque, la cire était un produit très cher. Le jeu n'en valait pas la chandelle au sens strict du terme. Les ventes aux enchères sont un vestige de cette période où le temps partait en fumée. Pour les poètes et les peintres, le sablier demeure l'image favorite du temps qui passe. Son inconvénient est qu'il faut souvent le retourner pour mesurer des intervalles de temps relativement longs. Du fait de sa robustesse, l'usage du sablier était répandu sur les navires pour marquer le début des veilles de quart.

L'eau comme le sable sont une métaphore du temps qui s'écoule. La clepsydre est une horloge à eau connue aussi bien des Égyptiens que des Amérindiens ou des Grecs. Un vase percé d'un trou laisse couler de l'eau. Des graduations situées à l'intérieur permettent de mesurer des intervalles de temps. La clepsydre tient une grande importance dans la vie des cités grecques. Le terme vient du grec *clepsydra* ou « voleur d'eau ». Elle servait à limiter le temps de parole des avocats ou des hommes politiques. La technique de ces horloges à eau était bien maîtrisée, mais son usage était réservé aux puissants de ce monde. Le calife de Bagdad a offert une telle horloge à Charlemagne en 807 tandis qu'une gigantesque clepsydre de dix mètres de haut sera réalisée pour l'empereur de Chine au XIe siècle.

Il faut réguler le débit du temps

Contrairement aux apparences, il n'est pas simple de réaliser une horloge à eau indiquant des durées égales. Lorsqu'une baignoire se vide, la vitesse d'écoulement est plus importante pour une baignoire remplie que pour une baignoire pratiquement vide. En première approximation, la vitesse de sortie par la bonde d'une goutte d'eau est voisine de la vitesse qu'elle aurait eue lors d'une chute libre d'une hauteur égale à la hauteur d'eau restant à évacuer.

On peut envisager deux solutions pour compenser cet effet. La hauteur d'eau est maintenue constante à l'aide d'un trop-plein : la durée est alors proportionnelle à la masse d'eau recueillie à la sortie du vase. Une seconde possibilité est connue depuis les Égyptiens. Leurs potiers avaient le tour de main pour réaliser des vases à fond relativement plat. La diminution de vitesse lors de la descente du niveau d'eau est compensée par une diminution de la section du vase. Pour une variation de hauteur d'eau donnée, il y a moins d'eau à évacuer lorsque le vase se vide.

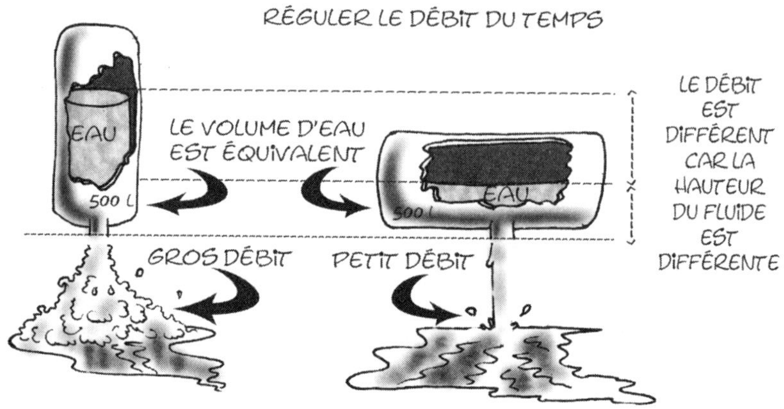

Figure 14-4
Ce n'est pas la masse d'eau qui importe, mais la hauteur.

Tous ces dispositifs ne pouvaient que comparer des durées entre deux événements. Il n'était pas encore question de rythmer le temps. Cela suppose une uniformité du protocole de mesure. Il faut des intervalles pour « graduer » l'axe du temps. Le concept d'un temps qui s'écoule de manière uniforme n'était pas encore à l'ordre du jour. Le rapport au temps s'inscrit toujours dans la technique des instruments de mesure.

Frère Jacques avait besoin d'horloge

La maîtrise du temps s'est rapidement imposée dans les monastères qui étaient les premières communautés à se structurer dans l'Europe du haut Moyen Âge. Les rythmes agricoles étaient inadaptés pour des vies dévouées à la dévotion. Les règles monastiques vont rythmer le temps avec une rigueur implacable de jour comme de nuit. Le cadran solaire est bien incapable d'indiquer au sonneur de cloches le moment de réveiller la communauté pour les prières de la nuit. Il y avait donc nécessité absolue de mettre au point des appareils de mesure du temps basés sur une autre approche du temps. La durée ne va plus être représentée par un volume ou une masse mais par des unités que l'on accumule. On compte le temps, on ne le pèse plus.

Figure 14-5
L'ancêtre : l'horloge à foliot.

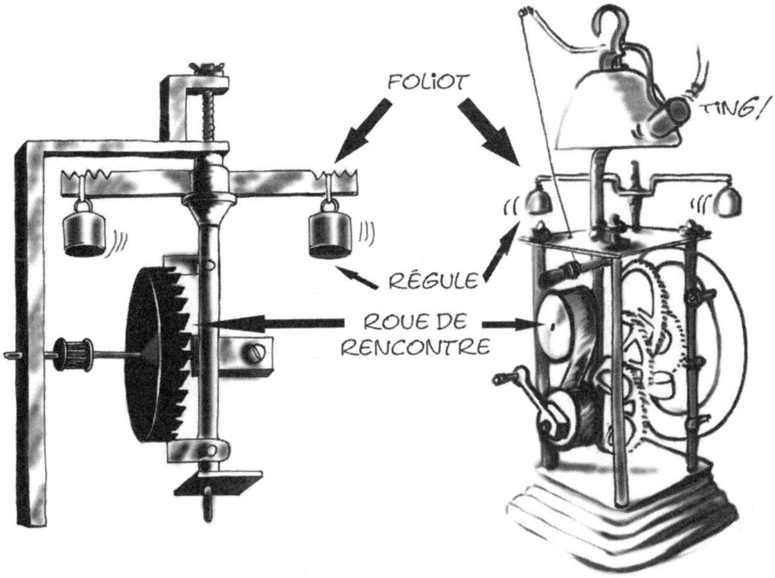

Pour produire des morceaux de temps, les artisans commencent par utiliser une sorte de système oscillant appelé foliot. Pour en comprendre le principe, prenez un crayon placé horizontalement et fixé en son milieu à deux élastiques verticaux. En tordant les élastiques, le crayon va effectuer des oscillations autour de cet axe vertical. Dans ces ancêtres de nos horloges, le foliot était fixé sur une corde en chanvre. Pour le mettre en oscillation, il fallait lui communiquer une impulsion initiale. Les frottements étaient si importants que l'équipage mobile s'arrêtait rapidement après quelques oscillations.

On lâche des morceaux de temps

Une source d'énergie extérieure s'imposait pour entretenir le mouvement oscillant du foliot. La première solution qui s'est dégagée exploite la pesanteur. Un poids attaché à une corde fait tourner un tambour qui transmet sa rotation au reste du mécanisme. Dans un premier temps, l'utilisateur remonte les poids (on devrait dire les masses) en fournissant de l'énergie potentielle de pesanteur. La difficulté principale est de libérer cette énergie à petites doses lors de la descente de l'objet pesant. C'est le rôle de l'échappement à roue de rencontre : une sorte de roue dentée qui va égrener le temps. On passe d'une dent à l'autre pendant une oscillation du foliot. Des petits taquets fixés au foliot vont freiner la chute du poids en bloquant le tambour pendant un aller-retour du balancier. Lors du passage d'une dent à la suivante, le foliot reçoit une impulsion, ce qui le relance pour un tour. Ce mécanisme présente une bonne autonomie énergétique, suffisante pour laisser dormir le moine sonneur.

Il fallait des horloges de secours

Ces horloges étaient très peu précises essentiellement du fait du système régulateur à foliot ; elles pouvaient accuser un retard allant jusqu'à une heure par jour. Pour les régler, on disposait sur le bras oscillant du foliot des masses que l'on pouvait plus ou moins éloigner de l'axe de rotation.

Pour les balèzes

Le moment d'inertie

En écartant les masses, on augmentait l'inertie du balancier, ce qui se traduisait par une augmentation de la période de cet organe régulateur. Pour ceux qui aiment les termes techniques, le moment d'inertie est le produit de la masse du corps par le carré de la distance à l'axe de rotation. Ces ajustements étaient opérés à l'aide des horloges de secours comme le sablier ou la bougie. Le manque de stabilité de la période d'oscillation lié à la structure même du foliot va être un problème récurrent que l'horlogerie mettra quatre siècles à résoudre.

Du monastère au beffroi

Si ces horloges rudimentaires ont au départ pour seule fonction de faire sonner les cloches, le rythme des monastères va progressivement s'imposer aux campagnes puis aux villes pour rappeler à la société l'heure de la dévotion. Le terme « heures » désignait à l'époque un ouvrage religieux contenant les prières de chaque jour de l'année et de chaque moment de la journée. Mais peu à peu, le temps échappe à l'Église et se laïcise. Le métier d'horloger va progressivement prendre toute sa place entre le XIIe et le XVe siècle. Les horloges sont placées sur les beffrois. L'affichage de l'heure se fait avec une seule aiguille pour les heures. De toute façon la minute était hors de portée pour ces systèmes. Les cloches étaient directement actionnées par le mécanisme d'horlogerie. Leur sonnerie rythme la vie urbaine, annonçant les réunions du conseil municipal, le début du marché ou encore de la foire, le couvre-feu, l'alerte en cas de danger, etc. Les grandes villes européennes rivalisent pour créer de magnifiques horloges affichant souvent à la fois l'heure, les signes du zodiaque, les planètes, ou encore les dates des fêtes religieuses.

L'horloge devient portable

Vers 1450 apparaît une autre source d'énergie potentielle pour alimenter le mécanisme : le ressort. Les ressorts de l'époque n'avaient pas la forme d'une hélice mais se présentaient sous la forme d'un ruban plat en acier. Enroulé sur lui-même en spirale, ce ressort possède une énergie potentielle liée à son élasticité stockée dans un faible volume. L'introduction du ressort comme source d'énergie va diminuer fortement l'encombrement de l'horloge. Les horloges vont se miniaturiser dès le début du XVIe siècle. Le temps va devenir portable. Pour les artisans horlogers, le marché était porteur : les riches marchands de la Renaissance avaient à connaître l'heure dans leur « carrosse-bureau » lors de leurs longs déplacements professionnels.

La fusée de l'horloge

Malheureusement, un ressort délivre une force variable. La force diminue lorsque le ressort se détend. Cela n'est pas vrai pour le poids qui est indépendant de la position de la masse tractrice. Pour compenser cette diminution, les artisans vont emprunter aux arbalétriers un dispositif ingénieux et robuste qui traversera deux siècles sans faillir : la fusée.

Pour mettre un corps en mouvement de rotation autour d'un axe, la force n'est pas le seul élément déterminant. Il faut aussi prendre en compte le bras de levier. Pour visser une vis, vous avez intérêt à prendre un tournevis à gros manche. De même, les clenches des portes sont éloignées au maximum des gonds.

Figure 14-6

L'énergie est dans le ressort.

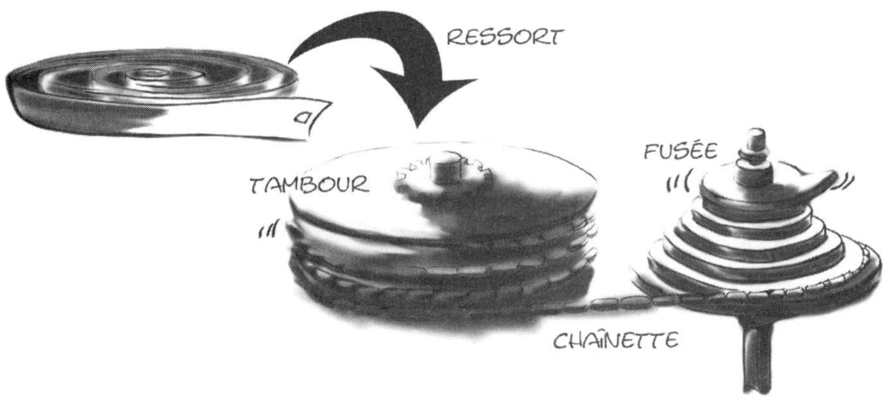

Pour les balèzes

Le « moment » d'une force

Le moment d'une force fait intervenir le produit de la force par la longueur du bras de levier (voir Chapitre 2). Un siècle et demi avant les premières expériences de mécanique, cela était largement connu des artisans, de manière empirique. La fusée a l'aspect d'un cône dont la forme est étudiée pour que la diminution de la force lors de la détente du ressort s'accompagne d'une augmentation du bras de levier. Le moment de la force du ressort est alors constant et l'amplitude des oscillations du foliot varie peu au cours du fonctionnement de l'horloge.

Le balancement du temps

Notre rapport au temps a été modelé par une série d'inventions qui sont autant de ruptures dans la physique de la mesure du temps. L'horloge à foliot était imprécise car les durées des oscillations du balancier fluctuaient trop. Le pendule va révolutionner la mesure du temps. Le savoir-faire de l'artisan va être remplacé par un véritable instrument scientifique conçu et fabriqué sur la base d'un raisonnement mathématique. En quelques décennies, les tic-tac investiront les maisons. Le temps commence alors à se démocratiser.

Des lustres au pendule

À la Renaissance, les lustres des cathédrales étaient dotés de cierges que le sacristain allumait avec une longue perche. Les frottements au niveau du point de suspension étant faibles, il n'était pas rare que les lustres se balancent légèrement pendant toute la durée des offices. En 1583, Galilée fait une observation capitale. Il compte à la fois le nombre d'oscillations du lustre et le nombre de ses battements cardiaques. La méthode est rudimentaire, mais il n'y avait pas de montre capable de mesurer des durées aussi courtes de manière plus précise que son cœur. Il arrive à une conclusion essentielle : la durée d'une oscillation ne dépend que de la longueur du pendule et non de l'amplitude du mouvement. Pour une longueur donnée, les oscillations sont isochrones (les périodes sont égales). Galilée va ainsi fournir à l'horlogerie une base de temps (des intervalles de temps de durées égales) beaucoup plus fiable que le foliot. Là où ses prédécesseurs misaient sur le savoir-faire de l'artisan, Galilée introduira les mathématiques en procédant à une étude quantitative, en faisant varier les divers paramètres.

Le temps se met en équation

Dans un premier temps, il faut simplifier le monde réel pour donner prise à l'expérimentation. Le lustre est remplacé par une sphère métallique fixée à l'extrémité d'un fil de longueur connue dont l'autre extrémité est reliée à un support fixe. Pour mesurer des durées courtes, Galilée pèse avec précision la masse de l'eau écoulée d'un vase ou compte les battements cardiaques. Le pendule est très peu amorti. Il est donc possible de mesurer la durée d'un grand nombre de périodes, ce qui améliore sensiblement la précision des mesures de périodes.

Figure 14-7
Les oscillations du pendule rythment le temps.

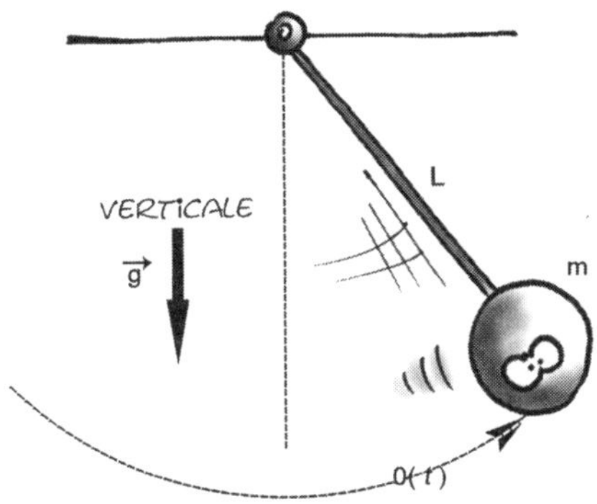

Une première loi mathématique se dégage. La période n'est pas proportionnelle à la longueur du fil mais à sa racine carrée. Si l'on quadruple la longueur du fil, la période est multipliée par deux. Incidemment Galilée introduit une liaison entre la durée et la distance qui sera récurrente jusqu'à nos jours. Malheureusement, Galilée ne pourra pas dégager le second facteur physique qui intervient dans l'expression de la période du pendule pesant : l'intensité de la pesanteur terrestre. Il aurait fallu qu'il soit un très grand voyageur pour détecter une petite variation de la période en fonction de la latitude. En revanche, Galilée va montrer que l'isochronisme des oscillations n'est qu'approché. La période augmente de 19 % en passant d'une amplitude de 1° à 90°, mais n'augmente que de 4 % pour une amplitude de 45°. La période est donc pratiquement constante pour des angles ne dépassant pas 10°.

L'harmonie de l'oscillateur

Le pendule pesant est le prototype d'une catégorie très large de systèmes physiques : les oscillateurs. Pour des petites oscillations autour de leur position d'équilibre, la période est indépendante de l'amplitude des oscillations. En règle générale, la période varie si l'oscillateur est fortement écarté de sa position d'équilibre. Un modèle simple d'oscillateur (mais très performant en physique) est l'oscillateur harmonique dont la période est indépendante de l'amplitude. Écarté davantage de sa position d'équilibre, l'oscillateur aura plus de chemin à parcourir mais sa vitesse sera plus grande. Pour l'oscillateur harmonique, les deux effets se compensent exactement. Un oscillateur réel est rarement rigoureusement harmonique, mais il le devient si on ne l'écarte pas trop de l'équilibre.

Huygens révolutionne l'horlogerie

Galilée n'aura pas le temps d'utiliser ses travaux sur le pendule pesant pour en faire une horloge performante. C'est un Hollandais qui s'en chargera. Huygens va remplacer l'antique foliot vieux de quatre siècles par un balancier. Le mouvement du balancier régule le temps de manière très précise. Comme les frottements peuvent être rendus très faibles, l'organe régulateur est nettement moins gourmand en énergie. Au passage, il a fallu améliorer le dispositif de transfert d'énergie entre la masse qui descend et le pendule en introduisant l'échappement à ancre. Cette technologie performante améliore la précision d'un facteur dix pour une dérive maximale de quelques secondes par jour.

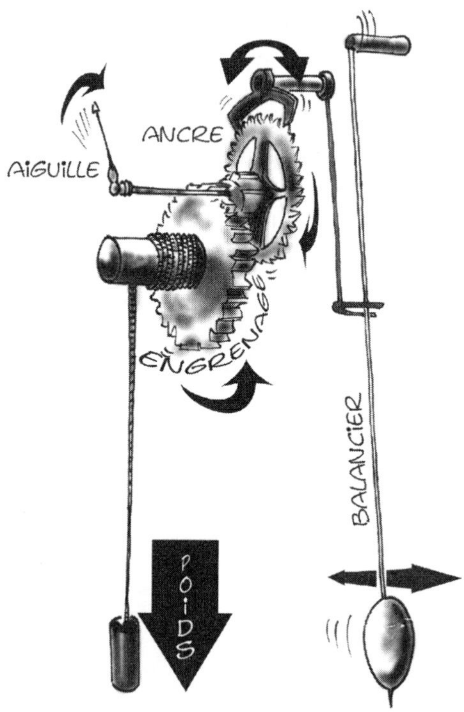

Figure 14-8
La pesanteur donne l'énergie et le rythme.

Les horloges à pendule vont se répandre rapidement et enrichir le vocabulaire. Désormais une horloge sera une pendule. La pesanteur a un double rôle dans ces horloges. Elle fournit l'énergie lors de la descente du poids moteur et elle contrôle la période du balancier régulateur.

Une idée qui a du ressort

On savait depuis 1450 qu'un ressort pouvait servir de source d'énergie pour les horloges. Huygens va aussi s'en servir pour l'oscillateur et miniaturiser encore davantage ce qui deviendra notre montre de poignet.

Un petit volant métallique accouplé à un fin ressort d'acier enroulé en forme de spirale effectue des oscillations si on déforme la spirale dans l'un ou dans l'autre sens. Le moment de la force de rappel est proportionnel à l'angle de rotation du volant autour de son axe. Cet oscillateur élastique est un très bon oscillateur harmonique même pour des angles de valeur élevée. Les oscillations ont lieu sous faible encombrement et sont insensibles à la position du dispositif dans l'espace ainsi qu'aux secousses. Tout le contraire de l'horloge à balancier !

Un second ressort une fois remonté fournit l'énergie au dispositif. La montre de poche vient de naître, cinq fois plus précise que l'horloge à balancier. Après avoir piétiné pendant quatre siècles, la technique horlogère a fait des pas de géant en moins de deux décennies. Il faudra trois autres siècles pour digérer la percée de Huygens, avant de voir le quartz envahir nos montres.

Huygens au lit

En février 1665, Huygens est malade. Alité, il a tout le loisir d'observer les mouvements réguliers des balanciers des horloges placées dans sa chambre. Il constate que deux de ses horloges placées côte à côte sont en parfaite synchronisation. Il y a égalité parfaite de deux périodes. En fin connaisseur des horloges qu'il venait d'inventer, Huygens savait qu'une égalité parfaite de deux périodes était quasi impossible à obtenir. Intrigué, il se lève et perturbe une des horloges. Une demi-heure plus tard, les deux balanciers battent à nouveau à l'unisson.

Le commun des mortels reste couché quand il est malade. Quand on est un géant de la physique, on se lève et on démarre l'étude des oscillateurs couplés. Pour Huygens, ce sont les courants d'air provoqués par les balanciers qui créent l'interaction entre les deux horloges. Il intercale une planche en bois, mais en vain. Des expériences avec des pendules sur des chaises lui donnent le fin mot de l'histoire. Les deux oscillateurs interagissent via le mur ou le plancher.

Lucioles et pacemaker : même combat !

Il est courant dans certaines régions d'Asie du Sud-Est d'observer des myriades de lucioles clignotant à l'unisson. Deux lucioles séparées ne clignotent pourtant pas à la même fréquence. En revanche, des interactions entre lucioles peuvent aboutir à ces phénomènes collectifs de grande ampleur. Un tel comportement se retrouve dans beaucoup de systèmes dynamiques non linéaires. De tels systèmes peuvent être très robustes et capables de résister aux perturbations.

Deux oscillateurs harmoniques ne peuvent pas se synchroniser. Lorsqu'ils interagissent, on observe des battements. Un des oscillateurs s'arrête tandis que l'autre oscille fortement. Les rôles s'inversent ensuite périodiquement. Pour que deux oscillateurs puissent se synchroniser, il faut que la période dépende de l'amplitude et que les deux systèmes interagissent. Le pacemaker est un exemple de synchronisation entre le rythme cardiaque et celui de l'oscillateur électronique implanté dans la cage thoracique. La dynamique du système couplé cœur-pacemaker est complexe mais relève globalement de cette approche.

Faites-le vous-même

Les métronomes font du skate

Vous pouvez facilement réaliser une expérience semblable à celle de Huygens sans vous mettre au lit. Prenez deux cannettes métalliques pour boissons. Placez une planchette sur ces deux cylindres couchés. Sur cette sorte de planche à roulettes, mettez deux métronomes battant des mesures légèrement différentes. Laissez évoluer le tout. Vous constaterez que les deux appareils se synchronisent après quelques dizaines de secondes. Explication : lorsqu'un des métronomes oscille, il transmet une partie de son énergie à la planche qui elle-même va perturber le second métronome. Ces perturbations modifient le mouvement de telle sorte que le plus lent augmente légèrement sa fréquence de battements. Le plus rapide au contraire va la diminuer. Si au départ, les deux métronomes sont réglés sur des fréquences différentes, mais voisines, la synchronisation va s'opérer.

Figure 14-9 Deux métronomes en interaction se synchronisent.

Le temps cristallin

Lorsque vous frappez un verre en cristal, il émet un son relativement pur pendant quelques secondes. La fréquence émise est spécifique à chaque verre. Le cœur d'une montre à quartz (donc de pratiquement toutes les montres actuelles) est un petit cristal qui vibre lui aussi à une fréquence bien déterminée. L'effet piézoélectrique permet de transformer ces vibrations mécaniques en signal électrique. Le quartz, à l'origine cristal naturel, est aujourd'hui obtenu par synthèse. Ce cristal a permis de détecter les irrégularités du temps des éphémérides.

Dans les années trente, on commence à maîtriser les oscillations des cristaux de quartz. Ce bond technologique a permis d'améliorer la précision de plusieurs ordres de grandeur par rapport aux montres à ressort. Les physiciens se rendent alors compte que la Terre ne tourne pas rond. L'oscillateur à quartz est plus stable que la rotation de la Terre sur elle-même. Il faut donc changer d'échelle de temps. On va se baser sur des mouvements plus stables dans le temps comme celui de la Terre autour du Soleil ou de la Lune autour de la Terre. Cette nouvelle échelle de temps sera le temps des éphémérides, utilisée entre 1960 et 1967.

Le quartz et sa paire de faces qui se déforment

La piézoélectricité est à l'œuvre dans l'allume-gaz de votre cuisine. Si on applique à un échantillon piézoélectrique une contrainte mécanique (flexion, torsion, traction, cisaillement), des charges électriques opposées apparaissent sur les faces en regard. Dans l'allume-gaz, ces charges vont créer dans leur environnement un champ électrique suffisant pour ioniser l'air et provoquer une étincelle. Inversement, un cristal piézoélectrique soumis à une action électrique se déforme sous l'action des forces internes. Ces effets piézoélectriques ne s'observent que pour certains cristaux dits anisotropes, le quartz étant le plus connu. Au niveau microscopique, on peut expliquer qualitativement le caractère piézoélectrique en partant de la structure du cristal.

Figure 14-10
Une contrainte mécanique donne un signal électrique.

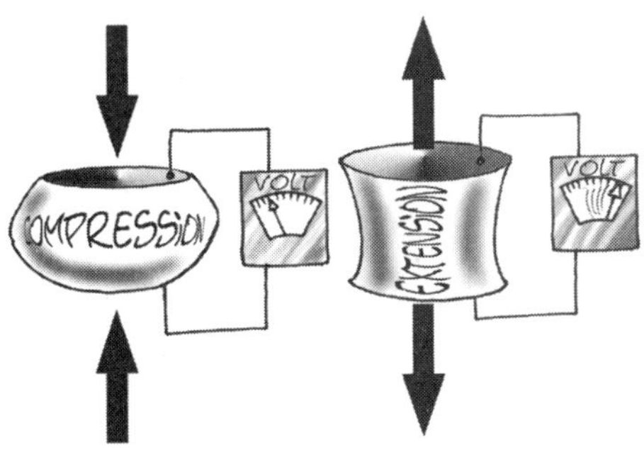

Le secret du quartz

Pour les balèzes

Dans un cristal de quartz de formule chimique SiO_2, chaque atome de silicium est entouré par quatre atomes d'oxygène dans une maille du cristal. L'atome de silicium est au centre et les atomes d'oxygène aux sommets du cube. Si l'on admet que la charge portée par chaque atome de silicium est $+ 2\delta$, la charge partielle portée par un atome d'oxygène est de -1δ, le cristal étant globalement neutre. Pour un cristal au repos, le barycentre des charges négatives est confondu avec le centre de l'atome de silicium. Lors d'une contrainte dans la direction perpendiculaire au plan formé par l'un des assemblages $\mathrm{SiO_2}$, le cube se déforme et le centre des charges négatives n'est plus confondu avec le centre des charges positives pour un cube élémentaire. Cet effet cumulé sur un très grand nombre de tels petits cubes se traduit par des charges électriques sur certaines faces du cristal. Afin de récupérer un signal électrique, des couches métalliques fines sont déposées sur les faces en regard du cristal. La compression du cristal engendre une tension entre ces faces. Inversement, si on impose cette tension avec un générateur électrique, le cristal se contracte. On peut ainsi construire des dispositifs donnant des déplacements micrométriques avec une simple source de tension.

On boucle le quartz sans bigoudis

Pour faire une horloge à partir d'un cristal, il est avant tout nécessaire d'entretenir ses oscillations sans modifier leur fréquence. On utilise pour cela un système que l'on peut comprendre grâce à l'exemple du verre de cristal. Lorsque vous lui donnez un petit choc, le verre est perturbé et va effectuer des oscillations assez peu amorties. Pour mettre le verre en vibration, on peut jouer à la Castafiore. Prévenons tout de suite que cela va être difficile si vous n'avez pas une voix hors du commun. Il faut émettre un son pur avec une fréquence précise à la fraction de hertz pendant une dizaine de secondes. Une autre stratégie possible consiste à capter le son émis par le verre, l'amplifier avec une chaîne stéréo puis renvoyer ce son vers le verre. L'onde sonore a exactement la bonne fréquence car elle vient du verre lui-même. Si l'amplificateur est assez puissant, le verre se met à vibrer. Un tel oscillateur est un système bouclé ; le signal de sortie est renvoyé à l'entrée via une boucle de rétroaction qui est, dans notre exemple, l'amplificateur de la chaîne stéréo. Les vibrations du cristal de quartz horloger sont entretenues de la même façon à l'aide d'une puce électronique. La fréquence de vibration peut être ajustée en usine avec une précision extrême pour un objet aussi courant. Pour arriver à la seconde, on peut imaginer compter les oscillations une à une. Mais il y a une technique plus efficace et très aisée à mettre en œuvre.

On divise par deux et on recommence

La fréquence d'un quartz d'horloge n'est pas fortuite : une valeur très courante est 32 768 Hz, soit exactement 2^{15} Hz. L'intérêt de cette valeur réside dans la possibilité de diviser aisément et exactement la fréquence d'un signal par deux.

Puissances de deux

Pour les balèzes

Pour diviser la fréquence par deux, on utilise des composants dont la sortie ne peut prendre que deux valeurs, 1 ou 0. La sortie change d'état à chaque fois que le signal d'entrée passe de 0 à 1. La fréquence du signal de sortie est alors exactement la moitié de celle du signal d'entrée. Si l'on associe quinze bascules de ce type en cascade, la fréquence du signal est divisée par 2^{15}. Pour un cristal de 32 768 Hz, on obtient alors un signal carré de période 1 seconde. D'autres choix de fréquence sont possibles. On peut citer pour l'horlogerie la fréquence 4,194304 MHz (= 2^{22} Hz), qui donne une fréquence unité après une cascade de 22 bascules D, et la fréquence 3,276800 MHz qui donne après division par 2^{15} un signal de fréquence de 100 Hz, qui rythme les chronomètres affichant le 1/100 de seconde.

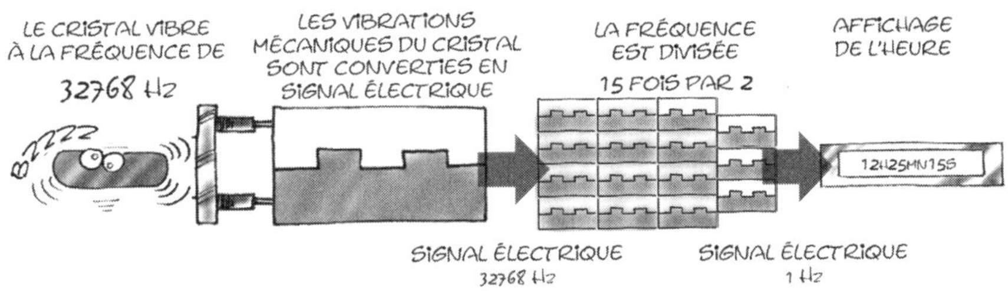

Figure 14-11 Il suffit de diviser quinze fois par deux.

Historiquement, la première horloge à quartz réalisée en 1927 occupait le volume d'un gros réfrigérateur. Les circuits électroniques intégrés vont permettre une grande miniaturisation du résonateur à quartz et de l'électronique de traitement. Dans les années soixante-dix, la montre à quartz destinée au grand public apparaît. Le cœur de la montre est électronique mais l'affichage peut être digital ou mécanique. Dans ce dernier cas, les vibrations du quartz sont à l'origine du déplacement des aiguilles d'une montre. La précision obtenue est dix fois plus grande que celle de la meilleure des montres mécaniques. Pour un quartz de 3 276 800 Hz, l'erreur maximale de plus ou moins un hertz. Au bout de 3 276 800 secondes, soit environ trente-sept jours, la montre peut donc se tromper d'une seconde.

Le quartz c'est très bien, mais cela ne suffit pas

En soignant à l'extrême la fabrication du cristal, on peut espérer obtenir une dérive n'excédant pas une seconde pour cent ans. De plus, l'horloge à quartz présente une consommation énergétique très faible de l'ordre de 10 millionièmes de wattheure. Une pile procure une autonomie importante de plusieurs mois. Les montres à ressort doivent être remontées tous les jours. Ces nombreux avantages font de l'oscillateur à quartz le cœur qui rythme le temps de nos appareils électroniques (ordinateur, lecteur de CD, appareil photo numérique, etc.). Mais les cristaux vieillissent mal. De plus, il y a une dispersion non négligeable des cristaux lors de la fabrication car la fréquence de résonance d'un quartz dépend de la grandeur et de la forme du cristal. Un composant électronique (un condensateur) placé en parallèle sur le quartz permet de modifier très légèrement la fréquence de résonance. C'est sur ce composant qu'intervient l'horloger pour ajuster votre montre. Néanmoins, pour les applications usuelles, l'influence de la température ou l'erreur sur les angles de coupe du cristal sont négligeables. Mais la précision des horloges à quartz est largement insuffisante pour servir de référence universelle. Il faut un système oscillant encore plus stable.

Les horloges à l'heure de l'atome

Les horloges atomiques apparaissent vers 1960. La stabilité de ces horloges est phénoménale : une seconde d'erreur depuis notre ancêtre australopithèque Lucy.

Figure 14-12 La précision devient extrême.

En quelques décennies, on a gagné six ordres de grandeur sur la mesure des durées. Autant que dans les trois mille ans précédents ! Pour faire fonctionner vos GPS, il faudra prendre en compte des effets très fins dans la mesure du temps par ces horloges atomiques. À partir de nombreuses horloges de ce type, on construit l'échelle de temps atomique international en 1967. Le temps universel coordonné est un compromis entre le temps des éphémérides et le temps atomique qui gère notre vie quotidienne.

L'atome est bien meilleur garde-temps qu'un cristal. Une horloge atomique n'utilise pas la désintégration du noyau atomique, mais la fréquence de transition entre des niveaux énergétiques électroniques dans l'atome !

L'atome : une horloge immuable

Les niveaux d'énergie de l'atome ne peuvent être modifiés que par un champ électrique ou un champ magnétique. En l'absence de telles influences électromagnétiques, les niveaux énergétiques (les barreaux de l'échelle d'énergie du chapitre 11) ne varient ni dans le temps ni dans l'espace. Un atome au repos va réagir à une onde électromagnétique de fréquence bien définie. Plus la durée de désexcitation du niveau d'énergie excité est grande et plus fine sera la fourchette de fréquence capable de faire passer un atome d'un niveau à l'autre. La fréquence d'une transition bien précise va servir de référence temporelle pour une horloge atomique.

Pour les super balèzes

Retournement de l'aimant-électron !

Le césium naturel (du latin *caesius*, « bleu ciel », sa couleur de flamme) est constitué du seul isotope stable 133. Ce qui en fait un bon candidat pour une horloge atomique, car la fréquence de transition pour les deux niveaux considérés ne serait pas exactement la même pour un autre atome de césium n'ayant pas le même nombre de neutrons dans son noyau. L'atome de césium possède 55 électrons : le dernier est isolé sur son niveau électronique. En tournant autour du noyau, cette charge électrique en mouvement produit un champ magnétique. Or, l'électron se comporte sous certains aspects comme un minuscule aimant. L'énergie de l'électron change suivant la position de cet aimant par rapport au champ magnétique. Si vous prenez deux aimants, il est facile de sentir qu'il faut fournir de l'énergie pour retourner un des deux aimants. Pour l'électron c'est la même chose, mais l'énergie à fournir est relativement faible. Le photon nécessaire pour transiter entre ces deux niveaux hyperfins est du domaine des micro-ondes (environ quatre fois la fréquence des ondes dans votre four à micro-ondes) et non de la lumière visible. Cela présente un double avantage. D'une part, les atomes peuvent rester assez longtemps dans le niveau d'énergie le plus élevé car la durée de désexcitation est beaucoup plus grande. D'autre part, il est aisé de tailler un cristal de quartz qui oscille sur une fréquence très proche de la transition hyperfine du césium.

L'atome régule l'horloge à quartz

Pour compter le nombre d'oscillations de l'onde électromagnétique, on compare la fréquence du quartz de résonance à celle de l'onde électromagnétique absorbée par de l'atome de césium.

Pour les balèzes

Comment est définie la seconde

La seconde est définie depuis 1967 comme la durée de 9 192 631 770 périodes d'oscillations de l'onde électromagnétique correspondant à la transition entre deux niveaux énergétiques hyperfins du niveau fondamental de l'atome de césium 133.

Pour la première fois dans l'histoire de la mesure du temps, la définition de la seconde du système international est basée sur un phénomène physique et non plus sur le mouvement des astres.

On compte les atomes excités

Tout d'abord, un four contenant de la vapeur de césium sous faible pression produit un jet d'atomes mélangeant des atomes excités (au niveau d'énergie supérieur) et des atomes sur le niveau le plus bas de l'échelle d'énergie. Les atomes sont triés avec un champ magnétique pour ne garder que les atomes non excités. Pour faire monter ces atomes d'un barreau, on les fait passer dans une sorte de four à micro-ondes. Si la fréquence de ces ondes est voisine de la fréquence correspondant à la transition entre les deux barreaux, certains atomes vont absorber des photons et passer au niveau au-dessus durant leur passage entre les plaques. À la sortie, on trie en ne gardant que les excités et on les compte. On ajuste la fréquence du quartz qui génère les micro-ondes de telle sorte que le nombre d'atomes excités soit maximal.

Figure 14-13 L'atome donne le *la* au cristal de quartz.

On fait comme avec le régulateur de vitesse

Pour obliger le quartz à vibrer à l'unisson avec l'atome de césium, on copie le régulateur de vitesse. Vous choisissez une vitesse de croisière. Si la route monte ou descend, le calculateur électronique modifie la position de l'accélérateur pour maintenir la vitesse constante. La vitesse réelle est donc à tout instant comparée à la vitesse de consigne. Le résultat de ce test entraîne ensuite une action de correction. La procédure est identique pour l'horloge à quartz. Si une infime augmentation de la fréquence de l'oscillateur à quartz se traduit par une diminution du nombre d'atomes de césium excités détectés, la fréquence de l'oscillateur est revue à la baisse. La fréquence du champ micro-onde est calée sur le sommet de la courbe donnant le nombre d'atomes détectés en fonction de la fréquence. Des moyens électroniques permettent ensuite de diviser la fréquence de l'oscillateur afin d'obtenir au bout du compte un top toutes les secondes. Dans les années quatre-vingt, on arrivait ainsi à des horloges atteignant une exactitude relative de 10^{-12} soit une seconde d'erreur depuis l'homme de Cro-Magnon. Mais on a fait mieux depuis en remontant au-delà de Lucy !

Les mètres du temps

Mesurer des distances et mesurer des durées sont deux opérations *a priori* très différentes. Mais la vitesse de la lumière relie l'espace et le temps. La compétition entre ces deux métrologies a débouché sur une extrême précision.

Talleyrand, le mètre et le pendule

Suivant les développements technologiques, il peut être plus précis de mesurer une distance qu'une durée. Cette compétition distance/temps va à plusieurs reprises faire basculer les définitions de nos étalons de mesure. En 1120, le roi d'Angleterre décrétait que l'unité de mesure de distance serait le yard, défini comme la longueur entre le bout de son nez et l'extrémité de son bras tendu. Les Français auront une préférence pour les pieds de nos souverains, en particulier celui de Louis XIV. En 1789, la plupart des cahiers de doléances demandent l'uniformisation des poids et mesures : l'incohérence et la multiplicité des anciens systèmes sont l'œuvre de la féodalité. Définir une unité de mesure était dès le départ perçu comme un moyen de souder la nation française.

La mesure du temps était devenue assez précise et reproductible en cette fin du XVIIIe siècle. Le 9 mars 1790, Charles Maurice de Talleyrand-Périgord relance une vieille idée de Huygens de lier l'unité de longueur à l'unité de temps. Le nouveau système de mesure (stable, uniforme et simple) serait fondé sur la longueur du pendule simple battant la seconde à la latitude de 45 degrés. Le pendule battant la seconde à Paris, à une longueur de 993,8263 millimètres. Des émissaires sont envoyés aux quatre coins du monde pour « vendre ce nouveau pacte métrologique » dans le droit fil des révolutionnaires français. Mais les États-Unis et l'Angleterre refusent ce don des Lumières françaises aux autres nations.

Le pendule ne trouvant pas preneur, on sépare le temps de l'espace pour cent cinquante ans. Une nouvelle commission française à laquelle appartiennent Laplace et Monge propose la mesure de l'arc terrestre, ce qui en soi semble plus facile et plus universel. Plus facile à dire qu'à faire ! Pour connaître la longueur d'un méridien entre l'équateur et le pôle Nord, il faut extrapoler la partie mesurée qui ne représente qu'un dixième environ du quart du méridien. Et puis les Cassini avaient déjà plusieurs fois procédé à ces mesures depuis 1700. À quoi bon revenir sur cette idée, s'inquiète Louis XVI, en géographe éclairé, le 19 juin 1791. C'est d'ailleurs le lendemain qu'on va le surprendre en train de réviser la géographie de son pays à Varennes. Dans la tourmente révolutionnaire, la Convention ne veut pas perdre de temps à faire des nouvelles mesures. Elle définit le mètre comme la longueur du dix millionième du quart du méridien terrestre.

Il ne faut pas croire que du jour au lendemain, tout le monde a adopté la nouvelle unité. Les politiques n'y sont pas étrangers, Napoléon en tête en tolérant la cohabitation avec les vieilles unités de la monarchie, la *toise*, le *pied*, le *boisseau*, l'*aune*... Il faudra attendre 1837 pour que notre système métrique s'impose définitivement dans son pays d'origine. La diffusion internationale n'était guère plus rapide : la Suisse en 1803, les Pays-Bas en 1816, la Grèce en 1836 et l'Allemagne en 1868. Pour la traversée de l'Atlantique, on attend toujours !

Le mètre de la lumière

Les physiciens sont souvent certains de leurs incertitudes ; ils pouvaient affirmer que la grandeur mesurée ou évaluée était comprise entre deux limites connues. À ce petit jeu, il était plus facile de mesurer des distances que des durées jusqu'en 1983 (donc au siècle dernier). La définition de 1960 amorçait un virage en introduisant des méthodes optiques. Le mètre est alors défini comme la longueur égale à 1 650 763,73 longueurs d'onde dans le vide d'une radiation orangée émise par l'isotope 86 du krypton. Mais l'invention du laser va changer la donne. La grande finesse spectrale de cette source de lumière allait rapidement remplacer la radiation de référence du krypton 86 par une radiation d'un laser.

La mesure du temps reprenait ainsi l'avantage sur celle des distances en 1983. Le mètre est défini comme la longueur du trajet parcouru par la lumière, dans le vide, pendant une durée de 1/299 792 458 de seconde. En s'appuyant sur une constante fondamentale de la physique au détriment d'un objet matériel, on gagnait en universalité. Cette définition traduit l'existence d'une loi physique fondamentale et impose le gel de la valeur numérique d'une constante physique fondamentale, la vitesse de propagation de la lumière *c*. Sa valeur numérique vaut désormais exactement, en unités du système international, 299 792 458 ms^{-1}, ni plus ni moins !

Donne-moi l'heure, je te dirai où tu es

Pour se situer sur Terre, rien de tel que plusieurs excellentes montres judicieusement placées dans l'espace.

Jupiter redessine la carte de France

Plus on monte vers le Nord et plus le soleil est bas sur l'horizon à midi. La latitude s'obtient facilement à partir de la hauteur du soleil à midi avec un sextant. Pour se positionner par rapport à l'est ou à l'ouest, c'est beaucoup plus délicat. Depuis la découverte de l'Amérique et l'exploration des divers océans de notre planète, les marins sont confrontés au problème de la mesure de la longitude. Dès 1600, des récompenses importantes étaient proposées à celui ou celle qui trouverait la solution : 300 000 livres par le roi d'Espagne et 100 000 par les États-Généraux de Hollande.

Galilée propose d'emblée d'utiliser les satellites de Jupiter pour cela. Le principe est simple : vous observez à l'aide d'une lunette astronomique l'occultation d'un des satellites lorsqu'il passe derrière la planète à partir de deux points différents sur Terre. Au moment où l'occultation a lieu, vous notez l'heure. Celle-ci ne sera pas la même pour les deux observateurs. Par exemple, une différence d'une heure correspondrait à 1/24 de tour complet de la Terre, soit un angle de 15 degrés entre les longitudes. Galilée empoche une partie de la récompense hollandaise – il n'y a pas de petit profit – sans finaliser le procédé. Et pour cause, les horloges étaient beaucoup trop rudimentaires en ce début du XVIIe siècle. Mais une bonne idée ne reste jamais lettre morte surtout si de gros intérêts financiers et géostratégiques sont en jeu.

Figure 14-14 Les conséquences franco-françaises de la mesure du temps.

La mise au point de l'horloge à balancier et de la montre portable par Huygens va changer la donne au moins sur la terre ferme. En 1664, il devenait possible de synchroniser de proche en proche des horloges de manière beaucoup plus précise qu'au temps de Galilée. Cassini Ier (ce n'est pas un monarque mais le premier d'une dynastie d'astronomes) met en œuvre la méthode de Galilée après invitation par Louis XIV désireux de dresser une carte fidèle de son royaume. Tout d'abord on fixe, après une bonne bière, le méridien origine à la limite du monde connu de l'Antiquité, à savoir les îles Canaries nommées à l'époque les îles de Fer. La détermination de la longitude de Marseille par rapport à Paris (centralisme oblige) réserve des surprises. Avant les mesures, on estimait que Marseille était à 1° à l'est de la capitale. Après observation de satellites de Jupiter et après calculs, l'angle sera fixé à 3°. Les cartes royales devenaient donc obsolètes. Il a fallu redessiner le royaume en déplaçant Paris vers l'ouest de 1° et Marseille vers l'est du même angle. Immédiatement Colbert construit l'Observatoire de Paris et lance un ambitieux programme de cartographie de la France en fixant l'origine de la longitude sur le méridien de notre capitale. Mais comme vous le savez, la perfide Albion n'a pas dit son dernier mot !

« L'impossible problème des longitudes » (Voltaire)

La détermination de la longitude sur la terre ferme était un problème résolu vers 1680. Sur la mer, cette mesure était beaucoup plus délicate à réaliser. Un désastre maritime va précipiter les choses. En 1707, quatre navires de guerre britanniques s'échouent stupidement sur les côtes des Cornouailles, causant la mort de deux mille marins alors que le commandant de l'escadre croyait entrer dans la Manche. C'est le désastre de trop ! Le Parlement anglais vote en 1714 le « Longitude Act » qui octroie des récompenses substantielles à qui mettra au point une méthode pour déterminer la longitude à moins d'un degré près. Une prime de 10 000 livres pour un résultat n'excédant pas un degré d'erreur et 20 000 livres pour un demi-degré et moins. Il s'agit néanmoins d'une précision toute relative. Un degré de longitude représente quand même une distance non négligeable de 110 kilomètres au niveau de l'équateur.

Pour gagner ce prix conséquent (de l'ordre du million d'euros actuels), il fallait réaliser des horloges beaucoup plus précises et fiables que celles de l'époque. Comme la Terre tourne sur elle-même en 24 heures (ou presque), elle parcourt 90° en 6 heures, 15° en 1 heure et 1° en 4 minutes. Un voyage qui dure quatre jours trois heures et douze minutes correspond à un écart de 48° en longitude. Mesurer une longitude au quart de degré près revient donc à construire une montre précise à la minute sur la durée d'un voyage de plusieurs semaines dans des conditions extrêmes : humidité, chaleur, froid, roulis incessant... Cela paraissait infaisable. Même Voltaire va parler de « l'impossible problème des longitudes ». Quantité de maîtres horlogers vont se lancer dans la course pour participer au développement et au perfectionnement d'un tel chronomètre de marine.

« *And the winner is... John Harrison* » en 1735. Avec ses horloges marines, il a transformé le temps en distance reliant des points virtuels sur un globe par des lignes se rejoignant aux pôles. Du coup, le méridien origine sera celui de l'Observatoire de Greenwich fondé en 1675 et non celui de Paris dont l'Observatoire était pourtant antérieur. Cette invention ouvre de nouveaux horizons cartographiques. James Cook va être un des premiers à utiliser ce petit bijou de technologie horlogère lors de son exploration de l'océan Pacifique pour consigner soigneusement la position en longitude des côtes inconnues.

Les complications de la relativité

Tout ce que nous avons dit jusqu'ici ne concerne que le temps ordinaire, celui de Monsieur Tout-Le-Monde. Mais les physiciens ne font rien comme tout le monde...

GPS, Glonass ou Galileo : le temps est distance

Nous avons mentionné que le champ gravitationnel modifie la structure de l'espace-temps en y introduisant une courbure, ce qui va affecter directement la marche des horloges. Si vous persistez à penser que les physiciens coupent le temps en quatre, vous pouvez jeter votre GPS à la poubelle. Cet appareil ne fonctionnerait pas si la différence entre temps local et échelle de temps n'était pas prise en compte.

Il faut synchroniser les horloges

Du fait de l'extension des empires coloniaux, du développement du télégraphe et des chemins de fer, le problème de synchronisation des horloges va devenir crucial à la fin du XIXe siècle. Deux géants de la physique et des mathématiques vont chercher à s'assurer de la simultanéité de deux événements pour ajuster l'heure locale à la coordonnée de temps. La relativité était dans l'air du temps.

Albert Einstein était chargé d'analyser les brevets qui portaient entre autres sur la synchronisation des horloges à l'Office des brevets de Berne. De son côté, Henri Poincaré dirigeait le Bureau des longitudes chargé de coordonner l'établissement précis des longitudes. Comme nous le verrons plus loin, le problème des longitudes est très étroitement lié à la mesure du temps local.

Pour comprendre la procédure de synchronisation, revenons à nos deux observateurs avec leur pendule à Paris (observateur Titi) et à Orléans (observateur Jeanne). Pour synchroniser les deux horloges, les deux observateurs se téléphonent. Titi envoie un top à chaque fois que son pendule passe par la position verticale. En comptant les oscillations de son pendule, Jeanne peut ainsi trouver la correspondance entre leurs deux temps propres. De proche en proche, on peut étendre cette méthode à la Terre entière.

Simultané ? Pour qui exactement ?

Deux événements sont simultanés, pour un observateur Titi par exemple, s'ils ont la même date. Titi et Jeanne, immobiles l'un par rapport à l'autre, seront donc forcément d'accord. Ils peuvent corriger leur temps local (nombre d'oscillations du pendule) en coordonnée de temps (nombre de jours). Les choses se compliquent quand les deux personnes sont en mouvement.

Imaginons que Charles fonce en TGV d'Orléans vers Paris tout en étant en liaison téléphonique avec Titi (à Paris) et Jeanne (à Orléans). Supposons que les deux tops émis par Titi et Jeanne partent en même temps par rapport à la Terre lorsque Charles est à égale distance des deux villes. Il va recevoir le signal de Titi avant celui de Jeanne. Sa conclusion serait inverse si le train roulait en sens inverse. Ordonner des événements dans le temps n'est pas une opération anodine pour deux observateurs en mouvement relatif. Il peut y avoir des inversions, si la durée séparant deux points de l'espace-temps est insuffisante pour qu'un signal lumineux puisse les relier.

On a beau courir après le grain de lumière (photon)

Vous pouvez toujours essayer de suivre la lumière d'un flash avec une Ferrari. Vous n'avez aucune chance de rattraper les photons. Ce n'est pas parce qu'ils vont trop vite et que votre formule 1 se traîne comme un mulet. Ce résultat est rigoureux : la vitesse de la lumière est exactement la même pour tous les observateurs. L'invariance de la vitesse de la lumière dans un changement de référentiel, c'est-à-dire en passant d'un observateur à l'autre, est une des pierres angulaires de l'édifice de la physique. Cela a une conséquence directe sur la mesure du temps par deux observateurs en mouvement l'un par rapport à l'autre. La durée entre deux événements est relative à celui qui fait la mesure. Le temps reste un point de passage obligé pour le positionnement sur la Terre, même pour les systèmes de navigation par satellite du type GPS, Glonass ou Galileo pour l'Europe. Il y a un point commun entre ces dispositifs et la recherche de la longitude en mer : la position d'un point sur le globe est déterminée par des mesures de durée. Pour ce faire, vingt-quatre satellites placés sur une orbite circulaire à 20 163 kilomètres d'altitude tournent autour de la Terre en une demi-journée sidérale.

Leur période est donc légèrement inférieure à douze heures. Vu le prix et les enjeux, les satellites embarquent plusieurs horloges atomiques de grande précision interne. Chaque satellite envoie une onde radio à l'utilisateur le renseignant sur sa position et sur la date d'envoi du message. L'utilisateur possède lui aussi son horloge même si elle est moins précise. La durée de propagation est convertie en distance satellite-utilisateur. L'onde électromagnétique dans le domaine des micro-ondes, 1 575,42 MHz, émise par les satellites, se déplace à la vitesse de la lumière du moins en première approximation. Connaissant la durée de propagation du signal de l'ordre de quelques dizaines de millisecondes, on sait que l'utilisateur est sur une sphère centrée sur le satellite de rayon égal au produit de la vitesse de la lumière par le temps de propagation. L'intersection de trois sphères ne laisse que deux possibilités pour la localisation de l'observateur. Un quatrième satellite élimine la solution incorrecte et finalise la mesure avec une excellente précision. Le principe n'est simple qu'en apparence. Tout repose sur une extrême précision et fiabilité des horloges. Les GPS n'ont pu se développer qu'à partir du moment où la maîtrise du temps atteignait ce niveau de précision. Mais d'autres effets très fins doivent être impérativement pris en compte.

Figure 14-15 Les constellations de satellites GPS.

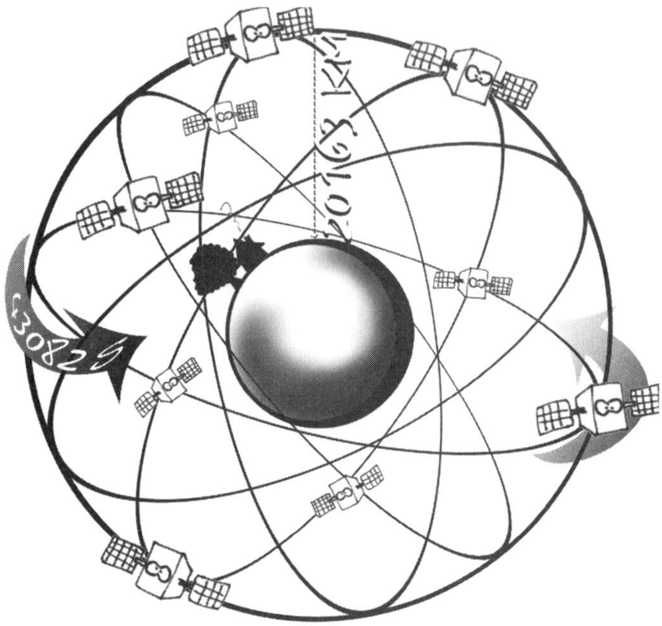

Pour les balèzes

Sans relativité, pas de GPS !

Les GPS ne peuvent fonctionner que si on prend en considération les corrections relativistes qui sont de deux types. Ne pas le faire induirait une erreur de plusieurs dizaines de mètres par jour sur le positionnement par satellite. Il s'agit là d'une application concrète du concept d'espace-temps et de sa courbure. D'une part, un satellite en orbite est animé d'une vitesse élevée de 3,874 km/s par rapport à la Terre. La correction relative à apporter est dans le rapport du carré de la vitesse du satellite divisé par le carré de la vitesse de la lumière, soit de l'ordre de grandeur de 10^{-10} (0, 0...1 avec dix zéros devant le 1). Cela peut paraître ridiculement faible, ce qui fait déjà une dizaine de mètres après 5 minutes de fonctionnenment. L'erreur de positionnement serait de 2 kilomètres de dérive par jour si cet effet n'était pas pris en compte. À cette correction de relativité restreinte, il faut ajouter une autre venant de la relativité générale. La Terre courbe l'espace-temps dans son voisinage, ce qui se traduit par une différence de période de deux horloges situées à des altitudes différentes dans le champ de gravitation terrestre. Une horloge embarquée sur le satellite avance un peu plus vite que la même horloge au sol, car le champ gravitationnel est plus faible en altitude. La différence est sensible, 46 microsecondes par jour : l'effet gravitationnel est encore plus important que celui lié à la vitesse du satellite par rapport à la Terre. Les deux effets sont en sens inverse, mais le décalage temporel net de 39 μs par jour n'est pas négligeable. Le satellite s'est déplacé de 15 centimètres durant ce laps de temps. En quelques jours, les systèmes de positionnement par satellite seraient totalement inexploitables sans le secours des équations relativistes.

Traverser l'atmosphère n'est pas sans embûches

Pour arriver à l'utilisateur, les signaux radio doivent d'abord traverser l'atmosphère structurée en couches successives. Les nuages se trouvent dans la troposphère entre 0 et 10 kilomètres. Entre 10 et 50 kilomètres, il y a la stratosphère avec sa couche d'ozone dans la partie supérieure. Les étoiles filantes partent en fumée dans la mésosphère entre 50 et 90 kilomètres. Plus haut se trouve l'ionosphère formée d'ions positifs et d'électrons plus ou moins libres de se déplacer.

Ce sont ces charges mobiles qui vont perturber la propagation des ondes électromagnétiques. La vitesse de propagation des signaux électromagnétiques est inférieure à celle dans le vide. Le décalage de l'ordre de la dizaine de nanosecondes si le satellite est au zénith ; il est plus important pour un satellite plus bas sur l'horizon. Pour compliquer le tout, l'ensoleillement modifie le nombre de molécules ionisées : l'effet de ralentissement est plus net de jour que de nuit.

Pour corriger cet effet, les nouveaux GPS émettent sur deux fréquences, 1 575,42 MHz et 1 227,60 MHz. L'ionosphère est un milieu dispersif : les signaux de deux fréquences différentes ne se propagent pas à la même vitesse. Par comparaison des dates d'arrivée des deux pulses partis en même temps du satellite, un récepteur bi-fréquence peut analyser finement l'effet de l'ionosphère et le compenser en temps réel. Pour les récepteurs plus simples, on corrige les données en fonction des informations venant de stations au sol de positions bien connues.

DANS CE CHAPITRE

Sciences fondamentales et appliquées

Des tubes populaires

Naissance de la microélectronique

L'analogique et le numérique

La puissante sœur de l'électronique

Chapitre 15

Des puces partout : l'électronique

C'est un lieu commun de dire que l'électronique est aujourd'hui partout. C'est au moins vrai dans l'ensemble des pays plus ou moins industrialisés, pour lesquels sans dispositif ou composant électronique, des équipements de la vie de tous les jours n'existeraient pas : les ordinateurs, les téléphones portables, la télévision, la radio mais aussi les machines à laver, les réveils… Quels moyens de transport n'utilisent pas l'électronique ? Plus généralement, quel est le secteur d'activité qui n'est pas lié peu ou prou à l'électronique ? Même dans des zones très peu, voire pas du tout, industrialisées, le téléphone portable peut être distribué gratuitement et utilisé en cas de besoin pour autant qu'on puisse avoir accès à une source d'énergie solaire. En effet, si l'électronique est fille de l'électricité – on verra dans quel sens ci-dessous –, c'est une science apparue au xxe siècle, qui a complètement bouleversé la vie et qui n'a pas fini de développer ses applications.

Sciences fondamentales et appliquées

Très souvent l'électronique est classifiée comme « science appliquée », « science pour l'ingénieur ». En fait, un texte de Louis Pasteur est encore tout à fait actuel : « Non, mille fois non, il n'existe pas une catégorie de sciences auxquelles on puisse donner le nom de sciences appliquées. Il y a la science et les applications de la science, liées entre elles comme le fruit à l'arbre qui l'a porté » (cité dans *Un siècle de recherche technologique*, Textuel, 2000). Dans l'électronique, comme dans tout autre champ scientifique, il y a effectivement une partie qu'il est d'usage d'appeler « fondamentale », au sens où la valorisation de ce qui est trouvé n'est pas forcément le but initial, et une partie d'applications visibles par tout un chacun. « Qu'est-ce qu'une tomate ? » et « Que faire à partir d'une tomate ? » sont deux questions aussi intéressantes l'une que l'autre (Figure 15-1).

Figure 15-1

Fondamentalistes ou appliqués, les physiciens s'arrachent les cheveux.

Mais il s'écoule un certain temps entre l'élaboration des concepts, la fabrication d'un nouveau produit, et son utilisation grand public. Par exemple, entre la découverte du phénomène d'induction électromagnétique et la fabrication de moteurs électriques et leur première utilisation, il s'est écoulé approximativement cinquante ans (entre 1830 et 1880 environ). Et pourtant, encore actuellement, au début du XXIe siècle, des travaux concernant les moteurs et leur commande se déroulent, les finalités allant de la voiture électrique aux futurs (nouveaux) trains à grande vitesse.

Des tubes populaires

Les phénomènes électriques ont été très à la mode dans les salons princiers du XVIIIe siècle. Puis le début du XIXe siècle a vu l'apparition du courant électrique. Il s'agissait principalement d'expériences réalisées dans les laboratoires. Le grand public va bientôt en profiter...

Juste avant la première bifurcation

L'Exposition internationale d'électricité, qui s'est tenue en 1881 au Palais de l'Industrie à Paris, inaugure le début de l'ère électrique et annonce une nouvelle révolution industrielle, la précédente ayant été celle de la machine à vapeur. La « fée Électricité », le nom provenant d'un tableau de Dufy réalisé pour l'Exposition universelle des arts et techniques de 1937 à Paris, montre déjà une collection prometteuse d'applications : un premier tramway électrique (proposé par Werner Siemens), un téléphone (proposé par Graham Bell), une lampe électrique à incandescence (proposée par Thomas Edison). C'est lors du travail sur cette lampe électrique que le premier composant électronique va voir le jour.

Figure 15-2

Il fallait y penser : merci Edison !

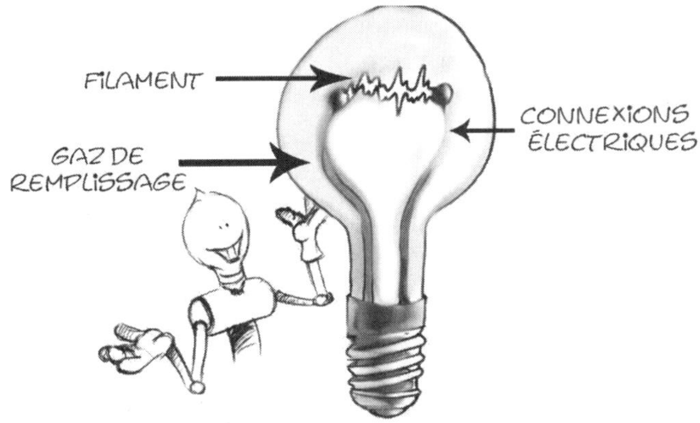

Le contexte de ces premières recherches est industriel. D'ailleurs, sans entrer dans les détails, les premières découvertes concernant ce qui est appelé aujourd'hui les premiers composants électroniques vont donner lieu à des dépôts de brevets suivis d'un grand nombre de procès, contestant la primauté des uns et l'originalité des autres, et s'étalant sur de nombreuses années. L'Histoire va retenir le nom d'un certain nombre de scientifiques ainsi que de leurs découvertes. Une analyse plus fouillée pourrait montrer qu'un certain nombre d'entre eux n'étaient pas spécialement angéliques et que d'autres ont terminé leur vie dans la misère. Aujourd'hui encore, la « propriété industrielle » est pour les entreprises qui font de la recherche et du développement une préoccupation. Même les chercheurs travaillant dans les grands instituts (Inserm, CNRS) sont sensibilisés à cette question. Mais ça, c'est une autre histoire...

Jouons avec le courant électrique (attention quand même !)

Pour faire de l'électronique, il faut « jouer » avec le courant électrique. Or le courant électrique désigne un mouvement ordonné de charges électriques qu'il s'agit donc de maîtriser. En 1873, Peter Guthrie (1831-1901) en Grande-Bretagne montre qu'une boule en fer préalablement chargée négativement perd sa charge, c'est-à-dire redevient neutre, si elle est chauffée fortement (au rouge dans le cas de cette expérience). En revanche, si la sphère est chargée positivement, elle garde sa charge. Cet effet est appelé aujourd'hui « effet thermoélectronique ».

En fait, la charge négative portée par la sphère correspond à des électrons qui, si on leur communique suffisamment d'énergie, vont quitter la sphère et être captés par tout objet moins chargé positivement que la sphère (un objet neutre ou chargé négativement fait l'affaire). On obtient ainsi un flot d'électrons se déplaçant dans l'air. Notons que dans un four à micro-ondes, cet effet est également mis en jeu. Des paquets d'électrons obtenus par effet thermoélectronique produisent des ondes électromagnétiques, possédant la propriété de faire vibrer les molécules d'eau. L'effet thermoélectronique va être redécouvert, sans doute indépendamment, par Thomas Edison qui va breveter sa découverte (en 1883) mais qui n'exploitera pas ce brevet.

Au travail, Fleming : vers la première bifurcation

Après des études de chimie, puis d'électricité et de magnétisme à Cambridge avec Maxwell qui est le fondateur de l'électromagnétisme moderne (pour en savoir plus sur James Clerk Maxwell, voir Chapitre 7), John Ambrose Fleming travaille d'abord à l'Edison Electric Light Company (1881) puis devient professeur à l'University College de Londres (1885) où il restera quarante ans. Dans le même temps, il devient consultant dans l'entreprise de Guglielmo Marconi (1874-1937). Celui-ci avait réalisé de nombreuses expériences de transmission d'ondes électromagnétiques sans fil et en particulier avait réalisé une liaison radio transmanche en 1899. Les messages étaient codés en morse. Une transmission transatlantique entre les Cornouailles (Grande-Bretagne) et Terre-Neuve a lieu en 1901. Mais la détection des ondes n'étant alors pas très efficace, Fleming a pensé à utiliser une lampe sur laquelle il avait travaillé dans les années 1882-1883 et publié en 1890. Et ça a marché : la détection a été améliorée ! Mais ce n'était pas parfait et d'autres chercheurs continueront à réfléchir, à partir de cette lampe de Fleming qui sera appelée « valve de Fleming ». Cette lampe, qui contient deux électrodes, est le premier tube électronique.

La valve de Fleming

Pour les balèzes

Il s'agit d'un tube de verre dans lequel le vide a été réalisé. En fait, il existe toujours un certain nombre de molécules, mais la pression qui y règne est très faible comparée à la pression atmosphérique. Deux électrodes métalliques sont placées dans le tube. L'une est chauffée : par effet thermoélectronique, celle-ci, appelée *cathode*, émet des électrons. Si l'autre électrode, appelée *anode*, est polarisée positivement par rapport à la cathode, alors elle attire les électrons qui se déplacent. Le courant passe. Si elle est polarisée négativement par rapport à la cathode, elle tend à repousser les électrons : le courant ne passe pas. On a donc fabriqué un dispositif qui permet, ou pas, le passage du courant. Ce phénomène est nouveau au début du XXe siècle. Pour un fil conducteur, le courant passera quelle que soit la tension, non nulle, établie à ses extrémités par un générateur quelconque.

La valve de Fleming a pour but de redresser le courant alternatif généré dans l'antenne réceptrice par les ondes électromagnétiques oscillantes captées. Aujourd'hui, ce dispositif est appelé « diode » et on dit qu'une diode assure une fonction de redressement. Au lieu d'avoir un courant alternatif tantôt positif et tantôt négatif, on obtient un courant dans un seul sens – qu'on qualifie de continu – mais qui peut varier dans le temps (mais en restant toujours positif). Quand, à partir du secteur, vous rechargez votre batterie (de portable, d'ordinateur…), il y a un dispositif redresseur entre la source de tension alternative (le réseau EDF) et la batterie.

Pour les balèzes

Fonction de redressement

Aujourd'hui cette fonction de redressement peut toujours être assurée par une ou plusieurs diodes. De façon simplifiée, une diode fonctionne comme un interrupteur. Soit elle est passante, si la tension à ses bornes est positive, soit elle est bloquée, si la tension à ses bornes est négative. Le passage du comportement bloqué au comportement passant, ou le contraire, s'appelle « commutation ». Si les diodes existent donc toujours, elles ne sont plus comme celles de Fleming, mais elles sont à base d'un matériau « semi-conducteur ».

Dans la vie courante, toutes les recharges de batteries se font à partir du réseau EDF (qui délivre des tensions alternatives sinusoïdales) mais votre chargeur comporte un redresseur. On trouve également des redresseurs pour la commande de petits moteurs « à courant continu » : lève-vitre dans les automobiles, ouverture et fermeture du plateau des lecteurs de CD ou DVD…

La transmission d'information

Le problème de la transmission d'information est donc d'actualité vers la fin du XIXe siècle. L'Histoire retient deux noms en particulier : Alexandre Popov qui a réalisé la première expérience attestée de « télégraphie sans fil », à Saint-Pétersbourg, le 7 mai 1895, et Guglielmo Marconi qui, à quelques mois d'écart, a obtenu des résultats très sensiblement supérieurs à ceux de Popov, transmettant ainsi, à la fin de l'année 1895, un message en morse à une distance de 2 400 mètres. (Pour son travail de pionnier dans le domaine de la télégraphie sans fil, Marconi a partagé, en 1909, le prix Nobel de physique avec le physicien allemand Karl Ferdinand Braun.) Il faut noter que Popov s'est adressé à Eugène Ducretet pour fabriquer en (petite) série des appareils de TSF (Transmission sans fil) pour des communications entre des bateaux de la flotte russe et la côte. Historiquement, les développements de la radio, et plus généralement des télécommunications, et de l'électronique sont liés.

Pour les balèzes

Les balbutiements de la TSF (voir Chapitre 23)

À travers les premiers développements de la TSF, les concepts des télécommunications naissent. Ces pionniers (Popov, Ducretet, Marconi) vont utiliser un *émetteur d'ondes radio* (il est constitué d'un générateur de haute tension, appelé bobine de Ruhmkorff, relié à deux sphères métalliques proches ; un éclair jaillit périodiquement entre ces deux sphères : des ondes électromagnétiques sont alors émises). Cet émetteur est d'une part relié à la terre et, d'autre part, à un fil jouant un rôle d'*antenne émettrice*. Les ondes se propagent ensuite dans l'air. Un fil analogue joue le rôle d'*antenne réceptrice*. Dans le langage actuel, on dit que l'on reçoit un *signal*. L'antenne est reliée à un cohéreur (de type Branly) qui, sous l'effet de l'onde radio, génère le passage d'un courant entre l'antenne et un relais sensible (il s'agit d'un inscripteur morse bien connu des télégraphes depuis 1854. Un message en points et en traits est tracé à l'encre sur un ruban de papier). La première transmission du son, c'est-à-dire la parole ou la musique, a été réalisée par Reginald Fessenden en décembre 1900. Paradoxalement, car il est sans doute moins bon communicant que d'autres, son travail est peu connu.

De nos jours, ce sont toujours les problèmes d'émetteur (et de réémetteur), de propagation, de réception qui sont à résoudre pour les téléphones portables. Les polémiques sur la nocivité des réémetteurs et le fait de concentrer l'énergie de l'onde électromagnétique près du corps (au niveau de l'antenne de réception/réémission située sur le portable) battent leur plein !

Lee De Forest

Une des grandes avancées scientifiques a été réalisée par Lee De Forest (1873-1961) en 1906 quand il a placé une troisième électrode, la grille, entre le filament et la cathode d'un tube à vide de Fleming. De Forest nomme « audion » ce tube (ou cette lampe car les premiers audions étaient lumineux en fonctionnement) que l'on désigne de nos jours sous l'appellation de « triode » (tube à trois électrodes). La grande innovation réside dans le fait que ce composant va pouvoir amplifier les faibles signaux reçus. On peut vouloir amplifier, c'est-à-dire augmenter, la tension ou l'intensité du courant ou les deux (dans ce dernier cas, on parle d'amplification de puissance). Mais pour réaliser toute amplification, il faut de l'énergie. Celle-ci est issue de l'alimentation et tout amplificateur doit être alimenté (de nos jours par le secteur). Dans l'amplificateur, on trouve un ensemble de composants dont au moins un est qualifié d'*actif* : c'est lui qui réalise l'amplification. Lee De Forest a ainsi inventé le premier composant actif. Il est d'usage de dire que l'électronique commence avec la triode.

Figure 15-3 Des premières triodes au transistor : les puces sont en vue.

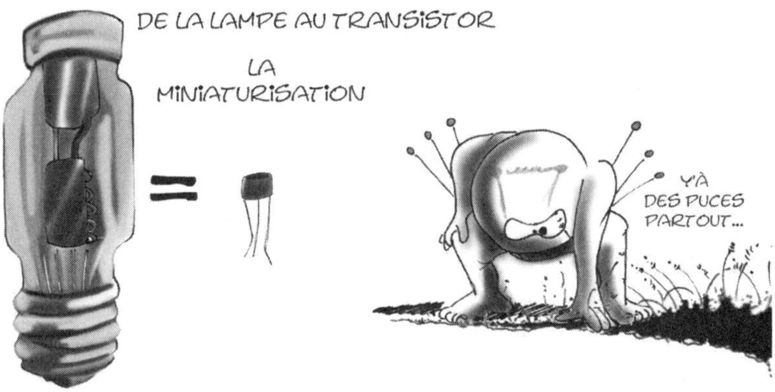

Cependant de nombreux problèmes se posent : ce composant chauffe, parfois une oscillation parasite existe, la durée de vie du composant est faible... De nombreux perfectionnements vont être réalisés par la suite (par exemple on va ajouter d'autres électrodes pour fabriquer tétrode, pentode, hexode [et pas rural]...).

De nos jours encore, il existe certaines applications mettant en jeu des puissances importantes (radiodiffusion, radar) pour lesquelles des tubes électroniques sont utilisés.

Un retour aux matériaux

De façon générale, les tubes en verre sont fragiles, il faut réaliser le vide à l'intérieur, et de plus ils sont plutôt volumineux. Ils consomment beaucoup d'énergie et leur production coûte cher. Est-il possible d'obtenir des propriétés analogues à celles des tubes mais autrement ? La réponse est oui à condition de connaître, puis de développer, la physique des matériaux. Un courant électrique étant un déplacement de porteurs de charge, il faut, pour fabriquer un nouveau composant, des matériaux qui ne soient pas des isolants. Les composants à base de métaux, comme le cuivre, de la fin du XIXe siècle ou du début du XXe siècle, ne possèdent pas de telles propriétés. Or des matériaux existent, qui ne sont ni conducteurs d'électricité, ni franchement isolants. Le sélénium (isolé par le chimiste Berzelius en 1817 ; les composés du sélénium accompagnent toujours les composés du tellure – matériau qu'il étudiait – comme la Lune accompagne toujours la Terre, d'où le nom sélénium) est le premier semi-conducteur utilisé. Berzelius isolera également le silicium en 1817, matériau que l'on retrouvera dans la suite de l'histoire. Signalons un autre semi-conducteur, un sulfure de plomb appelé communément galène, cristal naturel qui peut être utilisé en détecteur des ondes radio (à la place d'un tube de Fleming par exemple). Dans les années vingt, de nombreux postes récepteurs de radio seront des postes « à galène ». Un composant à trois pattes, comme la triode, mais composé uniquement avec des solides (un conducteur, l'aluminium, et un semi-conducteur, le sulfure de cuivre) est proposé par Julius Edgar Lilienfeld dans les années 1925-1930 (de nombreux brevets sont alors déposés). Une idée similaire sera proposée en 1935 par Oskar Heil. Personne ne sait vraiment si Lilienfeld a essayé de fabriquer son composant, mais, avec les technologies de fabrication connues dans les années trente, le composant ne devait pas fonctionner (en fait, il faudra attendre la fin des années cinquante). L'intuition était quasi géniale, surtout que les connaissances théoriques permettant de justifier la structure proposée n'étaient pas disponibles en 1925 ! La structure de Lilienfeld correspond aujourd'hui à ce qui est appelé « transistor à effet de champ ».

Une première application de l'électronique : un calculateur

Bien avant l'apparition des ordinateurs et leur large diffusion publique, un calculateur à lampe a été conçu par l'armée américaine entre 1943 et 1945 à Philadelphie. ENIAC, pour *Electronic Numerical Integrator And Computer*, comportait environ 18 000 tubes électroniques (et quelques autres composants : 70 000 résistances, 10 000 condensateurs et 6 000 interrupteurs). Pour en savoir plus sur ces composants (résistance, condensateur), vous pouvez vous reporter au chapitre 6. Le calculateur permettait de réaliser 5 000 additions par seconde. Un peu de place était nécessaire : 90 mètres cubes ; sa masse était d'environ 30 tonnes. Il consommait une puissance de 140 kW. L'intérêt pour les scientifiques de disposer d'un calculateur était indéniable même si la réalisation en grande série d'un tel appareil semblait improbable.

Pour les balèzes

Des machines à calculer avant l'ordinateur

Utiliser une machine pour pouvoir effectuer des calculs est une préoccupation ancienne. À partir du XVIIe siècle plusieurs machines sont disponibles. Le boulier apparaît en Chine dans les années -1000 environ (mais cette datation est controversée) et perdurera longtemps, jusque dans les années soixante-dix dans certains pays ; la règle à calcul est inventée par William Oughtred en 1632 (basée sur le principe des logarithmes découvert par Neper en 1614) et son utilisation sera encore enseignée aux lycéens dans les années soixante-dix.

Parmi les premières machines à calculer : la « pascaline » inventée par Blaise Pascal en 1642 (elle permet les additions et les soustractions), la machine de Wilhelm Leibniz qui permet, outre les additions et soustractions, les multiplications, les divisions...

Une étape supplémentaire est franchie par Charles Babbage dans les années 1830 qui conçoit une « machine analytique » permettant de prendre des décisions en fonction de calculs précédents. Celui-ci n'a cependant pas réalisé sa machine ; il a fallu attendre l'occasion du bicentenaire de sa naissance, pour qu'une machine de Babbage soit effectivement réalisée. Ce concept nouveau préfigure la notion de programme informatique.

En 1843, Augusta Ada, comtesse de Lovelace, développe les premiers programmes constitués d'algorithmes permettant de calculer. C'est en son souvenir qu'un langage de programmation développé en 1979 a été appelé ADA.

Naissance de la microélectronique

Deux ingrédients sont nécessaires pour cette deuxième bifurcation qui va donner naissance à l'électronique telle que nous la connaissons aujourd'hui, c'est-à-dire l'électronique utilisant les semi-conducteurs.

D'une part, la physique des semi-conducteurs élaborée dans les années trente, grâce au développement de la (mécanique) quantique. Les physiciens de l'immédiate après-guerre disposent des outils théoriques permettant de comprendre les phénomènes de conduction électrique dans les assemblages de semi-conducteurs.

D'autre part, la technologie permettant la préparation des matériaux semi-conducteurs (par exemple le silicium ou le germanium) soit à l'état pur, soit comportant en quantité maîtrisée des atomes favorisant la conduction (on parle alors de silicium [ou de germanium] *dopé*), qui sera progressivement développée et améliorée. Pour préciser davantage, il faut savoir que dans un barreau de silicium pur on ne trouve que des atomes de silicium, chaque atome étant relié à quatre autres atomes. Sans qu'elles soient dangereuses (et heureusement !), on dit qu'un atome de silicium (ou de germanium) établit quatre liaisons, une avec chacun des quatre voisins. Un semi-conducteur est de type N, si on ajoute comme atome un atome plus grégaire que le silicium ou le germanium, c'est-à-dire un atome pouvant établir cinq liaisons. Il sera de type P si l'atome ajouté ne peut établir que trois liaisons avec des voisins.

C'est dans ce contexte que John Bardeen et Walter Brattain ont conçu, à la fin de l'année 1947, un dispositif entièrement solide permettant de remplacer la triode. William Shockley, qui était le chef de projet sur lequel travaillaient Bardeen et Brattain, sera également reconnu comme l'un des inventeurs du dispositif. Une de ses propriétés est la transrésistance et cela a donné, après contraction, le mot transistor (le mot a été trouvé par John Pierce qui travaillait dans le même laboratoire). Le premier brevet sera déposé en 1948.

En fait le dispositif inventé est un « transistor à pointes » qui est assez lent et instable et qui n'a jamais été fabriqué en grande série. Shockley prendra un brevet en 1951 concernant un dispositif avec trois semi-conducteurs astucieusement disposés : deux structures appelées NPN ou PNP existent.

Pour les balèzes

Autour du transistor

Le projet dont Shockley était responsable concernait l'amplification pour la téléphonie. L'idée de base reposait en fait sur le principe du transistor à effet de champ. Mais ce composant ne fonctionnait (toujours) pas. C'est finalement sur un principe complètement nouveau que fonctionneront les premiers transistors. Shockley essaiera de faire breveter un transistor à effet de champ en 1956, mais sa demande sera rejetée à cause de l'antériorité des travaux de Lilienfeld. Le premier transistor à effet de champ sera fabriqué en 1959.

Les trois protagonistes liés à la découverte du transistor recevront le prix Nobel en 1956. Cependant, ils auront pris auparavant des chemins divergents à cause de leur mésentente. Bardeen quitte Bell Telephone Laboratories en 1951 pour devenir professeur de physique à l'université d'Illinois. Ses recherches sur la

»

»

supraconductivité lui vaudront un deuxième prix Nobel en 1972 (avec L.N. Cooper et J.R. Schrieffer).

Shockley quitte Bell et fonde sa société, Shockley Semiconductor Laboratory, en 1956. De nouveau, pour des raisons de mésentente, huit membres de cette société le quittent en 1957 pour fonder Fairchild. Deux des huit (Gordon Moore et Robert Noyce) quitteront ensuite Fairchild pour fonder Intel. Ces entreprises seront les leaders (avec Texas Instruments) du marché des microprocesseurs.

Le premier transistor

Il s'agit ici du premier poste de radio « transistorisé », c'est-à-dire sans lampe. L'usage a été d'appeler cet appareil « transistor ». Le premier poste transistorisé est mis sur le marché en 1954 (c'est Texas Instruments qui fabrique les composants). Mais la fabrication s'arrête en 1955. Dans le même temps, une entreprise japonaise, Tsushin Kogyo, persévère dans la fabrication et exporte aux États-Unis. Mais le nom de cette entreprise est difficile à prononcer pour les Américains. Ses dirigeants songent au mot latin *sonus* (qui se traduit en français par « son » et en anglais par « *sound* »). Finalement, la version américaine sera « Sony » : étonnant non ?

Intégrons les composants...

Si les transistors produits dans les années cinquante n'étaient pas de très bonne qualité (en particulier, deux transistors de la même série pouvaient avoir des propriétés sensiblement différentes), la technologie « Planar » mise en œuvre en 1958 chez Fairchild va permettre d'une part d'abaisser les coûts et d'autre part de maîtriser la fabrication. Elle ouvre la porte à la fabrication de nouveaux transistors et surtout à la miniaturisation et à l'intégration sur une surface donnée de plus en plus de transistors. Ces premiers *circuits intégrés* ont été indépendamment et quasi simultanément développés par Robert Noyce (chez Fairchild) et Jack Kilby (chez Texas). Cette évolution n'est pas encore terminée, mais une limitation physique est à l'horizon quand on rapproche de plus en plus les composants : la (mécanique) quantique imposera en dernier recours une distance minimale (il faut remarquer que la distance minimale est très liée actuellement à des problèmes de thermique : même si les puissances mises en jeu sont extrêmement faibles, les petites distances sont rédhibitoires). Voilà pourquoi aujourd'hui des ventilateurs sont nécessaires pour refroidir certains circuits intégrés (Figure 15-4).

Figure 15-4

Il faudra refroidir certains circuits intégrés : ça chauffe !

Microprocesseur mais macro-efficacité

La miniaturisation va permettre la fabrication de microprocesseurs qui sont des assemblages complexes de composants comme les transistors (et il y en a aujourd'hui des millions dans un microprocesseur). Ces microprocesseurs sont des systèmes qui peuvent acquérir des données, les traiter et envoyer des ordres à des dispositifs. Pour donner un exemple tiré de la vie de tous les jours, vous choisissez un programme de nettoyage de votre lave-linge (« couleur 40 °C »). Le microprocesseur va acquérir la donnée, c'est-à-dire votre choix. Puis il va exécuter le programme prévu. En cas de problème, il pourra éventuellement agir (s'il a été programmé pour par le fabricant) au moins au moyen d'un voyant d'alerte. Bref, c'est un organe de décision. Mais il n'a pas d'autonomie : il ne peut réaliser que ce qu'on lui a dit de faire. Il en est de même pour le microprocesseur dans votre ordinateur. La phrase « j'ai demandé à mon ordinateur… et il n'a pas voulu faire… » est donc un non-sens (mais que le premier qui n'a jamais prononcé ce type de phrase se fasse connaître). Vous donnez un ordre d'impression d'une page et le microprocesseur doit se débrouiller pour envoyer au périphérique (qui est l'imprimante dans ce cas) les données nécessaires. On peut donc « entrer » des données, « sortir » des données, mais cela est réalisé par une électronique complexe que l'on cache sous le vocabulaire « ordinateur ».

À titre d'exemple, le premier microprocesseur en 1971 comprenait 2 300 transistors, en 2007 le microprocesseur Core 2 Duo (Penryn avec des pistes de largeur 45 nm) contient 820 millions de transistors sur une surface de 107 mm^2. La loi de Gordon Moore conjecturée en 1965 qui pronostiquait que la densité d'intégration (nombre de composants divisé par la surface occupée) allait doubler tous les dix-huit mois est encore vérifiée plus de quarante ans après. En 2007, le marché des semi-conducteurs est estimé à 271 milliards de dollars.

L'analogique et le numérique

Le son correspond à une onde sonore se propageant dans l'espace qui nous entoure. Cette onde est une onde de pression, c'est-à-dire qu'une pression particulière existe momentanément à un endroit donné entre l'émetteur et le récepteur et, à un instant ultérieur, elle existera à un autre endroit, plus proche du récepteur que précédemment. Or cette pression peut prendre n'importe quelle valeur au cours du temps : c'est une *donnée analogique* et je peux la détecter (par un micro par exemple) à n'importe quel instant. De même, chaque point de l'espace qui nous entoure peut être atteint par un insecte : on dira que notre espace est continu (au sens où tous les points sont accessibles), mais on pourrait le qualifier d'analogique. De même lorsqu'on regarde un tableau (ou une image), toute la surface du tableau est visible et je peux préciser l'état de la peinture sur toute la toile. Bref, notre monde naturel est analogique à notre échelle. Cependant, est-il nécessaire pour comprendre une parole ou pour percevoir un tableau d'avoir un flot continu d'informations ? En fait la réponse est non et cela a permis dans le passé de pouvoir reproduire des photographies dans un journal. En effet, l'impression d'une photographie correspond à un assemblage de points plus ou moins serrés mais qui donnent suffisamment d'informations à notre capteur optique (l'œil) pour que nous puissions distinguer un lapin ou un homme politique par exemple. Il n'est donc pas nécessaire d'avoir un flot continu d'informations (ce qui correspondrait à une infinité de données) mais un nombre limité d'informations. Le cinéma a d'ailleurs intégré rapidement l'idée précédente : 24 images par seconde suffisent pour que votre œil perçoive un mouvement non saccadé mais « continu ».

Figure 15-5
Analogique *versus* Numérique.

Prenons l'exemple du son musical dont la durée est d'une minute. Si j'écoute ce son aux temps 1s, 2s, 3s... pendant 1/10 de seconde avec du silence entre deux, je vais avoir une mauvaise qualité d'écoute car la parole ou la musique sera trop hachée. Comment faire pour avoir une meilleure qualité ? Pour améliorer la qualité d'écoute, je peux diviser les temps précédents par dix, ce sera meilleur, ou par cent, ce sera encore meilleur. Dans cette hypothèse, il faudrait que j'enregistre le son tous les 1/100 de seconde, ce qui correspond à 6 000 données pour la durée d'une minute. On a donc remplacé le son (continu) par une suite de données : le signal sonore a été *numérisé*. Les données numériques correspondent donc à des prélèvements successifs sur une donnée analogique. Ce prélèvement s'appelle *échantillonnage* et l'intervalle de temps entre deux prélèvements s'appelle la *période d'échantillonnage*. L'inverse de cet intervalle de temps est la *fréquence d'échantillonnage*. Dans l'exemple précédent, prendre 6 000 échantillons pendant 60 secondes correspond à un échantillonnage de 100 échantillons par seconde : la période d'échantillonnage est de 0,01 seconde et la fréquence d'échantillonnage de 100 Hz. D'un point de vue électronique, il est nécessaire de disposer d'un *échantillonneur* qui est un dispositif usuel de l'électronique numérique. Un dispositif électronique est fabriqué à partir de composants assemblés astucieusement pour réaliser certaines *fonctions*. Comme on l'a vu dans ce chapitre, la première fonction réalisée a été la fonction amplification. Il existe de nombreuses fonctions réalisables.

Pour les balèzes

La fonction filtrage

Un signal correspond à une information variable dans le temps. Un exemple simple est donné par la musique que j'écoute : c'est un signal acoustique. À chaque *signal temporel*, je peux associer des fréquences. Pour la musique, je sais distinguer les sons graves et les aigus, les sons graves correspondent à des basses fréquences et les sons aigus à des hautes fréquences. Notre capteur auditif (l'oreille) est sensible à des fréquences comprises approximativement dans la bande 20 Hz-20 kHz. Filtrer un signal, c'est tenter de supprimer certaines fréquences ou, ce qui revient au même, favoriser certaines fréquences. On filtre pour éliminer le bruit, pour sélectionner une station de radio et pas une autre... En fait, tout capteur agit comme un filtre. Notre oreille n'est pas sensible aux très basses fréquences (en dessous de 20 Hz) ni aux très hautes (au-dessus de 20 kHz) : on dit que notre oreille est un filtre *passe-bande*. Il en est de même de l'amplificateur de votre chaîne hi-fi. L'électronique peut produire des *filtres passe-bas* (on affaiblit les hautes fréquences), des *filtres passe-haut* (on affaiblit les basses fréquences) ou des *filtres coupe-bande* (on affaiblit une bande de fréquences). Le son produit par votre chaîne hi-fi provient, si vous voulez une bonne qualité sonore, d'un ensemble de deux ou trois haut-parleurs car il n'existe pas de haut-parleur ayant de bonnes propriétés de restitution couvrant toute la gamme 20 Hz-20 kHz. Le haut-parleur associé aux sons aigus (haute fréquence) est le *tweeter*, celui associé aux sons graves (basse fréquence) est le *woofer*.

Pour les CD audio, l'enregistrement est effectué à la fréquence d'échantillonnage classique d'environ 44 000 échantillons par seconde. De plus, pour éviter les blancs au cours de l'écoute, des valeurs sont calculées à partir des données enregistrées. On dit qu'on réalise l'*interpolation* des données. C'est l'ensemble des données enregistrées et des données calculées qui, une fois reconstitué, sera envoyé sur le(s) haut-parleur(s).

En fait juste après l'échantillonnage, il est nécessaire de convertir la donnée obtenue en une donnée compréhensible par le microprocesseur. Celui-ci ne peut acquérir une donnée que si c'est une suite de 0 et de 1 ; il fournit un résultat qui est également une suite de 0 et de 1. Aussi, pour acquérir une donnée, il faut réaliser successivement un échantillonnage et une *conversion analogique-numérique* (CAN). Pour sortir une donnée, par exemple lors de l'écoute d'un CD, une *conversion numérique-analogique* (CNA) est nécessaire avant le haut-parleur.

Le traitement du signal

Un microprocesseur va traiter des données de natures très diverses : un son, une image, un battement cardiaque, une température. Ces données arrivent au microprocesseur sous forme électrique (un courant ou une tension). Il faut donc convertir la donnée en un signal électrique : c'est le rôle des *capteurs*. Dès lors, on obtient un signal électrique qui va pouvoir être traité après la conversion analogique-numérique. En fait, ce fonctionnement n'est pas très éloigné du nôtre.

Mais, dans certaines confrontations, le numérique a gagné (Figure 15-6) ! Il faut se consoler en pensant que c'est nous qui écrivons les programmes des ordinateurs.

Figure 15-6 Les joueurs d'échecs ont du mal contre les puissants algorithmes des ordinateurs.

Par exemple votre main touche un objet brûlant. L'information étant acquise et transmise au cerveau, vous agissez en retirant la main (en principe) : vous avez traité le signal acquis par la peau et converti/transmis par l'influx nerveux au cerveau. Le traitement du signal peut être très sophistiqué et c'est une science qui nécessite des mathématiques et de l'électronique. Si on examine le phénomène de vision pour lequel le capteur est l'œil, le transmetteur est le nerf optique et le traiteur est le cortex visuel (situé dans le cerveau), on peut estimer que notre traitement de signal (visuel) est extraordinaire au sens propre du terme.

Un débouché de la microélectronique : l'informatique

À partir de 1980, l'informatique se démocratise tout en améliorant les possibilités. Les ordinateurs sont doués de puissance de calcul importante et de capacité de mémoire de plus en plus pratique (clé USB), permettant de stocker de plus en plus d'informations (sous forme d'images, de films, de musiques...). Toutes les données dans un ordinateur sont numériques et les composants de l'électronique numérique ont des prix de revient qui diminuent (le marché est aussi de plus en plus important, notamment avec les pays émergents). En retour, qu'est-ce que la physique, grâce à laquelle l'informatique existe, peut attendre ? En fait deux applications importantes.

La première est la possibilité de *simulations numériques* qui vont bien au-delà des calculs « à la main », qui étaient la règle des origines jusqu'au milieu du XXe siècle, et qui permettent des avancées dans la compréhension de phénomènes physiques complexes (les avalanches, les propagations d'ondes pour des systèmes dont la géométrie est elle-même complexe, la prévision du temps, l'élaboration de nouveaux composants électroniques...).

La deuxième est la possibilité d'avoir des expériences commandées par les ordinateurs. Si les *périphériques* des ordinateurs peuvent être grand public, par exemple les imprimantes, scanners, webcams..., le monde des physiciens est peuplé d'autres périphériques (générateurs de signaux, capteurs de pression, de température, de courant...) qui sont *interfaçables*, c'est-à-dire qu'ils peuvent être reliés à un ordinateur (au moyen de cartes) et donc soit transmettre des données à cet ordinateur soit en recevoir. La réalisation de mesures pour étudier un phénomène physique a toujours été le travail des physiciens expérimentateurs : ce travail est aujourd'hui bien facilité, mais la complexité des phénomènes étudiés a augmenté !

Par exemple, Georges Charpak, physicien du CERN depuis 1959, reçoit le prix Nobel de physique en 1992 pour « l'invention et la mise au point de détecteurs de particules, en particulier la chambre proportionnelle multifil ». Ce capteur de position ouvre l'ère de la détection entièrement électronique des particules en permettant un traitement informatisé de l'information.

La puissante sœur de l'électronique

Le développement des moteurs électriques pour des applications de type transport ou de type robotique nécessite une électronique permettant de contrôler des puissances importantes. Comme son nom l'indique, c'est l'électronique de puissance qui permet ce contrôle. Si les premières régulations des machines électriques datent des années quarante, l'apparition de l'électronique des semi-conducteurs va entraîner, dans les années soixante, la renaissance de l'étude des machines électriques et de leur environnement.

L'électronique de puissance s'intéresse notamment aux réseaux de distribution d'énergie électrique (elle est donc nécessaire dans toute étude sur les énergies renouvelables : éolien, solaire ; les « onduleurs » servent à créer un réseau local de distribution d'énergie électrique dans les hôpitaux ou dans certains centres informatiques en cas de rupture d'approvisionnement par le réseau EDF...), et aux transports (les TGV et leurs futurs remplaçants « AGV » sont et seront remplis de composants de l'électronique de puissance, la voiture électrique ou à technologie hybride essence/électrique également). D'autres applications existent, comme les plaques à induction.

Dans les années cinquante, il a été décidé que, pour les transports ferroviaires, des moteurs nécessitant des signaux électriques continus seraient utilisés. Or l'énergie électrique distribuée par EDF est sous forme de tension alternative (c'est cette tension que l'on obtient par les alternateurs des centrales EDF quelle que soit la source d'énergie, charbon, pétrole ou nucléaire). Il faut donc passer de l'alternatif au continu. Cela se réalise par un *convertisseur* qui est un dispositif comportant des redresseurs. Mais contrairement à la diode de Fleming, les énergies mises en jeu sont beaucoup plus importantes.

Des tubes adaptés avaient été développés (dans les années trente, ils portaient les doux noms de *thyratron*, d'*ignitron*).

Figure 15-7

Une petite puissance pour commander une grande : c'est l'électronique de puissance.

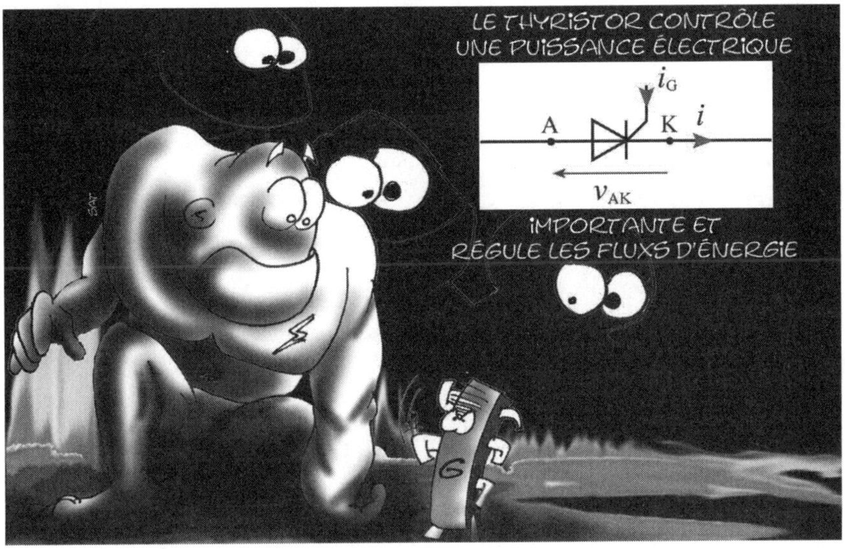

Une grande évolution va faire apparaître les transistors *de puissance* puis les *thyristors* (interrupteurs commandables). Des nouvelles structures de convertisseurs apparaissent. Ainsi, l'*onduleur* est un convertisseur permettant de fournir de l'énergie électrique sous forme de signaux alternatifs à partir d'une énergie dans une batterie ou un accumulateur. La fonction onduleur permet la conversion du continu vers l'alternatif. La conversion alternatif/alternatif est également intéressante : c'est elle qui est mise en jeu dans la commande de votre lampe halogène quand vous voulez modifier le niveau d'éclairement. La conversion continu/continu est également intéressante et est réalisée par des *hacheurs*. Elle est mise en œuvre pour le TGV Sud-Est. On voit donc que l'on peut affiner l'objet de l'électronique de puissance : c'est la conversion de l'énergie électrique. Cette conversion, nous l'utilisons tous les jours !

DANS CE CHAPITRE

Il faut bouger pour émettre
Hertz ouvre la brèche...

•

Se protéger des ondes radio

•

Un effet collatéral des radars : le four à micro-ondes

Chapitre 16
L'invasion des ondes

D'une manière générale, toute charge électrique accélérée donne naissance à une onde électromagnétique en convertissant en énergie rayonnée une autre forme d'énergie. Ces ondes électromagnétiques présentent une grande diversité, allant des ondes radio jusqu'aux rayons gamma hautement énergétiques, en passant par les infrarouges, la lumière visible et les rayons X. En dépit de leur grande diversité, ces signaux partagent la même structure profonde régie par les équations de Maxwell. Deux champs sont indissolublement liés. Les champs électrique et magnétique sont les deux acteurs de ces ondes électromagnétiques qui se propagent dans le vide sans avoir besoin de support matériel.

Pour émettre, il faut bouger

Les ondes électromagnétiques sont engendrées par des charges électriques en mouvement accéléré.

Des charges accélérées

Pour émettre une onde électromagnétique, il suffit de frotter un intercalaire en plastique sur de la laine ou sur les cheveux, puis de le secouer. Vous pressentez, à juste titre, que votre émission sera beaucoup trop faible pour être détectée. Mais c'est uniquement parce que la fréquence de vibration de la charge est faible. Plus vous secouez rapidement et plus votre émetteur rudimentaire (ici, l'intercalaire) va devenir puissant.

Toute particule chargée se déplaçant de façon non uniforme, par exemple sur une trajectoire circulaire, émet un rayonnement électromagnétique. De telles émissions sont couramment observées dans des objets célestes. Les quasars (galaxies lointaines avec un noyau actif), par exemple, sont des émetteurs beaucoup plus puissants dans le domaine radio que dans le domaine optique. Plus près de vous, les électrons de votre téléviseur cathodique (une antiquité !) sont violemment freinés lors de l'arrivée sur l'écran. En tirant le frein à main, ils émettent un rayonnement de freinage proche des rayons X, désigné par le terme allemand de *Bremsstrahlung* (« rayonnement de freinage »).

Il faut secouer les électrons

Il n'est pas nécessaire que la charge électrique se déplace dans le vide. Tout porteur de charge électrique accélérée émet un signal électromagnétique, même s'il se déplace dans un matériau conducteur. Tout circuit parcouru par un courant électrique d'intensité variable dans le temps émet des ondes électromagnétiques. Les électrons sont secoués par une tension électrique imposée par le générateur. Pour ces émetteurs, la puissance émise augmente très rapidement avec la fréquence. Chaque fois que vous multipliez la fréquence d'oscillation des courants dans le circuit d'émission par dix, la puissance rayonnée est multipliée par dix mille. La chasse aux ondes radio prévue par Maxwell (voir Chapitre 7) passait donc par une montée en fréquence des courants alternatifs. À ce jeu-là, Hertz sera le plus fort ! C'est lui qui va mettre en évidence ces ondes (voir plus loin). Si une particule chargée accélérée dans une antenne d'émission émet une onde électromagnétique, la réciproque est vraie. Une telle onde met en mouvement des charges électriques dans les antennes de réception.

L'onde emporte de l'énergie

Dans l'exemple de la feuille chargée, les signaux électromagnétiques émis emportent de l'énergie, que vos muscles doivent fournir. De même, pour maintenir les électrons du métal en oscillation, le générateur électrique doit fournir de l'énergie. Les équations de Maxwell (voir Chapitre 7) donnent une bonne description des champs émis par des courants circulant dans des conducteurs.

Leur application directe aux échelles atomiques a constitué un gros problème de la physique de la fin du XIXe siècle. En effet, un électron, s'il gravitait sur son orbite, serait nécessairement accéléré. L'atome devrait donc émettre en continu et l'électron se rapprocherait inexorablement du noyau pour payer la facture énergétique de l'émission. L'association électron-proton est donc instable d'après les lois de l'électromagnétisme.

L'approche quantique, qui a suivi, a éliminé les concepts de particule et de trajectoires électroniques pour surmonter cette difficulté. Aux fréquences optiques, c'est donc un peu plus compliqué. Pour expliquer l'émission d'énergie lumineuse par un atome ou une molécule, il faut utiliser une description quantique qui consiste à associer à l'élection une onde (voir Chapitre 11). Sous l'action d'un stimulus extérieur, les électrons des atomes ou des molécules peuvent changer d'état énergétique. Comme des livres sur une étagère, ils peuvent accéder à des niveaux d'énergie différents (il faut fournir un peu d'énergie pour placer le livre sur une étagère plus élevée et, spontanément, vous récupérez l'énergie du livre qui vous arrive sur le pied en provenance d'une étagère d'un niveau élevé). Si les électrons perdent de l'énergie, il est possible d'observer une émission lumineuse.

Une onde à deux champs

La notion de champ est utilisée en physique pour traduire l'existence d'une grandeur définie en chaque point de l'espace et du temps. Une carte météo donnant les températures est une représentation d'un champ scalaire. À chaque lieu est associé un nombre. On peut aussi définir des champs plus compliqués comme des champs vectoriels. Une sorte de forêt de flèches, plus ou moins longues suivant la valeur du champ, dont l'orientation donne sa direction. La carte météo des vents en est un exemple.

La chorégraphie des champs

Non pas un, mais deux champs

Pour décrire l'action d'une particule électriquement chargée immobile sur une autre charge électrique, on peut d'abord considérer une seule particule chargée. Sa présence va modifier son environnement en créant un champ électrique dans son voisinage. Si éventuellement une autre particule pointe le bout de son nez, elle va subir l'action du champ créé par la première charge. Le champ électrique devient donc une entité autonome que l'on peut étudier en connaissant la position des diverses charges qui le créent.

Le champ magnétique apparaît lorsque les charges électriques se déplacent. Les courants électriques circulant dans des circuits sont des exemples de sources de champ magnétique, dont l'intensité se mesure en teslas (T). La longueur de la flèche, qui représente le champ magnétique, est directement proportionnelle à l'intensité du courant électrique exprimée en ampères. Comme le champ électrique, l'intensité du champ magnétique décroît rapidement avec la distance entre la source du champ et le point où on mesure le champ.

Si tu bouges, je change !

Les champs électriques et magnétiques coexistent souvent, y compris dans le vide. Ils n'ont pas besoin d'un milieu matériel comme support. Des charges immobiles et des courants constants ne produisent pas d'ondes électromagnétiques.

Pour émettre une onde radio, il faut que les sources des champs (charges et courants électriques) varient au cours du temps. Dès que les courants sont variables, il y a création simultanée des deux champs. Le champ électrique variable a besoin du champ magnétique et vice versa. C'est un peu comme une chorégraphie liant deux groupes de danseurs se faisant face. Chaque danseur doit rester sur place et exécuter des gestes, qui dépendent uniquement du groupe d'en face. Pour savoir ce qu'il doit faire, un danseur donné n'observe pas ses propres voisins, mais les danseurs qui lui font face. Le geste qu'il va effectuer ne dépend que de la position des voisins du danseur opposé à cet instant donné. La photographie d'un groupe permet de prévoir l'évolution des danseurs de l'autre groupe dans les instants qui vont suivre. Réciproquement, le film d'un quelconque des danseurs donne une idée des gestes des quelques danseurs les plus proches de l'autre groupe. On ne peut donc pas isoler la chorégraphie d'une rangée, car les deux sous-groupes sont liés dans le temps et dans l'espace. De même, on ne peut pas séparer le champ électrique du champ magnétique dans l'onde électromagnétique.

Maxwell entre dans la danse

C'est Maxwell qui a trouvé les règles du jeu suivies par les deux parties du champ électromagnétique. Une variation du champ magnétique dans l'espace entraîne une évolution dans le temps du champ électrique et réciproquement. C'est un mécanisme analogue aux chorégraphies couplées des deux rangées de danseurs qui est à l'origine de la propagation d'ondes électromagnétiques dans le vide. Une variation spatiale du champ magnétique entraîne un changement du champ électrique dans le temps. Comme le champ électrique varie aussi dans l'espace, il en résulte une évolution temporelle du champ magnétique.

Pour les balèzes

On peut se représenter une onde électromagnétique en dessinant en chaque point deux flèches, l'une représentant $\vec{E}$ et l'autre $\vec{B}$. Dans le vide, loin des charges en mouvement qui ont créé l'onde, ces deux flèches sont perpendiculaires entre elles et perpendiculaires à la direction de propagation. Les amplitudes des deux champs (les longueurs des flèches) sont reliées. On se contente souvent de celle du champ électrique. Par exemple, sous une ligne à haute tension de 400 000 V règne un champ électrique oscillant de 5 000 V/m. Un portable ne doit pas dépasser une amplitude de 40 V/m (norme OMS).

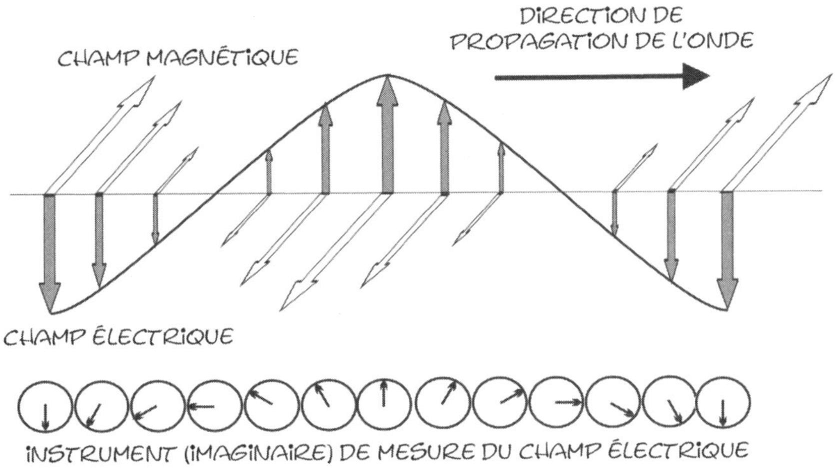

Figure 16-1 Les champs électriques et magnétiques sont perpendiculaires entre eux et à la direction de propagation.

Les vibrations des champs

Kilo, méga, giga... hertz

Les flèches qui représentent l'onde électromagnétique en un point atteint par le signal oscillent au même rythme que les courants dans l'émetteur. L'onde reproduit en quelque sorte le mouvement de la source avec un certain retard dû à la propagation. Pour caractériser un phénomène périodique, on définit la fréquence f exprimée en hertz (abréviation Hz), pour désigner le nombre de fois où il se reproduit par unité de temps. On utilise souvent des multiples du hertz. Un mégahertz est égal à un million et un gigahertz vaut un milliard de hertz. La fréquence est l'inverse de la période T exprimée en secondes : $f = \frac{1}{T}$. Elle traduit la durée qui sépare deux instants pour lesquels l'onde est dans le même état.

La longueur de l'onde

Le logo signalant la présence des radars fixes de la gendarmerie est une illustration directe de la propagation des ondes radio émises par l'émetteur du radar.

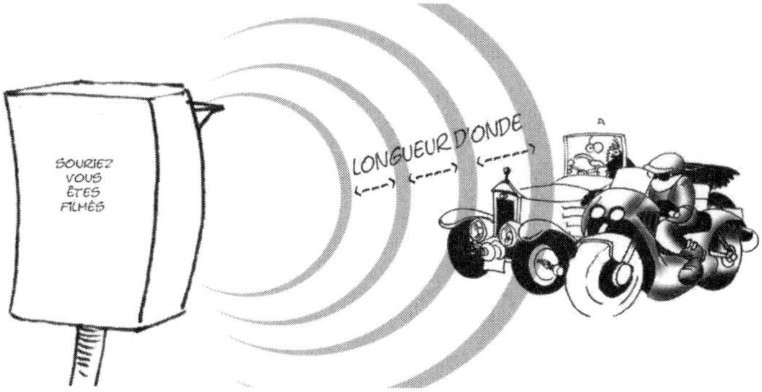

Figure 16-2
Des ondes électromagnétiques se dirigent vers votre voiture.

Tous les points situés à la même distance de l'émetteur sont atteints par l'onde en même temps. C'est pour cela que le logo des radars représente des arcs de cercle centrés sur l'émetteur. Les flèches du champ électromagnétique sont les mêmes en ces divers points. Pour retrouver le même état vibratoire, il faut s'éloigner (ou se rapprocher) davantage de la source d'une distance égale à celle parcourue par l'onde durant une oscillation des courants dans l'émetteur. Cette distance entre deux maximums de l'onde est la longueur d'onde (voir Chapitre 9), notée λ, et est mesurée en mètres.

Pour les balèzes

La longueur d'onde λ est la distance parcourue par l'onde durant une période. La vitesse de propagation des ondes électromagnétiques peut dépendre du milieu matériel traversé. La fréquence reste fixée par la source même si on passe d'un milieu à l'autre. En revanche, la longueur d'onde change. En règle générale, quand on indique la valeur d'une longueur d'onde, on se réfère implicitement au vide. La relation entre longueur d'onde et période s'écrit donc $\lambda = cT$. Pour déterminer la fréquence en fonction de la longueur d'onde, il faut utiliser la relation $f = \frac{c}{\lambda}$.

Une palette de fréquences XXXXL

La fréquence peut varier dans un rapport énorme : de un à un milliard de milliards. Les processus d'émission et de détection sont très différents suivant le domaine de fréquence. Les antennes de nos portables sont pour les ondes radio ce qu'est l'atome ou la molécule pour les ondes lumineuses ou le noyau atomique pour les rayons gamma.

Pour des fréquences assez faibles, le fonctionnement des émetteurs et des récepteurs peut être compris à partir de l'électromagnétisme classique. La quantification des échanges énergétiques entre l'onde électromagnétique et la matière, c'est-à-dire le fait que l'énergie ne s'échange pas continûment mais par paquets, va se mettre en évidence pour des ondes plus énergétiques, à partir grosso modo du domaine visible du spectre. Il en est de même pour la longueur d'onde. En théorie, il n'y a aucune limite, ni vers le bas ni vers le haut. Nous vivons dans un bain d'ondes électromagnétiques de longueurs d'onde allant de plusieurs milliers de kilomètres (voire davantage) jusqu'à quelques millièmes de milliardièmes de mètre. Le spectre électromagnétique est extrêmement large, mais ces ondes sont toutes de même nature. Quelle que soit la longueur d'onde, la structure est la même. En physique, il est rare qu'un même modèle théorique décrive des phénomènes s'étalant sur des échelles de temps et de distance aussi différentes.

Des tranches de fréquences

La délimitation de diverses zones dans le spectre n'a aucune raison physique, car les propriétés des ondes sont continues d'une zone à l'autre. Cependant les ondes radio ne sont pas analysées avec le même matériel que les UV ou les rayons gamma.

On peut, globalement, délimiter quelques sous-branches techniques :

- **Les ondes radio : les ondes de votre station radio correspondent à des longueurs d'onde supérieures au centimètre. C'est une zone de fréquence si importante dans les applications technologiques qu'elle est elle-même subdivisée en sous-bandes. En particulier, le créneau de longueur d'onde aux environs de dix centimètres est très chargé avec des applications que vous connaissez bien : le téléphone portable, le Wi-Fi, le four à micro-ondes.**
- **Les infrarouges de longueur d'onde entre 0,8 micromètre et 500 micromètres (10^{-6} m). Comme tous les corps chauds, vous êtes un émetteur d'infrarouges sur une longueur d'onde voisine de dix micromètres. Ce rayonnement thermique peut être capté par des caméras spéciales, qui vous localisent même par la nuit la plus noire. Le signal de votre télécommande dans le proche infrarouge est détecté par les capteurs des appareils photo numériques. Filmez votre télécommande en action dans une pièce noire, si vous n'êtes pas convaincu !**
- **De 400 à 700 nanomètres (10^{-9}m), c'est le domaine visible. C'est dans cette zone de longueur d'onde que le soleil émet avec le maximum de puissance. L'évolution naturelle a calé la sensibilité maximale de la rétine humaine sur le maximum du spectre solaire (voir Chapitre 19).**

- De 10 à 400 nanomètres, on trouve les ultraviolets. Ces ondes peuvent provoquer des coups de soleil ou casser des molécules avec une meilleure efficacité que la lumière visible, car elles sont plus énergétiques.
- Plus bas, en longueur d'onde entre dix et un centième de milliardièmes de mètre, ce sont les fameux rayons X utilisés pour les radiographies. Nos os arrêtent ces ondes, mais pas le reste de notre corps. Encore plus bas, c'est le domaine des rayons gamma produits par des processus nucléaires et qui accompagnent la radioactivité.

La puissance des ondes

Les sources d'ondes radio dans notre environnement sont de puissances très variables. Le tableau ci-dessous donne quelques ordres de grandeur de la puissance rayonnée qui est l'énergie émise par rayonnement et par seconde.

Tableau 16-1 Puissances des émetteurs.

Station radio	Téléphone portable	Satellite TV	Petit laser	Wi-Fi
100 kW	1 W	100 W	1 mW	100 mW

Plus tu t'éloignes, moins c'est puissant !

L'énergie de l'impulsion électromagnétique se déplace avec l'onde. L'énergie rayonnée par seconde (la puissance d'émission) va se répartir dans l'espace, sur une sphère de plus en plus grande, au cours de la propagation. On devine que l'onde va devenir de moins en moins intense, donc potentiellement moins dangereuse, si on s'éloigne davantage de la source. Si vous allez deux fois plus loin, la puissance par unité de surface est divisée par quatre. Ce n'est qu'une estimation grossière, mais elle permet de fixer les ordres de grandeur. En toute rigueur, l'antenne n'émet pas de la même façon dans toutes les directions.

Pour les balèzes

Pour comparer l'intensité de deux ondes, il est judicieux de mesurer l'énergie que l'onde transporte par seconde à travers une surface d'un mètre carré. À la distance d d'une antenne émettant de manière isotrope (de la même façon dans toutes les directions) rayonnant une puissance P, on peut calculer la puissance répartie sur un mètre carré de la surface de la sphère de rayon en divisant P par la surface de la sphère centrée sur l'antenne :

$$S = 4\pi d^2 \ : \ P_{surface} = \frac{P}{4\pi d^2}.$$

Pour les balèzes

Pour une lampe de 100 W à une distance d'un mètre, la puissance par unité de surface vaut environ $8\,W/m^2$. Pour un satellite de télécommunications de la même puissance à 36 000 kilomètres d'altitude, l'intensité tombe à $10^{-12} W/m^2$ à la réception. La distance séparant le point d'émission du point de réception est si grande que l'intensité de l'onde radio à la réception est très faible. Mais pour un petit laser de 10 mW, qui produit un faisceau d'un millimètre carré, l'intensité atteint 10 000 watts au mètre carré. Le pointeur laser est peu puissant, mais l'onde est concentrée dans une direction au lieu de s'éparpiller dans l'espace.

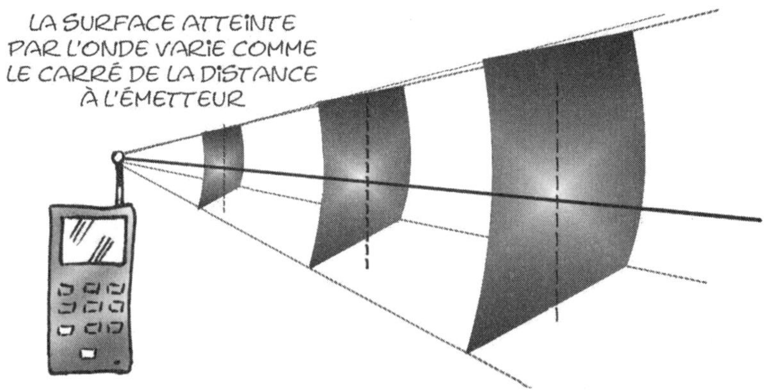

Figure 16-3 Des ondes électromagnétiques se répartissent dans l'espace.

La répartition de l'onde sur une surface de plus en plus grande va de pair avec une diminution de l'amplitude. Pour comparer l'intensité de deux ondes à fréquence donnée, on peut utiliser soit l'amplitude E du champ électrique (en volts/mètre) soit leur puissance par unité de surface $P_{surface}$ (en watts/mètre carré). Ces deux grandeurs sont reliées par la relation $P_{surface} = \frac{E^2}{377}$.

Par exemple, le champ électrique maximal autorisé par la norme de protection électromagnétique à 2,45 GHz vaut 40 V/m. La puissance par unité de surface s'en déduit : $P_{surface} = 4\ \mathrm{W \cdot m^{-2}}$.

Le champ, c'est de l'énergie

Là où il y a un champ, il y a de l'énergie. L'énergie électromagnétique n'est pas concentrée dans une petite zone de l'espace, mais est répartie dans tout le volume occupé par l'onde associée au signal électromagnétique. Mais il y a davantage d'énergie aux endroits où le champ est intense. L'énergie est proportionnelle au carré de l'amplitude (la longueur de la flèche) du champ. Si vous multipliez l'amplitude de l'onde par deux, vous avez quatre fois plus d'énergie au mètre cube.

Dans une onde électromagnétique, l'énergie se répartit équitablement entre les deux formes électrique et magnétique.

Comme pour les ondes du domaine optique, il est possible de parler de photons radio. Mais leur énergie est extrêmement faible devant l'énergie nécessaire pour provoquer un saut d'énergie des électrons dans l'atome. Typiquement, l'énergie d'un photon émis par votre téléphone portable est un million de fois plus petite que l'énergie requise pour arracher un électron d'un atome. Vous allez peut-être penser qu'il y a beaucoup de photons émis par votre portable et qu'il suffit d'une attaque conjointe d'un régiment de photons pour avoir raison d'un atome. Le nombre est effectivement énorme : plus d'un million de milliards de milliards de photons émis. Mais beaucoup de photons de basse énergie ne peuvent jamais avoir l'effet d'un photon unique d'énergie équivalente à la somme des énergies.

Transmettre l'information par les fils

En électromagnétisme, tout est, en dernière analyse, une question d'onde. Votre lampe de chevet reçoit de l'énergie électrique de la part du secteur EDF, via la prise de courant. Le générateur crée une onde électromagnétique, qui se propage au voisinage des fils de liaison. La rallonge électrique guide l'onde électromagnétique au moyen de conducteurs métalliques jusqu'au récepteur, qui va l'absorber.

3 longs, 3 courts, 3 longs...

Dans l'histoire de l'électromagnétisme, le courant électrique a d'abord été fourni par des piles (la première, celle de Volta, date de 1800, voir Chapitre 6). Comme la puissance était très limitée, les premières applications étaient des applications de courant faible consacrées essentiellement à transmettre de l'information. L'électroaimant sera pendant longtemps le récepteur adapté à ces lignes de transmission (voir Chapitre 7).

Une des premières tentatives pour transmettre un message par l'intermédiaire d'un courant électrique a eu lieu à Göttingen en Allemagne vers 1830. Wilhelm Weber et Johann Karl Friedrich Gauss ont construit une ligne de deux fils conducteurs longue de 3 kilomètres. Une batterie et un interrupteur étaient placés à une extrémité, le circuit se refermant sur un électroaimant à l'autre bout de la ligne. L'expérience a parfaitement réussi, mais les deux physiciens n'ont pas pressenti la révolution qui allait suivre.

Pour rendre le système de transmission à distance efficace, il fallait trouver un codage de l'information. C'est un peintre, créateur de la Société des beaux-arts à New York, Samuel Morse, qui a imaginé en 1837 le premier télégraphe électrique fiable. Un courant fourni par des piles passe par un petit appareil à main, nommé manipulateur, qui permet à l'opérateur d'interrompre le courant à volonté. Chaque impulsion de courant entraîne ensuite une action à distance via le fil sur l'électroaimant récepteur. Dans les récepteurs Morse, les électroaimants transforment des signaux électriques en des combinaisons de traits et de points. Le télégraphe est sans doute une des premières réussites pratiques et économiques liées à l'invention de la pile.

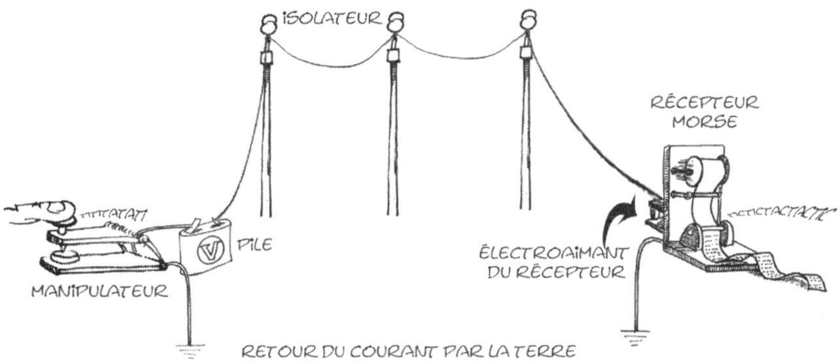

Figure 16-4 Le télégraphe n'a besoin que d'un fil.

Il n'était pas nécessaire de poser deux fils pour établir la liaison. Un fil suffit si le retour se fait par la terre. C'est pour cela que Lucky Luke ne coupe qu'un fil dans l'album *Le Fil qui chante*. Les premiers messages télégraphiques servent dans un premier temps à avertir de l'arrivée d'un train ou d'un problème technique. Mais la circulation des informations à grande vitesse intéresse aussi les banquiers. Et Marx ne va pas s'y tromper. Pour lui, le télégraphe électrique est un des fondements du capitalisme.

Une liaison sous-marine transocéanique

Le premier essai de câble sous-marin relie en 1850 la France à l'Angleterre et montre qu'un signal peut être détecté sur une distance de 40 kilomètres dans un câble sous-marin en dépit d'une atténuation importante. À cette époque, il fallait compter une bonne semaine pour que le courrier soit acheminé outre-Atlantique. Un télégraphe sous-marin semblait une opération économiquement viable en réduisant cette durée à quelques minutes, du moins en théorie. Mais la distance à parcourir est importante, ce qui laisse augurer une très forte atténuation. Un physicien anglais William Thomson, anobli en Lord Kelvin plus tard, va établir la théorie des lignes de transmission en écrivant « l'équation du télégraphiste ». Les calculs théoriques ont montré qu'on devait pouvoir détecter un signal se propageant sur plus de 4 000 kilomètres à condition d'augmenter la pureté du cuivre et le diamètre du câble.

Le premier câble transatlantique de communication reliait donc l'ouest de l'Irlande à Terre-Neuve en 1857. Formé de deux fils conducteurs gainés avec un polymère naturel, la gutta-percha (un isolant électrique), le câble pesait 500 kilogrammes au kilomètre. Une bonne série d'essais infructueux fera douter de la pertinence des investissements dans cette sorte de tunnel sous l'Atlantique. Personne n'avait prévu que les crabes et autres animaux marins allaient faire un festin de l'isolant et rapidement couper la liaison. Le processus de fabrication industrielle était lui aussi en cause. En effet, des irrégularités dans le câble entraînaient des ondes réfléchies sur ces obstacles, qui brouillaient le signal. Mais Thomson veillait au grain, et pour cause, il était détenteur de plusieurs brevets sur la structure des câbles de communication. Le signal transmis était néanmoins très faible. Thomson s'est remis au travail et a mis au point un détecteur optoélectronique beaucoup plus sensible que l'électroaimant. Son « siphon recorder » détectait le signal en faisant passer le courant dans une petite bobine placée dans le champ magnétique d'un aimant, suspendue à des fils et solidaire d'un petit miroir. Un signal électrique provoquait une petite torsion du fil de suspension amplifiée par des procédés optiques. Ces premiers sentiers de l'information vont se multiplier entre l'Europe et les États-Unis en cette fin du XIXe siècle. Mais même avec toutes les améliorations, le débit d'information va rester ridicule par rapport à nos autoroutes de l'information actuelles basées sur des fibres optiques dans un rapport de cent milliards à un.

Le son court le long du fil

Le téléphone apparu vers 1875 est la deuxième étape dans la maîtrise des transmissions électromagnétiques. Pour transmettre un son, il fallait le transformer en signal électrique. Le phénomène d'induction électromagnétique semblait indiqué pour réaliser cette opération (voir Chapitre 7). Une petite bobine sur laquelle est tendu un tissu vibre en fonction du son de la voix. Placée dans un champ magnétique, le mouvement de la bobine induit un courant électrique dans une autre bobine placée dans son voisinage. Le courant induit parcourait le câble jusqu'à la station réceptrice en entraînant la modification de l'intensité du champ magnétique de l'écouteur. Ces variations d'intensité provoquaient à leur tour la vibration du diaphragme, reproduisant ainsi le son d'origine.

Le microphone à grenaille, plus performant, va faire décoller les transmissions téléphoniques en produisant un signal bien plus intense. L'élément actif est une capsule contenant de la grenaille de charbon semi-conductrice. Une onde sonore va déplacer légèrement la membrane de cette capsule. La compression de la grenaille modifie sa résistance électrique. L'intensité du courant passant dans le microphone reproduit ainsi le son de la voix. Bien que rudimentaire, ce système était peu gourmand en énergie.

On tire le maximum de la ligne...

Dans les liaisons téléphoniques, la voix est filtrée pour ne garder que les fréquences comprises entre 200 et 3 400 Hz. Pourtant les fils de cuivre des lignes téléphoniques permettent de transmettre beaucoup plus d'informations. L'ADSL exploite au mieux cette capacité de transmission. Si votre ligne n'est pas éligible à l'ADSL, c'est pour l'essentiel la faute de l'effet de peau (voir plus loin). L'atténuation des signaux est en effet un inconvénient majeur commun à toutes les lignes de transmission. La marge de manœuvre pour augmenter les performances de la liaison est étroite. La seule solution radicale est de passer dans un autre domaine de la physique avec les liaisons par fibre optique.

Votre ligne téléphonique n'est pas la seule ligne de transmission dans votre maison. L'antenne de réception de télévision produit un signal électrique faible, facilement brouillé par des parasites électromagnétiques nombreux dans votre environnement. Pour améliorer la liaison, on entoure un des fils par le second sous la forme d'un cylindre métallique en séparant les conducteurs par un isolant électrique. Ce câble « blindé » sépare le monde en deux : les signaux intérieurs se déplacent sans se préoccuper des ondes électromagnétiques éventuellement présentes à l'extérieur. Ce type de liaison se trouve dans tous les réseaux câblés.

Communiquer par radio

Le physicien qui a mis en évidence les ondes électromagnétiques est connu dans le monde entier. Il s'agit de Heinrich Hertz qui a donné son nom à l'unité de fréquence.

Le train de l'émission s'emballe

Le délai de propagation est à portée de tir

L'expérience historique de Hertz (voir Chapitre 23), réalisée à Karlsruhe en Allemagne en 1888-1889, a créé une rupture indiscutable. On savait à l'époque que deux circuits électriques pouvaient être couplés sans l'aide de fil conducteur. Un électron, qui bouge dans le premier circuit, met en mouvement un électron du second circuit. Vous pouvez facilement le constater avec une plaque à induction. Les courants alternatifs, qui circulent dans la bobine située sous la plaque, créent des courants dans la casserole en métal qui va donc chauffer et ainsi faire cuire les aliments placés dedans.

Hertz ouvre la brèche

Pour avoir une chance de mettre en évidence la structure d'onde pour le champ électromagnétique, il faut monter en fréquence. C'est exactement ce qu'a fait Hertz en mettant au point un circuit électrique oscillant à plus de 100 millions d'oscillations par seconde (100 MHz). Non seulement, il pouvait calculer cette fréquence d'oscillations à partir de la géométrie de son circuit, mais son oscillateur se réarmait automatiquement. Il avait ainsi gagné un facteur cent sur la fréquence par rapport aux autres expérimentateurs de l'époque. Mais il ignorait qu'il était aux commandes d'un émetteur cent millions de fois plus puissant que celui de ses concurrents. Ce gain de fréquence avait décuplé, le mot est faible, la puissance émise, car la puissance d'émission augmente comme la puissance quatrième de la fréquence.

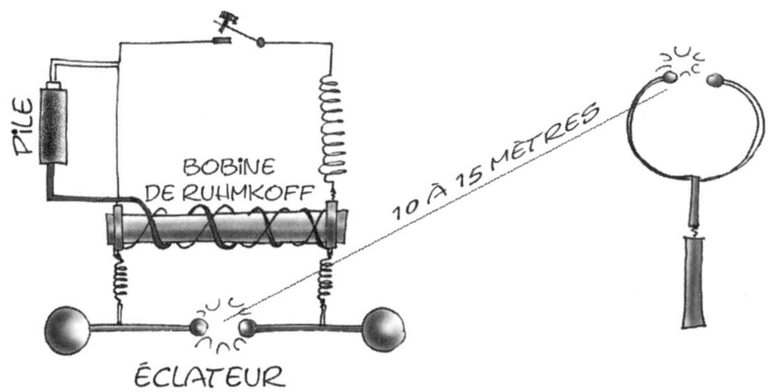

Figure 16-5 Le système d'émission et de réception radio de Hertz.

Les signaux électromagnétiques ainsi produits étaient détectés avec une sorte d'anneau métallique incomplètement refermé. Lorsque son excitateur crachait des étincelles, qui signalaient les oscillations, d'autres étincelles apparaissaient entre les deux extrémités de l'anneau. L'oscillateur et le résonateur sont les modèles primitifs d'un émetteur et d'un récepteur de radio. Muni de la paire émetteur-détecteur, Hertz a fait une série d'expériences montrant que les signaux électromagnétiques étaient de nature ondulatoire (on pouvait réaliser avec eux des interférences, de la diffraction, des ondes stationnaires...). Connaissant par calcul la fréquence émise et la longueur d'onde par mesure, Hertz a pu ainsi mesurer la vitesse de propagation de ces ondes dans l'air.

Anecdote

Hertz a néanmoins fait une erreur de calcul d'un facteur 1,41 sur sa fréquence. Il avait trouvé une célérité proche de 200 000 kilomètres par seconde nettement différente des 300 000 attendus, vu la valeur de la vitesse de la lumière déjà mesurée à l'époque (voir Chapitre 9). Le mathématicien français Poincaré a corrigé la faute et tout est rentré dans l'ordre. Les ondes radio étaient nées !

Et Popov s'engouffre dans la brèche... suivi de près par Marconi

Dès que le résultat de Hertz a été connu, les choses sont allées très vite. En 1895, Popov réussit la première transmission et réception d'ondes hertziennes à l'université de Saint-Pétersbourg. Les expériences vont suivre dans le monde entier. Mais c'est surtout Marconi qui va tirer les marrons du feu, en faisant une synthèse brillante des apports de ses concurrents. En 1895, il transmet des signaux sur une distance de 2,4 kilomètres. Il s'empresse de proposer son invention au gouvernement italien, mais personne ne le prend au sérieux. Marconi dépose, dès l'année suivante, le brevet n° 7777 qui fera date sur « l'invention de progrès dans la transmission des oscillations et signaux électriques et dans les appareils nécessaires ». Il améliore constamment le dispositif et atteint en mai 1897 la distance record de transmission de 14,5 kilomètres (voir Chapitre 23).

Anecdote

Physique rime parfois avec business. Pour exploiter son brevet, Marconi crée la Wireless Telegraph and Signal Compagny avec des fonds privés de 100 000 livres sterling. La portée des communications radio passe rapidement à 120 kilomètres. Le 3 juin 1898, Marconi transmet le premier message radio payant entre l'île de Wight et Bournemouth. Son premier client n'est autre que Lord Kelvin qui débourse un penny pour le service ! En 1899, il invente le « direct par radio » pour une régate dans le port de New York. Il réalise ensuite la première liaison radio transatlantique entre les Cornouailles anglaises et Terre-Neuve en 1901, à peine une décennie après l'expérience de Hertz ! Pour sa contribution essentielle au développement des communications radio, Marconi recevra le prix Nobel en 1909 tout en valorisant par ailleurs ses qualités de businessman.

Les antennes

Dans l'expérience initiale de Hertz, les courants oscillants restaient confinés au circuit émetteur de taille assez limitée. Pour améliorer la portée des liaisons radio, il faut forcer davantage d'électrons à osciller à la fréquence imposée par le générateur. C'est le rôle de l'antenne d'émission, qui transforme une énergie électrique en rayonnement électromagnétique. Un simple fil, dont une extrémité est libre et l'autre reliée à une borne du générateur, peut suffire. Une variation de tension de l'émetteur engendre la mise en mouvement des électrons situés à la base du fil électrique. À l'autre extrémité du fil, les électrons ne peuvent bouger, car ils n'ont nulle part où aller ! Le courant est donc nul au bout de l'antenne, mais pas aux autres points de ce conducteur. Si le fil a une longueur judicieusement choisie, les courants vont devenir relativement intenses par suite d'un phénomène de résonance.

Des ventres et des nœuds

Faites-le vous-même

La résonance est un phénomène important en physique, que vous pouvez facilement expérimenter dans votre salle de bains. Remplissez votre baignoire au quart de sa hauteur, puis agitez votre main sous l'eau. Vous verrez des vagues faire des allers-retours dans votre baignoire. Ajustez la vitesse d'agitation de votre main de telle sorte que la vague ait le temps de faire un ou plusieurs allers-retours sur une période de votre main. Vous pouvez alors aisément créer une vague de plus en plus forte, jusqu'à faire déborder la baignoire. Ce type de comportement est extrêmement répandu. Si vous excitez un système à la bonne fréquence, sa réponse va devenir importante. Pensez à la Castafiore qui casse les verres en émettant une note accordée à celle du verre !

Pour les balèzes

Une petite excitation du générateur va créer une forte réponse des électrons dans l'antenne, si sa longueur est égale au quart de la longueur d'onde du signal émis. C'est là la taille minimale d'une antenne efficace. Il existe d'autres types de branchements pour lesquels il faut prendre des longueurs multiples de $\frac{\lambda}{4}$. Vous pouvez le vérifier sur votre téléphone portable bi-bande qui peut émettre soit sur 900 MHz soit sur 1 800 MHz. Les longueurs d'onde correspondantes valent respectivement 33 et 16,5 centimètres. Pour la fréquence la plus haute, le générateur est placé au milieu. Pour la fréquence la plus basse, l'antenne est exécutée par une extrémité. Une antenne de longueur 8,25 centimètres (33 divisé par 4) peut donc émettre sur ces deux fréquences. C'est sensiblement la taille de votre téléphone portable. Une antenne ne rayonne pas de la même façon dans toutes les directions. L'onde électromagnétique est même quasi inexistante suivant l'axe de l'antenne. Vous aurez du mal à capter une antenne relais GSM si vous êtes exactement en dessous. Le rayonnement est généralement concentré dans le plan perpendiculaire à l'antenne. C'est pour cette raison que les antennes d'émission radio ou télévision sont pratiquement toujours verticales.

Figure 16-6 Les électrons s'agitent dans l'antenne.

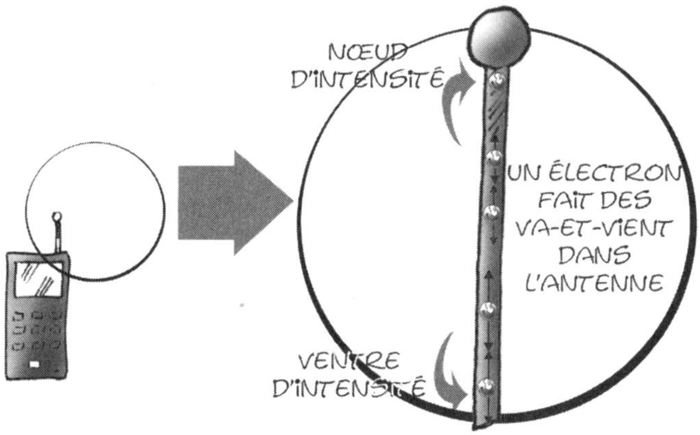

La réception s'améliore

L'œil de Branly

Le détecteur mis au point par Hertz était pour le moins rudimentaire : une simple boucle métallique présentant une coupure. En s'intéressant à la conductivité des poudres, Branly fait en 1890 une observation essentielle pour la suite du développement des liaisons par ondes radio. Un tube, rempli de limaille de fer et inséré dans un circuit électrique, ne laisse normalement passer qu'un très faible courant. Mais l'étincelle d'une décharge électrique ayant lieu à proximité le rend conducteur. Un choc suffit ensuite à le faire revenir à l'état faiblement conducteur. Comme le phénomène est réversible, le tube peut servir de détecteur d'ondes radio. Pour cela, il suffit de prévoir un mécanisme qui donne au tube de limaille une petite secousse afin de détruire la conductibilité du tube acquise sous l'effet des ondes radio et de remettre le tube dans l'état de réceptivité. Édouard Branly venait de découvrir une sorte d'œil qui voit l'onde électromagnétique comme le nôtre voit la lumière. Cela lui a valu de donner son nom à un quai idéalement situé à Paris, non loin de la tour Eiffel (une antenne radio historique).

Une lampe qui amplifie

Le détecteur de Branly était relativement peu sensible. Dès 1906, Lee De Forest résout le problème en mettant au point la lampe triode. Ces sortes de lampes, que l'on peut trouver dans les vieux appareils radio, permettent un effet amplificateur qui va très nettement améliorer la détection des ondes radio. L'appareil de Branly passera rapidement au rayon des antiquités.

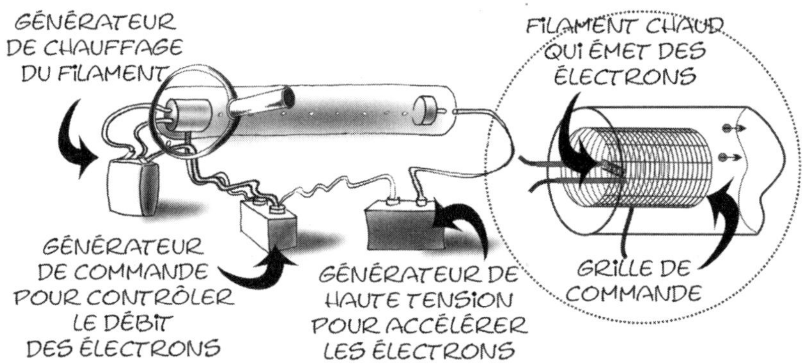

Figure 16-7 L'amplificateur à lampe de Lee De Forest.

Le filament d'une lampe à incandescence est porté à une température dépassant 2 400 °C. Les électrons possèdent alors assez d'énergie thermique pour s'extraire du métal et faire un tour dans les environs du filament. Pour accélérer les électrons, on place le filament chaud dans un champ électrique constant produit par un générateur de haute tension. Dès qu'un électron s'aventure en dehors du métal, il est catapulté avec une accélération foudroyante pour acquérir des vitesses dépassant aisément les 15 000 kilomètres par seconde. À cette vitesse, il est clair qu'il vaut mieux qu'il n'y ait pas d'obstacles en route. Le filament et les électrodes du dispositif d'accélération sont placés dans un tube à vide.

Lee De Forest a eu l'idée d'entourer le filament d'une grille de commande. En modifiant le potentiel de cette grille, on crée ainsi une barrière que l'on peut monter et descendre à volonté. La grille joue le rôle d'un robinet dont on peut régler le débit. Un faible courant de commande peut ainsi déclencher un courant électronique intense entre le filament et l'électrode collectrice. La triode est le premier amplificateur de courant de l'histoire de l'électronique. C'est d'ailleurs à la suite de l'invention de cette lampe triode que l'auto-oscillation fait son entrée sur la scène scientifique. La triode a permis de produire des oscillations stables et auto-entretenues d'amplitude constante.

Il y a de l'encombrement dans l'air

L'amélioration de la détection a entraîné une explosion des communications par TSF, ou télégraphie sans fil, car les postes récepteurs sont arrivés techniquement à maturité. Dès 1922, le premier journal radiophonique français est diffusé depuis la tour Eiffel. Le marché est exponentiel ! La France compte 1,9 million de postes récepteurs en 1935 mais déjà 5 millions en 1939 pour 41 millions d'habitants. La plus puissante station d'Europe de l'époque émet déjà avec une puissance considérable de 450 kilowatts. Cet âge d'or des radios va se traduire, comme de nos jours, par un très fort encombrement en fréquences car il faut à chaque station émettrice sa bande de fréquence, d'où la difficulté d'isoler le bon signal de votre station radio recherchée. Si on génère plusieurs ondes de même fréquence, alors il n'est plus possible de distinguer les différents signaux suite au phénomène d'interférences. En revanche, plusieurs signaux radio de fréquences différentes peuvent cohabiter sans interférer.

Le son s'imprime dans l'onde radio

Il faut être sur la même longueur d'onde

Quand l'onde radio arrive sur une antenne réceptrice, les électrons du métal sont mis en mouvement par le champ électrique de l'onde électromagnétique, au même rythme que bougeaient les électrons dans l'antenne de l'émetteur. En principe, une antenne peut recevoir toutes les ondes électromagnétiques émises par les diverses stations radio. L'orientation de l'antenne réceptrice est importante, car le champ électrique n'est efficace que s'il est parallèle au fil conducteur de l'antenne. Si l'onde est polarisée verticalement (voir Chapitre 9), le champ électrique vibre suivant la verticale et ne peut être détecté efficacement par une antenne horizontale. L'antenne se comporte comme un générateur en captant les variations de potentiel électrique associées à un champ électrique oscillant. Le courant électrique, qui résulte du mouvement des électrons, peut ensuite être amplifié et filtré en vue d'en extraire l'information.

Pour les balèzes

Si le signal est trop faible, il faut jouer sur la longueur des conducteurs. La fréquence de résonance d'une antenne dépend essentiellement de ses dimensions propres, mais aussi des éléments qui lui sont ajoutés. En pratique, une antenne réagit aux excitations électromagnétiques dont la fréquence se trouve dans une bande centrée sur sa fréquence de résonance entre les fréquences maximale et minimale d'utilisation très proches de la fréquence centrale. Pour des signaux assez intenses, on peut se passer de cette contrainte géométrique. Toutes les fréquences des diverses stations radio coexistent alors dans le fil de l'antenne de votre autoradio par exemple. Pour sélectionner une radio particulière, il faut isoler, dans ce brouhaha électromagnétique, les signaux de fréquence proche de celle de cette station. Pour cela, on couple l'antenne à un circuit d'accord, qui se comporte comme un filtre ne laissant passer qu'une très fine bande de fréquence et dont on peut modifier la fréquence centrale. En changeant de station, vous faites glisser la bande de fréquence détectée afin de la centrer sur la fréquence de l'onde électromagnétique porteuse de cette station.

On module la porteuse

La fréquence indiquée sur votre récepteur radio est une fréquence moyenne. À la base, on prend une onde sinusoïdale dite « onde porteuse ». Sa fréquence est celle que vous indiquez pour sélectionner telle ou telle station radio. Le signal à transmettre, de fréquence beaucoup plus faible, est mélangé à l'onde porteuse. C'est la modulation. D'une part, on peut modifier l'amplitude de la porteuse en fonction de celle du signal à transmettre. C'est la modulation d'amplitude notée AM. Mais d'autre part, il est aussi possible de modifier légèrement la fréquence de la porteuse de part et d'autre de sa valeur moyenne. On parle alors de modulation de fréquence FM.

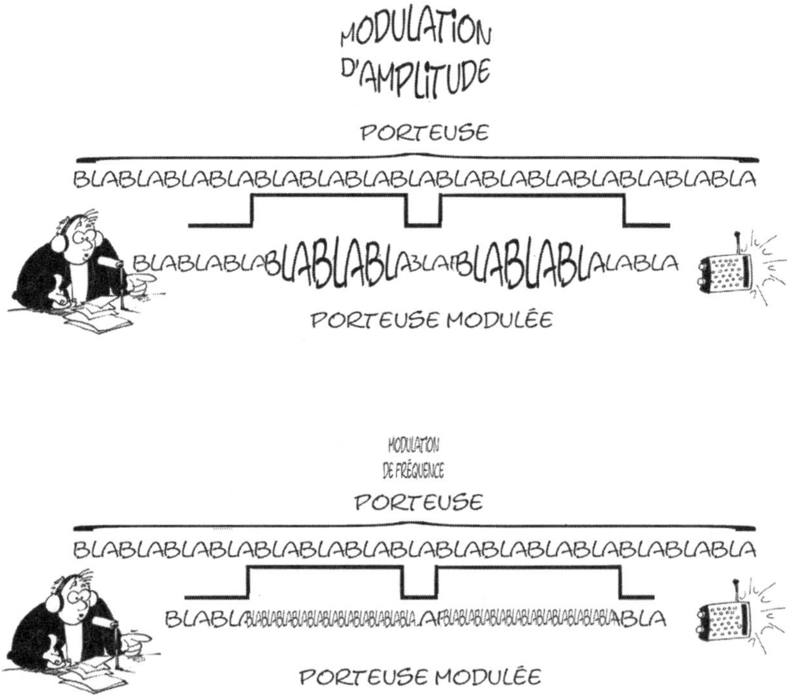

Figure 16-8
Deux méthodes de modulation de la porteuse.

Les ondes radio passent (presque) partout

Une onde électromagnétique traversant un milieu matériel peut interagir avec les électrons libres très mobiles, les ions plus lourds ou même certaines molécules. Le champ électrique de l'onde va mettre en mouvement les particules chargées (ions ou électrons) et orienter les molécules pour lesquelles la répartition des charges n'est pas assez symétrique. En réaction, les électrons mis en mouvement vont eux aussi créer des ondes électromagnétiques, qui vont s'ajouter à l'onde initiale. La propagation dans ces milieux va donc être modifiée par rapport à la propagation dans le vide.

Les métaux réfléchissent les ondes

Se protéger des ondes radio

Les milieux conducteurs sont caractérisés par une forte concentration de charges mobiles. Les électrons étant des particules très légères, on peut donc s'attendre à ce que les métaux réagissent fortement aux ondes électromagnétiques, et ce, jusqu'à des fréquences élevées. Le caractère réflecteur des métaux pour les ondes électromagnétiques s'étend pratiquement jusqu'au domaine visible. Ainsi, une couverture de survie est une mince feuille métallisée et dorée, qui renvoie vers l'intérieur le rayonnement infrarouge émis par le corps humain et limite fortement les pertes thermiques.

Faites-le vous-même

Gare à l'alu !

Emballez votre téléphone portable dans du papier d'aluminium et essayez de vous appeler avec un autre téléphone. La communication ne va pas s'établir car la feuille métallique va empêcher les ondes radio d'arriver à votre récepteur. Pourtant une feuille d'aluminium ménager ne dépasse pas quelques dizaines de micromètres d'épaisseur, mais cela suffit du fait de la conductivité importante des métaux. Les électrons libres qui y sont présents adorent se mettre en mouvement à la moindre sollicitation extérieure. Lorsque l'onde radio arrive sur le métal, des courants électriques apparaissent dans une mince couche proche de la surface métallique. Ces charges en mouvement vont créer une autre onde électromagnétique qui va compenser dans le métal celle que vous avez envoyée. L'onde est en quelque sorte renvoyée à son expéditeur.

Vous savez sûrement qu'il ne faut pas introduire des objets métalliques dans votre four à micro-ondes. C'est écrit dans

»

»

Gare à l'alu ! *(suite)*

tous les modes d'emploi et ce n'est pas pour rien. Comme les ondes de cette fréquence ne pénètrent pratiquement pas dans les métaux, y compris dans les peintures à pigments métalliques, des courants électriques assez intenses apparaissent à la surface, de manière à renvoyer l'onde électromagnétique vers son émetteur. Le générateur de micro-ondes risque fort de ne pas apprécier ce retour à l'envoyeur. Il se peut même que des étincelles jaillissent des objets métalliques comme manifestation des différences de potentiel entre les conducteurs.

L'effet de peau

Dans l'expérience du téléphone, l'onde radio arriverait quand même à traverser, si la feuille d'aluminium était trente fois plus fine. Il y a une épaisseur minimale, appelée « épaisseur de peau », qui caractérise la profondeur de pénétration des ondes électromagnétiques dans un conducteur. Cette distance caractéristique diminue si la conductivité du matériau ou la fréquence de l'onde électromagnétique augmentent. La même situation se rencontre pour la communication avec les sous-marins en plongée. L'eau de mer conduit beaucoup moins l'électricité que les métaux, mais l'effet de peau y est suffisant pour contraindre les submersibles à remonter et à déployer une antenne juste sous la surface. Aux fréquences de votre portable, la mer est un véritable miroir pour les ondes radio. Plus le sous-marin est immergé et plus basse doit être la fréquence pour que l'onde radio puisse pénétrer efficacement dans l'eau.

Pour essayer de faire passer une onde électromagnétique dans un milieu conducteur, vous pouvez soit placer un objet métallique près d'un émetteur radio comme on vient de le voir, soit insérer ce conducteur dans un circuit alimenté par un générateur électrique alternatif. À la fréquence du secteur 50 Hz, l'épaisseur de peau dans le cuivre est nettement supérieure au diamètre des fils usuels. Pour votre lampe de chevet, l'effet est faible et pour ainsi dire négligeable : les courants circulent dans l'épaisseur du métal. Il n'en est plus de même si vous montez en fréquence. Les courants électriques vont être localisés en périphérie des conducteurs. La résistance des fils augmente et va se traduire par un amortissement sensible du signal électrique en haute fréquence. C'est l'effet de peau qui limite la distance utile pour une connexion par câble entre deux utilisateurs. L'amortissement des ondes guidées dans les câbles conducteurs est beaucoup plus important que dans les fibres optiques.

On met Faraday en cage...

1. Parce que ce physicien était devenu dangereux.

2. Pour se protéger de ce monde hyperpollué aux ondes électromagnétiques.

Si vous estimez que vous vivez dans un monde électromagnétiquement pollué, rien ne vous empêche de vous enrouler dans du papier d'aluminium, mais plusieurs fois pour être sûr ! Ce n'est pas très esthétique, mais c'est extrêmement efficace. Une solution plus réaliste consiste à choisir des peintures à forte concentration en pigments métalliques et des rideaux comportant une trame métallique assez serrée. Même un grillage peut empêcher les ondes radio de passer ! Cette cage de Faraday (à ne pas confondre avec une cage pour farfadets !) repose sur un effet découvert par le grand savant anglais Michael Faraday, bien avant la découverte des ondes électromagnétiques. Attrapez un chat et frottez une boule de pétanque sur sa fourrure. Vous allez charger électriquement l'animal (c'est sans danger, vous n'aurez pas de problème avec la SPA !) et l'objet métallique avec des charges électriques opposées. Ces charges excédentaires sur le métal vont se répartir à la surface de la boule de telle sorte que le champ électrique soit nul partout à l'intérieur de la sphère, même si elle est creuse. Le métal joue le rôle d'écran électrostatique : les objets situés dans la cavité ne subissent pas les effets électrostatiques du monde extérieur.

Cette protection serait pratiquement aussi efficace si la boule était une sphère grillagée de maille très petite devant le rayon de la sphère. Ce blindage reste notable pour des ondes électromagnétiques tant que la maille de la grille métallique reste nettement inférieure à la longueur d'onde. Par exemple, les ondes radio (PO/GO/FM/AM) ont une longueur d'onde supérieure au mètre. Elles ont donc du mal à passer par les ouvertures (fenêtre, pare-brise...) d'une voiture. Il faut donc une antenne extérieure pour capter le signal radio afin qu'il puisse entrer dans la voiture par un câble. Pourtant, vous pouvez téléphoner en voiture avec votre portable. Comme la longueur d'onde tombe à 30 centimètres au plus, les ondes émises par le téléphone ou par la station relais passent par les orifices bien qu'étant atténuées par la partie métallique de la voiture. Votre portable va néanmoins émettre à plus forte puissance, car il voit sa réception diminuer. De surcroît, la réception se fait mal du fait du déplacement de la voiture. Les GSM émettent alors souvent à pleine puissance.

Un plasma autre que sanguin

Un miroir dans le ciel

En décembre 1901, Marconi s'installe avec son matériel de réception radio à Terre-Neuve en espérant capter le signal émis depuis les Cornouailles anglaises par son assistant. La liaison radio entre deux points aussi éloignés à la surface du globe n'a, *a priori*, aucune chance de se faire vu la rotondité de la Terre. Pourtant, à l'heure convenue, les récepteurs Morse ont bel et bien crépité. Ce succès a été largement repris par les radioamateurs après la Première Guerre mondiale avec des émetteurs de faible puissance, de quelques dizaines de watts, fonctionnant à des fréquences de 5 MHz. Les ondes émises sont alors des ondes courtes, dont la longueur d'onde est inférieure à 50 mètres. On pensait à l'époque que ces émetteurs étaient trop peu puissants pour des transmissions à grande distance. Ces radioamateurs ont pourtant obtenu des résultats surprenants en communiquant aisément d'un hémisphère à l'autre.

Figure 16-9
Des ondes qui font le tour de la Terre.

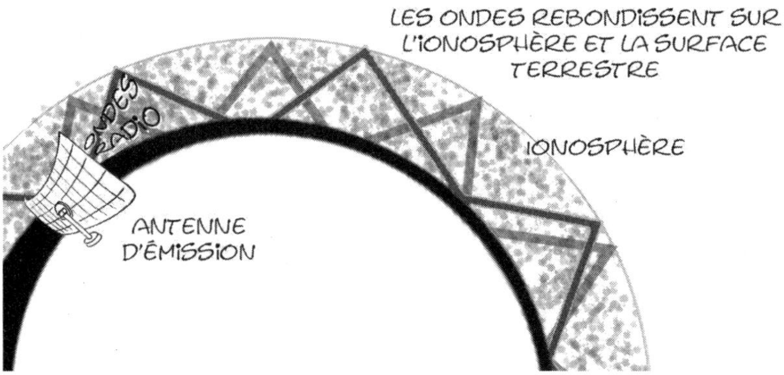

L'explication a été proposée par Heaviside et Kennely qui supposaient qu'il existait dans la haute atmosphère une zone conductrice comme une feuille de cuivre. Cette couche alors hypothétique, et aujourd'hui bien caractérisée, peut réfléchir les ondes radio à l'instar d'un miroir, et l'onde contourne ainsi la courbure de la Terre.

Un plasma qui réfléchit… mais pas toujours

L'origine de cette conductivité d'un gaz raréfié vient de l'activité solaire. Le rayonnement solaire et en particulier les ultraviolets vont arracher un ou plusieurs électrons aux molécules de la haute atmosphère, aux alentours de 100 kilomètres d'altitude. De ce fait, cette zone de l'atmosphère porte le nom d'ionosphère, même si les ondes radio sont principalement affectées par les électrons. Ce gaz ionisé est un plasma naturel qui conduit assez bien le courant électrique, d'où son caractère réflecteur.

Pour les balèzes

Nous savons pourtant tous que des liaisons radio entre les stations au sol et les satellites traversent en permanence cette couche atmosphérique. L'analogie entre ce plasma et un métal doit être prise avec précaution. Il y a deux différences fondamentales. Dans un métal, les chocs des électrons avec les ions du réseau cristallin sont assez nombreux pour que l'électron atteigne une vitesse limite quasi indépendante de la fréquence de l'onde. La conductivité d'un métal change très peu avec la fréquence. En revanche, dans un plasma peu dense comme l'ionosphère, les électrons sont mis en mouvement par le champ électrique de l'onde sans pratiquement être contrecarrés par des chocs avec les autres particules peu nombreuses. Plus la fréquence augmente et plus la vitesse maximale des électrons diminue. À haute fréquence, les électrons sont comme tétanisés : ils ne bougent pratiquement plus. En conséquence, la conductivité d'un plasma diminue rapidement avec la fréquence.

Pour les balèzes

Un phénomène particulier apparaît alors. Suivant leur fréquence, les ondes radio font du ping-pong entre l'ionosphère et le sol ou, au contraire, traversent cette couche pour atteindre des récepteurs plus lointains. À fréquence basse, l'onde radio est renvoyée vers le sol comme dans l'expérience de Marconi. À fréquence plus élevée, l'onde radio se propage dans le plasma. Néanmoins, la vitesse des signaux électromagnétiques est inférieure à la vitesse de la lumière dans le vide. À fréquence très élevée, le plasma ne perturbe plus la propagation des ondes radio.

Des ondes qui chauffent

L'interaction des ondes électromagnétiques avec la matière se traduit par une absorption de l'onde et un échauffement plus ou moins sensible du matériau.

Un effet collatéral des radars

Durant la guerre de 1939-1945, la société d'armement Raytheon avait travaillé au développement d'un magnétron, qui est une source puissante d'ondes radio de courte longueur d'onde. Un des techniciens, Percy Spencer, a eu la surprise de sentir une friandise fondre dans sa poche alors qu'il était affairé près du générateur. Les tubes émetteurs de ces premières stations radars vont servir à réchauffer les soupes, des saucisses ou même des œufs qui avaient une nette tendance à exploser. Après le conflit, Raytheon va commercialiser un four. Ce sera un flop commercial avec un millier de fours vendus en une dizaine d'années. Mais les surgelés vont apparaître et les Japonais vont miniaturiser le four à micro-ondes ; c'est la fin du flop.

La molécule d'eau adore danser

Une molécule d'eau présente des points d'accumulation de charges positives près des atomes d'hydrogène et de charges négatives sur l'atome d'oxygène. Pour cette raison, on dit que la molécule d'eau se comporte comme un « dipôle ». Cette dissymétrie moléculaire rend la molécule sensible au champ électrique, bien qu'elle soit électriquement neutre. En l'absence d'ondes électromagnétiques, les molécules dipolaires s'orientent de manière aléatoire. Lorsqu'on applique un champ électrique constant, les molécules tendent à s'orienter dans la direction du champ électrique (voir Chapitre 6). Si l'on supprime brusquement le champ électrique, les molécules orientées vont revenir à l'état aléatoire régi par l'agitation thermique. Pour les molécules d'eau, la durée de retour à l'état de désordre moléculaire de départ est de l'ordre du milliardième de seconde.

Pour chauffer, il faut secouer à la bonne fréquence

Lorsque le champ électrique appliqué est alternatif, les molécules tournent sur elles-mêmes. Si la période d'oscillations du champ électrique est assez grande, les molécules n'ont aucune peine à se synchroniser sur les variations de l'orientation du champ électrique. Dans ce cas, il n'y aura pas de transfert d'énergie entre l'onde électromagnétique et les molécules d'eau. En revanche, si la fréquence augmente, l'inertie de la molécule et les forces de liaison s'opposant au mouvement deviennent prépondérantes. Dans un four à micro-ondes, le champ électrique change de sens environ cinq milliards de fois par seconde (deux fois par période). Les molécules d'eau n'arrivent plus à suivre le rythme. Le matériau contenant de l'eau retire alors de l'énergie au champ électrique et la dissipe en chaleur. Plus un aliment contient de l'eau et plus rapide sera la cuisson.

Faites-le vous-même

Du chocolat pour la vitesse de la lumière

Dans tous les fours à micro-ondes, la fréquence de l'onde radio vaut 2,45 GHz (c'est écrit sur la plaque). Il se peut que des ondes stationnaires apparaissent dans la cavité. L'onde réfléchie par une plaque métallique se superpose à l'onde émise par le magnétron. Si certaines conditions géométriques sont vérifiées, l'amplitude des oscillations du champ électrique s'annule en certains points et devient très importante à d'autres. La distance entre deux points de forte amplitude est égale à la moitié de la longueur d'onde. Votre tablette de chocolat va fondre aux endroits où le champ électrique est intense. La vitesse de la lumière (donc aussi celle des ondes radio) est obtenue par le produit du double de la distance en mètres séparant deux zones fondues par la fréquence en hertz gravée sur la plaque informative derrière le four. Pour éviter ce chauffage non uniforme, les constructeurs ajoutent un plateau rotatif et une sorte d'hélice destinée à brasser les ondes électromagnétiques dans la cavité du four. Si vous chauffez trop longtemps, la diffusion thermique va uniformiser la température au sein de votre matériau. Votre tablette va intégralement fondre et vous pourrez la manger.

Pour voir dans le brouillard

Très rapidement, des physiciens se sont rendu compte que les ondes radio permettaient de détecter puis de localiser des objets métalliques.

L'ancêtre du radar, le « Telemobiloskop »

En 1904, l'Allemand Hülsmeyer met au point un système anticollision permettant de détecter la présence d'un autre bateau même par temps de brouillard, sur une distance de 3 à 5 kilomètres. Ce *Telemobiloskop* n'est pas un moyen de communication, car l'émetteur et le récepteur sont sur le même bateau. Il fait plusieurs démonstrations magistrales devant la presse enthousiaste du monde entier. Mais aucune compagnie maritime ne va acquérir ce dispositif révolutionnaire. La confiance des armateurs dans l'invincibilité de leurs bateaux était telle qu'ils ne jugeaient pas utile de se doter de systèmes de sécurité supplémentaires. D'autant plus que la TSF avait déjà conquis le marché commercial sur la base de contrats d'exclusivité, qui interdisaient aux armateurs de se doter d'autres matériels radio concurrents. La Marconi's Wireless Telegraph Compagny n'était pas en reste, au point que l'Administration américaine va même la menacer via la loi antitrust. Le carnet de commandes vide, Hülsmeyer va faire faillite. Le réveil sera douloureux le 15 avril 1912 lorsque le monde entier apprendra le naufrage du

Titanic. Mais entre-temps, les manœuvres commerciales auront plongé la belle invention du précurseur allemand dans l'oubli.

Le glaive et le bouclier électromagnétique

Avec l'apparition de l'arme aérienne dans les années trente, un des soucis des armées était la défense aérienne. Les bombardiers pouvaient maintenant voler au-dessus de la portée des canons de la DCA, ce qui constituait une menace encore plus grande. Pire, les aérodromes ennemis n'étaient qu'à quarante minutes de vol. L'histoire de la technologie va subir une accélération foudroyante avec la naissance du système de « *Detection and location of aircraft by radio methods* ». En juin 1935, on pouvait détecter un avion à 27 kilomètres. À la fin de la même année, la portée était déjà de 100 kilomètres. Le radar est né ! Il va jouer un rôle essentiel dans la bataille d'Angleterre et dans tous les conflits qui suivront.

Pour localiser un avion, il faut créer des impulsions radio, détecter l'écho après réflexion sur la carlingue métallique et mesurer le temps d'aller-retour.

Figure 16-10 Deux méthodes de modulation de la porteuse.

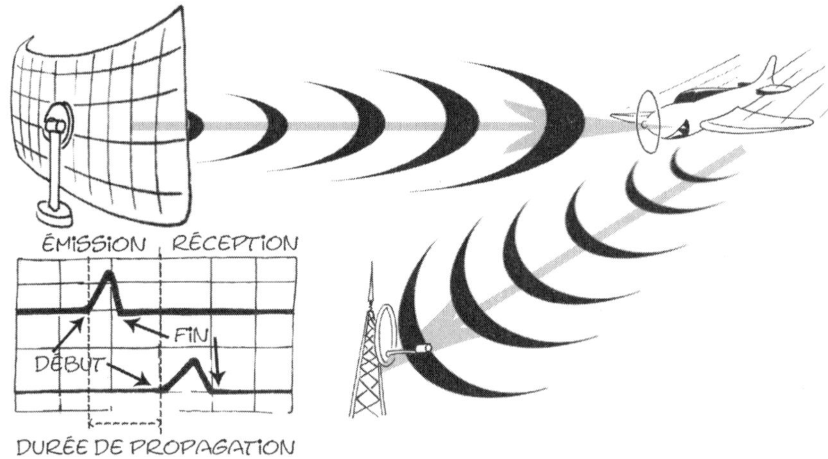

Un radar efficace requiert une fréquence la plus élevée possible envoyée par impulsions de durée la plus faible. L'erreur de position de l'avion est de l'ordre de grandeur de la distance parcourue par l'onde radio pendant la durée d'une impulsion. Par exemple, cette durée valait vingt microsecondes pour les radars de la bataille d'Angleterre. La précision de localisation était limitée à six kilomètres. Par ailleurs, la portée de détection dépend fortement de la fréquence de l'onde émise. Un radar puissant porte loin.

Des puces envahissantes

Pour lire un code-barres au supermarché, la caissière utilise un lecteur optique qui interroge l'étiquette. Les puces RFID (*Radio Frequency Identification Devices*) sont l'équivalent du code-barres avec lecture à distance par ondes radio. Tout d'abord, une puce est fixée sur le produit à identifier. Une antenne, qui est souvent une boucle métallique imprimée ou perforée, lui est associée. Cette radioétiquette fixée à un objet (bagage, colis, container, véhicule, carte de crédit...) est activée en passant à proximité du lecteur. Les ondes radio émises par l'antenne du lecteur fournissent l'énergie à la puce, qui peut donc se passer de pile.

Figure 16-11
Des puces d'identification radiofréquence.

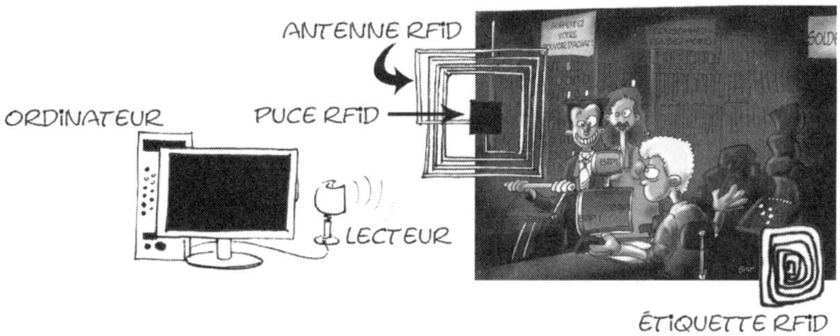

Une fois réveillée, la puce va transmettre les informations qu'elle contient, en modulant le courant dans son antenne. Le lecteur reçoit ensuite ces informations, qu'il transforme en code binaire. Chaque puce possède son propre identifiant, qui permet de la distinguer de toutes les autres et donc d'identifier le produit.

La distance maximale entre le lecteur et l'étiquette RFID dépend fortement de la puissance d'émission du lecteur et de la fréquence utilisée pour communiquer avec la puce. Plus les fréquences sont hautes, plus on peut lire la puce de loin. En basse fréquence, entre 100 à 500 kHz, la distance d'utilisation reste de l'ordre de quelques centimètres, et des applications du type carte sans contact sont de plus en plus courantes, dans les transports en commun par exemple. 13,56 MHz est une fréquence de travail standard qui porte la distance de lecture à 80 centimètres environ.

On peut parier sur l'avenir de ces étiquettes radio. D'ores et déjà, la grande distribution s'est emparée de cette technique. Dans ces hypermarchés d'un futur pas si lointain que cela, votre caddie sera équipé d'un écran informatique et d'un lecteur qui non seulement enregistrera vos produits, mais vous assistera dans vos courses, en vous indiquant les dernières promos ou un produit équivalent.

Bien entendu, les êtres humains ne seront plus nécessaires en caisses, la radio se chargera de débiter votre carte bancaire. Pour les promoteurs de ces systèmes, ces étiquettes vont recueillir et stocker des millions de données. Dans une société de l'information, il y a là une véritable mine d'or. Le regard électromagnétique de Big Brother est perçant.

DANS CE CHAPITRE

L'effet piézoélectrique

•

Les débuts de l'acoustique sous-marine

•

Les ondes acoustiques dans les solides

•

Des applications

Chapitre 17

Tout entendre : l'acoustique

La vibration des solides est une expérience vécue par tout le monde : l'écoute de nombreux instruments de musique (piano, guitare...), l'écoute (intempestive) de vos voisins d'immeuble. D'autres expériences vécues sont nettement moins anecdotiques : si votre habitation se trouve sur le passage d'un tremblement de terre, eh bien il s'agit d'une manifestation, à grande échelle, de la propagation d'ondes acoustiques à la surface de la Terre. Heureusement, l'étude des phénomènes acoustiques se produisant dans les solides a amené de nombreux bienfaits : on peut citer, pour des applications usuelles, le développement de l'échographie, le contrôle non destructif des matériaux et des structures (pour l'aéronautique par exemple) qui a pour but d'améliorer la fiabilité et donc la sécurité des biens et des personnes, l'élaboration de nouveaux microphones plus sensibles, de matériaux absorbants pour minimiser les nuisances sonores... C'est un domaine qui est encore un champ de recherche important : grâce à l'électronique et à l'informatique, cette branche des sciences s'est beaucoup développée au XXe siècle. Au XXIe siècle, des applications à destination notamment de la médecine sont attendues.

Ce chapitre a pour but de raconter des éléments de base qui sont en fait utilisés « à l'insu de notre plein gré » et dont on ressent les effets dans le monde actuel. La propagation d'ondes acoustiques dans un fluide a été vue précédemment (voir Chapitre 4) et peut constituer une introduction à ce chapitre.

Effet piézoélectrique

Avant de rentrer plus précisément dans le vif du sujet, une découverte datant de 1880 va jouer un grand rôle dans le développement de l'acoustique : il s'agit de la découverte de la piézoélectricité par les frères Curie, Pierre (1859-1906), le plus connu, et Jacques (1856-1941). Certains cristaux, soumis à une tension électrique (c'est-à-dire qu'ils sont reliés à un générateur de tension électrique, comme une pile, suivi d'un circuit oscillateur, ou directement à un générateur fournissant une tension variable), peuvent vibrer mécaniquement à une fréquence très bien définie. Le quartz est un exemple de cristal pour lequel « ça marche ! ».

Ce phénomène de conversion d'énergie électrique vers une énergie mécanique s'appelle piézoélectricité, et les matériaux pour lesquels « ça marche » sont des matériaux piézoélectriques. Inversement, une tension électrique apparaîtra entre les faces du cristal si ce matériau est soumis à des contraintes mécaniques.

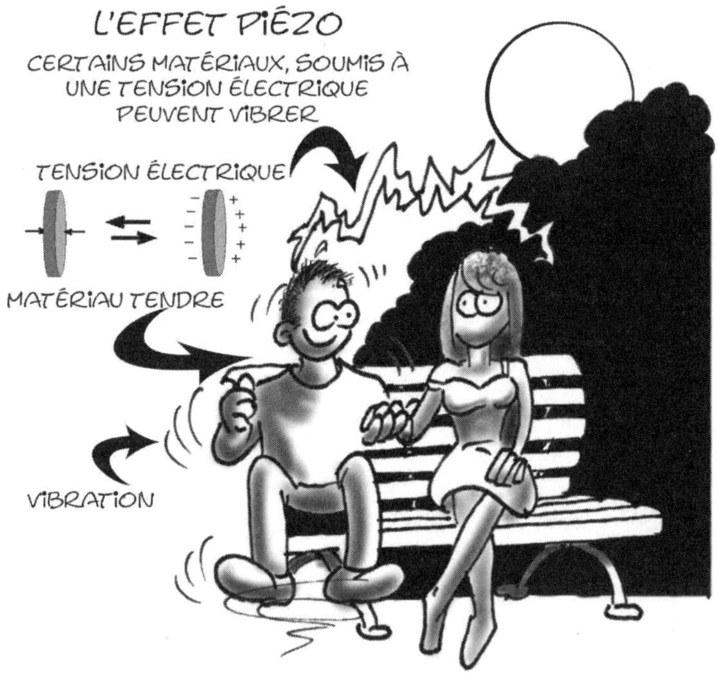

Figure 17-1 L'effet piézoélectrique est réversible.

Ainsi, en fournissant de l'énergie mécanique, on obtiendra de l'énergie électrique. L'effet piézoélectrique est qualifié de *réversible*, ce qui signifie que la conversion d'énergie électrique/énergie mécanique peut se faire dans les deux sens. Une application actuelle bien connue est la « montre à quartz » qui permet d'obtenir une excellente précision pour donner l'heure, environ une seconde pour dix ans ; seules les horloges atomiques peuvent faire mieux (voir Chapitre 14 pour en savoir plus). La montre à quartz est basée sur la résonance du quartz dont la fréquence dépend des dimensions du morceau de quartz utilisé. Cette fréquence vaut usuellement 32 768 hertz.

Les débuts de l'acoustique sous-marine

Les animaux n'ont pas attendu l'homme pour pratiquer l'acoustique sous-marine. Les dauphins communiquent entre eux en émettant des sons dans l'eau. Comment détecter les objets immergés ? Les questions posées par le naufrage du *Titanic* d'une part (en 1912), et la présence de sous-marins pendant la Première Guerre mondiale d'autre part, vont trouver une réponse dans l'émission dans l'eau d'ondes ultrasonores afin de repérer des objets immergés. Il est notable que la première demande de brevet pour la détection d'objets sous-marins date d'un mois après le naufrage du *Titanic* (L.F. Richardson en Grande-Bretagne). Rappelons que le domaine des fréquences des ultrasons commence à 20 kHz environ. Afin d'émettre des ultrasons dans l'eau, Paul Langevin (1872-1946) et Constantin Chilowski vont fabriquer le premier sonar qui a pour but d'émettre, dans une direction donnée, un signal acoustique ultrasonore puis de recevoir un écho éventuel, preuve qu'un objet se trouve dans la ligne de visée.

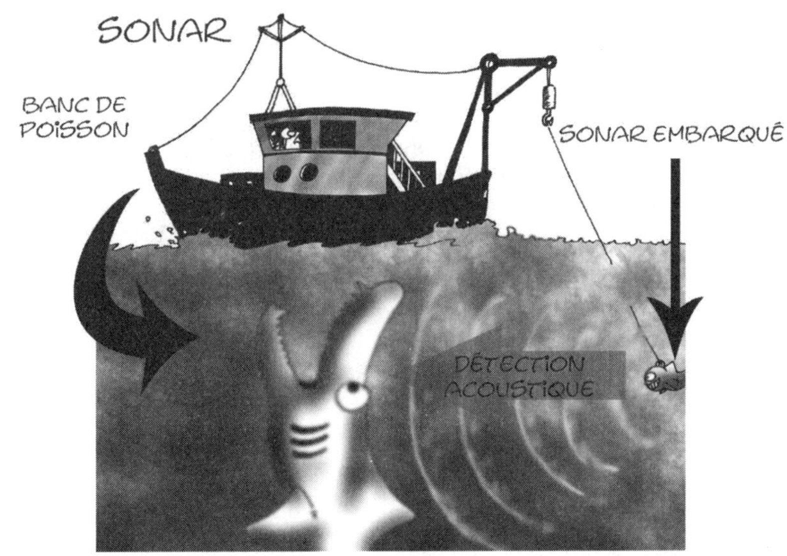

Figure 17-2 Différents sonars présents dans la mer.

Ce sonar utilise l'effet piézoélectrique. L'instant où arrive l'écho donne la position de l'objet connaissant la vitesse de propagation de l'onde dans l'eau. La détection d'un sous-marin ou d'un glaçon dans l'eau (en fait un iceberg) devient possible. Ils déposent un brevet en 1916 sur les « Procédés et appareils pour la production de signaux sous-marins dirigés et pour la localisation à distance d'obstacles sous-marins ».

Les signaux reçus par les sonars sont d'amplitude très faible : ce sont les développements de l'électronique qui pourront fournir les amplificateurs nécessaires aux mesures ultrasonores. Cette remarque est toujours vraie aujourd'hui. Les détections de mines et de sous-marins sont toujours d'actualité. Des sonars de pêche permettent de localiser des bancs de poissons et même de déterminer quelle est l'espèce présente dans le banc. D'autres applications existent : si un bateau perd un container dans la mer, il est possible, au moins dans certaines conditions, de le repérer. Des applications biologiques concernant la reproduction des grands cétacés et la connaissance des ressources halieutiques sont également tributaires de suivis par sonar, mais cette fois à l'échelle d'un océan par exemple.

Sonar et radar

Le mot sonar est en fait un acronyme pour *SOund Navigation And Ranging* ; il en est de même du mot radar : *RAdio Detection And Ranging*. Si le sonar utilise des ondes acoustiques, le radar utilise des ondes électromagnétiques dont les longueurs d'onde sont comprises entre 1 millimètre et 1 mètre environ. Les premiers radars ont été utilisés dans les années vingt-trente. C'est pendant la Seconde Guerre mondiale que les radars utilisant des impulsions de grande énergie seront développés. Ce sont les inventions et les développements du magnétron, qui est un tube électronique particulier, et du klystron (amplificateur hyperfréquence) qui permettront aux Anglais de gagner la bataille d'Angleterre. Le four à micro-ondes qui apparaît dans les années quatre-vingt utilise également un magnétron : une retombée civile tardive !!! L'étude des sonars a également été financée par des organismes liés à l'armée (c'est encore vrai aujourd'hui). Mais les applications civiles sont nombreuses comme on le verra par la suite.

Les ondes acoustiques dans les solides

Les ondes acoustiques se propagent-elles dans un solide ? Oui bien sûr ! Votre voisin joue avec sa perceuse le week-end : vous l'entendez. Votre voisine marche avec des talons aiguilles sur un plancher en bois dès l'aurore : vous n'avez plus besoin de réveil.

Un matériau isotrope

Dans un milieu solide dont les propriétés sont les mêmes dans toutes les directions et en tout point (on dit alors que le milieu est homogène et isotrope), deux types d'ondes mécaniques peuvent se propager : les ondes P et les ondes S. Pourquoi ce vocabulaire ? Dans un milieu donné, la célérité d'une onde P est supérieure à celle d'une onde S : si on émet les deux ondes ensemble, la plus rapide arrive la Première et la plus lente… la Seconde ! En fait l'onde P est qualifiée de longitudinale (la propagation d'une onde P est identique à la propagation du son dans l'air – on pourra se reporter au chapitre 4 pour en savoir plus) et l'onde S est qualifiée de transversale (pour en avoir une idée simple, mais juste, il suffit d'observer la propagation d'une onde sur une corde : la direction de la corde est la direction de propagation et les points de la corde se déplacent perpendiculairement à elle). C'est le caractère plus ou moins élastique du solide qui va influer sur les valeurs des célérités. À chaque matériau isotrope, son couple de célérités.

Onde P, onde longitudinale, onde de compression : même combat

La direction de propagation est indiquée par la flèche et les éléments du solide sont alternativement comprimés et dilatés. Il faut noter que ces compressions et dilatations se font parallèlement au sens de propagation. Pour l'aluminium, l'ordre de grandeur de la célérité de l'onde longitudinale est de 6 300 m/s. Les célérités sont de l'ordre de 5 500-6 500 m/s pour les matériaux métalliques ; pour les matériaux polymères, les valeurs sont moins élevées (ordre de grandeur 2 000-2 500 m/s).

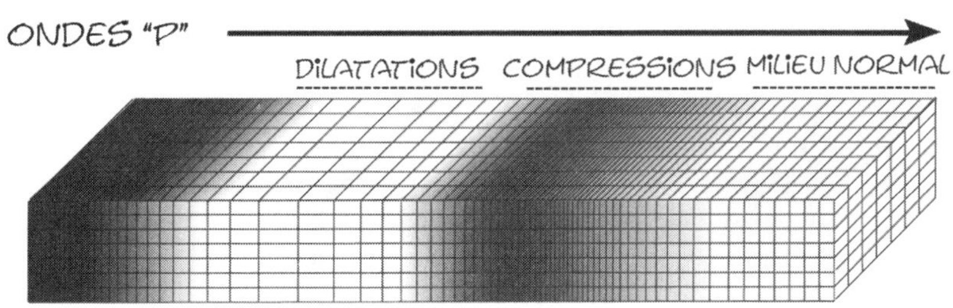

Figure 17-3 Propagation d'une onde longitudinale.

Onde S, onde transversale, onde de cisaillement : même combat

La direction de propagation est toujours indiquée par la flèche. Les éléments du solide vibrent perpendiculairement à la direction de propagation. Pour l'aluminium, l'ordre de grandeur de la célérité de l'onde transversale est de 3 100 m/s. Pour les matériaux polymères, la célérité peut être très faible (quelques dizaines de m/s) jusque vers 1 200 m/s environ. Cela s'explique par le fait que les matériaux polymères sont plus ou moins sensibles à des efforts de cisaillement.

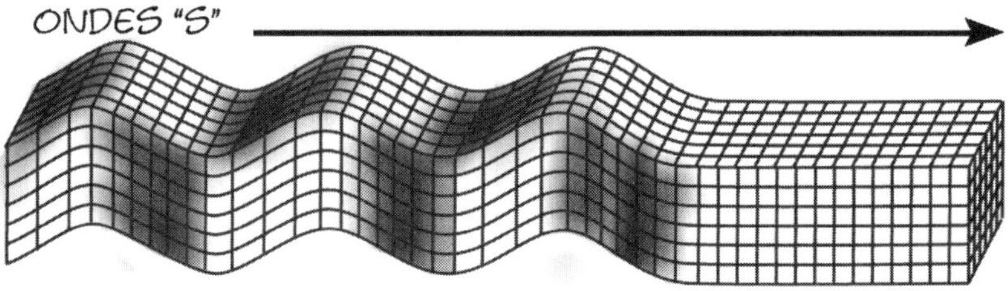

Figure 17-4 Propagation d'une onde transversale.

Les ondes dans les solides ont des célérités plus grandes que les ondes dans les fluides. Cela explique une scène bien connue des westerns (Figure 17-5).

Figure 17-5 Les ondes acoustiques se propagent plus vite dans l'acier que dans l'air.

L'onde de Rayleigh

Les premières ondes se propageant dans les solides ont été étudiées par les géophysiciens : en effet, qu'est-ce qu'un tremblement de terre ? À partir d'une source, appelée épicentre, se propagent des ondes mécaniques dans le sol. Comme ces ondes déforment localement la terre, tout objet accroché dessus, comme une maison, un pont..., est soumis à son tour à des vibrations dont les amplitudes peuvent provoquer des dégâts importants. Les mécanismes expliquant la propagation des ondes ont commencé à être étudiés au XIXe siècle. Les tremblements de terre se propagent en volume sous la forme d'ondes longitudinales et d'ondes transversales. Rayleigh (1842-1919) a montré qu'il existait aussi une onde de surface, localisée dans le sol, mais dont les vibrations s'atténuent quand on s'enfonce dans le sol. Aujourd'hui cette onde est appelée onde de Rayleigh. Sa célérité est inférieure à celle de l'onde transversale (pour l'aluminium, elle est d'environ 2 800 m/s). Il faudra attendre les années soixante pour que des dispositifs permettant de générer ces ondes et de les détecter soient mis au point. Les applications sont liées pour la plupart au contrôle non destructif (voir ci-dessous).

Figure 17-6

Propagation d'une onde de Rayleigh.

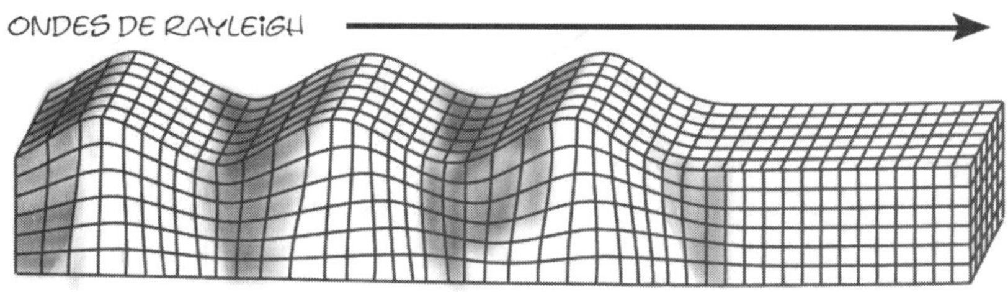

La direction de propagation est indiquée par une flèche. Il s'agit de la propagation d'une onde de surface qui se propage à l'interface air/solide. La figure 17-6 montre que les points situés « loin » de l'interface ne sont pas affectés, ce qui justifie l'appellation « onde de surface » : la propagation de l'onde n'affecte, dans la direction perpendiculaire à la direction de propagation, qu'une distance de l'ordre de trois longueurs d'onde environ. Chaque point vibrant du solide présente à la fois un déplacement longitudinal et un déplacement transversal. Une application non prévue par Lord Rayleigh concerne la fabrication de produits pharmaceutiques à partir de deux composants. Pour préparer le produit, on fait transporter les deux composants par deux ondes de Rayleigh. C'est au moment de leur rencontre que les deux composants se mélangent. Il deviendrait donc possible, de libérer *in situ* un principe actif en activant des ondes de Rayleigh sur un petit substrat préalablement placé dans un patient.

Figure 17-7
Un exemple de microfluidique où deux ondes acoustiques se rencontrent.

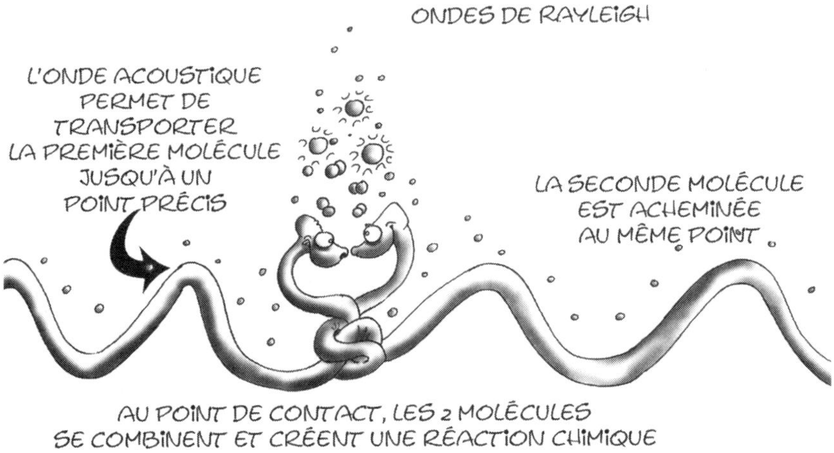

Des ondes guidées

Dans le cas de l'onde de Rayleigh, on a considéré deux milieux semi-infinis : l'air et le solide. Si la propagation des ondes sismiques est bien comprise, en supposer que le milieu solide (la terre) est un milieu semi-infini (car seules les couches superficielles de la terre sont affectées), dans de nombreux cas, il n'est pas possible de faire cette hypothèse simplificatrice et il faut considérer des milieux limités. Par exemple une aile d'avion, une tôle pour les automobiles présentent des épaisseurs données. Peut-on y faire propager des ondes élastiques ? La réponse est oui. C'est Horace Lamb (1849-1934) qui va montrer théoriquement, dans les années dix, que des ondes peuvent se propager dans une plaque élastique. Il obtient les caractéristiques de ces ondes : les déplacements des points du solide et les célérités. Des différences majeures existent entre l'onde de Rayleigh et les ondes de Lamb.

D'abord c'est l'ensemble de la plaque qui vibre (pour l'onde de Rayleigh seuls des déplacements au voisinage de la surface du solide existaient). Ensuite il existe de nombreuses ondes guidées dans la plaque ; elles sont classées en deux familles : les ondes symétriques (car les mouvements verticaux des points des surfaces sont symétriques par rapport au plan médian) et les ondes antisymétriques (les mouvements verticaux se produisent dans le même sens). Un point commun cependant : le mouvement de chaque point du solide résulte d'un déplacement longitudinal et d'un déplacement transversal. Mais la célérité des différentes ondes dépend de la fréquence : on dit qu'il y a *dispersion* des célérités. La plaque étudiée par Lamb est un cas simple de guides d'onde. Les ondes de Lamb sont guidées par les deux interfaces air/solide. Ce type de structure est appelé guide d'onde. Une portière de voiture présentant plusieurs couches est un exemple de guide d'onde pour l'acoustique. Il en est de même pour une aile d'avion, un pipe-line... En fait, quelle que soit la structure envisagée, pourvu qu'elle soit élastique, on peut y générer des ondes guidées dont les célérités dépendent de la fréquence. Il en est de même dans les fibres optiques, des guides d'ondes pour les ondes électromagnétiques, qui acheminent dans un volume analogue à celui d'un fil électrique des milliers de communications téléphoniques.

Le phénomène de dispersion

Le concept de dispersion, qui est le fait que la vitesse de phase d'une onde dépende de sa fréquence, est un concept difficile à expliquer. L'absence du phénomène de dispersion est plus simple. Quel que soit votre interlocuteur, qu'il parle avec une voix grave ou avec une voix aiguë, vous recevrez son message au fur et à mesure qu'il prononce ses paroles. Supposons une dispersion importante, c'est-à-dire que, par exemple, les sons aigus (haute fréquence) se propageraient moins vite que les sons graves. Alors une phrase pour laquelle des sons aigus seraient d'abord émis et des sons graves ensuite serait perçue à l'envers par un observateur un peu éloigné, qui recevrait d'abord les sons graves puis les sons aigus. Difficile d'écouter de la musique dans ces conditions. Heureusement, l'air n'est pas un milieu dispersif pour les ondes sonores.

Deux faits peuvent provoquer le phénomène de dispersion : la nature du milieu matériel de propagation (quelle que soit sa géométrie) et la géométrie du milieu de propagation (quelle que soit sa nature). Ainsi, lorsque la lumière du soleil traverse un morceau de verre présentant des variations d'épaisseur, on observe différentes couleurs révélant le fait que cette lumière est en fait « polychromatique », c'est-à-dire comportant plusieurs couleurs. À chaque couleur, on peut attacher une fréquence, et dans le verre, la célérité de l'onde lumineuse dépend de la fréquence. On dit que le morceau de verre *disperse* la lumière. Ce phénomène de dispersion est connu depuis Newton. Lorsqu'une onde guidée se propage (et cela est réalisé dans une structure limitée dans l'espace), une dépendance en fréquence de la célérité des ondes est également observée. Fondamentalement, cela vient du fait qu'il faut que l'onde obéisse aux conditions limites du guide : elle reste confinée dans le guide et ne peut pas se propager comme elle veut. Dans le cas d'une propagation libre dans un milieu non absorbant, la célérité des ondes acoustiques est indépendante de la fréquence.

Et pour les autres matériaux ?

De nombreux matériaux ne peuvent pas être considérés comme isotropes. Les matériaux poreux (comme les mousses, les bétons) ou les matériaux composites (de plus en plus utilisés car ils peuvent prendre la place des métaux : ils possèdent des propriétés mécaniques de rigidité analogues) sont des matériaux anisotropes. Les matériaux composites sont et seront de plus en plus employés dans des applications de type automobile ou aéronautique en remplacement des métaux grâce à leur densité qui est plus faible. Et qui dit légèreté dit moindre consommation de carburant pour faire rouler les automobiles ou voler les avions. Des ondes acoustiques peuvent se propager dans de tels matériaux et elles sont largement utilisées pour les caractériser (c'est-à-dire connaître leurs propriétés) et diagnostiquer la présence éventuelle de défauts. Mais c'est déjà du domaine des applications...

Les applications

Évaluation et contrôle non destructif

L'évaluation et le contrôle non destructif utilisent des ondes ultrasonores dont les fréquences se situent dans le domaine 100 kHz à 10 MHz environ. Les mesures visent à montrer et caractériser les défauts dans les structures (Où sont-ils ? Combien y en a-t-il ? Quelles sont les tailles ?) et aussi à caractériser les matériaux. La technique de base utilise l'émission d'une onde de courte durée et la réception d'un écho éventuel lié à la présence d'un défaut. Les capteurs ultrasonores (et comme ce sont souvent des capteurs piézoélectriques, ils peuvent jouer le rôle d'émetteur ou de récepteur) doivent être couplés à la structure par un gel permettant de faire passer le maximum d'énergie (si vous avez passé une échographie, votre peau a été enduite de ce même gel).

Des techniques plus sophistiquées utilisent les ondes guidées et des traitements des signaux ultrasonores provenant du capteur. Le traitement du signal a pris une ampleur importante avec l'avènement de l'ère numérique, c'est-à-dire l'apparition de micro-ordinateurs et des cartes d'acquisition dans les années quatre-vingt. Comme son nom l'indique, le contrôle non destructif (CND est le sigle couramment utilisé) laisse la structure expertisée intacte. Il est alors possible que chaque dispositif soit testé avant d'être vendu. Le CND est également réalisé pour tester les structures au cours de leur cycle de vie. La figure 17-8 montre un CND pour l'aéronautique.

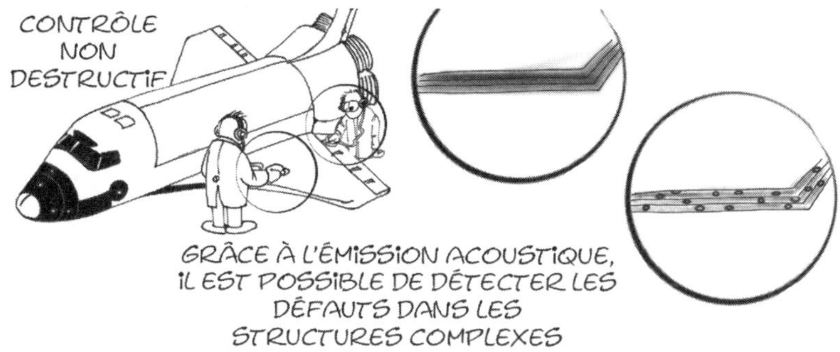

Figure 17-8 CND d'un matériau composite utilisé en aéronautique.

Ce contrôle n'est pas dangereux pour les opérateurs qui le réalisent ; il faut cependant former les opérateurs à ces techniques CND. Aujourd'hui une nouvelle gamme de capteurs acoustiques est disponible : ce sont des capteurs à couplage par l'air : plus besoin de gel ! Il s'agit alors d'un contrôle sans contact avec la structure, ce qui améliore la reproductibilité des essais. L'utilisation d'un stéthoscope par un médecin correspond à un contrôle non destructif d'un patient !

Acoustique ultrasonore et médecine

L'intérêt de l'auscultation par des ondes ultrasonores dans le corps humain résulte de la non-dangerosité de cette technique (comparée par exemple aux rayons X) et aussi au prix relativement modique des installations (par rapport aux rayons X et aux IRM). Les ultrasons sont applicables pour l'étude de presque tous les organes (à part les poumons, car aux fréquences ultrasonores, l'air est un réflecteur presque parfait). La rencontre des ultrasons et des tissus biologiques a commencé juste après la Seconde Guerre mondiale et ce sont les Japonais qui ont réalisé les premières études.

Échographie

Les ondes ultrasonores peuvent se propager dans les tissus mous qui constituent notre corps. Une expérience typique consiste à utiliser une sonde ultrasonore plaquée sur la peau au moyen d'un gel afin d'obtenir une image de ce qui est interne. Les fréquences utilisées varient suivant les cas de 1 à 40 MHz environ. Ces tissus se conduisent à la fois comme des transmetteurs vers des tissus plus profonds et des réflecteurs. Le gel a pour rôle de bien transmettre les ultrasons, soit lors de l'émission soit lors de la réception. La sonde d'analyse contient plusieurs « transducteurs ». Un transducteur est constitué d'un matériau piézoélectrique qui, comme on l'a vu précédemment, permet d'envoyer dans le corps des ondes ultrasonores s'il est alimenté, et qui permet la détection des ondes ultrasonores revenant des tissus rencontrés en relevant les temps d'arrivée et le niveau de la tension électrique. L'ensemble des données réfléchies permet de faire une image de l'intérieur du corps. Il faut beaucoup d'électronique et d'informatique pour réaliser cette image.

L'échographie des femmes enceintes permet actuellement l'obtention d'images dont l'interprétation par le médecin est non ambiguë. Les appareils sont de plus en plus performants : la résolution de l'image (on peut observer des points séparés de 200 micromètres) a été nettement améliorée depuis le début des années soixante-dix, le poids de ces appareils a diminué, et ceux-ci sont donc plus maniables. Pour améliorer la résolution (c'est-à-dire le fait de séparer sur l'image obtenue des points voisins), il faut augmenter la fréquence. Mais l'augmentation de la fréquence fait que les signaux sont plus atténués dans les tissus biologiques : tout résulte d'un compromis ! L'évolution actuelle se fait vers des appareils permettant des images 3D. Les examens des tissus mous se feront de plus en plus au moyen des ondes ultrasonores.

Exploration des tissus osseux

À partir de la ménopause, un grand nombre de femmes subissent une fragilisation osseuse : c'est le phénomène de l'ostéoporose. La mesure de la « densité minérale osseuse » renseigne sur la fragilisation osseuse. Cette mesure peut être effectuée par des rayons X ou par des ultrasons. Des recherches utilisant des ultrasons pour mieux caractériser le phénomène d'ostéoporose ont lieu depuis 2001.

Utilisation des ultrasons en thérapeutique

Vous avez un « tennis-elbow » ? Vous aurez des séances où des ultrasons tenteront de démêler les nerfs de votre avant-bras. Vous avez des calculs rénaux ? Les ultrasons vont les pulvériser. Vous allez être opéré de la cataracte ? Les ultrasons vont pulvériser votre ancien cristallin et on vous en mettra un tout neuf !

Les techniques ultrasonores sont de plus en plus fiables et sont donc utilisables dans de nombreux domaines de la médecine. Cette fiabilité provient des progrès de l'électronique qui fabrique des capteurs de qualité sans cesse croissante, mais aussi du traitement du signal acoustique qui nécessite des moyens de calcul disponibles couramment aujourd'hui.

Cavitation acoustique

En 1894, il avait été demandé à Rayleigh d'observer les hélices de propulsion d'un bateau qui montraient des signes apparents de grande érosion. Il a montré que des bulles se formaient (comme celles existant dans une bouilloire pour préparer le thé) et explosaient, ce qui provoquait les dégâts observés. Le mot « cavitation » apparaissait.

Figure 17-9 Des verres tout propres grâce à la cavitation.

Le phénomène de cavitation consiste en la création, la croissance et l'implosion de bulles formées lorsqu'un liquide est soumis à une onde de pression périodique. L'émission d'ondes ultrasonores crée, en effet, dans le liquide, des zones alternativement comprimées et dilatées. Lorsque l'amplitude de l'onde est suffisamment intense, l'onde provoque dans les zones dilatées une pression locale inférieure à la pression ambiante, créant des microcavités dont le diamètre peut atteindre 100 micromètres. Quand la pression redevient positive, ces cavités implosent en moins d'une microseconde, induisant localement une température de plusieurs milliers de degrés et une pression très élevée, de l'ordre de plusieurs centaines de fois la pression atmosphérique.

Application au nettoyage

Si durant leur évolution, les bulles de cavitation rencontrent une surface solide, elles implosent sur cette surface en formant des microjets de liquide très violents et rapides (100 m/s) qui décapent la surface solide. Grâce à leur taille microscopique, les bulles de cavitation peuvent s'insérer dans les porosités les plus fines pour en évacuer la poussière, la graisse, la peinture ou d'autres produits qui sont logés dans les matières poreuses ou à la surface des pièces. D'où la possibilité de réaliser le nettoyage de pièces délicates, d'effectuer le mélange intime de milieux non miscibles…

Application à des réactions chimiques

Au stade final de l'évolution de la bulle, celle-ci se comporte comme un réacteur chimique haute pression qui va produire certains initiateurs de réactions chimiques difficiles à obtenir simplement. Ainsi, des réactions chimiques peuvent se produire « simplement » alors qu'elles nécessitent des hautes températures et des hautes pressions. La « sonochimie » est justement l'étude de l'interaction entre des réactifs chimiques et des ondes ultrasonores : généralement, les fréquences utilisées sont comprises entre 20 kHz et 2 MHz. Si les molécules peuvent absorber l'énergie associée à des ondes électromagnétiques, il n'en est pas de même pour les ondes acoustiques. C'est le phénomène de cavitation, se produisant lors du passage de l'onde acoustique dans le milieu réactionnel, qui va provoquer certaines réactions chimiques. Cela a été décrit dans les années quatre-vingt-dix. Dans certains cas, le rendement des réactions chimiques est amélioré, dans d'autres cas, de nouvelles synthèses ont été rendues possibles. De nombreuses applications existent dans le domaine des biotechnologies. Par exemple, une étude à 300 kHz a montré que le traitement ultrasonore d'une eau contenant du trichloréthylène, qui est un polluant très nocif pour l'être humain, permettait sa pyrolyse (destruction à haute température sans flamme) et donc d'éliminer la pollution.

Un dialogue de sourds ?

Dans certains cas, pour détecter un objet immergé loin de la source acoustique, il faut émettre des ondes de grande longueur d'onde, c'est-à-dire qu'il faut utiliser des sonars basse fréquence. Ce domaine basse fréquence est aussi celui des cétacés et des dauphins. Des études ont montré que lors de l'échouage de cétacés sur les plages, des saignements par les oreilles avaient été observés. Une hypothèse est que ces animaux ont été soumis à des ondes acoustiques de grande puissance émises par des sonars utilisés dans l'armée, ce qui aurait provoqué des troubles auditifs (comme si vous étiez trop près d'un réacteur d'avion). Les sonars des mammifères marins sont très développés : par exemple, ils leur permettent de repérer un banc de poissons, de l'encercler… et à table !

L'acoustique US aujourd'hui et demain

Vous captez ?

Des recherches sur les capteurs piézoélectriques sont toujours en cours. Améliorer les matériaux, améliorer les sensibilités, grouper les capteurs pour en faire des antennes sont des activités de recherche actuelle. Pour toutes les applications, il est nécessaire d'avoir des capteurs les plus performants et de nombreuses questions se posent. Peut-on les utiliser sur une large gamme de fréquence ? Quelle puissance sont-ils capables de supporter à l'émission ? Quelle puissance minimum sont-ils capables de détecter en réception ? Quelle taille ont-ils ? Peuvent-ils être utilisés en milieu « hostile » (comme à l'intérieur d'une centrale nucléaire où des rayonnements ionisants existent) ? Peut-on imaginer des nouveaux matériaux ?

C'est renversant !

Le renversement du temps est un concept étonnant que l'on dirait sorti tout droit de la science-fiction. En effet, l'écoulement du temps est irréversible et aller chercher un voyage dans le temps dans une agence de voyages ne serait que pure escroquerie. Cependant, une des symétries fondamentales des interactions dans la matière usuelle est l'invariance par renversement du temps. Cela signifie que l'on peut changer le temps en son opposé dans les équations régissant les interactions microscopiques. Ce point délicat a d'ailleurs été l'objet de nombreux débats : comment peut-on avoir des phénomènes réversibles à l'échelle microscopique et des phénomènes irréversibles à l'échelle macroscopique ? Pourtant, de façon évidente, nous savons distinguer un film projeté à l'endroit du même film projeté à l'envers !

Depuis une dizaine d'années, des expériences utilisant des « miroirs à retournement temporel » peuvent être réalisées avec des ondes acoustiques. Un miroir à retournement temporel est constitué d'un réseau de transducteurs piézoélectriques (voir le début de ce chapitre) et des mémoires électroniques. Mises au point au LOA (Laboratoire Ondes et Acoustique), à l'ESPCI à Paris, ces expériences ont trouvé de nombreuses applications dans différents domaines. Les applications vont des télécommunications à très haut débit à la sismologie, en passant par le contrôle non destructif de matériaux ou de structures… La plus prometteuse des applications concerne sans doute la médecine. Des solutions originales concernant l'imagerie médicale et la thérapie ultrasonore ont été proposées.

L'acoustique SM est correcte

L'acoustique sous-marine a maintenant de nombreuses applications civiles. Parmi celles-ci figure la connaissance du milieu marin, et notamment les quantités de poissons dans une espèce donnée comme il a été dit précédemment. Mais le problème se pose avec beaucoup plus d'acuité aujourd'hui. En effet, il faut évaluer les stocks disponibles afin de préserver pour demain les espèces : cela passe aujourd'hui par l'établissement de quotas de pêche.

Figure 17-10 Les poissons ont aussi besoin des poissons.

Il faut donc développer les sonars et le traitement des signaux acoustiques qu'ils fournissent. Il s'agit en somme de réaliser un GPS sous-marin afin de cartographier les mers et les océans. Cela est réalisé « facilement » par les ondes électromagnétiques et le GPS, que tout un chacun utilise, quand il s'agit de localiser des objets dans l'air. Mais dans l'eau, les ondes électromagnétiques se propagent mal et il faut utiliser d'autres ondes : des ondes acoustiques.

Bien que l'acoustique soit une science très ancienne, c'est un domaine nécessitant de nombreuses connaissances en mécanique, bien évidemment, mais aussi en électronique et en informatique. L'interaction des ondes acoustiques avec la matière met en jeu généralement une énergie très faible (comparée à des rayons X par exemple). Ainsi, les méthodes acoustiques ne présentent pas de danger pour les personnes ou pour les structures étudiées.

DANS CE CHAPITRE

L'émission ça stimule

Solution géniale cherche problème à résoudre

Il y a du monde sur le cheveu de lumière

Le laser voit en trois dimensions

Chapitre 18

Stimulé au laser

Comme dans plusieurs domaines de la physique du XXe siècle, l'histoire du laser commence avec Albert Einstein. Le processus d'émission induite dont il a montré la nécessité en 1917 est passé pendant longtemps pour une curiosité de théoricien. Il est vrai que ce mode de désexcitation de l'atome est largement négligeable dans les conditions expérimentales habituellement rencontrées. Un pas décisif sera franchi lorsque Alfred Kastler montre en 1950 comment on peut placer des populations d'atomes dans un état hors équilibre thermique, ce qui rend exploitable l'émission induite. Les choses vont dès lors aller très vite et une décennie plus tard le premier rayon laser voit le jour.

Personne à l'époque ne soupçonnait l'importance de cette découverte. Sans le laser, le paysage technologique serait profondément modifié. Il est quasiment impossible de dresser une liste exhaustive de ses applications. Pourtant la lumière du laser est *a priori* semblable aux rayons lumineux venant du soleil ou de votre ampoule électrique. C'est exact à un détail près, qui va tout changer : le laser est de la lumière « cohérente ». Une lampe ordinaire est à un laser ce qu'est une cacophonie à un chœur produisant à l'unisson un son de grande pureté.

Une photoncopieuse

Un laser est une sorte d'usine pour cloner des photons tous rigoureusement identiques au photon de départ.

L'atome s'excite...

L'énergie interne d'un atome ou d'une molécule ne peut prendre que certaines valeurs. Le cas le plus simple est un système à deux niveaux énergétiques d'énergie E_1, E_2 avec $E_1 < E_2$, une sorte d'étagère à deux niveaux. Le niveau d'énergie basse est le niveau dit fondamental, et le plus élevé est l'état excité de cet atome simplifié. À très basse température, tous les atomes de ce type sont dans l'état fondamental. Lorsque la température s'élève, le niveau du dessus se peuple : mais il y a toujours davantage d'atomes dans l'état bas que dans l'état haut à l'équilibre thermique. Si maintenant ces atomes sont plongés dans une onde lumineuse, plusieurs processus d'interaction lumière-matière coexistent.

Figure 18-1

Un atome s'excite par absorption d'un photon de la bonne longueur d'onde.

Lorsqu'un atome dans l'état de faible énergie rencontre une onde lumineuse, il peut absorber le quantum de lumière, que l'on va appeler photon à partir de 1926. L'absorption de lumière par cet atome le fait ainsi passer dans l'état excité d'énergie supérieure. Pour que l'absorption se fasse, il faut que l'énergie du photon soit exactement égale à la différence entre l'énergie de l'état excité et l'énergie de l'état fondamental. L'absorption est un processus en tout ou rien : un système ne peut pas absorber une partie d'un photon et laisser repartir le reste.

Pour les balèzes

Absorption et résonance

Lors de l'interaction d'une onde électromagnétique avec un atome, un des électrons de l'atome peut passer d'un niveau énergétique E_1 à un autre E_2 en absorbant l'énergie $E_2 - E_1$. La relation $h\nu_0 = E_2 - E_1$ entre la fréquence ν_0 du photon absorbé et le saut d'énergie n'est valable que dans le référentiel lié à l'atome. Dans un milieu matériel, les divers atomes se déplacent du fait de l'agitation thermique. Il en résulte un décalage de fréquence dû à l'effet Doppler : la fréquence change d'un observateur à l'autre. En pratique, lorsqu'on envoie une onde lumineuse dans un milieu, cette variation des fréquences va se traduire par un pic de résonance très fin centré sur la fréquence de transition ν_0 donnée par la relation $h\nu = E_2 - E_1$.

… puis se désexcite

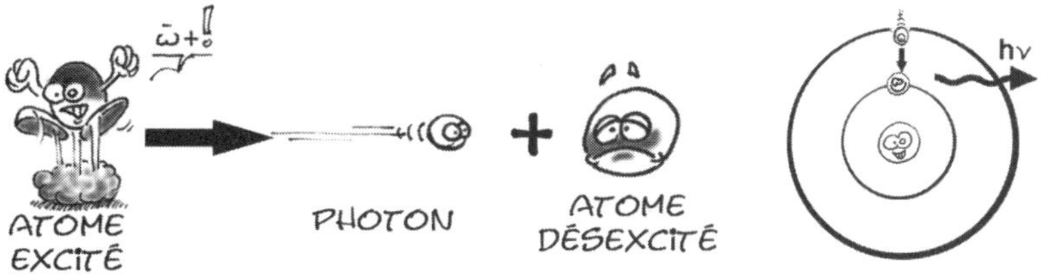

Figure 18-2 Un atome se désexcite en émettant un photon.

Un atome ne peut rester indéfiniment dans un état excité car tout système a tendance à revenir vers son état de plus faible énergie (c'est également vrai pour nous !). L'atome excité va nécessairement se désexciter en réémettant un photon pour retomber dans l'état fondamental. Dans ce processus d'émission spontanée, un atome transite spontanément du niveau 2 vers le niveau 1 en émettant un corpuscule de lumière de fréquence : $\nu = \frac{E_2 - E_1}{h}$.

Mais ce photon est émis dans une direction totalement aléatoire. On ne peut pas prévoir dans quelle direction va partir la lumière.

L'émission ça stimule

Les deux processus d'interaction d'absorption et d'émission spontanée étaient les seuls connus jusqu'en 1917, lorsqu'Einstein va se pencher sur le problème du corps noir avec l'idée de relier le modèle de Bohr de l'atome à sa propre théorie des quanta. Un bilan d'énergie va le mettre sur la piste d'un troisième mécanisme d'interaction ou d'émission stimulée.

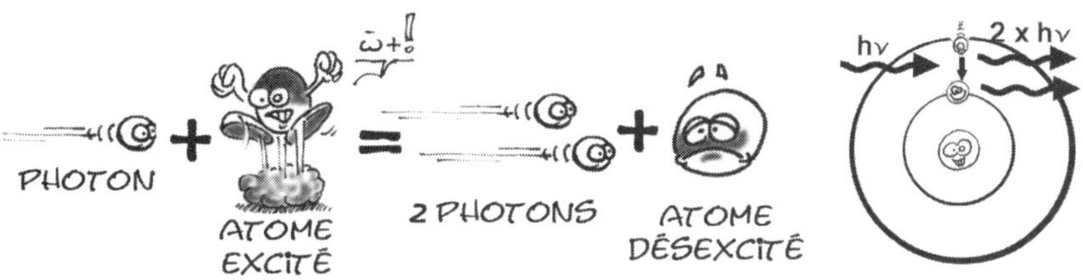

Figure 18-3 Un atome excité peut se désexciter par émission induite.

L'émission stimulée ou induite est le processus inverse de l'absorption. Lors de l'émission induite, un photon d'énergie $h\nu_0 = E_2 - E_1$ induit la désexcitation d'un autre atome du niveau 2 sur le niveau 1. En quelque sorte, le passage d'un photon au voisinage de l'atome excité va lui faire retrouver la mémoire et lui rappeler qu'il est censé se désexciter.

Malheureusement, à l'équilibre thermique, le processus de désexcitation par émission stimulée est totalement négligeable devant l'émission spontanée. L'hypothèse d'Einstein va rester une curiosité de théoricien jusqu'à sa mise en évidence expérimentale en 1928.

On clone les photons

Il y a une différence de taille entre les deux processus d'émission. Si l'émission spontanée est isotrope, il n'en est pas de même de l'émission stimulée. Le photon émis par stimulation ressemble comme deux gouttes d'eau à celui qui a provoqué son émission. Les deux photons sont indiscernables : ils ont la même fréquence, la même direction de propagation, la même phase et la même direction de polarisation. La lumière émise est dite *cohérente* avec la lumière incidente ayant stimulé l'émission. Toutes les propriétés de la lumière d'un laser, très différente de la lumière provenant d'une source ordinaire, viennent de cette cohérence.

En tant que vrais photons jumeaux, les photons produits par l'émission stimulée viennent renforcer l'énergie de l'onde incidente. Il y a davantage de lumière après l'émission qu'avant. On peut alors imaginer un amplificateur de lumière réalisé à partir d'une cascade d'émissions induites. Chaque photon peut déclencher une émission induite et ainsi de suite. Il y a néanmoins compétition entre l'absorption qui fait disparaître un photon de la circulation et l'émission induite qui va en créer. Dans les conditions habituelles, le photon émis a beaucoup plus de chances de rencontrer un atome qui veut bien l'absorber qu'un atome en attente de désexcitation.

Figure 18-4 Un photon peut produire un grand nombre de photons identiques dans un milieu présentant une inversion de populations.

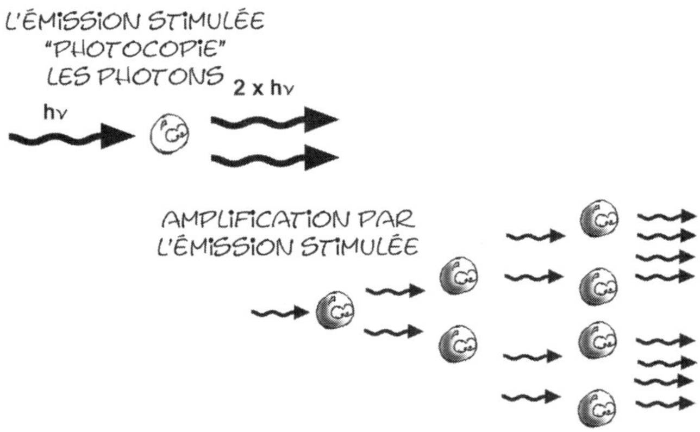

Une avalanche d'émissions induites ne pourra se faire que si le gaz est excité pour qu'il y ait beaucoup d'atomes en attente de désexcitation. Par ailleurs, la durée de vie de l'état excité doit être suffisante pour que le photon ait une probabilité significative de provoquer l'émission induite. Pour entretenir le processus, il faut fournir l'énergie nécessaire à cette multiplication de photons.

Il faut faire comme les Shadocks…

… pour inverser les populations. À l'équilibre thermique, les atomes occupent très majoritairement le niveau d'énergie le plus bas. Afin de rendre le processus d'émission stimulée plus fréquent que le processus inverse (celui d'absorption), il faut créer une inversion de populations, c'est-à-dire mettre plus d'atomes sur le barreau supérieur de l'échelle d'énergie. De manière imagée, il faut pomper le niveau inférieur vers le niveau excité. Avant d'espérer récupérer un faisceau lumineux cohérent, il est nécessaire d'investir au préalable de l'énergie pour monter les atomes au niveau supérieur.

En 1950, Alfred Kastler (Prix Nobel en 1966) en association avec Jean Brossel va proposer une technique de pompage optique. Une analogie hydraulique permet d'en comprendre le mécanisme. Imaginons trois bassins d'altitude différente. L'eau est pompée du bassin inférieur vers le plus élevé. Le liquide s'écoule ensuite vers le réservoir intermédiaire avant de redescendre vers son point de départ. Si le bassin d'altitude moyenne a du mal à se vider, l'eau va continuer à affluer en provenance du niveau supérieur sans pouvoir pleinement s'écouler. Le réservoir du bas va donc se vider au profit de celui du milieu. Nous avons ainsi réalisé une inversion de populations. L'eau devrait être en bas, mais elle reste au niveau au-dessus uniquement parce que la pompe fournit de l'énergie.

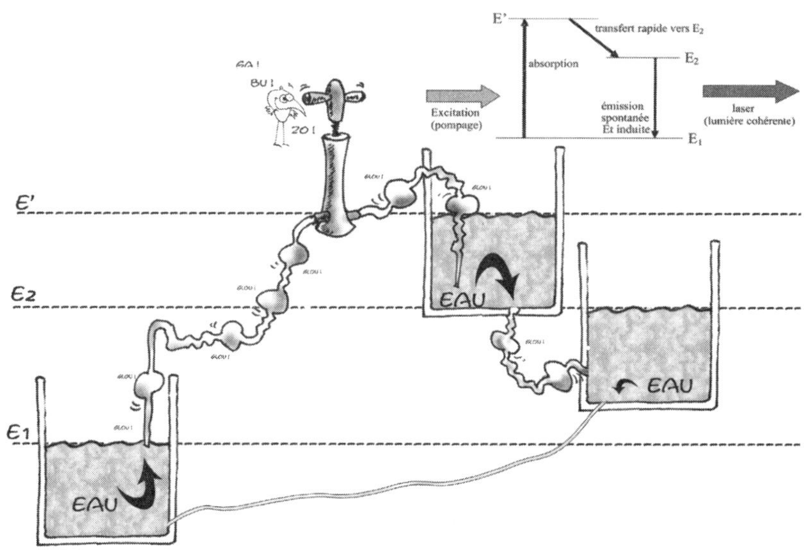

Figure 18-5 On pompe les atomes pour inverser les populations atomiques.

Pour les balèzes

En optique, un faisceau incident va faire monter par absorption des atomes du niveau le plus bas vers le niveau le plus élevé. Ces atomes très excités ne vont pas rester très longtemps dans cet état. Ils peuvent réagir de deux manières par émission spontanée : soit ils reviennent directement vers le niveau le plus bas, soit ils passent d'abord par le niveau intermédiaire. Dans certains matériaux comme le rubis, les atomes de chrome retombent rapidement vers le niveau intermédiaire pour rester ensuite longuement à cet étage avant de redescendre au niveau le plus bas. Si on continue à pomper des atomes de tout en bas vers tout en haut, il va y avoir accumulation au niveau intermédiaire. La stabilité du niveau intermédiaire fait en sorte que le nombre d'atomes de chrome dans cet état augmente rapidement et finisse par dépasser le nombre d'atomes dans l'état fondamental. L'inversion de populations est réalisée, car il y a une différence notable entre les durées de vie des divers états excités ! La durée de vie d'un atome de chrome dans l'état d'énergie intermédiaire reste quand même faible, de l'ordre de grandeur de quelques millièmes de seconde.

Tous les moyens sont bons pour pomper

Dans les premiers lasers à rubis (Al_2O_3 avec des traces d'ions chrome Cr^{3+}), des sources d'énergie thermique (flash ou lampe à arc) permettaient de pomper des ions Cr^{3+} à un niveau énergétique supérieur. Le rendement énergétique était déplorable à cause de la faible concentration en ion Cr^{3+}. Il fallait envoyer des flashs intenses pour obtenir un pâle faisceau lumineux laser en sortie.

Une seconde technique de pompage consiste à envoyer des décharges électriques dans des gaz. Dans un laser à gaz hélium/néon, les atomes d'hélium sont excités par collision d'un électron avec un atome d'hélium. L'inversion de populations pour le néon fait suite aux chocs entre un atome d'hélium et un atome de néon.

Les diodes laser, qui équipent les lecteurs optiques ou les pointeurs laser, comportent une jonction électrique entre deux milieux semi-conducteurs dopés. Il y a directement conversion d'énergie électrique en énergie lumineuse.

Dans tous les cas de figure, un milieu dans lequel on a réalisé l'inversion de populations est dit actif. Il joue le rôle d'amplificateur de lumière. C'est un peu comme l'amplificateur de votre chaîne stéréo à un détail près. L'amplificateur sonore doit amplifier tous les sons de la même façon, qu'ils soient graves ou aigus. On dit qu'il est peu sélectif. À l'opposé, un milieu actif est hypersélectif. La multiplication des photons ne fonctionne que pour ceux qui ont une fréquence voisine de la fréquence de transition entre les deux niveaux énergétiques. De toute façon, cette capacité d'amplification a des limites. L'amplitude de l'onde lumineuse directement reliée au nombre de photons présents dans la cavité est en première approximation limitée par la quantité d'énergie que vous pouvez fournir pour remonter les atomes au niveau le plus élevé.

Le maser (ce n'est pas une faute de frappe !)

Parallèlement au pompage optique, d'autres physiciens spécialistes des micro-ondes et rompus à la technologie des radars, comme l'Américain Charles H. Townes, vont observer l'émission stimulée pour des micro-ondes. Dans ces expériences, des molécules gazeuses d'ammoniac étaient « excitées » en leur fournissant de l'énergie, soit sous forme électrique soit sous forme thermique.

En envoyant un faisceau d'ondes radio de fréquence égale à $\nu = \frac{E_2 - E_1}{h}$,

ces molécules d'ammoniac dans l'état excité vont émettre leur propre rayonnement de micro-ondes. Le faisceau d'ondes va devenir de plus en plus puissant suite à l'émission de toutes ces molécules excitées. Pour que ces nombreuses ondes se renforcent mutuellement, il est nécessaire qu'elles vibrent toutes de la même façon. Il faut qu'elles soient en phase.

Pour les balèzes

Des oscillateurs auto-entretenus

Dès que l'on pouvait amplifier de manière très efficace les ondes radio, il devenait possible de fabriquer des oscillateurs de fréquence plus élevée que celle que l'on maîtrisait à l'époque. La méthode s'apparente aux sifflements dans les micros ou effet larsen. Cet effet apparaît dans les sonorisations comportant un micro, un amplificateur et un haut-parleur. Un son est capté par le micro puis amplifié avant de ressortir par l'enceinte. Si le haut-parleur est mal placé, le son émis est à nouveau capté par le micro. On est reparti pour une deuxième amplification. Il y a donc une sorte de boucle, qui renvoie le signal de sortie vers l'entrée. Si le gain dépasse les pertes, le système devient instable. Il oscille alors tout seul à partir de l'énergie fournie par le milieu extérieur. L'amplitude du son augmente et on entend un son strident. La fréquence de ce son est imposée uniquement par les caractéristiques de la chaîne de sonorisation. Le milieu extérieur n'est pour rien dans la valeur de la fréquence. Dès 1953, un oscillateur de ce type construit avec un amplificateur à inversion de populations était opérationnel. Le MASER ou *Microwave Amplification by Stimulated Emission of Radiation* va valoir le prix Nobel à ses inventeurs en 1964.

Et la lumière laser fut

Pour passer des ondes radio aux ondes lumineuses, il faut changer de braquet. Ce ne sera pas facile de passer du maser au laser. Il y a un facteur de 1 million entre les fréquences des micro-ondes et la lumière visible. La course de vitesse est lancée pour réussir « *the Light Amplification by Stimulated Emission of Radiation* ».

Solution géniale cherche problème à résoudre

Theodore Maiman, jeune chercheur au Hughes Laboratories Research (le laboratoire Howard Hughes, ce nom vous rappelle sûrement quelque chose !), va coiffer tout le monde au poteau dans la course au laser en 1960. Pourtant ses supérieurs avaient refusé de financer ses recherches, car ils n'en voyaient pas l'utilité. Theodore Maiman va réussir à faire jaillir la fameuse flèche de lumière rouge d'un cylindre de rubis rose illuminé par un flash lumineux de grande puissance. Bien convaincu de l'importance de sa découverte, Maiman s'empresse de rédiger sa publication. Mais la revue américaine *Physical Review* refuse l'article. Le premier laser va donc devoir se contenter d'un petit encart dans la revue anglaise *Nature*.

Personne n'a pris la mesure de la révolution technologique qui va suivre. Au début on va même ironiser et qualifier le laser de Maiman de solution à la recherche d'un problème à résoudre. Après ces premières railleries, la communauté scientifique va rapidement comprendre tout ce que l'on va pouvoir tirer de ce rayon de lumière un peu particulier. Dès l'année suivante, le laser à hélium-néon, l'un des plus habituellement utilisés aujourd'hui, est inventé. Mais la dénomination laser ne va être utilisée couramment qu'à partir de 1965.

Le photon est passé par ici, il repassera par là

La bonne idée dans la réalisation du laser optique était de placer le milieu actif dans une cavité formée de deux miroirs. Il y a alors un double effet. D'une part, les photons vont passer à de multiples reprises dans le milieu amplificateur. S'ils n'ont pas réussi à déclencher l'émission stimulée au premier passage, cela sera pour un des passages suivants. D'autre part, la cavité optique va présenter un phénomène de résonance. C'est un peu comme lorsque vous chantez sous la douche. Certaines fréquences vont être renforcées. Les ondes réfléchies successives peuvent venir renforcer le son que vous avez émis. De la même façon, l'onde lumineuse qui se promène entre les miroirs de la cavité optique va devenir très intense, si une relation simple est vérifiée pour la fréquence.

Pour les balèzes

Des fréquences triées sur le volet

Il faut que, sur une période de vibration de l'onde, les photons aient eu le temps de faire un nombre entier d'allers-retours entre les deux miroirs. Les fréquences possibles sont donc un multiple du rapport vitesse de la lumière-longueur d'un aller-retour entre les miroirs. Plus les miroirs sont performants et plus cette condition est stricte. Pour pouvoir utiliser le rayonnement intense présent dans la cavité, il faut le laisser s'échapper. Un des miroirs est très réfléchissant, l'autre ne l'est que partiellement pour pouvoir extraire de l'énergie lumineuse de la cavité. Il y a donc dans toute source laser trois éléments clés : une cavité optique, un milieu amplificateur et une source de pompage qui produit l'énergie. Dans cette configuration, un photon de la bonne couleur est rapidement cloné et le laser démarre.

Les miroirs ajoutent des wagons au train d'ondes

En optique, le temps de vie des atomes excités est très inférieur au temps mis par la lumière pour traverser la cavité optique. Une valeur typique de temps de désexcitation d'un niveau atomique excité est la centaine de picosecondes. La distance parcourue par la lumière durant ce laps de temps est très inférieure en règle générale à la distance entre les miroirs. La lumière sort de la cavité par bouffées successives lors des allers-retours entre les miroirs. Ces petits morceaux d'onde émise ne sont pas indépendants. Ils sont calés sur la même sinusoïde.

Il y a corrélation de phases entre ces contributions ondulatoires séparées dans le temps. Tout se passe comme s'il y avait une augmentation de la longueur du train d'onde émis par l'association atome-cavité. L'atome pris au piège entre les deux miroirs semble donc émettre plus longtemps que le même atome à l'air libre. Dans la plupart des lasers, plusieurs radiations de fréquences voisines coexistent dans le faisceau. Un atome émet dans une bande de fréquences très fine. La cavité optique sélectionne ensuite encore plus précisément certaines fréquences dans l'étroit domaine de fréquences émises par l'atome.

Un couteau suisse technologique

Le laser est devenu un véritable couteau suisse technologique pour trois raisons essentielles. La lumière émise par les sources lumineuses usuelles est constituée d'une multitude d'impulsions lumineuses très courtes. Un détecteur va donc capter un très grand nombre de petits flashs émis de manière totalement aléatoire.

C'est le désordre optique total. En reprenant une image introduite au chapitre 9, les flèches de phase sont disposées de manière imprévisible d'une impulsion à l'autre.

Pour un laser, c'est différent ! Un morceau d'onde émise par un atome va générer toute une série de répliques de cette impulsion suite aux réflexions multiples sur les miroirs. À la sortie, les flèches de phases, ces petits bouts d'onde, ont toujours la même orientation. La présence des miroirs introduit des corrélations de phases. Les vibrations appartiennent à la même onde pendant un temps très long par rapport à la durée d'une impulsion émise par l'atome. Cela entraîne le fait que la fréquence de la lumière émise est mieux définie que pour une source de lumière classique : le laser est quasiment « monochromatique ».

Par ailleurs, les divers points situés sur la crête de la vague à la surface de l'eau ont le même mouvement. Pour l'onde sortant d'un laser, les vibrations lumineuses sont en phase dans une large zone du plan perpendiculaire à la direction de propagation. Cette corrélation de phases ou cohérence spatiale est beaucoup plus limitée pour les sources lumineuses naturelles.

Le troisième intérêt du faisceau laser est sa grande densité d'énergie. Au lieu de se répartir dans toutes les directions comme dans les sources de lumière traditionnelles, les photons du laser marchent tous du même pas et dans la même direction. Même un petit pointeur laser est déjà aussi lumineux que le soleil en pleine canicule. Il ne s'agit là que d'un laser de très faible puissance.

Ces caractéristiques particulières se traduisent par une foule d'applications dans des domaines très divers. Il est impossible d'être exhaustif. On peut citer :

» Dans le domaine médical : remodeler la cornée de l'œil, recoller la rétine de l'œil, désobstruer des artères, couper au bistouri laser, remodeler des rides et éliminer les verrues.

» En topographie : mesurer des distances, aligner, régler des constructions, des tunnels, des routes, faire des mesures géophysiques des déformations de la croûte terrestre.

» En traitement de l'information : acheminer des conversations téléphoniques et des données informatiques (photocopieurs, imprimantes, scanners, lecteur de CD-Rom, CDI, DVD-Rom, image holographique en trois dimensions, lecture de code-barres), mesurer la vitesse de votre voiture.

» Dans le domaine du patrimoine : restauration de monuments et statues, découpe des tissus et des métaux, gravure sur matériaux durs.

Et aussi initier des réactions nucléaires, accéder à des températures de plusieurs millions de degrés Celsius...

Lecture et gravure au laser

Sur nos divers supports numériques (CD, DVD, HDVD...), l'information est stockée sous forme de 0 et de 1, indépendamment de la nature du signal à enregistrer : musique, programmes informatiques, textes... La surface métallique des disques est gravée de très petites dépressions. Le fond de la vallée est un 0. Un sommet est un 1. La différence d'altitude moyenne est comprise entre 100 et 200 nanomètres. En lecture, le CD reçoit sur sa surface un faisceau lumineux produit par une diode laser. Les photons sont ensuite réfléchis (ou non) vers un détecteur photosensible. La variation de l'intensité de réflexion entre les creux et les bosses suffit ainsi pour lire l'information.

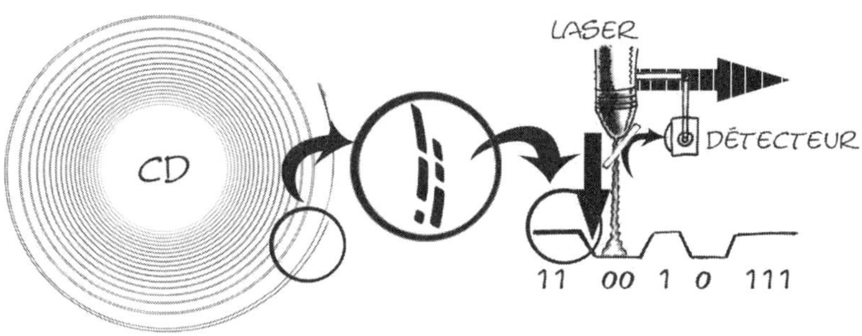

Figure 18-6 Pour lire les creux et les bosses, rien de tel qu'un très fin faisceau laser.

Les supports pressés en usine sont constitués d'une feuille de métal (donc réfléchissante) emboutie par un moyen mécanique pour obtenir des trous et des bosses. En revanche, les supports « gravés » contiennent une couche sensible thermiquement. Cette couche se déforme au passage d'un faisceau laser environ dix fois plus intense que celui utilisé en lecture. On obtient alors une suite de trous et de bosses similaires aux supports pressés, mais avec une durée de vie nettement inférieure. Si les photos argentiques de l'album de famille ont traversé les générations, il n'en sera pas de même de ce type de supports.

Plus le trou est petit, plus la capacité de stockage est grande. Il faut donc concentrer le faisceau à l'aide d'une lentille convergente pour éviter de lire plusieurs pistes à la fois. Sachant que la distance entre deux pistes voisines est de l'ordre de quelques micromètres, on peut pressentir que la difficulté majeure va être de piloter le faisceau avec précision en dépit des secousses subies par le lecteur. Pour augmenter la densité d'information, il faut diminuer la taille des creux. Un lecteur CD utilise un laser infrarouge, un DVD un laser rouge et un DVD Blu-ray un laser bleu. La diminution de la longueur d'onde va de pair avec l'augmentation de la capacité de stockage de l'information.

Les photons jouent les facteurs

En parallèle au téléphone électrique, Graham Bell a eu l'idée de transporter les informations sonores par la lumière. Il a réussi à mettre au point un photophone dont la portée dépassait quand même la centaine de mètres. Il faudra néanmoins attendre 1990 pour que la liaison optique concurrence valablement la transmission par une ligne électrique. Les photons ont largement battu les électrons pour le contrôle du transport de l'information.

Il y a du monde sur le cheveu de lumière

Actuellement la grande majorité de nos messages transitent sous forme de lumière dans une fibre optique. Les fibres optiques ont constitué l'un des éléments clés de la révolution des télécommunications optiques. Les autoroutes de l'information n'ont pu être ouvertes que par la mise au point de fibres adaptées aux communications à très longue distance et à des débits jusqu'alors impossibles. Ces guides de lumière, insensibles aux parasites et plus légers que les câbles électriques, nous sont devenus indispensables en quelques décennies. Plus de 85 % de nos communications à longue distance sont transportées le long de plus de 25 millions de kilomètres de câbles à fibres optiques à travers le monde. La planète entière est ainsi emmaillotée dans un gigantesque réseau de fibres optiques. La palme du plus long faisceau de fibres optiques revient à la liaison Singapour-Marseille longue de 19 000 kilomètres.

Les informations sont d'abord codées sous forme binaire 0 ou 1 qui correspondent chacun à un « format » électrique. Le bit (de l'anglais *binary digit*) 1 est représenté par une intensité lumineuse constante pendant la durée d'émission de ce bit. En revanche, un bit 0 correspond à l'absence de lumière. En 1978, le débit était de 1 gigabit (1 milliard) par seconde sur une distance de 10 kilomètres. Pourtant les liaisons radio par satellite ont été préférées jusqu'à la fin des années quatre-vingt. Le débit actuel des fibres est très largement supérieur aux liaisons par satellite. Il atteint en effet un térabit par seconde (mille milliards de bits par seconde). Cela représente la bagatelle d'un million de Français environ qui envoient de l'autre côté de l'Atlantique des données à haut débit à un million d'Américains. Et tout cela dans une seule fibre et avec un taux d'erreurs très contraignant ! Les standards des télécoms imposent en effet un maximum d'une erreur par milliard de bits reçus.

Pour guider, il faut réfléchir

La méthode la plus simple pour guider la lumière est basée sur le phénomène de la réflexion totale interne mise en évidence en 1854 par le physicien irlandais John Tyndall (voir Chapitre 8). Alors que la propagation rectiligne de la lumière était à la mode, Tyndall a eu l'idée de courber la trajectoire de la lumière en la faisant passer par un jet d'eau sortant par un trou ménagé à la base d'un réservoir. La réflexion totale peut s'observer lorsque la lumière passe d'un milieu d'indice de réfraction élevé vers un milieu d'indice de réfraction plus faible. Si le rayon arrive trop incliné sur la surface de séparation entre les deux milieux, il est totalement réfléchi. Dans ce cas, il n'y a pas de rayon réfracté : toute l'énergie est renvoyée par la surface de séparation. Comme l'indice de l'eau est plus grand que celui de l'air, la lumière peut ainsi suivre la courbure du jet d'eau.

L'homme n'a fait que copier la nature. Certains organismes marins comme le *Rossella racovitzae* produisent naturellement des fibres optiques sur ce principe. Ces espèces d'éponges vivent dans les eaux profondes, froides et sombres de l'Antarctique. Ces organismes sont dotés de protubérances en forme d'épine, qui captent puis guident le peu de lumière disponible vers les centres de photosynthèse afin de les rendre plus efficaces.

La lumière fait des zigzags

En pratique, une fibre optique est formée d'un cylindre central transparent ou cœur d'indice de réfraction élevée. Une gaine transparente d'indice de réfraction plus faible l'entoure. La différence d'indice est en général petite, de l'ordre de quelques millièmes.

La lumière envoyée dans le cœur de la fibre se réfléchit sur les parois. Le profil d'indice fait qu'il y a réflexion totale des rayons guidés à l'interface cœur-gaine optique. Tout rayon pas trop incliné à l'entrée de la fibre va y faire des zigzags suite à de multiples réflexions totales. Le faisceau est guidé même si la fibre est courbée. La fibre optique peut être utilisée pour conduire de la lumière entre deux lieux distants de plusieurs centaines de kilomètres. La qualité d'un bon matériau pour fibre repose sur son homogénéité. Les impuretés provoquent des diffusions qui vont sérieusement réduire la portée du signal.

Des signaux qui s'embrouillent

Pour les balèzes

Un rayon réfléchi de nombreuses fois parcourt un chemin plus long que celui qui traverse la fibre en ligne droite. Pour éclairer l'intérieur du corps humain avec des endoscopes, cela ne porte pas à conséquence. Dans ces utilisations, la lumière est envoyée en continu. En revanche, pour transmettre un message codé en binaire, donc avec une intensité variable, le procédé n'est pas optimal. Les photons qui ont fait l'école buissonnière, en prenant des chemins de traverse, vont arriver avec un retard. Plus la fibre est longue, plus ce retard est élevé. Les impulsions lumineuses seront ainsi plus longues à la sortie de la fibre qu'à l'entrée. Les signaux se prennent les pieds dans le tapis et vont se bousculer et se superposer. Pour éviter le chevauchement des divers bits, on ne peut que limiter le débit.

Faites-le vous-même

Regardez dans un tube de cuivre

L'expérience est extrêmement simple à réaliser. Prenez un tube de cuivre du type de ceux utilisés pour la distribution d'eau et observez le ciel (**mais pas le soleil, jamais !**) à travers ce tuyau. Des anneaux concentriques apparaissent au premier coup d'œil sans aucune précaution particulière. Placez maintenant un morceau de carton troué à l'aide d'une pointe de compas ou d'un stylo et vous verrez des cercles lumineux séparés par des zones noires. Ce phénomène curieux est une simple conséquence des réflexions multiples de la lumière sur le cuivre. En effet, la surface intérieure du tube de cuivre est suffisamment lisse pour que ces réflexions soient aisément observables.

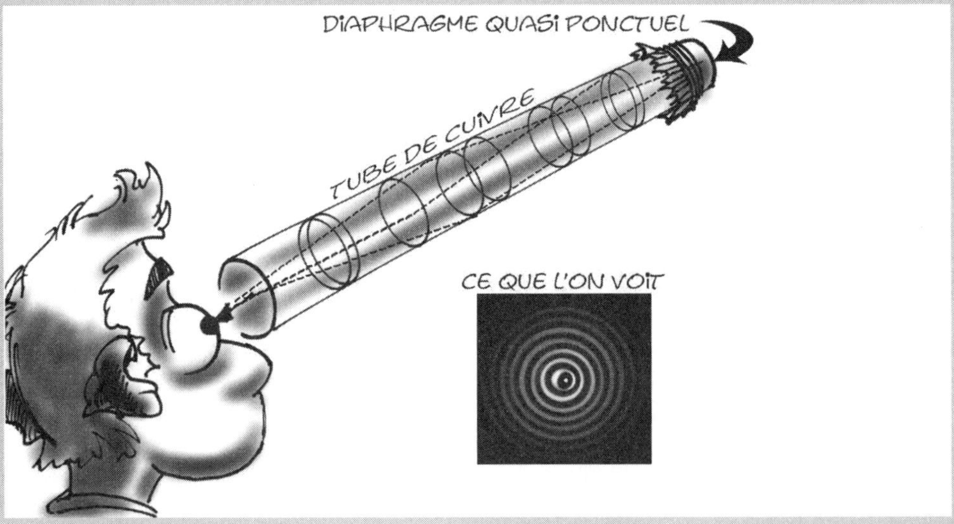

Figure 18-7 La lumière prend plusieurs chemins pour arriver dans l'œil.

Il faut donner un bonus aux rayons avec un malus

Pour augmenter le débit, il faut se débrouiller pour que tous les rayons prennent le même temps pour parcourir la fibre. Pour cela, les rayons écartés de l'axe de la fibre doivent aller plus vite que ceux qui suivent l'axe.

La lumière doit se propager plus vite à la périphérie qu'au centre. L'indice de réfraction diminue progressivement au fur et à mesure que l'on s'éloigne de l'axe de la fibre. Si la décroissance de l'indice est bien calculée, les divers rayons vont arriver pratiquement en même temps à la sortie. On peut donc augmenter le débit d'informations avec moins de risques de recouvrement des signaux. Ces fibres multimodes sont généralement utilisées pour des courtes distances, de l'ordre de la centaine de mètres.

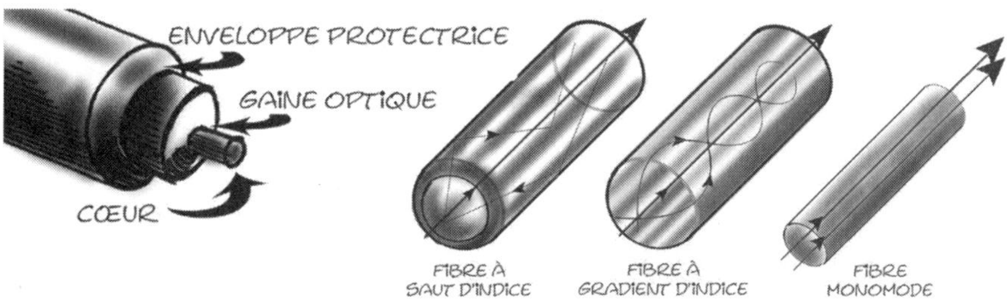

Figure 18-8 Les trois types de fibres optiques : saut d'indice, gradient d'indice, ou monomode.

« Small is beautiful » : un seul mode suffit

Pour des fibres de très petit diamètre (quelques micromètres), le concept de rayon lumineux n'est plus très pertinent. Il faut raisonner en termes de propagation guidée d'onde lumineuse. Tout se passe comme si la lumière ne suivait que le chemin direct. Ainsi, la dispersion du signal est quasiment nulle et le signal est donc très peu déformé. Le débit maximal possible est nettement plus élevé que les fibres à gradient d'indice. En contrepartie, le petit cœur nécessite des puissances d'émission plus élevées. En dépit de ce surcoût, ce type de fibres est utilisé essentiellement pour les liaisons à grande voire très grande distance.

Il y a des photons qui se perdent en route

Un verre de vitre ne permet pas de faire une bonne fibre optique. Ce matériau est beaucoup trop absorbant. On utilise des fibres en verre de silice de grande pureté. Pour minimiser les pertes, la lumière utilisée est de longueur d'onde 1 550 nanomètres. En dépit de ces précautions, le signal diminue d'intensité de 1 à 2 % par kilomètre. Cette absorption semble *a priori* assez limitée. Sur des longues distances, les signaux deviennent inexploitables au-delà d'une bonne centaine de kilomètres. La dissipation d'énergie le long d'une fibre optique est néanmoins beaucoup plus faible que dans une ligne électrique. C'est là la différence essentielle entre les deux types de liaisons. L'onde lumineuse dans la fibre a sensiblement la même vitesse que l'onde électromagnétique dans l'isolant séparant les deux fils conducteurs. Il faut néanmoins trouver un moyen de redonner de l'énergie au signal régulièrement le long de la fibre.

On appelle Albert à la rescousse

Pour traverser les océans, le signal optique a besoin d'être amplifié sous peine de devenir inexploitable. Au début, on a utilisé des sortes d'amplificateurs appelés « répéteurs » placés tous les 100 kilomètres. La méthode était lourde à gérer en pratique. On a alors appelé Einstein à la rescousse : l'émission stimulée est toujours là pour se tirer des situations difficiles.

Pour les balèzes

Du dopage dans les fibres

Les EDFA (*Erbium Doped Fiber Amplifier* ou amplificateur à fibre dopée à l'erbium) sont des fibres dopées sur des zones de quelques mètres de long. Le dopage est une technique qui consiste à inclure un élément chimique dans la composition de la fibre. Les matériaux à base de « terres rares » comme l'ytterbium ou encore l'erbium sont intéressants au niveau de leur structure électronique. Une diode laser annexe apporte l'énergie nécessaire pour réaliser la condition d'émission stimulée. Le dopage excite les ions erbium qui ne demandent qu'à se désexciter dès qu'un photon montre le bout de son nez. Pour cela, il faut envoyer dans l'EDFA un signal de pompe et un signal d'information. À défaut de multiplier les pains, cette technique permet une augmentation impressionnante d'un facteur 1 000 à 10 000 du nombre de photons réémis comme copie conforme de celui qui vient d'arriver.

Voyager à plusieurs, c'est plus rentable

À l'heure actuelle, le besoin en débit de communications augmente de manière exponentielle. Mais poser une fibre a un coût non négligeable et on ne peut pas augmenter le nombre de fibres pour satisfaire la demande. Afin d'exploiter au maximum les fibres existantes déjà installées, on transmet plusieurs signaux simultanément dans la même fibre. C'est le multiplexage.

Multiplexage temporel

Une première solution cherche à imbriquer les informations de chaque abonné en trames successives. Chaque signal est découpé en rondelles, puis on intercale entre deux tranches d'un abonné des tranches des autres abonnés. C'est comme si chaque abonné avait un peigne très fin et que le peigne de l'abonné suivant était légèrement décalé dans le temps. Entre deux dents d'un peigne, on place des dents des autres peignes.

Un aiguillage à lumière

Une méthode plus efficace consiste à octroyer à chaque signal un photon d'une couleur donnée. C'est un peu comme un rail sur lequel on fait circuler 256 trains simultanément. Une gare de triage dirige ensuite chaque train vers sa gare de destination. La fenêtre de transmission optique de la fibre est étroite (environ 100 nm de large). Cette bande de longueur d'onde est découpée en très petits intervalles d'à peine 0,2 nanomètre dans la technique « Dense Wavelength Division Multiplexing ». À chaque abonné est associé un intervalle de longueur d'onde, donc des photons de couleurs bien définies. 256 signaux voyagent ainsi en même temps dans une seule fibre. Comme les longueurs d'onde sont différentes, les diverses ondes lumineuses ne peuvent pas interférer. Les photons facteurs ne se mélangent pas les lettres. Pour superposer toutes ces ondes lumineuses, on utilise la dispersion de la lumière par un prisme ou encore mieux par un réseau de diffraction (comme un CD qui apparaît comme coloré).

Figure 18-9 Pour mélanger ou séparer les signaux pour les fibres, on utilise des aiguillages optiques.

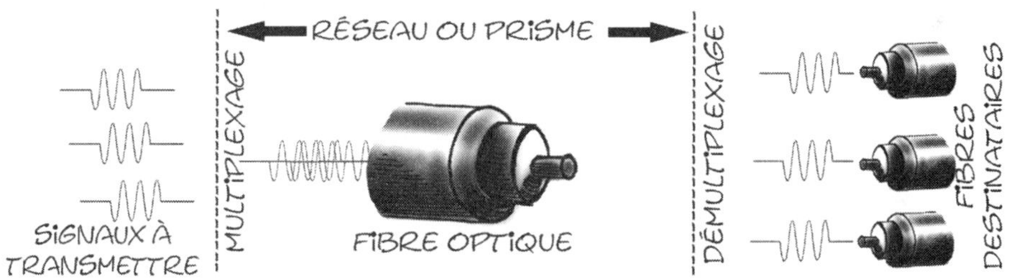

Le faisceau qui sort de la fibre est dévié d'un angle qui dépend de la longueur d'onde. À la sortie du démultiplexeur, on récupère la lumière de chaque couleur dans une autre fibre convenablement placée. Pour multiplexer, on fait l'opération inverse en mélangeant les diverses couleurs. Dans les fibres de liaisons internationales, une bande de couleur est associée à chaque pays, ce qui permet un tri efficace en sortie.

De l'énergie hypercondensée

Un laser permet de concentrer spatialement et temporellement l'impulsion lumineuse. Les puissances atteintes donnent le vertige !

Pointeur laser

Un pointeur optique à laser a la forme et la taille d'un gros stylo. Le faisceau lumineux, qui en sort, donne un point d'impact rouge de petite dimension, mais très lumineux. Un conférencier peut ainsi pointer un endroit précis d'un document projeté, même lorsqu'il se trouve très loin du tableau. La puissance de la diode laser émissive est de 5 milliwatts environ pour une longueur d'onde généralement comprise entre 660 et 680 nanomètres. Le faisceau en lui-même n'est pas très puissant. Mais son faible diamètre fait grimper la puissance au mètre carré à des sommets. Tout le monde sait qu'il est dangereux de regarder le soleil en face. Le rayonnement solaire correspond au niveau du sol à 700 watts au mètre carré par beau temps à midi. Si la pupille de votre œil est ouverte à 2 millimètres de diamètre, la puissance lumineuse qui entre dans votre œil atteint dans ces conditions la valeur de 2 milliwatts. Un stylo laser de 5 milliwatts est potentiellement dangereux en vision directe à courte distance. Néanmoins, quand l'œil est exposé à ce niveau de lumière laser, le réflexe de la paupière est assez rapide pour éviter des dégâts irréversibles sur la rétine.

Par ailleurs, la diffraction intervient pour limiter le danger. La portée du pointeur est limitée par l'élargissement du faisceau suite au passage de l'onde lumineuse à travers l'ouverture de sortie du faisceau. Pour un diamètre d'ouverture de l'ordre de deux millimètres, l'onde lumineuse est pratiquement contenue dans un cône dont l'angle exprimé en radians est voisin du rapport de la longueur d'onde divisée par le diamètre de l'ouverture. Le phénomène incontournable de diffraction fait ainsi passer le diamètre du spot à plus d'un centimètre à quelques mètres de distance. La puissance se répartit sur une surface de plus en plus grande lorsqu'on s'éloigne du pointeur, ce qui fait tomber la puissance par unité de surface en dessous de la valeur maximale de 25 W/m^2 compatible avec la survie de vos cellules rétiniennes.

Un précurseur : Bond... James Bond !

Dans *Goldfinger* tourné en 1964, James Bond a failli se faire couper en deux par un laser de puissance, avant de voir l'engin découper finalement la porte blindée de la réserve fédérale des États-Unis à Fort Knox en quelques minutes. Faut-il y voir une géniale intuition d'un scénariste ? Probablement pas ! Après les premiers doutes sur l'intérêt du laser, la communauté scientifique relayée par les médias a rapidement pris conscience des énormes possibilités de ce faisceau de lumière.

Pour les balèzes

Le laser de Goldfinger

Imaginons que la paroi d'acier ait une épaisseur de 5 centimètres. Un centimètre carré du blindage pèse sensiblement 40 grammes. Pour faire fondre cette masse de fer, il faut d'abord l'amener à sa température de fusion de 1 530 °C. La dépense énergétique se monte à 27 000 J (J est le symbole de joule). Pour vaporiser, il faudra rajouter 8 000 J. Le laser du film doit donc fournir 35 000 J par seconde vu la vitesse de découpe de la porte blindée. Le faisceau avance à environ 1 centimètre par seconde. La puissance du faisceau par unité de surface est donc de l'ordre de $35\text{kW}/\text{cm}^2$. Il faudrait encore majorer cette estimation, car une bonne partie de la lumière est réfléchie par la surface métallique. Vu la largeur de la tache lumineuse, le laser du cinéma dépasse allègrement les 100 kW. À titre de comparaison, le rayonnement solaire au niveau du sol n'est que de $0{,}07\text{W}/\text{cm}^2$ (c'est un hasard !) lors d'une journée caniculaire. Le faisceau est donc 500 000 fois plus intense que le soleil en été. Les scénaristes n'ont pourtant pas été assez bien conseillés. Le métal découpé par l'engin de Goldfinger ressemble bien plus à l'action d'une scie à métaux qu'à la découpe fine et sans bavure du laser qui relègue le bistouri, le chalumeau ou la paire de ciseaux au rayon des antiquités.

Des flashs ultracourts

Les lasers femtosecondes

Pour aller de votre livre à votre œil, la lumière a mis une nanoseconde (un milliardième de seconde). Les impulsions lumineuses les plus courtes réalisées actuellement sont un million de fois plus courtes. C'est la femtoseconde ($10^{-15}s$). Dans ce laps de temps, la lumière a tout juste le temps de traverser une cellule de votre corps. Pour réussir ce tour de force, on superpose un très grand nombre d'ondes.

C'est un peu comme si vous aviez plusieurs centaines de diapasons dans une pièce avec des fréquences légèrement différentes. En un point quelconque, les diverses ondes sonores vont se détruire mutuellement à un instant donné. Il n'en est pas de même au point particulier où ces ondes sont en phase. Le son est très intense à cet endroit et à cet instant, car les diverses ondes se renforcent de manière optimale. Plus il y a de diapasons et plus courte est l'impulsion sonore qui se déplace à travers la pièce.

Dans une cavité optique, plusieurs ondes peuvent aussi coexister. Toutes les fréquences multiples du rapport (vitesse de la lumière-longueur d'un aller-retour entre les deux miroirs) sont possibles. Pour produire une impulsion courte, il faut exciter un grand nombre de ces ondes appelées des modes optiques. Le pulse optique, qui résulte de cette superposition, fait des allers-retours entre les deux miroirs. Lors de l'arrivée sur le miroir partiellement réfléchissant, une partie de l'impulsion sort du laser. Entre deux impulsions, il y a un très long temps mort qui peut atteindre 100 000 fois la durée d'un flash.

Figure 18-10

Pour créer un flash, il faut synchroniser les « vagues » de lumière.

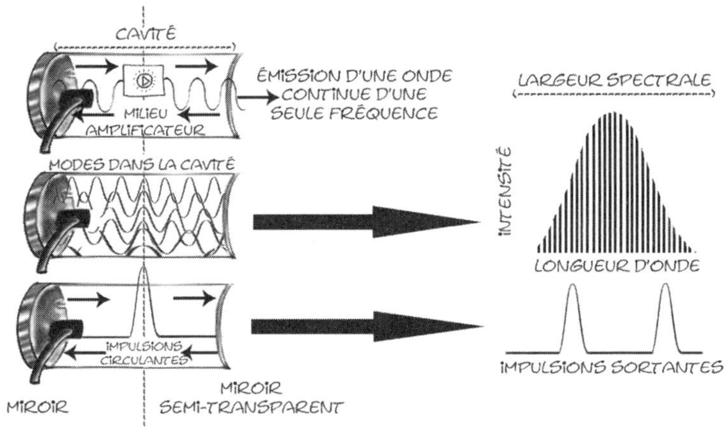

Cette technique du blocage de modes dans la cavité ne suffit pas pour descendre à des durées d'impulsions de quelques dizaines de femtosecondes ($10^{-15}s$). Il faut comprimer l'impulsion en se débrouillant pour que la partie arrière rattrape un peu son retard sur le début du signal. Pour cela, le flash laser passe dans un milieu non linéaire dont les propriétés changent avec l'intensité lumineuse. Les premiers photons arrivés modifient l'indice de réfraction du milieu. Les photons suivants pourront alors aller plus vite. C'est un peu comme si on faisait passer un peloton de coureurs à pied sur une portion de piste qui s'enfonce avec le poids des athlètes. Les premiers devront ainsi monter une pente en faux plat, tandis que les derniers seront favorisés. Le peloton va ainsi se resserrer.

La puissance d'une centrale nucléaire dans un flash

Pour les lasers les plus puissants, la puissance de l'onde atteint des sommets de l'ordre du petawatt (10^{15} W). Pendant l'émission de l'impulsion, la puissance dépasse largement celle de l'ensemble du parc de centrales électriques françaises. Pourtant l'énergie d'un flash ne suffirait de loin pas à chauffer une tasse de café. Toutes proportions gardées, cela se passe comme avec le flash d'un appareil photo. Il met du temps à se charger, puis l'énergie lumineuse est brutalement libérée. Il y a beaucoup de temps morts entre deux flashs dans les lasers femtosecondes.

La puissance n'est pas seulement concentrée dans le temps, elle l'est aussi dans l'espace. Si on sait que l'on peut concentrer cette impulsion sur un micromètre carré, on peut imaginer les effets de ces lasers pulsés de puissance. Cette puissance ramenée à une surface d'un centimètre carré, l'éclairement (10^{18} W cm^2) donne le vertige. Cela représente mille milliards de milliards de soleils à midi ! Il est vrai que c'est pour une infime fraction de seconde.

On découpe l'œil

Les ophtalmologues sont de gros consommateurs de lasers femtosecondes. Lorsqu'ils focalisent ces faisceaux laser à impulsions courtes sur la cornée, des microbulles de vapeur d'eau se forment : l'énergie absorbée par une très petite surface va faire évaporer l'eau. On travaille ensuite à l'emporte-pièce avec des chapelets de bulles afin de décoller la partie externe de la cornée avant d'attaquer les tissus profonds. À l'aide d'un autre laser non pulsé, on retaille la courbure de cette partie de la cornée mise à nu. Puis la couche externe, enlevée au préalable, est remise en place. Le guidage du rayon par un robot donne une précision extrême au geste chirurgical, que ne peut égaler un geste manuel.

Que la force (du laser) soit avec vous !

Un faisceau laser permet de créer des forces infimes à l'échelle humaine. Dans certaines situations expérimentales, ces forces deviennent considérables, rapportées à l'échelle d'un atome.

Le choc des photons, le poids des particules

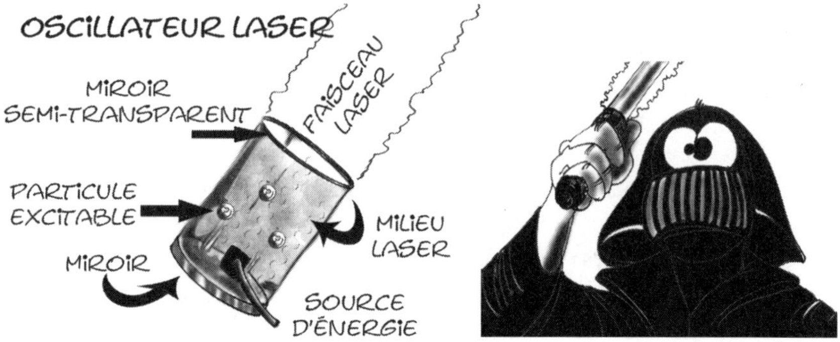

Figure 18-11 Un sabre qui n'est pas vraiment un laser.

Placez-vous sur un fauteuil à roulettes et lancez un objet vers l'avant. Le fauteuil va partir en arrière ! C'est une situation bien connue des tireurs qui doivent bien caler la crosse du fusil dans le creux de l'épaule pour encaisser la force de recul lors du tir. Dans le même ordre d'idée, vous devriez sentir une force sur votre poignet lorsque vous allumez une lampe torche.

Les photons sont des projectiles qui emportent une certaine quantité de mouvement. La force, qui en résulte, est extrêmement faible et insignifiante dans la vie quotidienne. Pourtant la lumière peut pousser sur des objets. Des gadgets à ailettes noires au verso et réfléchissantes au recto sont censés mettre cette pression de radiation en évidence. Le tourniquet se met en rotation sous l'action de la lumière du soleil. Mais il faut y regarder à deux fois. Le système tourne dans le mauvais sens. C'est en fait essentiellement le résultat de l'échauffement différent des deux faces qui se traduit par une interaction différente avec le gaz sous faible pression contenu dans l'ampoule de verre. La pression de radiation se manifeste dans la queue des comètes. Elle pousse les fines particules dans la direction opposée du Soleil. Du fait de leur très grande densité d'énergie lumineuse, les faisceaux laser permettent par le biais de la pression de radiation d'obtenir des pressions considérables.

Pour les balèzes

Pression de rayonnement d'un laser

Fixons les ordres de grandeur avec deux lasers envoyant des impulsions de un joule d'énergie sur une durée de un milliardième de seconde sur une cible. La puissance est donc de un gigawatt durant le flash. La force de rayonnement est environ égale au rapport de cette puissance divisée par la vitesse de la lumière. Pour une cible totalement réfléchissante, il faudrait prendre le double, car le photon rebrousse chemin après l'interaction avec la cible. La force est donc de l'ordre de grandeur de un newton. Cela peut paraître ridicule : c'est le poids d'une masse de 100 grammes. Mais il ne faut pas oublier que ces faisceaux peuvent être facilement focalisés sur une très petite surface d'une dizaine de micromètres de côté. La pression qui est le rapport de la force sur la surface devient énorme : 10 000 fois la pression atmosphérique ! Le projet de laser mégajoule comporte un ensemble de faisceaux laser envoyant des impulsions d'énergie un million de fois supérieure à notre exemple de calcul. On espère ainsi dépasser de plusieurs ordres de grandeur la pression régnant au centre de la Terre et déclencher des réactions de fusion thermonucléaires du fait de la très grande élévation de température suite à l'absorption de l'énergie lumineuse par la cible.

Un réfrigérateur optique…

… à atomes ultrafroids. Pour freiner, voire arrêter, une voiture blindée, on peut imaginer tirer dessus avec une mitrailleuse lourde à cadence de tirs très élevée. En principe, cela devrait marcher ! En pratique, c'est ce que l'on fait pour freiner des atomes.

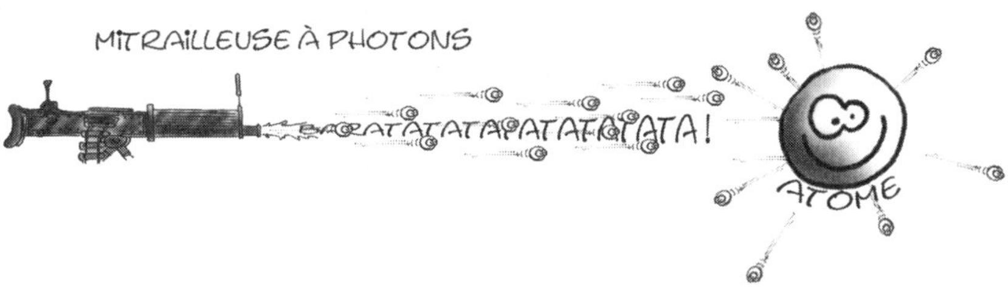

Figure 18-12 Un flux de photons peut freiner efficacement un atome.

Le laser joue le rôle de la mitrailleuse et les photons celui des balles. Dans un gaz, la vitesse des molécules ou des atomes est de l'ordre de plusieurs centaines de mètres par seconde à la température ambiante. Avec plusieurs faisceaux laser, des physiciens français, comme Claude Cohen-Tannoudji (Prix Nobel 1998), ont ramené cette vitesse moyenne à quelques centimètres par seconde. Moins les atomes sont agités et plus le gaz est froid. C'est le procédé de refroidissement optique qui permet de descendre largement en dessous de un kelvin, donc d'approcher le zéro absolu, température en dessous de laquelle on ne peut pas descendre (voir Chapitre 4).

Pour ce faire, on illumine un gaz sous faible pression avec un laser, dont la longueur d'onde est accordée sur la transition entre l'état fondamental des atomes et son premier état excité. Lors de l'interaction lumière-matière, l'atome encaisse le choc d'un photon lors de l'absorption. La réémission d'un autre photon se fait en quelques nanosecondes. Mais ce photon de fluorescence est émis de manière totalement aléatoire. Le processus global absorption-réémission se traduit par un gain net de quantité de mouvement. Le cycle se reproduit pour un atome donné plusieurs millions de fois par seconde. La lumière pousse ainsi sur l'atome avec une force de l'ordre de 10^{-20} newtons. Le poids d'un atome vaut environ 10^{-25} newtons. L'accélération de l'atome est donc foudroyante : cent mille fois celle de la pesanteur.

Une mélasse optique pour piéger des atomes

Pour piéger des atomes, on utilise plusieurs lasers accordés sur une fréquence légèrement inférieure à la fréquence de transition au repos. Le décalage est calculé pour que l'atome au repos n'absorbe pas la lumière. En revanche, un atome qui vient à la rencontre des photons va interagir avec eux du moins si sa vitesse n'est pas trop élevée. Imaginons alors un atome pris en tenaille entre deux lasers de direction opposée. Si l'atome se dirige vers la droite, le laser de droite sera perçu comme une lumière de fréquence un peu plus élevée. Comme on a anticipé ce décalage lors du réglage de la fréquence des lasers, ces photons seront efficaces et vont freiner l'atome. Le laser de gauche, lui, sera inefficace, car sa fréquence sera trop basse dans le référentiel de l'atome. Les rôles sont inversés pour un déplacement vers la gauche. Dans tous les cas de figure, l'atome sera freiné, s'il n'est pas trop rapide. Six lasers placés deux à deux suivant des directions perpendiculaires constituent un piège à atomes. Au départ les atomes trop chauds (donc trop rapides) vont s'échapper. La vitesse moyenne des atomes trop lents va progressivement diminuer du fait du freinage laser. La température de la population atomique diminue fortement. Les atomes sont pris dans une sorte de « mélasse optique » comme des insectes sur un pot de confiture.

Hologramme : l'image en 3D !

Une photographie met toujours l'objet à plat. Une photographie se contente d'afficher la luminosité de chaque petite zone de l'image. Mais elle ne donne aucune information sur la distance à laquelle se trouve l'objet photographié. En revanche, si on peut déterminer la durée mise par la lumière pour arriver au capteur, on aura accès à la distance en multipliant par la vitesse de la lumière. Malheureusement, aucun capteur (rétine, plaque photographique, ou le capteur CCD présenté au chapitre 19) n'est sensible à cette durée. Pour contourner le problème, on superpose une onde de référence aux ondes diffusées par un objet éclairé sous la lumière d'un laser. La superposition de ces ondes va donner lieu à des interférences, qui peuvent être constructives ou destructives. Les interférences permettent donc d'enregistrer la phase (donc d'une certaine manière la distance) et en conséquence le relief sous forme de variations d'intensité lumineuse.

Pour lire l'hologramme, il faut l'éclairer avec un faisceau de lumière similaire à celui utilisé comme référence. En regardant l'hologramme, un observateur voit alors l'image de l'objet à l'endroit où il se trouvait à l'enregistrement. L'information de phase permet de restituer la profondeur de l'objet, d'où l'impression d'image en trois dimensions. L'image restituée est en fait réellement tridimensionnelle. De même que chaque point de l'hologramme perçoit l'objet sous un angle différent, un observateur qui se déplace en regardant l'hologramme verra l'image changer. Le principe de l'holographie vaudra le prix Nobel de physique en 1971 à Dennis Gabor.

Le laser est témoin du divorce...

Les marées sont fascinantes par leur quasi-régularité et leur ampleur. Toute cette masse d'eau en mouvement de par le monde représente une énergie considérable, dont une partie est dissipée tous les jours... depuis la nuit des temps. Mais qui paye la facture énergétique ? C'est la Lune ou plus exactement le système Terre-Lune. L'astre de la nuit s'éloigne lentement mais sûrement de la Terre pour fournir l'énergie nécessaire aux marées. C'est encore le laser qui a permis de mesurer l'amplitude de ce déplacement.

Des miroirs en coin

En principe, c'est tout simple. D'abord, il faut placer un miroir sur le sol lunaire. C'est pour cela qu'Armstrong dans la mission Apollo 11 en juillet 1969 avait emporté dans ses bagages une sorte de miroir cubique, qui a la propriété de renvoyer tout rayon lumineux sur le chemin du rayon incident. Il suffit alors d'envoyer un flash de 400 picosecondes (moins d'un milliardième de seconde) vers le miroir lunaire à l'aide d'un télescope en quelque sorte monté à l'envers qui joue le rôle d'un canon à photons. Vous attendez le flash de retour et le tour est joué avec un bon chronomètre. Il faut quand même choisir le modèle précis au millième de milliardième de seconde. Une simple multiplication par la vitesse de la lumière dans le vide et vous avez la distance Terre-Lune.

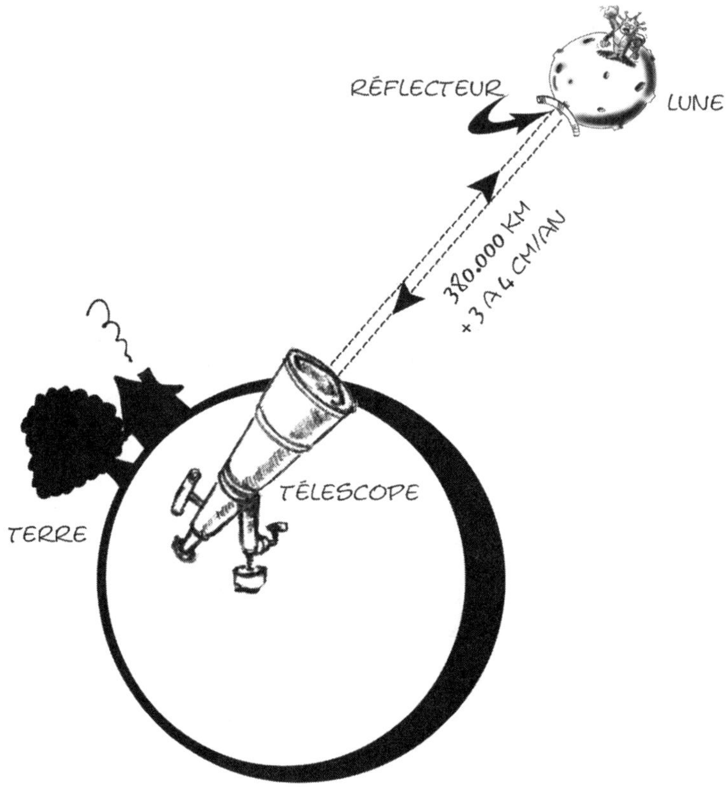

Figure 18-13 Un aller-retour Terre-Lune pour une mesure ultraprécise de la distance.

Une hécatombe de photons en route

C'est beaucoup plus facile sur le papier que dans la pratique. Si vous envoyez un milliard de milliards de photons par impulsion, vous aurez peut-être la chance d'en détecter quelques-uns pour une centaine de tirs et encore par très beau temps. En effet, la Lune, c'est loin. Vous avez beau viser le miroir avec le maximum de précision, la diffraction est incontournable. La zone éclairée sur le sol lunaire a un rayon incompressible de quelques kilomètres. L'immense majorité de photons envoyés ratent donc leur cible. Au retour, ce n'est guère mieux. La diffraction par le miroir fait encore perdre une bonne partie des photons réfléchis sur le miroir.

À l'arrivée, il faut faire le tri pour ne garder que les photons ayant touché le miroir. Les perturbations atmosphériques introduisent des fluctuations équivalentes à quelques mètres. Par ailleurs, la lumière ne se déplace pas en ligne droite entre la Terre et la Lune. Les champs gravitationnels présents, surtout celui du Soleil, vont se charger de courber la trajectoire des photons. Cela représente quelques mètres en plus. Si vous visez une précision du millimètre, il faut en tenir compte. Avec un traitement statistique élaboré, on peut annoncer que la Lune s'éloigne de la Terre au rythme de 3 à 4 centimètres à mettre en perspective avec leur distance actuelle : 380 000 kilomètres !

DANS CE CHAPITRE

La lumière solaire

Les lampes chaudes, la lumière froide

L'électroluminescence

Les cristaux liquides

Chapitre 19
Tout voir : la lumière

Produire de la lumière ! Aujourd'hui cela nous semble tellement banal. L'éclairage à la bougie a perduré des siècles avant de n'être utilisé que pour des occasions spéciales (anniversaires, dîners entre amoureux…). C'est le XIXe siècle, et en particulier la fée Électricité, dont l'un des enfants va être l'éclairage, qui apportera de nouvelles sources artificielles de lumière. Des décharges électriques dans les gaz ont aussi ouvert la voie à l'analyse de la lumière émise par les atomes excités et ainsi à une meilleure compréhension de la structure de ces atomes. La réalisation de lampes de durée de vie raisonnable passait par une maîtrise de l'incandescence et des échanges énergétiques par rayonnement des corps chauds. La mise au point des sources de lumière froide par fluorescence a marqué un virage technologique important. La montée en puissance et la miniaturisation des diodes électroluminescentes ont ouvert de nouveaux horizons dont nous commençons à peine à distinguer les contours. Notre capteur, la rétine, est très doué pour détecter les différentes couleurs. Les capteurs électroniques, extrêmement répandus dans notre environnement numérique, doivent imiter au mieux les cellules photosensibles de notre rétine.

Au début, il y a le soleil

Un corps rayonnant émet de la lumière sur toutes les longueurs d'onde. Il présentera un spectre lumineux continu. On désigne ainsi la répartition de l'intensité d'une lumière en fonction de la longueur d'onde (ou de sa couleur). Pour faire apparaître le spectre, il faut disperser les divers rayonnements émis suivant leur longueur d'onde, à l'aide d'un prisme ou d'un réseau.

La lumière du jour est polychromatique

Il est bien connu que les physiciens adorent le grec. En dérivé du latin, on dirait plutôt que le soleil est multicolore.

Newton agite le spectre de la lumière

Newton est le premier à montrer que la lumière blanche est en fait un mélange de couleurs. Il éclaire avec de la lumière solaire une fente percée dans un écran opaque et fait traverser à cette lumière un prisme en verre. Il obtient des images colorées de la fente sur un écran. L'ensemble de ces images constitue un spectre pur de la lumière blanche. Le prisme dévie la lumière, mais il dévie davantage la lumière bleue que la lumière rouge. En sortant du prisme, la lumière blanche se retrouve « décomposée », « étalée » – le physicien dira dispersée –, et nous en percevons ses différents constituants. Pour bien montrer que le prisme ne fait que disperser la lumière sans la modifier, Newton prend la précaution de faire passer un faisceau d'une couleur donnée à travers d'autres prismes. La couleur ne change pas !

Figure 19-1
La déviation croît du rouge au violet.

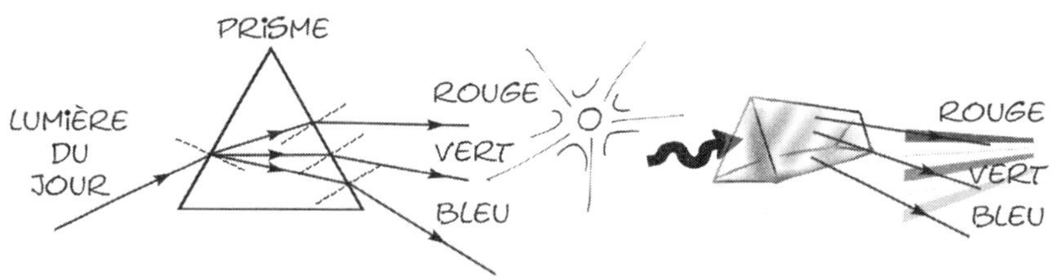

L'arc-en-ciel

Les gouttes d'eau dispersent la lumière à l'instar du prisme en donnant des arcs-en-ciel. Lorsque vous voyez un arc, le soleil est dans votre dos. Bacon montre dès 1266 que l'angle entre la direction du soleil et les arcs colorés vaut sensiblement 42 degrés. Un peu plus tard, un moine dominicain allemand avance la bonne explication. Un rayon lumineux pénètre dans la goutte, se réfléchit puis ressort.

Figure 19-2

La lumière entre, se réfléchit puis ressort.

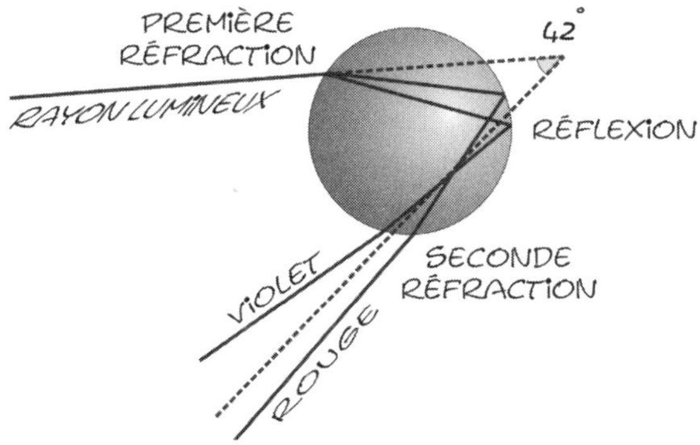

Beaucoup plus tard, Newton va étudier ce jeu de réfraction et de réflexion. Les lois de Snell-Descartes (voir Chapitre 8) suffisent pour justifier l'existence d'une zone dans laquelle la lumière s'accumule et prédire la valeur numérique de 42 degrés (en moyenne). Comme l'indice de réfraction de l'eau dépend de la longueur d'onde, le violet est moins dévié tandis que le rouge l'est davantage. Ce qui se produit pour une goutte est reproduit par des milliers de gouttes d'eau. Pour un observateur donné, toutes les gouttes situées sur un cercle d'angle proche de 42 degrés envoient de la lumière dans son œil. À chaque angle correspond une longueur d'onde, donc une couleur donnée.

Figure 19-3

L'angle de vue est toujours le même.

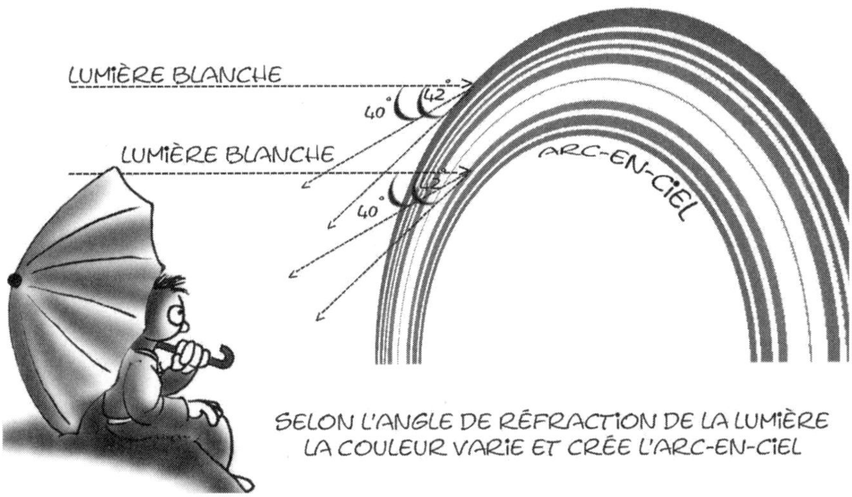

Des sources en réseau

Les réseaux optiques constituent un second procédé, avec le prisme, de dispersion des diverses longueurs d'onde d'une lumière blanche. Un réseau de diffraction est un dispositif optique composé d'une série de fentes parallèles. Là où les fentes de Young (voir Chapitre 9) vont par paires, les fentes d'un réseau se comptent par milliers. La distance entre deux ouvertures voisines est de l'ordre de grandeur de la longueur d'onde. Lorsque la lumière éclaire cette structure périodique, chaque fente diffracte fortement, puis des milliers d'ondelettes, qui correspondent à une longueur d'onde donnée, interfèrent constructivement en un point éloigné.

Gravure périodique et CD

Pour obtenir des interférences constructives dans l'expérience des deux trous de Young, il fallait que la flèche de phase tourne du même angle pour les deux trajets (voir Chapitre 9). Une petite différence d'angle de phase n'aura néanmoins que peu de conséquence sur l'intensité lumineuse. Il n'en est pas de même dans le cas où des milliers de sources interfèrent. Un très léger déphasage supplémentaire entre les trajets passant par deux fentes successives va se traduire par des interférences globalement destructives. Cumulés sur des milliers d'ondelettes, les petits écarts donnent rapidement des ondes en opposition de phase, qui vont se détruire. La lumière monochromatique de longueur d'onde donnée se trouve ainsi concentrée dans quelques directions bien précises, qui ne dépendent que de la distance entre les traits et de la longueur d'onde. Un réseau disperse la lumière blanche avec beaucoup plus d'efficacité qu'un prisme. Plus vous mettez de fentes et meilleure sera la séparation des longueurs d'onde.

Faites-le vous-même

Un réseau de diffraction : le CD

Un CD ou un DVD suffisent pour expérimenter la dispersion par un réseau. Ces supports sont composés de minuscules trous dans lesquels sont encodés les 0 et 1 du signal numérisé. Le support éclairé avec de la lumière blanche, des portions de piste se comportent comme un réseau optique. Observez le reflet d'une lampe sur un CD et vous verrez les couleurs de l'arc-en-ciel. Vous voyez le résultat de la diffraction par chaque piste, puis de l'interférence de ces milliers de petites ondes lumineuses sur les cellules de votre rétine.

Les ailes des papillons

Des structures diffractantes périodiques existent aussi dans la nature. Les couleurs des plumes de paon, ou du canard colvert, résultent d'interférences multiples. La surface d'une barbule de la plume de paon est formée de kératine transparente –comme vos ongles – contenant un réseau régulier de barres de mélanine. La distance entre deux barres de mélanine est de l'ordre de la fraction de micromètre. Il en est de même pour un grand nombre d'espèces de papillons. Les couleurs chatoyantes ne sont pas toujours d'origine pigmentaire. Elles sont le résultat de ce phénomène de diffraction et d'interférence, que l'on dénomme iridescence.

On diffuse la lumière

Le ciel bleu…

Les hautes couches de l'atmosphère absorbent une quantité non négligeable du rayonnement solaire. Le champ électrique de l'onde lumineuse excite les nuages électroniques des molécules présentes. Une molécule seule renvoie très peu de lumière. Mais comme il y en a un grand nombre, le phénomène devient détectable. La puissance lumineuse émise par une molécule est inversement proportionnelle à la puissance quatrième de la longueur d'onde. Le processus d'émission est donc beaucoup plus efficace pour le bleu que pour le rouge. En passant de l'un à l'autre, on divise la longueur d'onde par deux, mais on multiplie la puissance émise par seize. En admirant un coin de ciel bleu, votre œil reçoit la lumière diffusée par ces molécules de la haute atmosphère : le bleu y est dominant. Cette couleur est un compromis entre la puissance émise, maximale dans le violet, et la sensibilité de l'œil qui passe par un maximum dans le jaune.

… et le coucher de soleil

En revanche, si vous regardez le coucher de soleil, la lumière pénétrant dans votre œil aura traversé au moins une centaine de kilomètres de gaz. Les radiations bleues largement diffusées durant ce trajet vont manquer à l'arrivée. C'est donc le rouge qui domine au coucher du soleil, et ce d'autant plus que l'air est humide.

Les capteurs optiques

Les capteurs optiques soutiennent la comparaison avec l'œil. On peut actuellement compter photon après photon à l'aide d'un (bon) photomultiplicateur, détecter des flashs ultrabrefs de l'ordre de la nanoseconde, et créer des mosaïques de cellules microscopiques de détection optique.

L'œil

L'œil est un capteur très performant. Il peut s'adapter à des intensités lumineuses élevées quitte à réduire l'ouverture de l'iris, notre diaphragme naturel qui régule les flux lumineux. Plongé dans l'obscurité, l'œil s'adapte progressivement. Dans les cas extrêmes, il suffit d'une petite dizaine de photons sur une cellule réceptrice de la rétine pour déclencher l'influx nerveux sur le nerf optique. En revanche, c'est un capteur lent. Lorsque vous regardez une lampe à incandescence alimentée par le secteur électrique, vous avez la sensation d'une luminosité constante. Il n'en est rien ! L'intensité lumineuse varie autour d'une valeur moyenne de plus ou moins 15 % toutes les dix millisecondes. Les variations rapides de flux lumineux sont indétectables à l'œil. C'est le principe du cinéma : à vingt-cinq images par seconde, nous avons une impression de continuité.

La sensibilité spectrale de l'œil s'est calée, au cours de l'évolution, sur le spectre d'émission du soleil entre 400 et 750 nanomètres. La longueur d'onde, pour laquelle l'œil est le plus sensible, est voisine de celle où le soleil émet au maximum. Le domaine spectral que nous percevons se superpose au spectre de transparence de l'eau, ce qui n'est pas étonnant si l'on songe que notre globe oculaire est rempli d'humeur aqueuse, autrement dit d'eau.

Il n'y a pas de processus biochimique capable de couvrir tout le spectre visible. Les cônes de votre rétine, responsables de la vision diurne colorée, sont de trois sortes. Ils sont sensibles au bleu, au vert ou au rouge. Ce découpage biologique en trois catégories de capteurs est essentiel pour la compréhension de la vision colorée. Technologiquement, l'homme a largement imité cette juxtaposition de capteurs dans trois canaux spectraux.

En plus des cônes, des bâtonnets tapissent la rétine. Plus sensibles, ces capteurs sont adaptés à la vision nocturne sous le clair de lune pour laquelle il n'y a pas de spécificité chromatique. « La nuit tous les chats sont gris », dit, à juste titre, le proverbe.

Figure 19-4
Sensibilité des diverses cellules rétiniennes.

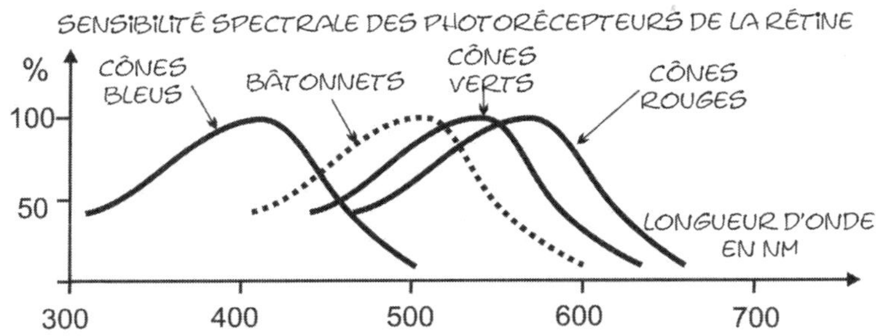

Capteurs CCD

Les capteurs CCD (pour l'anglais Charge Coupled Devices) ont largement supplanté le film argentique et équipent à présent tous les appareils photographiques ou caméscopes numériques.

On remplit les seaux à électrons

La base du fonctionnement d'un capteur à transfert de charges est l'effet photoélectrique découvert, un peu fortuitement, par Hertz en 1887. Un matériau, soumis à un flux de photons de fréquence suffisamment élevée, émet des électrons. Pour permettre à l'électron de quitter le métal, il faut lui fournir un minimum d'énergie. Un photon n'est efficace que si son énergie est supérieure à cette valeur minimale. Le capteur proprement dit est une puce électronique présentant des millions de petites cellules carrées ou photosites. Le nombre de pixels de votre appareil photo vous indique le nombre de cellules élémentaires. Chaque cellule est sensible aux photons dans une certaine bande d'énergie, donc proche d'une couleur de base (rouge, vert ou bleu). Durant le temps d'exposition à la lumière, un certain nombre de photons vont atteindre une cellule donnée et y libérer un nombre proportionnel d'électrons. Une cellule a néanmoins une capacité limitée de stockage en électrons. Il faut donc la vider périodiquement et il y en a des millions !

On vide dans l'ordre

Représentons les photosites par des seaux alignés par rangées sur un grand tapis roulant. Les photons lumineux sont représentés par des gouttes de pluie. Lors d'une averse, les seaux se remplissent plus ou moins suivant l'intensité de la pluie à cet endroit. Pour connaître la répartition de la pluie sur cet immense tapis roulant, les seaux sont vidés par rangée. Avant de passer à la série suivante, le niveau d'eau est mesuré pour chaque seau de cette rangée. En répétant l'opération seau après seau et rangée après rangée, on connaît (à chaque instant) la quantité exacte d'eau qui est tombée à l'endroit où se situe chaque capteur. (Ce dispositif a fait l'objet en partie du prix Nobel 2009 de physique.)

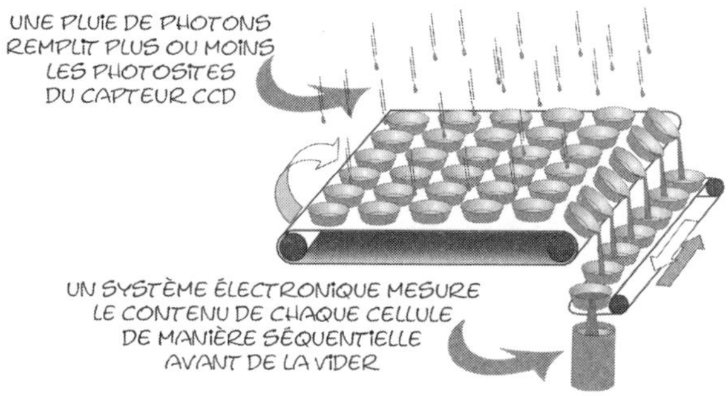

Figure 19-5 On vide dans l'ordre !

Pour les appareils photo, le domaine visible est couvert par trois sortes de photosites. Chaque type de capteur est sensible dans une partie du visible dans les trois canaux de couleur, Rouge, Vert, Bleu. Un fichier numérique d'une photo contient, pour chaque pixel (donc pour une association de trois capteurs RVB), ses coordonnées de position et trois nombres pour chaque couleur fondamentale.

Voir l'invisible

Faites-le vous-même

L'infrarouge est le domaine des ondes électromagnétiques dont les longueurs d'onde sont légèrement supérieures à celles du domaine visible. Ce type de rayonnement est très utilisé dans la vie quotidienne, dans les télécommandes par exemple. Contrairement à votre œil, un appareil photo (ou un caméscope) numérique détecte ce type de signaux. Placez-vous dans une pièce obscure, et activez votre télécommande en photographiant sans flash la scène. Vous ne verrez pas comme en plein jour, mais ça vaut un beau clair de lune.

Le cerveau voit des couleurs...

... l'œil perçoit des longueurs d'onde. Il ne faut pas confondre « couleur », notion perceptive, et « longueur d'onde », notion physique. À une longueur d'onde donnée comprise entre 400 et 750 nanomètres, on peut associer une couleur de l'arc-en-ciel. En revanche, il n'y a pas de longueur d'onde pour certaines couleurs, comme le brun, le rose ou le vert olive par exemple. La couleur n'existe donc pas en tant que telle. Elle se construit dans notre cerveau. La couleur est engendrée suivant le cas par un processus biologique associant œil et cerveau ou par un dispositif électronique (capteur et calculateur). La dimension historique et culturelle doit aussi être prise en compte dans la valorisation de telle ou telle couleur. Les Romains adoraient la couleur pourpre. Les Barbares, eux, utilisaient beaucoup le bleu. Il faudra attendre plus d'un millénaire pour que cette couleur s'impose en devenant la couleur emblématique du roi de France, avant de s'intégrer dans le drapeau national comme symbole de la liberté. Encore de nos jours, le bleu est la couleur préférée des Français, qui y distinguent plusieurs nuances. D'autres cultures vont se focaliser sur d'autres couleurs. Les Coréens, par exemple, distinguent toute une palette de blancs.

Dis-moi ce que tu absorbes...

... je donnerai ta couleur. Dans le noir, un citron n'est plus jaune. Un objet n'a de couleur que s'il est éclairé. Sa couleur résulte de l'interaction entre la lumière et les atomes situés à sa surface. Un objet blanc n'absorbe aucune longueur d'onde dans le domaine visible.

Au contraire, un objet noir les absorbe toutes. Un poisson rouge renvoie la lumière rouge, mais absorbe le vert et le bleu. S'il est éclairé avec une lampe rouge, vous le verrez toujours rouge. Mais avec une lampe bleue, il va broyer du noir. Vous le verrez bien sombre dans son aquarium.

Reproduire les couleurs

Reconstituer une couleur signifie stimuler les sensations adéquates sur nos trois types de cellules réceptrices. Dans nos divers écrans, trois sources de lumière ajustables indépendamment sont utilisées. En imprimerie, l'encre n'émet pas de lumière, elle ne fait que la diffuser avant qu'elle n'atteigne notre œil.

On additionne les couleurs

Nous pouvons créer n'importe quelle couleur en superposant trois faisceaux lumineux d'intensité réglable pour les longueurs d'onde moyennes correspondant à nos cellules rétiniennes. Ces couleurs fondamentales ou primaires additives sont le rouge, le vert et le bleu. Une couleur secondaire est obtenue par superposition de deux couleurs primaires de même intensité. On obtient ainsi le cyan, le magenta et le jaune. On peut ensuite ajouter une couleur primaire et une secondaire pour élargir la palette. Une couleur est complémentaire d'une autre si elles donnent du blanc quand on les additionne. Par exemple, le bleu est complémentaire du jaune. Le noir est une absence de couleur.

On soustrait des couleurs

Les choses se compliquent quand un imprimeur vous affirme que les couleurs primaires sont le cyan, le jaune et le magenta. Jetez un coup d'œil à vos cartouches d'imprimante couleur ! Contrairement aux écrans de télévision, le peintre et l'imprimeur fonctionnent par synthèse soustractive. On part d'une feuille blanche qui renvoie par définition toutes les longueurs d'onde. Pour obtenir la couleur désirée, il faut enlever des couleurs à la lumière réfléchie. Pour cela, on filtre ! Les pigments contenus dans les encres ne laissent passer que certaines couleurs. Par exemple, une encre jaune absorbe le bleu et laisse filtrer le vert et le rouge. En revanche, un pigment cyan absorbe le rouge et diffuse le bleu et le vert. Si maintenant, on superpose les deux encres de couleur, il faut que la lumière puisse passer par les deux couches de pigments. La couleur, qui va passer à travers les mailles de ce filet spectral, est le vert commun aux deux encres. La couleur noire est difficile à obtenir. Il faudrait absorber toutes les longueurs d'onde. On préfère ajouter le noir aux couleurs de base soustractives pour obtenir la quadrichromie.

À chaque atome sa signature

En 1800, Herschell met un thermomètre dans le spectre de la lumière solaire obtenu par un prisme. L'échauffement anormal dans la zone située au-delà du rouge est attribué à des radiations invisibles, qu'il nomme les infrarouges. Peu après, Ritter montre que des radiations situées au-delà du violet peuvent provoquer des réactions chimiques. Les ultraviolets étaient découverts ! Parallèlement au débat de fond sur la nature de la lumière au XIXe siècle, s'est développée une physique des rayonnements émis par diverses sources de lumière. Kirchhoff et Bunsen vont montrer qu'il est possible d'identifier avec certitude les corps chimiques à partir des couleurs de la lumière qu'ils émettent en brûlant. L'analyse de la lumière par spectroscopie va beaucoup contribuer à préparer le terrain pour l'avènement de la physique quantique (voir Chapitre 11).

Figure 19-6 Des atomes excités émettent des raies spectrales.

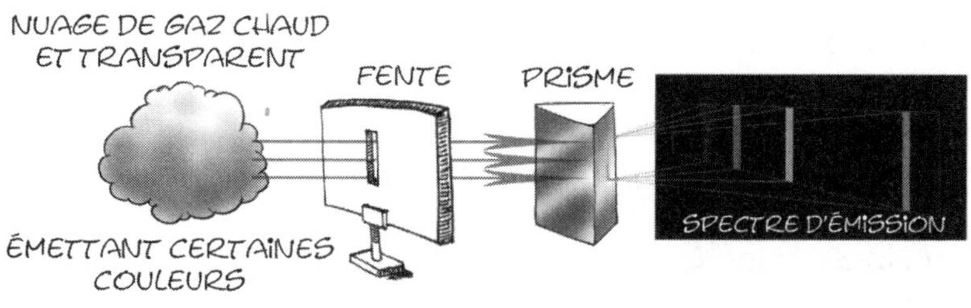

Des raies sombres dans l'arc-en-ciel

Vers 1805, Wollaston (celui qui a soulevé le scandale des fausses expériences de Newton sur la calcite, voir Chapitre 9) observe des lignes sombres dans le spectre du Soleil. Mais il prend ces raies comme les limites naturelles entre les couleurs. Fraunhofer va faire en 1814 une étude remarquable de précision du spectre solaire avec un prisme et un faisceau lumineux très fin obtenu au moyen d'une fente. Il a ainsi dénombré pas moins de 574 raies sombres dans la lumière solaire. Les physiciens vont rapidement explorer d'autres sources lumineuses et en particulier les flammes colorées obtenues en y injectant une substance, ou encore les tubes remplis de gaz soumis à des décharges électriques.

La lumière, messager des étoiles

Dès 1834, on va disposer des tables donnant les diverses raies d'émission du sodium, du zinc, du cadmium, du bismuth, de l'étain et du plomb. La liste des raies d'émission devient la carte d'identité d'un élément chimique. Les découvertes vont se succéder sur Terre et dans les étoiles dans la décennie 1860. Kirchhoff a découvert dans le Soleil une demi-douzaine d'éléments dont le fer, suivi d'Angstrom, qui y a identifié l'hydrogène. En 1864, Huggins détecte neuf éléments dans l'étoile Aldébaran. En 1868, Lockyer détecte dans la lumière issue de la couronne solaire la présence d'un élément alors inconnu sur Terre : l'hélium. Cet élément chimique très répandu dans le Soleil est pourtant indétectable dans la lumière venant directement du disque solaire. Le Soleil est trop froid ! La température de 6 000 °C est insuffisante pour exciter thermiquement les électrons de l'atome particulièrement stable d'hélium. La lumière du Soleil, que nous percevons, provient des couches superficielles de l'étoile. Un photon venant des couches plus chaudes, mais plus profondes, n'a aucune chance d'arriver à la surface. Il sera absorbé bien avant ! En revanche, les atomes présents dans les jets de la couronne solaire sont animés de vitesses élevées. La température est suffisante pour exciter les atomes d'hélium.

Qui émet, absorbe !

Si la lumière blanche d'une source lumineuse traverse un gaz, des raies sombres apparaissent dans le spectre de la source lumineuse. C'est le spectre d'absorption. Un problème récurrent a empoisonné les débuts de la spectroscopie. Une raie jaune était présente dans tous les spectres observés.

Figure 19-7

Des atomes non excités absorbent des raies spectrales.

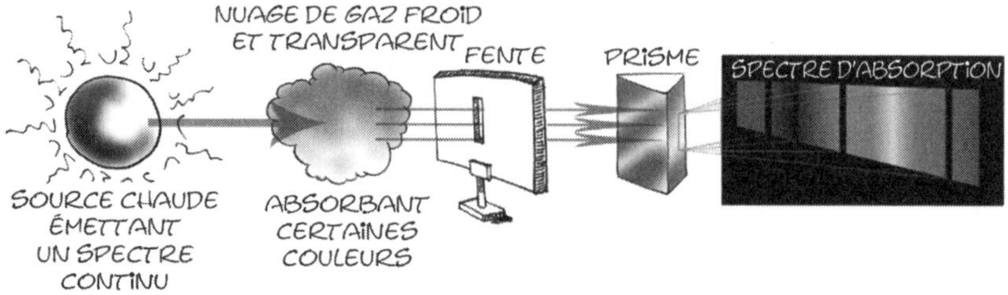

Faites-le vous-même

Excitez les ions sodium

Vous pouvez aisément observer ces couleurs de flamme, si vous disposez d'une cuisinière à gaz. Plongez une pointe de couteau humectée avec de l'eau salée dans la flamme et vous verrez la flamme bleue au départ prendre une couleur jaune. Les ions sodium du sel de cuisine ont signé leur acte de présence ! La masse minimale détectable n'est que de 2 picogrammes, soit 10^{-10} grammes. Léon Foucault (encore lui ! – voir Chapitres 7 et 9) va trouver la piste en 1849. Il montre que la raie d'émission jaune (celle que vous avez vue pour l'eau salée) correspond exactement à la même longueur d'onde que la raie d'absorption de la lumière solaire après traversée d'un arc électrique. Une même substance peut donc émettre et absorber sur la même longueur d'onde.

Les lois de Kirchhoff

Kirchhoff résume la situation en trois points. Un gaz porté à haute température émet de la lumière sous forme de raies brillantes appelées spectre d'émission discontinu ou de raies. En revanche, le spectre sera continu pour un corps rayonnant solide ou liquide : la lumière occupe toutes les longueurs d'onde, mais pas avec la même intensité. La lumière blanche traversant un gaz présente un spectre d'absorption : certaines longueurs d'onde du spectre continu sont éteintes (elles apparaissent comme des raies sombres dans le spectre continu de la source lumineuse).

Les lampes chaudes

Le Soleil est une source naturelle de lumière. La température de sa surface est entretenue par les réactions nucléaires internes. Un métal en fusion, un volcan en éruption, le filament d'une lampe à incandescence, la flamme d'une bougie constituent d'autres exemples de sources primaires de lumière chaude. L'émission par incandescence ne dépend pratiquement pas de la nature du corps émetteur, mais essentiellement de sa température.

Les lampes à arc et soleil

Avant l'invention de l'ampoule électrique, les principaux appareils utilisés pour l'éclairage des scènes de théâtres, des phares de bord de mer et des voies publiques sont les lampes soleil. Un morceau de marbre était chauffé jusqu'à incandescence par un chalumeau produisant une flamme extrêmement chaude. La pierre émet alors une lumière vive en se réduisant en chaux. La lampe à arc est un procédé concurrent inventé en 1809 par Davy. Cette lampe se compose de deux grosses pointes en charbon placées l'une près de l'autre. Une pile électrique puissante crée une tension importante entre les électrodes de charbon. Un arc électrique incandescent apparaît alors entre les pointes. La lumière émise est très intense, mais cette lampe consomme ses électrodes en charbon.

La lampe d'Edison

Vers 1880, Edison dissocie l'incandescence de la combustion. Pour cela, le filament est enfermé dans une ampoule ne contenant pas d'oxygène. Le passage d'un courant dans le fil métallique provoque un échauffement par effet Joule. L'énergie thermique produite doit être évacuée. On se débrouille pour que les transferts par conduction ou par convection soient faibles. Il n'y a donc plus d'autre solution, pour le filament, que d'augmenter la température pour évacuer l'énergie thermique par rayonnement. Le tungstène est bien adapté à la réalisation de ces filaments. Ce métal supporte des températures élevées de l'ordre de 2 800 °C sans fondre ni se pulvériser de manière notable. On ne peut pas dépasser de beaucoup la limite de 2 800 °C, ce qui est bien gênant, car à cette température, la plus grande partie de la lumière est émise dans l'infrarouge (invisible), d'où une efficacité lumineuse limitée (voir Chapitre 5, le « corps noir »).

Lampe halogène

Une possibilité pour monter en température consiste à introduire un gaz halogène (pensez aux phares à iode). Ces molécules d'halogène empêchent le tungstène de s'évaporer et favorisent au contraire le dépôt du tungstène gazeux sur le filament. La durée de vie de la lampe est augmentée. Le rendement lumineux est meilleur car la courbe d'émission se rapproche davantage de celle du Soleil du fait de l'élévation de température. Une plus grande proportion de lumière visible est émise.

Il en est de même de la lumière ultraviolette dangereuse pour notre peau. Ces lampes sont donc protégées par une fenêtre de verre filtrant les UV.

La lumière froide

La luminescence est le phénomène par lequel certaines molécules, portées à un état excité par un processus autre que thermique, retournent à l'état fondamental en restituant une partie de l'énergie sous forme d'émission de lumière. Contrairement à l'incandescence, la luminescence dépend fortement de la nature du corps émetteur. Une luciole, un laser, un tube à néon ou un écran de télévision sont des sources primaires de lumière dite froide.

Photoluminescence : vive le fluo !

Le fluo n'est pas une couleur particulière, mais la propriété de certains matériaux et pigments d'émettre de la lumière visible en en absorbant les UV. Éclairés en lumière ultraviolette (donc invisible), les corps fluorescents deviennent lumineux. L'inverse ne marche pas. Il faut que les photons absorbés aient plus d'énergie que ceux qui seront émis par la suite. Les azurants optiques des lessives, de certains détergents domestiques ou la quinine d'une certaine boisson gazeuse possèdent cette propriété de fluorescence. Sous forme de peinture, ces substances fluorescentes sont utilisées dans les gilets de protection automobile ou les panneaux de signalisation routière, ainsi que sur les billets de banque (surtout dans les grosses coupures). Certains motifs, non visibles à la lumière du jour, apparaissent alors sous éclairage ultraviolet, ce qui permet leur authentification. La fluorescence, découverte par Edmond Becquerel, disparaît lorsque l'éclairage d'excitation est supprimé. Comme la fluorescence, les atomes phosphorescents récupèrent l'énergie des fréquences élevées pour émettre des photons de fréquence plus basse. Mais un matériau phosphorescent continue d'émettre bien après avoir été éclairé. Ces corps peuvent rester lumineux pendant plusieurs heures, comme pour certaines lampes pour bébé sans branchement électrique.

Lumière chimique

Dans certaines séries télévisées, un policier fait apparaître des traces de sang en vaporisant un produit chimique, le luminol, sur la scène du crime. En présence de fer, contenu dans l'hémoglobine, ce réactif émet alors une lumière bleue. Des traces infimes de sang peuvent ainsi être détectées par chimiluminescence. L'énergie, qui permet aux molécules actives d'atteindre l'état excité, provient d'une réaction chimique. Les bâtons lumineux, qui reposent sur ce principe, existent dans une large gamme de couleurs obtenues par modification de la substance active du colorant.

La lumière du vivant

Certains organismes vivants sont capables d'émettre de la lumière par un processus biologique. Cette faculté est partagée par plusieurs centaines de genres différents du règne animal ou végétal. Le système bioluminescent le plus étudié est celui de la luciole. Chez ce coléoptère, les mâles et les femelles ont l'extrémité de leur abdomen lumineuse. Les cellules de cet organe contiennent une protéine, la luciférine, et une enzyme, la luciférase. Au contact de l'oxygène, ces substances réagissent en produisant de la lumière. Comme souvent dans les processus biologiques, le rendement énergétique est excellent. La quasi-totalité de l'énergie chimique est convertie en énergie lumineuse.

L'électroluminescence

Des décharges électriques dans les gaz peuvent les rendre lumineux. Des phénomènes naturels et de nombreux dispositifs optiques exploitent cette électroluminescence.

Décharges électriques dans les gaz

Dans les conditions usuelles, un milieu gazeux ne permet pas la conduction de l'électricité. Le caractère d'isolant électrique tient au fait qu'un gaz ne contient aucune particule chargée susceptible de se déplacer. Des électrons et des ions positifs peuvent cependant apparaître, si l'on soumet le gaz à un champ électrique intense. Le gaz, devenu plasma, est un milieu très conducteur. Mais pour cela, on considère une ampoule contenant le gaz et deux électrodes. Il faut créer une tension élevée pouvant dépasser le millier de volts entre les électrodes. La bobine d'induction inventée par Ruhmkorff dans les années 1850 permettra d'obtenir la haute tension nécessaire. Geissler montre vers 1857 que les gaz, enfermés dans les tubes sous faible pression, deviennent luminescents du fait de la décharge électrique. La lumière émise est caractéristique du gaz. Des électrons arrachés à la cathode sont fortement accélérés dans le champ électrique existant dans le tube. Les chocs violents électrons/atomes excitent les atomes, qui libèrent ce surplus énergétique sous forme de photon de lumière.

Les aurores boréales

Ce processus d'excitation atomique par des particules chargées énergétiques est aussi à l'œuvre dans les aurores boréales ou australes. L'activité solaire expulse des particules chargées, en particulier vers notre planète. Heureusement pour nous, le champ magnétique terrestre sert de bouclier. Certaines particules sont piégées dans les ceintures magnétiques dites de Van Allen. Les charges tournent alors autour des lignes de champ magnétique de la Terre, qui les canalise vers les pôles magnétiques. En descendant vers le sol, les projectiles chargés rencontrent de plus en plus de molécules. Le choc est violent dès l'entrée dans la haute atmosphère ! Les molécules d'oxygène et d'azote sont fortement excitées et se désexcitent par émission de lumière.

Des tubes colorés

Les tubes à décharge électrique ne sont pas très lumineux et, de ce fait, impropres à l'éclairage. On contourne ce problème en associant électroluminescence et photoluminescence. Le tube est rempli de mercure gazeux sous faible pression. Suite à une décharge électrique, les atomes de mercure se désexcitent par émission d'une lumière ultraviolette. Pour les applications courantes, l'intérieur du tube est enduit d'une couche fluorescente. La couleur résultante dépend surtout de la poudre fluorescente qui tapisse le tube.

Figure 19-8

Électro-photoluminescence dans un tube fluorescent.

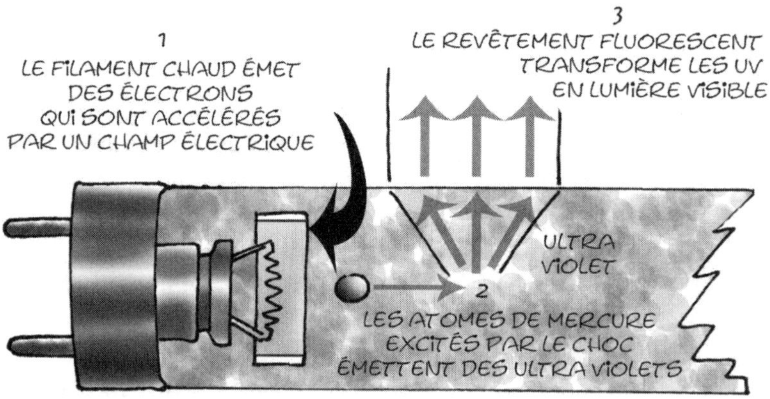

Anecdote

Dès la découverte des rayons X par Roentgen, Edison a eu l'idée de les utiliser comme excitateurs de fluorescence. Le rendement était bon, mais on ne passe pas impunément des ultraviolets aux rayons X. Cette lampe, *a priori* révolutionnaire, va envoyer au cimetière un collaborateur du génial inventeur par overdose de rayons X...

La lumière noire

La lumière émise par les atomes de mercure excités n'est pas directement utile, sauf pour les « lampes noires » utilisées en boîte de nuit. Il s'agit en général d'un néon, sur lequel on a disposé un filtre, qui ne laisse pas passer la lumière émise par le néon à part un peu de violet et des ultraviolets les plus proches du visible. Notre œil ne perçoit pas les ultraviolets. Donc il nous semble que les tubes de lumière noire n'éclairent pas. Le seul problème, c'est que la lumière noire n'est pas excellente pour les yeux. Les UV peuvent provoquer une conjonctivite, si vraiment on y va fort. Comme pour l'alcool, il ne faut pas en abuser.

Du plasma dans les écrans

Un écran à plasma est une mosaïque d'une multitude de tubes fluorescents microscopiques. Chaque cellule de base contient un mélange de gaz nobles (néon et xénon) sous faible pression. Pour illuminer une cellule donnée, il faut y amorcer une décharge électrique à l'aide d'une tension élevée de l'ordre de 300 V. Les molécules de gaz vont alors s'exciter en émettant des UV, comme dans un vulgaire tube fluorescent. Le matériau actif, déposé sur les parois de la cellule, réagit à ce rayonnement en émettant lui-même une lumière visible par phosphorescence pour assurer un maintien de l'image pendant une fraction de seconde. Pour recréer la palette des couleurs, un pixel associe trois cellules adjacentes : une rouge, une verte et une bleue. L'intensité lumineuse émise dans chaque canal RVB est contrôlée par la tension appliquée, ce qui permet de créer des millions de couleurs.

Figure 19-9
Électro-photoluminescence dans un écran plasma.

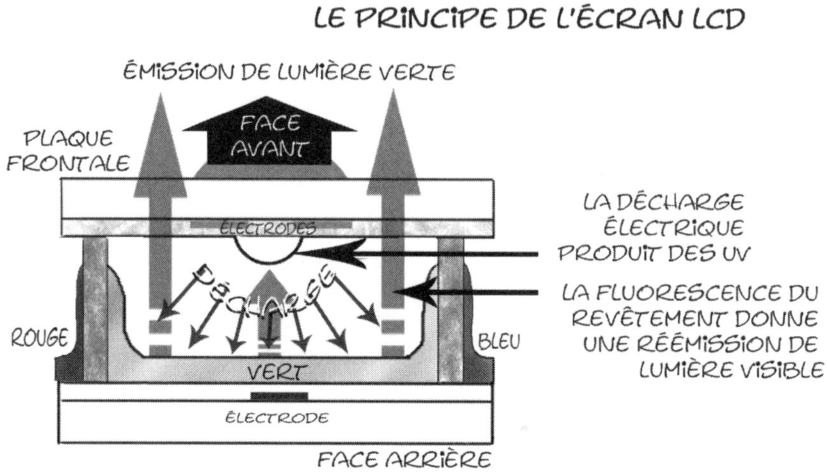

Des diodes de couleur

Toutes les lampes témoins de vos divers appareils électroniques, souvent de couleur rouge, sont des diodes électroluminescentes ou LED (Light Emitting Diode). Ces composants convertissent efficacement l'énergie électrique en lumière. La lumière émise est pratiquement monochromatique, et il est possible d'en fabriquer des rouges, des vertes, des bleues voire des jaunes. Pour obtenir la couleur blanche, on part d'une LED bleue, qui émet des photons énergétiques, pour éclairer un matériau phosphorescent. Celui-ci va absorber la lumière de base dans le bleu pour réémettre sur tout le spectre visible.

Le fonctionnement de ces sources repose sur le mode de conduction électrique un peu particulier d'un semi-conducteur. Quand un électron quitte l'atome, il laisse un trou vacant. Un électron de l'atome voisin peut occuper cette place et laisser un autre trou libre. Un champ électrique pousse les électrons dans un sens, ce qui revient à dire que les trous se déplacent en sens inverse.

Figure 19-10
Recombinaison électron-trou dans une diode électroluminescente.

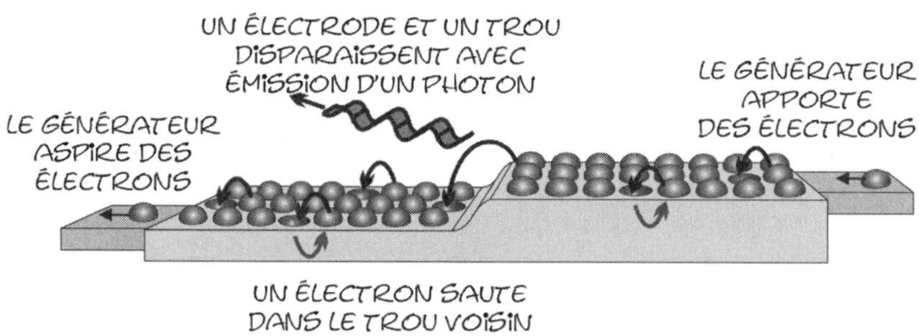

Une diode électroluminescente est une jonction entre deux semi-conducteurs dopés (voir Chapitre 7). D'un côté, il y a un excès d'électrons libres, c'est la zone N. De l'autre côté de la frontière dans la zone P, ce sont les trous qui dominent. Une pile électrique branchée dans un circuit aspire des électrons par la borne positive et les refoule par l'autre borne.

Le générateur injecte donc des électrons dans la zone N et crée des trous à la limite de la zone P. Ces trous de conduction et les électrons migrent vers la jonction. À l'interface, les électrons comblent les trous en libérant un photon pour évacuer l'énergie excédentaire. La fréquence émise (donc la couleur) est liée à l'énergie libérée par la relation : Fréquence = Énergie divisée par la constante de Planck.

Olé(d)

Une Oled est une LED en miniature, le « O » signifiant organique. Il s'agit d'un sandwich de deux électrodes séparées par une fine couche d'un matériau organique. Le tout sur une épaisseur de 100 nanomètres. Une électrode apporte les électrons, l'autre arrache des électrons au matériau et crée des trous. Les trous et les électrons vont se recombiner au sein du matériau luminescent. La nature des molécules organiques détermine la longueur d'onde émise. Il est possible de superposer plusieurs couches pour élargir la palette des couleurs. La taille d'une OLED permet de créer des films minces, émetteurs de lumière, pouvant couvrir des pans entiers de murs.

En pratique, une diode électroluminescente est une petite puce de 1 mm^2 environ. La lumière émise est majoritairement concentrée dans la direction perpendiculaire au plan de cette puce. L'intensité lumineuse décroît rapidement si on s'éloigne de son axe. Vu la taille des OLED, l'intensité est bien mieux répartie sur toutes les directions. En mettant plusieurs couches de matériaux organiques, on obtient une structure appelée SOLED (S vient de l'anglais *stack* c'est-à-dire « empilement »). Il est alors possible de modifier la couleur émise en jouant sur la tension appliquée. On pourra bientôt personnaliser l'éclairage en fonction de l'heure, des saisons... ou de vos envies.

Et les cristaux liquides dans tout cela ?

Les cristaux liquides ne sont pas des sources de lumière primaire. La lumière transmise ou réfléchie par ces cristaux peut être aisément contrôlée électriquement.

Des toboggans à lumière

Un cristal se caractérise par un empilement régulier d'unités d'atomes ou d'ions dans les trois dimensions de l'espace. Dans un liquide, il n'y a pas d'ordre dans la disposition moléculaire. Les cristaux liquides présentent un certain degré d'ordre. Visuellement, un cristal liquide a toutes les apparences d'un liquide. Parmi les cristaux liquides, certaines molécules dites nématiques ont la forme d'un bâtonnet allongé. Elles ont tendance à s'orienter de façon particulière sans pour autant apparaître comme un solide à l'échelle humaine. Ces cristaux particuliers sont très utilisés dans les afficheurs (ou LCD, *Liquid Crystal Display*), qui sont des obturateurs à commande électrique placés entre l'œil et une source de lumière.

Ces obturateurs sont constitués de deux lames de verre métallisées formant des électrodes. Sur chaque lame de verre est placé un polariseur, qui ne laisse passer que la lumière vibrant dans une direction donnée. Si les deux polariseurs sont perpendiculaires, aucune lumière ne peut traverser l'ensemble du dispositif. La cellule apparaît comme sombre. Pour laisser passer la lumière, il faudrait faire tourner le plan de vibration de la lumière de 90 degrés. Pour ce faire, un cristal liquide est placé entre les deux lames de verre. En l'absence de tension entre les électrodes, les molécules très allongées forment alors des sortes de toboggans à lumière. Partant d'une plaque, ces escaliers microscopiques en colimaçon font tourner la direction de vibration lumineuse d'un quart de tour. Et la lumière traverse la cellule.

On détruit et on reconstruit l'escalier à lumière

Si maintenant on applique une tension de quelques volts entre les électrodes quasi transparentes, les escaliers à lumière vont être détruits. Les bâtonnets moléculaires s'orientent alors perpendiculairement aux plaques de verre. La lumière ne peut plus traverser. La cellule apparaît comme sombre. L'angle de torsion de l'escalier à cristaux liquides varie d'ailleurs avec la température. C'est le principe d'un thermomètre frontal à affichage digital. Le passage de l'état de colimaçon à celui de garde-à-vous est suffisamment rapide pour suivre la cadence des films de cinéma (24 images par seconde).

Figure 19-11
Un obturateur optique à cristaux liquides électroluminescents.

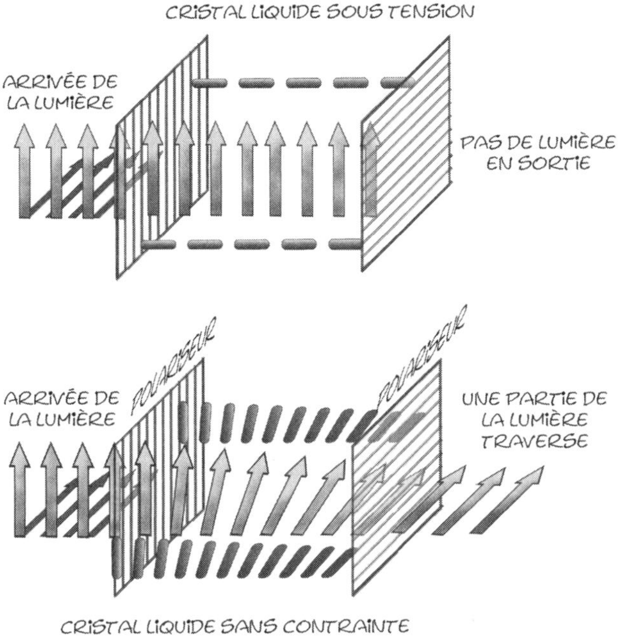

Dans un écran plat, une source de lumière, comme un tube fluorescent, éclaire des millions de cellules remplies de cristaux liquides. Un pixel de votre écran plat associe trois cellules : une rouge, une verte et une bleue. Un transistor est associé à chaque case élémentaire pour commander et contrôler sa luminosité. Le fichier informatique correspondant à votre film contient toutes les données pour commander des millions de transistors plusieurs dizaines de fois par seconde.

Partie 5

À demain, si vous le voulez bien !

Dans cette partie...

Quels sont les grands problèmes qui se posent aujourd'hui ? Quels sont les enjeux pour la science de demain ? Autant de questions auxquelles nous allons donner quelques éléments de réponses. Nous allons d'abord aborder la question des transports d'un point de vue énergétique et le problème encore plus vaste de l'énergie elle-même, pour nous tourner enfin vers le futur.

DANS CE CHAPITRE

L'avènement des moteurs électriques

Courant continu ou courant alternatif

Les transports et la fée Électricité

Les trains du XXIe siècle

Chapitre 20
Électriquement vôtres : les transports

Le transport des marchandises et le déplacement des personnes d'un lieu à un autre font partie des besoins humains depuis la nuit des temps. Il ne faut donc pas s'étonner si des recherches pour faciliter le transport et le déplacement ont toujours été réalisées, de la machine à vapeur aux AGV (Automotrice à grande vitesse) futures remplaçantes de nos TGV (Train à grande vitesse) actuels. L'objectif de ce chapitre est justement de montrer le transfert des recherches réalisées vers l'amélioration des conditions de transport.

D'un point de vue scientifique, il s'agit, hier comme aujourd'hui, d'utiliser une énergie disponible (sous forme de vapeur d'eau, d'essence, d'électricité, de réaction nucléaire...) en une énergie mécanique servant à déplacer un système (voiture, locomotive, bateau, avion...). Le problème des transports est bien celui de l'utilisation et de la transformation de l'énergie disponible en énergie utile.

Les origines

À part le transport des marchandises à dos d'animaux ou d'êtres humains, un ingrédient technologique est nécessaire : la roue. Mais dans les ruelles étroites de la médina de Fès, c'est encore l'âne bâté qui transporte certaines marchandises : la seule concession à la modernité est que celui qui guide l'âne possède... un téléphone portable – autre retombée de la physique appliquée de la fin du XXe siècle.

Un chariot qui ne manque pas d'air

Les chariots seront donc utilisés pendant des siècles. Le premier véhicule transportant son énergie est sans doute le fardier de Cugnot. Ce véhicule, dont la première sortie officielle a lieu en octobre 1769, utilise une machine à vapeur et est donc autopropulsé. Il est conçu à l'origine pour déplacer les canons lors d'une bataille. Il contient une machine à vapeur et un réservoir d'eau. Avec le langage d'aujourd'hui, on dira que son énergie est embarquée. Mais la vitesse atteinte est assez faible, en tout cas trop faible pour concurrencer réellement les chevaux. Par ailleurs, l'autonomie est faible, la distance pouvant être parcourue est de l'ordre du kilomètre, car l'eau une fois vaporisée s'échappe et il faut en recharger. Des illustrations de ce phénomène existent dans (presque) tous les (bons) westerns où les trains à vapeur fonctionnent aussi grâce à une machine à vapeur (bien perfectionnée cependant) comme le fardier de Cugnot.

Figure 20-1 Le premier véhicule à énergie embarquée.

Une machine à vapeur, comment ça marche ?

En 1687, Denis Papin (1647-1712) fait publier un mémoire qui concerne la première machine à vapeur. Le fonctionnement de la machine est lié au fait que lors du passage de l'eau liquide à l'eau vapeur, réalisé par chauffage, le volume occupé par l'eau augmente beaucoup (d'un rapport supérieur à 1 500) et on peut donc imaginer qu'un piston, agissant comme un couvercle au-dessus de l'eau, pourrait se déplacer sous l'action de la vapeur d'eau. Sur cet exemple, il est intéressant de se pencher sur les aspects énergétiques. Il faut brûler du charbon, grâce à quoi l'eau est vaporisée. Cette vapeur d'eau déplace un piston : on obtient de l'énergie mécanique. Bien sûr, on a perdu le charbon initial : on ne crée pas d'énergie et on ne peut que transformer l'énergie potentiellement sous forme chimique présente dans le charbon. Quant à l'eau, il existe des astuces technologiques permettant, après le déplacement du piston, de récupérer une grande partie de la vapeur d'eau. Cette vapeur d'eau recueillie va être refroidie sous forme d'eau liquide puis sera réintroduite afin d'être chauffée à nouveau… On dit que la vapeur d'eau effectue un cycle de transformations. Au cours de ce cycle, elle fournit de l'énergie mécanique au piston. Ce cycle possède un rendement dont le maximum sera calculé au XIXe siècle : c'est l'avènement de la thermodynamique (pour en savoir plus, voir Chapitre 5).

Après la roue, un autre ingrédient technologique

Au XVIe siècle apparaissent les premiers « wagons » circulant sur des rails en bois : ils servaient pour l'extraction du charbon en Angleterre et en Allemagne. La fonte a remplacé le bois dans les années 1760. Trop cassante, elle sera remplacée par l'acier dans les années 1820. Mais faut-il considérer la roue comme un ingrédient technologique ou une découverte scientifique ?

Le terme « technologie » apparaît au XVIIe siècle sous la forme latine *technologia* (1606) puis anglaise *technology* (1656) et désigne l'étude des techniques employées dans l'industrie et non pas les techniques elles-mêmes. En fait le terme désigne aujourd'hui la technique nécessairement haute, nouvelle ou de pointe, de sorte qu'il est toujours nécessaire de la transférer. Ainsi, on parle de technique traditionnelle et de technologie de pointe et non l'inverse. Mais, à un moment donné de l'histoire, les « nouvelles technologies » apparaissent bien comme des nouveautés scientifiques.

C'est l'ingénieur anglais Richard Trevithick (1771-1833) qui met au point la première locomotive à vapeur sur rail en 1804. Il fait voyager un train comportant 5 wagons avec 70 hommes et 10 tonnes de charge à la vitesse de 8 km/h. En 1855, les trains à vapeur atteindront une vitesse commerciale de 100 km/h. Les trains à vapeur existeront encore de nombreuses années, en tout cas tant que le charbon est disponible en grande quantité et pas trop cher. Les ateliers du Creusot livrent à la SNCF, en 1948, les dernières locomotives à vapeur et ce n'est qu'en 1975 que circulera commercialement le dernier train à vapeur. En parallèle, une nouvelle technologie se développe : il s'agit de la technologie électrique qui va permettre d'aller plus vite, avec une autonomie *a priori* infinie.

L'avènement des moteurs électriques

En moins de quatre-vingts ans, à partir du début du XIXe siècle, les phénomènes électriques vont révolutionner l'ancien régime purement mécanique. Certains phénomènes électriques étaient largement connus depuis les Grecs jusqu'à Benjamin Franklin. Mais l'histoire va s'accélérer à partir des années 1800. Les chapitres 6 et 7 sont dédiés plus spécialement aux phénomènes électriques. Certains points utiles pour ce chapitre sont repris afin que vous, lecteur, n'ayez pas besoin de faire des va-et-vient dans le livre !

Une pile, un fil, un aimant

Produire des effets mécaniques à partir de l'électricité : voilà une innovation obtenue au début du XIXe siècle et qui fait encore aujourd'hui l'objet de recherches. Aux TGV déjà évoqués plus haut, il faut ajouter la voiture électrique, le vélo électrique… bref, l'ensemble des moyens de transport actuels ou envisagés pour un proche avenir. C'est Oersted qui, en 1819, considère un circuit composé de matériaux conducteurs (des fils de cuivre par exemple) alimenté par une pile Volta (Volta avait montré vingt ans auparavant l'intérêt de ce dispositif). Au voisinage d'un fil, il place parallèlement une boussole, qui est une aiguille aimantée (un petit aimant). Elle est mobile autour d'un axe vertical. Il était bien connu qu'une boussole s'oriente spontanément pour indiquer le nord – pas le pays des Chtis, mais le nord géographique de la planète. Eh bien, si le circuit électrique fonctionne, on dirait aujourd'hui que le courant électrique passe ; cette aiguille placée au voisinage du fil conducteur subit une rotation, qui d'ailleurs sera d'autant plus importante que l'on se place près du fil. Quelques années plus tard, on montrera qu'un aimant peut provoquer le déplacement d'un circuit électrique sous certaines conditions, et que le déplacement d'un aimant dans un circuit électrique non alimenté par une pile peut provoquer l'existence d'un courant électrique…

Ne laissez pas Laplace

À partir de la découverte de la pile Volta, de multiples expériences mettant en jeu les phénomènes électriques ont lieu. Un fil métallique (c'est-à-dire conducteur d'électricité) mobile est inséré dans un circuit souple contenant une pile Volta : le courant circule. Si on approche un aimant, ce fil se déplace. L'aimant exerce donc une force sur le fil. Cette force est appelée force de Laplace du nom d'un grand physicien mathématicien français (1749-1827). En fait ce n'est pas Laplace qui a réalisé l'expérience ! C'est Biot (1774-1862), autre physicien français, qui la réalise et propose une interprétation de l'expérience, et Ampère, une autre. Laplace arbitre entre les deux. Ampère et Biot avaient raison tous les deux, du coup c'est le nom de l'arbitre qui est resté !

Ainsi, dans les années 1830, les effets mêlant électricité (courant électrique) et mécanique (déplacement de systèmes) sont bien mis en évidence. Avec le langage d'aujourd'hui on dira que l'existence de la conversion électromécanique est démontrée. Il est donc possible de récupérer de l'énergie mécanique en fournissant à une machine de l'énergie électrique et, inversement, il est possible de récupérer de l'énergie électrique en fournissant de l'énergie mécanique.

Induction électromagnétique

Le phénomène d'induction électromagnétique est découvert par Faraday (1791-1867) en 1831. Celui-ci réalise de nombreuses expériences, tant en électricité qu'en chimie et en optique, et il les consigne dans des cahiers de laboratoire qui sont aujourd'hui accessibles. On considère une bobine de fils (bobine analogue à celle utilisée en couture mais constituée de fils métalliques). À l'intérieur de cette bobine, il déplace un barreau aimanté. Il montre qu'un courant électrique circule dans la bobine. C'est le déplacement du barreau aimanté par rapport à la bobine qui provoque – on dit « induit » – le courant. Ce courant est appelé « courant induit », mais c'est un courant électrique comme un autre. Le barreau aimanté constitue un « circuit inducteur » et la bobine un circuit « induit ». Si la bobine se déplace par rapport à l'aimant… on observe le même phénomène. Ce qui importe c'est le mouvement relatif (Albert, écoute bien !) de l'aimant par rapport à la bobine.

Une machine électrique, c'est quoi ?

Décrivons d'abord un moteur électrique. Deux éléments sont essentiels :

» **Un dispositif qui crée un champ magnétique : un aimant ou un circuit parcouru par un courant électrique. Dans ce dernier cas, il faut alimenter le dispositif par ses bornes d'entrée. Ce premier dispositif est appelé « inducteur ».**

» **Un dispositif parcouru par un courant électrique fourni par un générateur. Ce dispositif est appelé « induit ».**

Entre l'inducteur et l'induit s'exercent des forces qui ont tendance à faire déplacer un dispositif par rapport à l'autre. En fait, un des dispositifs est mobile autour d'un axe fixe et donc le moteur tourne. Cette rotation correspond à une conversion de l'énergie électrique (on alimente le moteur) vers une énergie mécanique (on peut se servir de la rotation pour faire tourner des roues ou une perceuse, etc.).

Il y a interaction entre l'inducteur et l'induit, cette interaction mélange les phénomènes électriques et les phénomènes magnétiques. Finalement, on devrait parler de « moteur électromagnétique » plutôt que de moteur électrique.

Et le générateur électrique ? Là aussi, il y a besoin du dispositif « inducteur ». La différence avec le moteur se produit au niveau de l'induit. Celui-ci n'est pas alimenté, mais est entraîné en rotation (c'est-à-dire qu'il faut fournir de l'énergie mécanique). À ses bornes, on recueille une tension électrique. Si une lampe est branchée, alors elle brillera car le courant électrique circulera. Ainsi, dans un générateur on apporte de l'énergie mécanique (la rotation est provoquée) et on obtient de l'énergie électrique.

Est-ce qu'un moteur peut être utilisé en générateur ? Dans le principe, oui (on dit que la machine est réversible). Dans la pratique, « pas toujours » !

Associés à l'histoire des moteurs électriques, se trouvent des noms de physiciens illustres : Ampère, Faraday, Lenz, Siemens, Henry, Tesla. D'autres n'ont pas laissé leur nom associé à une loi physique ou à une unité de grandeur électrique : Davenport, Pixii, Clarke, Paccinotti, Gramme... ils sont légion à avoir inventé un type de moteur électrique. Aujourd'hui, on ne connaît plus dans le grand public le nom des chercheurs qui œuvrent dans ce domaine, mais on connaît les entreprises qui travaillent notamment sur la conception des moteurs électriques, comme Alstom.

De 1860 à 1900 environ, c'est la grande époque du développement des moteurs électriques et de leurs applications (trains, tramways, voitures).

Un couple infernal : Paccinotti-Gramme

Dans les années 1860, de nombreuses machines électriques voient le jour. En 1865, Antonio Paccinotti (1841-1912) fabrique à Pise, où il est professeur, une machine dont les performances étaient en avance sur les machines de l'époque. Il publie ses résultats dans la revue scientifique *Il Nuevo Cimento* en 1864. Cette revue n'avait pas une grande notoriété et les solutions apportées par Paccinotti ne sont pas diffusées. Il aurait dû suivre l'exemple de Volta qui a visité une grande partie de l'Europe pour montrer sa pile, ce qui a assuré sa diffusion immédiate : il faut faire connaître son travail ! De plus, aucun industriel italien ne s'intéressait à Paccinotti. Zénobe Gramme (1826-1901) dépose en 1869 un premier brevet sur la dynamo électrique – il s'agit d'un générateur électrique délivrant, comme la pile Volta, du courant « continu ». Initialement, Gramme travaillait comme ébéniste pour Christofle et pour la compagnie l'Alliance, entreprise fabriquant des machines électriques (dans ces machines, certaines parties étaient en bois). Dans quelles conditions exactes Gramme, intéressé par les machines électriques, a pu découvrir ou redécouvrir l'innovation technologique de Paccinotti ? Il semble que Gramme, autodidacte belge, se soit intéressé spontanément aux phénomènes électriques en travaillant pour l'Alliance. En tout cas, Paccinotti a contesté le brevet en arguant qu'il avait déjà publié la solution proposée par Gramme. Une accusation de plagiat donc. En définitive, Paccinotti s'est vainement épuisé à faire reconnaître sa primauté intellectuelle. Gramme a fabriqué une machine de type industriel alors qu'il semble que Paccinotti n'avait qu'un prototype. La controverse est encore vive et bien visible : consultez certains sites Web italiens racontant cette histoire. Les premières applications de la machine de Gramme ont concerné le revêtement d'argent des couverts pour l'entreprise Christofle et aussi l'éclairage des phares !

Courant continu ou courant alternatif ?

La question se pose depuis le début de la distribution d'énergie électrique. Les deux formes ont existé dès le début de l'utilisation de l'énergie électrique et... existent encore aujourd'hui.

Distribution de l'énergie électrique

La question qui se pose vers la fin du XIXe siècle est la suivante : faut-il distribuer l'énergie électrique sous forme continue ou sous forme alternative ? La conséquence est évidemment le développement et l'utilisation des machines à courant continu ou à courant alternatif. Marcel Deprez montre, dans les années 1880, qu'il est possible de distribuer de l'énergie électrique sous forme continue. Il faut utiliser des hautes tensions. Des expériences ont eu lieu entre Creil et Paris, pour une utilisation en transport ferroviaire, en 1884. Mais les rendements étaient faibles à cause des nombreuses pertes d'énergie. Parallèlement, une invention de Lucien Gaulard et John Dixon Gibbs permet aisément de passer d'une basse tension alternative (typiquement 100 V) à une haute tension alternative (plusieurs milliers de volts) ou le contraire, d'une haute tension alternative vers une basse tension alternative : il s'agit du *transformateur*. Dans le cas « continu » c'est beaucoup plus délicat. C'est la distribution sous forme alternative qui va dominer, même s'il existe encore aujourd'hui, pour des applications en transport, une distribution d'énergie sous forme de tension continue.

Figure 20-2 Les distributions sous forme de tension continue et alternative existent.

Un préliminaire pour ne pas se planter

Une invention importante, améliorant le concept de pile, est l'introduction de l'accumulateur électrique par Gaston Planté (1834-1889) en 1859. C'est un dispositif servant à stocker de l'énergie électrique, comme la pile de Volta, mais rechargeable. L'accumulateur comporte plusieurs éléments associés, un élément étant constitué par des lames de plomb plongeant dans de l'eau acidifiée par de l'acide sulfurique. L'accumulateur est donc assimilable à une super-pile rechargeable. En 1880, Camille Faure perfectionne l'accumulateur de Planté et obtient une batterie au plomb qui n'a guère changé jusqu'à aujourd'hui. Son inconvénient majeur est sa masse. De nos jours, les « piles rechargeables » existent, et ce sont en fait des accumulateurs, mot délaissé au profit du terme batterie. Les téléphones portables, les ordinateurs ont leurs batteries, plus ou moins lourdes et éventuellement plus ou moins polluantes : il ne faut pas les jeter à la poubelle car elles doivent être recyclables. Les batteries subissent donc, au cours de leur vie, une succession de charges et de décharges. Quand on charge, on effectue une réaction chimique qui absorbe de l'énergie. Quand la décharge se produit, la même réaction chimique a lieu mais en sens inverse de celle provoquée lors de la charge.

Figure 20-3
Accumulateur au travail.

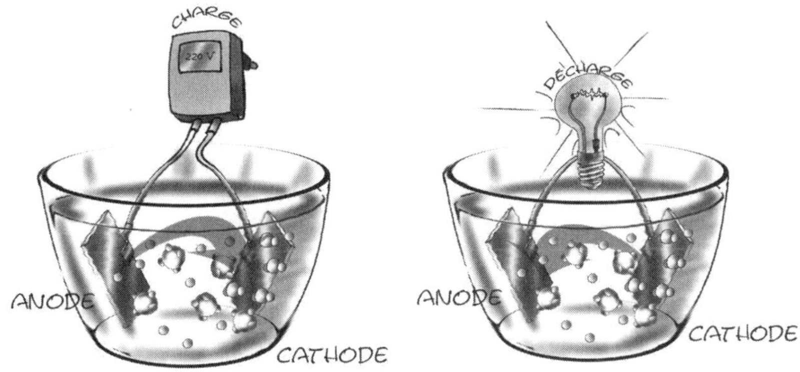

Deux types de machines

Deux grandes classes de machines électriques existent. Les machines dites « à courant continu » et les machines « à courant alternatif ». Un courant continu est caractérisé par une valeur constante indépendante du temps ; c'est celui qui est fourni par une pile. Un courant alternatif est caractérisé par une valeur, dite valeur efficace (par exemple pour une lampe marquée 220 V-100 W, le courant a une intensité efficace de 100/220 = 0,45 A), et par une fréquence. L'EDF fournit aux usagers une tension électrique alternative 220 V, qui est une tension efficace, de fréquence 50 Hz. Autre exemple : un fusible noté 220 V-16 A fond si l'appareil branché demande un courant efficace de plus de 16 A. La machine de Gramme est une machine à courant continu ; le premier moteur à courant alternatif est l'œuvre de Nikola Tesla (1856-1943) en 1888.

Comme le nom l'indique, dans un fonctionnement générateur, les machines à courant continu fournissent à un circuit électrique un courant continu (on les appelle souvent dynamos), alors que les machines à courant alternatif fournissent un courant alternatif (par exemple, c'est le cas des alternateurs d'EDF qui produisent une tension de fréquence 50 Hz). Dans le fonctionnement en moteur, il faut fournir à l'induit du courant, soit sous forme de courant continu soit sous forme de courant alternatif. Les deux types ont existé dès l'origine et des applications diverses existent dans les deux cas. L'utilisateur classique ne voit pas la différence et il existe couramment les deux types d'applications : votre réfrigérateur comporte un moteur à courant alternatif et votre lecteur de CD, pour l'ouverture et la fermeture, comporte usuellement un petit moteur à courant continu. Qu'en est-il dans les applications de type transport ?

Les transports et la fée Électricité

Deux grandes applications de l'énergie électrique sont apparues à la fin du XIXe siècle parmi lesquelles l'éclairage et les transports.

Figure 20-4 Les applications de l'électricité.

Les premières voitures utilisant la fée Électricité

Il semble que Gustave Trouvé (1839-1902) ait été le premier à construire un véhicule électrique terrestre en avril 1881 avec un tricycle à deux moteurs montés sur les roues arrière et alimenté par six accumulateurs. Le premier véhicule électrique à quatre roues est dû à Nicolas Raffard en mai 1881 (il s'agissait du « tramcar électrique »). Charles Jeantaud (1840-1906) construira également des voitures : en 1895, l'autonomie de circulation est d'environ 50 kilomètres pour une vitesse moyenne de 30 km/h. La « jamais contente » construite par Camille Jenatzy dépasse la vitesse de 100 km/h en 1899.

Le premier véhicule comportant un moteur alimenté par du pétrole est présenté en 1886 par Carl Benz. De 1886 à 1893, la production est de 69 véhicules. C'est dans les années 1910 que les voitures à essence supplanteront les voitures électriques. Les batteries sont lourdes, l'autonomie est limitée (il faut quelques centaines de kilos de batteries pour une voiture, ce qui limite considérablement la place pour les passagers et leurs valises) et le pétrole est bon marché. Il faudra les années soixante-dix et le choc pétrolier pour reprendre des études sur les voitures électriques. Au moment de l'écriture de ce livre (2009), cette histoire n'est pas terminée !

Des transports en commun utilisant l'énergie électrique

La traction électrique apparaît à Berlin et à Paris lors de l'Exposition internationale de l'électricité, avec un tramway proposé par Siemens. L'énergie électrique est apportée par un câble suspendu. Par rapport aux tramways emmenés par des chevaux ou utilisant la vapeur, la traction électrique séduit rapidement. Néanmoins deux technologies s'affrontent : soit l'énergie est embarquée avec les défauts déjà signalés, soit il y a une prise externe et il faut une pré-installation de câbles alimentés. De plus, faut-il un câble suspendu ou bien un troisième rail alimenté (les deux premiers rails ne servant qu'à guider le véhicule) ? Ce problème déjà patent à la fin du XIXe siècle est toujours d'actualité : les difficultés du tramway bordelais ont défrayé la chronique au début des années 2000. La difficulté principale ne venait pas d'un problème scientifique mais d'un problème sociétal. Des dispositifs de sécurité sont nécessaires car le rail étant au niveau du sol, il ne faut pas, semble-t-il, électrocuter les passants (!). En contrepartie, à cause de la facilité de détérioration du rail enterré, des petites dégradations ont leurré les dispositifs de sécurité qui coupaient l'alimentation et donc empêchaient le passage du tram.

Werner von Siemens (1816-1892)

Après des études militaires, Werner Siemens s'intéresse en 1847 à une des grandes applications de l'électricité, avec l'éclairage électrique, qui est alors la communication par télégraphie. Il fondera une société pour commercialiser ses produits. En 1866, il donne le principe d'une dynamo. S'il reste dans le domaine de la télégraphie, par exemple, il déposera les premières lignes transatlantiques entre l'Irlande et les États-Unis. Il met également au point le premier tramway fonctionnant avec un moteur électrique alimenté par un troisième rail en 1879. Jugeant que ce mode d'alimentation était peu commode pour une utilisation en plein air, il propose en 1881 une alimentation par un câble suspendu. En fait, ces deux types d'alimentation seront utilisés par la suite : le métro utilisera le troisième rail et les tramways le câble suspendu, généralement. La société Siemens qu'il dirigera avec ses frères existe toujours.

Dans les années trente, les tramways disparaîtront quasiment en France ; Saint-Étienne sera l'exception. L'autobus, l'autocar et les voitures particulières fonctionnant toutes avec du pétrole s'imposeront. Ainsi, les tramways électriques disparaissent à Paris en 1937 pour ne réapparaître qu'en 2007. Entre-temps, la crise pétrolière et les questions écologiques sont passées par là. On voit donc, sur l'exemple du transport, que des choix politiques influencent grandement l'évolution ou pas des technologies modernes.

De nos jours, les tramways et les voitures électriques sont remplis d'électronique pour en optimiser le fonctionnement. Mais aujourd'hui encore, des recherches avancent pour obtenir des batteries plus légères, moins polluantes, etc. Arrivera-t-on à zéro rejet ? Quelle forme d'énergie dans les voitures : pile à combustible ? Les pompes à essence seront-elles remplacées par des pompes délivrant de l'hydrogène ? Comment produire cet hydrogène ? De nombreux défis scientifiques et technologiques sont à relever aujourd'hui.

Le cas des trains électriques « classiques »

La traction électrique va, au cours du XXe siècle, remplacer, mais en partie seulement, les trains à vapeur. En effet, pour des raisons de coût, le diesel, notamment en montagne, va se développer. Dans les trains à vapeur, l'énergie vient de la réaction chimique entre le charbon et l'oxygène de l'air. Cette énergie va vaporiser l'eau et la vapeur va entraîner le mouvement de rotation des roues. La vapeur contenait toujours un peu de suie en suspension et, à l'arrivée dans les gares, les voyageurs comme ceux qui les attendaient étaient baignés dans un mélange peu agréable de vapeur d'eau et de suie.

Figure 20-5 Il fallait aller au charbon pour conduire un train.

Certaines questions posées précédemment vont conduire à des solutions diverses pas toujours compatibles. En France existent des lignes de distribution 1 500 V continu et également des lignes 25 000 V-50 Hz (il s'agit donc d'énergie électrique sous forme d'une tension alternative). Ne parlons pas des lignes de métro qui utilisent des lignes alimentant sous 750 V continu. En Allemagne ou en Suisse, on a des lignes de distribution 15 000 V-16,66 Hz. Il est donc nécessaire d'avoir des locomotives « bicourant » ou « tricourant » si on veut traverser une frontière avec le même train. Une des conséquences est que l'Europe des transports ferroviaires n'est pas encore d'actualité et que la locomotive universelle, malgré certains essais, n'existe pas.

C'est l'amélioration des conditions de commande des moteurs qui va amener l'évolution de la traction ferroviaire. L'utilisation de moteurs alimentés en alternatif est liée à la possibilité de les commander aisément. En fait, en même temps que naît l'électronique, une électronique de puissance va émerger. La différence ? La première met en jeu des puissances faibles (il s'agit de puissances inférieures au kW environ). La seconde traite de puissances 100 ou 10 000 fois plus importantes. Comme en électronique, on dispose de transistors, qui sont qualifiés de puissances, mais aussi d'autres composants comme les thyristors. L'électronique de puissance va permettre de mieux commander les moteurs, notamment dans les périodes transitoires (démarrage et freinage). Elle peut également permettre la récupération d'énergie au moment du freinage.

L'électronique de puissance au service de la traction électrique

En traction électrique, mais aussi dans d'autres applications, on a besoin d'une panoplie de convertisseurs d'énergie électrique :

- Réalisation d'une tension continue à partir d'une tension continue : c'est un convertisseur appelé « hacheur » qui assure cette fonction.
- Réalisation d'une tension alternative à partir d'une tension continue : c'est un convertisseur appelé « onduleur » qui assure cette fonction. Dans les hôpitaux ou dans certaines entreprises utilisant du matériel informatique qui doit toujours fonctionner, on a des onduleurs qui servent, en cas de panne du réseau électrique, à assurer le fonctionnement à partir de batteries – qui délivrent des tensions continues.
- Réalisation d'une tension continue à partir d'une tension alternative : c'est un convertisseur appelé « redresseur » qui assure cette fonction (bien utile par exemple pour recharger la batterie de votre ordinateur, téléphone portable...).
- Réalisation d'une tension alternative d'une tension et d'une fréquence donnée à partir d'une tension alternative de tension et fréquence différentes : c'est un convertisseur appelé « cycloconvertisseur ».

Si les moteurs à courant continu sont commandables uniquement en tension, les moteurs alternatifs sont commandables en tension et en fréquence. De plus, ces moteurs utilisant l'énergie électrique sous la forme alternative sont plus robustes. Bref, pour la traction électrique, qu'elle concerne les métros, les tramways, les trains..., l'électronique de puissance est une science indispensable.

Aujourd'hui les TGV font partie du paysage des transports, mais il faut savoir que les recherches menées ont duré un grand nombre d'années : si le projet est lancé en 1966, la première rame commerciale va circuler à partir de 1981. Si le premier TGV (Paris-Lyon) utilise des moteurs à courant continu et donc des hacheurs, les TGV Sud-Ouest ou les rames Thalys utilisent des moteurs à courant alternatif et donc des onduleurs. La recherche de solutions scientifiques et technologiques, leur mise en œuvre et leur optimisation, tout cela nécessite du temps (et aussi de l'argent). Un des problèmes à traiter pour les trains à grande vitesse est la captation de l'énergie électrique sur la ligne suspendue (on dit la caténaire). Cela est réalisé par un pantographe (dispositif que l'on voit sur toutes les locomotives électriques). Mais, à grande vitesse, il faut assurer un contact permanent. Même en traction électrique, il y a des problèmes de mécanique ! D'ailleurs, pour obtenir le record du monde de vitesse, sur le tronçon de ligne utilisé, la ligne électrique a été plus tendue que pour les circulations commerciales habituelles.

Des trains pour le futur

Le Maglev ?

Maglev est un acronyme pour MAGnetic LEVitation train et, comme son nom l'indique, le principe de la traction est totalement différent des trains classiques. Pourquoi faut-il fournir de l'énergie pour faire avancer un train ? Parce qu'il faut lutter contre les frottements. Une solution possible est d'éviter le frottement des rails en faisant léviter le train au-dessus de la voie. On sait qu'un aimant possède un pôle nord et un pôle sud. Deux aimants se repoussent si, face à face, ils présentent des pôles de même nature (nord/nord ou sud/sud) et ils s'attirent s'ils présentent des pôles de nature différente. Considérons un véhicule transportant des aimants. Dans le cas de la traction électrique, il faudrait disposer sur la voie, devant le train, des aimants qui attirent et derrière le train, des aimants qui le repoussent, la situation devant changer rapidement au fur et à mesure que le train progresse. Eh bien, cette prouesse technologique est réalisée avec le Maglev : des électroaimants sont disposés sur la voie et à l'intérieur du train, il y a des aimants. Le train avec ses passagers a une masse importante et il faut des aimants produisant un champ suffisamment intense : cet aimant est réalisé par un matériau supraconducteur (refroidi à l'hélium liquide).

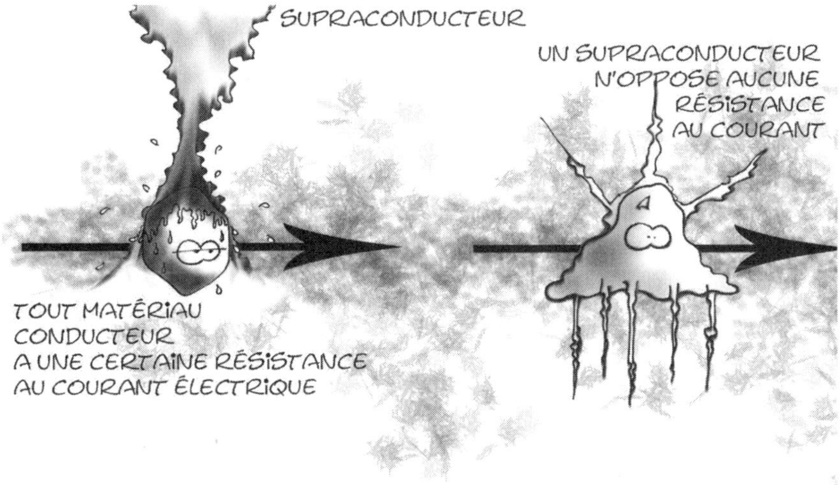

Figure 20-6 Un supraconducteur ne s'échauffe pas.

La supraconductivité (voir Chapitre 23)

Les matériaux conducteurs usuels comme le cuivre, l'aluminium... présentent une résistance au passage du courant. Cette résistance se manifeste par le fait qu'ils s'échauffent lors du passage du courant électrique. Certains matériaux appelés supraconducteurs, dans des conditions de température à préciser, présentent une résistance nulle et donc on peut y faire passer un courant intense sans qu'ils s'échauffent. Des courants intenses sont nécessaires pour maintenir une répulsion suffisante entre le wagon et la voie sur laquelle sont installés des électroaimants. Les supraconducteurs utilisés actuellement ont une température d'utilisation d'environ -250 °C : il est donc nécessaire de les refroidir avec de l'hélium liquide qui coûte cher. Même si actuellement on dispose de matériaux qui sont supraconducteurs à des températures plus élevées, ceux-ci n'ont pas encore d'applications car ils sont très friables et donc très fragiles.

Il faut tout un système de capteurs afin d'assurer la stabilité du train même en cas de vent, de montée... Commencé en mars 2001 et mis en service en janvier 2004, un Maglev relie l'aéroport international de Shanghai au centre de la ville à la vitesse, en régime permanent, de 430 km/h. De nombreux projets de Maglev ont été à l'étude puis ont été abandonnés. Le coût est important mais la grande vitesse peut contribuer à son développement. Un projet Philadelphie-Washington est à l'étude : ce projet concurrencerait l'avion. Est-ce que le Maglev subira le sort du Concorde ? Beau projet efficace mais trop coûteux ? L'avenir le dira.

Les demandes actuelles du consommateur

Silence, on roule ! Les bruits de roulement, les bruits aérodynamiques font l'objet de recherche tant pour le passager qui veut voyager dans les meilleures conditions de confort, que pour le riverain qui, lui, veut vivre sans être perturbé par le TGV de 5 h 40 (du matin) ! Il faut caractériser les sources de bruit et minimiser le rayonnement acoustique. Moins scientifique, mais aussi pertinente, est la demande concernant la qualité des sièges (il faut des tissus résistants), la qualité de l'éclairage à l'intérieur des rames, l'accès à des sources d'énergie électrique à chaque place (pour les ordinateurs portables), des espaces pour les enfants...

L'organisation du trafic

Il faut d'une part veiller aux supports sur lesquels se déplacent les trains (voies ferrées) et, d'autre part, à la gestion du réseau.

La voie

Malgré l'accumulation de données obtenues expérimentalement, les lois physiques régissant le comportement des voies ferrées ne sont pas connues exactement. Or, des défauts dans la voie peuvent engendrer des mouvements néfastes aux rames et aux passagers. Il faut veiller aux risques d'affaissement et d'endommagement des rails.

Le ballast, qui est l'ensemble des pierres sur lequel repose la voie ferrée, vieillit au cours du temps. Pourquoi ? Quelle est l'influence de la vitesse ? Comment choisir le meilleur matériau pour le ballast ?

Quel acier optimum (il existe de très nombreux alliages disponibles) pour la voie elle-même ? Comment vieillit le matériau qui est exposé aux intempéries et qui peut être fragilisé, par exemple par une pierre coincée entre la roue d'un TGV et le rail ? En prenant le train, imaginiez-vous que toutes ces questions étaient étudiées encore aujourd'hui ?

L'alimentation électrique extérieure

Si l'énergie n'est pas embarquée dans la locomotive, il faut amener l'énergie électrique par des fils (les caténaires) et il faut capter cette énergie pour alimenter les moteurs (c'est le rôle du pantographe). Un des problèmes à résoudre tient au contact entre caténaire et pantographe : il faut garantir ce contact quelle que soit la vitesse du train. Si vous longez l'autoroute Paris-Lille la nuit, vous verrez de très belles étincelles, signe que le contact est intermittent. Or, assurer un contact parfait minimiserait l'usure des matériaux. Le choix des matériaux est donc important. Actuellement, du carbone pur forme la bande de frottement des pantographes en usage sur les TGV.

La gestion du trafic

La gestion du trafic repose sur l'utilisation de nombreux capteurs qui permet, *a priori*, de savoir où sont les trains et à quelles vitesses ils évoluent. Les ordinateurs permettent d'organiser le ballet des trains et leur cadencement. Usager « en rade » dans un train arrêté sur une voie, sans nouvelles de ce qui se passe, ne maudissez pas la physique, l'électronique et l'informatique ! Si les informations ne vous parviennent pas toujours, elles sont disponibles...

DANS CE CHAPITRE

Transformation et conservation

•

L'énergie dans tous ses états

•

Stockage de l'énergie et énergie utile

•

Quelle énergie pour demain ?

Chapitre 21

L'enjeu majeur : l'énergie

Énergie : mot magique ! Et tellement employé qu'on n'éprouve pas le besoin de savoir ce que c'est. Cela ne nous empêche pas de « consommer » de l'énergie, mais certains en consomment trop et d'autres aimeraient bien en consommer davantage. Et la question de société sous-jacente est finalement : en avoir ou pas ? Angoisse existentielle ou connaissance intuitive du fait que tous les organismes doivent extraire de l'énergie de leur milieu environnant pour assurer leur survie ?

Les deux chocs pétroliers nous ont habitués à associer l'énergie à une situation de crise latente. Depuis le « Grenelle de l'Environnement », les médias en sont plutôt aux énergies « nouvelles », à l'électricité « verte », et même aux bâtiments à « énergie positive » ! L'énergie semble donc plus d'actualité que jamais. Mais finalement c'est quoi, l'énergie ?

Que désigne le vocable « énergie » ?

Énergie vient du grec *energeia* dérivé de *ergon* (« travail »). *Ergon* se rattache à une racine indo-européenne *werg* signifiant « agir » qu'on retrouve dans les langues saxonnes (anglais *to work* et allemand *werken*). Le chapitre 5 a insisté sur le lien très étroit entre l'énergie et le travail mécanique.

Dans le langage courant, le mot, introduit avec le sens de « pouvoir, efficacité – d'un agent quelconque », a pris (1680) le sens figuré de « force, vigueur ». Par extension, il signifie (1790) « fermeté dans l'action, détermination ». Dès le début du XVIIIe siècle, il est utilisé en sciences (le mot *energeia* a été utilisé par Galilée).

Le concept moderne est d'abord utilisé chez les Anglais, « *energy* » en 1851, puis apparaît en français le mot énergie, en 1854. *Le Petit Larousse* (édition 2006) donne : « 1. Force morale, fermeté, puissance vigueur. [...] 4. Phys. Grandeur mesurant la capacité d'un système à modifier l'état d'autres systèmes avec lesquels il entre en interaction. » On pourrait objecter que deux systèmes interagissant et possédant la même énergie ne vont pas se modifier mutuellement. En fait, d'un point de vue scientifique, c'est dès qu'il y a un déséquilibre qu'il pourra y avoir une évolution. *Le Dictionnaire culturel en langue française* (éditeur Le Robert) donne, pour l'acception scientifique du mot énergie : « caractéristique que possède un système s'il est capable de produire du travail ». Il est donc nécessaire d'avoir une (bonne) définition du travail dans ce dictionnaire : « produit d'une force par le déplacement de son point d'application estimé suivant la direction de sa force ». Même si cela paraît un peu « le côté obscur de la force », il faut reconnaître qu'il s'agit ici de la définition correcte du travail mécanique. Dans la suite, nous verrons que le concept de « travail » ne s'applique pas qu'à la mécanique.

Mot de science et mot de tous les jours

Quand il le peut, le scientifique va décrire les phénomènes qu'il analyse dans les mots de la vie de tous les jours. En ce sens, il va modifier le sens commun du mot et, d'une certaine façon, va enrichir son contenu linguistique. Il est des situations pour lesquelles aucun mot utilisé ne correspond au concept que l'on veut dégager : il faut alors fabriquer un mot nouveau et on rentre alors dans le « jargon ». Ainsi, quand le mot courant n'existe pas, le jargon apparaît comme un élément incontournable pour exprimer certaines idées. Le reproche fait couramment à certains métiers est de « s'enfermer dans un jargon » : il s'agit ici de n'utiliser, presque exclusivement, que le jargon du métier alors que d'autres mots « courants » existent. Il est très intéressant, lorsqu'un mot scientifique correspond à un mot courant, de regarder l'histoire de ce mot. De ce point de vue, les ouvrages d'Alain Rey cités ci-dessus sont à recommander. Le début du paragraphe « Que désigne le vocable énergie » en est d'ailleurs tiré.

Transformation et conservation

L'énergie peut apparaître sous des aspects divers et, dans un premier temps, il est possible intuitivement d'appréhender un certain nombre de notions.

En avoir

Premier exemple : une voiture possède une énergie d'autant plus élevée qu'elle roule plus vite ; cependant cette énergie est inférieure à celle d'un camion allant à la même vitesse. (Besoin de preuves ? On a brûlé plus de carburant, et la capacité de dégâts est supérieure.) Deuxième exemple : un ressort, lorsqu'il est comprimé, contient une énergie plus grande que lorsqu'il est détendu. Troisième exemple : l'énergie d'une pile électrique avant sa mise en service est plus grande que lorsqu'elle est déchargée, situation dans laquelle on dira qu'il n'y a plus d'énergie disponible. Dernier exemple : l'énergie d'une casserole d'eau augmente lorsqu'on la chauffe. L'énergie d'un système physique dépend de « l'état » dans lequel il se trouve. Dans les exemples ci-dessus, cet état est caractérisé par la vitesse et la masse du véhicule, la déformation du ressort, la charge de la pile (c'est-à-dire les concentrations chimiques de ses constituants).

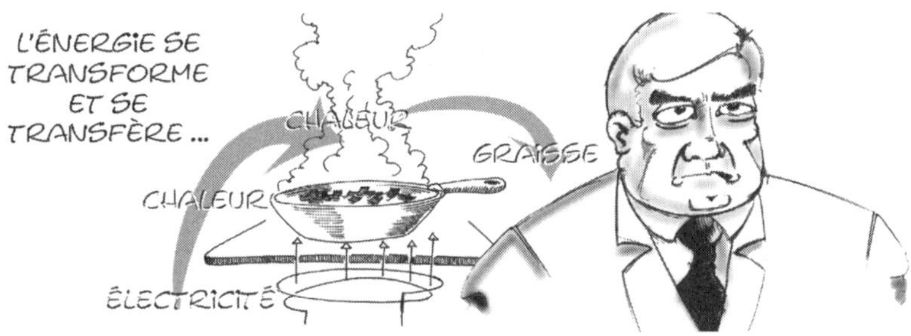

Figure 21-1 Transfert et transformation sont les deux mamelles de l'énergie.

Circulation et transformation

La propriété la plus marquante de l'énergie est de pouvoir se transmettre d'un système à un autre. Une forme de transfert est appelée chaleur, c'est le cas d'un radiateur qui « chauffe » l'air d'une pièce. Elle peut aussi se transformer en changeant de nature. Dans un jouet mécanique, le ressort se détend en provoquant un mouvement. L'énergie associée au mouvement d'un vélo se transforme, lorsqu'on freine, en chaleur communiquée aux patins des freins et à la jante des roues. L'énergie emmagasinée dans une pile de lampe de poche se change, lorsqu'on ferme le circuit, en énergie électrique ; celle-ci se convertit à son tour dans l'ampoule en énergie lumineuse et thermique. Dans une centrale thermoélectrique, l'énergie stockée dans le carburant (énergie chimique dans le charbon et le pétrole, ou énergie nucléaire dans l'uranium) est transformée (par combustion ou par réaction nucléaire) en énergie thermique ou « chaleur » ; une partie de cette énergie est récupérée dans les turbines sous forme mécanique ; enfin, cette énergie mécanique est convertie en énergie électrique dans les alternateurs. C'est par le biais de ce type de transformations ou de transferts que l'énergie se manifeste à nous.

Fondamentalement, il existe donc deux voies pour transférer une énergie d'un système à un autre : le travail (et il y en a de plusieurs types : électrique, chimique...) et la chaleur (on dit aussi qu'il s'agit d'un « transfert thermique »).

Que veut dire « l'énergie se conserve » ?

Voici maintenant le paradoxe : lorsqu'elle est transférée d'un système à un autre, ou lorsqu'elle change de nature, il n'y a jamais ni création ni destruction d'énergie. Si un système a perdu de l'énergie, la même quantité d'énergie a obligatoirement été gagnée par un autre système en interaction avec le premier. De ce point de vue, une analogie financière est parfaite. À un débit ici correspond un crédit ailleurs, de montant strictement identique (au moins pour une banque honnête).

De même, lorsque l'énergie change de forme, le bilan est toujours exactement équilibré. C'est donc par abus de langage que les journaux, les économistes ou les hommes politiques parlent de « production d'énergie », ou de « pertes d'énergie », puisque l'énergie ne peut être ni créée ni perdue. C'est la grande découverte de James Joule. En réalité, dans une centrale électrique, on ne ***produit*** pas d'énergie, mais on ***transforme*** de l'énergie chimique ou nucléaire en énergie électrique (et thermique).

L'énergie se mesure

L'énergie n'échappe pas à la règle, elle se mesure. En quoi s'exprime-t-elle ? Il existe une grande variété d'unités pour en exprimer les valeurs numériques. La Révolution française a commencé par fixer une fois pour toutes les unités légales pour les longueurs, le temps, la masse, etc. Pour l'énergie, l'unité légale (celle des physiciens, donc) est le joule (J).

Pour ranger une boîte de 2 kilogrammes de confit de canard sur une étagère située à 50 centimètres au-dessus de moi, la mécanique nous enseigne que je dois dépenser une énergie d'environ 10 joules. Est-ce peu ou beaucoup ? Une façon de répondre à la question est d'imaginer la situation inverse. Si vous recevez ce même objet sur votre tête, qui tomberait d'une hauteur de 50 centimètres, eh bien vous recevez une énergie de 10 joules également. À vous de voir si c'est peu ou beaucoup...

Cette unité se retrouve également sur de nombreuses boîtes de conserve ou d'emballage. Pour des quantités importantes, on utilise un multiple noté kJ (le kilojoule, c'est-à-dire 1 000 joules). Une portion de 100 grammes de spaghettis vous apporte 22 kJ d'énergie métabolique, donc chimique (sans compter le beurre et/ou la sauce tomate que vous y ajouterez). Avec ce carburant, vous pourrez, par exemple, soulever une charge de 22 kilogrammes à 100 mètres de hauteur.

Figure 21-2
L'apport énergétique ne dépend pas forcément du volume ingurgité.

Les diététiciens emploient encore le terme « calorie ». Il s'agit d'une ancienne unité et la conversion n'est pas très compliquée : comme une calorie correspond à 4,18 joules, la même portion de spaghettis représente 90 kcal (ce qui ne change strictement rien à la difficulté de l'exercice physique que vous comptez faire avec ce carburant).

James Prescott Joule (voir Chapitre 4)

Petit-fils et fils d'un brasseur de bière, il recevra une éducation scientifique de John Dalton qui était, et qui est encore, un chimiste reconnu. Par ailleurs, dans la brasserie familiale, il y a des machines à vapeur. Au-delà de la gestion de cette brasserie, qu'il effectuera avec son frère jusqu'en 1854, il s'intéressera à ce que l'on appelle aujourd'hui les problèmes d'énergie et notamment le transfert de cette énergie par la chaleur et/ou le travail. Il publiera en 1838 un article dans la revue *Annals of Electricity*. À cette époque en effet, la question était de savoir si l'énergie électrique ne pouvait pas suppléer/remplacer l'énergie « vapeur ». En 1841, il publiera un article sur le fait qu'un conducteur électrique traversé par un courant s'échauffe. Il a bien « intuité » qu'à partir de la pile, qui était un générateur électrique permettant la circulation du courant, de l'énergie passait dans le fil et une partie était transformée en « chaleur ». Aujourd'hui on présenterait ce phénomène ainsi : le fil reçoit de l'énergie électrique, et l'énergie du fil ne variant pas, il cède son énergie au milieu extérieur sous forme d'un transfert thermique (sous forme de chaleur).

»

»

James Prescott Joule (voir Chapitre 4) *(suite)*

À cette époque, si on voyait bien la manifestation de « la chaleur », cette notion n'était pas bien clarifiée : on y reviendra dans ce qui suit. En tout cas, la notion de bilan d'énergie commence à apparaître quantitativement. Dans les années 1845, James Joule montre la relation qui peut s'établir entre deux formes de transmission de l'énergie que sont le travail (sous-entendu travail mécanique) et la chaleur. Pendant sa vie, il n'aura jamais occupé de poste scientifique et n'aura pas été rémunéré pour son activité scientifique.

Énergie et puissance

Une (*autre*) unité bien plus couramment utilisée est le kilowattheure, dont le symbole (kWh) figure sur votre facture d'électricité. D'où vient cette unité ? Il faut *d'abord* passer par la puissance *qui est associée à la fois à l'énergie et au temps mis à la consommer*. La puissance s'exprime en watts (dont le symbole est W). Une lampe électrique est caractérisée, comme les autres appareils électriques, par sa puissance. Plus vos lampes resteront allumées et plus vous consommerez d'énergie : EDF vous facture en effet l'énergie fournie, qui apparaît ici comme le produit de la puissance multipliée par le temps. Une lampe de 100 W allumée pendant une heure génère une facture totale de cent fois 3 600, soit 360 000 J ou 360 kJ, car une heure c'est 3 600 secondes (et l'unité légale de temps est la seconde).

Au bout d'une heure, notre lampe aura englouti 100 Wh ou 0,1 kWh. L'équivalence est donc 1 kWh pour 3,6 MJ : le symbole M (méga) correspond à un million. Finalement, un joule n'est que l'énergie consommée par une lampe de 100 W pendant un centième de seconde...

Les très gros consommateurs utiliseront plus volontiers le GWh où G signifie giga, 1 GWh = 1 000 MWh, soit un million de kWh.

À l'échelle d'un pays entier, on compte en TWh (téra) et 1 TWh = 1 000 GWh !

Les économistes, eux, préfèrent utiliser la tonne équivalent-pétrole (tep). Comme son nom l'indique, 1 tep représente l'énergie que peut libérer une tonne de pétrole par combustion. Tous calculs faits, 1 tep équivaut à 11 600 kWh.

L'énergie dans tous ses états

Énergie mécanique

C'est la première forme d'énergie qui a été mise en évidence. Faire acquérir un mouvement à un objet (faire avancer une charrue, faire tourner une pierre qui écrase des olives, lancer une flèche avec un arc...), c'est communiquer de l'énergie « cinétique » à cet objet. La pomme qui est accrochée à 2 mètres du sol possède également une énergie mécanique, même si elle est au repos par rapport à nous. Elle possède une énergie potentielle (le nom précis est énergie potentielle de pesanteur). Cette énergie existe bel et bien, car vous risquez de la récupérer si vous passez sous l'arbre au moment où elle tombe.

Les vents qui faisaient tourner les ailes des moulins et qui entraînent les pales des éoliennes communiquent de l'énergie mécanique. Cette énergie qui a servi à moudre du grain et à assécher les polders de Hollande sert de nos jours à fabriquer de l'énergie électrique, en faisant tourner une machine électrique appelée dynamo. L'eau d'un barrage, quand on lui permet de s'écouler, tombe et communique son énergie mécanique à une machine électrique qui va produire de l'énergie électrique. L'énergie marémotrice est une autre forme d'énergie cinétique (celle des courants de marée) et qui peut être utilisée pour produire de l'énergie électrique. Une onde acoustique transporte, comme toute onde, une énergie. C'est cette énergie qui permet de casser un verre si on émet la bonne fréquence. C'est aussi cette énergie qui met en mouvement la membrane qui nous permet d'entendre les sons.

Figure 21-3
La pomme possédait une énergie potentielle, avant de tomber.

Énergie chimique

On considère une réaction chimique se produisant dans un espace donné. Cette réaction peut fournir, au milieu extérieur, de l'énergie. C'est ce qui se produit dans les piles pour lesquelles un courant électrique circulera si, entre les bornes + et - de la pile, il existe une chaîne fermée de conducteurs. S'il n'y a aucun dispositif entre les deux bornes, la pile ne fournit pas d'énergie : comme disait une ancienne publicité, une pile ne s'use que si l'on s'en sert. Cette énergie emmagasinée dans la pile est une énergie que l'on peut qualifier d'énergie potentielle. En effet, potentiellement la pile peut fournir de l'énergie, au moins tant qu'elle n'est pas « déchargée ».

Que signifie « pile déchargée » ? Tant qu'il y a du produit pour faire une réaction chimique, de l'énergie sera disponible. Mais le volume de la pile est donné et donc la masse de produits de départ est limitée : cela limite donc la durée de vie des piles. Une pile dite rechargeable est en fait un accumulateur. Dans celui-ci la réaction chimique qui se produit lors de la « décharge » est réversible. À partir des produits de la réaction et en fournissant de l'énergie (pour recharger une pile rechargeable, vous utilisez un chargeur de batterie qui est relié au réseau électrique : vous fournissez bien à la pile de l'énergie), il est possible de synthétiser les produits de départ. Il s'agit donc d'un cycle. Dans un premier temps, votre « pile » agit comme un générateur d'énergie et fournit de l'énergie électrique et, dans un deuxième temps, vous fournissez de l'énergie et votre « pile » agit comme un récepteur d'énergie.

Réaction chimique (approche simplifiée)

Dans les piles et batteries, on fait en sorte que la réaction chimique entre les réactifs de départ produise de l'énergie électrique. Une réaction chimique peut produire de l'énergie sous forme thermique : on dit qu'elle est exothermique (bref ça chauffe !!!). C'est le cas par exemple lors d'une fermentation. D'autres réactions sont qualifiées d'endothermiques : elles absorbent de l'énergie.

Dans une réaction chimique, des liaisons existant à l'intérieur de chacun des réactifs se brisent et d'autres liaisons se forment entre des parties initialement présentes dans les produits de départ. On obtient alors des produits nouveaux. Par exemple, pour fabriquer de l'ammoniac, qui est à la base de nombreux engrais, il est nécessaire de faire réagir deux gaz : le gaz hydrogène et le gaz azote. Le gaz hydrogène est constitué de deux atomes d'hydrogène qui sont réunis par une liaison (en tout bien, tout honneur) constituée par deux électrons. Le gaz azote est constitué lui aussi par deux atomes

»

»

d'azote qui sont réunis par une liaison qui met en jeu six électrons. Après la réaction, les molécules d'ammoniac obtenues sont formées à partir d'un atome d'azote et de trois atomes d'hydrogène, l'atome d'azote étant lié à chacun des atomes d'hydrogène par une liaison comportant deux électrons. Un des points importants est qu'une réaction chimique ne met en jeu que des réarrangements de liaisons et donc d'électrons. Cela est dû au fait que les énergies mises en jeu sont de l'ordre du kilojoule ou de quelques centaines de kilojoules. Si les énergies mises en jeu sont beaucoup plus importantes, on n'a plus une réaction chimique intéressant les électrons, mais une réaction nucléaire intéressant les noyaux des atomes.

Énergie électrique

Vous recevez chez vous de l'énergie électrique que vous facture EDF grâce au compteur électrique qui enregistre votre consommation d'énergie (en kWh). Pourquoi l'énergie électrique joue-t-elle un tel rôle au XXIe siècle ? C'est parce que l'énergie électrique est facile à transporter du lieu de « production » vers le lieu de « consommation » et qu'elle est d'utilisation aisée. De nombreuses applications se sont développées au fil des années (éclairage, électroménager, télécommunications…) et ces applications étant devenues des besoins, il faudra répondre à la question de son obtention. L'énergie électrique fournie par EDF est caractérisée par une tension (220 V) et une fréquence 50 Hz. Ces nombres ne sont pas magiques : dans les années cinquante, on trouvait des tensions de 110 V. Aux États-Unis la fréquence est de 60 Hz.

EDF : une petite histoire

Si au début du XXe siècle l'électrification des villes commence, ce n'est guère le cas des campagnes. De nombreuses entreprises privées produisent et distribuent de l'électricité, mais essentiellement pour les centres urbains, et l'habitat dispersé des campagnes n'attire pas les investisseurs privés (infrastructures à construire et clients rares à trouver). En 1900, le Conseil d'État avalise la création de régies municipales et, en 1920, les sociétés d'intérêt collectif agricole d'électricité sont créées : l'État accorde des avances aux collectivités locales en vue de l'électrification des campagnes. En 1936, est créé un fonds d'amortissement des charges d'électrification. Il existe à cette date plus de mille entreprises privées assurant la production et la distribution d'électricité. De plus l'énergie électrique n'est pas distribuée de la même façon sur le territoire. Ainsi, Paris est divisé en six zones dans les quelles opèrent des sociétés différentes. Certaines distribuent une tension continue

»

»

EDF : une petite histoire *(suite)*

110 V avec deux, trois ou cinq fils. D'autres délivrent une tension alternative (110 V). Seul l'État, après les destructions de la Seconde Guerre mondiale, est à même d'unifier et de construire ou reconstruire le réseau d'énergie électrique. Ainsi en 1946, 38 % de la population de la Sarthe n'est pas encore reliée au réseau électrique.

Le 8 avril 1946, la loi de nationalisation des 1 450 entreprises françaises de production, transport et distribution d'électricité et de gaz donne naissance à Électricité de France, avec un modèle social innovant : égalité entre hommes et femmes, grille de salaires unique, formation interne, etc. Marcel Paul, ministre communiste de la Production industrielle, est le principal artisan de cette loi. La nationalisation de 1946 permettra le développement de l'énergie électrique en France.

Énergie électromagnétique

Les ondes électromagnétiques nous environnent : nous baignons dans les ondes radio, les ondes utilisées pour les téléphones portables... même la lumière visible est une onde électromagnétique. À chaque onde correspond une énergie qui se propage entre un émetteur et un récepteur. Si vous êtes consommateur d'électricité, il y a de grandes chances pour que vous soyez « fabricant » d'ondes électromagnétiques. Comment ? Dans un four à micro-ondes, comme son nom l'indique, vous générez une onde grâce au générateur incorporé qui répond au doux nom de magnétron. La fréquence de l'onde émise est, quelle que soit la marque de votre four, égale à 2,45 GHz. Cette fréquence correspond en fait à une fréquence d'absorption pour l'eau, constituant présent dans tous les aliments.

Nous revoilà dans les transferts : l'aliment qui absorbe l'énergie va-t-il se mettre à se déplacer ? Bien sûr que non, l'énergie absorbée va servir à chauffer l'aliment. Et avant que l'aliment ne cède en retour cette énergie au milieu ambiant (c'est-à-dire qu'il se refroidisse), il est conseillé de passer à table !!

La lumière visible correspond à la propagation d'une onde électromagnétique et donc à un transport d'énergie. Atteignant la rétine, cette énergie sera convertie en énergie électrique intelligible par notre cerveau.

Le four à micro-ondes : une découverte fortuite

À la sortie de la guerre, il restait nécessaire de perfectionner les générateurs d'ondes pour les radars. Ces générateurs appelés magnétrons font l'objet de recherches dans la société Raytheon. On remarque alors que différents aliments, posés à proximité du magnétron, chauffent : une barre chocolatée fond, des grains de pop-corn explosent, les œufs explosent également… La société Raytheon dépose un brevet en 1946. La commercialisation de l'appareil connaît un échec (moins de mille exemplaires vendus sur plus de dix ans). C'est au moment où la distribution de produits surgelés commence, dans les années quatre-vingt-dix, que le four à micro-ondes aura enfin du succès (actuellement 80 % des ménages français en posséderaient un).

Énergie nucléaire

Les réactions nucléaires mettent en jeu les noyaux des atomes : elles consistent en un réarrangement de la structure interne des noyaux (pour en savoir plus, voir Chapitres 10 et 13). Les réactions chimiques, elles, ne touchent pas aux noyaux. Au cours des réactions nucléaires, l'énergie mise en jeu est des milliers de fois plus importante que pour les réactions chimiques.

Un alternateur d'EDF est entraîné en rotation par un jet de vapeur. Comment obtenir cette vapeur ? En chauffant de l'eau. Et comment chauffer l'eau ? Il est possible de faire brûler du charbon ou du pétrole avec l'oxygène de l'air : cette réaction chimique exothermique (elle produit de l'énergie thermique) est réalisée dans les centrales « thermiques ». On peut remplacer la réaction chimique par un processus nucléaire, fission ou fusion, réactions qui sont encore plus exothermiques. Pour en savoir plus long sur les réactions nucléaires, vous pouvez vous reporter au chapitre 13.

Petite synthèse sur les transferts d'énergie

De nombreux exemples ont été évoqués. À partir d'une source d'énergie, on va produire de l'électricité qui à son tour va permettre de chauffer un plat qui va nous fournir de l'énergie qui va nous permettre de nous déplacer… Bref, la conversion d'une forme d'énergie en une autre forme d'énergie est courante.

Cependant on peut séparer les échanges d'énergie entre deux systèmes en deux grandes classes. D'un côté, le transfert d'énergie sous la forme « travail » qui implique un déplacement, qu'il soit « mécanique » (par exemple la mise en rotation d'une éolienne) ou électrique (qui correspond à une circulation d'électrons). D'un autre côté, le transfert d'énergie qui peut s'effectuer sous forme de « chaleur » et on parle alors de transfert thermique : c'est le cas par exemple si vous chauffez un aliment, au four ou à la casserole, peu importe.

Même si on ne demande que du travail, il y a chaleur. Votre perceuse électrique reçoit de l'énergie électrique et elle fournit un travail mécanique (c'est ce qu'on lui demande) mais en plus elle chauffe (c'est inéluctable). Dans ce cas, le transfert thermique est « perdu » par rapport à ce que vous voulez faire.

Dans les sociétés occidentales, c'est très souvent à partir de l'énergie électrique que tout se fait. Il faut donc la produire, puis la distribuer, voire la stocker.

Stockage de l'énergie et énergie utile

Une question à résoudre

Le problème du stockage de l'énergie apparaît lorsqu'il n'est pas possible, ou pas souhaitable, de se connecter au réseau électrique. C'est le cas de certains moyens de transport (voitures, avions, bateaux) et on parle d'énergie embarquée, mais ce pourrait être aussi le cas d'habitations domestiques dans le futur (par exemple l'énergie solaire stockée pendant la journée et qui pourrait servir pendant la nuit). Il existe aujourd'hui plusieurs moyens de stockage, dont le plus connu est l'utilisation de batteries. De nombreuses études ont concerné le coût, la quantité d'énergie emmagasinée dans une batterie la plus légère possible, le nombre de cycles de fonctionnement (charges et décharges). Une autre contrainte concerne la durée, qui peut être longue, ou au contraire une disponibilité immédiate, comme pour l'allumage des moteurs (on demande alors de la puissance). De la batterie associant plaques de plomb et acide sulfurique dilué aux petits accumulateurs modernes au lithium, un long chemin technologique a été parcouru.

Les piles à combustible font de nouveau l'objet de recherches actives (du temps des cabines spatiales *Gemini* dans les années soixante-dix, les cosmonautes utilisaient de telles piles). Ces recherches s'intéressent à présent au problème des rejets dans l'atmosphère. En effet, dans une telle pile, on réalise une réaction chimique entre l'hydrogène et l'oxygène. Le rejet est donc de l'eau pure !!! Une des difficultés est la mise au point d'un « bon » réservoir sans fuite pour l'hydrogène, car la molécule d'hydrogène est petite et légère et il ne faut pas que ce précieux hydrogène soit dilapidé dans l'atmosphère.

D'autres organes de stockage existent : les « super-condensateurs », les bobines supraconductrices, les volants d'inertie. Mais ces dispositifs restent encore aujourd'hui des objets de laboratoire, et la question du stockage de l'énergie à bord des véhicules reste un problème d'actualité.

L'énergie « utile »

Si l'énergie est bien présente dans la vie de tous les jours, il faut préciser que seule une part est utilisable. En effet, toute transformation d'énergie se fait avec une « perte », c'est-à-dire qu'il y a des frottements, des échanges thermiques... Le vocabulaire semble imprécis car, d'une part, il y a « conservation de l'énergie » et, d'autre part, on parle souvent de « perte ». La thermodynamique (pour approfondir, voir Chapitre 5) introduit ce concept subtil d'énergie utile, c'est-à-dire de la partie utilisable, transférable sous forme de travail d'un système à un autre. Techniquement cela s'appelle « l'enthalpie libre ». Cette limitation, qui constate qu'à partir d'un stock donné d'énergie, il n'y a qu'une partie qui est récupérable, est liée à l'existence des phénomènes irréversibles. Ainsi, je peux faire chauffer de l'eau avec une plaque électrique et la totalité de l'énergie électrique sera convertie en énergie thermique, mais inversement, je ne peux pas, à partir de la même quantité d'eau chaude, fabriquer la même quantité d'énergie électrique. Ce concept d'« énergie récupérable » a été énoncé par le physicien américain Josiah Willard Gibbs en 1903.

Figure 21-4 Vous payez l'énergie consommée.

Quelle énergie pour demain ?

Les problèmes d'approvisionnement en énergie sont devenus des enjeux importants à l'échelle de la planète : épuisement des ressources, coût, pollution, dialogue Nord-Sud. Dans le débat interviennent des hommes politiques, des hommes de science, des citoyens... Il n'y a pas une solution universelle à la question posée, mais des solutions valables en tel ou tel point de la planète. Il est vain en quelques lignes de vouloir esquisser une réponse. Des recherches concernant l'éolien, l'énergie solaire, la biomasse... ont lieu actuellement dans de nombreux pays. Il est peut-être utile de se faire une opinion à partir (et non indépendamment) des résultats des recherches entreprises.

Un exemple sur lequel tout le monde (ou presque) est d'accord. L'usine marémotrice de la Rance n'a pas eu de descendants même si on y produit aujourd'hui encore de l'énergie électrique à partir de l'énergie des courants marins. C'était en son temps une très belle expérience, mais même une superbe expérience peut amener, une vingtaine d'années après, des résultats faibles. Pour autant, fallait-il la tenter ? Oui assurément. Les progrès des connaissances se font bien entendu à partir des expériences réussies. Et quand la science est racontée, seul ce qui fonctionne entre dans l'Histoire. Cependant, pour une expérience qui fonctionne, combien de tentatives ont été infructueuses ? Blériot a traversé la Manche avec son aéroplane, mais avant cette réussite combien d'échecs par lui ou par d'autres dont les noms sont inconnus ? Au regard de l'histoire des sciences, c'est en multipliant les essais qu'on trouve des solutions ! Un problème bien posé admet (presque) toujours une solution, ce qui est incertain, c'est la date de l'obtention de la solution. Nous présentons ici quelques pistes d'avenir, d'autres encore seront évoquées au chapitre 22.

Les carburants du futur ?

La problématique du changement climatique marque probablement un tournant de l'histoire humaine, avec la prise de conscience planétaire de la fin inéluctable des ressources fossiles. À cela s'ajoutent des arguments de géopolitique, au vu de la répartition des gisements de gaz ou de pétrole dans des régions du monde qui sont sous haute tension permanente. Les idées ne manquent pas pour remplacer à terme ces carburants carbonés, soit par de l'hydrogène soit par des biocarburants. Il y en a (ou bien il y en aura) d'autres.

Une solution explosive : l'hydrogène

L'hydrogène est utilisé depuis la fin de la Seconde Guerre mondiale dans les moteurs de fusées. Tous les hydrocarbures ont besoin d'oxygène pour effectuer la réaction chimique *hydrocarbure + oxygène → dioxyde de carbone + eau* qui fait tourner tous les moteurs à explosion. Cet oxygène est largement disponible dans l'atmosphère mais évidemment, dans le cosmos, il n'y a plus d'oxygène. Il faut donc emporter avec soi à la fois le carburant et le « comburant ». Les étages inférieurs des fusées sont essentiellement des réservoirs d'hydrogène et d'oxygène liquide, et la réaction chimique donne simplement de l'eau. Voilà qui semble résoudre tous les problèmes à la fois : plus de passages risqués dans le détroit d'Ormuz, plus de marée noire sur les côtes de Bretagne, fin des prix en folie à la pompe, et surtout, fin des rejets de dioxyde de carbone, le gaz ennemi, accélérateur de l'effet de serre !

Oui mais voilà, l'hydrogène ne se trouve pas sous le sabot d'un cheval, il faut le fabriquer. Première solution : de grandes usines pour effectuer l'électrolyse de l'eau, qui consomme hélas de grandes quantités d'électricité. Le bilan global semble compromis (sauf à recourir massivement au solaire). De plus, le stockage d'hydrogène dans les réservoirs pose des problèmes techniques ardus, ce gaz très volatil et hyper-explosif réclamant de plus d'être refroidi à de très basses températures pour rester liquide... Seconde solution : fabriquer directement l'hydrogène dans les véhicules. Ce qui veut dire les équiper d'un réservoir d'hydrocarbure !

Solution future ou non, du point de vue du physicien, l'hydrogène n'est pas une vraie « source » d'énergie, il n'est qu'un moyen temporaire de la stocker.

Une solution bucolique : les biocarburants

L'idée d'utiliser des agrocarburants relève du simple bon sens si on cherche une ressource qui doit être « renouvelable ». En effet, les végétaux avalent le gaz carbonique par la photosynthèse puis le rendent à l'atmosphère en fin de vie et le cycle recommence. Le Brésil est à la pointe de ce développement, on y trouve de l'éthanol (pur !) dans toutes les stations « essence ». Eurêka ? Presque, car les plantes utiles à cette application doivent bien être cultivées, et les surfaces réservées aux biocarburants entrent en compétition directe avec les besoins alimentaires de l'humanité. On songe donc déjà aux biocarburants de seconde génération, à base de déchets végétaux (fibres de maïs, écorce de bois), mais surtout, les chercheurs ont peut-être déjà la botte secrète dans leurs laboratoires, des carburants qui réclament très peu de surface agricole, surabondants, et très gourmands en dioxyde de carbone. L'arme absolue, en quelque sorte.

Des microalgues dans mon moteur ?

Les océans de la planète regorgent de microalgues en tout genre, dont les plus prometteuses répondent aux doux noms de *Ordontella Aurita* ou *Phaeodactylum Tricornutum*... Parmi les 200 000 espèces connues, toutes vivent de la photosynthèse, certaines intéressent les sociétés pharmaceutiques car elles fabriquent des omégas moins, d'autres sont de vrais aspirateurs à polluants. D'autres enfin, qui nous concernent ici, fabriquent des lipides, c'est-à-dire des huiles transformables en diesel. Les rendements annoncés sont énormes, jusqu'à trente fois plus d'huile à l'hectare que des oléagineux ordinaires, qui occupent l'espace inutilement avec leurs tiges et leurs racines. On cultive ces bestioles dans des bioréacteurs qui ne consomment que du CO_2 et de la lumière. Un pays comme Israël est déjà en phase préindustrielle.

DANS CE CHAPITRE

L'organisation de la physique aujourd'hui

Les thèmes de la physique

Épilogue

Chapitre 22
La physique demain

La peinture n'est pas l'apanage des peintres, ni la musique celle des musiciens. Nous pouvons tous apprécier une peinture ou une musique même si nous ne pratiquons ni la peinture ni la musique. La physique est-elle l'apanage des « physiciens » ? Une des raisons de ce livre est de répondre par la négative à la question posée. La physique a beaucoup évolué ces dernières années, les physiciens aussi, mais le point commun qui traverse les siècles est la curiosité et le besoin de créer pour répondre à cette curiosité. En ce sens la physique est aussi un art.

Arrivé au terme de ce livre, il semble une dernière fois utile de dire que la physique n'est pas l'œuvre de savants plus ou moins dérangé(e)s, en blouse blanche avec une barbe pour les hommes et un costume strict pour les femmes. Un physicien ou une physicienne peut être débraillé(e) ou bien habillé(e), aimable ou renfrogné(e). Il en est même de « sexy » (des physiciens ou des physiciennes). Une des activités des chercheurs est de participer à des congrès où, pendant plusieurs jours, conférences et discussions de travail vont se suivre avec un certain rythme. Le chercheur rencontre d'autres chercheurs issus d'autres laboratoires, avec une culture différente, avec des couleurs différentes, provenant d'ethnies différentes. Puis tout ou partie de ce petit monde va manger et boire tant il est vrai que recherche scientifique peut (parfois ? souvent ?) rimer avec plaisir, détente, convivialité. Bien sûr, tout n'est pas idyllique et, comme dans tous les milieux, il y a aussi des envieux, des jaloux, des mesquineries. Ce n'est pas parce qu'il est bardé de diplômes qu'un chercheur ne sera que sagesse et humanité. Il a existé et il existe encore des physiciens autocrates, imbus d'eux-mêmes, racistes, sexistes, ou simplement bornés…

La physique est un outil pour comprendre le monde. Et cette compréhension a engendré de multiples applications. Un état des lieux ici et maintenant s'impose, et quelques thèmes et quelques tendances de la physique seront explorés. Mais il est assurément aussi difficile, et même impossible, d'imaginer les découvertes scientifiques de demain que de prévoir l'arrivée d'une course de chevaux ! Peut-être, ami(e) lecteur(rice) serez-vous parmi ceux qui créeront la physique de demain ?!

Pourquoi la physique aujourd'hui ?

La compréhension du monde est passée d'abord (et passe encore aujourd'hui) par la description de nombreuses situations : une pomme tombe, un arc-en-ciel se produit, une éclipse est observée. Puis vient la question du pourquoi : pourquoi la pomme tombe-t-elle ou pourquoi un arc-en-ciel a-t-il cette forme et ces couleurs ? Parfois on arrive à comprendre le pourquoi, mais aujourd'hui il reste encore beaucoup de « pourquoi » à propos desquels les physiciens travaillent.

La physique du quotidien

La physique intervient dans la plupart de nos activités quotidiennes. Je me lève et j'appuie sur un interrupteur pour éclairer. Puis je vais faire chauffer mon thé (vous avez droit au café aussi !). J'allume la radio pour avoir des informations… La vie au Moyen Âge était fort différente (okkkkkkay ?) mais la physique y était présente. L'électricité, l'électronique, l'informatique ont changé radicalement nos modes de vie. Les lasers sont entrés dans la plupart des foyers. Einstein serait bien étonné, lui qui doutait que le phénomène d'émission stimulée (qui en est le principe physique) puisse jamais être observé. Par les objets qu'elle a créés et donc par ses applications, la physique est au cœur de notre existence.

La culture physique

Le savoir s'accumule mais le rythme d'élaboration des connaissances est très saccadé. D'un côté, il faut assimiler les connaissances précédemment acquises et, de l'autre côté, il faut avoir de nouvelles idées pour progresser, idées qui sont souvent en rupture par rapport au passé. Ce n'est pas en perfectionnant la bougie qu'on a inventé l'électricité. Cependant, les pères fondateurs de l'électricité connaissaient très bien la physique de leur temps. Cette idée est moins vraie pour les chercheurs d'aujourd'hui tant est grand le nombre de découvertes. Cependant, c'est très souvent en transposant des savoirs d'une partie de la physique à une autre partie que des découvertes ont eu lieu. Les méandres de la germination des idées sont difficiles à suivre, mais les nouvelles idées germent sur le terreau des anciennes !

De l'individu à l'équipe

Il y a toujours eu, et il y aura toujours, des figures marquantes dans l'histoire de la physique. Certaines ont connu une célébrité de leur vivant puis ont été oubliées (par exemple Gabriel Lippmann, dont personne n'a parlé en 2008 pour le centenaire de son prix Nobel ; ce n'est que le deuxième prix Nobel français après celui obtenu par Pierre et Marie Curie en 1903). D'autres n'ont pas été totalement reconnus de leur vivant mais, comme Léon Brillouin, existent dans la mémoire des physiciens à travers les lois qu'ils ont énoncées. Aujourd'hui, les projets de recherche impliquent souvent de nombreux chercheurs qui ne sont pas présents sur un même site et qui peuvent être localisés dans des pays différents. La tendance actuelle, en physique, est au travail en équipe, d'autant plus que de nombreux projets sont transdisciplinaires et mêlent physique, électronique, biologie... Il reste que, individuellement ou en équipe, il faut être créateur.

À quoi ça sert ?

Dans le monde des physiciens d'aujourd'hui, il y a ceux qui sont plus proches des applications (par exemple ceux qui travaillent sur des matériaux pour panneaux solaires afin de convertir l'énergie solaire en énergie utile pour nous). Il y a également ceux dont on pourrait penser qu'ils sont plus éloignés de la réalité car ils étudient quelques questions plus fondamentales (par exemple sur la structure de la matière). Cependant, les applications de demain ou d'après-demain sont aussi dans les cerveaux de ceux qui sont plus théoriciens, et parfois à l'insu de leur plein gré. Personne ne peut prédire si une découverte fondamentale aura, ou pas, des applications dans la vie de tous les jours. De grâce, ami(e) lecteur(rice), si vous participez à la fête de la science qui a lieu chaque année en automne, ne demandez pas au chercheur qui vient de vous montrer un nouveau phénomène : « À quoi ça sert ? » Très souvent il ne sait pas et personne ne sait. Mais demain, ou après-demain, il y aura peut-être une application de ce phénomène.

Comment la physique aujourd'hui ?

Depuis le XIXe siècle, la recherche en physique s'effectue soit en milieu industriel soit en milieu « académique ». Par ce dernier terme, on entend les universités ou certains grands instituts (comme le CNRS). L'astronome amateur qui découvre une planète lointaine, ou encore deux petits gars qui « bidouillent » un ordinateur – un des premiers d'ailleurs – dans leur garage, relève plus du mythe ou de l'événement rarissime que de la réalité.

Un nouvel outil universel

Le développement de la physique du solide et de la mécanique quantique a engendré celui de la microélectronique qui, à son tour, a permis le développement de l'ordinateur. Réciproquement, l'ordinateur a permis des avancées tant sur le plan expérimental que sur le plan numérique dans de nombreuses branches de la physique. L'intrication de l'informatique et de la physique se voit dès le lycée où de nombreuses expériences sont réalisées à l'aide d'un ordinateur. Le contrecoup est que parfois l'élève se précipite sur une calculette sophistiquée (c'est en fait un mini-ordinateur) pour effectuer une division simple comme 20 divisé par 4… alors que de tête, le calcul est possible. Mais quel que soit le laboratoire de physique (enseignement ou recherche), vous y verrez moult ordinateurs. Cet outil, super-condensé de recherches diverses, est devenu indispensable aux physiciens.

L'influence de l'État

C'est lors de la Révolution française que de nombreuses écoles d'ingénieurs ont été créées (comme Polytechnique). Dans ces lieux, outre l'enseignement qu'on y prodiguait, des recherches étaient menées et c'est l'État qui payait le salaire des chercheurs. C'est au cours du XVIIIe siècle que s'est produite une transition entre une recherche au fil de l'eau (au hasard des découvertes) et le commencement d'une recherche un peu plus structurée. Malgré la révolution industrielle de la fin du XIXe siècle, ce n'est qu'en 1901 qu'est créée la « caisse des recherches scientifiques pour faciliter par des subventions les progrès de la science ». Il était temps d'aider la recherche ! Il faudra attendre 1936 pour voir apparaître dans un gouvernement un sous-secrétariat d'État à la Recherche scientifique. Le Front populaire n'y allait pas de main morte : c'était une femme, Irène Joliot-Curie, qui détenait ce poste (à cette époque les femmes n'avaient pas le droit de vote !).

Les grands organismes

Les grands organismes dans lesquels la recherche en physique se fait sont connus par leurs sigles ou acronymes : CNRS, CEA, CNES... Certains laboratoires étant d'ailleurs parfois sous la tutelle de deux grands organismes. Le plus connu du grand public est sans doute le Centre national de la recherche scientifique (CNRS) dont les soubresauts dus à la rencontre de deux idées antagonistes font parfois la une des journaux : l'indépendance que revendiquent les chercheurs contre l'interventionnisme de l'État.

L'université aussi

L'idée ancienne d'universitaires isolés dans des recherches obscures sans intérêt est à balayer. La majeure partie des enseignants en université sont en fait des « enseignants-chercheurs » (c'est leur vrai nom et leur mission). Dans un laboratoire, il peut y avoir côte à côte à la fois des chercheurs (payés par exemple par le CNRS) qui consacrent tout leur temps à la recherche, et des enseignants-chercheurs. On trouve également du personnel technique sans lequel rien ne pourrait fonctionner, et cela du petit laboratoire (une dizaine de personnes) au plus grand (mille chercheurs).

La publication des résultats de la recherche

Depuis l'invention de l'imprimerie, des journaux scientifiques existent. Chacun peut y publier sa recherche (pourvu qu'elle soit originale et argumentée). On revoit chaque article avant publication afin de s'assurer, autant que faire se peut, de la validité des recherches exposées. Si au début du XIXe siècle les publications se faisaient en latin, pour être lues par le plus grand nombre, aujourd'hui c'est l'anglais qui est totalement dominant. Demain les journaux scientifiques en version papier existeront-ils encore ? Les publications se feront-elles uniquement sur le Web ? Il est d'ailleurs remarquable que c'est au CERN (Centre européen de recherche nucléaire), où l'on s'occupe de la physique des particules, qu'est née l'idée du Web. Ce protocole d'échange d'informations dans le monde entier résulte du besoin des physiciens des particules qui souhaitaient échanger des informations dans le monde entier.

La physique mène à...

Les physiciens sont rarement sans emploi. Grâce à leur formation vaste et leur aptitude à s'adapter, ils peuvent occuper des postes très divers. Des nouvelles technologies aux missions spatiales, de l'amélioration des procédés industriels à l'évaluation d'impact environnemental, de la prévision du temps ou des tremblements de terre à la planification urbaine, les métiers où l'on rencontre des personnes ayant étudié la physique sont nombreux.

Les thèmes de la physique

La physique s'occupe de beaucoup de questions. Certains thèmes sont plus à la mode que d'autres. Mais une découverte nouvelle dans un domaine classique pourra engendrer une frénésie de travaux sur le sujet. Il en est ainsi pour le phénomène de supraconductivité, dont nous reparlerons plus loin.

De la difficulté de ranger par thèmes

Ranger la physique par thèmes est chose ardue car aujourd'hui, et demain aussi, tout physicien est aussi un peu électronicien, traiteur de signal, informaticien. Souvent, des connaissances sont transposées d'un domaine de la physique vers un autre domaine où elles apparaissent nouvelles. Néanmoins si nous avons dégagé six thèmes dans la suite, il y a une profonde unité dans la quête du savoir qui anime le physicien.

Sciences de l'Univers

Lorsque Newton, Galilée et les autres fondent les bases de la mécanique céleste, ils n'imaginent pas que les lois qu'ils élaborent serviront à lancer des satellites. Einstein n'imaginait pas non plus que la relativité générale servirait au bon fonctionnement des GPS.

Du soleil, comme s'il en pleuvait

Sans entrer dans aucun détail technique, remarquons simplement que l'uranium est condamné à la même pénurie que les combustibles fossiles : les chiffres vont de trente ans pour les manifestants (Greenpeace) à cent ans pour la police (l'industrie nucléaire). Pour mettre tout le monde d'accord, il est clair qu'en l'an 2222, nos arrière-petits-enfants n'auront plus ni charbon, ni gaz, ni pétrole, ni uranium ! Heureusement, le flux solaire restera disponible pendant quelques milliards d'années, avec ses 800 watts par mètre carré sur tout le globe : multipliez à l'échelle de la planète, cela donne quinze mille fois les besoins annuels de dix milliards de personnes. Nous parlons de toutes formes confondues, car les vents, les courants marins, le photovoltaïque, l'énergie thermique des océans et la photosynthèse ne sont, évidemment, rien d'autre que du solaire... Ironie de la physique, le « solaire » est, au final, de l'énergie nucléaire (le fameux $E = mc^2$ est le vrai moteur de l'astre du jour). Cela dit, il est assurément plus judicieux de laisser les déchets nucléaires des réactions qui font fonctionner les étoiles... en leur sein !

Hydroliennes

Si une éolienne utilise la poussée du vent sur les pales pour convertir l'énergie du vent en énergie électrique, les hydroliennes utilisent la poussée d'un courant d'eau. Alors que les éoliennes utilisent majoritairement des turbines horizontales, de grande taille, des chercheurs ont imaginé des turbines verticales, de petite taille, tournant autour de leur axe vertical perpendiculairement à l'écoulement de l'eau. Plusieurs de ces turbines sont empilées sur un même axe pour former une tour, permettant d'utiliser la hauteur d'eau disponible. Ce procédé fonctionne quelle que soit l'orientation du courant et présente l'avantage de mettre en œuvre des structures légères qui, d'une part, favorisent l'exploitation de gisements énormes sous les mers, et d'autre part, en limitent l'impact sur l'environnement.

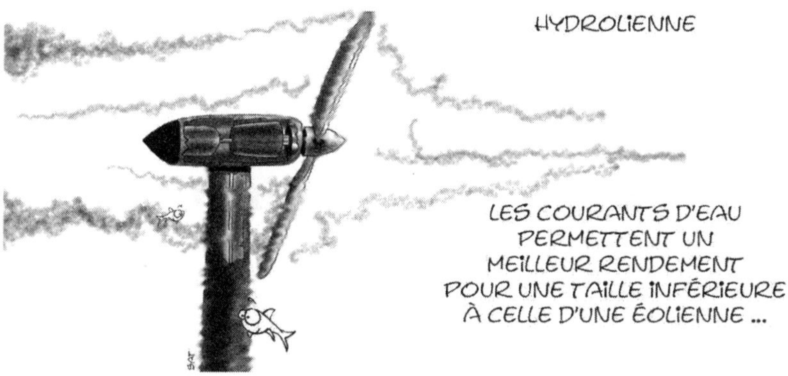

Figure 22-1 L'énergie viendra-t-elle des courants marins ?

Le cœur du Soleil, ici sur Terre !

Les réactions nucléaires qui font fonctionner le Soleil sont à présent utilisables en laboratoire. En effet, la fusion de deux noyaux légers dégage encore plus d'énergie qu'une fission, et une succession de prototypes de machines à réactions thermonucléaires a convaincu les politiques qu'un réacteur opérationnel pourrait voir le jour d'ici... cinquante ans. Après d'âpres négociations entre la Russie, les

États-Unis, le Japon et l'Europe, le projet ITER a été installé dans le Sud de la France, à Cadarache. L'avenir de ce prototype préindustriel n'est pas encore écrit (nouveau Super-Phénix ou panacée ?), mais au vu de la sophistication inouïe de la technique, et des puissances électriques à convoyer sur les réseaux, on peut craindre que très peu de pays en développement en profiteront.

ITER, le tokamak grandeur nature

Dans le Soleil, les réactions nucléaires de base sont la fusion H+H qui donne de l'hélium, plus les fusions des isotopes D et T. L'énergie dégagée pousse les couches de l'étoile vers l'extérieur, cette pression de radiation étant compensée par la gravité de l'astre, d'où cet équilibre magique dont nous profitons (à distance respectable).

Dans un laboratoire terrestre, la gravité du combustible est bien trop faible, il faut une force d'une autre nature pour le contenir. Aucune « bouteille » ne résisterait à cette température (quelque 100 millions de degrés), seul un champ magnétique est capable de faire tenir en place ce plasma très turbulent. Dans les années cinquante, les physiciens soviétiques ont démontré que la géométrie optimale d'un tel champ serait une sorte de bouée, un tore pour les mathématiciens. L'acronyme russe de cette chambre toroïdale magnétique est « tokamak ».

Le 22 septembre 1997, le tore JET de l'université d'Oxford a réussi à faire fusionner des noyaux légers deutérium-tritium pendant trois secondes entières (fusion D+T), et cette réussite a poussé l'Union européenne à cofinancer un projet international pour un réacteur de taille industrielle, car plus grand sera le volume, plus stable sera la réaction.

Les particules réellement élémentaires

Même dans le cadre confortable du « modèle standard » des particules élémentaires, de graves questions se posent, depuis la nature des neutrinos à la singulière hiérarchie des masses (les trois générations de quarks) en passant par la violation de symétries discrètes, véritables brisures de miroirs. La découverte du boson de Higgs est certes venue conforter notre compréhension de l'unification des forces nucléaires faibles et électromagnétiques, et de leur séparation aux tout premiers instants de l'Univers. La découverte du plasma quarks-gluons confirme la chromodynamique quantique comme la meilleure théorie des forces nucléaires fortes. Mais l'unification de l'ensemble électrofaible avec les interactions fortes pose un problème spécifique aux théories de Grande Unification (GUT), qui prédisent par exemple que le proton doit être instable...

Et la gravité dans tout cela ? Une théorie de gravité quantique serait déjà inespérée, et les défis d'une unification complète (théorie du Tout) sont encore plus grands. Les modèles sont d'une abstraction folle, mais étrangement, l'espoir d'un test expérimental commence à exister.

Le neutrino, énigmatique mais bien utile...

Les neutrinos ont une seule caractéristique simple : ils ne sentent que la force « faible », ce qui veut dire que les probabilités d'interaction avec quoi que ce soit sont extrêmement réduites. Ainsi, le Niagara de neutrinos que le Soleil nous envoie traverse la Terre sans coup férir (il faudrait un mur de plomb de la taille du Système solaire pour les stopper). Cela dit, il est heureux que ce soient les neutrinos qui gouvernent la combustion du Soleil, car cette interaction tellement lente est justement ce qui fait briller notre étoile aussi calmement depuis cinq milliards d'années (si l'interaction faible était plus intense, le Soleil aurait épuisé son combustible depuis belle lurette).

Les neutrinos, non contents de jouer au passe-muraille, sont également de joyeux transformistes. Ils semblent pouvoir changer de génération à volonté, un neutrino du genre « électron », par exemple, pouvant se déguiser en genre « muon » puis revenir à son état premier. Ces oscillations d'identité sont la seule explication que l'on ait trouvée au problème des neutrinos solaires, déficit avéré de neutrinos du genre « électron » dans le flux qui nous arrive du Soleil.

Le Nobel de 2002, décerné à R. Davies, a récompensé une vie entière consacrée à cette mesure difficile, qu'il a commencée en 1968...

Une des conséquences des changements d'identité des neutrinos est que leurs masses sont non nulles. Nous savions déjà que leurs masses étaient tellement faibles qu'on ne pouvait écarter l'hypothèse de masses nulles. Nous savons désormais qu'il n'en est rien, et que comme tous les autres fermions, les neutrinos possèdent des masses. Seulement, nous n'arrivons pas à connaître leurs valeurs car ces masses sont tellement faibles qu'elles ont toujours déjoué les tentatives de leur mesure. Contrairement aux autres particules, ce n'est pas le boson de Higgs qui est responsable de la masse des neutrinos. Le mécanisme qui génère ces masses nous demeure inconnu et il est l'objet d'un programme de recherche soutenu.

Miroirs brisés

Certaines symétries de la nature sont tellement évidentes qu'elles en passent inaperçues. Mais les théoriciens Lee et Yang, en 1954, mettent le doigt sur des symétries postulées et jamais vérifiées directement. L'Américaine d'origine chinoise C.S. Wu découvre en 1956 que la simple symétrie des choses vues dans un miroir est brisée dans le monde des neutrinos, on s'étonne jusque dans le *Washington Post* de cette « violation de la parité » (ou symétrie P). On espère alors restaurer les miroirs en faisant intervenir les antiparticules : la symétrie de conjugaison de charge, notée C, couplée à l'opération miroir P, devrait remettre les choses à l'endroit. Hélas, des expériences menées en 1964 (Turlay, Cronin et Fitch) démontrent que même le produit des opérations CP est détraqué. Ce qui implique que la flèche du temps est brisée au niveau des particules élémentaires ! Le produit complet CPT, lui, est un retournement parfait : un antineutrino vu dans un miroir se comporte bien comme il faut : il remonte le temps…

On cherche activement l'origine de ces dissymétries, qui sont de surcroît nécessaires à l'existence de la matière : A. Sakharov est le premier à avoir compris que la matière de l'Univers n'est qu'un résidu, le reste de la gigantesque annihilation de cent millions d'antiparticules avec cent millions *plus une* particule (ce sont des proportions).

Le murmure froid du fond de l'Univers

Le fond diffus cosmologique était prédit comme conséquence du Big Bang par Gamow en 1946 et découvert dans la gamme radio par Penzias et Wilson en 1964. Il correspond à un rayonnement d'annihilation des dernières paires électron-positon du tout jeune Univers en expansion, rayonnement gamma à l'origine mais étiré depuis jusqu'aux longueurs d'onde radio (exprimé en température, ce fond est à seulement 3 degrés au-dessus du zéro absolu). Son étude détaillée permet de déterminer quelle est l'abondance actuelle de matière dans l'Univers : 0,25 proton ou neutron par mètre cube en moyenne. Il faut comparer cela au nombre de photons du fond diffus cosmologique : un peu plus de 400 par centimètre cube, soit 400 millions par mètre cube. Pourquoi y a-t-il 1,6 milliard de fois plus de photons issus du Big Bang que de protons ou neutrons ? Encore un mystère, qui nous prouve que les lois de la physique des particules que nous connaissons sont encore incomplètes.

Des crêpes pour un plasma

Vous vous souvenez de ce type d'accélérateur (voir Chapitre 13) semblable à un marteau-pilon ? Une variante de ces expériences de collisions à grand fracas est celle d'ions lourds ultra-relativistes, or/or ou plomb/plomb, et qui ira, au LHC, jusqu'à uranium contre uranium. À ces vitesses, les noyaux n'ont plus rien de sphérique, la relativité les aplatit comme des crêpes bretonnes. On cherche à recréer ici des conditions thermodynamiques très particulières de la matière nucléaire, ultra-chaude et dense, afin de voir apparaître le plasma ultime, celui qui découple les quarks de leur soupe de gluons. On est ici quelques microsecondes après le Big Bang...

Les premiers signes fugaces de la formation du plasma quarks-gluons ont été détectés au CERN et au BNL (Brookhaven National Laboratory, État de New York) au début des années 2000 dans des collisions d'ions de plomb. Les expériences auprès du LHC ont confirmé la production d'un tel état de la matière en 2010 grâce à un indice irréfutable : l'asymétrie d'énergie parmi les jets de particules hadroniques lors de la production de deux jets. La chromodynamique quantique a ainsi reçu une des confirmations expérimentales les plus éclatantes.

Le proton, un autre instable

La charge électrique du proton est strictement égale à celle de l'électron (en valeur absolue), ce qui ne saurait être un hasard. Les théories de Grande Unification prédisent la fin du proton, après une vie moyenne de... 10^{32} années. Ces trente-deux zéros sont longs, bien plus que l'âge de l'Univers. Cependant, comme ce nombre est de nature statistique, il suffit de réunir 10^{32} protons et d'attendre un an pour observer une désintégration, l'aiguille dans la botte de foin. D'où ces citernes souterraines géantes d'eau ultra-pure, où l'on ne fait qu'attendre un hypothétique flash de désintégration (on installe ces expériences sous terre pour éviter tout « bruit » parasite, dont le rayonnement cosmique).

Aux dernières nouvelles : toujours rien. Si le proton est vraiment instable, sa durée de vie est certainement encore plus longue.

Figure 22-2

Dans le proton existent des quarks confinés par les gluons.

Et la gravité, dans tout ça ?

La relativité générale a donc réduit la gravité à la géométrie des surfaces courbes. Cette théorie ne cesse de recevoir des confirmations expérimentales depuis un siècle. La plus spectaculaire est arrivée en 2016, lorsque l'expérience américaine LIGO a annoncé la toute première observation des ondes gravitationnelles, prédites par la relativité générale. Depuis, LIGO et Virgo, son équivalent en Europe, ont détecté une centaine d'arrivées d'ondes gravitationnelles sur notre planète, originaires d'événements cosmiques très violents comme la fusion de trous noirs. Une des prochaines étapes sera le lancement en 2032 de LISA, qui mesurera les ondes gravitationnelles dans l'espace, et sera sensible aux ondes de basse fréquence grâce à ses dimensions gigantesques : trois satellites autour du Soleil, distants les uns des autres de 2,5 millions de kilomètres.

Du point de vue des particules élémentaires, la gravité devra un jour devenir une théorie quantique. Malheureusement, les idées simples ne marchent pas, car dans un diagramme de type Feynman, les bosons médiateurs (les gravitons) ont eux-mêmes de la masse. Ils couplent les particules de matière mais se couplent aussi entre eux, et ces autocouplages sont comme un serpent qui se mord la queue, une vraie catastrophe pour les calculs.

Une fois de plus, on demande des idées neuves en physique.

Vers une théorie du Tout !

L'unification des forces n'est pas qu'une lubie de physiciens portés sur la métaphysique, elle est fortement suggérée par la convergence des constantes de couplage. En effet, les forces vues à l'échelle quantique n'ont pas la même intensité selon l'énergie, donc selon la finesse du microscope qui les observe. La charge électrique fondamentale est en quelque sorte écrantée par les paires virtuelles qui remplissent le vide, et si l'on regarde de plus en plus près, son intensité augmente. Inversement, l'interaction nucléaire forte diminue aux très petites échelles. Comme les différentes forces atteignent une intensité comparable aux très hautes énergies, l'unité se fait naturellement dans le film du Big Bang.

SuSy, oh SuSy

La distinction entre briques (fermions) et vecteurs des forces (bosons) semble irréductible, mais les théoriciens ont de longue date proposé un schéma où les deux types de particules sortiraient d'un même moule. Si cette supersymétrie est vraie, des particules nouvelles ne devraient pas tarder à apparaître dans les accélérateurs. La SuSy est élégante et réglerait énormément de problèmes. En sus, elle fournit un candidat rêvé pour la matière noire de l'Univers : la plus légère particule supersymétrique (LSP sous son nom de code) serait à l'origine de cette masse manquante, nécessaire pour expliquer la rotation anormale des galaxies.

Autres avantages, la SuSy ajuste la convergence des trois constantes de couplage à la virgule près, et elle allonge d'un facteur cent mille la durée de vie du proton. On respire…

Malheureusement, et après plus d'une décennie de fonctionnement du LHC, aucune particule supersymétrique n'a été détectée. La Nature ne semble pas avoir choisi la théorie favorite des physiciens…

Il pleut des cordes

Les difficultés des théories quantiques de champs viennent en partie du fait que les particules sont des « points matériels », sans extension spatiale. Cette situation cause des divergences insupportables dans les calculs, car quand on s'approche de trop près d'un simple point matériel, les infinis menacent. D'où cette idée déjà ancienne qu'à une échelle très petite (encore inexplorée), les particules ne seraient pas des points, mais des cordes minuscules. Les avantages sont nombreux : fin des infinis, explication naturelle de la masse (en relation avec des fréquences de vibration), inclusion de la gravité. *Last but not least*, un tel Univers fixerait, de lui-même, le nombre de dimensions de sa structure, qui serait de dix ou onze : les trois dimensions d'espace sont en effet un paramètre parfaitement arbitraire, et les dimensions supplémentaires de notre Univers seraient simplement enroulées sur elles-mêmes, donc invisibles. Ces théories sont d'emblée supersymétriques, on parle donc toujours de « super-cordes ».

Dans les années soixante, le Français Joël Scherk, décédé trop tôt (à seulement 33 ans), a été l'un des pionniers de ces modèles, qui continuent à être explorés.

Pour les balèzes

L'identité secrète de « M »

On connaît le patronyme secret du chef des services secrets dans James Bond, mais sait-on que « M » est aussi le nom de code de la théorie la plus avancée pour unifier tous ces modèles d'unification ? Les super-cordes sont rapidement apparues en un grand nombre de versions, SO(32), E8xE8, etc., et au soulagement général, l'Américain Edward Witten a démontré en 1995 qu'elles se déduisent toutes d'un schéma encore plus général, dénommé théorie M. La lettre « M » signifie peut-être membrane, car la généralisation naturelle d'une corde (à une dimension) est d'en faire une membrane à deux dimensions (ou plus).

Ces théories sont encore très loin de pouvoir être testées en accélérateurs (il manque un petit facteur un million de milliards, en énergie), les théoriciens peuvent continuer à théoriser en paix. Avec du nouveau du côté des astronomes : la lumière en provenance du tréfonds de l'Univers devrait avoir accumulé, sur de telles distances, les effets d'une structure topologique complexe de l'espace-temps, même à ces échelles infinitésimales (10^{-33} cm, dite longueur de Planck). À suivre, donc...

Sciences de la matière

Les matériaux du futur promettent monts et merveilles au niveau des applications, entre tissus intelligents, alliages à mémoire de forme, semi-conducteurs flexibles (organiques ou non), matériaux biocompatibles, etc. Mais la compréhension théorique elle aussi connaît des bouleversements réguliers, il suffit de mentionner les nanotechnologies ou les supraconducteurs.

Nanotubes de carbone

Non seulement les nanotubes de carbone ont des propriétés mécaniques extraordinaires, mais ils sont pressentis comme des systèmes permettant le développement des dispositifs microélectroniques du futur. Intel, grand fournisseur de microprocesseurs, les inclut comme composants actifs possibles au-delà de 2015. Plus la fréquence est élevée et plus le dispositif est rapide, et pourtant, la question des propriétés haute fréquence de ces dispositifs reste pratiquement inexplorée en Europe alors que des groupes (IBM, Intel, Cornell University...) commencent à y travailler aux États-Unis. Des chercheurs français en 2008 ont conçu et fabriqué des transistors à nanotubes de carbone qui présentent une fréquence de coupure de 8 GHz, c'est-à-dire qu'ils peuvent travailler jusqu'à cette fréquence. Ce résultat constitue une première et un record au niveau international. Ces études ouvrent des perspectives importantes pour les futures générations de dispositifs et circuits haute fréquence.

Supraconductivité : voyage au pays des températures glaciales

La supraconductivité, c'est un peu un effet extraordinaire de l'électricité : certaines substances permettent au courant de circuler sans la moindre résistance, comme si elles avaient décidé de lâcher prise complètement. Imaginez des câbles électriques où pas un électron ne traîne, sans perte de chaleur ni gaspillage d'énergie. Pour atteindre cet état particulier, il faut cependant plonger les matériaux dans un froid extrême... et c'est là que tout devient passionnant.

Les pionniers des températures ultra-basses

Le premier à tenter des expériences de liquéfaction des gaz est Monge, qui en 1784 parvient à geler du dioxyde de soufre à -8 °C. Ensuite, les scientifiques, toujours plus motivés, jouent avec des températures de plus en plus glaciales. En 1877, Cailletet réussit à liquéfier de l'oxygène à -182 °C, et en 1899, l'Écossais James Dewar arrive à transformer de l'hydrogène en liquide. Mais c'est le physicien néerlandais Heike Kamerlingh Onnes qui décroche le gros lot en 1908 en réussissant à liquéfier l'hélium à 4 K (c'est-à-dire -269 °C). Ce faisant, il ouvre la voie aux recherches sur la supraconductivité.

Le mystère de la résistivité au froid glacial

Au début du XXe siècle, une question agite les scientifiques : que devient la résistivité (c'est-à-dire la résistance électrique) des métaux lorsqu'ils sont refroidis jusqu'à presque 0 K (le zéro absolu) ? Les avis sont partagés : pour certains, la résistance doit augmenter, car les électrons seront figés ; d'autres estiment qu'elle pourrait diminuer jusqu'à disparaître. C'est dans ce contexte que, dès 1911, Onnes et son équipe se lancent dans l'étude de la résistivité du mercure à des températures ultra-basses. Surprise : à 4,2 K, le mercure devient supraconducteur ! C'est-à-dire qu'il n'oppose plus aucune résistance au passage du courant. La supraconductivité venait d'être observée pour la première fois, et en 1913, Onnes reçoit le prix Nobel pour cette découverte.

L'effet Meissner : quand le métal refuse le champ magnétique

En 1933, Meissner observe un effet spectaculaire : un matériau supraconducteur repousse les champs magnétiques, un peu comme un chat qui snobe un bain d'eau froide. Grâce à cet effet, un aimant placé au-dessus d'un supraconducteur peut léviter, car le champ magnétique est expulsé de l'intérieur du matériau lorsqu'il passe en état supraconducteur. Cette « expulsion » du champ magnétique distingue la supraconductivité de la simple absence de résistance.

Supraconducteurs de type I et II : question de tempérament magnétique

Tous les matériaux supraconducteurs n'ont pas la même attitude vis-à-vis des champs magnétiques. Les supraconducteurs de type I tolèrent uniquement de faibles champs magnétiques : au-delà d'un certain seuil, ils perdent leur supraconductivité. En revanche, les supraconducteurs de type II supportent des champs intenses et autorisent même une pénétration partielle du champ, tout en gardant leur caractère supraconducteur. Pratique, non ?

La théorie BCS : trois cerveaux, une grande idée

En 1957, les physiciens Bardeen, Cooper et Schrieffer développent la première théorie qui explique la supraconductivité dans les métaux : la théorie BCS. Celle-ci explique pourquoi certains matériaux deviennent supraconducteurs à basse température et pourquoi des températures critiques (Tc) supérieures à 25 K sont difficilement atteignables. Cette découverte vaut un prix Nobel en 1972 aux trois chercheurs.

La supraconductivité haute température : une révolution... un peu incomplète

Coup de tonnerre en 1986 : deux chercheurs, Bednorz et Müller, révèlent qu'une céramique devient supraconductrice à 35 K. C'est un bond spectaculaire, qui leur vaut le Nobel dès 1987. Rapidement, ils découvrent d'autres céramiques avec des températures critiques encore plus élevées : 90 K pour un cuprate d'yttrium, 108 K pour un mélange à base de bismuth, et même 135 K avec du mercure ! Ces nouveaux matériaux permettent de franchir la barre des -196 °C, la température de l'azote liquide, bien plus accessible que l'hélium liquide pour les expériences et les applications.

Hélas, ces « supraconducteurs haute température » posent des défis pratiques. Ils sont fragiles et difficiles à transformer en fils ou bobines solides, contrairement au cuivre classique. Plusieurs solutions ont été testées, mais un matériau suffisamment résistant pour des applications industrielles reste à trouver. De plus, ces matériaux ne suivent pas la théorie BCS : un mystère de plus pour la recherche actuelle.

Applications existantes et rêves futurs

La supraconductivité n'est pas qu'une curiosité scientifique. Elle est utilisée pour produire des champs magnétiques ultra-puissants, comme dans les IRM en médecine ou les accélérateurs de particules. Les bobines supraconductrices, plongées dans l'hélium liquide, permettent de générer des champs sans effet Joule, ce qui limite la surchauffe et permet d'atteindre des intensités magnétiques élevées.

Un exemple fascinant d'application est le Maglev japonais, un train à sustentation magnétique qui « flotte » au-dessus des rails grâce aux forces magnétiques. Avec un record de vitesse à 603 km/h, ce train révolutionnaire élimine le frottement et permet des déplacements à très haute vitesse.

Enfin, la supraconductivité pourrait être la clé du stockage d'énergie avec les « SMES » (Superconducting Magnetic Energy Storage). Ces dispositifs utilisent des bobines supraconductrices pour conserver de l'énergie sans aucune perte. Le courant circule indéfiniment sans dissipation, mais les SMES restent coûteux et nécessitent un refroidissement cryogénique très fiable. Si des supraconducteurs à haute température deviennent accessibles, ces systèmes pourraient révolutionner notre manière de stocker l'énergie électrique.

Ingénierie

L'ingénierie et les sciences de l'ingénieur regroupent tout un pan de la physique que l'on pourrait appeler « physique appliquée », même si cette physique ne s'occupe pas que des applications et s'il y a toujours un volet théorique à développer. L'électronique, l'optique, la mécanique sont des branches de la physique des sciences de l'ingénieur. Les recherches menées sont multiples. Il est impossible, dans un nombre de pages raisonnable, de vouloir donner un panorama exhaustif des recherches actuelles et futures dans ce domaine. Voici donc quelques briques disponibles actuellement dans les laboratoires... et il y en a bien d'autres !

Cape d'invisibilité

Rendre invisible un objet aux ondes électromagnétiques semble tout droit sorti d'un rêve d'Harry Potter. En fait, John Pendry de l'Imperial College à Londres a montré que c'était possible en utilisant un « métamatériau ». Le métamatériau se comporte comme un liquide anisotrope homogène qui guide les ondes de part et d'autre de la structure et qui se recombine, comme si de rien n'était, après la structure. Ce principe pourrait être appliqué par exemple aux ondes à la surface de l'eau (c'est-à-dire aux vagues !) et pourrait constituer une nouvelle voie pour la protection des installations maritimes, telles que les stations off-shore, ou des zones côtières comme, par exemple, des infrastructures portuaires.

Contrôle du déploiement 3D d'un « stent » dans une artère coronaire

L'imagerie cardiaque par rayons X est un outil de diagnostic et d'aide au traitement des maladies des artères coronaires, en particulier celles issues de l'infiltration de dépôts lipidiques qui obstruent les artères : les sténoses. On sait aujourd'hui contrôler le déploiement 3D d'un « stent » dans une artère coronaire d'un patient. Le stent est une prothèse métallique sous la forme d'un petit tube grillagé. Il a pour but de dilater l'artère pour améliorer le passage du sang pour des patients dont les artères sont plus ou moins bouchées (pour cause de tabagie, de diabète...) afin de prémunir contre un accident cardiaque. Au cours de cette intervention, les mailles du stent viennent s'appliquer sur la paroi interne de l'artère et ainsi l'étayer. Il est essentiel de pouvoir vérifier que le stent est correctement déployé dans l'artère : cela est suivi en trois dimensions par imagerie utilisant les rayons X.

Mesure de la douceur de la peau et des cheveux

Pour apprécier la douceur de notre peau ou celle de nos cheveux, notre premier réflexe est de faire un geste de va-et-vient avec la main. En réalisant ce mouvement, nous activons deux de nos cinq sens : le toucher et l'ouïe. Le sens du toucher met en œuvre les nombreux capteurs de nos doigts, les sensations mécaniques dépendent du mode vibratoire lors du toucher. Ces phénomènes s'accompagnent systématiquement de la génération d'un bruit plus ou moins perceptible par notre oreille, mais dont la caractérisation acoustique est liée à l'état de douceur de la peau ou des cheveux. Une sonde générant ce bruit puis l'enregistrant permet de mesurer quantitativement les propriétés de frottement de la peau, des cheveux, ou de tous types de surfaces. Les mesures obtenues ont montré une corrélation avec les résultats cliniques. Avec la mise au point de cette sonde tribo-acoustique (tribo pour frottement et acoustique pour le bruit qui s'ensuit), il est désormais possible de caractériser objectivement la douceur de la peau et des cheveux. Avis aux publicitaires !

Le retournement temporel

De nouvelles techniques d'imagerie médicale et de thérapie sont basées sur l'utilisation des ultrasons en liaison avec les ondes électromagnétiques. Différentes méthodes d'imagerie du corps humain, soit à partir d'échographes ultrarapides (ondes acoustiques) soit à partir de systèmes IRM (ondes électromagnétiques), sont en cours. Des systèmes de thérapie par ultrasons concernant différentes pathologies et différentes parties du corps (le cerveau, le sein et l'abdomen) pourraient voir le jour.

Une nouvelle modalité d'imagerie, appelée élastographie, a été développée en échographie. Elle s'appuie sur les ultrasons pour estimer les différences de dureté entre tissus et en fournir une image d'élasticité, information souvent évaluée par la palpation. Les principaux objectifs de l'élastographie sont d'affiner le diagnostic et d'améliorer l'examen échographique.

Physique et biologie

La première image qui vient à l'esprit quand on parle de biologie et de physique est un instrument : le microscope. Aujourd'hui, différentes méthodes physiques d'analyse sont utilisées en biologie (les rayons X font partie d'une de ces premières méthodes) et les objets biologiques peuvent être, pour certains d'entre eux, modélisés par la physique en vue de prédire leur évolution. Il a été dit que le XXe siècle a été celui de la physique et que le XXIe siècle serait celui de la biologie. Mais il s'agit d'une biologie où l'on rencontrera notamment des physiciens et des chimistes, comme, par exemple, auprès des sources synchrotron (installation Soleil). Le but est de comprendre les phénomènes biologiques pour mieux diagnostiquer et ensuite soigner. Quelques pistes ont déjà été données dans le paragraphe précédent, d'autres suivent...

La biopuce à ADN

L'ADN est une molécule se présentant sous l'aspect de deux brins torsadés enroulés en forme d'hélice. Sur chacun des brins se succèdent des « bases » (ce sont des molécules). Ces bases sont de quatre types : l'adénine (A), la thymine (T), la cytosine (C) et la guanine (G). Un des enjeux de la génétique est de connaître la succession des bases : par exemple CTAAAGG. Parfois des séquences subissent une mutation génétique et il faudrait les repérer car une mutation pourrait prédisposer à telle ou telle maladie. La biopuce à ADN est une plaque de silicium dans laquelle des microcuvettes sont gravées. Dans chacune d'elles, on accroche une séquence caractéristique d'une mutation ou d'une maladie. On opère un prélèvement d'ADN chez un patient et on lui accroche une molécule fluorescente (cela signifie que l'on est actuellement capable de manipuler des molécules biologiques uniques). Puis on verse le tout dans les microcuvettes. Si les séquences des deux ADN, celui du patient et celui placé dans les microcuvettes, sont compatibles, alors les deux séquences restent accrochées. Après lavage de la biopuce, on repère les molécules fluorescentes, en analysant la fluorescence. Il est possible de réaliser 2 500 analyses différentes avec un seul prélèvement.

Les matériaux biocompatibles

Un des problèmes actuels des prothèses est la durée de vie des matériaux. Sous l'action d'efforts répétés et de mécanismes chimiques, ces matériaux perdent progressivement de leur efficacité. Ainsi, une prothèse de la hanche a une durée de vie moyenne de dix ans. Le remplacement des matériaux actuels (métal et polymère plastique) par des céramiques renforcées par des nanoparticules permettrait d'augmenter la durée de vie des prothèses. De plus, des nouveaux traitements de surface des matériaux implantés pourraient accroître leur biocompatibilité avec le milieu dans lequel ils sont implantés.

Compréhension des moteurs moléculaires

Dans la cellule, le lieu de production d'une molécule ne se fait pas toujours sur le lieu de l'utilisation. Les progrès en instrumentation physique et les progrès réalisés en biologie moléculaire permettent d'analyser le fonctionnement des moteurs moléculaires. Ainsi, on peut maintenant bien comprendre le fonctionnement d'un muscle. Les fibres musculaires sont constituées de filaments d'actine et de filaments de myosine. La fibre ressemble à un petit moteur linéaire dans lequel une translation d'un filament de myosine se produit par rapport au filament d'actine. Le fonctionnement de ce moteur met en jeu un cycle biochimique de réactions. La modélisation des moteurs moléculaires implique à la fois des processus biochimiques et des phénomènes hydrodynamiques (généralement étudiés en mécanique des fluides).

L'imagerie médicale

L'imagerie médicale est un contrôle non destructif (en principe) d'une partie interne d'un patient. Le plus connu est l'IRM, sigle d'Imagerie par résonance magnétique. Les chimistes utilisent une technique analogue pour caractériser leur molécule : il s'agit de la RMN ou Résonance magnétique nucléaire. Pourquoi deux termes RMN et IRM ? Parce que les médecins ont eu peur des réactions négatives du grand public à une technique RMN contenant le mot « nucléaire ». Le terme a alors été changé en IRM plus politiquement correct. Grâce aux progrès de l'informatique, on peut réaliser des images en trois dimensions. Aujourd'hui, les temps d'acquisition des images ont été raccourcis (compter environ un centième de seconde pour une image), ce qui permet de suivre, en direct, certains aspects du métabolisme.

Physique et maths appliquées

Une partie de la physique est très proche des mathématiques appliquées : il s'agit notamment de ce que l'on appelle des « systèmes dynamiques », c'est-à-dire des systèmes qui évoluent dans le temps et dont on aimerait bien savoir comment ils évoluent. Certains systèmes fonctionnent simplement : si on perturbe « un peu » leurs conditions initiales, leur évolution sera « un peu » changée. Si vous faites cuire vos nouilles 9 minutes ou 8 minutes 59 secondes ou 9 minutes 01 seconde, cela ne changera guère leur consistance. Mais certains autres systèmes vont évoluer de façon très nettement différente suivant des conditions initiales « un peu » changées. Une des applications concerne la climatologie, mais il en existe bien d'autres. L'un des premiers à lever un coin du voile est Henri Poincaré (1854-1912) qui en voulant étudier les mouvements de trois corps soumis à la gravitation s'est rendu compte de l'extrême sensibilité aux conditions initiales. Il s'agit de systèmes « chaotiques ».

Un ingrédient nécessaire : la non-linéarité

Votre haut-parleur fonctionne linéairement si, quand vous lui appliquez un signal de fréquence 1 000 Hz, il émet une onde acoustique à la même fréquence. Mais si vous augmentez l'amplitude du signal électrique, des phénomènes de saturation se produisent et le son émis n'est plus aussi pur qu'avant. Le signal acoustique comporte d'autres fréquences qu'initialement : on a un fonctionnement non linéaire du haut-parleur. La plupart des lois physiques sont non linéaires et c'est souvent une approximation que de les considérer comme linéaires. L'étude des systèmes non linéaires est difficile, et c'est l'avènement des calculs avec un ordinateur dans les années soixante qui a permis des avancées.

Parfois Mylène a raison

Si tout n'est pas chaos, les systèmes chaotiques existent bel et bien. Ici le mot chaotique a son sens scientifique. Il n'a pas le sens de « c'est compliqué, on n'y comprend rien, c'est le bazar, le chaos ». En fait, on sait très bien décrire quantitativement, avec de belles équations, ces phénomènes. Mais l'évolution dans le temps est tributaire des conditions initiales et, de ce fait, est imprédictible. Il s'agit d'un chaos « déterministe » ; le chaos n'est pas le hasard. On rencontre ainsi des réactions chimiques chaotiques : la première a été observée par Boris Belousov (1930-1998) dans les années cinquante puis étudiée théoriquement en 1964 par Anatol Zhabotinsky (né en 1938). En astronomie, certaines orbites sont notoirement chaotiques, et dans la vie courante, les systèmes chaotiques existent également. N'avez-vous jamais vu, après avoir attendu un bus, en surgir deux l'un derrière l'autre ? Ce phénomène peut être analysé à l'aide du concept de chaos.

Une écologie chaotique

Il est intéressant d'avoir des modèles d'évolution des populations. Sur un territoire donné, de nombreuses espèces vont cohabiter plus ou moins pacifiquement. Des modèles mettant en jeu trois espèces constituées d'une proie et de deux prédateurs ont été étudiés. Des évolutions chaotiques de nombre de chaque espèce ont été obtenues. Dans les systèmes complexes, faire des pronostics d'évolution sur de nombreuses années peut donc se révéler parfois complètement faux !

Cœur et chaos

Le cœur est un système dynamique et il peut être intéressant de prévoir son comportement à moyen terme. Il est possible d'étudier la dynamique cardiaque en utilisant des outils de la théorie du chaos quand on veut étudier la réponse cardiaque à la présence de divers polluants (l'expérience n'a pas été réalisée sur l'homme mais sur des rats) et donc connaître leurs effets.

Contrôler le chaos

Le titre de ce paragraphe peut sembler étrange ! Il y a des cas où l'on peut agir sur un système chaotique, on peut l'amener à suivre une certaine évolution après un certain temps. Ce type de contrôle est notamment utilisé pour réguler la combustion dans les moteurs. Mais on peut aussi être amené à synchroniser deux systèmes chaotiques. Il y a déjà des applications dans les systèmes de télécommunications pour lesquels on crypte le message. Même si la façon de faire est trop complexe pour être décrite ici, on peut alors « forcer » le chaos vers une solution totalement ordonnée respectant les symétries initiales et globales du système.

La turbulence

Le vent, le mouvement des vagues, la prédiction du temps sont des phénomènes dépendant de la turbulence. Des équations non linéaires, des comportements chaotiques : voilà à quoi s'attaquent de nombreux physiciens possédant de très bons ordinateurs. Les phénomènes complexes traités sont liés aux problèmes écologiques actuels et la modélisation des différents facteurs influençant l'évolution du climat sur notre planète n'est pas définitivement connue. Comme on l'a vu ci-dessus, un changement infime de la quantité d'un polluant peut avoir des conséquences importantes. Il s'agit d'un grand travail à faire pour le XXIe siècle !

Physique et patrimoine

La connaissance du patrimoine et sa restauration utilisent largement les techniques expérimentales de la physique.

Le bleu des Égyptiens

Les pigments utilisés par les Égyptiens pour fabriquer le bleu et le vert n'étaient pas obtenus naturellement. C'est par une vraie réaction chimique, utilisant plusieurs produits portés à une température élevée, que le bleu égyptien encore bien reconnaissable sur de nombreux objets était obtenu. Au cours des siècles, différents mélanges ont été utilisés pour fabriquer une couleur donnée, et on comptait au XIXe siècle près de 15 000 teintes différentes obtenues à partir de minéraux, de fleurs ou d'animaux. L'essor de la chimie organique vers la fin du XIXe siècle a permis le développement de beaucoup d'autres couleurs.

Des faux en peinture

En utilisant différentes techniques physiques de contrôle non destructif (rayons X, étude de l'absorption infrarouge ou UV, impact de différentes particules), il est possible de connaître la composition de la peinture. Un faussaire du XXIe siècle ne peut pas utiliser des pigments d'aujourd'hui s'il veut fabriquer un Van Gogh, cela se verrait rapidement.

Une fameuse restauration non gastronomique

Lors de la restauration des *Noces de Cana* de Véronèse de 1989 à 1992, le tableau a été étudié sous toutes ses coutures. La radiographie (la surface du tableau est de 70 m^2) a montré tous les repentirs du peintre ainsi que des restaurations antérieures. L'examen des couches picturales, et en particulier du manteau marron porté par un personnage au premier plan, a montré qu'en fait le manteau initial était vert et qu'un repeint avait été fait sans doute du temps de Véronèse (mais pas par Véronèse). Après de nombreuses discussions, il a été décidé d'enlever le pigment marron à l'aide d'un solvant n'attaquant pas les sous-couches vertes afin de revenir au tableau primitif. Bien entendu, l'analyse de la peinture avait été réalisée en de nombreux points du tableau auparavant. Mais le 3 juin 1992, au cours d'une manœuvre visant à remettre le tableau à sa place pour l'exposer, la chute de l'échafaudage qui soutenait le tableau a causé cinq déchirures et quatre accrocs. Merci Newton ! Aucune des parties essentielles n'a en fait été touchée et le tableau a été restauré ; vous pouvez l'admirer en face de *La Joconde* au Louvre.

Épilogue

Le physicien du XXIe siècle s'appuie sur un socle fabuleux de connaissances. Il est évidemment impossible de pronostiquer les futures avancées. Mais, quoi qu'il en soit, il est possible d'adopter la phrase suivante issue de Diderot (en 1762) : « Ce qui caractérise le physicien, c'est qu'il n'admet rien sans preuve, qu'il n'acquiesce point à des notions trompeuses et qu'il pose exactement les limites du certain, du probable et du douteux. »

Partie 6
La partie des Dix

Dans cette partie…

C'est la partie propre à cette collection. Nous avons choisi de vous présenter dix événements particuliers, dix fractures dans l'histoire des sciences ainsi que dix scientifiques qui ont marqué cette évolution. Comme elles sont trop souvent oubliées, mais pas ici, nous avons voulu rappeler que les sciences ne sont pas uniquement une affaire d'hommes, mais aussi de femmes ; dix d'entre elles vous seront présentées.

Chapitre 23

Les dix grandes fractures de l'histoire de la physique

DANS CE CHAPITRE

Une onde de lumière

Y a pas photo

La radio perd le fil

Le transistor n'aime pas les tubes

La piézoélectricité

La découverte des rayons inconnus

La radioactivité désintègre le pudding

Un tunnel sans creuser

C'est supra, du froid en espérant le chaud

La plus grande découverte de son absence

L'histoire comme la science progressent souvent par rupture. Alors que des théories semblent acquises (celle de Newton par exemple), certaines expériences ont créé de véritables fractures obligeant soit à reformuler complètement la théorie, soit à préciser leur cadre et leurs limites. Dans l'histoire scientifique, il y a un avant et il y a un après. Dans ce chapitre, nous vous proposons d'épingler dix de ces fractures.

Une onde de lumière

C'est le père jésuite italien F. Grimaldi (1618-1663) qui a découvert le phénomène de diffraction de la lumière. Il travaillait dans une pièce obscure. Il avait percé un petit trou dans un rideau noir et il observait le comportement de la lumière qui traversait cet orifice. Il a repris ses observations avec une fine fente, un fil, de la toile et des plumes d'oiseaux. Pour toutes ces observations, il constate la présence de franges irisées en dehors du trajet géométrique de la lumière. Il suppose donc que le changement de trajectoire de la lumière, lors de son passage à proximité d'objets opaques, est la conséquence d'un phénomène nouveau qu'il appelle diffraction. C'est C. Huygens (1629-1695) qui va poser les bases d'une théorie ondulatoire de la lumière. Il supposait que la lumière se propageait sous la forme d'ondes sphériques, que chaque point atteint par l'onde se comportait comme une nouvelle source. Sa théorie lui a permis de retrouver toutes les lois connues à l'époque (réflexion et réfraction).

T. Young (1773-1829) s'intéressait lui aussi à la diffraction, aux franges colorées produites par des lames minces. Il comprend que les phénomènes observés sont dus aux réflexions de la lumière sur les deux interfaces qui constituent la lame. Il lui faut donc deux sources. T. Young découvre alors les interférences en faisant passer la lumière issue d'une source ponctuelle à travers deux petits trous voisins. Ces deux trous constituent deux sources émettant des faisceaux divergents à cause de la diffraction. Sur un écran éloigné, dans la zone de recouvrement des faisceaux, il observe des franges d'interférences. Cela signifie que dans certaines zones, de la lumière superposée à de la lumière conduit à de l'obscurité. Cette constatation expérimentale est une preuve manifeste du caractère ondulatoire de la lumière. C'est A. Fresnel (1788-1827) qui fera éclater le triomphe de la théorie ondulatoire de la lumière dans son mémoire récompensé par l'Académie des sciences en 1819.

Y a pas photo

Il s'agit de dessiner (faire du graphisme) avec de la lumière (photo), ou encore en un seul mot, photographier. C'est Herschel qui va utiliser ce mot pour la première fois en 1839 pour qualifier la méthode d'enregistrement d'image par l'action de la lumière. Mais revenons un peu avant, au début du XIXe siècle alors que les frères Niépce, Claude et Nicéphore, s'intéressent à la formation des images par la lumière. À l'époque, les images se projetaient dans de grandes pièces sombres dont l'un des murs était percé d'une petite ouverture alors que le mur opposé servait d'écran (voir Chapitre 8). La taille de ces pièces sombres était variable. On utilisait alors fréquemment des boîtes percées d'un trou muni d'une lentille qui projetait sur le fond l'image renversée de la vue extérieure, pour la dessiner. Ce sont les *camera obscura* (voir Chapitre 8).

C'est Nicéphore qui entreprend des recherches sur une idée qui l'obsède depuis longtemps : fixer sur une substance les images reçues au fond de ces chambres obscures.

Il dispose au fond d'une chambre obscure des feuilles de papier enduites de sels d'argent. Ce composé présente la propriété de noircir sous l'action de la lumière. Il obtient alors, en mai 1816, la première reproduction d'une image. Il s'agit d'un négatif, mais l'image ne reste pas fixée car, en pleine lumière, les sels d'argent continuent de noircir complètement. Il appelle ces images des « rétines ». Il continue à chercher, mais ne parvient pas à trouver une méthode permettant d'éliminer le produit sensible après l'action de la lumière. Il interrompt ses recherches pendant presque un an et rejoint son frère qui travaillait sur les carburants pour moteurs. En 1816, en utilisant de l'huile de pétrole blanche, ils découvrent le principe des moteurs à injection. Une découverte peut en cacher une autre !

Quelques années plus tard, il est interpellé par une lecture sur les propriétés d'une résine d'origine minérale, l'asphalte ou bitume de Judée. Sous l'action de la lumière, elle devient insoluble pour les solvants de l'époque. Il va enduire des plaques métalliques avec cette résine et les poser à la place de l'écran sur lequel est projetée l'image dans les « camera obscura ». Il lave ensuite la plaque à l'aide d'un solvant. Les zones impressionnées par la lumière ont rendu la résine insoluble qui reste alors collée sur la plaque métallique. Niépce place ensuite la plaque dans un bain d'acide qui l'attaque partout sauf au niveau des zones protégées par la résine restante. Niépce réalise alors, vers 1826, la première photographie.

Un peu plus tard, en 1827, Niépce fait la connaissance de Louis Daguerre qui était à l'époque un des plus grands créateurs de spectacles exploitant les jeux de lumière. Les deux hommes vont fonder une association pour le développement de la photographie, qui s'appelait alors l'héliographie. Ils vont travailler quelques années ensemble, mais Niépce va mourir en 1833 et Daguerre va continuer avec le fils de Niépce. Dans cette nouvelle association, c'est Daguerre qui prend cette fois l'ascendant. En 1839, il met au point une nouvelle technique pour fixer les images. Sur une plaque de cuivre, il dépose une émulsion d'argent, mais il la développe avec des vapeurs d'iode. Ce procédé permet d'obtenir une reproduction directe (positive) d'une image, une photographie.

La radio perd le fil

Avant la découverte de la radio à proprement parler, il y a d'abord la mise en évidence expérimentale des ondes électromagnétiques prévues par la théorie de Maxwell (voir Chapitre 7). C'est Heinrich Hertz, en 1885, qui met au point le tout premier système d'émission et de réception de telles ondes. C'est l'expérience fondamentale. Le montage est rudimentaire, il est constitué d'une bobine associée à un système qui permet de stocker des charges électriques pendant un temps très court et qui se décharge rapidement en provoquant une étincelle. Ce dispositif souvent appelé éclateur, à cause de l'étincelle qu'il produit, est en fait un condensateur (voir Chapitre 16). L'étincelle s'accompagne de la production d'un champ électromagnétique. Le montage permet de produire plusieurs milliers d'étincelles par seconde, générant ainsi un champ électromagnétique intense. Celui-ci est ensuite capté par une boucle métallique (un résonateur) dont les extrémités sont séparées par un petit interstice. À ce niveau apparaissent aussi de petites étincelles. Une onde électromagnétique s'est propagée de l'éclateur au résonateur situé à quelques mètres environ. Ce dispositif constitue, en fait, l'ancêtre de la radio. Mais Hertz n'y voit qu'une expérience prouvant la théorie de Maxwell. Son nom sera associé aux ondes électromagnétiques de cette nature, les ondes hertziennes.

C'est encore accidentellement qu'un autre physicien, Édouard Branly, découvre, en 1890, les radioconducteurs. Il dispose à chaque extrémité d'un tube de verre deux tiges métalliques conductrices. Dans le tube de verre, entre les extrémités des tiges, il place un peu de limaille (grosse poudre) de fer. Branly étudie la conduction électrique de cet ensemble. Il se rend compte, un peu par hasard, que le dispositif devient fortement conducteur au moment où une étincelle est produite par l'éclateur de Hertz. Cela signifie que la limaille de fer, dans ce contexte, devient conductrice sous l'effet d'un champ électromagnétique. Il va appeler « cohéreur » son dispositif qui remplacera alors le résonateur dans l'expérience historique de Hertz. Cette fois, la conduction du cohéreur de Branly va permettre de commander un dispositif à distance grâce aux ondes électromagnétiques.

De son côté, Alexandre Popov, un ingénieur russe, étudie les émissions électromagnétiques des orages. Il a alors l'idée d'améliorer la sensibilité du dispositif (le cohéreur) de Branly en y raccordant le fil d'un paratonnerre situé à proximité. Popov vient d'inventer l'antenne !

Guglielmo Marconi va exploiter toutes ces avancées pour transmettre des informations de son grenier à une pièce située deux étages plus bas dans la maison familiale. Il perfectionne son dispositif et parvient en 1895 à transmettre des informations sur une distance de plus d'un kilomètre. En 1896, il dépose le brevet n° 7777 connu sous le nom de « quatre circuits accordés » pour protéger son invention. Il améliore encore son dispositif, notamment les antennes, et en 1897, il parvient à transmettre des signaux sur une distance de presque 15 kilomètres. Le 3 juin 1898, il transmet le premier message radio payant entre l'île de Wight et Bournemouth. Son premier client n'est autre que Lord Kelvin qui débourse un penny pour le service ! En 1899, il réalise une liaison entre Douvres et Wimereux (près de Boulogne-sur-Mer). Le 12 décembre 1901, il réalise les premiers essais transatlantiques entre l'Angleterre et Terre-Neuve (actuellement rattachée au Canada). Les stations d'émission et de réception vont se développer un peu partout en Europe et la TSF (transmission sans fil) s'imposera comme le nouveau moyen de communication sans fil.

Le transistor n'aime pas les tubes

Au cours de leurs travaux, les scientifiques sont souvent amenés à effectuer des calculs ou des opérations mathématiques qui peuvent être complexes et fastidieuses. Il serait intéressant de construire un dispositif permettant de les réaliser. Pour ce faire, il fallait d'abord concevoir des montages simples permettant d'effectuer des opérations élémentaires, comme une amplification ou une addition. Dans les années quarante, ces opérations sont réalisées grâce à des dispositifs qui sont construits autour d'un composant essentiel, le tube électronique. Il s'agit d'un dispositif complexe construit à l'intérieur d'une ampoule de verre dans laquelle un vide poussé a été réalisé. La fabrication de ce composant est techniquement complexe et donc chère. De plus, le tube nécessite une alimentation de plusieurs centaines de volts, il chauffe, il a une durée de vie limitée et il occupe un volume non négligeable. Typiquement, un tube présente une hauteur de 3 à 4 centimètres et un diamètre d'environ un centimètre. Un équipement qui réalise une fonction, même simple, nécessite l'emploi de quelques tubes. Il sera donc volumineux et consommateur d'énergie. En 1945, Presper J. Eckert et John W. Mauchly construisent à l'université de Pennsylvanie l'ENIAC (*Electronic Numerical Integrator And Computer*). C'est le premier calculateur, nous dirions aujourd'hui, le premier ordinateur. Il comportait 18 000 tubes, occupait plusieurs pièces, pesait trente tonnes et nécessitait une puissance importante (environ 150 kW).

William Shockley, John Bardeen et Walter Brattain sont chercheurs. Ils travaillent depuis 1945 sur les propriétés des semi-conducteurs dans les laboratoires de la compagnie Bell aux États-Unis. Ces chercheurs mettent en place un petit dispositif composé d'un petit grain de germanium et de deux contacts en or. Ce dispositif permet d'amplifier un signal d'un facteur cent environ. Le 23 décembre 1947, ils présentent leur découverte aux autres chercheurs du laboratoire. John Pierce, un ingénieur en électricité, donne alors le nom de « transistor » (*transfert resistor*) à ce nouveau composant. En quelques mois, grâce notamment à William Shockley, le petit dispositif évolue. Sa théorie est maîtrisée, les contacts en or sont remplacés par des jonctions au sein des cristaux de germanium. Le transistor réalise alors des opérations analogues à celles du tube, mais il est beaucoup plus petit, peu gourmand en énergie et sa fabrication va rapidement s'établir à grande échelle. Les trois chercheurs recevront le prix Nobel de physique en 1956 pour cette invention.

Ensuite, les choses s'accélèrent, le germanium va être remplacé par le silicium, plus facile à exploiter. Dans les années soixante, le transistor est fabriqué de façon industrielle. Il remplace les tubes dans la plupart des équipements électroniques comme la radio (que l'on appellera d'ailleurs « transistor »). En 1952, un ingénieur anglais, G. Dummer, imagine qu'il n'est plus nécessaire de relier les transistors entre eux par des fils. Ils s'intègrent et se connectent sur un support unique de quelques millimètres carrés : la puce électronique. C'est Jack Kilby, physicien et chercheur chez Texas Instruments, qui va réaliser le premier circuit intégré imaginé par Dummer en 1959. Il obtiendra, pour cette réalisation, le prix Nobel en 2000. Le nom donné aux circuits intégrés réalisant une bascule, « JK », l'a été en son honneur. En 1971, la société Intel réalise le premier microprocesseur intégré qui comportait un peu plus de 2 000 transistors sur une puce de quelques millimètres carrés. En 2007, Intel réalise le Dual-Core Itanium 2 qui intègre pas moins de 1,7 milliard de transistors, imaginez avec des tubes électroniques, la ville de Paris n'y suffirait pas.

L'ENIAC semble si loin, et pourtant, c'était il y a à peine soixante-cinq ans. Il y a quelques années, un groupe d'étudiants américains a mis au point un microprocesseur réalisant les mêmes opérations que l'ENIAC. La taille de la puce est de $7,5 \times 5,3\ mm^2$! Aujourd'hui, le transistor est partout, dans tous nos équipements.

La piézoélectricité

Les transistors sont fabriqués à partir de silicium, mais cet élément se présente aussi sous une autre forme, le dioxyde de silicium ou quartz. Il présente une propriété essentielle, il est piézoélectrique.

Cet effet a été découvert par Pierre et Jacques Curie (ils sont frères) en 1880 : des charges électriques apparaissent sur une lame de quartz si elle est comprimée. En fait, sur une face, des charges positives apparaissent et sur l'autre face, des charges négatives. La lame reste globalement neutre, c'est-à-dire non chargée électriquement. Un matériau pour lequel cet effet existe est qualifié de piézoélectrique : des cristaux, des céramiques, des polymères sont piézoélectriques. Le mot piézoélectrique est tiré du grec *piezein* qui signifie appuyer, comprimer. L'effet inverse, c'est-à-dire la déformation d'un matériau piézoélectrique qui est soumis à une tension électrique, existe aussi et a été découvert par Gabriel Lippmann qui aura le prix Nobel en 1908... pour un procédé de photographie en couleur. Le phénomène de piézoélectricité est donc qualifié de réversible. Si la théorie de l'effet piézoélectrique est connue à la fin du XIXe siècle, les premières applications viennent avec les travaux de Paul Langevin sur les sonars pendant la Première Guerre mondiale. De nos jours, ces matériaux, notamment le quartz, interviennent dans de nombreuses applications. Le cristal de quartz constitue un élément essentiel de toutes nos horloges. Une fois excité, mécaniquement ou électriquement, il oscille de façon extrêmement stable. Cette propriété va être mise à profit dans la fabrication des horloges à quartz dès 1927, date de la réalisation de la première d'entre elles par Sheibe à Essen First (pas éditions !). Ensuite, l'invention du transistor puis celle du circuit intégré vont accélérer les choses. Les horloges à quartz vont se miniaturiser et se répandre dans toutes les applications quotidiennes. Pour qu'un système puisse fonctionner, il lui faut une horloge interne. Votre micro-ordinateur, votre téléphone portable, votre GPS... et bien sûr votre montre sont dotés d'une horloge interne à quartz. En 1983, plus de 900 millions de montres fonctionnaient sur cette base. Aujourd'hui, le nombre d'horloges à quartz en fonctionnement dépasse largement le milliard.

Mais le quartz n'est pas le seul acteur de la piézoélectricité, d'autres matériaux comme les céramiques ou les polymères interviennent aussi dans la fabrication de capteurs ultrasonores. Ils sont utilisés en contrôle non destructif et en échographie (voir Chapitre 17).

La découverte des rayons inconnus

Wilhelm Conrad Röntgen (1845-1923) travaillait dans l'obscurité avec un tube de Crookes (l'ancêtre des écrans cathodiques de télé). Il remarque que des cristaux contenus dans une coupe qui se trouvait à proximité émettent une lueur. Il interpose entre le tube et la coupe des écrans de carton, de verre, de papier et de métal. Il constate que la lueur subsiste dans tous les cas sauf si l'écran est métallique. Il suppose donc qu'un rayonnement qui se forme dans le tube traverse certaines matières comme le verre, le papier ou le carton mais n'en traverse pas d'autres comme le métal. Röntgen découvre alors un rayonnement inconnu le 8 novembre 1895. Il suppose que ces rayons sont analogues aux rayons lumineux (et ce sera confirmé plus tard), mais beaucoup plus énergétiques puisqu'ils peuvent traverser certains matériaux. Il les baptise « rayons X », X comme l'inconnue en mathématiques.

Cette découverte va permettre de visualiser certains objets et surtout l'intérieur du corps humain. Les rayons traversent les tissus humains, mais pas les os ni les métaux. Ils ressortent de l'autre côté pour impressionner un film ou un écran fluorescent. Une image radiographique est alors obtenue.

Anecdote

Chef de service à l'hôpital Tenon (Paris), le Dr Antoine Béclère a été le premier médecin français à utiliser la radiographie pour examiner ses malades même si ses collègues lui reprochaient de « déshonorer le corps médical en devenant photographe » !

Marie Curie imagine alors les possibilités offertes par les rayons X et l'aide inestimable qu'ils pourraient apporter aux chirurgiens au front lors de la Première Guerre mondiale. Après avoir fait l'inventaire des appareils disponibles à l'université de Paris, Marie Curie propose aux ministères concernés de créer un service de radiologie aux armées, à la tête duquel elle est officiellement nommée « directeur du service radiologique de la Croix-Rouge ».

Parmi les nombreuses distinctions obtenues pour sa grande découverte qui a révolutionné la physique et la médecine, Röntgen a reçu la médaille Rumford, de la Société royale de Londres en 1896, et le premier prix Nobel de physique en 1901.

La radioactivité désintègre le pudding

Les rayons X découverts par Röntgen intriguent Henri Becquerel (1852-1908). Il en étudie les propriétés sur des minéraux, notamment sur ceux qu'avait étudiés son père dans le cadre de la fluorescence et de la phosphorescence. Becquerel se demande alors si des composés fluorescents émettent de tels rayons X.

Becquerel savait que, pour qu'un corps devienne phosphorescent, il fallait l'exciter, donc l'exposer à la lumière. Il enveloppe donc des plaques photographiques dans un carton noir qu'il recouvre de lames cristallines de sels d'uranium. Il expose le tout au soleil sur le bord de la fenêtre. Le développement des plaques lui montre alors que l'uranium, exposé à la lumière du soleil, a émis des rayons X, les seuls capables d'impressionner la plaque photo à travers le carton. Il souhaite répéter son expérience le jour suivant, « heureusement », Paris était sous les nuages. Becquerel abandonne son échantillon dans un tiroir et remet l'expérience à plus tard. Quelques jours passent et, avant de reprendre ses travaux, il développe ses plaques photo qu'il croyait vierges. Surprise ! Elles sont fortement impressionnées. Il se rend compte qu'il est face à un phénomène nouveau. L'uranium émet un rayonnement pénétrant comme les rayons X, qu'il soit ou non exposé à la lumière solaire. C'est donc un nouveau phénomène, il ne peut pas s'agir de phosphorescence puisque le composé à base d'uranium est resté dans le noir. Il reprend son expérience avec des composés d'uranium non phosphorescent, le rayonnement subsiste. Il reprend encore son expérience avec de l'uranium métallique très pur et cette fois le rayonnement est très intense. Quelle est donc son origine ? Becquerel comprend que sa source c'est l'uranium lui-même, qui présente une propriété jusque-là inconnue. On va d'abord appeler ces rayons : les rayons de Becquerel.

En 1898, Pierre et Marie Curie annoncent la découverte de deux nouveaux éléments qui présentent des propriétés similaires : le polonium (nom rappelant le pays d'origine de Marie Curie : la Pologne) et le radium.

Ils découvrent également que les rayonnements radioactifs se déclinent en deux types de rayonnements : alpha et bêta. Le rayonnement gamma est souvent associé à la radioactivité, il est une conséquence des deux autres : les noyaux, après réaction, sont dans un état excité et, pour revenir à leur état fondamental, émettent des rayons gamma. À l'époque, la structure de la matière n'est pas encore très claire et l'origine de la radioactivité n'est pas connue.

En 1903, Rutherford découvre que c'est une transformation au sein du noyau atomique qui est à l'origine de la radioactivité.

Henri Becquerel reçoit le prix Nobel de physique en 1903 qu'il partage avec Pierre et Marie Curie.

Un tunnel sans creuser

Aux dimensions atomiques, de nouvelles propriétés sont apparues. Parmi celles-ci, l'effet tunnel. En mécanique classique, pour franchir une montagne, il faut un minimum d'énergie pour accéder jusqu'à son sommet. Ensuite, une fois le sommet franchi, il suffit de se laisser descendre de l'autre côté. La physique quantique montre qu'au niveau atomique, il n'est plus nécessaire de passer par-dessus la montagne pour aller de l'autre côté. Il est possible de traverser « directement », c'est l'effet tunnel. Au niveau atomique, les montagnes sont généralement des barrières de potentiel que les particules ne peuvent pas franchir dans le cadre d'une analyse classique. Prenons deux métaux portés à des potentiels différents mais séparés par un espace vide très fin. Dans un cadre classique, l'espace vide constitue une barrière infranchissable pour les électrons, il n'y a aucun courant entre les deux pièces métalliques. Dans le cadre de la mécanique quantique, des particules comme les électrons peuvent franchir cet espace et un courant électrique apparaît. Celui-ci s'atténue très vite dès que la distance augmente. Lorsqu'elle est très faible, de l'ordre de la taille atomique, le courant qui circule est constant (et non nul !).

Cette propriété a été mise à profit en 1981 par G. Binnig et H. Rohrer, deux ingénieurs d'un laboratoire suisse d'IBM. Ils ont porté une pointe métallique extrêmement fine à un potentiel plus élevé que la surface (elle aussi métallique) qu'ils souhaitaient étudier. Un dispositif technique impose une distance entre la pointe et la surface telle que le courant qui circule soit constant. Les variations de position imposées à la pointe représentent une image de la topographie de la surface. Cette image présente une précision de l'ordre de la taille d'un atome. Il est alors possible de savoir comment sont disposés les atomes métalliques en surface.

Cette révolution technologique leur a valu le prix Nobel de physique en 1986. Il est actuellement possible d'aller encore plus loin. Sur cette base ont été développées des « pincettes atomiques » qui permettent de déplacer des atomes, un par un. Au cours de la première manipulation d'atomes, les chercheurs ont écrit le sigle IBM grâce à 35 atomes de xénon. Citons aussi la manipulation historique appelée : le « corral quantique ». Quarante-huit atomes métalliques de fer ont été disposés en cercle sur une surface en cuivre. Au cœur de ce cercle, un électron a été emprisonné.

C'est supra, du froid en espérant le chaud

L'histoire de la supraconductivité débute en 1908 aux Pays-Bas, avec celle de la liquéfaction par le physicien K. Onnes de l'hélium à 4 K, soit -269 °C. Ensuite, en 1911, G. Holst étudiant sous la direction du physicien néerlandais, travaille sur le comportement du mercure à très basse température. L'étudiant laisse le montage s'emballer et celui-ci atteint des températures particulièrement basses, inférieures à 4,2 K. En dessous de cette température, et contre toute attente, Onnes et Holst constatent que certains métaux comme le mercure ou le plomb conduisent parfaitement le courant sans aucune résistance. En fait, en dessous d'une température critique, la résistance du métal chute brutalement à une valeur tellement faible qu'elle n'est plus mesurable. Une porte s'ouvre : dans un conducteur, il est alors possible de faire circuler du courant électrique sans que lui soit opposée aucune résistance. Ce phénomène est appelé supraconductivité et vaudra à Onnes le prix Nobel en 1913. Un peu plus tard, W. Meissner et R. Ochsenfeld constatent, en 1933, que la supraconductivité s'accompagne d'un autre phénomène : l'annulation du champ magnétique à l'intérieur du matériau dans cet état. Une de ses manifestations les plus spectaculaires est la lévitation d'un petit cube supraconducteur au-dessus d'un aimant. La course à l'obtention de matériaux supraconducteurs à des températures de plus en plus élevées est ouverte. Les composés au niobium permettent d'obtenir des matériaux supra à des températures allant jusqu'à 23,3 K, soit encore -250 °C. La recherche de matériaux qui présentent cette propriété se faisait un peu au hasard, et surtout, il restait la question de fond : quelle est l'origine de ce phénomène ? En 1935, F. London, puis V. Ginzburg et L. Landau proposent des théories, mais qui ne sont pas pleinement satisfaisantes. Il faut attendre celles que proposent en 1957 Bardeen, Cooper et Schrieffer (théorie BCS) pour voir le phénomène expliqué au niveau microscopique. Ces trois physiciens vont recevoir le prix Nobel en 1972 pour leur travail théorique. Et puis, à partir de 1986, les choses s'accélèrent ; des composés à base de baryum, de calcium font leur apparition. La température critique de supraconduction dépasse les 50 K pour ces composés. En 1993, on atteint 140 K avec des oxydes de mercure, baryum, calcium et cuivre. Actuellement la température critique maximale est de 164 K (-109 °C) avec des composés au mercure sous hautes pressions.

Il est désormais possible de faire circuler des courants intenses dans des bobines supraconductrices, il est donc possible d'obtenir des champs magnétiques intenses, exploités dans l'imagerie médicale et dans les accélérateurs de particules. Ce phénomène pourrait aussi permettre de circuler par lévitation, sans frottement, donc avec une énergie minimale. Mais les applications restent encore limitées, d'où la recherche de synthèse de composés supraconducteurs à hautes températures, qui présenteraient eux des applications spectaculaires.

La plus grande découverte de son absence

Nous sommes en 1873, Maxwell propose une théorie unifiée qui rend compte de la nature ondulatoire de la lumière. Le modèle proposé est celui d'une onde électromagnétique qui se propage (voir Chapitre 9). Cela signifie qu'une perturbation à la fois électrique et magnétique se propage de proche en proche. Mais quel est le milieu perturbé ? Quelle est sa nature, quelles sont ses propriétés ?

L'éther, milieu inventé par les physiciens de l'époque, est censé répondre à toutes ces questions. C'est un milieu immobile d'une rigidité quasi infinie, sans masse et ne présentant aucune résistance au mouvement pour les objets, comme les planètes, qui le traversent. L'éther constitue une sorte de référentiel absolu, il devait donc être possible de mesurer le mouvement de la Terre par rapport à l'éther.

Albert Michelson, en 1881, propose une expérience qui a pour but de mesurer la vitesse de la Terre par rapport à ce milieu. L'expérience devant se faire sur Terre, l'idée était de mesurer, non pas la vitesse de notre planète par rapport à l'éther, mais celle de ce milieu par rapport à la Terre. La lumière se propage, invariablement, à la célérité de 300 000 km/s que l'éther soit en mouvement ou non. Il devait donc être possible de mesurer le rapport entre la vitesse de déplacement de cet éther et celle de la lumière. Ce rapport est de l'ordre de un pour cent millions ! Il faut donc construire un appareil capable de faire des mesures d'une telle précision.

Michelson est un expérimentateur de génie et il construit un tel appareil : l'interféromètre qui porte aujourd'hui son nom. Cet instrument exploite les propriétés ondulatoires de la lumière. Il est sensible à des déplacements de l'ordre de grandeur du dix millième de millimètre. La mesure devient alors possible. En 1881, Michelson effectue, avec son interféromètre, une première mesure à Postdam. Le résultat est négatif. Il reprend son expérience, mais cette fois avec l'aide d'un autre physicien, E. Morlay, pour perfectionner son dispositif. Les deux chercheurs réalisent une nouvelle expérience en 1887, le résultat est encore négatif, pas de mouvement relatif entre la Terre et ce référentiel absolu qu'est l'éther. Que conclure ?

Le physicien hollandais H. Lorentz propose alors l'explication suivante : une des parties de l'interféromètre se contracte et l'effet dû à l'éther est compensé par cette contraction. Pour appuyer sa proposition, Lorentz va aller plus loin et va établir, en 1904, une série d'équations qui modifient la loi de composition des vitesses en vigueur à cette époque (voir encadré). Cette explication marque un pas de plus : les longueurs ou les durées ne sont pas mesurées par les mêmes valeurs numériques lorsqu'elles sont évaluées depuis un point immobile ou lorsqu'elles le sont depuis un point en mouvement. Les notions de longueur et de temps ne sont plus universelles, elles dépendent du référentiel à partir duquel elles sont évaluées, un parfum de relativité se fait sentir. Des physiciens voient dans le travail un artifice de calcul visant à expliquer l'absence de résultat donné par l'expérience de Michelson et Morlay.

Loi de composition des vitesses galiléennes

Une vache (ce sera notre référence absolue) regarde passer le TGV qui file à la vitesse $V_{\text{train}} = 320\ \text{km/h}$. Dans ce train, un homme se déplace vers le wagon-bar, situé en tête, à la vitesse de $V_{\text{soif}} = 10\ \text{km/h}$. Cette valeur relative au TGV est évaluée par rapport au train. D'après la loi de composition des vitesses de Galilée, notre ruminant voit l'homme assoiffé se déplacer à la vitesse de :

$$\underbrace{V_{vache}}_{absolu} = \underbrace{320}_{\substack{entrainement\\ par\ le\ train}} + \underbrace{10}_{\substack{relatif\\ au\ train}} = 330\ \text{km/h}.$$

La loi de composition des vitesses selon Galilée se ramène à une addition des vecteurs vitesse (voir Chapitre 2) :

$$\vec{V}_{absolu} = \vec{V}_{entrainement} + \vec{V}_{relatif}.$$

Il faut attendre l'année suivante, en 1905, pour qu'un jeune physicien propose une explication unifiée et cohérente de tous ces résultats. Cette explication passe par une remise en question fondamentale des postulats jusque-là admis en physique. Ce jeune physicien n'est autre qu'Albert Einstein. Pour lui tout est cohérent, là où la plupart des physiciens voient un milieu absolu et magique, lui ne voit rien, ou plus exactement il voit le vide. Si aucune des expériences faites par Michelson et Morlay ne fournissent de résultat, c'est parce que l'éther n'existe pas et n'a jamais existé. Il n'y a pas de référentiel absolu, les notions d'espace et de temps sont relatives à l'observateur. Là où la plupart avaient vu dans les formules de Lorentz un artifice de calcul, lui y voit la refonte d'une nouvelle loi des mouvements. La théorie de la relativité est née. Comble de paradoxe, la théorie de Lorentz devait prouver que l'absence de résultat donné par l'expérience de Michelson n'invalidait pas l'existence de l'éther. Interprétée par Einstein, la thèse de Lorentz est une des clés de sa nouvelle théorie rejetant l'existence de ce milieu.

Anecdote

Cette expérience a été refaite à plusieurs reprises et a toujours donné des résultats négatifs sauf une fois, en 1921, à l'observatoire du mont Wilson. D. Miller, le physicien qui a réalisé cette expérience, annonce à la communauté scientifique ses résultats. Albert Einstein est informé et va répondre par la phrase suivante : « Dieu est subtil, mais il n'est pas malveillant… » Il sera établi par la suite que les résultats donnés par l'expérience de Miller sont dus à des différences de températures au sein de son appareillage et non pas à l'existence de l'éther, délétère…

DANS CE CHAPITRE

La marquise du Châtelet

•

Maria Schlodowska

•

Lise Meitner

•

Emmy Noether,

•

Rosalind Franklin

•

Sylvie Retailleau-Galdin

•

et bien d'autres...

Chapitre 24
Dix ladies physiciennes de génie (et un peu plus, elles le méritent !)

Elles sont moins connues que les dix géants, mais elles ont tout autant contribué à faire des sciences physiques ce qu'elles sont aujourd'hui. Un chapitre pour rendre hommage à ces femmes de science s'imposait donc. Comme pour les autres chapitres de la partie des Dix, il a fallu faire un faire un choix, qui, comme tous les choix, est forcément partial.

Infortunée Hypatie

Comme Kepler l'avait dit à propos de G. Bruno (voir Chapitre 2), nous pourrions le dire à propos d'Hypatie d'Alexandrie. Nous sommes en 370 après J.-C., à

Alexandrie en Égypte sous domination romaine. Le directeur du musée de la ville se nomme Théon, il édite et commente des textes mathématiques. Il va initier sa fille Hypatie à cette matière, mais très vite celle-ci va dépasser son maître. Elle va enseigner les sciences et participer par ses travaux à la construction de l'astrolabe de Synésius et dresser des tables astronomiques. Elle sera reconnue pour ses qualités scientifiques, pour ses qualités d'enseignante et pour son charisme en général. Elle va travailler sur l'*Almageste* de Ptolémée (voir Chapitre 2) et sur les *Éléments* d'Euclide. C'est la première grande dame de science. Mais ses théories en astronomie et ses relations font de l'ombre à Cyrille l'évêque de la ville. Les affrontements entre chrétiens et païens sont de plus en plus fréquents et très violents. Hypatie va être agressée puis tuée dans des conditions particulièrement cruelles par un groupe de fanatiques. Ce meurtre marque la fin de la vie de cette grande dame de science mais aussi celle de la science elle-même à Alexandrie. Aujourd'hui, il reste de son nom celui d'un cratère lunaire et de quelques articles scientifiques la mentionnant, le reste a disparu.

Madame la Marquise, tout va...

... très bien. Nous sommes au XVIIIe siècle, la marquise du Châtelet, grande musicienne, parle au moins trois langues, maîtrise le latin et le grec et surtout se passionne pour les mathématiques et la physique. Sa maîtrise des sciences et du latin lui permet de comprendre parfaitement les *Principia* de Newton. Elle va participer avec son ami Voltaire à la diffusion de la physique newtonienne en France. C'est elle qui va traduire l'ouvrage de Newton. Elle ira beaucoup plus loin puisqu'elle va proposer de substituer, au produit masse × vitesse de Newton, un autre produit, celui de la masse par le carré de la vitesse. Elle est donc précurseure (féminin oblige) de l'énergie cinétique. Elle fait preuve de beaucoup de liberté intellectuelle pour l'époque car elle ne s'attache pas à ce qui est dogmatique et, bien qu'admiratrice de Newton, elle va lire avec intérêt les textes de Leibniz. Émilie Le Tonnelier de Breteuil, marquise du Châtelet, a laissé derrière elle des ouvrages comme *Institutions de physique*, *Réponse à la lettre de Mairan* sur la question des forces vives (l'énergie cinétique), *Dissertation sur la nature et la propagation du feu*.

Maria Mitchell, une star

C'est Caroline Herschel (la sœur de William) qui sera la première femme astronome en Europe. Elle a découvert plusieurs comètes, trois nébuleuses et elle a rédigé un catalogue regroupant 560 étoiles qui ne figuraient pas dans le British Catalogue. Mais, outre-Atlantique, c'est Maria Mitchell qui sera la première femme astronome. Elle découvre l'astronomie en travaillant avec son père, puis elle devient bibliothécaire, et c'est dans ce cadre qu'elle a pu parfaire ses connaissances dans le domaine. En 1847, elle découvre la comète « Miss Mitchell » (ou C/1847VI). À la suite de cette découverte, elle devient célèbre. Elle est alors titulaire à l'Académie des arts et des sciences et elle est la première femme à entrer dans l'association pour le développement scientifique. Elle sera aussi la première personne (hommes et femmes compris) à être enseignante titulaire au Vassar College (université américaine).

Anecdote

C'est elle qui a dit : « L'œil qui dirige l'aiguille dans les mailles délicates d'une broderie discernera bien également une étoile sur la grille d'un micromètre. »

Une femme qui aime les rides

Phoebe Sarah Marks est née en Angleterre à Portsea en 1854. C'est une jeune fille qui a du caractère, de la personnalité et beaucoup de volonté. Elle va d'ailleurs changer son prénom à l'adolescence et elle se prénommera Hertha. Elle fait de brillantes études à l'université de Cambridge où elle va suivre les cours du professeur de physique William Edward Ayrton. Celui-ci deviendra son mari en 1885. Ils travailleront ensemble et elle sera la première femme à faire une intervention et à entrer en tant que membre à l'Institute of Electrical Engineers en 1899. Elle va signer une série d'articles sur le comportement des arcs électriques, ce qui fait de Hertha Ayrton une autre précurseure (toujours féminin oblige) de la physique des plasmas. En 1901, son époux tombe malade et le couple doit se rendre régulièrement en bord de mer. Elle est interpellée par la formation des « rides de sable » ou « Wave Ripple **Marks** », son nom de jeune fille devait être un présage… Elle va en étudier la formation et rédiger un article qui lui donnera l'occasion d'intervenir devant la très prestigieuse Royal Society. C'était là aussi la première intervention d'une femme devant cette assemblée. Elle recevra finalement la Hughes Medal de cette académie en 1906.

Deux femmes autour d'un film

Tout a commencé par les histoires que les marins racontaient : « Au cours des tempêtes, il suffit de verser de l'huile sur l'eau pour diminuer l'intensité des vagues. » Benjamin Franklin va alors s'intéresser à ce phénomène et étudier le comportement d'une fine couche d'huile sur de l'eau, mais sans succès. Lord Rayleigh va reprendre ces travaux et mettre en évidence l'existence de couches monomoléculaires pour l'huile. Agnès Pockels reprendra les travaux de Rayleigh et les généralisera à toutes les substances y compris solides. Elle est née en Italie en 1862, mais la famille doit se rendre en Allemagne à cause de la maladie du père. À cette époque, il n'est pas possible pour une jeune femme de suivre des études à l'université. Elle va donc étudier les sciences physiques en récupérant les cours de son petit frère qui fréquente l'université de Göttingen.

Anecdote

L'effet Pockels est un effet découvert par le petit frère d'Agnès. Cet effet consiste à modifier les propriétés optiques d'un matériau grâce à un champ électrique. Il est à l'origine du principe de certains afficheurs.

Agnès Pockels va étudier et publier un article en 1891 concernant les phénomènes de tension de surface. Pour mesurer ces effets, elle développe une sorte de balance sophistiquée permettant d'évaluer les forces de tension superficielle. Un peu plus tard, c'est Katherine Blodgett (1898-1979) qui reprend les travaux d'Agnès. Elle est la première femme à obtenir le titre de docteur en physique de l'université de Cambridge. Elle est aussi la première femme à travailler dans les laboratoires de la General Electric de l'État de New York en tant que scientifique.

Elle va travailler avec Irving Langmuir et ils réaliseront des films très fins, d'une épaisseur correspondant à quelques molécules. Ces films déposés sur un verre en modifient les propriétés de réflexion et de transmission. Elle invente ainsi la couche antireflet qui équipe la plupart des équipements optiques.

Maria Sklodowska

Inutile de la présenter, elle est née en Pologne le 7 novembre 1867, où elle fait ses études primaires.

Anecdote

À cette époque, la Pologne est sous domination russe et les instituteurs doivent enseigner l'histoire russe et non pas polonaise. Des inspecteurs russes passent régulièrement vérifier l'application de ce programme. L'instituteur de Maria enseigne bien sûr l'histoire polonaise, jusqu'au jour où deux inspecteurs l'avertissent de leur venue imminente. L'enseignant demande alors à Maria d'apprendre la totalité du programme d'histoire russe en quelques jours. Au cours de l'inspection, les inspecteurs invitent l'enseignant à désigner une élève afin de l'interroger pour vérifier la qualité de l'enseignement dispensé. Maria répond avec tant d'exactitude que l'instituteur est félicité ! C'est la première vie sauvée par Maria.

Elle quitte la Pologne en 1891 pour rejoindre Paris où elle va suivre très brillamment des études de sciences. Elle va ensuite travailler dans le laboratoire de Gabrielle Lippmann. Puis les événements s'enchaînent très vite. En 1894, elle fait la connaissance de Pierre Curie qui deviendra son mari en 1895. En 1896, elle est reçue major de l'agrégation de physique. L'année suivante, elle donne naissance à sa première fille Irène qui va, elle aussi, devenir une grande physicienne. Ses travaux sont tellement nombreux qu'il n'est pas possible de tous les présenter. Citons toutefois ceux sur les rayonnements radioactifs qui lui permettent d'obtenir un premier prix Nobel qu'elle partage avec son mari et Becquerel. Ensuite ceux sur le radium et le polonium qui lui valent son second prix Nobel (de chimie cette fois). Citons enfin son travail au sein de l'Institut du radium qu'elle dirigera durant toute sa vie. Comme tous les membres de l'Institut, elle va intervenir activement durant la Première Guerre mondiale en travaillant au service de radiologie des armées et en créant dix-huit petites unités chirurgicales mobiles, surnommées « les petites curies ». Elle s'éteindra en 1934 à la suite d'une leucémie certainement due à l'exposition importante aux radiations.

Anecdote

La fille de M. Curie, Irène, sera la première sous-secrétaire d'État au gouvernement Blum – à une époque où les femmes n'avaient pas le droit de vote !

Au cœur de l'atome

Lise Meitner est née en 1878 en Autriche. En raison de la situation autrichienne à cette époque, Lise Meitner ne pourra entrer à l'université qu'en 1901, à l'âge de 23 ans. Elle est l'élève de Ludwig Boltzmann qui lui transmet la passion de la physique, qu'elle vit un peu comme une quête de vérité. Elle s'intéresse aux substances radioactives et, pour être plus performante, elle va travailler en collaboration étroite avec un chimiste, Otto Hahn. Leurs connaissances se complètent parfaitement. En 1912, ils découvrent des groupes de particules bêta de même vitesse et le protactinium en 1917. Elle découvrira un peu plus tard un isotope de l'uranium 239. Elle participe activement à l'interprétation d'un phénomène aujourd'hui bien connu, qu'elle nommera elle-même la « fission nucléaire ».

La mathématicienne qui en a fasciné plus d'un (et surtout des physiciens)

Emmy Noether, née le 23 mars 1882, c'est un peu la rebelle des mathématiques. Elle tombe (sans se faire mal) dans l'algèbre abstraite par un heureux hasard, grâce aux encouragements du mathématicien Ernst Sigismund Fischer. Malheureusement, l'université de Göttingen n'était pas, à cette époque, prête à voir une femme enseigner, parce que, bien sûr, ça allait renverser l'ordre du monde... ! Elle enseigne donc sans salaire, tout en vivant chez ses parents.

Mais Emmy avait un sacré talent. En 1916, elle publie son fameux théorème de Noether, cette brillante idée liant les symétries dans un système physique aux lois de conservation. En bref, elle met en lumière des connexions profondes entre la symétrie et l'énergie qui laissent Einstein lui-même sans voix.

En 1933, elle est contrainte de quitter son poste en Allemagne à cause des lois nazies et s'exile aux États-Unis. Elle enseigne au Bryn Mawr College, un collège féminin près de Philadelphie, où elle continue son travail jusqu'à sa mort en 1935. Son héritage est aujourd'hui reconnu mondialement – un modèle de persévérance et de génie pur.

Pas de parité pour Mme Wu

Chien-Shiung Wu est née en 1912 près de Shanghai en Chine. Elle va commencer ses études en Chine et les terminer en Californie, à l'université de Berkeley. Elle obtient son doctorat de physique en 1940 dans cette même université. Elle participera à la mise en service de la première pile atomique en collaboration avec Enrico Fermi. C'est d'ailleurs elle qui va détecter la première les électrons lents émis par désintégration bêta et prévus par la théorie de Fermi.

Mais en 1956, un problème se posait aux physiciens. Suivant les conditions, la désintégration des particules appelées mésons K donnait soit deux particules π, soit trois particules π. Compte tenu des règles de parité imposées à ces particules, cela n'était pas possible. On a donc cru qu'il y avait en fait deux particules K et non une seule. Deux autres physiciens théoriciens, Lee et Yang, ont émis l'hypothèse que l'interaction nucléaire faible responsable de cette désintégration ne respectait pas les règles de parité. Encore fallait-il le vérifier expérimentalement. Madame Wu a alors l'idée d'étudier la désintégration d'un échantillon de cobalt refroidi à 0,01 K qu'elle soumet à un champ magnétique. Les résultats de l'expérience sont sans appel, l'interaction faible ne respecte pas les règles de parité. La légende raconte que l'équipe qui a mené l'expérience a ouvert une bouteille de Château Lafite Rothschild 1949, mais il est vrai que l'on était en 1957. Madame Wu n'a pas obtenu le prix Nobel, alors que les deux physiciens théoriciens Lee et Yang l'ont eu cette même année !

Une autre Maria, un autre Nobel

Maria Goeppert est née en 1906 en Haute-Silésie. Elle fait ses études à l'université de Göttingen qu'elle quitte avec un doctorat de physique théorique obtenu sous la direction de Max Born. Elle part pour les États-Unis en 1925 avec son mari J. Mayer. Elle va d'abord travailler de façon bénévole avec son mari à l'université de Columbia jusqu'en 1946. Ensuite elle travaillera comme chercheuse au Laboratoire d'Argonne en collaboration avec E. Teller et E. Fermi. C'est dans ce cadre qu'elle va proposer un modèle en couches pour le noyau atomique. Ce modèle va expliquer la stabilité particulière des noyaux contenant un « nombre magique » de nucléons comme 2, 8, 20, 50, 82 et 106. Indépendamment, Hans D. Jensen et E. Wigner proposent la même interprétation ; ils partageront leur prix Nobel avec Maria Goeppert en 1963. Ce sera le second prix Nobel attribué à une femme, soixante ans après Marie Curie.

Les scientifiques de l'ombre

Rosalind Franklin (1920-1958) est l'une des grandes oubliées de la science. Avec un doctorat en physique-chimie en poche, elle utilise la diffraction des rayons X pour étudier l'ADN et réalise l'une des photos scientifiques les plus célèbres la « photographie 51 » : l'image qui montre la structure en double hélice de l'ADN. Mais, au moment de recevoir le prix Nobel en 1962, Watson et Crick omettent de mentionner sa contribution. Heureusement, aujourd'hui, son travail est pleinement reconnu : en 2023, l'université Claude Bernard à Lyon inaugure le bâtiment Rosalind Franklin, un hommage tardif mais amplement mérité.

Quant à Rosemary Fowler, née en 1926, elle, c'est l'histoire d'une découverte : le kaon, une particule subatomique, et d'une carrière en pause pour fonder une famille. En 1947, alors qu'elle prépare une thèse sous la direction de Cecil Frank Powell, elle découvre cette particule en analysant une plaque photographique. Pourtant, elle se retire de la recherche peu après, laissant son professeur recevoir le prix Nobel en 1950. Mais ne vous en faites pas ! Elle a eu droit à une reconnaissance tardive : en 2024, elle reçoit un doctorat honorifique à l'âge de 98 ans. Pas de retraite pour les héroïnes de l'ombre !

Une vie bien remplie scientifiquement, s'il vous plaît !

Sylvie Retailleau-Galdin n'a pas chômé. En 1988, elle est agrégée de physique, option « physique appliquée » (oui, oui, appliquée !). Elle se lance dans une thèse sur un sujet qui ferait rêver tout amateur de techno-speak : « Étude du transistor bipolaire npn à double hétérojonction Si/SiGe/Si par simulations Monte-Carlo ». *Sic.* Mais sa passion pour la recherche n'a pas suffi : elle est aussi passée du côté obscur… l'administration ! Professeure en 2001, elle finit par enchaîner les postes à responsabilités comme si elle jouait à un jeu de cartes : vice-directrice, directrice, présidente de l'université Paris-Sud, puis de Paris Saclay et, en 2022, elle passe le niveau ultime en devenant ministre de l'Enseignement supérieur. Bref, pas le temps de s'ennuyer !

DANS CE CHAPITRE

- De Galileo Galilei à Albert Fert, les grands hommes de la physique
- Des découvertes fondatrices

Chapitre 25

Dix géants de la physique

« Si j'ai vu plus loin que les autres, c'est parce que j'ai été porté par des épaules de géants. » L'édifice scientifique s'est construit à partir du travail de tous, des théoriciens, des expérimentateurs et de tous leurs collaborateurs. Nous proposons ici de présenter dix d'entre eux.

« Et pourtant, elle tourne ! »

Galilée est né à Pise en 1564 dans une famille relativement aisée. Il commence des études de médecine qu'il ne termine pas pour s'initier aux mathématiques. En 1589, il est élu professeur de mathématiques à l'université de sa ville natale. En 1592, il la quitte pour celle de Padoue où il enseigne la mécanique. Galilée est convaincu que le point de vue d'Aristote est erroné (voir Chapitre 2) et dans son premier ouvrage, il va énoncer ce qui va devenir plus tard le principe de l'inertie. Après son intérêt pour la nature du mouvement, c'est le ciel qui sera l'objet de ses réflexions. En 1608, il apprend qu'un artisan néerlandais a mis au point une lunette qui permet d'observer les astres. Il va lui aussi construire un tel instrument et observer le ciel. Ses découvertes sont nombreuses et il les publie dans un ouvrage qu'il titre *Siderius Nuncius* (« Le Messager des étoiles »). Dans cet ouvrage, il détaille la découverte des étoiles de la Voie lactée, du relief lunaire et des satellites de Jupiter. Ce succès lui vaut un poste rémunéré de mathématicien personnel du duc de Toscane et lui permet de travailler de façon intense à ses recherches. Il est alors convaincu que l'approche de Copernic correspond plus à la réalité que celle de Ptolémée, soutenu par l'Église. C'est en 1613, qu'il va subir les premières attaques de la part des autorités religieuses. Celles-ci vont aller crescendo et, en 1633, Galilée subira son second procès devant le tribunal de l'Inquisition. Pour éviter le pire, il va abjurer et sera condamné à la prison à vie, peine qui sera commuée en peine de résidence surveillée. En 1638, Galilée publie, en italien et non plus en latin, son dernier ouvrage, fondateur des sciences modernes de l'époque, *Dicorsi e dimonstrazioni matematiche intorno a due scienze* (« Discours et démonstrations mathématiques concernant deux sciences »). Galilée s'éteint en 1642. Il aura initié une nouvelle approche scientifique basée sur l'observation et sa modélisation mathématique.

Mécanicien de génie

Robert Hooke est né en 1635 sur l'île de Wight. Il va faire ses études à Londres où, malgré une forte attirance pour la mécanique, il découvre les mathématiques. Il fait alors la connaissance de R. Boyle (voir Chapitre 5) pour qui il construit une pompe à vide. Celle-ci va permettre à Boyle d'établir sa fameuse loi de compression des gaz. En 1662, il obtient un poste à la Royal Society et, en 1665, il publie son premier ouvrage *Micrographia*. C'est un recueil d'observations faites au microscope, notamment celles sur les couleurs obtenues par des lames minces (voir Chapitre 7). En 1679, il publie un second ouvrage *Lectiones Cutlerianae*, dans lequel se trouve mentionnée sa fameuse loi de déformation élastique (voir Chapitre 2), ainsi qu'une ébauche de la loi de gravitation. Newton ne reconnaîtra jamais qu'il s'est appuyé sur les travaux de Hooke, bien au contraire. Hooke sera très déçu de cette absence de reconnaissance et il s'éteindra en 1703 à Londres, laissant derrière lui une immense contribution à la physique du XVIIe siècle.

L'obsession de la perfection

L'incontournable Newton est né en 1642 (voir Chapitre 2) en Angleterre. Il débute ses études en 1661, en tant que boursier, au Trinity College de Cambridge, mais doit les interrompre en 1665 à cause de la peste. En 1669, il devient professeur de mathématiques et de physique à Cambridge. Ses premiers travaux sont essentiellement mathématiques, notamment dans le domaine du calcul différentiel et intégral. Il va échanger une correspondance importante avec Leibniz sur ce point, mais c'est ce dernier qui publiera le premier. Newton en sera profondément contrarié. Ensuite, il va travailler dans le domaine de l'optique où sa contribution est importante. Citons la dispersion de la lumière par un prisme. L'analyse de Newton est fondée sur la nature corpusculaire de la lumière (voir Chapitre 9). Les oppositions avec Huygens, qui défend un modèle ondulatoire, seront alors très vives. Toujours dans le domaine de l'optique, Newton va inventer le télescope. C'est un instrument d'observation stellaire dont l'objectif est constitué d'un miroir parabolique, alors que pour les lunettes, il s'agit d'une lentille. Ses défauts altèrent l'observation, ce qui est évité dans l'instrument de Newton.

Dans le domaine de la mécanique, il va expliquer et formaliser tout ce que les physiciens de l'époque observaient et présentaient. C'est certainement sa maîtrise du calcul différentiel et vectoriel qui lui a permis de devancer tout le monde. Le fait est que c'est lui qui pose les fondements de la mécanique classique.

Signalons enfin que Newton s'est beaucoup impliqué dans la théologie et l'alchimie. Le fait de vouloir absolument voir sept couleurs dans le spectre de la lumière blanche est sûrement lié au fait que sept est un nombre souvent utilisé dans les religions. Il laisse derrière lui une œuvre immense, et des citations dont celle de l'introduction de ce chapitre et celle par laquelle nous terminerons ce paragraphe : « L'Homme n'est pas fait pour construire des murs mais des ponts. »

Qu'a fait Maxwell ?

Il est né en 1831 à Édimbourg en Écosse. C'est un passionné de mathématiques qui fera ses études de physique à Cambridge. À 25 ans, il est nommé professeur à Aberdeen.

Ses premiers travaux concernent la vision des couleurs. On lui doit le triangle des couleurs ou plan de luminosité constante, qui permet de connaître la composition colorimétrique d'une teinte à partir des trois couleurs primaires, rouge, vert et bleu. Signalons aussi que c'est lui qui dirige les travaux de T. Sutton qui obtient en 1861 la première photographie couleur d'un ruban de tartan.

Mais ses contributions les plus importantes concernent la théorie cinétique des gaz (voir Chapitre 5) et l'électromagnétisme (voir Chapitre 16). Citons aussi son « démon » visant à mettre en échec le second principe de la thermodynamique. Mais la validité de ce principe ne fait pas de doute aujourd'hui et le démon de Maxwell sera tué quelques années plus tard par d'autres physiciens.

La seconde contribution de taille concerne l'électromagnétisme. Maxwell s'appuie notamment sur les travaux de M. Faraday (voir Chapitre 7). Il va ajouter un terme, dit « courant de déplacement » à l'équation d'Ampère pour assurer sa cohérence avec la conservation de la charge. Sous une forme différente de celle que nous connaissons aujourd'hui, Maxwell va proposer quatre équations qui rendent compte de tous les phénomènes électromagnétiques. En particulier, elles annoncent l'existence d'ondes. Cela sera vérifié expérimentalement par Hertz en 1885 (voir Chapitre 23, « La radio perd le fil »). Elle est à l'origine de toutes les radiocommunications actuelles.

Citons, pour finir, l'une de ses phrases écrites alors qu'il était étudiant à Cambridge : « Heureux l'homme qui reconnaît dans le travail de ce jour, une part du travail d'une vie et une incarnation de l'œuvre de l'Éternité. Les fondements de la confiance sont inébranlables pour celui qui prend part à l'infini. »

Rien n'est établi

Albert Einstein est né en 1879 à Ulm en Allemagne. Il effectue ses études à l'Institut polytechnique de Zurich. Il est d'abord employé à l'Office fédéral des brevets à Berne. Durant cette période, il va beaucoup travailler avec son épouse Mileva et publier quatre articles, entre 1905 et 1906, qui feront grand bruit. Dans le premier, il introduit le corpuscule, qui sera appelé plus tard photon, petit grain d'énergie lumineuse parfaitement définie. Cette approche permet d'interpréter l'effet photoélectrique. Dans le second, certainement le moins connu et pourtant fondamental, il résout le mystère du mouvement brownien. Albert Einstein prouve dans cet article la réalité physique des atomes et des molécules. Il permet une approche de l'infiniment petit en accédant au calcul du nombre d'Avogadro. Il a utilisé des méthodes probabilistes pour résoudre ces problèmes, c'était une révolution. Dans le troisième, il pose les fondements de la relativité restreinte et dans le quatrième, il introduit sa fameuse relation $E = mc^2$. En 1916, Einstein va encore plus loin et propose sa théorie de la relativité générale.

La contribution d'Einstein à la physique est telle que cet ouvrage n'y suffirait pas, mais citons encore sa contribution à la théorie statistique de Bose-Einstein. Son application au rayonnement conduit à la relation établie par Planck pour le corps noir (voir Chapitre 5).

Il recevra pour ses travaux, le prix Nobel en 1921.

Anecdote

À l'époque de la présentation de sa théorie de la relativité, Einstein parcourait la France avec son chauffeur pour la présenter au travers de conférences. Celles-ci se succédaient à un rythme infernal et un soir, il propose à son chauffeur de le remplacer pour la prochaine présentation. Celui-ci refuse, mais Einstein insiste, il lui dit qu'il a déjà entendu la conférence des centaines de fois, qu'il la connaît par cœur, que les questions sont toujours les mêmes, qu'il connaît aussi les réponses par cœur, il lui donne même ses notes et pour le faire craquer, il lui propose une forte rémunération. Finalement, le chauffeur accepte et prend la place de notre savant. Einstein s'installe au fond de la salle et coiffe la casquette de notre chauffeur conférencier. La présentation se fait normalement, les questions sont les questions habituelles et le chauffeur répond ce que répondait habituellement Einstein. Mais, en fin de soirée, une personne pose une question parfaitement inhabituelle et notre chauffeur va lui répondre la chose suivante : « Votre question, monsieur, est intéressante mais particulièrement simple et ce n'est pas moi qui vais vous répondre mais mon chauffeur, assis là-bas, au fond de la salle… »

Les Bohr de l'atome

Tout d'abord, il y a Niels qui est né à Copenhague en 1885. Il fait ses études dans l'université de la ville et décroche son doctorat en 1911 ; celui-ci traite du comportement des électrons dans les métaux. Un peu plus tard, il va rejoindre E. Rutherford (voir Chapitre 23) à Manchester où il travaille sur la recherche d'un modèle de l'atome. En 1913, suite à la publication des travaux de Balmer et Rydberg, il comprend que l'énergie d'un atome dépend d'un nombre entier n selon une loi en $\frac{1}{n^2}$. Entre 1920 et 1922, il étend son modèle aux atomes plus complexes ; la structure du tableau périodique (voir Chapitre 3) est cohérente avec son approche. Entre 1933 et 1936, il développe un modèle pour le noyau atomique et c'est lui qui suggère que seul l'isotope 235 de l'uranium est radioactif. Ensuite c'est son fils, Aage, qui perfectionne ce modèle du noyau en proposant, avec Mottelson, une approche unifiée des modèles en couches et de la goutte liquide. En 1953, il comprend que les nucléons situés en périphérie du noyau présentent un mouvement de rotation propre, ce qui permet d'interpréter les spectres nucléaires. Niels Bohr recevra le prix Nobel en 1922 et son fils en 1975.

Anecdote

Niels Bohr avait l'habitude de travailler dans sa maison de campagne avec ses collaborateurs. Un jour, l'un d'entre eux s'étonne du nombre important de porte-bonheur accrochés un peu partout. Il lui dit, un peu moqueur : « Toi le grand physicien de l'atome, tu ne peux pas croire à ce genre de choses... » et Bohr de lui répondre : « Il paraît que ça marche même si on n'y croit pas ! »

Le punch de Hubble

Edwin Hubble est né en 1889 dans le Missouri, il aurait pu faire une grande carrière dans le domaine de la mécanique du poing ; il était boxeur et il a même affronté le champion G. Carpentier dans le cadre d'un match de gala. À partir de 1914, il se consacre entièrement à la recherche en astrophysique. En 1917, il présente sa thèse sur les objets de très faible luminosité. Ses travaux permettent de détecter des galaxies situées à plusieurs centaines de millions d'années-lumière. En 1930, Hubble démontre que l'Univers est en expansion uniforme à partir de l'observation des céphéides, des étoiles dont la relation entre la période de pulsation et la luminosité permet de déduire leur distance à la Terre (voir Chapitre 3).

La constante de proportionnalité entre la distance à la Terre d'une galaxie et sa vitesse porte son nom. Le télescope spatial mis en orbite le 24 avril 1990 porte aussi son nom.

Un travail de Fermi

Enrico Fermi est né à Rome en 1901. C'est un enfant surdoué, il a une mémoire exceptionnelle et une intelligence hors du commun. À la suite du décès de son frère Giulio, il se consacre complètement à ses études de physique. Il fait ses études à l'université de Pise où il donne déjà des conférences sur ces nouvelles théories que sont la relativité, la théorie du corps noir ou le modèle atomique de Bohr. Jusqu'en 1932, il va toucher à tout – la relativité générale, la diffraction des rayons X –, ensuite il s'oriente plus précisément vers la physique nucléaire, notamment la radioactivité bêta (voir Chapitre 10) et propose une première théorie de l'interaction électrofaible. Ensuite, il va s'intéresser à la radioactivité artificielle induite par les neutrons lents. C'est lui qui va mettre en évidence que les neutrons sont d'autant plus efficaces qu'ils sont lents. Dans les réactions nucléaires, si l'on souhaite les entretenir, il faut ralentir les neutrons produits, c'est un des rôles de l'eau du circuit primaire d'une centrale. Enrico Fermi est le premier à avoir fait fonctionner un réacteur nucléaire. On va donner son nom à une constante caractéristique de l'interaction faible, les particules de spin demi-entier vont s'appeler des fermions, un niveau énergétique dans les métaux s'appelle le niveau de Fermi, une statistique particulière porte le nom de Fermi-Dirac et une unité de longueur, égale à 10^{-15} m , correspond à un fermi. Il recevra le prix Nobel en 1938 pour ses travaux concernant l'exploitation de l'énergie nucléaire.

Simple comme le bongo

Richard Feynman est né en 1918 dans le Queens à New York. C'est un grand joueur de bongo et un spécialiste hors pair pour découvrir la combinaison d'un coffre-fort… Mais c'est aussi un scientifique qui effectue ses études au célèbre MIT (Massachussetts Institute of Technology). Sa thèse approfondit le problème du rayonnement électromagnétique et ses travaux vont essentiellement porter sur l'électrodynamique quantique. Il va complètement reformuler la mécanique quantique et propose ses désormais célèbres et incontournables « diagrammes ». L'idée de Feynman est d'utiliser le modèle des sphères dures pour interpréter les interactions entre particules (voir Chapitre 13). Ces diagrammes sont d'ailleurs devenus indispensables y compris dans la nouvelle théorie des cordes. Richard Feynman est aussi un extraordinaire pédagogue. Ses cours de physique sont largement diffusés dans le monde entier ainsi que ses ouvrages de vulgarisation. Il a reçu le prix Nobel en 1965 pour sa contribution à l'électrodynamique quantique et à la physique des particules. Il partage son titre avec Sin-Itiro Tomonaga et Julian Schwinger.

Anecdote

Après avoir reçu son prix Nobel, Richard Feynman a été contacté par un journaliste très pressé. Celui-ci lui a demandé de résumer ses travaux en trois ou quatre minutes. Feynman lui a alors répondu que si cela était possible, il n'aurait pas eu le Nobel !

C'est géant !

Albert Fert est né le 7 mars 1938 à Carcassonne. Il fait ses études à Normale sup et présente sa thèse d'État en 1970. Elle porte sur les propriétés de transport électronique dans le nickel et le fer. Il est ensuite nommé professeur à l'université de Paris en 1976. Il va créer une unité mixte de recherche entre le CNRS et la société Thomson-CSF, dont il devient le directeur scientifique. En 1988, son groupe publie un article sur le phénomène de magnétorésistance géante. Ce phénomène qui repose sur l'exploitation des propriétés liées au spin de l'électron a permis le développement des disques durs qui équipent les ordinateurs actuels. Pour ses travaux, il recevra avec Peter Grünberg le prix Nobel 2007.

DANS CE CHAPITRE

Les grandes constantes universelles à connaître

•

Des constantes… qui varient !

Chapitre 26
Les dix constantes

Dès que l'on décrit les lois de la physique d'un point de vue quantitatif, il est nécessaire d'utiliser des constantes « universelles » qui sont des nombres. Constante signifie que ces nombres ne varient pas au cours du temps (cette assertion n'est pas triviale) : les mathématiciens utilisent une méthode appelée « méthode de la variation de la constante » (!) et « universelles » signifie qu'avec un système d'unités cohérent, nos collègues physiciens d'une planète lointaine donneront les mêmes valeurs à ces constantes. C'est pour cela que la sonde *Pioneer 10* a emporté sur sa carlingue quelques valeurs numériques de ces constantes. Certaines constantes ont une dimension, par exemple la vitesse de la lumière s'exprime en mètres par seconde, et d'autres n'ont pas de dimension : ce sont de simples nombres. Les valeurs des constantes dont nous allons parler dans la suite sont assez souvent affinées et la précision atteinte aujourd'hui est bien meilleure que celle obtenue par les « pères » fondateurs. La métrologie, et notamment la mesure des constantes importantes de la physique, est encore l'objet de nombreuses recherches.

L'électron : sa charge et sa masse

C'est à la fin du XIXe siècle que le concept d'une particule chargée ayant une masse existe. C'est Joseph John Thomson, alors directeur du « Cavendish Laboratory » de Cambridge, qui va caractériser cet « électron » en 1897, ce qui lui vaudra le prix Nobel en 1906 en reconnaissance des grands mérites de ses recherches théoriques et expérimentales sur la conduction de l'électricité dans les gaz. La caractérisation sera complétée par Robert Millikan en 1909 ; celui-ci recevra le prix Nobel en 1923.

D'abord la valeur du rapport charge électrique-masse de la particule…

Dans les années 1890 des expériences concernant des décharges électriques provoquées dans des tubes renfermant un gaz sous faible pression sont réalisées. Entre deux électrodes appelées anode et cathode, on applique une tension électrique levée et on observe alors « des rayons cathodiques », c'est-à-dire un rayonnement émis par la cathode.

Le plus connu

Par un dispositif ingénieux, J.J. Thomson va montrer que ce rayonnement est composé de particules chargées négativement et que ces particules ont une masse. Il détermine quantitativement le rapport entre charge et masse de cette particule appelée électron. Il publie ses résultats dans *Philosophical Magazine* qui est alors une revue de grand prestige.

Les moins connus

D'autres chercheurs ont également contribué à la « découverte » de Thomson. Comme dans de très nombreux cas, l'émergence d'une découverte n'est pas l'apanage d'une seule personne, mais la découverte est « dans l'air ». On peut citer Jean Perrin que l'on a rencontré précédemment pour son étude du mouvement brownien. Il semble également qu'un physicien allemand ait déterminé le même rapport que Thomson quelques mois avant, mais que la publication du résultat n'a pas été faite dans une revue de grande audience.

… ensuite la valeur de la charge de l'électron

En 1909, Millikan étudie le mouvement de chute de gouttelettes d'huile à travers un microscope. En fait la vitesse de la chute dépend de la charge portée par la goutte d'huile. Millikan observe des vitesses particulières et il en déduit que la charge portée par les gouttes est forcément un multiple entier d'une charge élémentaire : c'est la charge d'un seul électron. Il déclarera : « *[Seeing the droplet] moving upward with the smallest speed that it could take on, I could be certain that just one isolated electron was sitting on its back.* » (En voyant la goutelette avec la plus petite vitesse qu'elle pouvait avoir, je pouvais être certain qu'elle ne portait qu'un unique électron). Une fois la charge déterminée, on accède à la masse de l'électron grâce à Thomson.

La constante de Planck à ne pas cacher

C'est également pour comprendre des expériences que Max Planck (1858-1947) va être amené à introduire une constante qui porte aujourd'hui son nom.

Le rayonnement du corps noir

Nous avons tous observé qu'un morceau de métal porté à une certaine température émet un rayonnement. D'ailleurs, les phrases « porté un fer au rouge » ou « chauffé à blanc » indiquent qu'il y a une relation entre rayonnement et température. Cette relation n'est pas connue quantitativement à la fin du XIXe siècle et constitue pour le physicien le problème du corps noir : une cavité fermée et chauffée produit un rayonnement. Lequel ?

Un échange discret !

Planck va montrer théoriquement qu'entre les parois du corps noir et le rayonnement émis, l'énergie échangée est toujours un multiple entier d'une quantité d'énergie minimum. Si au rayonnement on associe une fréquence F (sa couleur), l'énergie échangée est proportionnelle à F et la constante de proportionnalité est... la constante de Planck notée *h*. La formule $E = mc^2$ est bien connue, mais la relation donnant l'énergie minimum d'un rayonnement à la fréquence F, $E = hF$ mériterait aussi cette reconnaissance. Cette découverte, réalisée dans les années 1899-1901, va ouvrir la voie à la connaissance des lois régissant la matière (voir Chapitre 10).

La constante de gravitation G : un point c'est tout ?

La loi de gravitation universelle énoncée par Newton en 1687 ne contient pas explicitement ce qu'on appelle aujourd'hui la constante de gravitation notée G.

Mais cette constante y apparaît implicitement. Comme le phénomène de gravitation est présent dès que deux objets, possédant une masse, sont proches, la constante de gravitation est amenée à jouer un grand rôle dans la physique. Cependant sa valeur est très petite et donc très souvent l'interaction gravitationnelle est faible devant une interaction d'une autre nature, de type électrique ou nucléaire par exemple. Il faut noter que Henry Cavendish mesure (indirectement) G en 1798 et la valeur obtenue diffère de moins de 1 % de celle que l'on utilise aujourd'hui, c'est dire son habileté expérimentale !

La vitesse de la lumière « c » est rapide

Imaginons deux personnes, Alice et Bob, éloignées de 1 000 mètres, mais sans obstacle entre elles, et munies de deux montres bien synchronisées. Alice allume une lampe à 12 heures pile. À quelle heure Bob perçoit cette lumière ? À 12 heures 00 minutes et 9 nanosecondes environ ! Bien entendu aucune montre ne présente une telle précision. On conçoit donc que la vitesse de la lumière ait longtemps été considérée comme infinie (Descartes en 1634 le pensait).

Une première détermination

C'est en observant les éclipses des satellites de Jupiter dans les années 1670 que Christensen Römer a montré que la lumière avait une vitesse finie. Il participe avec d'autres savants de l'époque à de nombreuses mesures. Les valeurs recueillies ne sont pas très cohérentes, mais une valeur d'environ 210 000 kilomètres par seconde est obtenue. Des valeurs proches de 300 000 kilomètres par seconde seront ensuite obtenues.

Un rôle particulier

La théorie de la relativité postule qu'il existe une vitesse limite pour le déplacement d'un corps matériel. Cette vitesse limite est justement celle de la vitesse de la lumière dans le vide qui est notée c. De nombreuses expériences ont validé ce point de vue avec une très bonne précision. Comme la valeur obtenue pour la vitesse dépend des longueurs de propagation mesurées, on a donné conventionnellement une valeur (on prend $c = 299\,792\,458$ m/s) et cette constante est utilisée pour définir l'unité de longueur.

La constante de Boltzmann à titre posthume

Ludwig Boltzmann (1844-1906) est connu aujourd'hui pour ses travaux sur la thermodynamique. Ces travaux visent à faire le passage entre le monde microscopique et le monde macroscopique en appliquant des méthodes statistiques (voir Chapitre 4).

Une thermodynamique statistique

Ce n'est pas le comportement d'un seul atome qui fixe les propriétés d'un système mais le comportement d'un grand nombre d'atomes. Les quantités physiques mesurables ne sont que des valeurs moyennes, mais on peut calculer les fluctuations autour de ces valeurs moyennes. Il faut donc faire de la statistique. D'une certaine façon c'est ce que vous faites quand vous comparez les prix d'un même produit dans plusieurs magasins : vous connaissez la valeur moyenne du produit, mais vous espérez qu'il y aura une fluctuation dans le sens positif (pour vous) dans un magasin, c'est-à-dire un prix moins cher. Boltzmann va essayer de démontrer le second principe de la thermodynamique à partir de considérations statistiques. À cette occasion, il a besoin d'utiliser une constante...

Un travail non reconnu de son vivant

À l'époque de Boltzmann, le fait que la matière soit composée d'atomes était encore une question non résolue. Le travail de Boltzmann se heurte à l'incompréhension de ses contemporains qui élèveront une question qu'il n'est pas question de développer ici : comment expliquer le second principe qui décrit des phénomènes irréversibles dans le temps au moyen d'un modèle statistique concernant le mouvement des atomes, mouvement qui, lui, est réversible (d'après les lois de Newton, les équations traduisant le mouvement de particules quelconques sont réversibles dans le temps). Aujourd'hui, il a été établi que les deux points de vue sont conciliables. Quelques années après sa mort, des expériences ont montré le bien-fondé du point de vue de Boltzmann, et le nom de Boltzmann est rattaché à la constante (souvent notée k ou k_B). Aujourd'hui, cette constante est mesurée par des méthodes acoustiques. Les constantes précédentes (G, h, c et K_B) sont les constantes « fondamentales » dont ont besoin les théories physiques.

Le nombre d'Avogadro

Dans les années 1810, Amedeo Avogadro (1776-1856) va émettre l'hypothèse d'existence de molécules ou d'atomes. Considérons 12 grammes de carbone. Le carbone est formé d'atomes et on suppose que les 12 grammes contiennent des atomes identiques, c'est-à-dire avec le même noyau (avec 6 protons et 6 neutrons – il en existe avec 6 protons et 7 ou 8 neutrons). Combien y a-t-il d'atomes ? Il s'agit de ce que l'on appelle aujourd'hui le nombre d'Avogadro N_A. Il n'est peut-être pas facile de mesurer ce nombre, mais dans d'autres situations physiques, un peu plus compliquées, il est possible de le mesurer. Jean Perrin (1870-1942) en fera la mesure en 1908. Il trouvera environ $6{,}02\ 10^{23}$ (rappel : un milliard correspond à 10^9) et proposera le nom d'Avogadro pour ce nombre. Nos voisins germaniques l'appellent souvent le « nombre de Loschmidt » du nom du physicien autrichien qui vers 1865 en fera une première mesure approchée.

Pour l'électricité SVP

Pour décrire les phénomènes électriques et magnétiques, le physicien a besoin, outre la valeur de la charge de l'électron, d'une autre constante. Appelée « permittivité diélectrique du vide » ou « constante diélectrique du vide » et notée ε_o, elle intervient dans l'expression de la force entre deux charges électriques. Sa valeur est tributaire du système d'unités utilisé. Une autre constante intervient aussi lorsqu'on évalue le champ magnétique créé par un courant électrique. Cette constante notée μ_o est liée à εo et à la vitesse de la lumière *c*.

La constante se la joue fine

Cette constante fondamentale, notée a, sans dimension, est définie à partir de la charge de l'électron, de la constante de Planck, de la vitesse de la lumière et de la permitivité diélectrique du vide. Elle a été introduite dans les calculs de la structure interne des atomes et elle joue un rôle crucial en physique atomique. La structure fine d'un atome est une conséquence d'un effet d'origine relativiste.

La constante cosmologique : comment va notre Univers ?

La constante cosmologique notée Λ intervient dans les équations de la relativité générale décrivant l'évolution de l'Univers. Elle intervient notamment dans la description du fait que notre Univers est en expansion. Dans les périodes de crise, est-ce une bonne nouvelle ?

Des constantes qui varient ?

Deux problèmes (au moins) agitent beaucoup le monde des physiciens. Le premier concerne les valeurs numériques des constantes fondamentales. Pourquoi ces valeurs et une théorie pourraient-elles expliquer ces constantes ? Le deuxième problème a trait à la constance de la constante : est-ce que les constantes mesurées actuellement ont toujours possédé la même valeur ? Ces constantes « constantes » traduiraient une physique qui a toujours été la même au cours de l'Histoire. Bien sûr une variation éventuelle devrait être « petite » car sinon les lois physiques auraient changé considérablement notre environnement. C'est Dirac (1902-1984) qui en 1937 a posé la question d'une « petite » variation. Mais la mesure d'une constante non rigoureusement constante serait une révolution. De nombreux auteurs (amateurs de prix Nobel ?) ont déjà annoncé des résultats surprenants mais ces mesures ont été infirmées par la suite.

Par les mêmes auteurs

Ouvrages écrits ou co-écrits par Dominique Meier

Toute la physique-chimie MPSI, dir. Dominique Meier, Paris, Ellipses Marketing, 2003

Toute la physique-chimie MP, dir. Dominique Meier, Paris, Ellipses Marketing, 2004

Dominique Meier, Olivier Kempf, *Mécanique des fluides, Cours avec exercices résolus*, Paris, Masson, 1997

Dominique Meier, André Deiber, Frédéric Paviet-Salomon, *Agrégation de Sciences physiques, option Physique : L'intégrale des compositions de Physique de 1984 à 1997*, Paris, Masson, coll. « Capes-agreg », 1997 (2 ouvrages)

Dominique Meier, Dominique Irlinger, Olivier Kempf, *Électrocinétique, électronique MPSI, PCSI, MP cours et exercices*, Paris, Ellipses Marketing, coll. « Taupe-niveau », 1998 (3 ouvrages)

Dominique Meier, Pierre Andrieu, Manuel Marco, *La physique au Baccalauréat Terminale S, Exercices corrigés*, Paris, Ellipses, coll. « Taupe-niveau », 2001

Dominique Meier, Dominique Irlinger, Olivier Kempf, *Électronique, Conversion de puissance*, Paris, Ellipses, coll. « Taupe-niveau », 2005

Dominique Meier, *Toute la physique-chimie en formulaire MPSI*, Paris, Ellipses Marketing, 2007

Dominique Meier, *Toute la physique-chimie en formulaire MP*, Paris, Ellipses Marketing, 2008

Ouvrage écrit par Daniel Husson

Daniel Husson, *Les quarks – histoire d'une découverte*, Paris, Ellipses Marketing, coll. « L'esprit des Sciences », 2000

Ouvrages écrits ou co-écrits par Roland Lehoucq

Roland Lehoucq, *D'où viennent les pouvoirs de Superman ? Physique ordinaire d'un super-héros*, Les Ulis, EDP Sciences, coll. « Bulles de science », 2003

Roland Lehoucq et Robert Mochkovitch, *Mais où est donc le temple du soleil ? Enquêtes scientifiques au pays d'Hergé*, Paris, Flammarion, 2004

Roland Lehoucq, *Le Soleil notre étoile*, Paris, Éditions Le Pommier, coll. « Les minipommes », 2004

Roland Lehoucq, *L'Univers a-t-il une forme ?*, Paris, Flammarion, coll. « Champs sciences », 2004

Roland Lehoucq, *Faire de la science avec Star-Wars*, Paris, Éditions Le Pommier, coll. « Le Collège de la Cité » (numéro 23), 2005

Roland Lehoucq, *SF : la science mène l'enquête*, Paris, Éditions Le Pommier, coll. « Essais », 2007

Gilles Cappe, Nathan Desdouits, Hélène Gaillard, Roland Lehoucq, David Wilgenbus, *Calendriers, miroirs du ciel et des cultures*, Paris, Éditions Le Pommier, coll. « Éducation », 2009

Ouvrages co-écrits par André Deiber

Toute la physique chimie MPSI, dir. Dominique Meier, Paris, Ellipses Marketing, 2003

Toute la physique chimie MP, dir. Dominique Meier, Paris, Ellipses Marketing, 2004

Dominique Meier, André Deiber, Frédéric Paviet-Salomon, *Agrégation de Sciences physiques, option Physique : L'intégrale des compositions de Physique de 1984 à 1997*, Paris, Masson, coll. « Capes-agreg », 1997 (2 ouvrages)

Dominique Meier, André Deiber, Frédéric Paviet-Salomon, *Agrégation de Sciences physiques, option Chimie : L'intégrale des compositions de Physique de 1984 à 1997*, Paris, Masson, coll. « Capes-agreg », 1997 (2 ouvrages)

Index

D

E

F

G

H

I

J

K

L

M

N

O

P